应力波基础

（第 3 版）

王礼立　胡时胜　编著
朱兆祥　审校

国防工业出版社
·北京·

图书在版编目(CIP)数据

应力波基础 / 王礼立,胡时胜编著. —3 版. —北京:国防工业出版社,2023.6
ISBN 978-7-118-12915-1

Ⅰ.①应… Ⅱ.①王…②胡… Ⅲ.①应力波 Ⅳ.①O347.4

中国国家版本馆 CIP 数据核字(2023)第 071771 号

国防工业出版社出版发行
(北京市海淀区紫竹院南路 23 号 邮政编码 100048)
三河市天利华印刷装订有限公司印刷
新华书店经售

开本 787×1092 1/16 印张 29¼ 字数 666 千字
2023 年 6 月第 3 版第 1 次印刷 印数 1—3000 册 定价 128.00 元

(本书如有印装错误,我社负责调换)

国防书店:(010)88540777 书店传真:(010)88540776
发行业务:(010)88540717 发行传真:(010)88540762

第3版前言
——留给后人的话

本书第 2 版多次印刷后也已告罄。想不到的是,原价 36 元的一本书在二手书市场上竟卖到了五六百元。读者直接向我反映,冀希出版社再次加印。我联系了曲岩编辑,承蒙她建议,决心修订出版第 3 版。

回顾从 1964 年中国科学技术大学内部刊印《塑性动力学讲义》(代号 07-60-E08)到《应力波基础》第 1 版的正式出版,历时达 20 年有余。人常云"十年磨一剑",但对于认真编著一本书,积累 20 年的心血和经历 20 年的岁月考验实不算长。而从第 1 版到第 2 版修订出版恰好又历时 20 年。这么看来,从第 2 版到现在又将历时近 20 年,也该是时候修订出版第 3 版了。岁月如梭哦!

本次修订除了对第 2 版进行一次全面勘误订正外,主要加强了三方面的内容。其一,对相变应力波作了简要介绍(新的 4.10.9 节),以反映应力波在跨学科研究中的发展。其二,考虑到由率无关应力波理论向率相关应力波理论发展是今后的重要发展方向之一,加强了率相关应力波的相关内容,包括扩充了弹黏塑性本构方程的内容(6.5 节),增加了新的一节"黏弹性球面波"(新的 8.5 节)。爆炸/冲击动力学以计及结构微元体的**惯性效应**和材料行为的**应变率效应**为主要特征和难点。前者导致各种形式的、精确或简化的波传播的研究,属于结构动态响应研究,促进了**应力波**的研究发展;后者则导致各种类型的应变率相关的(率型)动态本构关系和失效准则的研究,属于材料动态响应研究,促进了**材料动力学**的研究发展。应力波效应和材料率效应互相联系、互相影响、互相耦合而密不可分。正是材料的应变率敏感性促进了率相关应力波的发展。拙著《应力波基础》和《材料动力学》作为姊妹篇,成为攻读爆炸/冲击动力学方向研究生的两门基本课程,也是这两者相关性的体现。其三,增加了有关应力波反分析的内容。应力波传播问题在数学上由相应的双曲型控制方程组刻画,它由三类守恒方程(质量守恒、动量守恒、能量守恒)与传播媒介的本构方程共同组成。当守恒方程和本构方程已知,在给定初始-边界条件下,可解得表征应力波传播的相关力学参量的时空场,乃是问题的**正分析**;反之,由实测的应力波传播信息去反推控制方程组的要素(特别是材料本构关系)或初始-边界条件,乃是问题的**反分析**。本书此前各版的大量内容归属于正分析范畴,刻画了应力波在不同传播媒介和不同条件下的种种传播特性。然而,只从正分析角度去认识应力波还是不够全面的。应力波的反分析不论在理论上,还是在实际工程应用上,都具有难以替代的重要意义。近年来这方面的研究,特别在通过应力波反分析研究材料率型动态本构关系方面,也获得长足进展。第 3 版中增加了第十三章"应力波的反分析",集中讨论应力波的反分析问题。

学习研究应力波,不能只停留在掌握相关的具体知识,其实更重要的是"观念转变"。

多数人在大学里学到的材料力学、弹性力学、塑性力学等经典课程,受学时限制,都以"准静态平衡"为前提,难免在大脑里形成了有点固化的"静力平衡"观念。即使遇到简单的冲击动力学问题,常常习惯成自然地,或者无意识地停留在"静力平衡",或者简化为刚体惯性效应,也无波传播的观念。我曾经不止一次对初学者说,在处理爆炸/冲击动力学问题时,一定要摒弃流变体"静力平衡"或刚体惯性的习惯性观念,转换为流变体的动态波传播观念,只有经过这样的"脱胎换骨",才会"柳暗花明又一村"。即使在现代先进计算机数值模拟快速发展的今天,物理上正确建模是关键,而建模正确与否也离不开波传播观念、材料率相关本构模型知识,以及两者间的耦合效应。本书的初学者不必急着通读全书,先学通前三章,建立了新的思维观念和新的分析方法,后面的章节也就容易循序渐进了。曾有初学者抱怨应力波难学,得有悟性才行。所谓悟性是靠勤思索、善总结、不断积累而培养出来的一种洞察问题实质的能力。其实,如果认真读完一节后能思索归纳一下贯穿这一节的要点;进一步,认真读完一章后能思索归纳一下联系各节的主线和贯穿这一章的要点;再进一步,认真读完多章或全书后能思索归纳一下联系各章的主线和贯穿其中的纲领要点,并进而能够联系实际加以运用,估计就能"脱胎换骨"而具有"应力波悟性"了,就会爱上应力波,享受应力波了。近几年来我在人体脉搏波的研究中,把以血液为媒介传播的脉搏波与中医的气血观相联系,发觉可以把脉搏波理解为中医的气;换句话说中医里无形的气实际上是以波传播的形式运行的。推而广之,如果中国古典哲学中认为气无处不在,那么波作为气的运行形式岂不也无处不在?在跨学科、跨领域、跨界研究中,应力波还有很多未开垦的用武之地哦!

《应力波基础》是应爆炸/冲击动力学新兴学科的兴起而问世,是适应时代潮流而生。根据中国引文数据库,《应力波基础》的他引数从 1990 年的 828 次上升到 2021 年的 2325 次,除反映了读者对本书的客观需求外,也反映了这一新兴学科的兴起。从另一个角度看,创刊时间不算长的《爆炸与冲击》学刊,近年来迅速上升为我国力学核心刊物前三名,也反映了这一新兴学科的兴起。我和读者们应该庆幸能成为爆炸/冲击动力学盛世的弄潮儿。

耄耋之年的我,虽以"老骥伏枥,志在千里"来自勉,但到底年龄不饶人,实际上已感力不从心。幸好有胡时胜教授共同参与修订,他自从我在中国科技大学开讲"应力波基础"时初任助教起,到接替我主讲此课程,直至退休,从事应力波教学研究已 40 余年之久。与此同时,修订工作还获得唐志平教授、姜锡权教授、朱珏教授、侯淑娟教授、任旭濛博士和何静博士等的支持。没有他们的协助参与,本书第 3 版难以这么快面世。现实上,处于亚健康的我,每当集中精力伏案两小时,血压等诸信号就会向我发出警示:"凝注心血=燃烧生命"。年轻时没有这样的感受,每天"上午+下午+晚上"三个单元连轴转、甚至再加上熬夜,照样精神焕发。现在明白了,年轻时其实同样是以燃烧生命为代价的。每个人每当认真付出心血,都是以燃烧生命为代价的。然而,不燃烧的生命又有什么价值?每一个有志向的人不都以生命燃烧得更旺盛为追求吗!

爆炸力学这门新兴学科是 20 世纪 60 年代在中国科学院力学研究所,由钱学森所长倡导、郭永怀副所长领导和郑哲敏室主任直接带领下开拓发展起来的。我难以忘怀郑哲敏先生安排我主讲这门新课所给予的信任和指导,对我编写的讲义经他一页页审定后付印。我也难以忘怀时任力学学报主编的郭永怀亲自审定刊发了我的第一篇应力波论文

"柔性弦中弹塑性波的传播"(力学学报.1964,7(3):228-240)。我更难以忘怀钱学森老所长把我"经历了20年的艰难困顿"解读为"您对祖国有贡献呵!",给予我极大勉励。我还同样难以忘怀在我被迫调离力学研究所而处于人生低谷时,是同样处于困境下的朱兆祥先生鼓励我继续完成"塑性动力学讲义"的编写,他在来信中写道"不论谁来讲,都将继续用你的讲义,后继的讲者和同学们将会十分感谢你……如果将来有机会出版,广大读者必定会特别感谢作者在解决基本方法的疑难处所作的努力"。20年后,又是朱先生鼓励我执笔《应力波基础》第1版的出版。人生道路虽不平坦,但只要勇毅前行,就会得到师辈的鼓励支持。记得钱令希先生曾当面对我说:"我不知道你当年的困境,否则一定设法把你调来大连工学院……"让我潸然泪下。还记得本书第一版经黄克智先生推荐于1989年经国家教育委员会高等工业学校工程力学专业教材委员会审定,列为工程力学专业教学用书。本书第2版又是在黄克智和经福谦两位先生写信推荐下,获得国防科技图书出版基金资助于2005年出版,并于同年被教育部学位管理与研究生教育司推荐为研究生教学用书。

  此时此刻,我的这些恩师除黄克智先生高寿健在外都已作古,但他们给予我的教诲和支持永存心中。他们的爱国情怀、高尚人格、治学精神、严谨学风,以及面对困难挫折的无怨无悔、不屈不挠,永远值得我和后人们学习继承。我尝试着用下面这副对联和横批来赞美他们在我心目中的高大形象:

爱国爱民,无怨无悔,志存高远谋强国,
群策群力,同心同德,坚忍不拔图创新。
精忠报国

愿年轻的后来者共同追随先辈们,享受应力波,享受爆炸/冲击动力学,享受力学,在攀登新的科学高峰中有更美好的未来!

王礼立
时年八十八
壬寅年大年初一于宁波

第1版序言

近40年来,应力波理论越来越受到人们的重视。这一方面是由于在生产和军事技术上、在科学研究上要求对应力波传播起重要作用的地震现象、高速撞击、爆炸和武器效应,以及冲击载荷下材料和结构的反应等作出深入而准确的解释;另一方面也是由于应力波理论发展内在矛盾的需要,要求由浅入深,由简单到复杂,由特殊到一般。这样就由线性弹性波的研究发展到大变形的非线性弹性波;由低压的弹性波和极高压的流体应力波的研究发展到弹塑性波和黏塑性波;由单纯波发展到复合波;由连续波的研究发展到具有各阶间断的奇异面的传播如冲击波和加速度波等。应力波知识的大量积累又开辟了应力波在自然探索和技术开发等方面应用的广阔前景。例如利用爆炸后地应力波的传播、反射和折射来研究地球内部结构,查明地表地层分布和勘探石油资源等;用超声波进行无损探伤,利用声发射监视断裂的进展;用高速撞击产生的应力波研究材料的动态力学性能;用应力波铆接金属板件;利用应力波的破坏机制研制破碎装甲的武器以至击碎人体内脏结石以达到治疗的目的,等等,这些应用工具的发展又反过来进一步促进应力波理论的深入研究。这一切说明应力波理论是当前固体力学中极为活跃的前沿,是现代声学、地球物理学、爆炸力学和材料力学性能研究的重要基础。

应力波理论最早是从弹性波开始发展起来的。出乎人们意料之外的是,最初推动弹性波理论发展的强大力量竟来自光的本性研究的需要。1821年著名的物理学家Fresnel宣称,关于偏振光干涉的实验事实只能用横向振动假设来解释。他证明:以中心力相联结的分子所组成的介质可以实现这种横向振动并传播这种横波。在当时的自然科学界还从来没有在介质内部可以传播横波的概念。所以这一问题立刻吸引了两位第一流数学家Cauchy和Poisson的注意。通过他们的努力,前者建立了目前形式的弹性力学普遍方程组,后者据此发现了在弹性介质中可以传播两种性质不同的波,即纵波和横波。虽然这个发现给刚刚出现一线希望的光传播的弹性以太说带来了新的困难,但是毕竟从此开创了应力波理论。其后,用弹性波理论研究光波被球体或球腔衍射的还不乏其人,包括著名的物理学家Clebsch(1863),Lorentz(1890),Lamb(1900)等,甚至光的电磁理论的提出也没有阻止这种势头,直到二十世纪初爱因斯坦相对论的出现从根本上否定了弹性以太的存在才停止。菲涅耳的光学冲击诞生了弹性应力波理论,然而它没有完成原来期望由它完成的任务,径自成长了。

第二个冲击来自碰撞问题。早期用振动中的正态振型法来处理弹性固体的碰撞问题,没有获得成功。赫兹所处理的撞击问题是质点动力学和接触问题的揉合。开始用应力波传播的概念来处理碰撞问题是Boussinesq(1883)和Saint-Venant(1883),他们分别讨论了重块对直杆的撞击和二杆对撞问题。后继60年中除开解法的改进之外,几乎没有实质的进展,这可能是由于当时的力学还只擅长于线性问题,不足以处理实际中强烈撞击引起的塑性变形问题所致。

下继的巨大冲击来自地震。泊松论证弹性体中纵波和横波的存在是在 1831 年,46 年后 Rayleigh 论证了表面波的存在。到 1900 年 R. D. Oldham 终于在远震记录中识别出这三种波的存在,从此地震学找到了有力的理论工具。地震记录中表面水平偏震横波的存在和弥散促使 Love(1911)提出地表覆盖层的模型而发现了勒夫波。兰姆在 1904 年发表了一篇影响深远的文章,论述地表和内源初始局部扰动所产生的应力波系,Sommerfeld 于 1909 年在电磁波研究中发现沿层间界面传播的折射波,这二者促使 Mohorovičić(1909)导出大陆地壳的分层。H. Jeffreys 于 1926 年解决了这个"折射震相"问题理论上的困难,就使爆炸地震勘探法无可怀疑地被广泛应用了。弹性波在两个半无限空间和层状空间中的传播问题吸引了 20 世纪 20 年代和 20 世纪 30 年代许多数学家、力学家和地层学家,其中有著名的苏联的索勃列夫和日本的妹泽克惟等。

第二次世界大战期间,由于军事技术上的要求开辟了应力波理论的新局面。为提高装甲强度等所推动,英国的 G. I. Taylor,美国的 Karman 在 1942 年,苏联的 Рахаматупин 于 1945 年各自独立地创立了塑性波理论。非线性加载波的传播问题可以用当时已经发展成熟的气体动力学中特征线方法来解决,困难在于卸载时材料遵循不同的本构关系,如何确定由于应力应变曲线所包含的间断引起的弹塑性边界的传播轨迹成为塑性波理论中一个核心问题。后继的讨论者如 E. H. Lee(1953),Clifton(1968),丁启财(1968—1971)不断改进研究结果,直到最近才把一维应力和一维应变中的问题解决得比较完备了(参见本书有关章节)。复合应力波的研究是塑性波理论发展的一个必然趋向,从压缩剪切复合,二剪切复合到压缩和二剪切复合,在薄管中的压扭复合,最后是复合应力柱面波。在 20 世纪 60 年代里,当时一些著名的塑性动力学专家几乎都参加了这方面的工作,丁启财在 1973 年提出了平面和柱面复合应力波的统一理论作为总结。在复合波中最重要的是发现了弹塑性耦合的快波和慢波,复合波中弹塑性边界的处理是饶有兴趣的,这方面的工作只能说刚刚开了一个头。与此同时,各向同性和各向异性材料中三维弹塑性波的理论框架也建立起来了。

对弹塑性波理论的实验验证表明有些应变率敏感材料在冲击载荷之下波传播的性能是和理论的预测不符的。Сокаповский 和 Malvern 分别于 1948 年和 1951 年观察到材料的动态应力应变曲线一般高于静态曲线,他们假定塑性应变率是超出部分应力的函数。由这种广义马克斯威尔本构关系的黏塑性波理论预言增量应力波以弹性波速传播,这和实验观察相符。从弹塑性波和黏塑性波的理论建立和实验验证过程中可以看到,在应力波基本方程组中必须包含合适的材料本构方程才能正确地预测应力波形。而材料动态本构关系的函数形式和其中的材料常数只有通过应力波波形数据的分析处理才能确定。应力波理论和材料本构关系之间这种"狗咬尾巴"的关系当然会给研究工作带来困难。实践证明了这两门学科之间存在的血缘联系,力学家只有不断克服这种循环周转的困难才能前进。

用应力波作为实验工具来确定材料动态力学性能的方法,由于在第二次世界大战期间电子仪器的发展使得精密的瞬态测量成为可能,才蓬勃发展起来。这时发展了用超声波来测量材料的动态弹性系数和黏性耗散的办法,又在 Hopkinson(1914)压杆的基础上发展了 Davis 杆、Kolsky 杆等测量材料的动态应力应变曲线。许多实验家也以杆撞击的应力波数据反推材料的本构关系或者作计算机实验试凑的依据。

20世纪40年代核武器的研制和防护研究大大推动了对材料在高压和高速变形下力学性能的研究,发展了用爆炸驱动的或轻气炮驱动的平板撞击技术来测定材料的冲击绝热数据。由于测试仪器分辨力的不断提高,平板撞击技术已发展到可以用毫微秒展开的应力波形来确定弹黏塑性材料的本构函数,用以研究应力波引起的层裂现象。最近又发展了用平板斜撞击技术来研究复合应力波和动态屈服条件。

核爆炸又推动了弹性介质中球腔爆炸波的研究以及应力波的绕射和孔壁动态应力集中问题,特别是大大推动了固体中冲击波理论的研究,以及在流体弹塑性介质中应力波传播的数值计算等。

最后值得提一提奇异面理论在应力波研究中的巨大作用。100年以来,许多数学家和理论力学家在这方面作出了巨大的贡献。最早是由 Christoffel 于 1877 年和 Hugoniot 提出的,把波看成严格地限制在一个曲面上的扰动。Hadamard 于 1900 年建立了奇异面的完整理论。这一理论在冷落了60年之后,在20世纪60年代初期又突然复兴了,用此研究了线性弹性体、非线性弹性体、黏弹性体、弹塑性体以及热弹性体、磁弹性体中各阶间断面的传播,其中冲击波和加速度波的传播特别引人注意,成果很丰富,以致无法列上众多作家的名字。

国内近30年来在应力波研究方面也获得了丰硕的成果,如中国科学院地球物理研究所傅承义教授领导下的地震波的研究,声学研究所应崇福教授领导下的弹性波散射和超声波的研究,力学研究所郑哲敏教授领导下的流体弹塑性体模型及其在核爆炸和穿甲方面应用的研究以及材料动态力学性能的研究,工程力学研究所在刘恢先教授领导下的弹塑性波的有限元计算和动态应力集中问题的研究,太原工学院在杨桂通教授领导下的关于塑性动力学的研究,北京大学在王仁教授领导下的动态屈曲和高速撞击的研究等。中国科学技术大学进行了应力波引起的层裂、弹塑性边界的传播,以及金属和高分子材料动态力学性能的研究。为了适应应力波理论日新月异迅速发展的局面,使学习固体力学和爆炸力学的学生在面临冲击载荷下材料和结构的反应问题时具备必需的基础知识,中国科学技术大学近代力学系从1962年开始开设"应力波"课程。曾经用过的课程名字有"弹性动力学""塑性动力学""塑性波理论""冲击波物理""核爆炸固体力学""应力波"等,而其内容基本上都是固体中的应力波。先后参与讲座的教师有尹祥础、王礼立、杨振声、郭汉彦、李永池、王肖钧等,我也有机会参与其事。近20年来,在许多教师的共同努力之下,先后编著了许多版本的讲义和讲稿,逐步形成了应力波课程的体系。现在由王礼立教授执笔,把讲义中较为基础和实用的部分如一维应力和一维应变的弹塑性波、黏弹性波和黏塑性波,柱面和球面的弹塑性波,三维线性弹性波基础等整理出来,编辑成书,定名为《应力波基础》,正式出版,以应各方面的迫切需要。至于应力波理论中较现代的部分,待以后继续整理出版。在这本书稿中凝结了许多人的经验和智慧。我有机会从头到尾校读了全书的原稿,觉得有些话要向广大读者交代,也应该向为本门课程的形成作过贡献的老师们表示感谢,向为本书原稿的誊写、画图、提供习题的老师们表示感谢,故为之序。

朱兆祥

1983年6月4日于中国科学技术大学

第 2 版前言

本书自 1985 年正式出版以来,承蒙各高等院校、科研院所和生产部门的有关科研人员、大学教师、工程技术人员、研究生和高年级本科生们的关爱,早已告罄。多次接到各方鼓励和催促,希望尽快出版第 2 版。我也感到有责任借此机会对第一版中的错误和不足之处加以改正和补充。酝酿多年,一再搁延,终于在国防工业出版社的大力支持下,现在得以问世。

此时此刻,不禁让我想起几件往事。20 世纪 60 年代初,在中国科学院力学研究所时,我有幸在钱学森所长倡导、郭永怀副所长领导和郑哲敏室主任直接带领下,与谈庆明、邵丙璜等几个青年人一起参与了爆炸力学这一新兴边缘学科的探索开拓工作。由于研究工作的需要,我们如饥似渴地查阅了当时几乎所有能找到的文献,并结合任务进行讨论和钻研;又由于当时为中国科学技术大学首届爆炸力学本科生开设新课的需要,承担了主讲《材料(在冲击载荷下)的力学性能》和《塑性动力学》课程的任务,并编写了相应的教材(中国科学技术大学内部刊印出版)。那个时期,在力学研究所的青年学者们,几乎都是夜以继日地为完成研究任务而拼搏工作,在工作中又不断学习提高,至于论文和著作似乎只是工作的"副产品"而已。以柳永的著名诗句——"衣带渐宽终不悔,为伊消得人憔悴",来描述那段时期知识分子普遍的好学精神,实不为过。想不到从此我竟和应力波结下了不解之缘。遗憾的是,1963 年我被迫依依不舍地离开了力学研究所。《塑性动力学》的定稿实际上是在离开力学研究所后,在朱兆祥先生的鼓励下继续完成的,这可以被追溯为《应力波基础》的第一稿。

1978 年,在朱兆祥先生的关怀筹划下,在曾经听过我"应力波"课的中国科学技术大学第一届毕业生周光泉的帮助下,我好不容易从大西北"归队"回到中国科学技术大学,重新讲授"应力波"等课程。我是属于"历经坎坷心不老"那一类的,为了追回十年来所损失的时间,惟有不顾年龄地加倍努力,再次夜以继日地去补读大量重要文献和书籍。面对好些已经生疏、甚至于看不懂的文献,真有一番"雄关漫道真如铁,而今迈步从头越"的感受。

改革开放迎来了科学研究的第二春,也在全国掀起了新一波的学习高潮。20 世纪 80 年代初,我们曾先后应兵器工业部、中国工程物理研究院 901 所和 909 所、航天工业部等各有关研究所和高校之盛情邀请,多次作"应力波"理论的培训讲学。为适应广泛的需求,《应力波基础》第 1 版由国防工业出版社于 1985 年正式出版。书稿虽然由我执笔,实际上凝结了许多同仁,特别是朱兆祥先生在中国科学技术大学 20 年来讲授"应力波"的经验和智慧。当我将刚出版的《应力波基础》送呈钱学森老所长请他指正时,很快收到了他的亲笔回信。欣喜之中,被他如下一段意味深长的话所感动:"您经历了 20 年的艰难困顿,这正是祖国在建设中国式的社会主义走弯路的时期;也可以说,是像您这样的许许多多有志之士,付出了代价,才换来了今天的正确方针、政策!您对祖国有贡献呵!"我在回信时曾写下这样几句话以谢钱老的勉励:"悠悠逆境心不移,昭昭赤诚志更坚。不怨半生多磨练,惟喜中华春满园。"

第 1 版出版当年,本书荣获中国科学技术大学优秀教材一等奖。翌年,有关科研成果"弹塑性波的理论和应用研究"荣获中国科学院科技进步二等奖。1989 年,在黄克智先生主持下,经国家教育委员会高等工业学校工程力学专业教材委员会审定,本书被推荐为工程力学专业教学用书。通过国际学术交流,本书还流传到了海外的华人学者手中,这是完全始料不及的。借此机会,特别要感谢国际非线性波权威、美籍华人教授丁启财(T. C. T. Ting)先生,他于 1982 年底应邀来中国科学技术大学作"固体中的非线性波"的系列讲座(讲稿经整理后以同名专著于 1985 年由中国友谊出版公司正式出版),又连年接收大陆赴美的访问学者和研究生,推动了国内在应力波方面的研究。他还将我们以中文发表的研究成果向国际学术界进行介绍,对我们在弹塑性边界传播方面的若干研究论文,高度评价为"在一维波传播的弹塑性边界上应力和速度间断的系统研究中,最重要最精采的结果"(Ting,1990)。

1990—1991 年,承蒙包玉刚爵士推荐、由"中英友好学者计划(Sino British Friendship Scholarship Scheme)"提供资助,我有幸先后访问英国剑桥大学 Cavendish 实验室和利物浦大学冲击研究中心。在剑桥大学,J. Field 教授建议我进行"预应力高强度高聚物纤维束在刀刃横向撞击下的动态响应"方面的研究;而在利物浦大学,N. Jones 教授建议我进行"横向冲击下梁的剪切破坏和弯曲失效分析"方面的研究,分别涉及有关弦中和梁中应力波传播的研究。碰巧我在早年编写《塑性动力学》讲义时,除了《应力波基础》第 1 版中所包含的一维弹塑性波方面的内容外,其实还包含了"弦中弹塑性纵波与横波"和"梁中弹塑性弯曲波"等两章。因此,在我完成这两项合作研究回国时就有了一个打算:应该在出版《应力波基础》第 2 版时补充这两章,以利于读者从更广泛的视角来认识和研究应力波。此外,为适应当前电子计算机数值模拟的迅速发展和广泛应用,特邀请杨黎明教授(浙江省"钱江学者"特聘教授)增写了第十二章,概括地介绍了应力波数值求解的方法。

第 1 版之所以能迅速出版,离不开北京理工大学周兰庭教授、何顺禄教授和国防工业出版社崔金泰责任编辑的支持和努力。现在第 2 版之所以能迅速出版,则要感谢经福谦院士、黄克智院士、北京理工大学黄风雷教授和国防工业出版社曲岩编辑的支持和努力。我还要感谢很多采用《应力波基础》作为教材的教授们,特别是胡时胜教授、虞吉林教授和李永池教授,他们帮我发现和汇总了第 1 版书稿中的各种错误,使之能在第 2 版中得以改正。胡时胜教授还根据他多年的讲授经验补充了习题。此外,要感谢我的几位研究生朱珏、王永刚和孙紫建,他们利用酷热的暑假,帮我把铅印第 1 版的全部文字和图转换成为 Word 文件,大大方便了我对书稿的修改和补充,也加快了编辑出版和印刷。

最后,特别要向我的妻子卢维娴表示深深的感谢,没有她的长期关心和支持,尤其是在我最困难的时刻所给予我的信任和鼓励,是几乎不可能完成本书的第 1 版和第 2 版书稿的。在第 2 版书稿即将完成之际,恰逢我俩银婚纪念,我谨以此书稿和以下四句短诗赠她致谢:"三生有缘同苦甘,两度遭劫共患难;不图富贵惟情真,相扶相依庆银诞。"

时代在前进,祖国在前进,科学教育在前进!愿这本凝结了很多前人的心血与辛酸的书稿,能为后来的青年学者们铺出一条路,祝愿他们在攀登新的科学高峰中有更美好的未来!

王礼立
古稀之年于宁波

目　　录

第一章　绪论 ……………………………………………………………… 1

第二章　一维杆中应力波的初等理论 …………………………………… 5
　2.1　物质坐标和空间坐标 ……………………………………………… 5
　2.2　物质坐标描述的杆中纵波的控制方程 …………………………… 7
　2.3　特征线和特征线上相容关系 ……………………………………… 10
　2.4　半无限长杆中的弹塑性加载纵波 ………………………………… 12
　　　2.4.1　线性弹性波 ………………………………………………… 13
　　　2.4.2　弹塑性加载波 ……………………………………………… 16
　2.5　空间坐标描述的控制方程 ………………………………………… 19
　2.6　强间断和弱间断，冲击波和连续波 ……………………………… 21
　2.7　波阵面上的守恒条件 ……………………………………………… 25
　2.8　横向惯性引起的弥散效应 ………………………………………… 30
　2.9　杆中扭转波 ………………………………………………………… 36

第三章　弹性波的相互作用 ……………………………………………… 40
　3.1　两弹性杆的共轴撞击 ……………………………………………… 40
　3.2　两弹性波的相互作用 ……………………………………………… 41
　3.3　弹性波在固定端和自由端的反射 ………………………………… 42
　3.4　有限长弹性杆的共轴撞击 ………………………………………… 43
　3.5　弹性波在不同介质界面上的反射和透射 ………………………… 46
　3.6　弹性波在变截面杆中的反射和透射 ……………………………… 48
　3.7　Hopkinson 压杆和飞片 …………………………………………… 52
　3.8　分离式 Hopkinson 压杆 …………………………………………… 53
　3.9　应力波反射卸载引起的断裂 ……………………………………… 61

第四章　弹塑性波的相互作用 …………………………………………… 67
　4.1　弹塑性加载波的相互作用 ………………………………………… 67
　　　4.1.1　强间断弹塑性波的迎面加载 ……………………………… 67
　　　4.1.2　弱间断弹塑性波的迎面加载 ……………………………… 69
　4.2　弹塑性加载波在固定端的反射 …………………………………… 71
　4.3　卸载波的控制方程和特征线 ……………………………………… 73

4.4 强间断卸载扰动的追赶卸载 ·· 76
    4.4.1 线性硬化杆中强间断波的突然卸载 ··· 76
    4.4.2 线性硬化杆中连续波的突然卸载 ··· 81
    4.4.3 塑性中心波的突然卸载 ··· 84
4.5 弱间断卸载扰动的追赶卸载 ·· 88
    4.5.1 塑性中心波的连续卸载 ··· 89
    4.5.2 线性硬化材料中冲击波的衰减 ··· 90
4.6 冲击波在追赶卸载作用下的衰减 ·· 94
4.7 半无限长杆中卸载边界的传播特性 ·· 96
4.8 迎面卸载 ·· 103
4.9 有限长杆在刚砧上的高速撞击 ··· 106
    4.9.1 线性硬化杆的撞击 ··· 107
    4.9.2 递增硬化杆的撞击 ··· 112
    4.9.3 递减硬化杆的撞击 ··· 114
4.10 弹塑性边界的一般传播特性 ··· 116
    4.10.1 加载边界和卸载边界 ·· 116
    4.10.2 作为奇异面的弹塑性边界 ·· 117
    4.10.3 强间断弹塑性边界 ··· 118
    4.10.4 一阶弱间断边界 ··· 119
    4.10.5 二阶弱间断边界 ··· 122
    4.10.6 高于二阶的弱间断边界的讨论 ··· 125
    4.10.7 弹塑性边界上的高阶孤立点 ·· 127
    4.10.8 加载边界上的补充条件 ··· 132
    4.10.9 推广到相变应力波的研究 ·· 135

第五章 刚性卸载近似 ··· 147

5.1 半无限长杆中的刚性卸载 ·· 147
    5.1.1 线性硬化塑性材料的刚性卸载 ·· 147
    5.1.2 线弹性—线性硬化塑性材料的刚性卸载 ··· 148
    5.1.3 线弹性—递减硬化塑性材料的刚性卸载 ··· 150
5.2 有限长杆中的刚性卸载 ··· 154
5.3 冲击波传播中的刚性卸载 ·· 157
    5.3.1 半无限长杆中冲击波的刚性卸载 ·· 158
    5.3.2 有限长杆中冲击波的刚性卸载 ··· 159

第六章 一维黏弹性波和弹黏塑性波 ··· 162

6.1 线性黏弹性本构关系 ·· 162
    6.1.1 Maxwell 体 ··· 163
    6.1.2 Kelvin-Voigt 体 ·· 165
    6.1.3 标准线性固体 ·· 166

6.2 应力波在线性黏弹性杆中的传播 ……………………………………………… 167
   6.2.1 Kelvin-Voigt 杆中的黏弹性纵波 …………………………………… 167
   6.2.2 Maxwell 杆中的黏弹性纵波 ………………………………………… 168
   6.2.3 标准线性固体杆中的黏弹性纵波 …………………………………… 169
   6.2.4 线性黏弹性杆中纵波的特征线解法 ………………………………… 171
6.3 非线性黏弹性本构关系 …………………………………………………………… 174
6.4 应力波在非线性黏弹性杆中的传播 …………………………………………… 177
6.5 弹黏塑性本构关系 ………………………………………………………………… 180
6.6 应力波在弹黏塑性杆中的传播 …………………………………………………… 197

第七章 一维应变平面波 …………………………………………………………… 200
7.1 控制方程 ………………………………………………………………………… 200
7.2 一维应变弹性波 ………………………………………………………………… 201
7.3 一维应变下的弹塑性本构关系 ………………………………………………… 203
7.4 一维应变弹塑性波 ……………………………………………………………… 208
7.5 反向屈服对于弹塑性波传播的影响 ……………………………………………… 210
7.6 固体高压状态方程 ……………………………………………………………… 213
7.7 高压下固体中的冲击波 ………………………………………………………… 218
   7.7.1 冲击突跃条件 …………………………………………………………… 219
   7.7.2 冲击绝热线 ……………………………………………………………… 222
7.8 高压下固体中冲击波的相互作用,反射和透射 ……………………………… 230
7.9 流体弹塑性介质中的平面波 …………………………………………………… 235
7.10 流体弹塑性介质中冲击波的衰减 ……………………………………………… 241
7.11 一维应变弹黏塑性波 …………………………………………………………… 246

第八章 球面波和柱面波 …………………………………………………………… 250
8.1 连续方程和运动方程 …………………………………………………………… 250
8.2 弹性球面波和柱面波 …………………………………………………………… 252
8.3 弹塑性球面波 …………………………………………………………………… 258
8.4 球形弹壳破碎的近似分析 ……………………………………………………… 262
8.5 黏弹性球面波 …………………………………………………………………… 264
   8.5.1 线性黏弹性球面波 ……………………………………………………… 265
   8.5.2 强间断黏弹性球面波的传播特性 ……………………………………… 269
   8.5.3 非线性黏弹性球面波 …………………………………………………… 273
8.6 弹黏塑性球面波和柱面波 ……………………………………………………… 276

第九章 柔性弦中弹塑性波的传播理论 …………………………………………… 281
9.1 基本方程 ………………………………………………………………………… 282
9.2 半无限长直弦的突加恒值斜向冲击 …………………………………………… 287
9.3 无限长直弦的突加恒值斜向点冲击 …………………………………………… 290

9.4　预张力作用下的弦的横向冲击 299
  9.4.1　预张力弦中波速的试验研究 301
  9.4.2　由预张力弦中纵波波速的试验测定来研究弦材料的本构关系 303
  9.4.3　由预张力弦中纵波波速的试验测定来确定横波波速 304

第十章　横向冲击下梁中弹塑性波的传播(弯曲波理论) 306

10.1　基本假定和方程 306
10.2　弹性弯曲波 310
10.3　塑性弯曲波(弹塑性梁) 314
10.4　刚塑性分析 329
10.5　梁在横向冲击下的剪切失效 337

第十一章　一般线弹性波 344

11.1　无限介质中的线弹性波 344
11.2　弹性平面波的斜入射 347
11.3　表面波 353

第十二章　应力波的数值求解方法 358

12.1　特征线数值方法 359
  12.1.1　一维波传播的特征线数值方法 359
  12.1.2　二维波传播的特征面数值方法 363
12.2　有限差分方法 368
  12.2.1　差分格式的建立 369
  12.2.2　差分格式的收敛性 371
  12.2.3　差分格式的稳定性 372
  12.2.4　人工黏性 373
12.3　有限元方法 375
  12.3.1　有限元方法求数值解的基本步骤 375
  12.3.2　算例 377

第十三章　应力波的反分析 383

13.1　第一类反问题 384
  13.1.1　冲击力的反分析 384
  13.1.2　黏弹性应力波的第一类反分析 387
13.2　第二类反问题 394
  13.2.1　基于实测波速和波衰减的反分析 395
  13.2.2　Taylor 杆 397
  13.2.3　经典 Lagrange 反分析 399
  13.2.4　改进的 Lagrange 反分析 402

附录 ··· 413

　附录Ⅰ　压力或应力单位换算表 ··· 413
　附录Ⅱ　解二阶拟线性双曲型偏微分方程的特征线方法 ··· 413
　附录Ⅲ　自模拟运动的简介 ··· 416
　附录Ⅳ　习题 ··· 417
　附录Ⅴ　编码程序 VE-SHPB-NBU ··· 433

参考文献 ··· 441

第一章 绪 论

在各类工程技术、军事技术和科学研究等领域的一系列实际问题中,甚至就在日常生活中,人们都会遇到各种各样的爆炸/冲击载荷问题,并且可以观察到,物体在爆炸/冲击载荷下的力学响应往往与静载荷下的响应有显著的不同。例如,飞石打击在窗玻璃上时往往首先在玻璃的背面造成碎裂崩落。碎甲弹对坦克装甲的破坏正类似于此。又如,对一金属杆端部施加轴向静载荷时,变形基本上是沿杆均匀分布的,但当施加轴向冲击载荷时(如打钎,打桩……),则变形分布极不均匀,残余变形集中于杆端。子弹着靶时,变形呈蘑菇状也正类似于此。固体力学的动力学理论的发展正是与解决这类力学问题的需要分不开的。

为什么在爆炸/冲击载荷下会发生诸如此类的特有现象呢?为什么这些现象不能用静力学理论来给以说明呢?固体力学的动力学理论与静力学理论的主要区别是什么呢?

首先,人们知道,固体力学的静力学理论所研究的是处于静力平衡状态下的固体介质,以忽略介质微元体的惯性作用为前提。这只是在载荷强度随时间不发生显著变化的时候,才是允许和正确的。而爆炸/冲击载荷以载荷作用的短历时为其特征,在以毫秒(ms)、微秒(μs)甚至纳秒(ns)计的短暂时间尺度上发生了运动参量的显著变化。例如核爆炸中心压力可以在几微秒内突然升高到 $10^3 \sim 10^4$ GPa 量级;炸药在固体表面接触爆炸时的压力也可在几微秒内突然升高到 10GPa 量级;子弹以 $10^2 \sim 10^3$ m/s 的速度射击到靶板上时,载荷总历时约几十微秒,接触面上压力可高达 $1 \sim 10$ GPa 量级。在这样的动载荷条件下,介质的微元体处于随时间迅速变化着的动态过程中,这是一个动力学问题。对此必须计及介质微元体的惯性,从而就导致了对应力波传播的研究。

事实上,当外载荷作用于可变形固体的某部分表面上时,一开始只有那些直接受到外载荷作用的表面部分的介质质点离开了初始平衡位置。由于这部分介质质点与相邻介质质点之间发生了相对运动(变形),当然将受到相邻介质质点所给予的作用力(应力),但同时也给相邻介质质点以反作用力,因而使它们也离开了初始平衡位置而运动起来。不过,由于介质质点具有惯性,相邻介质质点的运动将滞后于表面介质质点的运动。依此类推,外载荷在表面上所引起的扰动就这样在介质中逐渐由近及远传播出去而形成应力波。简而言之,扰动的传播谓之波。以应力/应变/质点速度扰动形式传播的波就称为**应力/应变/质点速度波**,等等。扰动区域与未扰动区域的界面称为**波阵面**,而其传播速度称为**波速**。常见材料的应力波波速约为 $10^2 \sim 10^3$ m/s 量级。必须注意区分波速和质点速度。前者是扰动信号在介质中的传播速度,而后者则是介质质点本身的运动速度。如果两者方向一致,称为**纵波**;如果两者方向垂直,则称为横波。根据波阵面几何形状的不同,则有**平面波**、**柱面波**、**球面波**等之分。地震波,固体中的声波和超声波,以及固体中的冲击波等都是应力波的常见例子。

一切固体材料都具有**惯性**和**可变形性**,当受到随时间变化着的外载荷的作用时,它的

1

运动过程总是一个应力波传播、反射和相互作用的过程。在忽略了介质惯性的可变形固体的静力学问题中，只是允许忽略或没有必要去研究这一在达到静力平衡前的应力波的传播和相互作用的过程，而着眼于研究达到应力平衡后的结果而已。在忽略了介质可变形性的刚体力学问题中，则相当于应力波传播速度趋于无限大，因而不必再予以考虑。对于爆炸/冲击载荷条件下的可变形固体，由于在与应力波传过物体特征长度所需时间相比是同量级或更低量级的时间尺度上，载荷已经发生了显著变化，甚至已作用完毕，而这种条件下可变形固体的运动过程常常正是我们关心所在，因此就必须考虑应力波的传播过程。

其次，强冲击载荷所具有的在短暂时间尺度上发生载荷显著变化的特点，必定同时意味着**高加载率**或**高应变率**。一般常规静态试验中的应变率为 $10^{-5} \sim 10^{-1} s^{-1}$ 量级，而在必须计及应力波传播的冲击试验中的应变率则为 $10^2 \sim 10^4 s^{-1}$，甚至可高达 $10^7 s^{-1}$，即比静态试验中的高多个量级。大量实验表明，在不同应变率下，材料的力学行为往往是不同的。从材料变形机理来说，除了理想弹性变形可看作瞬态响应外，各种类型的非弹性变形和断裂都是以有限速率发展、进行的非瞬态响应（如位错的运动过程，应力引起的扩散过程，损伤的演化过程，裂纹的扩展和传播过程等），因而材料的力学性能本质上是与应变率相关的。通常表现为：随着应变率的提高，材料的屈服极限提高，强度极限提高，延伸率降低，以及屈服滞后和断裂滞后等现象变得明显起来等。因此，除了上述介质质点的惯性作用外，物体在爆炸/冲击载荷下力学响应之所以不同于静载荷下的另一个重要原因，是材料本身在高应变率下的动态力学性能与静态力学性能不同，即由于材料本构关系对应变率的相关性。从热力学的角度来说，静态下的应力—应变过程接近于等温过程，相应的应力应变曲线可近似视为等温曲线；而高应变率下的动态应力—应变过程则接近于绝热过程，因而是一个伴有温度变化的热—力学耦合过程，相应的应力应变曲线可近似视为绝热曲线。

这样，如果将一个结构物在爆炸/冲击载荷下的动态响应与静态响应相区别的话，则实际上既包含了介质质点的惯性效应，也包含着材料本构关系的应变率效应。当我们处理爆炸/冲击载荷下的固体动力学问题时，实际上面临着两方面的问题：其一是已知材料的动态力学性能，在给定的外载荷条件下研究介质的运动，这属于应力波传播规律的研究（正问题）；其二是借助于应力波传播的分析来研究材料本身在高应变率下的动态力学性能，这属于材料力学性能或本构关系的研究（反问题）。问题的复杂性正在于：一方面应力波理论的建立需要依赖于对材料动态力学性能的了解，是以已知材料动态力学性能为前提的；而另一方面材料在高应变率下动态力学性能的研究又往往需要依赖于应力波理论的分析指导。因此应力波的研究和材料动态力学性能的研究之间有着特别密切的关系。

虽然从本质上说材料本构关系总是或多或少地对应变率敏感，但其敏感程度视不同材料而异，也视不同的应力范围和应变率范围而异。在一定的条件下，有时可近似地假定材料本构关系与应变率无关，在此基础上建立的应力波理论称为**应变率无关理论**。其中，根据应力应变关系是线弹性的、非线性弹性的、塑性的等，则分别称为线弹性波、非线性弹性波、塑性波理论等。反之，如果考虑到材料本构关系的应变率相关性，相应的应力波理论则称为**应变率相关理论**。其中，根据本构关系是黏弹性的、黏弹塑性的、弹黏塑性的等，则分别称为黏弹性波、黏弹塑性波、弹黏塑性波理论等。

应力波理论的发展,首先是从应变率无关理论开始的。线弹性波理论是在19世纪20年代由Poisson,Остроградский,Stokes等人以及随后由Rayleigh等人与弹性振动的研究相联系而发展起来的(Kolsky,1953)。

塑性波理论的建立几乎比线弹性波理论晚了整整100年。关键在于需要解决两个难题:一是由于塑性加载时的非线性应力应变关系,相应地需要发展非线性加载波理论;二是由于塑性变形的不可逆性,卸载与加载时分别遵循不同的应力应变关系,相应地需要发展卸载波理论。从这一角度出发,最早的塑性波的研究可追溯到 L. H. Donnell(1930)的工作。但塑性波理论的真正建立和发展,是直到第二次世界大战时由于军事技术的需要,由 T. von Kármán(1942)在美国,G. I. Taylor(1940)在英国和 Х. А. Рахматулий(1945)在苏联分别独立发展的,直到战后才公开宣布。从理论发展的思路来说,他们所建立的一维杆塑性波理论,是沿着把较低应力下的线弹性波理论推广到较高应力下的塑性波理论这一途径发展的。

另外,在第二次世界大战期间,人们又沿着另一途径发展了塑性波理论,即把很高压力下的固体当作可压缩流体来处理而忽略其剪切强度,从而把流体动力学中有关冲击波的研究推广到高压固体,发展了固体冲击波理论(流体动力学近似),其典型代表是 Rice,McQueen 和 Walsh 等在20世纪40年代所做的大量工作。此后这一理论又推广到次高压或中等压力下以计及固体剪切强度的影响(郑哲敏,解伯民,1965;Lee,1971;Chou,Hopkins,1972),从而建立和发展了一维应变塑性波理论(流体弹塑性模型)。

至于与应变率相关的黏塑性波理论是20世纪50年代前后由 В. В. Соколовский (1948)及 L. E. Malvern(1951)等提出弹黏塑性波一维理论后才开始发展起来的。P. Perzyna(1963)把这一理论推广到了三维情况。此后,开展了一系列研究,值得注意的有:从宏观唯象角度,发展了幂函数型率相关的 Cowper-Symonds(1957)方程和对数型率相关的 Johnson-Cook(1983)方程;从微观位错动力学角度,发展了线性势垒的 Seeger (1955)模型、非线性双曲形势垒谱模型(Wang,1984)、计及应变硬化的 Zerilli-Armstrong (1987)模型以及计及应变率历史效应的力学阈值应力 MTS 模型(Follansbee,1988)等。

近70年来,应力波的研究和应用取得了迅速发展,广泛地应用于地震研究,工程爆破(开矿、修路、筑坝……),爆炸加工(成型、复合、焊接、硬化……),爆炸合成(人造金刚石、人造氮化硼……),超声波和声发射技术,机械设备的冲击强度,工程结构建筑的动态响应,武器效应(弹壳破片的形成、聚能破甲、穿甲、碎甲、核爆炸和化学爆炸的效应及其防护……),微陨石和雨雪冰沙等对飞行器的高速撞击,地球和月球表面的陨星坑的研究,动态高压下材料力学性能(包括固体状态方程)、电磁性能和相变等的研究,材料在高应变率下的力学性能和本构关系的研究,动态断裂的研究,以及高能量密度粒子束如电子束、X射线、激光等对材料的作用的研究等。

本书从第二章开始将首先讨论一维杆中应力波的初等理论。在建立基本关系式以后,将由浅入深地依次对弹性波(第三章)、弹塑性加载波和卸载波(第四章)、刚性卸载(第五章)、黏弹性波和弹黏塑性波(第六章)等逐一加以讨论。内容的取舍不追求包罗万象而取决于系统叙述的需要,并且不停留于原文献的转述或简单综合,而是按照统一的逻辑系统和处理方法进行的。书中主要采用 Lagrange 描述法,但对 Euler 描述法也作了介绍。我们希望通过这样的叙述使读者对应力波理论有一个初步而又比较系统的了解。

对于初次接触应力波理论的读者来说,前五章是基础性的。虽然其内容限于简单的一维运动,但由于数学处理上较简单,所以更便于初学者掌握和理解应力波的概念和解题方法。应力波理论主要关心的是介质不断随坐标和时间变化着的非均匀、非定常运动,着重于动载荷对介质的局部效应和早期效应的分析。应力波分析中要注意载荷与介质之间的耦合作用,要注意应力波和材料动态力学性能之间相互依赖的密切关系。这些正是固体力学中动力学与静力学理论的主要不同之处。

在第七章中讨论了一维应变平面波传播理论。这里应变是一维的,但应力是三维的,因而本构关系就比较复杂了。讨论是从两个方面进行的:一方面从较低应力下的一维应变弹性波着手,进而讨论较高应力下的一维应变弹塑性波;另一方面从高压下忽略固体剪切强度(流体模型)的固体冲击波理论着手,进而讨论在应力逐渐降低情况下的一维应变弹塑性波(流体弹塑性模型)。为此还简要地讨论了一下固体高压状态方程。

在第八章中讨论了球面波和柱面波。由于两者在数学处理和传播特性上的相似性,可以合在一起讨论。在这里,也是从讨论弹性波开始,进而讨论弹塑性波和黏弹性波,最后讨论弹黏塑性波。另外还介绍了一个刚塑性分析的例子。

作为同时传播互相耦合的纵波和横波的例子,我们在第九章中讨论了横向冲击载荷作用下柔性弦中弹塑性波的传播理论。柔性弦是指可忽略抗弯能力而只能承受切向张力的简单结构元件。在横向(斜向)冲击载荷作用下,弦中既传播着只产生应变而不改变弦的形状的纵波,又传播着只引起弦的形状变化而不产生应变的横波,而两者又是互相影响着的。

在柔性弦中弹塑性波传播理论的基础上计及结构元件的抗弯刚度,接着在第十章中讨论了横向冲击载荷作用下梁中弹塑性波的传播(弯曲波)理论。在这里,弯矩扰动的传播和切力扰动的传播是互相耦合的。本书仅限于讨论基于"平截面假定"和"率无关假定"基础上的初等理论,希望能对初学者有所裨益。

为了对一般情况下应力波的传播有初步了解,在第十一章中简要地讨论了均匀无限介质中的线弹性波,线弹性波在斜入射时的反射和透射,以及 Rayleigh 表面波。

为适应当前电子计算机数值模拟的迅速发展和广泛应用,在第十二章中概括地介绍了应力波的数值求解方法,包括特征线法、有限差分法和有限元法。

此前各章的主要内容属于正分析范畴,刻画了应力波在不同传播媒介和不同条件下的种种传播特性。但只从正分析角度去认识应力波还是不够全面的。应力波的反分析不论在理论上,还是在实际工程应用上,都具有难以替代的重要意义。因此在第十三章集中讨论了应力波的反分析。

应力波理论的内容当然远不止于此。上述内容只是说为更深一步的钻研提供了一个基础,更详细更专门的内容可在所附参考文献中找到。

当前应力波研究的主要动向是:进一步由一维理论向二维、三维理论发展,向复合载荷条件下的应力波研究发展;由小变形的应力波理论向大变形的应力波理论发展;由应变率无关理论向应变率相关理论发展;由纯力学的应力波向热—力学耦合的应力波研究发展;由各向同性介质中的应力波向各向异性介质中的应力波研究发展;由均匀介质中的应力波向非均匀介质(复合材料、泡沫材料、多相材料等)中的应力波研究发展;以及在应力波传播分析中更广泛地采用电子计算机数值模拟和寻找发展新的实验研究技术。

第二章 一维杆中应力波的初等理论

2.1 物质坐标和空间坐标

在研究杆的运动前,先要选定坐标系统。

在连续介质力学中,可以采用两种不同的观点和方法来研究介质的运动,即**物质坐标法**(Lagrange 法)和**空间坐标法**(Euler 法)。

连续介质力学的基本出发点之一是不从微观上考虑物体的真实物质结构,而只在宏观上数学模型化地把物体看作由**连续不断**的**质点**所构成的系统,即把物体看作质点的连续集合。质点的存在以其占有空间位置来表现。不同的质点在一定时刻占有不同的空间位置。一个物体中各质点在一定时刻的相互位置的配置称为**构形**。为了使质点能相互区别,就需要给质点命名,而为了描述质点所占的空间位置,就需要一个参考的空间坐标系。

以我们即将研究的杆的一维运动为例,设质点以 X 来表示(即其命名),其在空间所占的位置以 x 来表示。介质的运动表现为质点 X 在不同的时间 t 取不同的空间位置 x,即 x 是 X 和 t 的函数:

$$x = x(X, t) \qquad (2-1a)$$

固定 X,上式给出质点如何随时间运动,即其空间位置随时间的变化;固定 t,则上式给出时刻 t 时各质点所占的空间位置。一般,在给定时刻一个质点只能占有一个空间位置,一个空间位置上也只能有一个质点。所以,反过来也可以从某一时刻 t 时所占的空间位置来确定质点。换言之,只要运动是连续和单值的,式(2-1a)就可反演为

$$X = X(x, t) \qquad (2-1b)$$

一个简单方便的命名质点的方法是用参考时刻 t_0 时在参考空间坐标系中质点所占位置 x_0 来命名质点,把它记作 X。这时,式(2-1a)和式(2-1b)给出了质点在参考时刻 t_0 时的位置和在 t 时刻时的位置两者间的相互转换关系。如果引入一维运动的质点位移 $u(X)$,则 t_0 时刻位于 x_0 的质点 X 经位移 $u(X)$ 在 t 时刻到达空间位置 x,于是式(2-1a)可具体表示为

$$x = X + u \qquad (2-2)$$

附带说明两点:可以取 $t_0 = 0$,即选初始时刻作为上述的参考时间,但也可选其他适当的时刻;用来命名质点的 t_0 时刻的参考空间坐标系可以和描述运动所用的空间坐标系一致,但也可以不同,这些都取决于研究问题的方便。

这样,当研究介质运动时,可以采用两种方法。一种是随着介质中固定的质点来观察物质的运动,所研究的是在给定的质点上各物理量随时间的变化,以及这些量由一质点转到其他质点时的变化,也就是把物理量 ψ 看作质点 X 和时间 t 的函数:$\psi = F(X, t)$。这种方法称为拉格朗日(Lagrange)方法,自变量 X 称为 **Lagrange 坐标**或**物质坐标**。

另一种方法是在固定空间点上观察物质的运动,所研究的是在给定的空间点上以不

同时刻到达该点的不同质点的各物理量随时间的变化,以及这些量由一空间点转到其他空间点时的变化,也就是把物理量 ψ 看作空间点 x 和时间 t 的函数:$\psi=f(x,t)$。这种方法称为欧拉(Euler)方法,自变量 x 称为 **Euler 坐标**或**空间坐标**。

注意到式(2-1a)和式(2-1b),也就是 t 时刻物质坐标和空间坐标之间相互变换的关系式,则以物质坐标描述的物理量 ψ 的函数 $F(X,t)$ 可藉此变成以空间坐标描述的函数 $f(x,t)$,即

$$f(x,t) = F[X(x,t),t]$$

或相反地有

$$F(X,t) = f[x(X,t),t]$$

与之相应地有两种时间微商,即在给定的空间位置 x 上量 ψ 对时间 t 的变化率,记作

$$\frac{\partial \psi}{\partial t} = \left(\frac{\partial f(x,t)}{\partial t}\right)_x \tag{2-3}$$

称为**空间微商(Euler 微商)**;以及跟随着给定质点 X 来观察的量 ψ 对时间 t 的变化率,记作

$$\frac{\mathrm{d}\psi}{\mathrm{d}t} \equiv \left(\frac{\partial F(X,t)}{\partial t}\right)_X \tag{2-4}$$

称为**物质微商(Lagrange 微商)**,或**随体微商**。如果把式中 $F(X,t)$ 看作 (x,t) 的复合函数 $f[x(X,t),t]$,利用复合函数求微商的连锁法则/链式法则(Chain Rule),可得

$$\frac{\mathrm{d}\psi}{\mathrm{d}t} = \left(\frac{\partial f[x(X,t),t]}{\partial t}\right)_x + \left(\frac{\partial f[x(X,t),t]}{\partial x}\right)_t \left(\frac{\partial x}{\partial t}\right)_X =$$

$$\left(\frac{\partial f(x,t)}{\partial t}\right)_x + \left(\frac{\partial f(x,t)}{\partial x}\right)_t \left(\frac{\partial x}{\partial t}\right)_X$$

这里的 $\left(\frac{\partial x}{\partial t}\right)_X$ 是质点 X 的空间位置 x 对时间 t 的物质微商,正是质点的速度 v:

$$v = \left(\frac{\partial x}{\partial t}\right)_X \equiv \frac{\mathrm{d}x}{\mathrm{d}t} \tag{2-5}$$

略去下标时可得

$$\frac{\mathrm{d}\psi}{\mathrm{d}t} = \frac{\partial \psi}{\partial t} + v \frac{\partial \psi}{\partial x} \tag{2-6}$$

当 ψ 为质点速度 v 时,它的物质微商正是质点的加速度 a,即

$$a = \left(\frac{\partial v}{\partial t}\right)_X \equiv \frac{\mathrm{d}v}{\mathrm{d}t} \tag{2-7}$$

而由式(2-6)可知

$$a = \frac{\partial v}{\partial t} + v \frac{\partial v}{\partial x} \tag{2-8}$$

右边第一项是质点速度在空间位置 x 处对时间 t 的变化率,称为**当时加速度/局部加速度**(local acceleration),在定常场中此项为零;第二项是质点速度由于空间位置改变而引起的时间变化率,称为**迁移加速度**,在均匀场中此项为零。

在应力波传播的研究中还应注意波速的描述与坐标系的选择密切相关。如果在物质

坐标中来观察应力波的传播,设在 t 时刻波阵面传播到质点 X 处,以 $X=\phi(t)$ 表示波阵面在物质坐标中的传播规律,则

$$C = \left(\frac{\mathrm{d}X}{\mathrm{d}t}\right)_W = \dot{\phi}(t) \qquad (2-9\mathrm{a})$$

称为**物质波速**(**Lagrange 波速**),或内禀波速。例如,用一系列传感器粘贴在固体长杆上来测杆中波速,因为传感器定位在物质坐标,所测波速为物质波速。如果在空间坐标中来观察应力波的传播,设在 t 时刻波阵面传播到空间点 x 处,以 $x=\varphi(t)$ 表示波阵面在空间坐标中的传播规律,则

$$c = \left(\frac{\mathrm{d}x}{\mathrm{d}t}\right)_W = \dot{\varphi}(t) \qquad (2-9\mathrm{b})$$

称为**空间波速**(**Euler 波速**)。例如,用一系列传感器放置在河流固定空间位置中来测水波波速,因为传感器定位在空间坐标,所测波速为空间波速。这两种波速虽然都是对同一个波的传播速度的描述,由于在不同的坐标系中量度,因而除非波阵面前方介质是静止而无变形的,一般说来,两种波速的值是不等的。

在定义了波速之后,还可以讨论一下在应力波研究中常用的第三种时间微商,即跟随着波阵面来观察的任一物理量 ψ 对时间 t 的总变化率 $\left(\frac{\mathrm{d}\psi}{\mathrm{d}t}\right)_W$,称为**随波微商**。类似于空间坐标中的随体微商(式(2-6)),在空间坐标中的随波微商为

$$\left(\frac{\mathrm{d}\psi}{\mathrm{d}t}\right)_W = \left(\frac{\partial\psi}{\partial t}\right)_x + c\left(\frac{\partial\psi}{\partial x}\right)_t \qquad (2-10\mathrm{a})$$

而在物质坐标中的随波微商为

$$\left(\frac{\mathrm{d}\psi}{\mathrm{d}t}\right)_W = \left(\frac{\partial\psi}{\partial t}\right)_X + C\left(\frac{\partial\psi}{\partial X}\right)_t \qquad (2-10\mathrm{b})$$

式(2-10a)和式(2-10b)也是用不同坐标系表述的同一物理现象。当式(2-10b)中 ψ 具体指质点的空间位置 $x(X,t)$ 时,在一维运动中注意到式(2-2),因此有

$$\left(\frac{\partial x}{\partial X}\right)_t = (1+\varepsilon)$$

此处 $\varepsilon\left(=\frac{\partial u}{\partial X}\right)$ 为工程应变,即可得到平面波传播时空间波速 c 和物质波速 C 间的下述关系:

$$c = v + (1+\varepsilon)C \qquad (2-11)$$

对于在初始质点速度为零和初始应变为零的介质中传播的平面波,空间波速和物质波速显然相同。

2.2 物质坐标描述的杆中纵波的控制方程

在物质坐标中来研究一等截面的均匀杆的纵向运动,取变形前($t=0$ 时)的质点的空间位置作为物质坐标,并选杆轴为 X 轴(图 2-1)。这时,杆在变形前的原始截面积 A_0、原始密度 ρ_0 和其他材料性能参数都与坐标无关,截面形状一般也无限制。

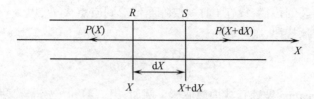

图 2-1 物质坐标表示的等截面均匀杆的微元段

作第一个基本假定:杆在变形时横截面保持为平面,沿截面只有均匀分布的轴向应力。于是各运动参量都只是 X 和 t 的函数,整个问题简化为一维问题。

在下面的讨论中,位移 u、应变 $\varepsilon = \dfrac{\partial u}{\partial X}$、质点速度 $v = \dfrac{\partial u}{\partial t}$ 和应力 σ 等均直接表示 X 方向的分量,除特殊情况外不再加下标 X 来标明。这里的应力是工程应力(即名义应力),应变是工程应变,并且在一维情况下,物质型伸长度 $\dfrac{\partial u}{\partial X}$ 并无小变形的限制。

基本方程的组成包括运动学条件(连续方程或质量守恒方程)、动力学条件(运动方程或动量守恒方程)以及材料本构关系(**物性方程**)。在目前的具体条件下可按下述方法分别求得。

注意到应变 ε 和质点速度 v 分别是位移 u 对 X,t 的一阶导数,由位移 u 的单值连续条件就可得到联系 ε 和 v 的相容性方程,即**连续方程**:

$$\frac{\partial v}{\partial X} = \frac{\partial \varepsilon}{\partial t} \qquad (2-12)$$

考察杆的一长度为 $\mathrm{d}X$ 的微元体(图 2-1)。在截面 R 上作用有总力 $P(X,t)$,而在截面 S 上作用有总力:

$$P(X+\mathrm{d}X,t) = P(X,t) + \frac{\partial P(X,t)}{\partial X}\mathrm{d}X$$

根据牛顿第二定律,应有

$$\rho_0 A_0 \mathrm{d}X \frac{\partial v}{\partial t} = P(X+\mathrm{d}X,t) - P(X,t) = \frac{\partial P}{\partial X}\mathrm{d}X$$

再引入工程应力 $\sigma = P/A_0$,即得运动方程:

$$\rho_0 \frac{\partial v}{\partial t} = \frac{\partial \sigma}{\partial X} \qquad (2-13)$$

注意,在目前的物质坐标表述中,式(2-12)和式(2-13)中的 $\dfrac{\partial}{\partial t}$ 已包含着 X 不变之意,是对时间的随体微商,没有必要再用 $\dfrac{\mathrm{d}}{\mathrm{d}t}$ 表示出来。

关于材料本构关系,先限于讨论应变率无关理论,则作第二个基本假定:应力 σ 只是应变 ε 的函数,即**材料本构关系**可写成

$$\sigma = \sigma(\varepsilon) \qquad (2-14)$$

由于应力波波速很高,在应力波通过微元体的时间内,微元体还来不及和邻近的微元体及周围介质交换热量,因此可近似地认为过程是绝热的。这里写出的本构关系实质上是指

绝热的应力应变关系。正是由于这样一种考虑，我们就无需列出能量守恒方程而得到关于变量 σ、ε、v 的封闭的控制方程组（由式(2-12)~式(2-14)组成）。杆中纵向应力波的传播问题就是从这些基本方程中，按给定的初始条件和边界条件来求解三个未知函数 $\sigma(X,t)$，$\varepsilon(X,t)$ 和 $v(X,t)$。

在以上及以后的讨论中，规定应力和应变均以拉为正，而质点速度以 X 轴正向为正，反之为负。

一般，$\sigma(\varepsilon)$ 是连续可微函数，且设其一阶导数为非零正数，引入

$$C^2 = \frac{1}{\rho_0} \frac{d\sigma}{d\varepsilon} \qquad \frac{d\sigma}{d\varepsilon} > 0 \qquad (2-15)$$

就可由式(2-13)和式(2-14)消去 σ，计及式(2-15)得

$$\frac{\partial v}{\partial t} = C^2 \frac{\partial \varepsilon}{\partial X} \qquad (2-16)$$

或由式(2-12)和式(2-14)消去 ε，计及式(2-15)得

$$\frac{\partial \sigma}{\partial t} = \rho_0 C^2 \frac{\partial v}{\partial X} \qquad (2-17)$$

问题就可化为求解以 ε 和 v 为未知函数的一阶偏微分方程组（由式(2-12)和式(2-16)组成），或化为求解以 σ 和 v 为未知函数的一阶偏微分方程组（由式(2-13)和式(2-17)组成）。

如把 ε 和 v 的表达式代入式(2-16)，则问题可完全等价地归结为求解以位移 u 为未知函数的二阶偏微分方程，即波动方程：

$$\frac{\partial^2 u}{\partial t^2} - C^2 \frac{\partial^2 u}{\partial X^2} = 0 \qquad (2-18)$$

在上述得出控制方程的讨论中，由于作了第一个基本假定，实质上是一个近似处理。这一假定忽略了杆中质点横向运动的惯性作用，即忽略了杆的横向收缩或膨胀对动能的贡献。事实上，质点的横向运动将使杆截面上的应力分布不再均匀，原来的横截面平面就变歪曲了，也不再是一维问题了。计及**横向惯性效应**的精确解的求解要复杂和困难得多。不过，由于杆中弹性波的精确解已知，只要波长比杆的横向尺寸大得多时，这一近似假定所引起的误差是允许忽略的（见 2.8 节）。本章中对于杆中应力波传播理论的讨论都是建立在这一假定基础上的，通常称为**初等理论**或**工程理论**。

第二个基本假定是一切应变率无关应力波理论的共同基本假定。初看之下，似乎只有在弹性变形范围内才是可用的（一般认为材料弹性常数与应变率无关），或对于那些对应变率不敏感的弹塑性材料才是近似可用的。不过考虑到冲击载荷下的应变率比准静态载荷下的要高出好多量级，则这一假定更确切地可理解为：材料在冲击载荷的某一应变率范围内具有平均意义下的唯一的动态应力应变关系，但它与静态应力应变关系是不同的，在此意义上已笼统地计及了应变率的影响。当然，在应变率无关理论中，这种**应变率效应**是不在本构方程中显性地出现的。这样，在一定的实用范围内这一假定常常还是可行的。应变率无关应力波理论在工程应用中仍不失为一个有用的工具。关于杆中的应变率相关应力波理论将在第六章讨论。对于材料应变率效应的研究感兴趣的读者可参看《材料动力学》（王礼立 等，2017）。

2.3 特征线和特征线上相容关系

现在对控制方程式(2-18)作进一步的讨论。

首先注意,由于作了"应力只是应变的函数"的假定,则 $C^2\left(=\dfrac{1}{\rho_0}\dfrac{\mathrm{d}\sigma}{\mathrm{d}\varepsilon}\right)$ 也只是应变 $\varepsilon\left(=\dfrac{\partial u}{\partial X}\right)$ 的函数,因而式(2-18)对于 u 的二阶偏导数而言是拟线性的,属于两个自变量的二阶拟线性偏微分方程。在特殊情况下,当应力是应变的线性函数时,则 C^2 将是常数,于是式(2-18)属于线性偏微分方程。

其次应注意,由于我们不考虑非稳定塑性阶段的特殊情况,所以应力总是随应变单调上升的函数,即 $\dfrac{\mathrm{d}\sigma}{\mathrm{d}\varepsilon}>0$,而密度 ρ_0 又总是正值,故必有 $C^2>0$。于是由二阶偏微分方程的分类可知(参阅有关数学物理方程的教程),式(2-18)属于双曲线型偏微分方程(波动方程),有两族实特征线,即通过自变量平面(X,t)任一点有两条相异的实特征线。

特征线的概念不仅在偏微分方程的分类研究上有重要意义,对我们来说,尤其重要的在于它是解双曲线型偏微分方程的主要解法之一——特征线法的基点,在波传播的研究中占有十分重要的地位,特别在一维波的传播问题上获得了广泛的应用。这时实际上把解两个自变量偏微分方程的问题化成了解特征线上的常微分方程问题。

关于特征线可以用几个不同的而又互相等价的方法来定义。主要有两种:一种称为**方向导数法**,即如果能把二阶偏微分方程(或等价的一阶偏微分方程组的线性组合)化为只包含沿自变量平面(X,t)上某曲线 $\mathscr{C}$ 的方向导数的形式时,此曲线 $\mathscr{C}$ 即称为特征线;另一种称为**不定线法**,即如果对自变量平面(X,t)上某曲线 $\mathscr{C}$,由沿此曲线上给定的初值连同偏微分方程一起不足以确定全部偏导数的话,则此曲线 $\mathscr{C}$ 称为特征线。这两种定义方法分别从不同角度反映了特征线的某种性质。不论采用哪一种方法,所得结果是一样的。下面我们将主要采用方向导数法来对式(2-18)加以具体讨论。

设在自变量平面(X,t)上有某曲线 $\mathscr{C}(X,t)$,u 的一阶偏导数也即 v 和 ε,沿此曲线方向的微分为

$$\mathrm{d}v = \dfrac{\partial v}{\partial X}\mathrm{d}X + \dfrac{\partial v}{\partial t}\mathrm{d}t = \dfrac{\partial^2 u}{\partial X\partial t}\mathrm{d}X + \dfrac{\partial^2 u}{\partial t^2}\mathrm{d}t \qquad (2-19)$$

$$\mathrm{d}\varepsilon = \dfrac{\partial \varepsilon}{\partial X}\mathrm{d}X + \dfrac{\partial \varepsilon}{\partial t}\mathrm{d}t = \dfrac{\partial^2 u}{\partial X^2}\mathrm{d}X + \dfrac{\partial^2 u}{\partial t\partial X}\mathrm{d}t \qquad (2-20)$$

式中:$\mathrm{d}X$ 和 $\mathrm{d}t$ 是曲线 $\mathscr{C}(X,t)$ 上的微段 $\mathrm{d}S$ 分别在 X,t 两轴上的分量,也即 $\mathrm{d}X/\mathrm{d}t$ 是曲线 $\mathscr{C}$ 在(X,t)点的斜率。

如果曲线 $\mathscr{C}$ 是式(2-18)的特征线,则式(2-18)左边应能化为只包含 u 的一阶偏导数沿此曲线方向的微分,这只要把式(2-19)和式(2-20)线性组合起来就可做到,于是式(2-18)化为

$$\mathrm{d}v + \lambda \mathrm{d}\varepsilon = \dfrac{\partial^2 u}{\partial t^2}\mathrm{d}t + (\lambda \mathrm{d}t + \mathrm{d}X)\dfrac{\partial^2 u}{\partial X\partial t} + \lambda \dfrac{\partial^2 u}{\partial X^2}\mathrm{d}X = 0 \qquad (2-21)$$

式中:λ 是待定系数。

将上式与式(2-18)对比,可见应该满足下列关系:

$$\frac{1}{dt} = \frac{0}{\lambda dt + dX} = -\frac{C^2}{\lambda dX} \qquad (2-22)$$

由第一个等式得 $\lambda = -\dfrac{dX}{dt}$,再由第二等式即得特征方向为 $\dfrac{dX}{dt} = \pm C$,或写成

$$dX = \pm C dt \qquad (2-23)$$

此即**特征线微分方程**,对其积分可得特征线。把式(2-23)代回式(2-22),得 $\lambda = \mp C$,于是式(2-18)也即式(2-21)化为只包含沿特征线方向微分的常微分方程:

$$dv = \pm C d\varepsilon \qquad (2-24)$$

由于此式规定了在特征线上 v 和 ε 必须满足的相互制约关系,所以称作**特征线上相容关系**。这样,解拟线性偏微分方程式(2-18)的问题就完全等价地化成了解特征线方程式(2-23)和相应的相容关系式(2-24)的常微分方程组问题。

与式(2-23)表示 (X,t) 平面上的特征线相对应,式(2-24)也可看作 (v,ε) 平面上的特征线微分方程,其积分称作 (v,ε) **平面上的特征线**。有时 (X,t) 平面又叫**物理平面**,而 (v,ε) 平面则叫**速度平面**或**状态平面**。于是,式(2-23)和式(2-24)间的对应性在几何意义上表示 (X,t) 平面上的两族特征线与 (v,ε) 平面上的两族特征线之间有一一对应关系(映像)。如图2-2所示,(X,t) 平面上的 G 域与 (v,ε) 平面上的 G' 域之间,$\mathscr{C}$ 线与 $\mathscr{C}'$ 线之间,以及不同族特征线的交点 Q 与 Q' 之间均有对应性。正是这种对应性提供了式(2-18)的特征线解法的基础。

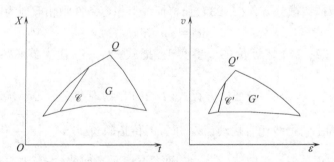

图2-2 (X,t) 平面上的 G 域与 (v,ε) 平面上的 G' 域之间的对应性

以上我们是用方向导数法来讨论的,但也不难用不定线法来得到同样的结论。注意到式(2-12)和式(2-16)组成的一阶偏微分方程组与式(2-18)等价,它们与式(2-19)、式(2-20)共同组成如下方程组:

$$\begin{cases} \dfrac{\partial v}{\partial X} - \dfrac{\partial \varepsilon}{\partial t} = 0 \\[2pt] \dfrac{\partial v}{\partial t} - C^2 \dfrac{\partial \varepsilon}{\partial X} = 0 \\[2pt] \dfrac{\partial v}{\partial X} dX + \dfrac{\partial v}{\partial t} dt = dv \\[2pt] \dfrac{\partial \varepsilon}{\partial X} dX + \dfrac{\partial \varepsilon}{\partial t} dt = d\varepsilon \end{cases}$$

此方程组可看成解四个偏导数 $\dfrac{\partial v}{\partial X}, \dfrac{\partial v}{\partial t}, \dfrac{\partial \varepsilon}{\partial X}, \dfrac{\partial \varepsilon}{\partial t}$ 的代数方程组。写成矩阵的形式,有

$$\begin{bmatrix} 1 & 0 & 0 & -1 \\ 0 & 1 & -C^2 & 0 \\ \mathrm{d}X & \mathrm{d}t & 0 & 0 \\ 0 & 0 & \mathrm{d}X & \mathrm{d}t \end{bmatrix} \begin{bmatrix} \dfrac{\partial v}{\partial X} \\ \dfrac{\partial v}{\partial t} \\ \dfrac{\partial \varepsilon}{\partial X} \\ \dfrac{\partial \varepsilon}{\partial t} \end{bmatrix} = \begin{bmatrix} 0 \\ 0 \\ \mathrm{d}v \\ \mathrm{d}\varepsilon \end{bmatrix} \qquad (2-25)$$

如果曲线 $\mathscr{C}$ 是特征线,上述解不定,则应有

$$\Delta = \Delta_1 = \Delta_2 = \Delta_3 = \Delta_4 = 0$$

式中:

$$\Delta = \begin{vmatrix} 1 & 0 & 0 & -1 \\ 0 & 1 & -C^2 & 0 \\ \mathrm{d}X & \mathrm{d}t & 0 & 0 \\ 0 & 0 & \mathrm{d}X & \mathrm{d}t \end{vmatrix}, \Delta_1 = \begin{vmatrix} 0 & 0 & 0 & -1 \\ 0 & 1 & -C^2 & 0 \\ \mathrm{d}v & \mathrm{d}t & 0 & 0 \\ \mathrm{d}\varepsilon & 0 & \mathrm{d}X & \mathrm{d}t \end{vmatrix}, \Delta_2 = \cdots, \cdots$$

把行列式展开,即可重新得出特征线微分方程式(2-23)和特征线上相容条件式(2-24)。

如果从以 σ 和 v 为未知函数的一阶偏微分方程组(由式(2-13)和式(2-17)组成)出发,类似地可得特征线微分方程(2-23),而特征线上相容条件则相应地为

$$\mathrm{d}\sigma = \pm \rho_0 C \mathrm{d}v \qquad (2-26)$$

它与相容关系式(2-24)是等价的。事实上,把式(2-15)代入式(2-24)即可得到式(2-26)。

下面我们将进一步表明,特征线方程式(2-23)在物理意义上表示扰动的传播,也就是说在 (X,t) 平面上特征线代表扰动(波阵面)的传播轨迹,$C = \sqrt{\dfrac{1}{\rho_0} \dfrac{\mathrm{d}\sigma}{\mathrm{d}\varepsilon}}$ 代表波阵面传播的物质波速,式中正号表示正向波(右行波)而负号表示负向波(左行波)的传播。至于式(2-24)或式(2-26)则确定了扰动传播过程中在波阵面上质点速度 v 和应变 ε 或应力 σ 之间的相容关系,$\rho_0 C$ 称为**波阻抗**。注意式中正号与右行波对应而负号与左行波对应,这和以后将要谈到的跨过波阵面的相容条件中的符号恰好相反(见式(2-63))。

2.4 半无限长杆中的弹塑性加载纵波

下面先来讨论半无限长杆中传播的纵向应力波,杆从 $X=0$ 延伸到 $X=\infty$,这时只有沿正 X 方向传播的单向波,没有波的反射。这就相当于有限长杆在尚未考虑来自另一端的反射波时的情况。此外,我们只考虑单调加载而无卸载的情况。如果外载荷以应力边界条件给出时,$\dfrac{\partial |\sigma|}{\partial t} \geqslant 0$;如以速度边界条件给出时,$\dfrac{\partial |v|}{\partial t} \geqslant 0$。这样的问题最为简单。

2.4.1 线性弹性波

先讨论冲击载荷不大,杆处于弹性变形下的情况。这时,应力和应变之间遵循 Hooke 定律,本构关系式(2-14)简化为

$$\sigma = E\varepsilon \qquad (2-27)$$

式中:E 为 Young 模量。

于是拟线性波动方程式(2-18)简化为线性波动方程:

$$\frac{\partial^2 u}{\partial t^2} - C_0^2 \frac{\partial^2 u}{\partial X^2} = 0 \qquad (2-28)$$

式中:C_0 是完全由材料常数 ρ_0 和 E 所决定的常数,即

$$C_0 = \sqrt{\frac{E}{\rho_0}} \qquad (2-29)$$

由式(2-23)和式(2-24)可知,这时特征线和相应的相容条件分别为 (X,t) 平面和 (v,ε) 平面上斜率为 $\pm C_0$ 的两族直线:

$$dX = \pm C_0 dt$$
$$dv = \pm C_0 d\varepsilon \qquad (2-30a)$$

或者引入积分常数 ξ_1, ξ_2, R_1, R_2 后可写成

$$\begin{cases} X - C_0 t = \xi_1 \\ v - C_0 \varepsilon = R_1 \end{cases} \quad (右行波)$$

$$\begin{cases} X + C_0 t = \xi_2 \\ v + C_0 \varepsilon = R_2 \end{cases} \quad (左行波) \qquad (2-30b)$$

R_1 和 R_2 有时称为 **Riemann 不变量**。

设半无限长杆原来处于静止的自然状态,$t=0$ 时刻在杆端 $X=0$ 处受到一给定条件的撞击,例如杆端质点速度随时间的变化 $v_0(\tau)$ 是已知的。于是,问题归结为在初始条件

$$v(X,0) = \varepsilon(X,0) = 0, 0 < X \leq \infty \qquad (2-31a)$$

及边界条件

$$v(0,t) = v_0(\tau), t \geq 0 \qquad (2-31b)$$

下,求解式(2-28),或按特征线法在上述初始、边界条件下求解式(2-30)。应说明的是,这时是分别解两类初始、边界值问题,即 Cauchy 问题和 Picard 问题。

在 (X,t) 平面上,经任一点有正向和负向两特征线(图 2-3),其中 OA 是经过 $O(0,0)$ 点的正向特征线。先讨论 OA 下方,即 AOX 区的情况。沿 OX 轴的 v 和 ε 按初始条件是已知的,而经 AOX 区中任一点 P 的正向特征线 QP 和负向特征线 RP 都与 OX 轴相交,于是沿这两条特征线的 Riemann 不变量 R_1 和 R_2(见式(2-30))可由初始条件确定:

沿 QP $\quad v - C_0\varepsilon = v(Q) - C_0\varepsilon(Q)$

沿 RP $\quad v + C_0\varepsilon = v(R) + C_0\varepsilon(R)$

因而 QP 和 RP 之交点 P 处的 $v(P)$ 和 $\varepsilon(P)$ 即可由上两式解得:

$$v(P) = \frac{1}{2}\{[v(R) + v(Q)] + C_0[\varepsilon(R) - \varepsilon(Q)]\}$$

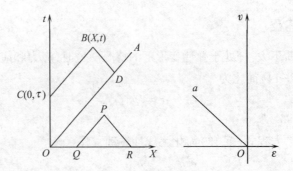

图 2-3 在 (X,t) 平面上，经任一点有正向和负向两特征线

$$\varepsilon(P) = \frac{1}{2C_0}\{[v(R) - v(Q)] + C_0[\varepsilon(R) + \varepsilon(Q)]\} \quad (2-32)$$

在目前零初始条件式(2-31)的情况下，由于有 $v(Q) = \varepsilon(Q) = v(R) = \varepsilon(R) = 0$，因此 $v(P) = \varepsilon(P) = 0$。既然 P 点是 AOX 区中的任意点，因此整个的 AOX 区是 $v = \varepsilon = 0$ 的恒值区。实际上，只要是恒值初始条件，即 $v(Q) = v(R) = $ 常数，$\varepsilon(Q) = \varepsilon(R) = $ 常数，则 AOX 区总是恒值区，总有 $v(P) = v(Q) = v(R)$，$\varepsilon(P) = \varepsilon(Q) = \varepsilon(R)$。

在上述讨论中，OX 这样的初值曲线是一条非特征线，并且经曲线上任一点所作的两条特征线都随时间的增加而进入所讨论区域，所有具有这种性质的曲线（不必和 X 轴平行）通常称为**类空曲线**。由上述讨论可知，在类空曲线的任意线段 QR 上给定 v 和 ε，则可在由 QR 和特征线 QP、RP 为界的曲线三角形区域 QRP 中求得单值解，这类初始、边界值问题，常称为**初值问题**或 **Cauchy 问题**。

现在再讨论 OA 上方，即 AOt 区的情况。既然经任一点 B 的负向特征线 BD 总交于 OA，而沿 OA 已知 $v = \varepsilon = 0$，因此在此区域中恒有 $R_2 = 0$，即恒有

$$v = -C_0\varepsilon = -\frac{\sigma}{\rho_0 C_0} \quad (2-33)$$

正向特征线 CB 总交于 Ot 轴，而沿 Ot 轴的 v 按边界条件式(2-31b)是已知的，于是 R_1 可由点 $C(0,\tau)$ 上的 $v_0(\tau)$ 来确定，即沿 CB 有

$$R_1 = v - C_0\varepsilon = 2v = -2C_0\varepsilon = 2v_0(\tau)$$

注意到正向特征线 CB 的数学表达式为

$$X = C_0(t - \tau)$$

式中 $C_0\tau$ 为积分常数 ξ_1，τ 正是此特征线在 t 轴上的截距。

所以 AOt 区中任一点 $B(X,t)$ 处的 v 和 ε 可确定为

$$v = -C_0\varepsilon = v_0\left(t - \frac{X}{C_0}\right) \quad (2-34)$$

这说明 τ 时刻加于杆端的扰动 $v_0(\tau)$ 是以速度 C_0 在杆中传播，于 t 时刻到达 X 截面。由此可见，特征线在物理意义上表示扰动（波阵面）的传播轨迹。C_0 称为**杆中弹性纵波波速**，完全由材料常数 ρ_0 和 E 所决定（见式(2-29)）。

与类空曲线相对应，像 Ot 轴这样的非特征线，即经曲线上任一点的两条特征线随时间的增加只有一条进入所讨论区域的非特征线，通常称为**类时曲线**。与上述解 AOt 区问

题相类似,在一特征线上给定 v 和 ε,而在一条与之相交的类时曲线上给定 v 或 ε,则可在以此两曲线为界的区域中求得单值解。这类问题称为**混合问题**或 **Picard 问题**。

这样,半无限长杆在杆端受轴向冲击载荷的问题就归结为解 AOX 区中的 Cauchy 问题和解 AOt 区中的 Picard 问题。在 Cauchy 问题中,其解完全由初始条件确定,这意味着只接受杆中初始扰动的影响,不受边界扰动的影响。而在 Picard 问题中,解实际上由初始条件和边界条件共同确定,意味着 AOt 区中任一点 B 不仅受到由左行波传来的初始扰动的影响,而且受到由右行波传来的边界扰动的影响。在本例的初始、边界条件式(2-31)的情况下,初始扰动为零。在边界上,最早扰动沿特征线 OA 以波速 C_0 传播尚未到达之前,即直到 $t=X/C_0$ 之前,截面 X 将一直保持静止的自然状态。所以 AOX 区的状态在 (v,ε) 平面上映照为原点 O(图2-3)。随后,边界扰动 $v_0(\tau)$ 以波速 C_0 依次传到 X 截面。由于沿左行特征线传播过来的初始扰动为零,因而边界扰动沿右行特征线传播过程中扰动状态保持不变(见式(2-34))。这样的波称为**简单波**。对于传入初始处于静止、未变形状态的杆中的弹性简单波,质点速度 v、应变 ε 和应力 σ 之间遵循式(2-33)。此式通常称作**简单波关系**,正是 AOt 区中沿任一条左行特征线 DB 上各点上的状态在 (v,ε) 平面上的映像 Oa 的方程。不难证明,如果杆具有均匀的初始质点速度 v_0、初始应变 ε_0 和初始应力 σ_0,则式(2-33)应改写为

$$v - v_0 = \mp C_0(\varepsilon - \varepsilon_0) = \mp \frac{\sigma - \sigma_0}{\rho_0 C_0} \tag{2-35}$$

式中:负号对应于右行波;正号对应于左行波。

上式给出了弹性波传播中质点速度和应变或应力间的重要基本关系,是弹性波讨论中最常用的。$\rho_0 C_0$ 常称为杆中弹性纵波的**波阻抗**或**声阻抗**,是表征材料在动态载荷下力学特性的一个基本参数。

几种常见材料的杆中弹性纵波波速 C_0 和波阻抗 $\rho_0 C_0$ 的近似数值如表2-1所列(Kolsky,1953)。

表2-1 几种常见材料的杆中弹性纵波波速 C_0 和波阻抗 $\rho_0 C_0$

	钢	铜	铝	玻璃	橡胶
$\rho_0/(10^3 \text{kg/m}^3)$	7.8	8.9	2.7	2.5	0.93
E/GPa	210	120	70	70	2.0×10^{-3}
$C_0/(\text{km/s})$	5.19	3.67	5.09	5.30	0.046
$\rho_0 C_0/(\text{MPa}/(\text{m}\cdot\text{s}))$	40.5	32.7	13.7	13.3	42.8×10^{-3}

注意,在 (v,ε) 平面上(图2-3),恒值区 AOX 只对应于一个点 O;简单波区 AOt 则对应于一段线 Oa,或者说,(X,t) 平面上简单波区的每一条非零扰动的特征线对应于 (v,ε) 平面上的一个点。从上面的讨论中还可以得出一个重要结论:**简单波区总是和恒值区相邻的**。

以上虽然是按照给定杆端的质点速度边界条件来讨论的,但如果杆端给定的是应变边界条件

$$\varepsilon(0,t) = \varepsilon_0(\tau), t \geq 0$$

或应力边界条件
$$\sigma(0,t) = \sigma_0(\tau), t \geq 0$$
也完全可得到类似的结果。

特征线法还提供了一个简单方便的作图法以确定任一时刻杆中应力(或应变、质点速度)分布情况,或任一截面位置上应力(或应变、质点速度)随时间变化情况。在(X,t)平面上作$t=t_1$水平线(图2-4),与简单波各特征线交于1,2,3,4,5,6诸点。既然沿特征线的v(或ε、σ)等于杆端已知值$v_0(t)$(或$\varepsilon_0(t)$、$\sigma_0(t)$),便可得$t=t_1$时刻的质点速度分布,以及相应的应变分布和应力分布,称为**波形曲线**(图2-4中的下图)。类似地,在(X,t)平面上作$X=X_1$垂直线,与各特征线交于$1', 2', 3', 4', 5', 6'$诸点,由此便可求得$X=X_1$截面位置上的质点速度、应变和应力随时间的变化,称为**时程曲线**(图2-4中的右图)。用一系列不同时刻的波形曲线,或一系列不同截面上的时程曲线,可以形象地刻画出应力波的传播。对于线弹性波,由于波速为恒定,应力波在传播过程中波形是不变的。

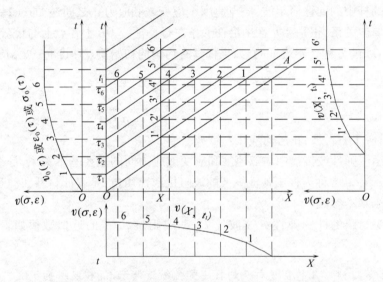

图2-4 用特征线作图法确定任一时刻杆中的波剖面

2.4.2 弹塑性加载波

对于一静止无初应力的细长杆,当杆端受到撞击时,由简单波关系$v = -\sigma/(\rho_0 C_0)$(式2-33)可知,杆中弹性波的应力幅值随撞击速度的增加而成正比地增大。设材料在一维应力下的动态屈服极限之值为Y,则当撞击速度v大于所谓**屈服速度**v_Y,即

$$|v| > v_Y = \frac{Y}{\rho_0 C_0} \tag{2-36}$$

时,材料进入塑性变形,在杆中将传播塑性波。

在特征线法解弹塑性波问题时,由于$C = \sqrt{\dfrac{1}{\rho_0}\dfrac{d\sigma}{d\varepsilon}}$是应变$\varepsilon$的函数,则特征线式(2-23)和特征线上相容关系式(2-24)

$$dX = \pm C dt$$

$$dv = \pm C d\varepsilon$$

在(X,t)平面和(v,ε)平面上一般都不再是直线族。但如果引入

$$\varphi = \int_0^\varepsilon C d\varepsilon = \int_0^\sigma \frac{d\sigma}{\rho_0 C} \tag{2-37}$$

则特征线上相容关系,不论是式(2-24)的形式或者式(2-26)的形式,可统一表示为

$$dv = \pm d\varphi \tag{2-38a}$$

表现在(v,φ)平面上是两族与坐标轴成$\pm 45°$的正交直线:

$$\begin{cases} v - \varphi = R_1 \\ v + \varphi = R_2 \end{cases} \tag{2-38b}$$

显然,在$\sigma = \sigma(\varepsilon)$已知时,$C(\varepsilon)$和$\varphi(\varepsilon)$或$\varphi(\sigma)$也均为已知(图2-5)。

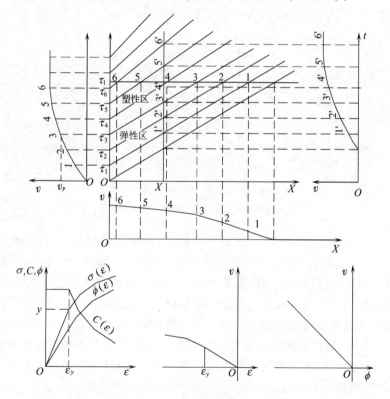

图2-5 塑性简单波的特征线图和对应的$v-\varepsilon$图和$v-\varphi$图

对于在式(2-31a)所给出的初始、边界值条件下解半无限长杆中弹塑性波传播的问题,仍可重复前述有关弹性波讨论中的步骤,归结为在AOX区解一Cauchy问题和在AOt区解一Picard问题(图2-5)。其中恒值区AOX以及简单波区AOt中的弹性波部分与前述弹性波解(图2-4)完全相同;而与边界条件中$|v_0(\tau)| \geq v_Y$部分对应的塑性波部分,由于所有负向特征线都终将与X轴相交,在零初始扰动的初值条件式(2-31a)下,式(2-38b)中的Riemann不变量R_2恒为零,因此在塑性简单波区处处有

$$v = -\varphi = -\int_0^\varepsilon C d\varepsilon = -\int_0^\sigma \frac{d\sigma}{\rho_0 C} \tag{2-39}$$

于是沿正向特征线的 Riemann 不变量 R_1 可由边界条件式(2-31b)确定

$$v = -\varphi = \frac{R_1}{2} = v_0(\tau)$$

即沿正向特征线质点速度 v、应变 ε 和应力 σ 均不变,从而 $C(\varepsilon)$ 也不变,但对不同的正向特征线有不同的 C 值。因此,在塑性简单波区中正向特征线是一系列斜率不同的直线(图 2-5),即

$$X = C(\varepsilon)(t - \tau)$$

式中:C 在物理意义上代表塑性波的传播速度。

由式(2-15)可知,塑性波波速 C 取决于材料的密度 ρ_0 和材料动态应力应变曲线塑性部分的斜率(切线模量)$d\sigma/d\varepsilon$。因此,根据材料应力应变关系 $\sigma = \sigma(\varepsilon)$ 的应变硬化特性的不同,首先要区分两类不同的情况,如图 2-6 所示。

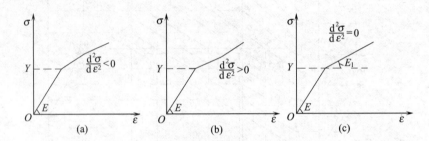

图 2-6 不同硬化特性的应力应变关系
(a) 递减硬化;(b) 递增硬化;(c) 线性硬化。

(1) 对于切线模量随应变增大而减小的材料(**递减硬化材料**),即当 $\sigma—\varepsilon$ 曲线向上凸时($d^2\sigma/d\varepsilon^2 < 0$),塑性波速随应变增大而减小(如图 2-5 左下图 $C(\varepsilon)$ 曲线所示)。这意味着在加载过程中高幅值扰动的传播速度小于其前方的低幅值扰动的传播速度,因而应力波在传播过程中其波剖面将变得越来越平坦(**发散波**)。

(2) 对于切线模量随应变增大而增大的材料(**递增硬化材料**),即当 $\sigma—\varepsilon$ 曲线向下凹时($d^2\sigma/d\varepsilon^2 > 0$),塑性波速随应变增大而增大。这意味着在加载过程中高幅值扰动的传播速度大于其前方的低幅值扰动的传播速度。这样,塑性波在传播过程中其波剖面变得愈来愈陡(**会聚波**),最终在波阵面上发生质点速度和应力应变的突跃,形成所谓**冲击波**。这类问题将在下面(见 2.6 节)作进一步的讨论。

(3) 在特殊情况下,可近似地取切线模量为常数 E_1($d^2\sigma/d\varepsilon^2 = 0$),即所谓**线性硬化材料**。$E_1$ 称为线性硬化模量。这时塑性波传播速度为恒值 $C = \sqrt{\dfrac{E_1}{\rho_0}}$。由于通常 $E_1 < E$,例如对于钢:$E_1/E = 0.003 \sim 0.01$;对于干土:$E_1/E = 0.05 \sim 0.1$(Nowaski, 1978),因此杆中塑性波一般传播得远比弹性波慢。

图 2-5 是在假设材料为递减硬化材料的条件下来讨论的。在 (X,t) 平面上,弹性区中的特征线是斜率相同的平行直线,而塑性简单波区中的正向特征线则是发散的直线族。图中时程曲线的弹性部分(点 3′ 以前)和波形曲线的弹性部分(点 3 以前)其形状是不变的,而两者的塑性波部分则是发散的,在传播过程中将变得愈来愈平坦,波形拉得越来越

长。如果材料改为线性硬化材料,则(X,t)平面中塑性简单波区的正向特征线将是另一族斜率与弹性区特征线不同的平行直线,波剖面中的弹性部分和塑性部分在传播过程中将分别保持不变,但这两部分波剖面间的距离将越来越大,请读者自己作图讨论一下。

图 2-5 还给出了对应的 v—ε 图和 v—φ 图。与以前讨论过的一样,这时恒值区对应于一个点,而简单波区对应于一段线,只是在(v,ε)平面上与塑性简单波区相对应的不再是一段直线而是塑性简单波关系式(2-39)所描述的一段曲线。但当引入 φ 后,在(v,φ)平面上与塑性简单波区相对应的又成为一段直线了。

简单波关系式(2-39)在简单波区处处成立。当用于杆的打击端时,就给出了接触点界面质点速度和应变或应力间的关系。由此还可确定与材料强度极限 σ_b 相对应的**临界冲击速度** v_c 为

$$v_c = -\int_0^{\sigma_b} \frac{\mathrm{d}\sigma}{\rho_0 C} \tag{2-40}$$

当杆的撞击端的质点速度达到这一临界值时,就将在撞击端破坏。

2.5 空间坐标描述的控制方程

用欧拉(Euler)方法来研究弹塑性波的传播时,人们所考虑的是空间的指定区域。既然质量守恒、动量守恒和能量守恒等物理定律是对固定质量的物质而言的,因此用欧拉方法来研究时,人们研究的是各物理量在此控制体积内的变化及其通过此控制体积边界(控制表面)的流动。这时,表征运动特征的各物理量是欧拉变量,即空间坐标 x 和时间 t 的函数。

对于目前所讨论的细长杆中一维应力平面纵波问题,我们把注意力放在 x 及 $x+\mathrm{d}x$ 之间的一个固定的控制体积,如图 2-7 所示。仍然假定杆在运动时横截面保持为平面及各物理量沿截面均匀分布,则问题化为以 x 和 t 为自变量的一维空间问题。

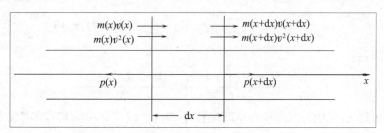

图 2-7 欧拉空间坐标描述的微元控制体积

占有空间长度 $\mathrm{d}x$ 的杆的质量 M 为

$$M = \rho A \mathrm{d}x = \rho_0 A_0 \mathrm{d}X$$

此处 ρ 和 A 都是讨论时刻的真实密度和面积,ρ_0 和 A_0 是变形前的初始密度和面积,而 $\mathrm{d}X$ 是占有空间长度 $\mathrm{d}x$ 的杆微元在变形前的长度。上式表示杆微元变形前后的质量守恒。考虑到 $\mathrm{d}x = (1+\varepsilon)\mathrm{d}X$,再引入线密度(单位长度的质量):

$$m = \rho A = \frac{\rho_0 A_0}{1+\varepsilon} \tag{2-41}$$

根据控制体积的质量守恒,在空间微元 dx 中质量的增加率应等于进入和离开该微元空间的质量流之差,得

$$\frac{\partial m \mathrm{d}x}{\partial t} = m(x)v(x) - m(x+\mathrm{d}x)v(x+\mathrm{d}x)$$

而 dx 内动量的增加率应等于进入和离开该微元的动量流之差与净外力之和:

$$\frac{\partial (mv)\mathrm{d}x}{\partial t} = m(x)v^2(x) - m(x+\mathrm{d}x)v^2(x+\mathrm{d}x) - P(x) + P(x+\mathrm{d}x)$$

这里 $P = \sigma A_0$ 是作用在截面上的总力。经简化后,上两式变成

$$\frac{\partial \varepsilon}{\partial t} + v \frac{\partial \varepsilon}{\partial x} - (1+\varepsilon)\frac{\partial v}{\partial x} = 0 \qquad (2-42)$$

$$\frac{\rho_0}{1+\varepsilon}\left(\frac{\partial v}{\partial t} + v \frac{\partial v}{\partial x}\right) = \frac{\partial \sigma}{\partial x} \qquad (2-43)$$

这就是用 Euler 变量表述的杆的**连续方程**和**动力学方程**。

仍假定应力只是应变的函数:

$$\sigma = \sigma(\varepsilon)$$

并把 $\dfrac{1}{\rho_0}\dfrac{\mathrm{d}\sigma}{\mathrm{d}\varepsilon}$ 记作 C^2(见式(2-15)),则式(2-43)可改写为

$$(1+\varepsilon)C^2 \frac{\partial \varepsilon}{\partial x} - \frac{\partial v}{\partial t} - v \frac{\partial v}{\partial x} = 0 \qquad (2-44)$$

式(2-42)和式(2-44)是以 v 和 ε 为未知函数的一阶偏微分方程组,与 Earnshow 和 Reimann 处理过的理想可压缩流体中有限幅度平面波的传播方程相类似(Courant et al, 1948)。因而塑性连续波也有时称为 **Riemann 波**。用特征线法来求解这一偏微分方程组时,此方程组的线性组合应能化为只包含沿特征线的方向导数。以待定系数 L 和 M 分别乘此两式后再相加,有

$$L\frac{\partial \varepsilon}{\partial t} + [Lv + M(1+\varepsilon)C^2]\frac{\partial \varepsilon}{\partial x} - M\frac{\partial v}{\partial t} - [L(1+\varepsilon) + Mv]\frac{\partial v}{\partial x} = 0$$

这些系数应满足:

$$\frac{\mathrm{d}x}{\mathrm{d}t} = \frac{Lv + M(1+\varepsilon)C^2}{L} = \frac{Mv + L(1+\varepsilon)}{M}$$

从后一等式可得 $L = \pm MC$,由此求得空间坐标中的特征线及相应的相容条件分别为

$$\mathrm{d}x = [v \pm (1+\varepsilon)C]\mathrm{d}t \qquad (2-45)$$

$$\mathrm{d}v = \pm C\mathrm{d}\varepsilon \qquad (2-46)$$

它们分别与物质坐标中的式(2-23)和式(2-24)相对应。

式(2-45)给出了 Euler 波速 $c(=\mathrm{d}x/\mathrm{d}t)$ 和 Lagrange 波速 $C(=\mathrm{d}X/\mathrm{d}t)$ 间的关系,这就是前面得出过的式(2-11)。由于在讨论中是取变形前($t=0$ 时)的质点空间位置作为物质坐标,如果波阵面在物质坐标中的传播速度为 C,当考虑到物质坐标本身的变形时,则相对于波阵面前方质点的相对空间波速应是 $(1+\varepsilon)C$。这个量相当于流体力学中的局部声速。再考虑到质点本身也以 v 在运动,则波阵面在空间坐标中的绝对空间波速显然应当是 $[v \pm (1+\varepsilon)C]$,这就是式(2-11)或式(2-45)的物理意义,式中对右行波取正号,对左

行波取负号。

式(2-46)与物质坐标中的式(2-24)完全相同,这是理所当然的,因为沿特征线的相容条件体现了连续条件、动量守恒条件和材料物性方程,应与坐标系的选择无关。

其实,物质坐标中的基本方程式(2-12),式(2-16)和空间坐标中的基本方程式(2-42),式(2-44)可以互相通过坐标变换得到。变换公式为

$$\left(\frac{\partial}{\partial t}\right)_X = \left(\frac{\partial}{\partial t}\right)_x + v\left(\frac{\partial}{\partial x}\right)_t$$

$$\left(\frac{\partial}{\partial X}\right)_t = \frac{\partial x}{\partial X}\left(\frac{\partial}{\partial x}\right)_t = (1+\varepsilon)\left(\frac{\partial}{\partial x}\right)_t$$

方程的形式虽然在两种坐标中各异,但问题的物理实质则不会由于坐标系的不同而异。

在应力波传播的实验研究中,当测试元件固定在空间中时,测得的是 Euler 波速;而当测试元件固定在试件上时,测得的是 Lagrange 波速。如果波阵面前方的质点速度和应变皆为零则两者相一致。

2.6 强间断和弱间断,冲击波和连续波

在波阵面上,根据介质连续性要求,质点位移 u 必定连续,但其导数则可能间断。这种"具有导数间断"的面,在数学上称为**奇异面**。如果 u 的一阶导数间断,也即质点速度 $v\left(=\frac{\partial u}{\partial t}\right)$ 和应变 $\varepsilon\left(=\frac{\partial u}{\partial x}\right)$ 在波阵面上有突跃,则称为**一阶奇异面**或**强间断**。例如递增硬化材料中的塑性波由于高幅值扰动的传播速度大于低幅值扰动的传播速度,最终将形成这样的强间断。这类应力波常称为**冲击波**。如果 u 及其一阶导数皆连续,但其二阶导数如加速度 $a\left(=\frac{\partial v}{\partial t}=\frac{\partial^2 u}{\partial t^2}\right)$ 等间断,则称为**二阶奇异面**。这类应力波又常称为**加速度波**。依此类推,还可以有更高阶的奇异面。二阶及更高阶的奇异面均为**弱间断**。例如,递减硬化材料中的塑性波由于高幅值扰动的传播速度小于低幅值扰动的传播速度,而只能形成这样的弱间断。这类应力波的波剖面是连续的,称为**连续波**。

前面在讨论半无限长杆中的应力波的传播问题时,在图 2-4 和图 2-5 中,我们均暂时假定杆端所受的撞击速度是随时间逐渐增加的所谓渐加载荷,也即假定边界条件式(2-31b)至多是具有初始弱间断的边界条件,$v_0(\tau)$ 是 τ 的连续函数。如果将图中的 $v_0(\tau)$ 当 $\tau \geqslant \tau_6$ 时保持为恒值,且令 $\tau_6 \to 0$,其极限情况即对应于突加恒速撞击,这时边界条件中就包含强间断。

应力波是以强间断还是弱间断的方式传播,主要取决于材料应力应变关系和边界条件的不同而定,现分以下几种情况进行讨论(图 2-8)。

(1) 在线弹性材料的情况下(图 2-8(a)),如果边界条件是弱间断边界条件,则弹性波也是弱间断波;如果边界条件是强间断边界条件,则弹性波也是强间断波,即完全视边界条件而定。事实上,在图 2-4 中如先设对于 $\tau \geqslant \tau_6$,$v_0(\tau)$ 为恒值,则 X—t 图中的 $6\tau_6 t$ 区也是恒值区。再令 $\tau_6 \to 0$,则原来经过 t 轴上 $0 \sim \tau_6$ 间各点的正向特征线将全部重叠在 OA 上,OA 两侧都是恒值区,在 OA 线上发生 v、ε 和 σ 的突跃,即特征线 OA 是强间断波阵面

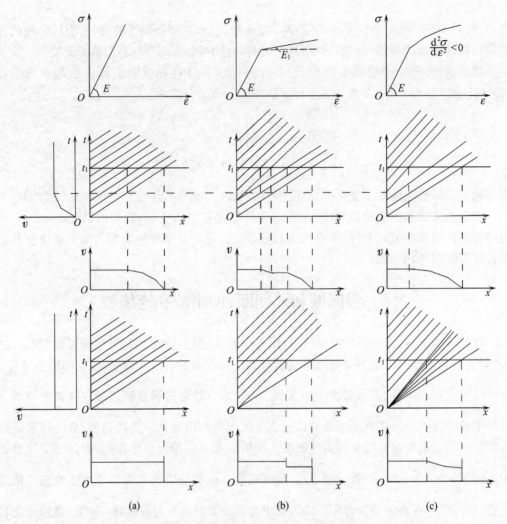

图 2-8 应力波的传播特性随材料应力应变关系和边界条件而不同

的传播轨迹,波速仍为 C_0。这表明对于线性波,其初始间断是什么性质的将继续作为该性质的间断传播。这正是线性双曲线型偏微分方程的一个主要特性。

(2) 在应力应变关系为线弹性—线性硬化塑性的情况下(图 2-8(b)),如果边界条件是连续加载,则弹性波和塑性波分别都是波剖面保持不变的连续波,但两者间的距离将在传播过程中愈拉愈远。这里已设线性硬化模量 E_1 小于杨氏模量 E。如果边界条件是突加载荷(强间断),则形成两个强间断波(**双波结构**),在斜率为 C_0 的特征线上先发生一次弹性突跃,再在斜率为 C_1 的特征线上发生一次塑性突跃。这两个陡峭的波阵面(冲击波)之间的距离在传播过程中越拉越远。

(3) 在应力应变关系为线弹性—递减硬化塑性的情况下(图 2-8(c)),对于弱间断边界条件,如在图 2-5 中已讨论过的,形成弱间断弹塑性波。如果边界条件是突加恒值载荷,这相当于在图 2-5 中设 $v_0(\tau)$ 当 $\tau \geqslant \tau_6$ 时,为恒值,再令 $\tau_6 \to 0$,则原来弹性波区的平行特征线将重叠于 OA 上形成强间断弹性波;塑性波区的发散的特征线将共交于

O 点(奇异点),形成所谓**中心波**。这时,强间断边界条件中的弹性部分保持以强间断波传播,而其塑性部分则从传播一开始就转变为弱间断,以发散的连续波的形式传播。在传播过程中波剖面将变得越来越平坦。可见,对于塑性部分为 $d^2\sigma/d\varepsilon^2<0$ 的材料,即使初始或边界条件中包含强间断,在塑性波传播过程一开始也将消失,不再以强间断的形式传播。

(4) 在应力应变关系为线弹性—递增硬化塑性的情况下,如前曾指出,由于对于塑性波来说有

$$\frac{dC}{d\varepsilon} = \frac{1}{2\rho_0 C}\frac{d^2\sigma}{d\varepsilon^2} > 0$$

即高幅值塑性扰动的波速大于低幅值塑性扰动的波速,因而塑性加载波是会聚波,在传播过程中其波剖面前缘变得越来越陡,最终几乎瞬时地(约为 10^{-8} s 量级)发生应力、应变和质点速度的突跃,即形成冲击波(图 2-9)。应注意,这是一种与(1)和(2)情况下讨论过的线弹性材料或线性硬化塑性材料在突加载荷边界条件下所产生的强间断波有所不同的另一类强间断波。事实上,(1)和(2)中所讨论的那种强间断波完全是由边界条件出现强间断所引入的,在热力学上并不引起额外的熵增;而现在所说的这种强间断波则是由应力波传播的会聚性质所形成的,不论其边界条件如何。在以后的讨论中(见 2.7 节)将会看到,这是一种在热力学上引起额外突跃熵增的冲击波。

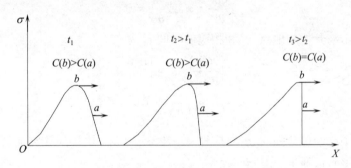

图 2-9 在递增硬化塑性的情况下形成冲击波

当然,这类冲击波之所以能形成,虽然完全取决于材料本构关系的特定的非线性性质,但其形成的时间和地点,则还同时与初始条件或边界条件有关。例如,对于右行简单波,设已知初始时刻的波形为

$$\sigma(X,0) = f(\xi)$$

式中:ξ 为 $t=0$ 时 X 轴上的距离。

对于右行波,由于 $X=\xi+C(\sigma)t$,因而有

$$\sigma = f[X - C(\sigma)t]$$

或用 f 的反函数 F 表示,有

$$X = F(\sigma) + C(\sigma)t$$

冲击波的形成条件对应于

$$\frac{\partial \sigma}{\partial X} = \infty \quad \text{或} \quad \frac{\partial X}{\partial \sigma} = 0 \tag{2-47}$$

由此可求得冲击波开始形成的时间 t_0 和相应的位置 X_0 为

$$t_0 = \left\{ -\frac{1}{C'(\sigma)f'} \right\}_{\min} = \left\{ -\frac{F'(\sigma)}{C'(\sigma)} \right\}_{\min}$$

$$X_0 = F(\sigma) - \frac{C(\sigma)F'(\sigma)}{C'(\sigma)} \tag{2-48}$$

式中：$\{\}_{\min}$ 表示取最小值,这是因为如果式(2-48)没有取最小值的限制,则与每一应力相对应都可以有满足该式的时刻,只有其中的最小值才是冲击波开始建立的时刻。

如果初始条件中已经包含强间断,即对应地有 $f'(\xi) = \infty$,则 $t_0 = 0$。类似地,设已知边界条件为

$$\sigma(0, t) = g(\tau)$$

对于右行波,由于 $X = C(\sigma)(t - \tau)$,因而有

$$\sigma = g\left[t - \frac{X}{C(\sigma)}\right]$$

或用 g 的反函数 G 表示,有

$$t = G(\sigma) + \frac{X}{C(\sigma)}$$

冲击波的形成条件对应于

$$\frac{\partial \sigma}{\partial t} = \infty \quad \text{或} \quad \frac{\partial t}{\partial \sigma} = 0$$

由此可求得冲击波开始的地点 X_0 和相应的时间 t_0 为

$$X_0 = \left\{ \frac{C^2}{g'C'} \right\}_{\min} = \left\{ \frac{C^2 G'}{C'} \right\}_{\min}$$

$$t_0 = G(\sigma) + \frac{CG'}{C'} \tag{2-49}$$

如果边界条件中已经包含强间断,对应地有 $g' = \infty$,则 $X_0 = 0$,即对于突加载荷从一开始就以强间断波的形式传播了。

值得提出的是,在突加恒值载荷的边界条件下,例如当 $v(0, t) = v_1$ 时,半无限长杆中弹塑性波的传播问题具有**自模拟解**(参看附录Ⅲ)。von Karman 于 1942 年最先提出的塑性波理论就是对于递减硬化塑性材料在这种特殊条件下得出的。这时,问题中不包含特征长度和特征时间。如果从以 ε 和 v 为未知函数的控制方程组(由式(2-12)和式(2-16)组成)出发,根据量纲分析和 π 定理可知,应变 ε 可表示为如下的无量纲函数关系：

$$\varepsilon = g\left(\frac{C(\varepsilon)}{v_0}, \frac{X}{v_0 t}\right)$$

换言之,X 和 t 不能成为独立变量,而以 X/t 的组合出现。这样,引入 $\beta = X/t$,显然有

$$\varepsilon = f\left(\frac{X}{t}\right) = f(\beta)$$

则位移 u 为

$$u = \int_\infty^X \frac{\partial u}{\partial X} dX = \int_\infty^X f(\beta) dX = t \int_\infty^\beta f(\beta) d\beta$$

由此，u 对 X 和 t 的二阶偏导数分别为

$$\frac{\partial^2 u}{\partial X^2} = \frac{1}{t}f'(\beta)$$

$$\frac{\partial^2 u}{\partial t^2} = \frac{\beta^2}{t}f'(\beta)$$

代入以位移为未知函数的控制方程式(2-18)，可得

$$(\beta^2 - C^2)f'(\beta) = 0$$

就得到两个解(图 2-10)为

$$f'(\beta) = 0$$
$$\beta^2 = C^2$$

第一个解给出 $\varepsilon = f(\beta) = $ 常数，对应于恒值区。第二个解给出 $X/t = C(\varepsilon)$，对应于中心波区。只要 X/t 值相同，ε 也就不变，而与 X 和 t 的具体数值无关。

由边界条件

$$u = u(0,t) = v_1 t = t\int_{\infty}^{0} f(\beta)\,\mathrm{d}\beta$$

可得

$$v_1 = -\int_0^{\infty} f(\beta)\,\mathrm{d}\beta = -\int_0^{\infty}\varepsilon(\beta)\,\mathrm{d}\beta$$

这代表图 2-10 曲线下的面积积分，因此可改写为

$$v_1 = -\int_0^{\varepsilon_1}\beta(\varepsilon)\,\mathrm{d}\varepsilon = -\int_0^{\varepsilon_1} C(\varepsilon)\,\mathrm{d}\varepsilon$$

这也就是式(2-39)在杆端的具体应用。

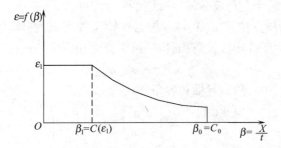

图 2-10　在突加恒值载荷边界条件下半无限长杆中弹塑性波传播的自模拟解

2.7　波阵面上的守恒条件

现在我们来考察一平面波波阵面作为一奇异面在连续介质中传播时，在波阵面上各运动参量所应满足的限制条件，也即在波阵面前后各量间所应满足的相容条件。

设有一平面波波阵面以物质波速 $\mathscr{D} = \mathrm{d}X/\mathrm{d}t$ 沿 X 轴正向传播（右行波），这里 X 指波阵面在 t 时刻在物质坐标中的位置。站在波阵面上来观察任一物理量 $\psi(X,t)$ 对时间的总变化率的话，即按随波微商（见式(2-10)）有

$$\frac{\mathrm{d}\psi}{\mathrm{d}t} = \frac{\partial\psi}{\partial t} + \mathscr{D}\frac{\partial\psi}{\partial X} \tag{2-50}$$

把 ψ 在波阵面前方和后方的值记作 ψ^+ 和 ψ^-，而把两者之差记作 $[\psi]$：
$$[\psi] = \psi^- - \psi^+ \tag{2-51}$$
显然，ψ 在波阵面上连续时 $[\psi]=0$，有间断时则 $[\psi]\neq 0$，$[\psi]$ 即表示间断突跃值。对 ψ^- 和 ψ^+ 分别应用式(2-50)，然后相减，得到
$$\frac{\mathrm{d}}{\mathrm{d}t}[\psi] = \left[\frac{\partial \psi}{\partial t}\right] + \mathscr{D}\left[\frac{\partial \psi}{\partial X}\right] \tag{2-52}$$
如果 ψ 本身连续，其一阶导数在波阵面上间断（一阶奇异面），则有
$$\left[\frac{\partial \psi}{\partial t}\right] = -\mathscr{D}\left[\frac{\partial \psi}{\partial X}\right] \tag{2-53}$$
这是著名的 **Maxwell 定理**。

分别用 $\dfrac{\partial \psi}{\partial t}$ 和 $\dfrac{\partial \psi}{\partial X}$ 代替式(2-52)中的 ψ，得
$$\frac{\mathrm{d}}{\mathrm{d}t}\left[\frac{\partial \psi}{\partial t}\right] = \left[\frac{\partial^2 \psi}{\partial t^2}\right] + \mathscr{D}\left[\frac{\partial^2 \psi}{\partial t \partial X}\right]$$
$$\frac{\mathrm{d}}{\mathrm{d}t}\left[\frac{\partial \psi}{\partial X}\right] = \left[\frac{\partial^2 \psi}{\partial t \partial X}\right] + \mathscr{D}\left[\frac{\partial^2 \psi}{\partial X^2}\right]$$
故若 ψ 及其一阶导数皆连续，而其二阶导数在波阵面上间断（二阶奇异面），则有
$$\left[\frac{\partial^2 \psi}{\partial t^2}\right] = -\mathscr{D}\left[\frac{\partial^2 \psi}{\partial X \partial t}\right] = \mathscr{D}^2\left[\frac{\partial^2 \psi}{\partial X^2}\right] \tag{2-54}$$
式(2-52)~式(2-54)称为**波阵面上的运动学相容条件**，分别对应于波阵面上 ψ 本身、ψ 的一阶导数及 ψ 的二阶导数发生间断时的情况。依此类推，还可以得出更高阶奇异面上的运动学相容条件。对于左行波只需以 $-\mathscr{D}$ 代替 $\mathscr{D}$ 即可。

现把 ψ 具体化为质点位移 $u(X,t)$。根据连续条件要求，波阵面两侧的位移必须相等，即必有 $[u]=0$。对于冲击波波阵面，由一阶奇异面相容条件式(2-53)得
$$[v] = -\mathscr{D}[\varepsilon] \tag{2-55}$$
对于加速度波波阵面，由二阶奇异面相容条件式(2-54)得
$$\left[\frac{\partial^2 u}{\partial t^2}\right] = -\mathscr{D}\left[\frac{\partial^2 u}{\partial X \partial t}\right] = \mathscr{D}^2\left[\frac{\partial^2 u}{\partial X^2}\right]$$
即有
$$\left[\frac{\partial v}{\partial t}\right] = -\mathscr{D}\left[\frac{\partial \varepsilon}{\partial t}\right] = -\mathscr{D}\left[\frac{\partial v}{\partial X}\right] = \mathscr{D}^2\left[\frac{\partial \varepsilon}{\partial X}\right] \tag{2-56}$$
式(2-55)和式(2-56)分别是**冲击波**和**加速度波**的**波阵面上运动学相容条件**，是**质量守恒条件**的体现。

现在再从动力学方面来考察波阵面上有关各量间所应满足的相容条件。

对于强间断波阵面，设 t 时刻位于 AB 位置（图2-11），经过 $\mathrm{d}t$ 时间后到 $A'B'$ 位置，传播的距离 $\mathrm{d}X = \mathscr{D}\mathrm{d}t$。由 $ABA'B'$ 间质点的动量守恒条件：
$$(\sigma^+ - \sigma^-)A_0\mathrm{d}t = \rho_0 A_0 \mathrm{d}X(v^- - v^+)$$
经简化后可得
$$[\sigma] = -\rho_0 \mathscr{D}[v] \tag{2-57}$$

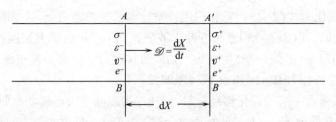

图 2-11 强间断波阵面在 dt 时间传播了 $dX(=\mathscr{D}dt)$ 距离

对于弱间断波阵面,$[v]=0$,$[\sigma]=0$,必须考察 v 和 σ 的偏导数间的关系。例如,对于加速度波,把微分形式的动量守恒关系式(2-13)分别用于波阵面的后方和前方,然后相减,就可得

$$\left[\frac{\partial \sigma}{\partial X}\right] = \rho_0 \left[\frac{\partial v}{\partial t}\right] \tag{2-58}$$

式(2-57)和式(2-58)分别是连续介质中冲击波和加速度波的波**阵面上动力学相容条件**,是**动量守恒条件**的体现。

对于冲击波波阵面,由其运动学相容条件式(2-55)和动力学相容条件式(2-57)消去 $[v]$,可得

$$[\sigma] = \rho_0 \mathscr{D}^2 [\varepsilon]$$

由此可得冲击波波速 $\mathscr{D}$ 与波阵面上应力突跃 $[\sigma]$ 和应变突跃 $[\varepsilon]$ 间的关系为

$$\mathscr{D} = \sqrt{\frac{1}{\rho_0} \frac{[\sigma]}{[\varepsilon]}} \tag{2-59}$$

对于加速度波波阵面,由其运动学相容条件式(2-56)和动力学相容条件式(2-58)消去 $\left[\frac{\partial v}{\partial t}\right]$,就得到

$$\left[\frac{\partial \sigma}{\partial X}\right] = \rho_0 \mathscr{D}^2 \left[\frac{\partial \varepsilon}{\partial X}\right]$$

由此可得加速度波波速 $\mathscr{D}$ 与波阵面上应力梯度突跃 $\left[\frac{\partial \sigma}{\partial X}\right]$ 和应变梯度突跃 $\left[\frac{\partial \varepsilon}{\partial X}\right]$ 间的关系为

$$\mathscr{D} = \sqrt{\frac{1}{\rho_0} \frac{\left[\frac{\partial \sigma}{\partial X}\right]}{\left[\frac{\partial \varepsilon}{\partial X}\right]}} \tag{2-60}$$

注意,波阵面上运动学相容条件和动力学相容条件的导出与材料物性无关,对任何连续介质中的平面波一概成立。但波速 $\mathscr{D}$ 的具体确定则与材料性能有关。一般说来,$[\sigma]-[\varepsilon]$ 间的关系与 $\left[\frac{\partial \sigma}{\partial X}\right]-\left[\frac{\partial \varepsilon}{\partial X}\right]$ 间的关系是不同的,因此一般情况下冲击波波速与加速度波波速不同。

在应变率无关应力波理论中,假定材料有唯一的动态应力应变关系,即应力只是应变的单值连续函数 $\sigma=\sigma(\varepsilon)$,因此有

$$\left[\frac{\partial \sigma}{\partial X}\right] = \frac{d\sigma}{d\varepsilon} \left[\frac{\partial \varepsilon}{\partial X}\right]$$

于是式(2-60)就化为式(2-15),重新得出弹塑性连续波波速由 σ—ε 曲线的切线斜率所决定的结论。这时,式(2-59)则意味着冲击波波速由 σ—ε 曲线上连接冲击波初态点和终态点的弦线的斜率(割线斜率)所确定。仿照流体动力学中有关冲击波的讨论(Courant et al,1948),此弦线称为 **Rayleigh 弦线**或**激波弦**。

例如对于线弹性—递增硬化塑性材料,塑性冲击波波速由连接动态屈服点 A(冲击波初态)和终态点 B 的激波弦 AB 的斜率所确定(图 2-12)。只要此弦线的斜率小于弹性模量,则塑性冲击波速 $\mathscr{D}_p$ 总小于弹性波速 C_0(双波结构)。反之,一旦 $\mathscr{D}_p \geqslant C_0$,将形成单一的弹塑性冲击波。在应力与应变之间满足线性关系的特殊情况下,$\dfrac{[\sigma]}{[\varepsilon]} = \dfrac{\mathrm{d}\sigma}{\mathrm{d}\varepsilon} =$ 常数,冲击波波速就与连续波波速一致。

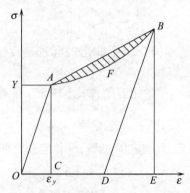

图 2-12　对于线弹性—递增硬化塑性材料,塑性冲击波波速由激波弦 AB 的斜率确定

现在我们再来讨论一下冲击波波阵面上的能量守恒条件。考虑图 2-11 中 $ABA'B'$ 间在 $\mathrm{d}t$ 内的能量守恒,若 e 为单位质量中的内能,则

$$(\sigma^+ v^+ - \sigma^- v^-)A_0 \mathrm{d}t = (e^- - e^+)\rho_0 A_0 \mathrm{d}X + \frac{1}{2}\{(v^-)^2 - (v^+)^2\}\rho_0 A_0 \mathrm{d}X$$

经简化后可得

$$[\sigma v] = -\rho_0 \mathscr{D}[e] - \frac{1}{2}\rho_0 \mathscr{D}[v^2] \tag{2-61}$$

这就是**冲击波波阵面上的能量守恒条件**。

如果引入单位体积的内能 $\mathscr{E} = \rho_0 e$,并把式(2-55)和式(2-57)代入上式,注意到

$$[\sigma v] + \frac{1}{2}\rho_0 \mathscr{D}[v^2] = [\sigma v] + \frac{1}{2}\rho_0 \mathscr{D}[v](v^- + v^+) = [\sigma v] + \frac{1}{2}[\sigma](v^- + v^+) =$$

$$\sigma^- v^- - \sigma^+ v^+ - \frac{1}{2}\{\sigma^- v^- - \sigma^- v^+ - \sigma^+ v^- - \sigma^+ v^+\} =$$

$$\frac{1}{2}\{(\sigma^- + \sigma^+)v^- - (\sigma^- + \sigma^+)v^+\} = \frac{1}{2}(\sigma^- + \sigma^+)[v] =$$

$$-\frac{\mathscr{D}}{2}(\sigma^- + \sigma^+)[\varepsilon]$$

则经演算后可得能量守恒条件的另一形式,为

$$\mathscr{E}^- - \mathscr{E}^+ = \frac{1}{2}(\sigma^- + \sigma^+)(\varepsilon^- - \varepsilon^+) \tag{2-62}$$

对于图 2-12 所示的线弹性—递增硬化塑性材料,在突加载荷下具有双波结构:强间

断弹性前驱波和后随的塑性冲击波。设杆原来处于静止的自然状态,则弹性前驱波波阵面前方的初态对应于图中的 O 点,波阵面后方的终态对应于动态屈服限 A 点,于是有

$$\sigma^- = Y, \varepsilon^- = \varepsilon_y, \mathscr{E}^- = \frac{1}{2} Y \varepsilon_y$$

这意味着弹性前驱波波阵面上内能突跃 $[\mathscr{E}]$ 以应力应变曲线弹性段 OA 下方的三角形 OAC 面积来表示,恰等于单位体积弹性变形功。塑性冲击波波阵面前方的初态对应于 A 点,而波阵面后方的终态对应于由突加载荷边界条件所确定的状态,例如 B 点,则能量守恒条件式(2-62)意味着塑性冲击波波阵面上的内能突跃 $[\mathscr{E}]$ 以激波弦 AB 下方的梯形 $ABEC$ 面积来表示,它比由 A 点变形到 B 点时的单位体积弹塑性变形功的面积 $\int_{\varepsilon_A}^{\varepsilon_B} \sigma \mathrm{d}\varepsilon$ 多出了一块月牙形面积 AFB(图上有阴影线的部分)。这部分能量 ΔQ 为

$$\Delta Q = \frac{1}{2} (\sigma_B + \sigma_A)(\varepsilon_B - \varepsilon_A) - \int_{\varepsilon_A}^{\varepsilon_B} \sigma \mathrm{d}\varepsilon = \mathscr{E}_B - \int_{\varepsilon_A}^{\varepsilon_B} \sigma \mathrm{d}\varepsilon$$

对应于因形成冲击波而多耗散的热能。这是由于冲击波波阵面上的很大的速度梯度,使得本来在应变率无关理论中已近似忽略了的固体内粘滞性质又变得显著起来,产生了相应的不可逆的能量耗散。因此,在冲击波波阵面上的突跃过程虽然是绝热的,却不是等熵的,而是一个因冲击波的形成而有额外的熵增的过程,常称作**冲击绝热过程**。当然应指出,塑性变形本身是不可逆的,在与 B 点对应的变形功 $\int_0^{\varepsilon_B} \sigma \mathrm{d}\varepsilon$ 之中,本来只有与三角形 BDE 面积相当的部分才是可逆的弹性变形功,其余的塑性变形功部分主要也转化为热能耗散了,因此塑性波本来就不是等熵的。但对于塑性冲击波来说,则还将有和 ΔQ 对应的额外的熵增。由于耗散的能量总是正的,必有

$$\Delta Q \geq 0$$

对于线性硬化材料 $\left(\dfrac{\mathrm{d}^2 \sigma}{\mathrm{d}\varepsilon^2} = 0\right)$,$\Delta Q = 0$,内能的增加就等于变形功,因而在这一类材料中形成冲击波时不会引起额外的熵增。

冲击波波阵面上的质量守恒条件式(2-55)、动量守恒条件式(2-57)和能量守恒条件式(2-62)统称**冲击突跃条件**或 **Rankine-Hugoniot 关系**,这里给出的是应用于弹塑性杆中的 Lagrange 形式。

在给定初态下,冲击突跃条件和材料本构方程共 4 个方程给出了联系 5 个未知量 σ^-、ε^-、v^-、e^- 和 $\mathscr{D}$ 之间任一量与其他量的关系,称为**冲击绝热线**或 **Hugoniot 线**。注意,它们只是对于一定的初态点、通过冲击突跃过程所可能达到的平衡终态点的轨迹,而并不描述材料在冲击突跃过程中所经历的状态点。例如冲击绝热 σ—ε 曲线并非材料在绝热条件下的本构 σ—ε 曲线。应该指出,应变率无关应力波理论中关于材料具有唯一的动态应力应变关系的基本假定,在目前讨论冲击波的情况下,还常常包含着忽略上述这两者间的差别。正是由于这一近似,使得我们可以在不考虑能量守恒方程的条件下,从质量守恒方程式(2-55)、动量守恒方程式(2-57)和材料动态应力应变关系式(2-14) 3 个方程出发,就足以在给定的初始边界条件下确定冲击波后方的终态值 σ^-、ε^-、v^- 和波速 $\mathscr{D}$ 了。在更严格的情况下,应该用固体状态方程来代替式(2-14),并计及能量守恒条件,这将在第七章讨论一维应变平面冲击波时进一步加以具体讨论(见 7.7 节)。

如果令冲击波波阵面上的突跃值由有限值趋于无限小,则 3 个守恒条件式(2-55)、式(2-57)和式(2-62)化为弱间断波阵面相应的守恒条件:

$$\begin{cases} \mathrm{d}v = \mp C\mathrm{d}\varepsilon \\ \mathrm{d}\sigma = \mp \rho_0 C\mathrm{d}v \\ \mathrm{d}e = \sigma\mathrm{d}\varepsilon/\rho_0 \end{cases} \quad (2-63)$$

前两式中负号对应于右行波,正号对应于左行波,恰好与沿右行和左行特征线上的相容关系式(2-24)和式(2-26)相差一个符号。这是因为这里所讨论的是波阵面前方和后方状态参量之间的关系,也即**跨过波阵面**时状态参量所应满足的关系,而特征线上相容条件则是**沿着特征线**前进时状态参量之间所应满足的关系。扰动沿着右行特征线传播时将跨过一系列左行特征线,也就是要**跨过**一系列左行波的波阵面,因此两者的相容关系恰好反号。

研究应力波的传播,可以从建立问题的控制方程着手,如我们在 2.1~2.5 节中所作那样;也可以从分析和建立波阵面上应满足的守恒条件着手,如在这一节中所作那样。这两种途径是互通的,在以后的讨论中都将经常用到。

2.8 横向惯性引起的弥散效应

以上所讨论的杆中一维应力纵波理论都是以杆的平截面在变形后仍保持为平截面,并在平截面上只作用着均布的轴向应力 σ_X 这一基本假定为前提的。这时实际上忽略了杆中质点横向运动的惯性作用,即忽略了杆的横向收缩或膨胀对动能的贡献,因而是一种近似理论,通常称为初等理论或工程理论。

下面我们在弹性波范围内来考察一下横向惯性的影响,以搞清初等理论的局限性,明确在什么条件下这一近似理论可用。

我们知道,杆在轴向应力 $\sigma_X(X,t)$ 的作用下除有轴向应变

$$\varepsilon_X = \frac{\partial u_X}{\partial X} = \frac{\sigma_X(X,t)}{E}$$

外,还由于泊松(Poisson)效应必定同时有横向变形

$$\varepsilon_Y = \frac{\partial u_Y}{\partial Y} = -\nu\varepsilon_X(X,t) \qquad \varepsilon_Z = \frac{\partial u_Z}{\partial Z} = -\nu\varepsilon_X(X,t)$$

式中:u_X、u_Y、u_Z 为位移在 X 轴、Y 轴、Z 轴方向的分量;ν 为泊松比。

既然已假定 σ_X,从而 ε_X 只是 X 和 t 的函数而与 Y、Z 无关,因此对上式积分后可得横向位移为

$$u_Y = -\nu Y\varepsilon_X = -\nu Y\frac{\partial u_X(X,t)}{\partial X}$$

$$u_Z = -\nu Z\varepsilon_X = -\nu Z\frac{\partial u_X(X,t)}{\partial X} \quad (2-64)$$

这里取横截面中心为 Y 轴和 Z 轴坐标原点。由此可得横向运动的质点速度 v_Y、v_Z 和质点加速度 a_Y、a_Z 分别为

$$v_Y = \frac{\partial u_Y}{\partial t} = -\nu Y \frac{\partial \varepsilon_X}{\partial t} = -\nu Y \frac{\partial v_X}{\partial X}$$

$$v_Z = \frac{\partial u_Z}{\partial t} = -\nu Z \frac{\partial \varepsilon_X}{\partial t} = -\nu Z \frac{\partial v_X}{\partial X}$$

$$a_Y = \frac{\partial v_Y}{\partial t} = -\nu Y \frac{\partial^2 \varepsilon_X}{\partial t^2} = -\nu Y \frac{\partial^2 v_X}{\partial t \partial X} = -\nu Y \frac{\partial a_X}{\partial X} \quad (2-65)$$

$$a_Z = \frac{\partial v_Z}{\partial t} = -\nu Z \frac{\partial^2 \varepsilon_X}{\partial t^2} = -\nu Z \frac{\partial^2 v_X}{\partial t \partial X} = -\nu Z \frac{\partial a_X}{\partial X}$$

可见,在原平截面上有非均匀分布的横向质点位移、速度和加速度。这意味着相应地存在着非均匀分布的横向应力,从而将导致平截面的歪曲。所以,由于杆中质点的横向运动,应力状态实际上不再是简单的一维应力状态,原来的平截面也不再保持为平截面。严格说来,这是一个三维问题,至少也是一个轴对称(例如圆柱杆)的二维问题。

从能量的角度来看,忽略横向惯性作用相当于忽略横向运动的动能。按式(2-65),每单位体积的平均横向动能为

$$\frac{1}{A_0 dX} \int_{A_0} \frac{1}{2} \rho_0 (v_Y^2 + v_Z^2) dX dY dZ = \frac{1}{2} \rho_0 \nu^2 r_g^2 \left(\frac{\partial \varepsilon_X}{\partial t}\right)^2$$

式中:r_g 是截面对 X 轴的回转半径,且

$$r_g^2 = \frac{1}{A_0} \int_{A_0} (Y^2 + Z^2) dY dZ$$

上一节在初等理论范畴内导出波阵面上能量守恒条件式(2-61)和式(2-63)时,正是忽略了这一横向动能而只考虑了纵向动能。

为了说明横向动能的影响,我们回过头来分析一下图 2-1 所示的微元杆段。由于在以下的讨论中下标 X 已无注明的必要,为方便起见均略去。在运动着的微元体 $A_0 dX$ 上作用着一对静力平衡的力 $A_0 \sigma$ 和一非静力平衡的力 $A_0 \frac{\partial \sigma}{\partial X} dX$。后者与微元体的纵向惯性相关,它所做的功转化为微元体的纵向动能。单位时间内它所做的功等于纵向动能的增加率:

$$A_0 \frac{\partial \sigma}{\partial X} dX \cdot v = \frac{\partial}{\partial t} \left(\frac{1}{2} \rho_0 A_0 dX \cdot v^2\right)$$

整理后,正好就是微元杆段的运动方程式(2-13):

$$\rho_0 \frac{\partial v}{\partial t} = \frac{\partial \sigma}{\partial X}$$

一对静力平衡的力所做的功,在初等理论中全部转化为微元体的内能,在弹性波情况下为应变能(见式(2-63))。而在目前计及横向运动作用的情况下,可看作由两部分所组成:一部分仍使微元体应变能增加,另一部分则近似地认为通过随横向运动所产生的横向应力做功,转变成了横向动能。这样,就单位时间、单位体积而言,有

$$\sigma \frac{\partial \varepsilon}{\partial t} = \frac{\partial}{\partial t}\left(\frac{1}{2} E \varepsilon^2\right) + \frac{\partial}{\partial t}\left(\frac{1}{2} \rho_0 \nu^2 r_g^2 \left(\frac{\partial \varepsilon}{\partial t}\right)^2\right)$$

由此可得到

$$\sigma = E\varepsilon + \rho_0 \nu^2 r_g^2 \frac{\partial^2 \varepsilon}{\partial t^2} \quad (2-66)$$

当与横向动能相关的第二项可忽略时,上式就化为一维应力下的 Hooke 定律。这样,对上式也可作这样的理解:在考虑了横向惯性后,Hooke 定律应被式(2-66)所表示的新的应变率相关的应力应变关系所代替。既然横向惯性修正项与 $\dfrac{\partial^2 \varepsilon}{\partial t^2}$ 成正比,显然只有在载荷随时间的两阶偏导数有十分显著变化的情况下,这一修正才是必要的。

把式(2-66)代入运动方程式(2-13),并以位移为未知函数的形式来表示时,就得到

$$\frac{\partial^2 u}{\partial t^2} - \nu^2 r_g^2 \frac{\partial^4 u}{\partial^2 X \partial t^2} = \frac{E}{\rho_0}\frac{\partial^2 u}{\partial X^2} = C_0^2 \frac{\partial^2 u}{\partial X^2} \qquad (2-67)$$

与式(2-18)对照可知,上式左边第二项即代表横向惯性效应。有了这一项,杆中弹性纵波将不再如初等理论中那样以恒速 C_0 传播,而是对不同频率 f(或波长 λ)的谐波将以不同的波速(相速)C 传播。事实上,如以谐波解

$$u(X,t) = u_0 \exp\{i(\omega t - kx)\}$$

代入式(2-67),则得

$$\omega^2 + \nu^2 r_g^2 \omega^2 k^2 = C_0^2 k^2$$

式中:$\omega(=2\pi f)$ 为圆频率;$k(=2\pi/\lambda)$ 为波数。

由此可知,圆频率为 ω 之谐波其相速 $C(=\omega/k=f\lambda)$ 按下式确定:

$$C^2 = C_0^2 - \nu^2 r_g^2 \omega^2 = \frac{C_0^2}{1+\nu^2 r_g^2 k^2} \qquad (2-68\text{a})$$

当 $\nu^2 r_g^2 k^2 < 1$ 时,近似地有

$$\frac{C}{C_0} \approx 1 - \frac{1}{2}(\nu r_g k)^2 = 1 - 2\nu^2 \pi^2 \left(\frac{r_g}{\lambda}\right)^2 \qquad (2-68\text{b})$$

对于半径为 a 的圆柱杆,$r_g = a/\sqrt{2}$,得

$$\frac{C}{C_0} \approx 1 - \nu^2 \pi^2 \left(\frac{a}{\lambda}\right)^2 \qquad (2-68\text{c})$$

这就是考虑到横向惯性修正的所谓 Rayleigh 近似解(Rayleigh,1887)。上式在 $a/\lambda \leqslant 0.7$ 的范围内,能给出足够好的近似。

上式表明,高频波(短波)的传播速度较低,而低频波(长波)的传播速度较高。对于线弹性波来说,既然任意波形的波总可用频谱分析方法看作由不同频率的谐波分量叠加组成,而不同频率的谐波分量现在将各按自己的相速传播,因此波形不能再保持原形而必定在传播过程中散开来了,即发生所谓波的**弥散现象**。但应注意,这种由横向惯性效应所引起的弥散,不同于过去所述由应力应变关系的非线性所引起的**非线性本构弥散**,也不同于以后在第六章要谈到的由材料黏性效应所引起的**本构黏性弥散**,这里主要是由杆的几何形状所引起的,因而有时称为**几何弥散**。在有关杆中应力波的实验中,例如第三章中将谈到的 Hopkinson 压杆试验中,实测到的波形常常或多或少地呈现这种几何弥散现象,包括如图 2-13 所示的局部的波形振荡。特别是包含高频分量的强间断波在杆中传播时实际上难以保持其陡峭的前沿,波阵面前沿的升时会逐渐增大,杆中传播的所谓冲击波,实际上只是指其波形具有相对地较陡的前沿而已。

由圆杆中弹性波传播的二维(轴对称)数值分析(刘孝敏 等,2000;王礼立 等,2005),可进一步阐明,一维杆中的横向惯性效应具体表现在以下几个主要方面。

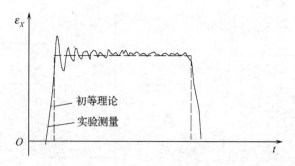

图 2-13 Hopkinson 压杆试验中实测到的代表性波形

1. 杆横截面上应力分布的不均匀性

杆中应力波的初等理论是以应力在杆截面上均匀分布、从而满足一维应力的假定为前提的。横向惯性效应则引起杆截面上的不均匀的二维应力分布。以直径 $D=2R=37\text{mm}$ 钢杆为例（取弹性模量 $E=200\text{GPa}$，密度 $\rho_0=7.8\times10^3\text{kg/m}^3$，泊松比 $\nu=0.3$），设杆端 $X=0$ 处作用一梯形脉冲，幅值为 $\sigma_0=800\text{MPa}$，总加载历时 $120\mu\text{s}$，包括上升沿和下降沿时间各为 $10\mu\text{s}$。二维计算给出的离加载端 $X_1=0.5D$ 处截面上的无量纲轴向应力分布如图 2-14(a)所示。可见轴向应力沿半径由中心向外表面逐渐减小，杆中心处应力最大（接近一维应变状态）、$0.5R$ 处次之、外表面 R 处最小（接近一维应力状态）。但随着应力脉冲向前传播，经历一定传播距离后，横截面上的应力分布将逐渐均匀化，虽然仍表现出显著的波形振荡，如图 2-14(b)所示。

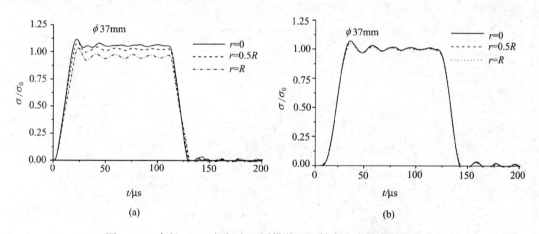

图 2-14 直径 37mm 钢杆在不同横截面上轴向应力随半径的分布
(a) 距离杆端 $0.5D$ 的横截面上，不同半径 $r=0$、$0.5R$、R 处的应力波形；
(b) 距离杆端 $2D$ 的横截面上，不同半径 $r=0$、$0.5R$、R 处的应力波形。

2. 波形振荡

从式(2-68c)可知，谐波的相速度依赖于弹性杆直径与波长之比。随着杆径的增大或波长的减小，图 2-13 所示的波形振荡等弥散现象将会越加明显。在相同的梯形脉冲加载条件下，即仍设梯形脉冲幅值为 σ_0，总的加载历时 $120\mu\text{s}$，且升时和降时均为 $10\mu\text{s}$，对于杆径为 5mm、14.5mm、37mm 和 74mm 四种情况下的二维计算结果分别如图 2-15 之(a)、(b)、(c)和(d)所示。图中各六条曲线分别指 $X=0$（杆端）处、及离杆端 100mm、

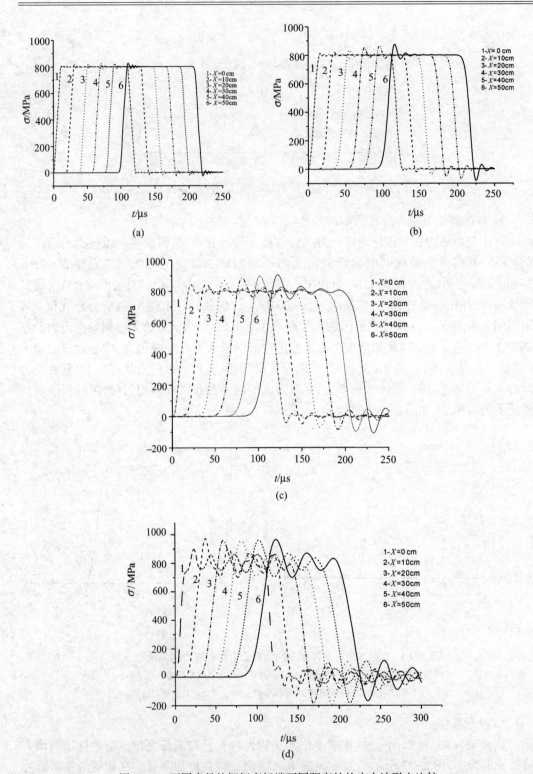

图 2-15 不同直径的钢杆离杆端不同距离处的应力波形之比较
(a) 直径 5mm 杆中应力脉冲波形;(b) 直径 14.5mm 杆中应力脉冲波形;
(c) 直径 37mm 杆中应力脉冲波形;(d) 直径 74mm 杆中应力脉冲波形。

200mm、300mm、400mm 和 500mm 处的应力脉冲波形。从图中可以看到,对于给定杆径,波形振荡随传播距离增大;另一方面,随着杆径增大,波形振荡显著增大。对于升时 10μs 的梯形波,直径 5mm 杆中的波形振荡基本可以忽略,但直径 74mm 的杆中波形振荡已经非常严重。由此可以理解,对于 3.8 节将要讨论的分离式 Hopkinson 压杆,随着压杆直径增大会有严重波形振荡,这将对数据处理和实验结果的精度造成不利影响。

3. 应力脉冲前沿升时的增大

由图 2-15 还可以看到,由于横向惯性效应,应力脉冲的波阵面前沿实际上随传播距离的增加而逐渐由陡变缓,即应力脉冲前沿的升时 t_s(指应力脉冲的起始点到应力最大值所经历的时间)随传播距离而逐渐增大;并且杆径越大,其升时变化越显著。图 2-16 给出不同直径的杆中,应力脉冲升时 t_s 随传播距离 X 而增大的变化曲线。容易理解,随杆径越来越大,既然横向惯性效应越来越显著,则升时随传播距离的增大也愈加显著;尤其在传播的早期,升时变化尤其显著,之后才逐渐趋于稳定值。

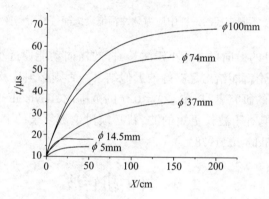

图 2-16 不同直径的钢杆中应力脉冲升时 t_s 随传播距离 X 变化之比较

4. 应力脉冲峰值随传播距离的衰减

横向惯性引起的杆中应力波形的几何弥散,还有一个重要表现,即杆中应力脉冲幅值随传播距离而减小。鉴于梯形脉冲在杆中传播时会出现横向惯性引发的波形振荡,不利于对波幅衰减进行分析,所以下面设有三角脉冲作用于杆端 $X=0$ 处,幅值仍为 $\sigma_0 = 800\text{MPa}$,但其上升沿和下降沿历时各为 150μs。杆径 37mm 的二维计算结果如图 2-17 所

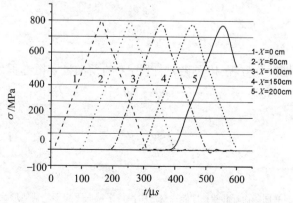

图 2-17 直径 37mm 钢杆中三角形应力脉冲的幅值随传播距离之衰减

示,可见应力脉冲幅值随传播距离而减小。图 2-18 给出杆径分别为 37mm、74mm 和 100mm 三种情况下,应力峰值衰减如何随传播距离 X 而变化的对比。由此可见,杆径越大,衰减越严重。这与杆径越大,其他横向惯性效应越显著是一致的。

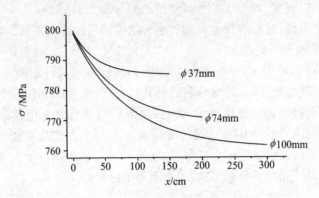

图 2-18　不同直径的钢杆中应力脉冲幅值衰减随传播距离变化之比较

综上所述,只要杆的横向尺寸远小于波长,杆的横向动能便远小于纵向动能,则杆中一维应力波的初等理论就能给出足够好的近似结果。否则必须计及横向惯性所引起的波的几何弥散。更深入的研究表明,在 $a/\lambda \leqslant 0.7$ 的范围内,Rayleigh 修正(见式(2-68))能给出足够好的近似,但对于波长更短的波,就必须讨论更复杂的 Pochhammer-Chree 精确解了(Kolsky,1953;Miklowitz,1978)。

2.9　杆中扭转波

以上仅限于讨论杆中一维应力纵波。在结束这一章前,我们对杆中横波,主要是弹性扭转波的传播,作一简略说明。

我们采用物质坐标,在平截面保持不变形的假定下来研究一等截面均匀圆柱杆的纯扭转运动①。如果 M 表示扭矩,以 φ 表示扭转角(图 2-19),而以 ω 和 θ 分别表示角速度和单位扭转角:

$$\omega = \frac{\partial \varphi}{\partial t}$$

$$\theta = \frac{\partial \varphi}{\partial X} \tag{2-69}$$

则 ω 和 θ 间的相容性微分方程,以及微元杆段 dX 的角动量守恒方程为

$$\frac{\partial \omega}{\partial X} = \frac{\partial \theta}{\partial t} \tag{2-70}$$

$$I \frac{\partial \omega}{\partial t} = \frac{\partial M}{\partial X} \tag{2-71}$$

---

① 由弹性静力学知,只有圆截面杆和圆杆才能在变形中保持平截面不变形。其他形状截面,要作平截面假定是比较勉强的。

式中:I 是单位长度杆元对扭转轴 X 的转动惯量,为

$$I = \int r^2 \mathrm{d}m \tag{2-72}$$

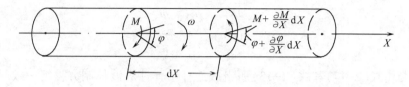

图 2-19 等截面均匀圆柱杆的纯扭转运动

而 m 是线密度($\mathrm{d}m = \rho_0 \mathrm{d}A$)。对于线弹性材料,剪切应力应变关系为

$$\tau = G\gamma \tag{2-73}$$

式中:G 是剪切模量。

在扭转截面不变形的假定下,由材料力学知

$$\tau = \frac{\rho_0 M r}{I} \tag{2-74}$$

$$\gamma = r\theta \tag{2-75}$$

式中:r 表示截面上任一点离扭转轴的距离。

把式(2-74)代入式(2-73)得

$$M = \frac{GI\theta}{\rho_0} \tag{2-76}$$

把此式代入角动量守恒方程式(2-71),则有

$$\frac{\partial \omega}{\partial t} = C_\mathrm{T}^2 \frac{\partial \theta}{\partial X} \tag{2-77}$$

式中已引入

$$C_\mathrm{T} = \sqrt{\frac{G}{\rho_0}} \tag{2-78}$$

式(2-70)和式(2-77)是以角速度 ω 和单位扭转角 θ 为未知函数的一阶双曲型偏微分方程组,在形式上与纵波理论中由式(2-12)和式(2-16)所组成的方程组完全一致。或者把式(2-69)代入式(2-77)后,可得以扭转角 φ 为未知函数的二阶双曲型偏微分方程:

$$\frac{\partial^2 \varphi}{\partial t^2} - C_\mathrm{T}^2 \frac{\partial^2 \varphi}{\partial X^2} = 0 \tag{2-79}$$

显然 C_T 表示**弹性扭转波**的**波速**。既然 $G = E/[2(1+\nu)]$,而泊松比 ν 介于 0~0.5 之间,所以杆中扭转波速小于纵波速,比值 $C_0/C_\mathrm{T} = \sqrt{2(1+\nu)}$ 介于 $\sqrt{2} \sim \sqrt{3}$ 之间。几种常见材料的 C_T 近似数值如表 2-2 所列(Kolsky,1953),参考时可与表 2-1 相对照。

表 2-2 几种常见材料的弹性扭转波的波速

	钢	铜	铝	玻璃	橡胶
G/GPa	81	45	26	28	7.0×10^{-4}
$C_\mathrm{T}/(\mathrm{km/s})$	3.22	2.25	3.10	3.35	0.027

对于平均半径为 a 的薄壁管，设扭转切应力在管截面上均匀分布，则式(2-70)和式(2-77)可改写为

$$\frac{\partial(a\omega)}{\partial X} = \frac{1}{\rho_0 C_T^2}\frac{\partial \tau}{\partial t}$$

$$\frac{\partial(a\omega)}{\partial t} = \frac{1}{\rho_0}\frac{\partial \tau}{\partial X} \tag{2-80}$$

在形式上与由式(2-17)和式(2-13)所组成的杆中弹性纵波控制方程组一致。因此，用特征线法求解时，与式(2-24)或式(2-26)相类似，不难证明有如下结果，即沿特征线

$$dX = \pm C_T dt \tag{2-81a}$$

有以角速度 ω 和单位扭转角 θ 相互联系制约的特征相容关系

$$d\omega = \pm C_T d\theta \tag{2-81b}$$

或有以切应力 τ 和扭转切向速度 $(a\omega)$ 相互联系制约的特征相容关系

$$d\tau = \pm \rho_0 C_T d(a\omega) \tag{2-81c}$$

对于原来处于静止和自然状态下的薄壁管中传播的**扭转简单波**，则波阵面后方各量之间，显然有如下的扭转简单波关系：

$$\omega = \mp C_T \theta$$

$$\tau = \mp \rho_0 C_T a\omega$$

这里负号对应于右行波，而正号对应于左行波。

注意，薄壁管受纯扭转时，与管轴成45°角的方向，即图2-20中的 X' 方向，是主应力方向。因此，薄壁管受纯扭转时，相当于在与管轴成45°角的螺旋纤维上，受到数值为 τ 的沿 X' 轴向的拉伸应力，以及在与之垂直的方向受到数值为 $-\tau$ 的横向压缩应力。这样，如 W. Johnson 在1972年所指出，扭转波以波速 C_T 沿管轴(X轴)方向的传播，也可看作纵波以波速 C_0' 沿与管轴成45°角的螺旋纤维(X'轴)方向的传播，并应有关系：

$$C_T = C_0'\cos 45° = \frac{C_0'}{\sqrt{2}} \tag{2-82}$$

X' 轴方向的应力应变关系，在计及横向压缩时为

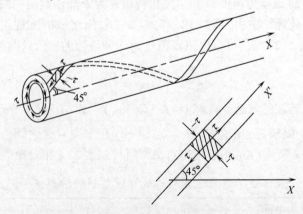

图2-20 薄壁管中扭转波沿管轴的传播，相当于纵波沿与管轴成45°角的螺旋纤维的传播

$$\varepsilon_{X'} = \frac{1}{E}(\tau + \nu\tau) = \frac{1+\nu}{E}\tau$$

把上式代入纵波波速的表达式(2-15)后可知:

$$C_0' = \sqrt{\frac{E}{\rho_0(1+\nu)}}$$

把这一结果代入式(2-82),并注意到 $G = \dfrac{E}{2(1+\nu)}$,则可通过 C_0' 来求得扭转波速 C_T:

$$C_T = \frac{C_0'}{\sqrt{2}} = \sqrt{\frac{E}{2\rho_0(1+\nu)}} = \sqrt{\frac{G}{\rho_0}}$$

与式(2-78)一致。

应该指出,虽然建立在平截面假定基础上的杆中纵波理论只是近似解,但对于圆柱杆中的扭转波,在平截面不变形的假定下所得出的结果,却与 Pochhammer 于 1876 年得出的弹性动力学精确解一致(Kolsky,1953)。不同频率的扭转谐波都以相同的相速 $C_T = \sqrt{G/\rho_0}$ 传播,不发生频率弥散。

本节所讨论的弹性扭转波波速 C_T 其实也就是无限弹性介质中的等容波波速,或畸变波波速,有时也称为剪切波波速。这将在第十一章中讨论。

第三章 弹性波的相互作用

3.1 两弹性杆的共轴撞击

在讨论两弹性波的相互作用前,先来讨论两弹性杆的纵向共轴撞击,这将有利于对弹性波相互作用的理解。

设有两截面尺寸相同的弹性杆 B_1 和 B_2,其声阻抗分别为 $(\rho_0 C_0)_1$ 和 $(\rho_0 C_0)_2$,撞击前的初应力均为零,而初始质点速度分别为 v_1 和 v_2,且设 $v_1<v_2$(图 3-1(a))。在 (σ,v) 平面上这分别对应于初态点 1 和 2(图 3-1(d))。共轴撞击后,将从撞击界面处分别在杆 B_1 中传播右行强间断弹性波和在杆 B_2 中传播左行强间断弹性波(图 3-1(b),图 3-1(c))。在撞击接触面处,两杆质点速度应相同(连续条件),应力应相同(作用力与反作用力互等条件)。据此,再由强间断面上动量守恒条件式(2-57)得

$$\sigma = -(\rho_0 C_0)_1 (v - v_1) = (\rho_0 C_0)_2 (v - v_2)$$

由此可求出撞击后杆中质点速度 v 和应力 σ 分别为

$$\begin{cases} v = \dfrac{(\rho_0 C_0)_1 v_1 + (\rho_0 C_0)_2 v_2}{(\rho_0 C_0)_1 + (\rho_0 C_0)_2} \\ \sigma = -\dfrac{v_2 - v_1}{\dfrac{1}{(\rho_0 C_0)_1} + \dfrac{1}{(\rho_0 C_0)_2}} \end{cases} \quad (3-1)$$

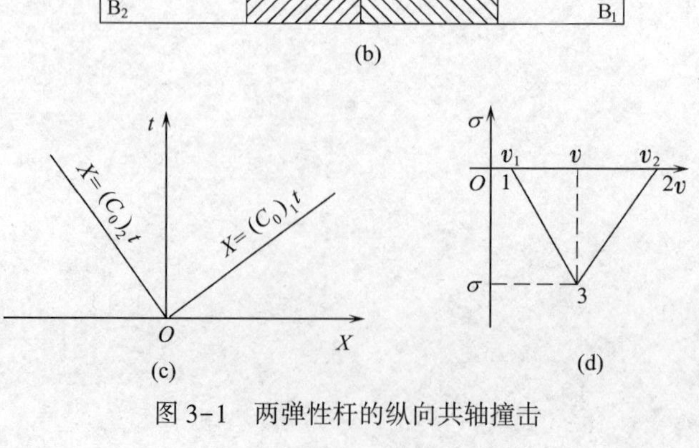

图 3-1 两弹性杆的纵向共轴撞击

在(σ,v)平面上,这对应于经点 1 斜率为$-(\rho_0 C_0)_1$的左行特征线与经点 2 斜率为$(\rho_0 C_0)_2$的右行特征线的交点 3(图 3-1(d))。

如果两杆材料相同,或声阻抗相同,即如果$(\rho_0 C_0)_1 = (\rho_0 C_0)_2 = \rho_0 C_0$,则$v = \frac{1}{2}(v_1+v_2)$,而$\sigma = -\frac{1}{2}\rho_0 C_0(v_2-v_1)$。如果再有$v_1 = -v_2$,则$v = 0$,$\sigma = -\rho_0 C_0 v_2$,相当于杆$B_2$以速度$v_2$撞击刚壁的情况。这结果正和直接设$(\rho_0 C_0)_1 \to \infty$,$v_1 = 0$的刚壁条件相同。如果$(\rho_0 C_0)_2 \to \infty$,则$v \to v_2$,$\sigma \to -(\rho_0 C_0)_1(v_2-v_1)$,相当于刚性杆$B_2$对弹性杆$B_1$的撞击。以上的结果都适用于从碰撞后直到应力波到达杆的另一端之前的情况。待应力波到达杆的另一端之后,将有反射发生,情况就变了,可参阅 3.4 节。

3.2 两弹性波的相互作用

考虑一原来处于静止的自然状态的弹性杆,其左端($X=0$)和右端($X=L$)分别受到突加恒值冲击载荷(图 3-2(a))。于是,从杆的两端出发,将迎面传播两个强间断弹性波(称为一次波),在(X,t)平面上分别以右行特征线 OA 和左行特征线 LA 表示(图 3-2(e))。左行一次波的波阵面所过之处,即跨过特征线 LA,杆将处于v_1、ε_1、σ_1 状态,按式(2-57)并注意到对左行波应变号,有$\sigma_1 = \rho_0 C_0 v_1$;而右行一次波的波阵面所过之处,即跨过特征线 OA,杆将处于v_2、ε_2、σ_2 状态,按式(2-57)有$\sigma_2 = -\rho_0 C_0 v_2$。在$(\sigma,v)$平面上分别对应于从 O 点状态突跃到点 1 和点 2(图 3-2(f))。这和所讨论过的半无限长杆中的弹性波情况相同。在两波相遇的瞬时(图 3-2(c)),界面右方半段杆具有质点速度v_1而左方半段杆具有质点速度v_2,恰如图 3-1 所示两弹性杆共轴撞击瞬时的情况。两波的相互作用就相当于在杆的内部发生了撞击,故有时称为**内撞击**。作为内撞击的后果,从一次波相遇界面处,将

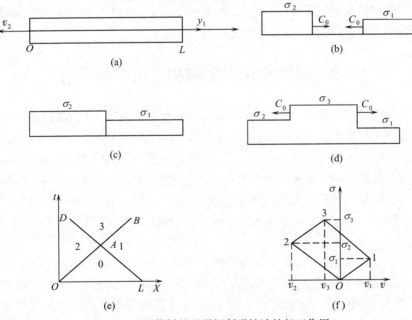

图 3-2 迎面传播的两强间断弹性波的相互作用

分别向杆的两端传播内反射波,即右行二次波 AB 和左行二次波 AD(图 3-2(d),图 3-2(e))。右行二次波波阵面所过之处,即跨过特征线 AB,杆的状态将由 v_1、ε_1、σ_1 按波阵面上相容条件式(2-57)突跃为 v_3'、ε_3'、σ_3',即有

$$\sigma_3' - \sigma_1 = -\rho_0 C_0 (v_3' - v_1)$$

在 (σ,v) 平面上对应于从点 1 以跨过特征线 AB 相一致的方向突跃到点 3′。而左行二次波波阵面所过之处,杆的状态将由 v_2、ε_2、σ_2 按式(2-57)突跃为 v_3''、ε_3''、σ_3'',即有

$$\sigma_3'' - \sigma_2 = \rho_0 C_0 (v_3'' - v_2)$$

在 (σ,v) 平面上对应于从点 2 以跨过特征线 AD 相一致的方向突跃到点 3″。但根据内撞击后界面处应满足质点速度相等(连续条件)及应力相等(作用力和反作用力相等)的条件,有 $v_3'=v_3''=v_3$ 和 $\sigma_3'=\sigma_3''=\sigma_3$。在 (σ,v) 平面上这对应于由经点 1 的左行特征线和经点 2 的右行特征线来确定其交点 3。于是问题同样可解。在这一分析中需要注意,式(2-57)在推导时是对右行波写出的,如是左行波则需以 $-\mathscr{D}$ 代替 $\mathscr{D}$(即需变号),以及一次波和二次波波阵面前方的初始状态是不同的。由此可得

$$\sigma_3 = \underbrace{-\rho_0 C_0 v_2 + \rho_0 C_0 (v_3 - v_2)}_{\text{左半段杆}} = \underbrace{\rho_0 C_0 v_1 - \rho_0 C_0 (v_3 - v_1)}_{\text{右半段杆}}$$

（右行一次）（左行二次）　　（左行一次）（右行二次）

于是可求得两弹性波相互作用后的杆中质点速度 v_3 和应力 σ_3 分别为(图 3-2(f))

$$\begin{cases} v_3 = v_1 + v_2 \\ \sigma_3 = \sigma_1 + \sigma_2 \end{cases} \qquad (3-2)$$

可见两弹性波相互作用时,其结果可由两作用波分别单独传播时的结果叠加(代数和)而得。这是由于弹性波的控制方程是线性的,因而**叠加原理**必定成立。

注意,这里采用的处理应力波相互作用的基本原则和解题方法,今后还要多次用到。无论是强间断波还是弱间断波,或者是加载波还是卸载波,也不论是弹性波、弹塑性波还是流体介质中的波,其基本原则是同样适用的。

3.3　弹性波在固定端和自由端的反射

当杆中传播的应力波到达杆的另一端时,将发生波的反射,其情况视边界条件而异。边界条件对于入射波来说,是对入射波波阵面后方状态的一个新的扰动,这一新的反射扰动(如 $(\Delta v)_R$)与原来的入射扰动(如 $(\Delta v)_I$)共同形成了反射波。反射波的具体情况应根据入射扰动与反射扰动合起来的总效果符合所给定的边界条件而定。对于弹性波来说,入射扰动与反射扰动的总效果可按叠加原理来确定。这样,有关弹性波在固定端和自由端的反射,就可从上一节两弹性波相互作用的一般讨论出发,作为其特例来分别加以讨论。

对于图 3-2 所示情况,如有 $v_2=-v_1$,相当于质点速度扰动分别为 $(\Delta v)_2=(v_2-0)$ 和 $(\Delta v)_1=(v_1-0)$ 的右行波和左行波相向传播而相遇,但由于 $(\Delta v)_2=-(\Delta v)_1$,则有 $(\Delta \sigma)_2=(\Delta \sigma)_1$,从而有 $v_3=0$,$\sigma_3=2\sigma_1$(图 3-3(a)),即两波相遇界面处的质点速度为零,而应力加倍。这满足固定端反射的质点速度边界条件,因而相当于法向入射弹性波在**固定端**

(刚壁)反射。因此,对于一维入射弹性波在固定端反射时,可把端面想象为一面镜子,反射应力扰动$(\Delta\sigma)_2$恰好是入射应力扰动$(\Delta\sigma)_1$的正像。

由弹性波在固定端的反射,可以用来说明 J. Hopkinson(1872)关于由落重冲击拉伸钢丝的早期著名试验(图3-4),即钢丝受冲击而被拉断的位置不是冲击端 A,而是固定端 B;并且冲击拉断的控制因素是落重的高度,即取决于撞击速度,而与落重质量的大小基本无关。因为在固定端最早达到的反射后应力为入射应力的两倍 $2\sigma = 2\rho_0 C_0 v_0$,而对于给定的材料(给定的波阻抗 $\rho_0 C_0$),入射波的大小取决于撞击速度 v_0(有关落重质量的大小对于钢丝中波传播影响的进一步讨论,参见式(3-5))。

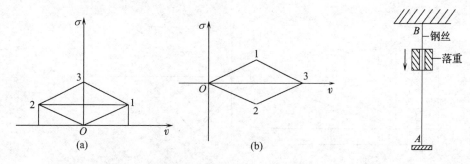

图3-3 弹性波在(a)固定端和(b)自由端的反射   图3-4 落重冲击拉伸试验

对于图3-2所示情况,如有$(\Delta v)_2 = (\Delta v)_1$,则有$(\Delta\sigma)_2 = (\Delta\sigma)_1$,从而有 $v_3 = 2v_1$,$\sigma_3 = 0$(图3-3(b)),即在两波相遇界面处,应力为零而质点速度加倍。这满足自由端反射的应力边界条件,因而相当于法向入射弹性波在**自由端(自由表面)反射**。因此,对于法向入射弹性波在自由端反射时,可把端面想象为一面镜子,反射应力扰动$(\Delta\sigma)_2$恰好是入射应力扰动$(\Delta\sigma)_1$的倒像。

3.4 有限长弹性杆的共轴撞击

在前面讨论两弹性杆的共轴撞击时(图3-1),我们还只讨论了撞击引起的一次弹性波。在讨论过弹性波在固定端和自由端的反射以后,现在可以对这一问题作更进一步的讨论。

设图3-1中杆 B_2 的长为 L_2,杆 B_1 的长为 L_1,且 $L_2 < L_1$,即讨论短杆 B_2 撞击长杆 B_1 的问题。为简便起见,设长杆 B_1 原先处于静止状态,即 $v_1 = 0$。撞击时($t=0$)产生的一次弹性波仍可按式(3-1)计算。随后,当 $t = L_2/(C_0)_2$ 时,在短杆 B_2 中传播的左行波将首先在自由端反射;而当 $t = 2L_2/(C_0)_2$ 时,此右行反射波将回到撞击接触面。此后的情况将视两杆波阻抗(声阻抗)比值的不同而异。可分三种情况来讨论。

1. $(\rho_0 C_0)_2 / (\rho_0 C_0)_1 = 1$

如图3-5(a)所示,由于短杆和长杆的波阻抗相同,从短杆自由端反射的右行卸载波将如同在同一杆中传播那样无反射地通过撞击接触面,虽然在两杆中波速可以不同,即可以有 $(C_0)_2 \neq (C_0)_1$。因此,当 $t = 2L_2/(C_0)_2$ 时,接触面处卸载到 $v = 0$、$\sigma = 0$,意味着撞击结束。此后在长杆中将继续传播一由加载强间断波阵面和卸载强间断波阵面所组成的应力脉冲。在$(C_0)_2 = (C_0)_1$的条件下,脉冲的长度 λ 是短杆长度的两倍,即 $\lambda = 2L_2$。改变

43

短杆长度可以获得不同脉冲长度的应力脉冲。这正是应力波实验中控制所需脉冲长度的常用方法。

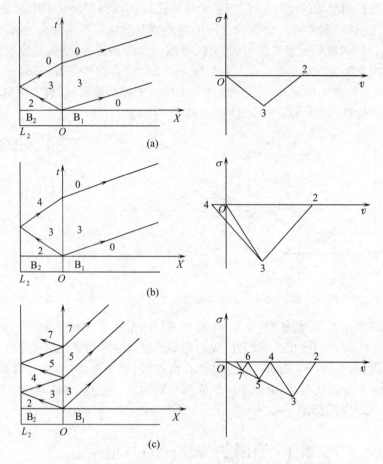

图 3-5 长为 L_2 的短弹性杆对长为 L_1 的长弹性杆的共轴撞击，$L_2<L_1$

在特殊情况下，如果 $\dfrac{L_2}{(C_0)_2}=\dfrac{L_1}{(C_0)_1}$（这时必然有 $(\rho_0 L)_2=(\rho_0 L)_1$ 即两杆质量相同），则两杆撞击产生的一次弹性波将同时达到两杆各自的自由端，反射后的弹性卸载波又将同时回到撞击接触面处。当 $t=2L_2/(C_0)_2$ 时，撞击结束，杆 B_2 整个杆处于 $v=0$、$\sigma=0$ 静止状态，而杆 B_1 整个杆处于 $v=v_2$、$\sigma=0$ 的运动状态（请读者自行作出 X—t 图和 σ—v 图）。可见在撞击前，杆 B_1 的质点速度为 v_2，杆 B_1 静止；而撞击后，杆 B_2 静止，杆 B_1 的质点速度为 v_2。通过撞击，杆 B_2 的动量和动能完全转给了杆 B_1（请读者与普通物理学中两匀质小球的完全弹性对心碰撞的情况相对比）。注意，在 $L_2<L_1$ 的情况下，撞击结束后虽然杆 B_2 整个杆处于静止，但杆 B_1 并不处于整个杆以共同的质点速度作刚体运动的状态，而仍处于应力波来回传播着的动态过程之中。

2. $(\rho_0 C_0)_2/(\rho_0 C_0)_1<1$

这时，短杆 B_2 中的左行入射波在自由端反射后，应力降为零，质点速度变为负值，如图 3-5(b) 中 σ—v 图的点 4 所示（在自由端反射时）。反射波的质点速度扰动幅值（v_4-

v_2)是入射波的质点速度扰动幅值(v_3-v_2)的两倍。当这一反射卸载波传回到撞击接触面,也即当 $t=2L_2/(C_0)_2$ 时,整个短杆 B_2 处于 $v=v_4$(负值)、$\sigma=0$ 的状态;而对于长杆 B_1,接触面处应力卸载到零时,质点速度也降到零。此时两杆速度不同。既然 $v_4<0$,所以短杆 B_2 以 v_4 速度回弹而脱离接触,撞击到此结束。此后在长杆 B_1 中将继续传播一应力脉冲,其长度 $\lambda=2L_2(C_0)_1/(C_0)_2$。

在特殊情况下,如果 $\dfrac{L_2}{(C_0)_2}=\dfrac{L_1}{(C_0)_1}$,当 $t=2L_2/(C_0)_2$ 时,杆 B_2 将整体以速度 v_4 弹回,而杆 B_1 将整体以速度 $2v_3$ 飞出。撞击结束时,杆 B_2 原先具有的动量和动能只有一部分转移给了杆 B_1(请读者自行作出相应的 X—t 图和 σ—v 图)。

如果 $(\rho_0 C_0)_1 \to \infty$,这相当于弹性短杆对刚靶的撞击。显然,当 $t=2L_2/(C_0)_2$ 时,短杆 B_2 将以与撞击速度 v_2 数值相同而符号相反的速度($v_4=-v_2$)弹回(也请读者自行作出相应的 X—t 图和 σ—v 图)。

3. $(\rho_0 C_0)_2/(\rho_0 C_0)_1 > 1$

这时,短杆 B_2 中的左行一次入射波在自由端反射后,应力降为零,质点速度虽也相应地降低了,但仍为正值($v_4-v_2=2(v_3-v_2)$),如图 3-5(c)中 σ—v 图的点 4 所示。当这一反射卸载波传回到撞击接触面时,也即当 $t=2L_2/(C_0)_2$ 时,整个短杆 B_2 处于 $v=v_4$(正值)、$\sigma=0$ 的状态;而对于长杆 B_1,撞击接触面处如果应力卸载到零,则质点速度也将降到零。现在既然 $v_4>0$,因此撞击并未结束,只是变成了以速度 v_4 运动的杆 B_2 对静止的杆 B_1 的撞击,撞击产生的二次入射波的状态以 σ—v 图上点 5 来表示。依此类推,直到从长杆自由端反射回来的卸载波回到撞击接触面之前,撞击将继续而不会结束,但撞击产生的入射波幅值逐次降低(请读者画出当应力波在短杆中已反射多次后的某时刻 t 时的长杆中的波形曲线 σ—X 图,并注意此阶梯形波形与短杆长度 L_2 的关系)。

在特殊情况下,如果 $\dfrac{L_2}{(C_0)_2}=\dfrac{L_1}{(C_0)_1}$,当 $t=\dfrac{2L_2}{(C_0)_2}$ 时,杆 B_2 将整体以速度 v_4($0<v_4<v_2$)运动,而杆 B_1 将整体以更大速度,即以 $2v_3(>v_2)$ 的速度飞离。撞击结束时,杆 B_2 原先具有的动量和动能也只有一部分转移给了杆 B_1(请读者自行作出相应的 X—t 图和 σ—v 图)。

如果 $(\rho_0 C_0)_2 \to \infty$,这相当于刚体对弹性杆的撞击。设以 M 表示此刚体的质量,并先不计及长杆另一端的反射波的作用,则根据撞击接触面处应满足质点速度相等和应力相等的条件,对弹性杆和刚体分别可列出:

$$\sigma = -\rho_0 C_0 v \tag{3-3}$$

$$\sigma = \frac{M}{A}\frac{\mathrm{d}v}{\mathrm{d}t} \tag{3-4}$$

式中:A 为弹性杆的截面积。

由此可解得:

$$v = v_0 \exp\left(-\frac{\rho_0 C_0 A}{M}t\right) = v_0 \exp\left(-\frac{M_t}{M}\right) \tag{3-5a}$$

式中:v_0 是初始撞击速度;$M_t(=\rho_0 C_0 At)$ 代表 t 时刻杆中弹性波所通过的那部分杆的质量。

上式表示,质点速度波剖面表现为一强间断波前沿及随后的呈指数衰减的波尾。

如果按式(3-3)引入初始撞击应力 $\sigma_0=-\rho_0 C_0 v_0$,则与式(3-5a)相对应地有

$$\sigma = \sigma_0 \exp\left(-\frac{\rho_0 C_0 A}{M} t\right) = \sigma_0 \exp\left(-\frac{M_t}{M}\right) \quad (3-5b)$$

就得到 σ 随 t 作指数衰减的结果(请读者把此结果与图 3-5(c)中长杆某 X 位置处的时程曲线 σ—t 作一对比)。

如果 $M_t \ll M$，则 $v \to v_0$，可近似作为恒速撞击处理。回忆前述 Hopkinson 对钢丝所进行的冲击拉伸试验(图 3-4)，这里给出了一个更全面的分析。

对照图 3-5 不难看到，上述三种情况分别对应于比值 $(2v_3/v_2)$ 等于 1、小于 1 和大于 1。

从上述的讨论中，可以进一步理解到，与固体力学的静力学理论相区别，应力波理论着重于介质不断随时间和坐标变化着的非定常的、非均匀的运动；还可以进一步理解到载荷与介质间的耦合作用，两物碰撞时重要的不是物体的质量比，而是相对波阻抗；也可以进一步理解材料力学性能对应力波传播的重要作用。

以上的讨论虽然是以两个弹性杆的共轴撞击为例来说明的，但同样的原则完全可用于三个或更多个弹性杆的共轴撞击问题的分析。

例如，不难证明，对于图 3-6 所示情况，三个完全相同的弹性杆 B_1、B_2 和 B_3，当 B_3 以速度 v_0(负值)对原先静止而相靠在一起的 B_2、B_1 进行撞击时，在 $t = 3L/C_0$ 时刻撞击将结束，杆 B_1 将整体以 v_0 速度飞出，而 B_2、B_3 则都完全处于静止状态。B_3 原先具有的动量和动能通过 B_2 完全转移给了 B_1。

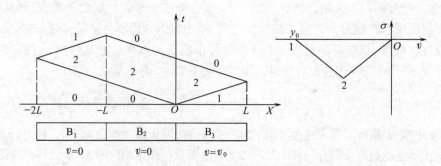

图 3-6 三个相同材料弹性杆的共轴撞击

3.5 弹性波在不同介质界面上的反射和透射

在前面讨论不同波阻抗的两有限长弹性杆的共轴撞击时，当反射波从短杆自由端反射回到撞击接触面时，实际上已经遇到并处理过了弹性波在不同介质界面上的反射和透射问题。现在我们来讨论这类问题的一般情况。

设弹性波从一种介质(有关各量都用下标 1 表示)传播到另一种声阻抗不同的介质(有关各量都用下标 2 表示)，传播方向垂直于界面，即讨论正入射的情况。当入射弹性波扰动 $\Delta\sigma_1$ 到达界面时，不论对于第一种介质而言，还是对于第二种介质而言，都引起了一个扰动，即分别向两种介质中传播反射波扰动 $\Delta\sigma_R$ 和透射波扰动 $\Delta\sigma_T$(图 3-7)。只要这两种介质在界面处始终保持接触(既能承压又能承拉而不分离)，则根据连续条件和牛

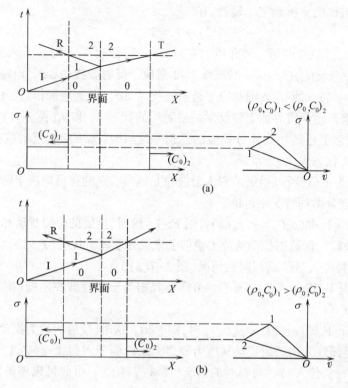

图 3-7　不同材料弹性杆中波的反射和透射

顿第三定律,界面上两侧经反射—透射后的质点速度应相等,应力应相等,为

$$\Delta v_I + \Delta v_R = \Delta v_T \tag{3-6}$$

$$\Delta \sigma_I + \Delta \sigma_R = \Delta \sigma_T \tag{3-7}$$

此处下标 I、R 和 T 分别表示入射波扰动、反射波扰动和透射波扰动的有关各量。由波阵面动量守恒条件式(2-57)可把式(3-6)化为

$$\frac{\Delta \sigma_I}{(\rho_0 C_0)_1} - \frac{\Delta \sigma_R}{(\rho_0 C_0)_1} = \frac{\Delta \sigma_T}{(\rho_0 C_0)_2} \tag{3-8}$$

与式(3-7)联立求解可得

$$\begin{cases} \Delta \sigma_R = F \cdot \Delta \sigma_I \\ \Delta v_R = -F \cdot \Delta v_I \end{cases} \tag{3-9}$$

$$\begin{cases} \Delta \sigma_T = T \cdot \Delta \sigma_I \\ \Delta v_T = nT \cdot \Delta v_I \end{cases} \tag{3-10}$$

式中:

$$\begin{cases} n = (\rho_0 C_0)_1 / (\rho_0 C_0)_2 \\ F = \dfrac{1-n}{1+n} \\ T = \dfrac{2}{1+n} \end{cases} \tag{3-11}$$

此处 n 为两种介质的声阻抗比值,F 和 T 则分别称为**反射系数**和**透射系数**,它们完全由两

种介质的声阻抗比值 n 所确定。显然,有
$$1 + F = T$$

在 (σ, v) 平面上,经点 0 的第一种介质的左行 $\sigma\text{—}v$ 特征线 0~1 对应于入射波扰动 $\Delta\sigma_I$,经点 1 的第一种介质的右行 $\sigma\text{—}v$ 特征线 1~2 对应于反射波扰动 $\Delta\sigma_R$,而经 0 点的第二种介质的左行 $\sigma\text{—}v$ 特征线 0~2 则对应于透射波扰动 $\Delta\sigma_T$;以上结果相当于由 1~2 和 0~2 的交点(点 2)来确定介质界面上经反射—透射后的状态 σ_2 和 v_2(图 3-7)。这里要提醒读者,不论在概念上还是在具体分析波的反射—透射时,都不应把反射波扰动本身 $\Delta\sigma_R$ 和反射后的应力状态 σ_2 相混淆。

注意,T 总为正值,所以透射波和入射波总是同号。F 的正负取决于两种介质声阻抗的相对大小。现分两种情况来讨论。

(1) 如果 $n<1$,即 $(\rho_0 C_0)_1 < (\rho_0 C_0)_2$,则 $F>0$。这时,反射的应力扰动和入射的应力扰动同号(**反射加载**),而透射扰动从应力幅值上来说强于入射扰动($T>1$)。这就是应力波由所谓"软"材料传入"硬"材料时的情况(图 3-7(a))。

在特殊情况下,即 $(\rho_0 C_0)_2 \to \infty$($n \to 0$)时,就相当于弹性波在刚壁(固定端)的反射。这时,有 $T=2, F=1$。

(2) 如果 $n>1$,即 $(\rho_0 C_0)_1 > (\rho_0 C_0)_2$ 时,则 $F<0$。这时,反射的应力扰动和入射的应力扰动异号(**反射卸载**),而透射扰动从应力幅值上来说弱于入射扰动($T<1$)。这就是应力波由所谓"硬"材料传入"软"材料时的情况(图 3-7(b))。由此可以理解各种"软"垫可起减小震动力缓解冲击力作用。

在特殊情况下,当 $(\rho_0 C_0)_2 \to 0$(对应于 $n \to \infty$)时,就相当于弹性波在自由表面(自由端)的反射。这时有 $T=0, F=-1$。

注意,两种不同的介质,即使 ρ_0 和 C_0 各不相同,但只要其声阻抗相同,即 $(\rho_0 C_0)_1 = (\rho_0 C_0)_2$(对应于 $n=1$),则弹性波在通过此两种介质的界面时将不产生反射($F=0$),称为**阻抗匹配**。对于某些不希望产生反射波的情况,选材时需考虑到波阻抗的匹配问题。例如,在应力波传播的实验研究中,如果传感器的波阻抗能够选择得和介质的波阻抗相匹配,就能避免对波传播本身的不必要的干扰。

3.6 弹性波在变截面杆中的反射和透射

在变截面杆中,当应力波通过截面积发生突然变化的界面时,也将发生反射和透射,如图 3-8 的简例所示,图中(a)为反射前的情况,(b)为反射后的情况。这时,只要把界面

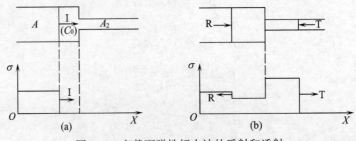

图 3-8 变截面弹性杆中波的反射和透射

上两侧应力相等条件式(3-7)代之以总作用力相等条件,而速度相等条件式(3-8)继续成立,于是有

$$A_1(\Delta\sigma_\text{I} + \Delta\sigma_\text{R}) = A_2(\Delta\sigma_\text{T})$$

$$\frac{\Delta\sigma_\text{I}}{(\rho_0 C_0)_1} - \frac{\Delta\sigma_\text{R}}{(\rho_0 C_0)_1} = \frac{\Delta\sigma_\text{T}}{(\rho_0 C_0)_2}$$

由此联立求解可得

$$\begin{cases} \Delta\sigma_\text{R} = F(\Delta\sigma_\text{I}) \\ \Delta v_\text{R} = -F(\Delta v_\text{I}) \end{cases} \quad (3-12)$$

$$\begin{cases} \Delta\sigma_\text{T} = T(\Delta\sigma_\text{I})A_1/A_2 \\ \Delta v_\text{T} = nT(\Delta v_\text{I}) \end{cases} \quad (3-13)$$

$$\begin{cases} n = (\rho_0 C_0 A)_1/(\rho_0 C_0 A)_2 \\ F = \dfrac{1-n}{1+n} \\ T = \dfrac{2}{1+n} \end{cases} \quad (3-14)$$

式中:$\rho_0 C_0 A$ 叫做**广义波阻抗**。

当界面两侧声阻抗相同,仅由于截面积的间断引起弹性波的反射和透射的情况下,例如在同一材料的阶梯状杆中,$n = A_1/A_2$。引入 $T_A = nT$,则 $\Delta\sigma_\text{T} = T_A\Delta\sigma_\text{I}$。由于 n 和 T 总为正值,则 T_A 也必为正,所以透射波和入射波总是同号;F 的正负则视 A_1 和 A_2 相对大小而异:当应力波由杆的小截面传入大截面($A_1<A_2$ 即 $n<1$)时,反射的扰动应力和入射的扰动应力同号(反射加载),但注意此时由于 $T_A = \dfrac{2n}{1+n} < 1$,因而透射扰动弱于入射扰动。当应力波由大截面传入小截面($A_1>A_2$ 即 $n>1$)时,反射的应力扰动和入射的应力扰动异号(反射卸载),但透射扰动却强于入射扰动($T_A>1$)。这是与单纯因波阻抗($\rho_0 C_0$)不同所引起的反射和透射情况不同之处。由此可见,大轴一端受冲击时,另一端如有一小轴相连接,将起到"捕波器"的作用。不过,当 $A_2/A_1 \to 0$($n \to \infty$)时,$T_A \to 2$,所以应力波每通过一个截面积间断界面时,单级放大倍数的极限为 2。

锥形杆可近似看作一系列面积发生强间断的阶梯杆(图 3-9)。当一压缩脉冲从大锥底向小锥顶右行传播时,每通过一截面积间断面时,透射压缩波扰动增强 $T_A\left(=\dfrac{2A_n}{A_n+A_{n+1}}\right)$ 倍,同时反射一个左行拉伸卸载扰动。此左行拉伸扰动由小截面向大截面传播时,则将反射右行的增强的拉伸扰动。由此可以想象,随着压缩脉冲向锥顶传播,脉冲头部压缩区的应力扰动幅值将愈来愈大;而紧接着压缩区将形成一拉伸区。在传播过程中,拉伸区长度愈来愈长,强度也逐渐增大。这样就有可能在脉冲头部到达锥顶之前,在离锥顶某距离处形成足够大的拉应力,最终导致锥顶部分断裂并飞离。这种现象与下面将要谈到的"层裂"现象有某些类似,但产生拉应力的具体过程不同。

图 3-9 中还给出一个数例(Johnson,1972)。锥形杆用分段等长(l)的阶梯杆来近似计算,各段的直径与最小直径(F 段)之比依次为 2,3,4,5,…,或者面积比依次为 4,9,16,25,…。假设应力幅值为单位强度($\sigma_0 = -1$)的矩形压缩脉冲由 A 段向 B 段右行传播,脉

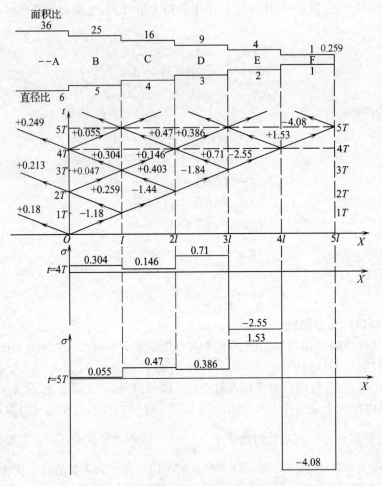

图 3-9 阶梯弹性杆中波的反射和透射

冲长设为 l,传过 l 距离所需时间 l/C_0 以 T 表示,则在脉冲到达阶梯杆小端前的具体计算结果(包括 $t=4T$ 和 $t=5T$ 时的应力波形分布曲线)如图 3-9 下方所示。由此可见,在 $t=4T$ 时刻,传到 E 段的压缩脉冲之幅值已高达 $\sigma/\sigma_0=2.55$,而紧跟其后的拉伸应力也已达 $\sigma/\sigma_0=-0.71$;在 $t=5T$ 时刻,传到 F 段的压缩脉冲之幅值已高达 $\sigma/\sigma_0=4.08$,而紧跟其后的拉伸应力则已高达 $\sigma/\sigma_0=-1.53$,即由于锥形杆截面缩小所引起的拉伸应力之幅值已超过了入射压缩脉冲之幅值。

其实,引入广义波阻抗后,锥形杆中的纵波传播问题就可以近似地化为一维应力平面纵波问题来处理(王礼立 等,1988)。对于锥形弹性杆,设截面积 $A(X)$ 是杆轴坐标 X 的函数,则控制方程组由如下的连续方程,运动方程和 Hooke 本构关系组成:

$$\begin{cases} \dfrac{\partial \varepsilon}{\partial t} = \dfrac{\partial v}{\partial X} \\ \rho_0 A(X) \dfrac{\partial v}{\partial t} = \dfrac{\partial (\sigma A)}{\partial X} = A \dfrac{\partial \sigma}{\partial X} + \sigma \dfrac{\partial A}{\partial X} \\ \sigma = E\varepsilon \end{cases} \quad (3-15a)$$

从方程组中消去 ε，并引入诸无量纲量

$$\bar{X}=\frac{X}{L},\bar{t}=\frac{t}{t_L},\bar{\sigma}=\frac{\sigma}{\sigma_0},\bar{v}=\frac{v}{v_0}$$

式中：L 为锥体特征长度；σ_0 为入射波应力峰值；$t_L=L/C_0$ 为特征时间；$v_0=\sigma_0/(\rho_0 C_0)$ 为特征质点速度。则式(3-15a)可化为以无量纲 $\bar{\sigma}$ 和 $\bar{v}$ 为未知函数的如下一阶偏微分方程组：

$$\begin{cases} \dfrac{\partial \bar{v}}{\partial \bar{t}} - \dfrac{\partial \bar{\sigma}}{\partial \bar{X}} - \bar{\sigma}\dfrac{\mathrm{d}\ln A}{\mathrm{d}\bar{X}} = 0 \\ \dfrac{\partial \bar{v}}{\partial \bar{X}} - \dfrac{\partial \bar{\sigma}}{\partial \bar{t}} = 0 \end{cases} \quad (3-15\mathrm{b})$$

由第二章介绍的特征线理论不难确定，与右行波和左行波分别相对应的两族特征线和特征相容关系为

$$\begin{cases} \mathrm{d}\bar{X} \mp \mathrm{d}\bar{t} = 0 \\ \mathrm{d}\bar{\sigma} + \bar{\sigma}\mathrm{d}\ln A \mp \mathrm{d}\bar{v} = 0 \end{cases} \quad (3-15\mathrm{c})$$

由此可见，锥体形状 $A(X)$ 通过特征相容关系中的 $\ln A(X)$ 项对应力波的传播产生影响，使波形发生畸变。

一旦 $A(X)$ 给定，就不难用特征线数值法求解。例如，对于直锥弹性杆，如果大端截面积和半径分别为 A_L 和 R_L，而小端截面积和半径分别为 A_S 和 R_S，引入无量纲截面积 $\bar{A}=A/A_L$ 和大小端半径比 $\bar{R}=R_L/R_S$ 后，$A(X)$ 可表为如下无量纲形式：

$$\bar{A}=\frac{A(X)}{A_L}=\left[1-\left(1-\frac{R_S}{R_L}\right)\frac{X}{L}\right]^2=\left[1-\left(1-\frac{1}{\bar{R}}\right)\bar{X}\right]^2$$

上式给出直锥杆沿杆长的截面积比 A/A_L 如何随小端大端半径比 R_S/R_L 变化的非线性定量关系。对于 $\bar{R}=R_L/R_S=3$ 的直锥杆，如果在大端的入射波为三角形脉冲，引入如下无量纲脉冲历时 $\bar{\tau}$（也即无量纲脉冲宽度 $\bar{\lambda}$）：

$$\bar{\tau}=\frac{\tau}{t_L}=\frac{\tau C_0}{L}=\frac{\lambda}{L}=\bar{\lambda}$$

则当分别取 $\bar{\tau}=0.5,1,2,3,4$ 和 6 时，小端透射应力波的特征线数值计算结果如图 3-10 所示。由此可见，当应力波从直锥杆的大端向小端传播时，锥形杆起了"增强器"的放大作用。反之，当应力波从锥形杆小端向大端传播时，锥形杆则将起"减弱器"的缩小作用。由图 3-10 还可以看到，随大端入射脉冲的脉冲宽度减小，则小端无量纲应力 $\bar{\sigma}=\sigma_S/\sigma_0$ 的应力放大倍数增大，但以 $\bar{\tau}\to 0$ 为上限，这相当于强间断波在锥杆中传播的情况。这时放大系数可由式(3-15c)第二式和强间断波阵面上相容条件 $[\bar{\sigma}]=\mp[\bar{v}]$ 来确定，等于 R_L/R_S。

锥形杆所具有的这种调节应力波的波形和强弱的特性，可应用于应力波加工和分离式 Hopkinson 压杆技术中的波形调节等（王礼立 等，1988；刘孝敏 等，2000）。

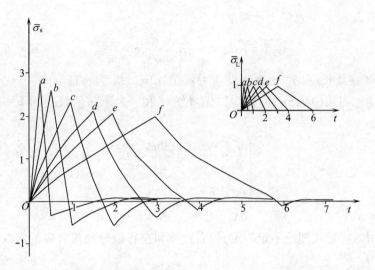

图 3-10　直锥弹性杆中不同脉宽三角形入射脉冲的透射放大特性

3.7　Hopkinson 压杆和飞片

利用压力脉冲在杆的自由端面反射时变为拉伸脉冲这一性质，**B. Hopkinson**(1914)想出了一个巧妙的方法，用以测定和研究炸药爆炸或子弹射击杆端时的压力—时间关系。所采用的装置被称为 **Hopkinson 压杆**(pressure bar)，有时缩写为 HPB。压杆的主体是一圆柱形弹性钢杆（图 3-11），用线水平悬挂以允许在垂直面内摆动。杆的一端为打击端，承受炸药爆炸或子弹射击所造成的瞬时压力。另一端加接一称为**测时器**或飞片的短柱体。杆和测时器的接触端面都磨得很平，涂以少许机油或借磁力相衔接，使得压力脉冲通过接触面时不受什么影响，但几乎不能承受拉力。

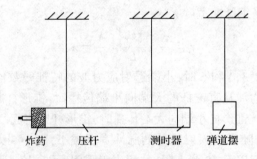

图 3-11　Hopkinson 压杆示意图

这样，当压力脉冲在测时器自由端面反射为拉伸脉冲，并当入射压力脉冲与反射拉伸脉冲相叠加后在衔接面处出现净拉应力时，测时器将带着陷入其中的动量飞离。测时器的动量可由接受测时器的**弹道摆**来测得，而留在杆内的动量则可由杆的摆动振幅来确定。

显然，当测时器长度等于或大于压力脉冲长度的一半时，压力脉冲的动量将全部陷入测时器中，从而当测时器飞离时，杆将保持静止。因此，变化测时器的长度，求得其飞离时杆能保持静止的最小长度 l_0，就可求得压力脉冲的长度 $\lambda = 2l_0$，或压力脉冲的持续时间 $\tau = \lambda/C_0 = 2l_0/C_0$。图 3-12(a) 表示这一情况下入射扰动和反射扰动叠加后的结果。如果测时器长度小于 l_0，则入射压力脉冲的动量只有一部分陷入飞离的测时器中，如图 3-12(b) 所示。由于动量 m 对应于压力时程曲线下的面积，即

$$m = A\int_0^T \sigma(t)\,\mathrm{d}t$$

式中：A 为测时器(和杆)的截面积；T 为应力波通过测时器来回时间。

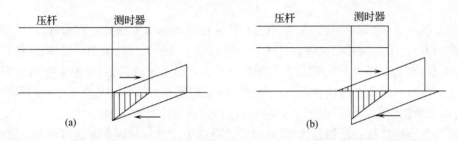

图 3-12　用不同长度的测时器测量压力脉冲波形

因此，在试验中如果采用一系列不同长度的测时器，就能近似求出压力脉冲的波形。当然，通过测量不同长度测时器的动量所确定的脉冲波形不如直接测量 σ—t 关系精确方便，测时器与杆的衔接力也会带来误差，而且从根本上说，所测压力脉冲的峰值不得超过压杆材料的屈服限，脉冲长度也必须比压杆直径大得多，否则就不满足杆中一维应力波初等理论关于忽略横向惯性的近似假定，而有波的弥散现象。这些都是 Hopkinson 压杆使用中的限制条件。但在过去电测技术尚未发展到能直接测量压力脉冲波形 $\sigma(t)$ 的情况下，这一方法的提出仍是很有价值的。即使到现在，各种改进形式的 Hopkinson 压杆装置，特别是分离式 Hopkinson 压杆装置 (split Hopkinson pressure bar, **SHPB**)，仍在使用和发展之中(见下一节)。以测时器的飞离原理为基础所建立的**飞片技术**，也广泛用于测量应力波在自由表面反射时的质点速度，或用以产生高速撞击。例如：炸药平面波发生器驱动的飞片，速度可达约 5mm/μs。在这样的高速撞击下可产生约 200GPa 的压力，比炸药接触爆炸所能达到的压力高得多，因而在材料高压状态方程的研究中有重要的应用。

3.8　分离式 Hopkinson 压杆

20 世纪 40 年代后期，上一节所讨论的 Hopkinson 压杆技术进一步发展到研究材料的高应变率行为及其数学模型—材料动态本构关系，被称为**分离式 Hopkinson 压杆**。应该提到的开拓性人物主要有：G. I. Taylor(1946)，E. Volterra(1948)，R. M. Davies(1948) 和 H. Kolsky(1949)。

首先应该指出，研究材料在高应变率下的动态力学行为时，与研究材料准静态力学行为时不同，一般必须计及最基本的两类动态力学效应，即结构惯性效应(应力波效应)和材料应变率效应。问题的核心在于如何区分这两类效应，因为就材料动态力学行为的研

究本身而言,研究的目的只是材料的应变率效应。然而,这两类效应恰好常常互相联系、互相影响、互相依赖、互相耦合,从而使问题变得十分复杂。事实上,一方面,在应力波传播的分析中,如上面已反复讨论过的,材料动态本构方程是建立整个问题基本控制方程组所不可缺少的组成部分,换言之,波传播是以材料动态本构关系已知为前提的;而另一方面,在进行材料高应变率下动态本构关系的试验研究时,一般又必须计及试验装置中和试件中的应力波传播及相互作用,换言之,在材料动态响应研究中,又要依靠所试验材料中应力波传播的知识来分析。于是,人们就遇到了"狗咬尾巴"或者"先有鸡蛋还是先有鸡"的怪圈。

如何解决这一"狗咬尾巴"的难题呢?就材料动态本构关系的研究而言,目前最常用的有两类方法:第一类是把试件设计成易于进行应力波传播分析的简单结构,在已知的爆炸/冲击载荷(初边条件)下,测量波传播信息或其残留下来的后果(如残余变形分布等),由此来反推材料的动态本构关系。从原理上这可归属于由波传播信息反求材料动态本构关系,即解所谓"第二类反问题",有关问题将在以下的相关章节中讨论。

第二类方法的核心思想是,设法在试验中把应力波效应和应变率效应解耦。其中,最典型并应用得最广泛的就是本节要讨论的分离式 Hopkinson 压杆(SHPB)试验。典型的 SHPB 装置如图 3-13 所示,其中撞击杆(子弹)、输入杆(入射杆)和输出杆(透射杆)均要求处在弹性状态下,且一般具有相同的直径和材质,即弹性模量 E、波速 C_0 和波阻抗 $\rho_0 C_0$ 均相同。试验时,短试件夹置在输入杆和输出杆之间,当压缩气枪驱动一长度为 L_0 的撞击杆(子弹)以速度 v^* 撞击输入杆时,产生入射脉冲 $\sigma_I(t)$ 载荷,其幅值($=\rho C v^*/2$)可以通过调节撞击速度 v^* 来控制,而其历时($=2L_0/C$)可以通过调节撞击杆长度 L_0 来控制。短试件在该入射脉冲的加载作用下高速变形,与此同时则向输入杆传播反射脉冲 $\sigma_R(t)$ 和向输出杆传播透射脉冲 $\sigma_T(t)$,正是这两者反映出了试件材料的动态力学行为。这些所需的脉冲信息由贴在压杆上的电阻应变片—超动态应变仪—瞬态波形存储器等组成的系统进行测量和记录;而子弹速度 v^* 则由平行聚光光源—光电管—放大电路—时间间隔仪等组成的测速系统测量。吸收杆起到类似图 3-11 中的测时器(飞片)的作用,当透射脉冲从吸收杆自由端反射时,吸收杆将带着陷入其中的透射脉冲的全部动量飞离(并通过撞击阻尼器最终耗尽能量),从而使输出杆保持静止。

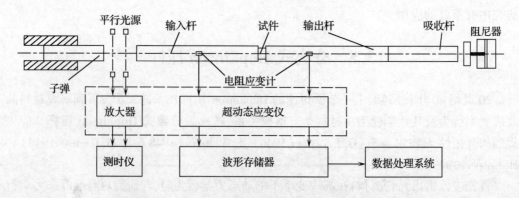

图 3-13 分离式 Hopkinson 压杆(SHPB)装置示意图

应该强调指出,SHPB 试验技术是建立在两个基本假定基础上的,即:①杆中一维应力波假定;②短试件应力/应变沿其长度均匀分布假定。

先来看一下第一个基本假定。在满足一维应力波假定的条件下,一旦测得试件与输入杆的界面 X_1 处(图 3-14)的应力 $\sigma(X_1,t)$ 和质点速度 $v(X_1,t)$,以及试件与输出杆的界面 X_2 处(图 3-14)的应力 $\sigma(X_2,t)$ 和质点速度 $v(X_2,t)$,就可按下列各式来分别确定试件的平均应力 $\sigma_S(t)$、应变率 $\dot\varepsilon_S(t)$ 和应变 $\varepsilon_S(t)$:

$$\sigma_S(t) = \frac{A}{2A_S}[\sigma(X_1,t) + \sigma(X_2,t)] = \frac{A}{2A_S}[\sigma_I(X_1,t) + \sigma_R(X_1,t) + \sigma_T(X_2,t)] \quad (3-16a)$$

$$\dot\varepsilon_S(t) = \frac{v(X_2,t) - v(X_1,t)}{l_S} = \frac{v_T(X_2,t) - v_I(X_1,t) - v_R(X_1,t)}{l_S} \quad (3-16b)$$

$$\varepsilon_S(t) = \int_0^t \dot\varepsilon_S(t)\,dt = \frac{1}{l_S}\int_0^t [v_T(X_2,t) - v_I(X_1,t) - v_R(X_1,t)]\,dt \quad (3-16c)$$

式中:A 是压杆截面积;A_S 是试件截面积;l_S 是试件长度。注意,此处及以下均遵循本书的统一规定,即应力和应变均以拉为正,而位移和质点速度以 X 轴向为正。

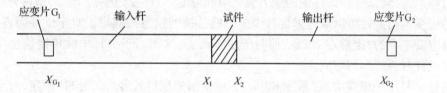

图 3-14 输入杆—试件—输出杆相对位置示意

在**弹性压杆**情况下,由本章前面所述的杆中一维弹性波分析可知,应变与应力和质点速度之间存在如下的**线性比例**关系:

$$\begin{cases} \sigma_1 = \sigma(X_1,t) = \sigma_I(X_1,t) + \sigma_R(X_1,t) = E[\varepsilon_I(X_1,t) + \varepsilon_R(X_1,t)] \\ \sigma_2 = \sigma(X_2,t) = \sigma_T(X_2,t) = E\varepsilon_T(X_2,t) \\ v_1 = v(X_1,t) = v_I(X_1,t) + v_R(X_1,t) = C_0[\varepsilon_R(X_1,t) - \varepsilon_I(X_1,t)] \\ v_2 = v(X_2,t) = v_T(X_2,t) = -C_0\varepsilon_T(X_2,t) \end{cases} \quad (3-17)$$

于是问题转化为如何测知界面 X_1 处的入射应变波 $\varepsilon_I(X_1,t)$ 和反射应变波 $\varepsilon_R(X_1,t)$,以及界面 X_2 处的透射应变波 $\varepsilon_T(X_2,t)$。然而,只要压杆保持为弹性状态,不同位置上的波形均相同;换言之,再利用一维应力下的弹性波在细长杆中传播时**无畸变**的特性,界面 X_1 处的入射应变波 $\varepsilon_I(X_1,t)$ 和反射应变波 $\varepsilon_R(X_1,t)$ 就可以通过粘贴在入射杆 X_{G_1} 处的应变片 G_1 所测入射应变信号 $\varepsilon_I(X_{G_1},t)$ 和反射应变波 $\varepsilon_R(X_{G_1},t)$ 来代替,以及界面 X_2 处的透射应变波 $\varepsilon_T(X_2,t)$ 可以通过粘贴在透射杆 X_{G_2} 处的应变片 G_2 所测应变信号 $\varepsilon_T(X_{G_2},t)$ 来代替。

应该指出,当在 X_1 界面处产生反射波以及在 X_2 界面处产生透射波,分别向输入杆和输出杆传播的过程中,应力波也同时在试件内部不断在 X_1 界面和 X_2 界面之间往返地传播。可以想象,如果试件足够短,试件内部沿长度的应力/应变分布将很快趋于均匀化,从而可以忽略试件的应力波效应。这就是 SHPB 试验技术赖以建立的第二个基本假定。按此"均匀化"假定,有 $\sigma_1 = \sigma_2$,或再按一维应力波理论则有

$$\sigma_\mathrm{I} + \sigma_\mathrm{R} = \sigma_\mathrm{T}, \varepsilon_\mathrm{I} + \varepsilon_\mathrm{R} = \varepsilon_\mathrm{T} \tag{3-18}$$

这样,最后由应变片 G_1 和 G_2 所测信号即可确定试样的动态应力 $\sigma_\mathrm{S}(t)$ 和应变 $\varepsilon_\mathrm{S}(t)$:

$$\sigma_\mathrm{S}(t) = \frac{EA}{A_\mathrm{S}} \varepsilon_\mathrm{T}(X_{G_2}, t) = \frac{EA}{A_\mathrm{S}}[\varepsilon_\mathrm{I}(X_{G_1}, t) + \varepsilon_\mathrm{R}(X_{G_1}, t)] \tag{3-19a}$$

$$\varepsilon_\mathrm{S}(t) = -\frac{2C_0}{l_\mathrm{S}} \int_0^t \varepsilon_\mathrm{R}(X_{G_1}, t)\mathrm{d}t = \frac{2C_0}{l_\mathrm{S}} \int_0^t [\varepsilon_\mathrm{I}(X_{G_1}, t) - \varepsilon_\mathrm{T}(X_{G_2}, t)]\mathrm{d}t \tag{3-19b}$$

换句话说,在入射应变波 $\varepsilon_\mathrm{I}(X_{G_1}, t)$、反射应变波 $\varepsilon_\mathrm{R}(X_{G_1}, t)$ 和透射应变波 $\varepsilon_\mathrm{T}(X_2, t)$ 中,实际上任测两个就足以从式(3-19)确定试样的动态应力 $\sigma_\mathrm{S}(t)$ 和应变 $\varepsilon_\mathrm{S}(t)$。消去时间参数 t 之后,就得到试件材料在高应变率下的动态应力应变曲线 σ_S—ε_S。

由上述分析可知,**SHPB** 技术的巧妙之处在于把**应力波效应和应变率效应解耦**了。一方面,对于同时起到冲击加载和动态测量双重作用的入射杆和透射杆,由于始终处于弹性状态,允许忽略应变率效应而只计应力波之传播,并且只要杆径小得足以忽略横向惯性效应,就可以用一维应力波的初等理论来分析。另一方面,对于夹在入射杆和透射杆之间的试件,由于长度足够短,使得应力波在试件两端间传播所需时间与加载总历时相比时,小得足可把试件视为处于均匀变形状态,从而允许忽略试件中的应力波效应而只计其应变率效应。这样,压杆和试件中的应力波效应和应变率效应都分别解耦了,试件材料力学响应的应变率相关性可以通过弹性杆中应力波传播的信息来确定。对于试件而言,这相当于高应变率下的"准静态"试验;而对于压杆而言,这相当于由杆中波传播信息反推相邻的短试件材料的本构响应。

当然,"杆中一维应力波"假定和"应力/应变沿短试件长度均匀分布"假定,对于能否保证 SHPB 技术在具体应用时试验结果的有效和可靠,也是一种约束。关于如何满足"杆中一维应力波"假定,关键在于是否允许忽略横向惯性效应。这一点可参阅 2.8 节所作的有关讨论,不再重复。下面主要应用本章的杆中弹性波传播理论,来具体讨论一下哪些因素会影响"应力/应变沿短试件长度均匀分布"的假定(以下简称"**均匀化**"假定)。

显然,试件一旦受到入射脉冲的作用而进入加载过程,如果能在试件尚处于弹性小变形的情况下,愈早实现"均匀化"则愈符合理想。因此,在下面的分析中,设想图 3-14 所示的输入杆—试件—输出杆均处于弹性状态,并分别以 $(\rho CA)_\mathrm{B}$ 和 $(\rho CA)_\mathrm{S}$ 表示压杆和试件的广义弹性波阻抗。不失其普遍性,再设想压杆和试件的截面积相同,则如本章 3.5 节所分析的,弹性波在输入杆—试件—输出杆系统中的反射—透射将主要取决于压杆和试件的弹性波阻抗 $(\rho C)_\mathrm{B}$ 和 $(\rho C)_\mathrm{S}$。

这样,运用本章的弹性波分析,不难在物理平面(X—t 平面)和速度平面上来对应地确定输入杆—试件—输出杆系统中弹性波反射—透射过程及各阶段的应力 σ 和质点速度 v 状态,如图 3-15(a)和图 3-15(b)所示。图中,已设子弹以速度 v_0 撞击输入杆,产生幅值为 $\sigma_\mathrm{A} = -(\rho C)_\mathrm{B} v_0/2$ 的强间断弹性波(矩形波阵面)。

根据式(3-9)至式(3-11),当输入杆中以弹性波速 C_B 传播的入射波 σ_A 到达界面 X_1 时,发生第 1 次波的透射—反射,透射波以弹性波速 C_S 传入试件,引起的应力强间断扰动为

$$\Delta\sigma_1 = \sigma_1 - 0 = T_\mathrm{B-S}\sigma_\mathrm{A}$$

式中:透射系数 $T_\mathrm{B-S}$ 按式(3-11)为

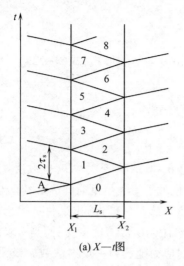 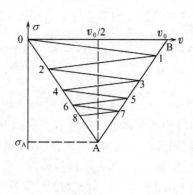

(a) $X-t$图　　　　(b) $\sigma-v$图

图 3-15　输入杆—试件—输出杆系统中弹性波反射—透射过程(矩形波阵面)

$$T_{B-S} = \frac{2}{1+n_{B-S}}, n_{B-S} = \frac{(\rho C)_B}{(\rho C)_S}$$

此处透射系数 T 和波阻抗比 n 的下标"B-S"特指应力波由杆介质 B 传入试件介质 S。经过 $\tau_S = L_S/(C)_S$ 时间后(L_S 为试件长度)，在界面 X_2 处再次发生波的透射—反射。按式(3-9)，传回试件的反射波所引起的应力强间断扰动为

$$\Delta\sigma_2 = \sigma_2 - \sigma_1 = F_{S-B}\Delta\sigma_1$$

式中：反射系数 F_{S-B} 按式(3-11)为

$$F_{S-B} = \frac{1-n_{S-B}}{1+n_{S-B}}$$

此处反射系数 F 的下标"S-B"特指应力波由试件介质 S 传入杆介质 B。注意到 n_{B-S} 和 n_{S-B} 互为倒数，并如果改写 n_{B-S} 为 β，则不难证明 T_{B-S} 和 F_{S-B} 有如下关系，并可分别表示为

$$\begin{cases} T_{B-S} = \dfrac{2}{1+n_{B-S}} = \dfrac{2\beta}{1+\beta} \\ F_{S-B} = \dfrac{1-\beta}{1+\beta} \\ 1 - F_{S-B} = 1 - \dfrac{1-\beta}{1+\beta} = \dfrac{2\beta}{1+\beta} = T_{B-S} \end{cases} \quad (3-20)$$

反射波传回到界面 X_1 时，发生第 3 次透射—反射，在试件中引起的应力强间断扰动为

$$\Delta\sigma_3 = \sigma_3 - \sigma_2 = F_{S-B}\Delta\sigma_2 = F_{S-B}^2\Delta\sigma_1$$

依次类推，第 k 次透射—反射后的应力强间断扰动为

$$\Delta\sigma_k = \sigma_k - \sigma_{k-1} = F_{S-B}\Delta\sigma_{k-1} = F_{S-B}^{k-1}\Delta\sigma_1 \quad (3-21)$$

而第 k 次透射—反射后，k 区(图3-15)的最终应力状态 σ_k 则为

$$\sigma_k = \sum_{i=1}^{k}\Delta\sigma_i = (1 + F_{S-B} + F_{S-B}^2 + F_{S-B}^3 + \cdots + F_{S-B}^{k-1})\Delta\sigma_1 \quad (3-22a)$$

利用如下的二项式展开：
$$1 - x^k = (1-x)(1 + x + x^2 + x^3 + \cdots + x^{k-1})$$
并计及式(3-20)给出的 T_{B-S} 与 F_{S-B} 间的关系及由 β 表达的形式，式(3-22a)最终可写为
$$\sigma_k = \frac{1 - F_{S-B}^k}{1 - F_{S-B}} \Delta \sigma_1 = \frac{1 - F_{S-B}^k}{1 - F_{S-B}} T_{B-S} \sigma_A =$$
$$(1 - F_{S-B}^k)\sigma_A = \left[1 - \left(\frac{1-\beta}{1+\beta}\right)^k\right]\sigma_A \qquad (3-22b)$$

这说明，试件中经来回透射—反射多次后的应力 σ_k 既取决于次数 k，也取决于试件波阻抗与压杆波阻抗的比值 β。注意，次数 k 实际上也就等于无量纲时间 $\bar{t} = t/\tau_S = tC_S/L_S$。

对于给定的 β 值，当 k 取偶数值时(图 3-15)，式(3-22)给出试件—输出杆界面 X_2 处的透射应力随透射—反射次数 k 或无量纲时间 $\bar{t}(= tC_S/L_S)$ 的变化；而当 k 取奇数值时，式(3-22)则给出试件—输入杆界面 X_1 处的反射应力随透射—反射次数 k 或无量纲时间 $\bar{t}$ 的变化。

作为一个例子，当 $\beta = 1/10$ 时，由式(3-22)计算出的界面 X_1 处和界面 X_2 处无量纲应力 σ/σ_A 随 k(或 $\bar{t}$)的变化曲线，分别如图 3-16(a)和图 3-16(b)所示。两者都逐渐趋于 1，意味着应力沿试件长度的分布有一个逐渐均匀化的过程，而这一过程同时依赖于 β 和 k。

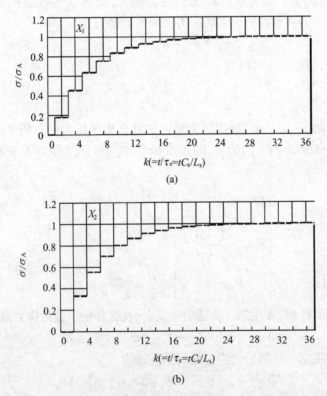

图 3-16 $\beta = 1/10$ 时，界面 X_1 处和界面 X_2 处无量纲应力 σ/σ_A 随 k(即 $\bar{t}$)的变化
(a) 界面 X_1 处；(b) 界面 X_2 处。

注意到式(3-21)给出的正是界面 X_1 处和界面 X_2 处的应力差(图 3-15),则可定义试件两端的无量纲应力差(相对应力差)为

$$\alpha_k = \frac{\Delta\sigma_k}{\sigma_k} \tag{3-23}$$

对于矩形强间断入射波,将式(3-21)和式(3-22)代入式(3-23)就得到

$$\alpha_k = \frac{\Delta\sigma_k}{\sigma_k} = \frac{F_{S-B}^{k-1}}{\dfrac{1-F_{S-B}^k}{1-F_{S-B}}} = \frac{\left(\dfrac{1-\beta}{1+\beta}\right)^{k-1}\left(1-\dfrac{1-\beta}{1+\beta}\right)}{1-\left(\dfrac{1-\beta}{1+\beta}\right)^k} = \frac{2\beta(1-\beta)^{k-1}}{(1+\beta)^k-(1-\beta)^k} \tag{3-24}$$

上式解析地描述了试件两端的相对应力差 α_k 随试件—压杆波阻抗比 β 和透射—反射次数 k 变化的规律。对于不同的 β 值($\beta=1/2,1/4,1/6,1/10,1/25,1/100$),按式(3-24)计算所得的 α_k 随 k 变化的结果如图 3-17 所示。由此可见,随试件—压杆波阻抗比 β 的减小,试件中的应力波要经过更多次的来回反射过程,才能满足"均匀化"假设的要求。

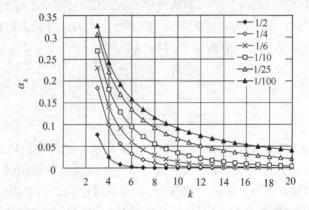

图 3-17 矩形波时试件两端应力差 α_k 随试件—压杆波阻抗比 β 和透射—反射次数 k 的变化

如果像周风华等(1992a)以及 Ravichandran 和 Subhask(1994)所建议的那样,当 $\alpha_k \leq 5\%$ 时,可近似地认为试件中的应力/应变分布满足了"均匀化"假设的要求,则由图 3-17 可见,对于 $\beta=1/2$,对应的最少来回反射次数 k_{min} 等于 4;而对于 $\beta=1/100$,对应的最少来回反射次数 k_{min} 增加到了 18。

以上结果是对于矩形强间断入射波而言的。但在 SHPB 试验中,实际遇到的入射波都是具有一定升时的梯形波。对此,也可以采用类似于以上所述的方法进行分析讨论,但情况更为复杂。设梯形波波阵面的升时恰为弹性波在试件中传一个来回所需时间,即等于 $2\tau_S=2L_S/C_S$ 时,杨黎明等(Yang et al,2005)解得,当弹性波在试件中传一个来回后 ($k>2$),有如下解析结果:

$$\alpha_k = \frac{2\beta^2(1-\beta)^{k-2}}{(1+\beta)^k-(1-\beta)^{k-2}} \tag{3-25}$$

对于不同的 β 值($\beta=1/2,1/4,1/6,1/10,1/25,1/100$),按上式计算所得的 α_k 随 k 变化的结果如图 3-18 所示。由此可见,与矩形波时的情况(图 3-17)相反,现在的 α_k—k 曲线是随波阻抗比 β 的减小而下降的。在本例所讨论的 β 值范围内,应力波在试件中只需来回

反射3次~4次,就已满足"均匀化"假设的要求。

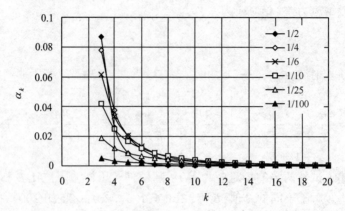

图3-18 梯形波时试件两端应力差 α_k 随试件—压杆波阻抗比 β 和透射—反射次数 k 的变化

如果入射波具有历时较长的、随时间线性增长的波前沿,即设入射波 σ_I 为坡形波,并可表述为 $\sigma_\mathrm{I}(t) = \sigma^* t/\tau_\mathrm{S} = \sigma^* C_\mathrm{S} t/L_\mathrm{S}$(式中 σ^* 是 $t = \tau_\mathrm{S} = L_\mathrm{S}/C_\mathrm{S}$ 时的入射波幅值),杨黎明等(Yang et al,2005)还给出如下解析结果(对于 $k \geqslant 3$):

$$\alpha_k = \frac{2\beta^2 \left[1 - \left(-\dfrac{1-\beta}{1+\beta}\right)^k\right]}{2k\beta - 1 + \left(\dfrac{1-\beta}{1+\beta}\right)^k} \tag{3-26}$$

对于不同的 β 值($\beta = 1/2, 1/4, 1/6, 1/10, 1/25, 1/100$),按上式计算所得的 α_k 随 k 变化的结果如图3-19所示。由此可见,坡形入射波的 α_k—k 曲线也随波阻抗比 β 的减小而下降,但随 β 的减小曲线发生明显振荡。此外,在本例所讨论的 β 值范围内,应力波在试件中要经过比梯形入射波更多次的来回反射,才能满足"均匀化"假设的要求。

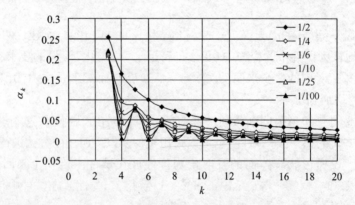

图3-19 坡形波时试件两端应力差 α_k 随试件—压杆波阻抗比 β 和透射—反射次数 k 的变化

在相同 β 值(以 $\beta = 1/2, 1/4, 1/10$ 为例)的情况下,入射波分别为矩形波、梯形波和坡形波时的各 α_k—k 曲线之间的比较,如图3-20所示。

由图3-20可见,就满足试件应力/应变分布"均匀化"的要求而言,当 $\beta = 1/2$ 时,矩形波和梯形波无明显差别,反而是坡形波其实并不利于"均匀化"要求。随着 β 的降低,

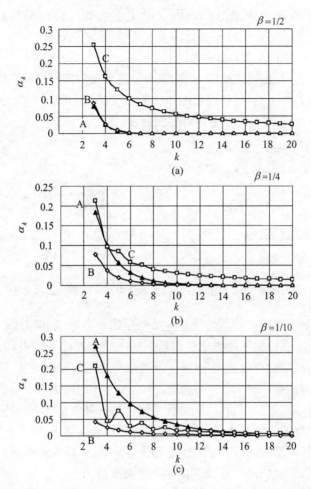

图 3-20 相同 β 值下,矩形波(A)、梯形波(B)和坡形波(C)的各 α_k—k 曲线之间的比较

梯形波和坡形波的 α_k—k 曲线下降,而矩形波的 α_k—k 曲线上升,从而到 $\beta=1/10$ 时,矩形波已成为最不利于"均匀化"要求的波形,梯形波则始终是最有利于"均匀化"要求的波形。

由上述有关应力波在输入杆—试件—输出杆系统中传播过程的分析讨论可知,不仅波阻抗比 β,而且入射波的波形,都会显著影响试件应力/应变分布"均匀化"所需的最低来回反射次数 $k_{\min}$。

SHPB 技术在我国和国际学术界和工程界已经获得广泛的应用,并还在进一步发展(胡时胜 等,2014;Chen et al,2010)。

3.9 应力波反射卸载引起的断裂

当压力脉冲在杆或板的自由表面反射成拉伸脉冲时,将可能在邻近自由表面的某处造成相当高的拉应力,一旦满足某动态断裂准则,就会在该处引起材料的破裂。裂口足够大时,整块裂片便带着陷入其中的动量飞离。这种由压力脉冲在自由表面反射所造成的背面的**动态断裂**称为**层裂**或**崩落**(spalling)。飞出的裂片称作**层裂片**或**痂片**(scab)。图 3-21 中(a)是厚钢板在炸药接触爆炸时背面发生层裂的示意图;(b)是水泥杆在一端接触爆炸时另一端产生的层裂的示意图。

在上述情况下,一旦出现了层裂,也就同时形成了新的自由表面。继续入射的压力脉冲就将在此新自由表面上反射,从而可能造成第二层层裂。依此类推,在一定条件下可形成**多层层裂**(multiple spalling),产生一系列的痂片。

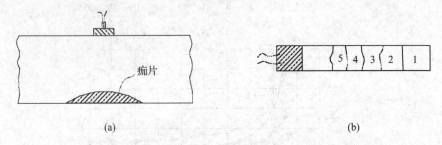

图 3-21 由压力脉冲在自由表面反射所造成的层裂示意图

需要强调,一个压力脉冲总是由脉冲头部的压缩加载波及其随后的卸载波阵面所共同组成。大多数工程材料往往能承受相当强的压应力波而不致破坏,但不能承受同样强度的拉应力波。层裂之所以能产生,在于压力脉冲在自由面反射后形成了足以满足动态断裂准则的拉应力;而拉应力的形成,则实际上在于入射压力脉冲头部的压缩加载波在自由表面反射为卸载波后,再与入射压力脉冲波尾的卸载波的相互作用,或简言之在于**入射卸载波与反射卸载波的相互作用**。因此压力脉胂的强度和形状对于能否形成层裂,在什么位置形成层裂(层裂片厚度)以及形成几层层裂等,具有重大影响。当然形成拉应力只是一个前提,最后还要取决于是否满足**动态断裂准则**。

最早提出的动态断裂准则是**最大拉应力瞬时断裂准则**。按此准则,一旦拉应力 σ 达到或超过材料的抗拉临界值 σ_c,即

$$\sigma \geqslant \sigma_c \tag{3-27}$$

则立即发生层裂,σ_c 是表征材料抵抗动态拉伸断裂性能的材料常数,称为**动态断裂强度**。这一准则在形式上是静强度理论中的最大正应力准则在动态情况下的推广,认为断裂是在满足此准则的瞬时发生的,属于**速率(时间)无关断裂理论**。不过,这里的 σ_c 是按动态试验确定的,通常比静态的强度极限 σ_b 高,在此意义上则计及了断裂的速率(时间)相关性。

按照最大拉应力瞬时断裂准则,下面在弹性波一维理论的基础上,对不同形状压力脉冲下的层裂情况略加讨论。

图 3-22 是脉冲长为 λ 的矩形脉冲在自由表面反射时五个典型时刻下的应力波形示意图:(a)入射矩形脉冲接近自由表面;(b)入射脉冲的 1/4 被反射,在离自由表面 $\lambda/4$ 长度内入射压应力与反射拉应力叠加后的净应力为零;(c)入射脉冲的 1/2 被反射,叠加后的净应力恰好全为零,但离自由表面 $\lambda/2$ 长度内的质点速度则为入射压力波质点速度的两倍。此后由于入射卸载波与反射卸载波的相互作用将出现拉应力;(d)入射脉冲的 3/4 被反射形成了长度为 $\lambda/2$ 的拉应力区,而离自由表面 $\lambda/4$ 长度内叠加净应力仍为零;

(e)反射结束,右行的压力脉冲完全反射为左行的拉伸脉冲。由此可见,对于矩形脉冲,只要脉冲幅值$|\sigma_m|>\sigma_c$,则在当入射脉冲的一半从自由表面反射后,即当$t=\lambda/(2C_0)$时刻将发生层裂。裂片厚度$\delta=\lambda/2$。既然层裂片带着压力脉冲的全部冲量飞出,因此一方面可求出层裂片飞离速度v_f为

$$v_f = \frac{\sigma_m \dfrac{\lambda}{C_0}}{\rho_0 \delta} = \frac{2\sigma_m}{\rho_0 C_0}$$

也即入射波质点速度$[\sigma_m/(\rho_0 C_0)]$的两倍;另一方面可知,对于矩形脉冲,不管脉冲幅值多大,也不会发生多层层裂。

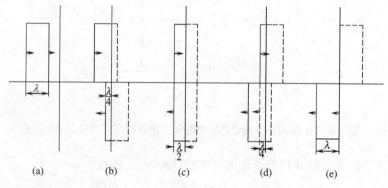

图 3-22 脉冲长为λ的矩形脉冲在自由表面反射时五个典型时刻下的应力波形示意图

对于线性衰减的锯齿形(三角形)脉冲,则情况有所不同。脉冲在自由表面反射时,五个典型时刻的应力波形如图 3-23 所示。由此可见,从压力脉冲的反射一开始,就同时发生了反射卸载波与入射卸载波的相互作用,从而形成了净拉应力区。净拉应力的值在反射波的头部最大,并随着反射的继续进行而逐渐增大,直到入射脉冲的一半被反射时达到最大。但在此之前,一旦满足式(3-27)就将发生层裂。

当脉冲作为时间的函数,即以通过任一点的时程曲线$\sigma(t)$来表示时,设取波阵面到达该点的时刻作为时间t的起点($t=0$),则如果在距自由表面δ处满足最大拉应力瞬时断裂准则(即式(3-27))而发生层裂,显然应有

$$\sigma(0) - \sigma\left(\frac{2\delta}{C_0}\right) = \sigma_c \qquad (3-28)$$

对于图 3-23 中所讨论的线性衰减的三角形脉冲,$\sigma(t)$可具体表达为

$$\sigma = \sigma_m\left(1 - \frac{C_0 t}{\lambda}\right) \qquad (3-29)$$

式中:σ_m为脉冲峰值,则由式(3-28)可确定首次层裂的裂片厚度δ_1为

$$\delta_1 = \frac{\lambda}{2} \cdot \frac{\sigma_c}{\sigma_m}$$

发生层裂的时刻为反射开始后时刻t_1,且

$$t_1 = \frac{\delta_1}{C_0} = \frac{\lambda}{2C_0} \frac{\sigma_c}{\sigma_m}$$

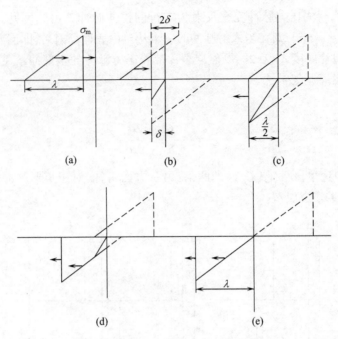

图 3-23 锯齿形脉冲在自由表面反射时五个典型时刻下的应力波形示意图

裂片的速度可依据裂片的动量等于陷入其中的脉冲冲量，即按

$$v_f = \frac{1}{\rho_0 \delta} \int_0^{\frac{2\delta}{C_0}} \sigma(t) \mathrm{d}t$$

来近似计算。用式(3-29)代入上式可得

$$v_f = \frac{2\sigma_m - \sigma_c}{\rho_0 C_0}$$

如果 $|\sigma_m| = \sigma_c$，则与矩形脉冲相类似，层裂裂片厚 $\delta = \lambda/2$，发生于自由面反射后 $t = \lambda/(2C_0)$ 时刻，并且压力脉冲的全部冲量陷入裂片之中，不会发生多层层裂。只是裂片的速度较矩形脉冲时为小；$v_f = \sigma_m/\rho_0 C_0$。如果 $|\sigma_m| > \sigma_c$，则一次层裂发生后，压力脉冲未反射的剩余部分将在由层裂所形成的新自由表面发生反射，有可能发生下一次的层裂。下面请读者自行证明，如果 $n\sigma_c \leqslant |\sigma_m| < (n+1)\sigma_c$，则可以发生 n 层层裂，各层层裂片厚度相同，但裂片速度逐次降低。

按照上述讨论的同样原理，不难说明：对于图 3-24 所示的逐渐衰减的(例如指数衰减的)三角形(锯齿形)脉冲，在多层层裂时，裂片厚度将逐次增厚。

以上的讨论是在弹性波一维理论的基础上进行的一种近似分析，实际情况要复杂得多。但即使如此，人们不难从中看到，由于应力波传播和相互作用的后果，动态断裂不仅有可能在加载条件下发生，还可能在卸载条件下发生，这是一类应力波作用下的所谓**卸载破坏**。

还应该指出：除了理想晶体的理论强度外，工程材料的断裂实际上不是瞬时发生的，而是一个以有限速度发展着的过程。特别在高应变率下，更呈现明显的**断裂滞后**现象，表现为临界应力随着载荷作用持续时间的增加而降低。这说明：断裂的发生，不仅与作用应

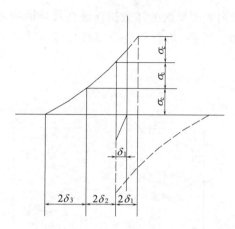

图 3-24 逐渐衰减的锯齿形脉冲产生的厚度渐增的多层层裂

力的数值有关,还与该应力作用的持续时间或者应力(应变)率有关。因此,像式(3-27)这样的瞬时断裂准则应代之以时间(或速率)相关的动态断裂准则。这是当前一个引人注目的研究领域。目前比较流行的动态断裂准则是考虑到材料内部损伤演化过程的各种**损伤积累准则**。

例如,按照 F. R. Tuler 和 B. M. Butcher(1968)提出的层裂准则,设任意一点上作为时间 t 的函数的应力 $\sigma(t)$ 满足式

$$\int_0^t (\sigma - \sigma_0)^\alpha dt = K \tag{3-30}$$

时,发生断裂,式中 α、K 和 σ_0 均为材料常数。σ_0 表征材料发生断裂所需的下界应力(门槛值),如果 $\sigma(t) < \sigma_0$,即使作用持续时间再长也不会发生断裂。$\alpha = 1$ 时,式(3-30)化为所谓**冲量准则**,意味着当应力冲量达到一定的临界值时发生断裂。

最后附带指出,与层裂中压力脉冲的反射卸载波与入射卸载波相互作用后产生拉应力从而导致断裂的情况类似,当压应力波朝向由两自由表面相交构成的角部传播时[①],两自由表面所反射的卸载拉伸波相遇时,也将形成净拉应力而可能导致断裂,称为**角裂**,如图 3-25 所示。

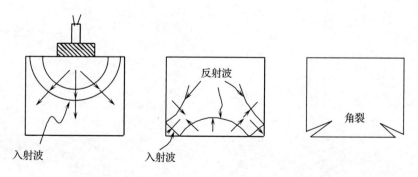

图 3-25 两自由表面所反射的卸载拉伸波导致的角裂

---

① 这时应力波在自由表面的反射是斜反射(第十一章中将要述及)。纵波斜入射时,一般将同时斜反射纵波和横波,故实际情况将比这里的简化处理更为复杂。

如果压应力波在两自由表面反射的卸载拉伸波在物体的中心部分相遇,则可能导致所谓**心裂**,如图 3-26 所示。层裂、角裂和心裂等都与应力波的反射现象有关,可统称为**反射断裂**。

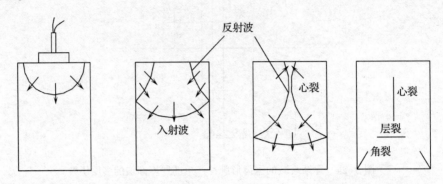

图 3-26 两自由表面反射的卸载拉伸波在物体中心部分相遇导致的心裂

有关层裂的更详细的讨论可参看《材料动力学》第八章(王礼立 等,2017)。

第四章 弹塑性波的相互作用

在上一章讨论线弹性波的相互作用时,对于所研究的两波相互作用过程到底是加载过程还是卸载过程并无限制。这是由于对于线弹性材料,加载和卸载遵循同一应力应变关系,而且是线性的,在热力学上是可逆过程。因此加载波和卸载波并无本质差别,且以相同波速 C_0 传播,无需区别处理。但当我们讨论弹塑性波的相互作用时,问题就复杂化了。这一方面是由于这时应力应变关系是非线性的,叠加原理不再成立;另一方面是由于弹塑性材料的加载和卸载遵循不同的应力应变关系,在热力学上是不可逆过程。这就必须区分两波的相互作用过程是加载过程还是卸载过程,然后分别加以处理。

下面首先讨论两弹塑性波相互作用的加载过程,然后讨论两波相互作用的卸载过程。

4.1 弹塑性加载波的相互作用

关于两弹塑性波相互作用的加载过程,可概括为两种基本类型:一种是两相向传播的弹塑性波迎面相遇时的相互作用。这当然是指两同号加载波(都是拉伸波或压缩波)迎面相遇而进一步加载的情况(**迎面加载**),否则将涉及卸载问题。另一种是两同向传播的弹塑性加载波,由于后者传播速度快于前者,从而赶上前者的相互作用过程(**追赶加载**),这当然只发生在递增硬化材料中,实际上这就是过去已定性地讨论过的冲击波的形成和增长的过程。

本节具体讨论迎面加载问题,对材料是递减硬化还是递增硬化并无限制。一旦掌握了处理这类问题的基本原则和方法,其实也就不难处理追赶加载过程了。

总的处理原则仍和讨论弹性波中所述的一样:两波相遇时可看作一个内撞击过程,在相互作用界面处应满足界面两侧质点速度相等(连续条件)和应力相等(反作用定律)条件,而两侧各又应满足波阵面上动量守恒条件式(2-57)(对于强间断波阵面)或式(2-63)(对于弱间断波阵面),于是问题可解。但与线弹性波中不同的是,这里波速 $\mathscr{D}$ 或 $C(\varepsilon)$ 不再是常数,叠加原理也不再成立,因而问题比线弹性波中的复杂一些。

4.1.1 强间断弹塑性波的迎面加载

先讨论线性硬化材料的情况,这时弹性波速 $C_0(=\sqrt{E/\rho_0})$ 和塑性波速 $C_1(=\sqrt{E_1/\rho_0})$ 都是恒值,且设 $C_0>C_1$,问题就较易处理。

设有一长为 l 的均匀等截面杆,原先处于静止的自然状态。如图 4-1 所示,两端同时受到突加恒速冲击载荷,其值在右端($X=l$)为 $v_3>0$,在左端($X=0$)为 $v_4<0$。于是在杆中有迎面传播的两强间断弹塑性拉伸波。这种情况下处理的是强间断弹塑性加载波相互作用,即迎面加载的问题。

在两波相遇之前,其情况和前述半无限长杆中的弹塑性简单波的情况完全一样。

图 4-1 所示的 (X,t) 平面中,编号 0,1,2,3,4 各区的状态均可作为已知,令诸量的下标数与各区的编号数对应,则有

$$\sigma_0 = v_0 = 0$$

$$\sigma_1 = \sigma_2 = Y, v_1 = -v_2 = v_Y = \frac{Y}{\rho_0 C_0}$$

$$\sigma_3 = \sigma_1 + \rho_0 C_1 (v_3 - v_1)$$

$$\sigma_4 = \sigma_2 - \rho_0 C_1 (v_4 - v_2)$$

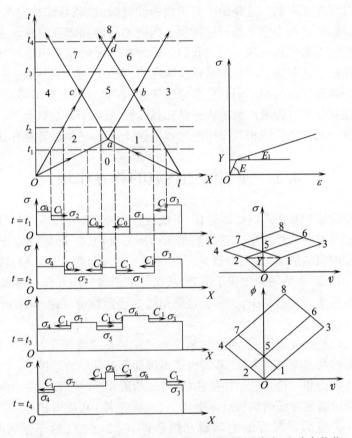

图 4-1　长为 l 的均匀等截面杆两端同时受到突加恒速冲击载荷

下面主要讨论的问题是两波迎面相遇后的情况。由于弹性波比塑性波传播得快($C_0 > C_1$),所以首先是两弹性前驱波在 t_a 时刻相遇于 a 点。既然两弹性前驱波的应力幅值都等于弹性限 Y,相互作用后的反射加载波就必为塑性波。因为按照波阵面动量守恒条件式(2-57),对于两波相遇界面的右侧应有

$$v_5' = v_1 - \frac{\sigma_5' - \sigma_1}{\rho_0 C_1} = v_Y - \frac{\sigma_5' - Y}{\rho_0 C_1}$$

对于相遇界面的左侧应有

$$v_5'' = v_2 + \frac{\sigma_5'' - \sigma_2}{\rho_0 C_1} = -v_Y + \frac{\sigma_5'' - Y}{\rho_0 C_1}$$

而在界面上应满足质点速度相等和应力相等条件,即有

第四章 弹塑性波的相互作用

$$v_5' = v_5'' = v_5$$
$$\sigma_5' = \sigma_5'' = \sigma_5$$

由上述四个方程联立求解得:

$$v_5 = 0, \sigma_5 = Y + \rho_0 C_1 v_Y = \left(1 + \frac{C_1}{C_0}\right) Y$$

此后,右行内反射塑性波 ab 将与左行入射塑性波 lb 相遇于 b 点,而左行内反射塑性波 ac 将与右行入射塑性波 Oc 相遇于 c 点,分别导致进一步的塑性加载(分别对应于 6 区和 7 区)。由此产生的二次内反射塑性波 bd 和 cd 又最后相遇于 d 点,再导致进一步的塑性加载(对应于 8 区)。这样两弹塑性加载波的迎面相互作用才算完全作用完毕。6、7、8 各区的状态完全可以按 5 区相类似的方法加以确定,即每一次应力波相遇时,对界面两侧按动量守恒条件式(2-57)列出应力和质点速度间的关系,再根据界面上应满足质点速度相等和应力相等条件,就可以求解。

图 4-1 下方给出了四个典型时刻 t_1、t_2、t_3 和 t_4 时的应力波波形剖面,形象地刻画了弹塑性强间断加载波相互作用的发展过程。此外,图中除 σ—v 图外,还给出了相应的 ϕ—v 图。由于引入了由式(2-37)所定义的 ϕ,而使非线性的特征相容关系线性化了。

4.1.2 弱间断弹塑性波的迎面加载

对于递减硬化材料($d^2\sigma/d\varepsilon^2<0$),塑性波波速 $C(\varepsilon) = \sqrt{\frac{1}{\rho}\frac{d\sigma}{d\varepsilon}}$ 不再是恒值,塑性波以连续波的形式传播。如果把连续波看作一系列间断增量波,则连续弹塑性加载波的相互作用可以想象成一系列间断增量波相继的相互作用。每两个加载增量波相遇时发生内反射加载而波速随之减小,就如同讨论图 4-1 的 a 点时的情况一样。因此可以想象到,在 (X,t) 平面上,两连续简单波相互作用后的特征线是其斜率的绝对值($\left|\frac{dt}{dX}\right|_C$)逐渐减小的曲线。

这样,问题的处理在原则上和强间断弹塑性加载波相互作用中所讨论的完全一样,只需用连续波动量守恒条件式(2-63)来代替强间断波动量守恒条件式(2-57)。

以一原先处于 $v_a(>0)$ 和 $\sigma_a(>0)$ 状态的递减硬化材料的有限长杆为例,如图 4-2 所示,设其右端受渐加冲击载荷到 $v_b(>v_a)$ 后保持恒值,而其左端受渐加冲击载荷到 $v_c(<v_a)$ 后保持恒值,于是在杆中迎面传播两束弱间断弹塑性拉伸波。在相遇前都是已知的简单波,且有

$$\begin{cases} v_b = v_a + \int_{\sigma_a}^{\sigma_b} \frac{d\sigma}{\rho_0 C} \\ v_c = v_a - \int_{\sigma_a}^{\sigma_c} \frac{d\sigma}{\rho_0 C} \end{cases} \quad (4-1)$$

设左行简单波与右行简单波于 a 点相遇,而于 d 点相互作用完毕(图 4-2),则相互作用完毕后的状态 v_d 和 σ_d 可求得:按弱间断波阵面上动力学相容条件式(2-63),对于杆的右侧(跨过一系列右行波)有

$$v_d' = v_b - \int_{\sigma_b}^{\sigma_d'} \frac{d\sigma}{\rho_0 C}$$

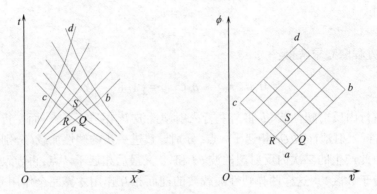

图 4-2 杆中迎面传播两束弱间断弹塑性拉伸波的相互作用

而对于杆的左侧(跨过一系列左行波)有

$$v''_d = v_c + \int_{\sigma_c}^{\sigma'_d} \frac{\mathrm{d}\sigma}{\rho_0 C}$$

再根据界面处 $v'_d = v''_d = v_d$,以及 $\sigma'_d = \sigma''_d = \sigma_d$,就可解得 v_d 和 σ_d。如果用 ϕ(见式(2-37))来表示,则上两式化为

$$\begin{aligned} v_d &= v_b + \phi_b - \phi_d \\ v_d &= v_c - \phi_c + \phi_d \end{aligned} \quad (4-2)$$

而式(4-1)化为

$$\begin{aligned} v_b &= v_a + \phi_b - \phi_a \\ v_c &= v_a - \phi_c + \phi_a \end{aligned} \quad (4-3)$$

分别从式(4-2)的两式消去 ϕ_d 及从式(4-3)的两式消去 ϕ_a 后,再从所得式子消去 $(\phi_b - \phi_c)$,就可得到只包含 v 的式子;或者类似地消去 v 可得只包含 ϕ 的式子,其结果为

$$\begin{cases} v_d = v_c + v_b - v_a \\ \phi_d = \phi_c + \phi_b - \phi_a \end{cases} \quad (4-4)$$

如果把它们改写为

$$(v_d - v_a) = (v_c - v_a) + (v_b - v_a)$$
$$(\phi_d - \phi_a) = (\phi_c - \phi_a) + (\phi_b - \phi_a)$$

就可以看到这就是弹性波情况下式(3-2)的推广,只需把 σ 代以相应的 ϕ 即可。换言之,如果引入 ϕ 来代替 σ,则仍可应用叠加原理。实际上式(3-2)只是式(4-4)在 v_a、ϕ_a、σ_a 皆为 0 及 $C(\varepsilon) = C_0$ 情况下的特例。

上述讨论当然不仅适用于确定相互作用完毕后的状态(d 点),也同样适用于确定相互作用过程中即 $abcd$ 区域内任意一点的状态,而且实际上只有先确定了相互作用过程中诸点的状态和位置,才能最后确定 d 点的位置。因为在弹塑性波问题中,经过 (X,t) 平面上任一点的特征线的切线斜率(特征方向)是该点状态的函数 $\left(\dfrac{\mathrm{d}X}{\mathrm{d}t}\bigg|_W = \pm C(\varepsilon)\right)$。如果沿特征线 bd 和 cd 上依次各点的状态尚未确定,则特征线本身的位置也就确定不了,当然它们的交点 d 的位置也就无法确定。在前面的讨论中我们只是设想了 d 点的存在,具体位置还是未定的。这正是非线性波问题比线性波问题复杂的所在之处。不过由于沿特征线

ab 和 ac 的状态,从而特征线的位置都是已知的,我们就可以用沿特征线的有限差分数值法来求解。具体解题时,可根据精度需要把特征线 ab 和 ac 分别分成 m 段和 n 段(图 4-2),经过 ab 线上诸分割点的左行特征线和经过 ac 线上诸分割点的右行特征线将把区域划分成许多小网格,而网格内的质点速度和应力可以近似地看作是均匀的。于是,例如特征线段 QS 的斜率可近似地按 Q 点的状态来确定,RS 的斜率同理可近似地按 R 点的状态来确定;换言之,可用如下差分方程:

$$X_S - X_Q = -C(\varepsilon_Q)(t_S - t_Q)$$
$$X_S - X_R = C(\varepsilon_R)(t_S - t_R)$$

来代替相应的特征线微分方程。由此即可确定 QS 和 RS 交点 S 点的位置 (X_S, t_S)。至于 S 点的状态,则可按式(4-4)由 a、Q、R 及三点上已知的状态点来确定:

$$v_S = v_Q + v_R - v_a$$
$$\phi_S = \phi_Q + \phi_R - \phi_a$$

依次类推,就可确定全部网格点的位置和状态。像上述解 $abcd$ 区这类的问题,即如果在两条不同系的特征线上给定 v 和 σ(或 ε),则可在以这两条特征线和经过它们任意端点的另两条特征线为界的曲线四边形中求得单值解的问题,常称为 **Darboux 问题**或**特征线边值问题**。这样,弱间断弹塑性加载波的相互作用问题实际上就归结为解 Darboux 问题。

至此我们已有三种类型的定解问题,即 Cauchy 问题(初值问题),Picard 问题(混合问题)和 Darboux 问题(特征线边值问题)。

4.2 弹塑性加载波在固定端的反射

在图 4-2 所示情况的讨论中,如果迎面相遇的两弹塑性波的应力值相同,即 $\sigma_c = \sigma_b$(或 $\phi_c = \phi_b$),则由式(4-2)和式(4-3)可知有

$$v_d = v_a$$

这相当于弹塑性波在刚壁(固定端)的反射(特例是当 $v_a = 0$)。此时,反射后的 ϕ 值总变化 $(\Delta\phi)_R$ 是入射 ϕ 值变化 $(\Delta\phi)_I$ 的两倍,即

$$(\Delta\phi)_R = \phi_d - \phi_a = 2(\phi_b - \phi_a) = 2(\Delta\phi)_I \tag{4-5}$$

可见,弹性波在刚壁反射后应力扰动值加倍的结果是式(4-5)在 $C = C_0$ 情况下的一个特例。

作为一个包含固定端反射的弹塑性加载波相互作用问题的典型例子,现在来讨论一递减硬化弹塑性材料有限长杆,其左端($X=0$)固定,右端($X=L$)在 $t=0$ 时受一突加恒速撞击($v^* > 0$)。弹塑性波在固定端和撞击端间来回反射而逐渐增强的过程如图 4-3 所示(von Karman et al,1942),图中除了给出 (X,t) 平面和 (ε,v) 平面相对应的特征线外,还同时给出了 (ϕ,v) 平面相对应的特征线。如前所述,在 (ϕ,v) 平面上特征线都是与坐标轴成 $\pm 45°$ 的直线。

在应力波到达固定端之前($t < L/C_0$),情况和半无限长杆受突加恒速冲击载荷时一样,从撞击端传出一束中心简单波,以强间断弹性波为前导。设杆原先处于静止的自然状态(对应于状态平面上的 O 点),则在弹性前驱波波阵面 LA 上,应力、应变、质点速度和 ϕ 分别从零值突跃到 Y(弹性限)、$\varepsilon_Y (= Y/E)$、$v_Y (= Y/(\rho_0 C_0))$ 和 $\phi_Y (= Y/(\rho_0 C_0))$;对应

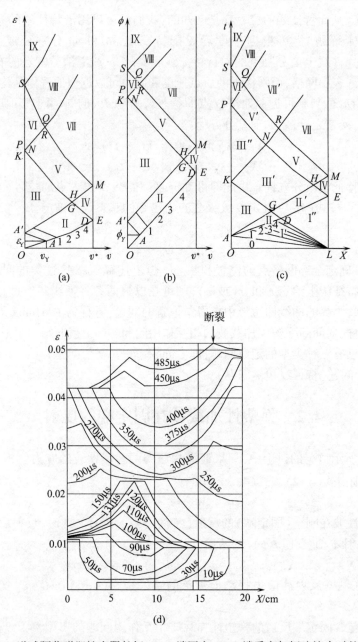

图 4-3 递减硬化弹塑性有限长杆，$X=0$ 端固定，$X=L$ 端受突加恒速撞击时的波传播

地，在状态平面上就是从 O 点跳跃到 A 点（物理平面上的特征线 LA 与状态平面上的特征线 OA 相对应）。随后是一系列弱间断塑性连续波，在 (X,t) 平面上对应于以 LA 和 LD 为界的简单波区 I'，而在状态平面上对应于线段 AD，D 点由边界条件 v^* 确定，而恒值区 I'' 则对应于状态平面上的一点 E（也就是 D 点）。

在 $t=L/C_0$ 时，幅值已达弹性限 Y 的弹性前驱波在固定端反射加载为塑性波，并由于材料递减硬化特性，入射强间断波反射转化为弱间断连续波，在 $\varepsilon-v$ 状态平面上对应于曲线段 AA'（在 $\phi-v$ 状态平面上则为直线段）。状态点 A' 可由固定端反射条件式（4-5）

确定,即 $\phi_A = 2\phi_Y$。于是,在杆的固定端($X=0$),在 $t=L/C_0$ 时反射出一系列中心塑性波。但这一右行的反射塑性波从反射一开始就与左行的一次入射塑性波相遇。因此在 (X,t) 平面上的 Ⅱ 区归结为解迎面相遇的两弱间断塑性波相互作用的问题。如前所述,这是一个定解的 Darboux 问题(特征线边值问题)。事实上,在 (X,t) 平面上,反射特征线 AD 上任一点 P 的斜率和特征线 LP 的斜率在绝对值上应相同,即应有

$$\frac{\mathrm{d}X}{\mathrm{d}t} = \frac{L-X}{t}$$

积分后,并利用边界条件 $X=0, t=L/C_0$,可得出 AD 是下述方程表示的双曲线:

$$t(L-X) = L^2/C_0$$

因此,(X,t) 平面上特征线 AD 和点 A 的位置和状态是已知的。对应地在状态平面上,Ⅱ 区的两不同系的边界特征线 AD 和 AA' 也同样是已知的。于是 Ⅱ 区归结为解特征线边值问题(Darboux 问题)。

反射中心塑性波在与入射塑性波的波尾(以 (X,t) 平面上的特征线 LDG 表示)相互作用完毕后,就在恒值区(Ⅱ′)中传播,不再受到迎面塑性波的相互作用。因此 (X,t) 平面上的 Ⅱ′区是简单波区。由此也可以理解为什么**简单波区总是和恒值区相邻**。

求得 Ⅱ 区后,作为 Ⅲ 区的边界之一的特征线 AG 即为已知,而另一非特征线边界 AK (t 轴)上已给定 $v=0$(固定端条件)。因此 Ⅲ 区归结为解定解的 Picard 问题(混合问题),可以解得。

依此类推,以后的各区不是可归结为解 Darboux 问题(特征线边值问题),就可归结为解 Picard 问题(混合问题),于是整个问题可以解得。在图 4-3 中可以看到有下列几种类型的区域。

(1) 带有(″)的区域都是恒值区,在 (X,t) 平面上正向和负向特征线都是直线,在状态平面上只对应于一点。

(2) 带有(′)的区域都是简单波区,它总是和恒值区相邻出现。在状态平面上它对应于一线段。如果这线段是正向的,则 (X,t) 平面上的负向特征线族为直线,而另一族特征线为曲线。

(3) 不带(″)和(′)的区域,在物理平面((X,t) 平面)和状态平面上有一一对应的区域。如果区域的边界之一是 t 轴,则归结为解一 Picard 问题(混合问题),例如 Ⅲ、Ⅳ、Ⅵ、Ⅶ、Ⅸ 等区。其余的是解一 Darboux 问题(特征线边值问题),例如 Ⅱ、Ⅴ、Ⅷ 等区。

这一问题,虽然原则上可以求得精确解,但实际上由于 $\sigma = \sigma(\varepsilon)$ 函数形式的复杂,通常用数值法或图解法求近似解。图 4-3(d) 给出了用特征线数值解法求得的一个实际算例(von Karman et al, 1942),图中给出了不同时刻的应变波形分布。计算表明当 $t=485\mu s$ 时在靠近撞击端附近先达到强度极限而断裂。而当此断裂的卸载影响还来不及传到左面时,靠近固定端处又发生第二次断裂。

4.3 卸载波的控制方程和特征线

现在来讨论弹塑性材料的**卸载波**问题。既然弹塑性材料在加载和卸载时遵循不同的应力应变关系,因而相应地有不同的控制方程。

弹塑性材料中的弹塑性应力波和弹性材料的弹性波的主要差别并不体现在加载上，因为弹塑性材料在加载时的应力应变曲线在形式上是和非线性弹性材料类似的，所以在两种材料中加载波的行为也是类似的。只有在卸载时才能真正区别材料所经历的是不可逆的塑性变形还是可逆的弹性变形。从这个意义上来说，塑性波传播问题中最本质的特征主要还是体现在卸载过程中。

这样，在处理既有加载又有卸载的弹塑性波的传播问题时，必须区分不同的质点在不同的时刻是处于加载过程还是卸载过程。或者说，在(X,t)平面上必须区分塑性加载区和卸载区，找出随着应力波的传播和相互作用时这两区边界$X=f(t)$的变化或传播情况，而这两区又分别遵循不同的控制方程。这正是问题的复杂所在。

塑性加载区的控制方程已如前述（见式(2-18)）。现在来讨论卸载区的控制方程。当然，它仍然由运动学方程、动力学方程和本构方程组成。基本假设也仍然同前，并且我们在下面还仍采用 Lagrange 变量来描述。

对于弹塑性材料在经历塑性加载后的卸载应力应变关系，我们作如下的基本假定：从卸载前塑性变形所达到的应力σ_m和应变ε_m卸载时，不论卸载后是否又重新加载，而只要应力不再超过σ_m，则应力应变间有线性关系，且其斜率等于加载曲线弹性部分的初始斜率，即遵循与弹性加载时相同的 Hooke 定律（图 4-4）。这就是所谓的**弹性卸载假定**。显然，当从σ_m卸载后，如果要重新加载进入塑性变形，其屈服限就提高到了σ_m。这就是所谓的**加工硬化**或**应变硬化效应**。

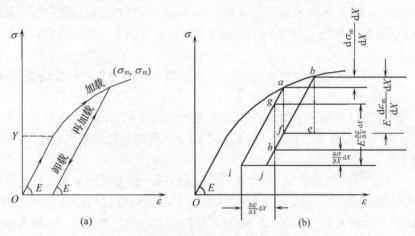

图 4-4 弹塑性加载—弹性卸载的应力应变关系

如用字母上加一横来表示卸载后的量，则一维应力下弹性卸载的应力应变关系为
$$\bar{\sigma} = \sigma_m + E(\bar{\varepsilon} - \varepsilon_m) \tag{4-6}$$
这也就是相当于把总应变ε看作弹性变形ε^e和塑性变形ε^p之和，其中弹性变形ε^e是可恢复的，且遵循 Hooke 定律$\varepsilon^e = \sigma/E$，而塑性变形ε^p是不可恢复的。

注意，一般地说，卸载开始的应力值σ_m对于杆的不同截面是不同的，但一旦卸载开始后，只要不重新进入塑性加载，σ_m就不再随时间变化。因此，对卸载区而言，σ_m和ε_m都只是X的函数，与t无关。于是有

$$\frac{\partial \bar{\sigma}}{\partial t} = E \frac{\partial \bar{\varepsilon}}{\partial t} = \rho_0 C_0^2 \frac{\partial \bar{\varepsilon}}{\partial t}$$

$$\frac{\partial \bar{\sigma}}{\partial X} = E\frac{\partial \bar{\varepsilon}}{\partial X} + \frac{\mathrm{d}}{\mathrm{d}X}(\sigma_\mathrm{m} - E\varepsilon_\mathrm{m}) = \rho_0 C_0^2 \frac{\partial \bar{\varepsilon}}{\partial X} + \frac{\mathrm{d}\sigma_\mathrm{m}}{\mathrm{d}X} - \rho_0 C_0^2 \frac{\mathrm{d}\varepsilon_\mathrm{m}}{\mathrm{d}X}$$

如果在 X 点及其相邻的 $(X+\mathrm{d}X)$ 点,卸载开始时的 σ_m 分别如图 4-4(b) 中的 a 点和 b 点所示,某时刻 t 此两点的卸载应力 $\bar{\sigma}$ 分别如图中 i 点和 h 点所示,则上述 $\partial\bar{\sigma}/\partial X$ 表达式中各项的意义如图中所示。

因为卸载时杆的运动学方程和动力学方程仍和加载时相同,即式(2-12)和式(2-13)仍成立,则连同卸载应力应变关系式(4-6)可列出卸载区的控制方程组为

$$\begin{cases} \dfrac{\partial \bar{\varepsilon}}{\partial t} = \dfrac{\partial \bar{v}}{\partial X} \\ \rho_0 \dfrac{\partial \bar{v}}{\partial t} = \dfrac{\partial \bar{\sigma}}{\partial X} \\ \bar{\sigma} = \sigma_\mathrm{m} + E(\bar{\varepsilon} - \varepsilon_\mathrm{m}) \end{cases} \qquad (4-7)$$

消去 $\bar{\sigma}$,则得到以 $\bar{\varepsilon}$ 和 $\bar{v}$ 为未知函数的一阶偏微分方程组为

$$\begin{cases} \dfrac{\partial \bar{v}}{\partial X} = \dfrac{\partial \bar{\varepsilon}}{\partial t} \\ \dfrac{\partial \bar{v}}{\partial t} = C_0^2 \dfrac{\partial \bar{\varepsilon}}{\partial X} + \dfrac{1}{\rho_0}\dfrac{\mathrm{d}\sigma_\mathrm{m}}{\mathrm{d}X} - C_0^2 \dfrac{\mathrm{d}\varepsilon_\mathrm{m}}{\mathrm{d}X} \end{cases} \qquad (4-8)$$

或者消去 $\bar{\varepsilon}$,则得以 $\bar{\sigma}$ 和 $\bar{v}$ 为未知函数的一阶齐次线性偏微分方程组为

$$\begin{cases} \dfrac{\partial \bar{\sigma}}{\partial t} = \rho_0 C_0^2 \dfrac{\partial \bar{v}}{\partial X} \\ \dfrac{\partial \bar{\sigma}}{\partial X} = \rho_0 \dfrac{\partial \bar{v}}{\partial t} \end{cases} \qquad (4-9)$$

当然,也可以完全等价地表示为以位移 $\bar{u}$ 为未知函数的两阶偏微分方程:

$$\frac{\partial^2 \bar{u}}{\partial t^2} = C_0^2 \frac{\partial^2 \bar{u}}{\partial X^2} + \frac{1}{\rho_0}\frac{\mathrm{d}\sigma_\mathrm{m}}{\mathrm{d}X} - C_0^2 \frac{\mathrm{d}\varepsilon_\mathrm{m}}{\mathrm{d}X} \qquad (4-10)$$

采用特征线法求解时,不难按 2.1 节所述求得对应的特征线方程和特征线上相容条件。与方程组(4-8)相对应的为

$$\begin{cases} \mathrm{d}X = \pm C_0 \mathrm{d}t \\ \mathrm{d}\bar{v} = \pm \left(C_0 \mathrm{d}\bar{\varepsilon} + \dfrac{1}{\rho_0 C_0}\mathrm{d}\sigma_\mathrm{m} - C_0 \mathrm{d}\varepsilon_\mathrm{m} \right) \end{cases} \qquad (4-11)$$

而与方程组(4-9)相对应的为

$$\begin{cases} \mathrm{d}X = \pm C_0 \mathrm{d}t \\ \mathrm{d}\bar{v} = \pm \dfrac{1}{\rho_0 C_0}\mathrm{d}\bar{\sigma} \end{cases} \qquad (4-12)$$

这些都是相互等价的。其中,以 $\bar{\sigma}$ 和 $\bar{v}$ 为未知函数时的控制方程组(式4-9)及其相应的特征线方程组(式4-12),与弹性波中的形式完全一致,而且在处理波的相互作用时最为简单方便,是以下讨论中采用的主要形式。

由式(4-11)或式(4-12)还可知,**卸载扰动以弹性波波速 C_0 传播**。这是弹性卸载假定的必然结果。这里需要强调的是,卸载扰动本身的传播和**塑性加载—弹性卸载区边界**

的传播是两个不同的概念。前者就是我们将要研究的**卸载波**,它是沿着弹性特征线传播的,它的传播速度在弹性卸载假定下始终是 C_0;而后者我们把它叫做**弹塑性边界**(或**加载—卸载边界**),它的传播轨迹是由弹性卸载扰动与塑性加载扰动相互作用的后果所决定的,一般不是沿着特征线传播的,所以其传播速度应在解题中根据具体情况予以确定。只有在特殊情况下两者才重合。

在 (X,t) 平面上,设以曲线 $X=f(t)$ 表示卸载过程中的弹塑性边界,简称为**卸载边界**,则

$$\overline{C} = \frac{\mathrm{d}X}{\mathrm{d}t}\bigg|_{X=f(t)} = f'(t) \tag{4-13}$$

表示这一边界的传播速度。历史文献上有时把这一卸载过程中的弹塑性边界的传播称为卸载波,或 Рахматулин 波,从上述讨论可知这显然并不妥当。

这样,在包含塑性加载和弹性卸载的情况下,问题归结为:在给定的初始条件和边界条件下,联立解弹塑性加载区的偏微分方程(式(2-18)或者其别的等价形式)和弹性卸载区的偏微分方程(式(4-10)或者其别的等价形式),而在两区的边界 $X=f(t)$ 上满足连续条件和动量守恒条件。问题的困难在于,**弹塑性边界 $X=f(t)$ 在整个问题解决之前往往是事先不知道的**。

下面我们将先讨论半无限长杆中的卸载波问题。这时杆端先受到弹塑性加载,然后卸载。由于卸载扰动的传播比塑性加载扰动的传播快($C_0 > C_p$),后发生的卸载扰动将追上先发生的塑性加载扰动而相互作用,我们称之为**追赶卸载**问题。随后我们将讨论在有限长杆中由另一端传来的卸载扰动迎面与塑性加载扰动相互作用的问题,我们称之为**迎面卸载**问题。最后我们将讨论弹塑性边界传播的一般特性。

4.4 强间断卸载扰动的追赶卸载

4.4.1 线性硬化杆中强间断波的突然卸载

我们先来讨论一线性硬化材料的半无限长杆,原来处于静止的自然状态而受到矩形脉冲载荷的情况,即在 $t=0$ 时受一突加恒值冲击载荷 σ^*,其幅值足以产生塑性变形,经过时间 t_1 后又突然卸载到零。在两杆突然相撞后又突然跳开的情况下就会遇到这类问题。这时,加载扰动和卸载扰动都以强间断波阵面的形式在杆中传播,并且卸载扰动的传播快于塑性加载扰动的传播。因此这是一个追赶卸载问题。

$t<t_1$ 时的情况,即对于图 4-5(a)所示 (X,t) 平面中的 l 区和 2 区,分别易知有

$$\sigma_1 = -Y, \varepsilon_1 = -\varepsilon_Y = -\frac{Y}{E}, v_1 = \frac{Y}{\rho_0 C_0} = v_Y$$

$$\sigma_2 = \sigma^*, \varepsilon_2 = \sigma^*/E_1 + (1/E_1 - 1/E)Y$$

$$v_2 = \left(\frac{1}{\rho_0 C_0} - \frac{1}{\rho_0 C_1}\right)Y - \frac{\sigma^*}{\rho_0 C_1} = v^*$$

式中:Y 和 ε_Y 分别是材料屈服应力和屈服应变的绝对值;$C_0 = \sqrt{E/\rho_0}$;$C_1 = \sqrt{E_1/\rho_0}$;E_1 为塑性线性硬化模量(图 4-5(c))。

第四章 弹塑性波的相互作用

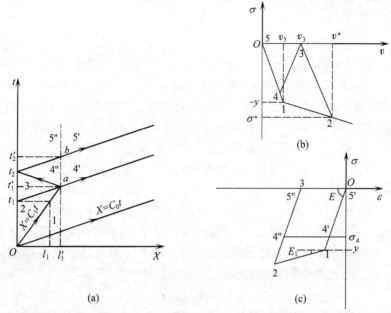

图 4-5 线性硬化杆中强间断波的突然卸载($|\bar{v}^*|<|2v_Y|$)

当 $t=t_1$ 时,塑性波阵面到达位置 $l_1=C_1t_1$,而撞击端应力突卸到零,成为自由端,于是强间断卸载扰动以速度 $C_0(>C_1)$ 在塑性恒值区 2 中传播①,追赶以速度 C_1 传播的塑性加载扰动。卸载区 3 的状态可由这一给定的卸载边界条件按弹性卸载应力应变关系式(4-6)以及强间断面上动量守恒条件式(2-57)确定,即有

$$\begin{aligned}\bar{\sigma}_3 &= 0 \\ \bar{\varepsilon}_3 &= \varepsilon_2 - \sigma_2/E = \bar{\varepsilon}^* \\ \bar{v}_3 &= v_2 + \frac{\sigma_2}{\rho_0 C_0} = v^* + \frac{\sigma^*}{\rho_0 C_0} = \bar{v}^* \end{aligned} \quad (4-14)$$

可见,应力 $\bar{\sigma}_3$ 虽然卸到了零,但仍有**残余变形** $\bar{\varepsilon}^*$ 和**残余质点速度** $\bar{v}^*$,分别如图 4-5(c)和图 4-5(b)所示。这一点正是**塑性变形的不可逆性**的表现。注意,**残余质点速度**的概念对于理解下面即将讨论的卸载扰动赶上塑性加载扰动时发生的内撞击,具有重要的意义。

设 $t=t_1'$ 时,卸载扰动赶上塑性加载扰动。t_1' 值可由图 4-5(a)的 X—t 图上相应的 t_1a 线与 Oa 线相交的条件

$$C_0(t_1'-t_1)=C_1t_1'$$

来确定,即

$$t_1'=\frac{C_0t_1}{C_0-C_1}=\frac{t_1}{1-C_1/C_0} \quad (4-15\text{a})$$

---

① 由 4.3 节已知,在弹性卸载假定下卸载扰动以弹性波速 C_0 传播,这不论对弱间断还是强间断同样成立。事实上,把弹性应力应变关系式(4-6)代入强间断波速 $\mathscr{D}$ 的定义式(2-59),即得 $\mathscr{D}=C_0$。

由此也可得两扰动相互作用的位置 l_1' 为

$$l_1' = C_1 t_1' = \frac{C_1 t_1}{1 - C_1/C_0} = \frac{l_1}{1 - C_1/C_0} \qquad (4-15b)$$

于是,在 $X<l_1'$,$t<t_1'$ 时,卸载扰动在一塑性恒值区 2 中传播,卸载扰动强间断面通过后应力都卸到零,质点速度虽不为零但残余质点速度沿杆 $X \leqslant l_1'$ 部分的分布还是均匀的。但当卸载扰动赶上塑性加载扰动之后,如果设想此卸载扰动在杆的 $X>l_1'$ 的部分中继续传播,由于现在是在弹性恒值区 1 中传播,卸载扰动波阵面通过后应力依旧卸到零的话,质点速度也将降为零。这样,在 $X=l_1'$ 截面的两侧将有质点速度的突跃差值 $(\bar{v}_3 - 0)$,也就是说将发生内撞击。所以,当卸载扰动赶上塑性加载扰动时,将相互作用而引起二次应力波,即内反射波。

卸载扰动与塑性加载扰动相互作用后的具体情况将视两扰动相遇处 ($X=l_1'$) 两侧的残余质点速度的差值的大小而定。在目前所讨论情况下,也即视 $\bar{v}_3$ 值的大小而定。这就犹如一以 $\bar{v}_3$ 速度运动的杆轴向撞击一静止的杆,撞击后的状态要视 $\bar{v}_3$ 值的大小而定一样。这可由过去关于弹塑性杆的撞击问题的讨论进行理解(见式(3-1))。如果满足条件

$$|\bar{v}^*| < |2v_Y| \qquad (4-16)$$

那么二次应力波幅值将小于屈服限 Y;反之,如果 $|\bar{v}^*| > |2v_Y|$,则二次应力波中将包含塑性波。

图 4-5 所给的是 $|\bar{v}^*| < |2v_Y|$ 的情况,4 区的状态可确定如下:对于 $X=l_1'$ 的左侧和右侧,按强间断面上动量守恒条件即式 (2-57) 分别有

$$\sigma_4'' = \bar{\sigma}_3 + \rho_0 C_0 (\bar{v}_4'' - \bar{v}_3) = \rho_0 C_0 (\bar{v}_4'' - \bar{v}_3)$$

$$\sigma_4' = \sigma_1 - \rho_0 C_0 (\bar{v}_4' - v_1) = -\rho_0 C_0 \bar{v}_4'$$

再根据 l_1' 处应力和质点速度的连续条件:

$$\bar{\sigma}_4'' = \bar{\sigma}_4' = \bar{\sigma}_4, \quad \bar{v}_4'' = \bar{v}_4' = \bar{v}_4$$

于是可得

$$\bar{v}_4 = \frac{\bar{v}_3}{2}$$

$$\bar{\sigma}_4 = -\rho_0 C_0 \frac{\bar{v}_3}{2}$$

但应注意到在 $X=l_1'$ 两侧的应变是不同的(图 4-5):

$$\bar{\varepsilon}_4' = \frac{\bar{\sigma}_4}{E}$$

$$\bar{\varepsilon}_4'' = \bar{\varepsilon}_3 + \frac{\bar{\sigma}_4}{E} = \bar{\varepsilon}_3 + \bar{\varepsilon}_4'$$

这表明在 $X=l_1'$ 处应变发生了间断,并这一应变强间断面除了在以后重新发生所谓二次塑性加载的情况下可能变化外,保留在 l_1' 处不动。这样的间断面称为**驻定间断面**。由强间断卸载扰动和强间断塑性加载扰动相互作用所形成的**驻定应变强间断面**反映了此间断面两侧应变历史的不同,而塑性应变历史的不同将引起材料力学性质的不同,因此一均匀杆一旦形成一个驻定形变强间断面,其两侧的材料力学性质也就不再完全相同(首先表现在屈服限不再相同了),不再是均质杆了。在一定条件下,例如在图 4-5 所示情况下,

如果有一应力波其幅值 σ 介于 σ_1 和 σ_2 之间（$Y<|\sigma|<|\sigma_2|$），则此应力波通过驻定应变间断面 l_1' 时，将如同通过两不同介质的界面时一样，会发生应力波的透射和反射现象。当然，驻定应变间断面两侧的弹性波阻抗 $\rho_0 C_0$ 还是相同的，因此它对 $|\sigma|<Y$ 的弹性波的传播，包括卸载扰动的传播毫无影响。例如，在图 4-5 中，形成驻定应变强间断面 l_1' 时所产生的左行内反射波在 $t=t_2$ 时从自由端又反射为右行卸载波（$t_2 b$），它在通过驻定应变间断面 l_1' 时将不受影响。

与图 4-5 中几个典型时刻相对应的应力、应变和质点速度的分布曲线，在图 4-6 中汇总给出。可以看到，塑性波在传播中一旦出现卸载过程，应力波形曲线、应变波形曲线和质点速度波形曲线是各不相同的。

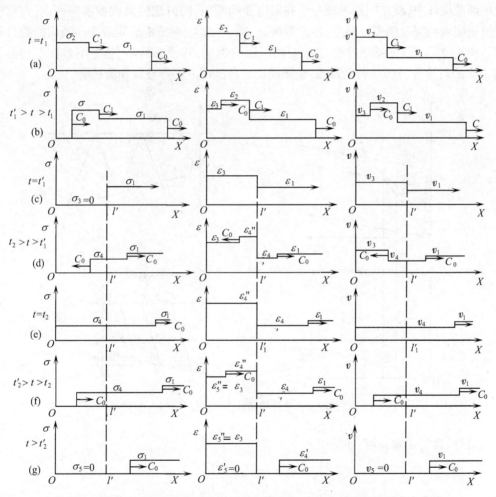

图 4-6 与图 4-5 中几个典型时刻相对应的应力、应变和质点速度的分布曲线

关于弹塑性边界，前面曾强调在一般情况下应注意区分卸载边界的传播和卸载扰动本身的传播。但在目前讨论的特殊情况下，卸载边界的传播轨迹 $t_1 a$（图 4-5）恰好就与强间断卸载扰动本身的传播轨迹相重合，因而这时卸载边界传播速度 $\overline{C}=C_0$。

图 4-5 和图 4-6 所给出的还只是边界上冲击载荷不太高时的一种较简单的情况。这时由于残余质点速度 $|\overline{v}^*|<|2v_Y|$，就使得内撞击所产生的二次应力波的应力幅值

$|\sigma_4|<Y$,意味着卸载扰动赶上塑性加载扰动而相互作用后塑性波就被削弱到"消失"了。如果冲击载荷的强度 σ^* 或相应的 v^* 较大,使得残余质点速度 $|\bar{v}^*|>|2v_Y|$,则情况还要复杂一些。这时,内撞击所产生的二次应力波的应力幅值将超过材料的初始屈服限 Y,因此内撞击后传入应变驻定间断面 l_1' 右侧的右行波将继续是强间断塑性波,只是其应力幅值比初始塑性波的要小。这意味着初始塑性波在与卸载扰动相互作用后被"削弱"了。另一方面,内撞击后传入驻定应变间断面 l_1' 左侧的二次应力波由于其幅值小于初始塑性波幅值因而属于弹性波(卸载区中的弹性波)。它在 $t=t_2$ 时刻到达杆端(自由端)被再次反射为二次卸载扰动。当这一强间断二次卸载扰动在 $X=l_2'$ 处再次赶上已被削弱了的塑性加载波时,就形成第二个驻定应变强间断面,并使塑性波再一次削弱。依此类推,每一次的卸载循环中,就相应地形成一个驻定应变间断面,同时塑性波就被削弱一次,直到塑性波被削弱到完全消失。显然,冲击载荷 σ^* 或 v^* 越大,形成的驻定应变间断面的数目越多。图 4-7 给出了形成三个驻定应变间断面的例子,其说明从略,读者不难在上述有关图 4-5 的讨论分析的基础上看懂,也建议读者自己作一遍推导以加深理解。

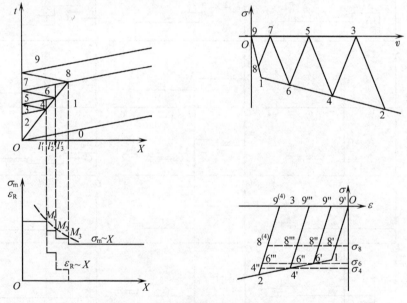

图 4-7 线性硬化杆中强间断波的突然卸载($|\bar{v}^*|>|2v_Y|$)

此外,读者不难证明:如果引入

$$\beta = \frac{C_0+C_1}{C_0-C_1} = \frac{1+\dfrac{C_1}{C_0}}{1-\dfrac{C_1}{C_0}} > 1 \qquad (4-17)$$

则第 $(n+1)$ 个驻定应变间断面位置的长度 l_{n+1}' 就是第 n 个驻定应变间断面位置 l_n' 的 β 倍($n=1,2,3,\cdots$),而 l_{n+1}' 处所达到过的最大塑性应力 $\sigma_{2(n+1)}$ 则是 l_n' 处所达到过的最大塑性应力 σ_{2n} 的 $1/\beta$ 倍:

$$l_{n+1}' = \beta l_n', \quad \sigma_{2(n+1)} = \sigma_{2n}/\beta$$

换言之，每一卸载循环形成一驻定应变间断面时，最大应力降为原来的 $1/\beta$，而相应的最大应力分布长度增至 β 倍。上述关系还表明，在图4-7中最大应力分布图上的 $M_1, M_2, \cdots$ 诸点都落在由式

$$\sigma_{2(n+1)} l'_{n+1} = \sigma_{2n} l'_n = \cdots = \sigma_2 l'_1 = 常数$$

所表示的双曲线上。同一图上还给出了撞击结束后残余变形 ε_R 沿杆的分布曲线，可见残余变形集中在撞击端附近，并根据所形成的驻定应变间断面的数目之多少而呈相应的阶梯状分布（局域化的非均匀应变分布）。这与静载问题中的情况完全不同。

4.4.2 线性硬化杆中连续波的突然卸载

在上面的讨论中，卸载扰动和塑性加载扰动都是强间断。如果卸载扰动仍是强间断，但塑性加载扰动是弱间断（连续波），则问题就较复杂一些了，所需处理的是强间断卸载扰动与一系列连续的弱间断塑性加载扰动的相互作用问题。

为易于理解这种情况下卸载扰动与塑性加载扰动相互作用过程的物理图像，我们先在图4-5所示例子的基础来讨论一线性硬化材料的半无限长杆受渐加载荷时的情况，即边界条件改为在杆端受一随时间线性增加的载荷，而在 $t=T_0$ 时又突然卸载（图4-8(a)）。这时，卸载扰动是强间断，塑性加载扰动是弱间断（连续波），但塑性波速 $C_1 = $ 常数。正如过去曾把连续波看作一系列微小的强间断增量波一样，现在也可把这一随时间线性增加的边界条件看作一系列微小强间断组成的阶梯状边界条件（图4-8(b)）。于是，这一强间断卸载扰动与一系列弱间断塑性扰动的相互作用问题可看作一强间断卸载扰动与一系列相继的微小强间断塑性加载扰动的相互作用问题。既然强间断卸载扰动与强间断塑性加载扰动的相互作用问题我们已在上一小节刚刚处理过，这一问题就能迎刃而解了。

这样，如图4-8(b)所示，从 $t=T_0$ 开始强间断卸载扰动以波速 C_0 在恒值区（5区）中传播。卸载波波阵面所过之处，应力从 σ^* 突卸到零，而质点速度则从 v^* 突卸到残余速度 $\bar{v}^* (=v^* + \sigma^*/(\rho_0 C_0))$。在 $t=T_1$ 时刻，卸载扰动于 $X=L_1$ 处追上其前方的第一个微小强间断塑性波而相互作用。这一相互作用过程可这样来理解：由于此微小间断波阵面两侧存在着质点速度差 $(\Delta v)_1$ 和应力差 $(\Delta \sigma)_1$，如果应力都卸到零，就有残余质点速度差 $(\Delta \bar{v})_1$：

$$(\Delta \bar{v})_1 = (\Delta v)_1 + \frac{(\Delta \sigma)_1}{\rho_0 C_0} = -\frac{(\Delta \sigma)_1}{\rho_0 C_1} + \frac{(\Delta \sigma)_1}{\rho_0 C_0} = \frac{(\Delta \sigma)_1}{\rho_0}\left(\frac{1}{C_0} - \frac{1}{C_1}\right) \quad (4-18)$$

因而发生了内撞击。此内撞击所产生的应力突跃 $(\Delta \bar{\sigma})_1$ 由于是在卸载区范围，可按弹性波计算：

$$(\Delta \bar{\sigma})_1 = -\rho_0 C_0 \frac{(\Delta \bar{v})_1}{2} = \frac{(\Delta \sigma)_1}{2}\left(\frac{C_0}{C_1} - 1\right) = -\frac{1}{2}\{(\Delta \sigma)_1 + \rho_0 C_0 (\Delta v)_1\} \quad (4-19)$$

这在 σ—v 图（图4-8(c)）上对应于点7。经过第一次内撞击之后，一方面塑性波强度受卸载扰动的作用而削弱了，其幅值从 $|\sigma_5|$ 降到了 $|\sigma_4| = |\sigma_5 - (\Delta \sigma)_1| = |\sigma^* - (\Delta \sigma)_1|$；另一方面卸载扰动的强度也受塑性波的作用而削弱了，其强度从 $|\sigma_5 - \bar{\sigma}_6| = |\sigma^*|$ 降到

$$|\sigma_4 - \bar{\sigma}_7| = |\sigma^* - (\Delta \sigma)_1 - (\Delta \bar{\sigma})_1| = |\sigma^* - \{(\Delta \sigma)_1 + (\Delta \bar{\sigma})_1\}|$$

即强间断卸载扰动的强度减小了 $|(\Delta \sigma)_1 + (\Delta \bar{\sigma}_1)|$。

当 $t=T_2, X=L_2$ 时，此卸载扰动又追上下一个微小间断塑性波而发生第二次内撞击。这时，与式(4-18)和式(4-19)完全类似地有

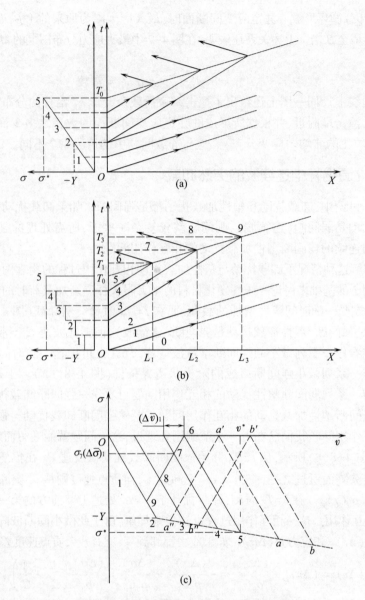

图 4-8 线性硬化杆中连续波的突然卸载

$$(\Delta \bar{v})_2 = \frac{(\Delta \sigma)_2}{\rho_0}\left(\frac{1}{C_0} - \frac{1}{C_1}\right)$$

$$(\Delta \bar{\sigma})_2 = \frac{(\Delta \sigma)_2}{2}\left(\frac{C_0}{C_1} - 1\right) = -\frac{1}{2}\{(\Delta \sigma)_2 + \rho_0 C_0 (\Delta v)_2\}$$

内撞击后卸载区二次应力波强度从 $|\bar{\sigma}_7|$ 提高到

$$|\bar{\sigma}_8| = |\bar{\sigma}_7 + (\Delta \bar{\sigma})_2| = |(\Delta \bar{\sigma})_1 + (\Delta \bar{\sigma})_2|$$

而塑性波强度从 $|\sigma_4|$ 降到 $|\sigma_3| = |\sigma_4 - (\Delta \sigma)_2|$,因而强间断卸载扰动的强度被削弱到

$$|\sigma_3 - \bar{\sigma}_8| = |\sigma^* - \{(\Delta \sigma)_1 + (\Delta \sigma)_2 + (\Delta \bar{\sigma})_1 + (\Delta \bar{\sigma})_2\}|$$

即比初始强度 σ^* 减小了 $|(\Delta \sigma)_1 + (\Delta \sigma)_2 + (\Delta \bar{\sigma})_1 + (\Delta \bar{\sigma})_2|$

依此类推,当强间断卸载扰动追上第 i 个微小间断塑性波而发生第 i 次内撞击时,将由于残余质点速度差为

$$(\Delta \bar{v})_i = (\Delta v)_i + \frac{(\Delta \sigma)_i}{\rho_0 C_0} = \frac{(\Delta \sigma)_i}{\rho_0}\left(\frac{1}{C_0} - \frac{1}{C_1}\right) \quad (4-20)$$

而造成相应的应力突跃为

$$(\Delta \bar{\sigma})_i = \frac{(\Delta \sigma)_i}{2}\left(\frac{C_0}{C_1} - 1\right) = -\frac{1}{2}[(\Delta \sigma)_i + \rho_0 C_0 (\Delta v)_i] \quad (4-21)$$

使得卸载区二次应力重新加载到

$$\bar{\sigma} = \sum_{k=1}^{i}(\Delta \bar{\sigma})_k = \sum_{i=1}^{k}\frac{(\Delta \sigma)_k}{2}\left(\frac{C_0}{C_1} - 1\right) =$$

$$\frac{1}{2}\left(\frac{C_0}{C_1} - 1\right)(\sigma^* - \sigma) = \frac{1}{2}(\sigma + \rho_0 C_0 v) - \frac{1}{2}(\sigma^* + \rho_0 C_0 v^*) \quad (4-22)$$

而强间断卸载扰动的强度则减小 $|\sigma - \bar{\sigma}|$:

$$\sigma - \bar{\sigma} = \sigma^* - \sum_{i=1}^{k}\{(\Delta \sigma)_k + (\Delta \bar{\sigma})_k\} = \sigma^* - \sum_{i=1}^{k}\frac{(\Delta \sigma)_k}{2}\left(\frac{C_0}{C_1} + 1\right) =$$

$$\frac{1}{2}\left(1 + \frac{C_0}{C_1}\right)\sigma + \frac{1}{2}\left(1 - \frac{C_0}{C_1}\right)\sigma^* =$$

$$\frac{1}{2}(\sigma - \rho_0 C_0 v) + \frac{1}{2}(\sigma^* + \rho_0 C_0 v^*) \quad (4-23)$$

在图 4-8(c) 的 σ—v 平面上,二次应力波强度 $|\bar{\sigma}|$ 随着相继的内撞击的发生而提高,表现为对应地从点 6 沿正向特征线依次变化到点 7,8,…。显然,一旦满足 $|\sigma - \bar{\sigma}| = 0$,卸载强间断就消失了。图中的点 6 是对于初始残余质点速度 $\bar{v}^* < 2v_Y$ 的情况(式 4-16)而言的。这时,强间断卸载扰动能通过全部塑性区而满足 $|\sigma_2 - \bar{\sigma}| = Y - |\bar{\sigma}| > 0$,也即它与全部塑性加载扰动相互作用而使之卸载后,本身仍保持为强间断。最后成为在弹性加载区中传播的强间断卸载波(点 9)。显然这种情况下的卸载边界传播轨迹与卸载扰动本身的传播轨迹重合。如果杆端受到更强的冲击载荷,使得 $|v^*| > |2v_Y|$,则强间断卸载扰动在与一部分塑性加载扰动相互作用后,其强度 $|\sigma - \bar{\sigma}|$ 就会减小到零,也即它将在塑性区的某处被"吸收"而消失,不能通过全部塑性区。于是,卸载的第一阶段就告结束。例如:杆端在突然卸载前的加载状态如果是图 4-8(c) 中的 a 点,初始卸载状态将对应于 a' 点 $(\bar{v}_{a'} > 2v_Y)$。随着强间断卸载扰动与相继塑性加载扰动的相互作用,塑性波强度 $|\sigma|$ 沿 aa'' 线降低,二次应力波强度 $|\bar{\sigma}|$ 沿 $a'a''$ 线增大。在 a'' 点强间断卸载扰动的强度 $|\sigma - \bar{\sigma}|$ 终于降为零,即被塑性区"吸收"掉了,而塑性波并未完全消失,只是削弱了,它以对应于 a'' 点的幅值继续传播。类似地,如果卸载前的状态是图中 b 点,则初始卸载状态对应于 b' 点,强间断卸载扰动消失于 b'' 点。$|\sigma| \leq |\sigma_{b''}|$ 的塑性波继续传播着,只有当卸载第一阶段中内撞击引起的左行内反射被从杆端 $X = 0$(现在是自由端)再次被反射为右行"二次卸载扰动",并追赶上来与之相互作用时,才会被进一步卸载,这是卸载的第二阶段。依此类推,塑性波强度足够高时,还可以有卸载的第三阶段、第四阶段等。

令上述讨论中各微小强间断塑性加载扰动的间断值趋于无限小,塑性扰动就化为连

续波。这时，只需相应地把有关各式中诸有限突跃量代之以微分量，求和运算代之以积分，而卸载过程的物理图像并无本质上的区别。这样，我们通过对图 4-8(b) 的讨论也就理解了图 4-8(a) 情况下的卸载过程。实际上，这两种情况下的 X—t 图和 σ—v 图几乎没有什么差别。

上述结果还可以方便地推广到递减硬化材料情况中去，如 M. P. White 和 L. Griffis (1942，1948) 最早对卸载波作分析时那样。这时只需再注意到塑性波速不再是常数而是应变或应力的函数，$C = \sqrt{\dfrac{1}{\rho_0}\dfrac{d\sigma}{d\varepsilon}} = C(\sigma)$，于是式(4-20)~式(4-23)就相应地化为

$$d\bar{v} = dv + \frac{d\sigma}{\rho_0 C_0} = \left(\frac{1}{C_0} - \frac{1}{C}\right)\frac{d\sigma}{\rho_0} \qquad (4-24)$$

$$d\bar{\sigma} = -\frac{1}{2}(d\sigma + \rho_0 C_0 dv) = \left(\frac{C_0}{C} - 1\right)\frac{d\sigma}{2} \qquad (4-25)$$

$$\bar{\sigma} = \frac{1}{2}\int_\sigma^{\sigma^*}\left(\frac{C_0}{C_1} - 1\right)d\sigma = \frac{1}{2}(\sigma + \rho_0 C_0 v) - \frac{1}{2}(\sigma^* + \rho_0 C_0 v^*) \qquad (4-26)$$

$$\sigma - \bar{\sigma} = \frac{1}{2}\int_0^\sigma\left(1 + \frac{C_0}{C}\right)d\sigma + \frac{1}{2}\int_0^{\sigma^*}\left(1 - \frac{C_0}{C}\right)d\sigma =$$
$$\frac{1}{2}(\sigma - \rho_0 C_0 v) + \frac{1}{2}(\sigma^* + \rho_0 C_0 v^*) \qquad (4-27)$$

可见 $\bar{\sigma}$ 和 $(\sigma - \bar{\sigma})$ 的最终表达形式不变。

4.4.3 塑性中心波的突然卸载

下面我们再来具体讨论一递减硬化材料半无限长杆中，强间断卸载扰动对弱间断塑性加载扰动的追赶卸载问题的例子。设杆原来处于静止的自然状态，其端点 ($X=0$) 在 $t=0$ 时受一突加恒值冲击载荷 σ^*，而在 $t=T$ 时突然卸载到零。对应的 X—t 图和 σ—v 图如图 4-9 所示(Bohnenblust et al, 1942)，细节从略，这里只着重说明以下几点。

(1) 卸载开始时强间断卸载扰动以波速 C_0 传播，追赶以波速 $C\left(\sqrt{\dfrac{1}{\rho_0}\dfrac{d\sigma}{d\varepsilon}}\right)$ 传播的塑性波。只要此卸载波在与塑性波的相互作用过程中继续保持为强间断，扰动本身的传播轨迹也同时就是卸载边界(即弹塑性边界)的传播轨迹，$\bar{C} = C_0$。因此，在 (X, t) 平面上这一段边界 $A_0 A_2$ 的位置是可确定的。

(2) 这一段卸载边界右侧的塑性加载区是塑性中心波区，按过去关于弹塑性加载波的讨论可予以确定，因而此塑性加载侧的 σ 和 v 是已知的。对于我们现在所讨论的半无限长杆中的简单波的情况，在整个塑性区有简单波关系：

$$v = -\int_0^\sigma \frac{d\sigma}{\rho_0 C} \qquad (4-28)$$

弹塑性边界左侧的卸载区则是所需求解的。注意到此边界的强间断性质，卸载侧的 $\bar{\sigma}$ 和 $\bar{v}$ 应满足强间断波动量守恒条件式(2-57)，即有

$$\bar{v} + \frac{\bar{\sigma}}{\rho_0 C_0} = v + \frac{\sigma}{\rho_0 C} \qquad (4-29)$$

同时，此边界的卸载侧又恰与卸载区经过 A_0 点的右行特征线重合，因而 $\bar{\sigma}$ 和 $\bar{v}$ 还应满足

第四章 弹塑性波的相互作用

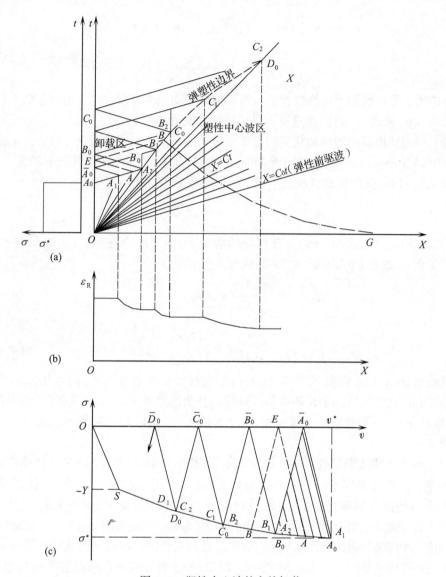

图 4-9 塑性中心波的突然卸载

沿此特征线上的相容条件式(4-12);或再根据 A_0 点卸载后的状态已知为

$$\bar{\sigma}(A_0) = 0, \bar{v}(A_0) = \bar{v}^* = v^* + \frac{\sigma^*}{\rho_0 C_0}$$

可得

$$\bar{v} - \frac{\bar{\sigma}}{\rho_0 C_0} = v^* + \frac{\sigma^*}{\rho_0 C_0} \tag{4-30}$$

由式(4-29)和式(4-30)联立可解得 $\bar{\sigma}$ 和 $\bar{v}$。例如,由两式相减,并把式(4-28)代入后可得

$$\bar{\sigma} = \frac{1}{2}(\sigma + \rho_0 C_0 v) - \frac{1}{2}(\sigma^* + \rho_0 C_0 v^*) = \frac{1}{2}\int_\sigma^{\sigma^*}\left(\frac{C_0}{C} - 1\right)d\sigma$$

还可进一步求得沿卸载边界的应力间断值为

$$\sigma - \bar{\sigma} = \frac{1}{2}(\sigma - \rho_0 C_0 v) + \frac{1}{2}(\sigma^* + \rho_0 C_0 v^*) =$$

$$\frac{1}{2}\int_0^\sigma \left(1 + \frac{C_0}{C}\right) d\sigma + \frac{1}{2}\int_0^{\sigma^*}\left(1 - \frac{C_0}{C}\right)d\sigma$$

这两个结果正是在前面讨论卸载扰动与塑性加载扰动相遇时发生内撞击的基础上已得出过的式(4-26)和式(4-27)，在这里则是用特征线法得出的。

(3) 弹塑性边界的塑性加载侧的最低应力幅值显然是屈服极限 Y。如果当 σ 的幅值小到 Y 时仍有 $|\sigma-\bar{\sigma}|>0$，则意味着强间断卸载扰动可通过整个塑性区而不消失。于是，由式(4-27)可知，强间断卸载扰动不被塑性区吸收的条件为

$$v^* + \frac{\sigma^*}{\rho_0 C_0} = \bar{v}^* < 2 v_Y$$

这就是以前得出过的式(4-16)。在相反的情况下，强间断将在某处，例如在点 A_2 处消失。即在点 A_2 处有 $\sigma(A_2)-\bar{\sigma}(A_2)=0$，或按式(4-27)有

$$v(A_2) - \frac{\sigma(A_2)}{\rho_0 C_0} = v(A_0) + \frac{\sigma(A_0)}{\rho_0 C_0} \tag{4-31a}$$

或

$$\int_0^{\sigma(A_2)}\left(1+\frac{C_0}{C}\right)d\sigma = \int_0^{\sigma^*}\left(\frac{C_0}{C}-1\right)d\sigma \tag{4-31b}$$

由此可确定 $\sigma(A_2)$，并由斜率为 $C(\sigma(A_2))$ 的直线 OA_2 与斜率为 C_0 的直线 $A_0 A_2$ 两者的交点，确定 A_2 点的位置。于是卸载第一阶段的弹塑性边界 $A_0 A_2$ 不论其在 (X,t) 平面上的位置，或者在 σ—v 平面上的映像位置，就全都确定了，从而边界两侧的状态 σ、v、$\bar{\sigma}$ 和 $\bar{v}$ 也都确定了。

(4) 对于卸载区来说既然沿特征线 $A_0 A_2$ 已求得 $\bar{\sigma}$ 和 $\bar{v}$，而沿 t 轴又由杆端边界条件给定了 $\bar{\sigma}|_{X=0}=0$，于是对于 $|v^*|<|2v_Y|$ 的情况（点 A_2 趋于无限远），整个卸载区就归结为解一个定解的混合问题（Picard 问题）；对于 $|v^*|>|2v_Y|$ 的情况，则 $A_0 A_2 \bar{B}_0$ 三角形区域（$\bar{B}_0$ 为经 A_2 点的左行特征线与 t 轴的交点）内归结为解一个定解的混合问题。在此区域内，沿左行特征线传播的是卸载扰动与塑性加载扰动相互作用后的内反射扰动的影响，而沿右行特征线传播的则是杆端边界扰动的影响。例如 t 轴上任一点 E 的质点速度 $\bar{v}_E$ 可根据沿左行特征线 AE 的相容条件式(4-12)和边界条件 $\bar{\sigma}_E=0$，由已解得的 A 点的 $\bar{\sigma}_A$ 和 $\bar{v}_A$ 来确定：

$$\bar{v}_E = \bar{v}_A + \frac{\bar{\sigma}_A}{\rho_0 C_0} \tag{4-32}$$

(5) 如果强间断卸载扰动被塑性区吸收而在 A_2 点消失，则此后的弹塑性边界是具有弱间断性质的连续卸载边界，即在此边界上塑性加载侧的应力和质点速度与卸载侧的应力和质点速度保持连续，即

$$\bar{\sigma}=\sigma, \bar{v}=v \quad \text{（在弱间断边界上）} \tag{4-33}$$

但此边界的传播轨迹事先并不知道，恰恰正是我们所需确定的。现考察此弱间断边界上的任意一点 B。对于塑性区加载区来说，经 B 点有一条左行特征线，交 X 轴于 G 点。根据沿 BG 的相容条件式(2-26)和零初始条件，或根据简单波关系式(4-28)，有

$$v_B + \int_0^{\sigma_B}\frac{d\sigma}{\rho_0 C} = 0 \tag{4-34}$$

而对卸载区来说，经 B 点有一条右行特征线，交 t 轴于 E 点，根据沿 BE 的相容条件式(4-12)，再计及式(4-32)，则有

$$\bar{v}_B - \frac{\bar{\sigma}_B}{\rho_0 C_0} = \bar{v}_E = \bar{v}_A + \frac{\bar{\sigma}_A}{\rho_0 C_0} \quad (4-35\text{a})$$

既然 A 点已知，由以上两式，再加上把式(4-33)用于 B 点，总共四个方程，可解出四个未知数 σ_B、v_B、$\bar{v}_B$ 和 $\bar{\sigma}_B$。或者，把式(4-33)和式(4-29)代入式(4-35a)后得

$$v_B - \frac{\sigma_B}{\rho_0 C_0} = v_A + \frac{\sigma_A}{\rho_0 C_0} \quad (4-35\text{b})$$

则由式(4-34)和式(4-35b)两个方程，可解得两个未知数 v_B 和 σ_B。同时在塑性区中，由斜率为 $C(\sigma_B)$ 的右行特征线 OB 和卸载区右行特征线 EB 的交点，可确定 B 点位置；而 E 点是左行特征线 AE 和 t 轴的交点。这样，卸载第二阶段的弱间断卸载边界上的任一点 B 完全由已确定的卸载第一阶段的卸载边界上的相应点 A 所确定。换言之，已知 A 立即可确定 B。我们把 A 和 B 两点的质点速度和应力所应满足的关系式(4-35a)或式(4-35b)，叫做**共轭关系**；卸载边界上像 A、B 那样的点是两两配对的，叫做**共轭点**。

(6) 既然 B 点的选定是任意的，共轭关系实际上对整个卸载边界成立。于是，由卸载第一阶段已求得的边界 $A_0 A_2$ 就可求得相应的共轭线段 $B_0 B_2$。特别，当把式(4-35b)用于点 A_0，再与式(4-31a)相对照即知，$B_0 B_2$ 段的始点 B_0 正是 $A_0 A_2$ 段的终点 A_2；并且与恒值段 $A_0 A_1$ 相对应地，$B_0 B_1$ 段也必为恒值段，因而必与塑性简单波区中的特征线 OB_1 相重合。现在既然由 $A_0 A_2$ 求得了 $B_0 B_2$，就接着又可以利用共轭关系由 $B_0 B_2$ 求得相应的共轭线段 $C_0 C_2$。依此类推，可确定整个卸载边界，直至塑性波消失。

(7) 对于卸载区来说，由于沿整个卸载边界 $\bar{\sigma}$ 和 $\bar{v}$ 已知，沿 t 轴的 $\bar{v}$ (或 $\bar{\sigma}$) 又由杆端边界条件给定，因而整个卸载区的解可化为各类定解的边值问题，如混合问题、特征边值问题等，于是整个问题即可解得。

(8) 在 (σ, v) 平面上(图 4-9(c))，OS 对应于强间断弹性波，SA_0 对应于塑性中心波(式4-28)。既然在整个塑性区(包括卸载边界的塑性区侧)满足式(4-28)，所以 SA_0 也就是整个卸载边界塑性侧的映像。对于强间断卸载边界 $A_0 A_2$ 来说，卸载侧的状态是从 $\bar{A}_0$ 点沿 $\bar{A}_0 \bar{A}_2$ 线变化的，直到在 A_2 点有 $\sigma - \bar{\sigma} = 0$，即卸载强间断消失。因而 $\bar{A}_0 \bar{A}_2$ 是强间断卸载边界 $A_0 A_2$ 的卸载侧的映像。对于弱间断卸载边界来说，既然满足式(4-33)，SB_0 也就同时是整个弱间断卸载边界的映像了。可见，卸载边界在 (X, t) 平面上虽然事先不知，其在 (σ, v) 平面上的映像却是立刻可以确定的。此外，卸载边界上任一点 A 的共轭点 B，在 (σ, v) 平面上也容易通过特征线 AE 和 EB 来确定。建议读者不妨根据曲线三角形 AEB 的几何关系来推出共轭关系式(4-35)。

(9) 由本例可知，当卸载扰动一开始是强间断时，或者不论卸载扰动是强间断还是弱间断，只要卸载扰动一开始是在塑性恒值区中传播时，卸载扰动本身的传播轨迹也就同时是卸载边界的传播轨迹，$\bar{C} = C_0$。但在一般情况下，弱间断卸载边界的传播轨迹，例如 $B_1 B_2$，$C_1 C_2$，…，则是与卸载扰动本身的传播轨迹有所区别的。

(10) 残余应变 ε_R 在杆中的分布如图 4-9(b)所示。(X, t) 平面中的一个个塑性恒值区对应于 $\varepsilon_R - X$ 图中的一个个恒应变台阶。与图 4-7 中台阶状的 $\varepsilon_R - X$ 分布不同的是，那里的驻定应变强间断面在这里已"发散"成为从一个台阶逐步过渡到下一个台阶的

"过渡区"了。这是由于在这里塑性加载波是连续波,因而残余应变分布也是弱间断性质的,当然就不会出现强间断性质的驻定应变间断面了。

至此为止的讨论表明,当已知材料的应力应变关系和问题的初边值条件时,只要卸载在一开始时是强间断性质的(突然卸载),则不论塑性加载扰动是强间断还是弱间断,半无限长杆中卸载扰动对塑性加载扰动的追赶卸载问题都是能解的。这属于解所谓正问题。问题之所以能解,首先利用了突然卸载的特殊性,这时卸载边界的开始一段是强间断边界,它和强间断卸载扰动本身的传播轨迹相重合,因而是可确定的。随后在强间断边界消失而转化为弱间断边界之后,又可利用共轭关系逐段确定相继的弱间断边界。一旦整个卸载边界完全确定,在卸载区就将归结为定解的混合问题或特征边值问题,于是整个问题得解。

4.5 弱间断卸载扰动的追赶卸载

现在来讨论一递减硬化材料的半无限长杆,原来处于静止的自然状态,在端点 $X=0$ 处的载荷条件 $\sigma(0,t)=\sigma_0(t)$ 已知(图 4-10):在 $0<t<t_0$ 阶段是逐渐加载过程,而从 t_0 时刻起逐渐卸载,且当 $t \geq T_0$ 时,$\sigma_0(t)=0$,成为自由端。这是在研究爆炸载荷作用下的动态响应问题时常会遇到的。这时,所处理的是弱间断卸载扰动对弱间断塑性加载扰动的追赶卸载问题。在卸载边界 $X=f(t)$ 上,质点速度、应力和应变本身都是连续的:

$$\begin{cases} \bar{v}(X,t)|_{X=f(t)} = v(X,t)|_{X=f(t)} = v_\mathrm{m}(X) \\ \bar{\sigma}(X,t)|_{X=f(t)} = \sigma(X,t)|_{X=f(t)} = \sigma_\mathrm{m}(X) \\ \bar{\varepsilon}(X,t)|_{X=f(t)} = \varepsilon(X,t)|_{X=f(t)} = \varepsilon_\mathrm{m}(X) \end{cases} \quad (4-36)$$

而其导数有间断。问题在于,在一般情况下整个弱间断卸载边界 $X=f(t)$ 现在全部是未知的。

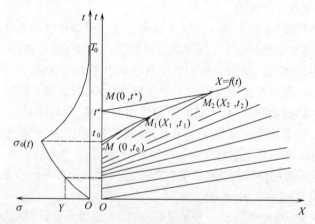

图 4-10 弱间断卸载扰动对弱间断塑性加载扰动的追赶卸载

考察卸载边界 $X=f(t)$ 上任一点 $M_2(X_2,t_2)$。经 M_2 点在卸载区作右行特征线 MM_2 交 t 轴于点 $M(0,t^*)$,而经 M 点作左行特征线交卸载边界于点 $M_1(X_1,t_1)$。由沿特征线 MM_2 的相容条件式(4-12),可得联系 M 点和 M_2 点的如下关系:

$$\rho_0 C_0 \bar{v}(X_2,t_2) - \bar{\sigma}(X_2,t_2) = \rho_0 C_0 \bar{v}(0,t^*) - \bar{\sigma}(0,t^*)$$

而由沿特征线 MM_1 的相容条件又可得联系 M 点和 M_2 点的如下关系：
$$\rho_0 C_0 \bar{v}(X_1,t_1) + \bar{\sigma}(X_1,t_1) = \rho_0 C_0 \bar{v}(0,t^*) + \bar{\sigma}(0,t^*)$$
由以上两式消去 $\bar{v}(0,t^*)$，并注意到连续性条件式(4-36)后，可得
$$\rho_0 C_0 v_m(X_2) - \sigma_m(X_2) = \rho_0 C_0 v_m(X_1) + \sigma_m(X_1) - 2\sigma_0(t^*) \quad (4-37\text{a})$$
这就是共轭关系式(4-35)在杆端卸载应力 $\sigma_0(0,t)$ 不为零情况下的推广。注意到目前的弱间断卸载边界是在简单波区传播的，所以应满足简单波关系式(2-63)，再引入如下定义的波速比 $\mu(\sigma)$：
$$\mu(\sigma) = \frac{C_0}{C(\sigma)} \geq 1$$
共轭关系式(4-37a)可改写为(可与式 4-31b 对照)
$$\int_0^{\sigma_m(X_2)} (\mu+1) \mathrm{d}\sigma = \int_0^{\sigma_m(X_1)} (\mu-1) \mathrm{d}\sigma + 2\sigma_0(t^*) \quad (4-37\text{b})$$
式(4-37)表明，弱间断卸载边界 $X=f(t)$ 的任意一点 M_2，是通过杆端卸载条件 $\sigma_0(t^*)$ 与其共轭点 M_1 相联系的。这是研究弱间断卸载边界时常用到的重要的基本关系式。由此可知，如果已知 $X=f(t)$ 上的一点 M_1，就可确定其对应的共轭点 M_2。依此类推，如果已知弱间断卸载边界 $X=f(t)$ 上的一小段 M_0M_1，就可依次求得其余相应的共轭段。但在一般情况下，即使是一小段卸载边界事先也不知道，于是，解题的关键就常常在于如何先设法确定卸载边界的初始一小段。这一问题将在 4.7 节中作进一步详细讨论，下面先讨论两个相对比较容易解决的问题。

4.5.1 塑性中心波的连续卸载

先说明一下，对于杆端受突加载荷后的逐渐卸载的情况，问题比较容易解决。因为这时塑性区是简单中心波区，因此对于卸载边界上的任一点，下式成立(图 4-11)：
$$X/t = C(\sigma_m(X)), \quad 在 X=f(t) 上 \quad (4-38\text{a})$$
再计及卸载区特征线 MM_1 和 MM_2 间的几何关系，可得
$$X_1 = \frac{C_0 t^*}{\mu(\sigma_m(X_1))+1}, \quad X_2 = \frac{C_0 t^*}{\mu(\sigma_m(X_2))-1} \quad (4-38\text{b})$$
可见，如果已知材料的 $\sigma-\varepsilon$ 关系，并实测求得了杆中的残余应变分布 $\varepsilon_R(X)$，则按式(4-6)，这等价于 $\sigma_m(X)$ 或 $\varepsilon_m(X)$ 已知：

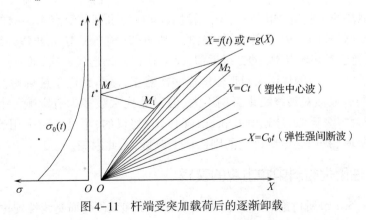

图 4-11 杆端受突加载荷后的逐渐卸载

$$\varepsilon_m(X) - \frac{\sigma_m(X)}{E} = \varepsilon_R(X)$$

再由式(4-38)也可确定 $X=f(t)$，于是由式(4-37)即可求得杆端的载荷特性 $\sigma_0(t)$。这属于解所谓**反问题**。因此在突加载荷情况下，反问题是完全可解的。

对于正问题，即按已知的材料 $\sigma-\varepsilon$ 关系和给定的初始条件和边界条件 $\sigma_0(t)$ 来确定杆中的应力、应变和质点速度作为 (X,t) 的函数，或者确定杆中的残余应变分布 $\varepsilon_R(X)$，虽然难以得到精确解，但我们可利用式(4-37)用各种近似法求近似解。

下面先来介绍一个在图4-11所示情况下解正问题的逐步近似法。

注意，在突加载荷条件下，按式(4-38)知，式(4-37b)可改写为

$$\begin{cases} \int_0^{\sigma_m(\nu X)} [\mu(\sigma)+1] d\sigma = \int_0^{\sigma_m(X)} [\mu(\sigma)-1] d\sigma + 2\sigma_0 \left[\frac{(\mu[\sigma_m(X)]+1)X}{C_0} \right] \\ \nu = \frac{\mu[\sigma_m(X)]+1}{\mu[\sigma_m(\nu X)]-1} \end{cases} \quad (4-39)$$

当 $C_0 \to \infty$ 时，$\nu \to 1$，由上式可得

$$\sigma_m(X) = \sigma_0(X/C) \quad (4-40)$$

这相当于把杆的卸载部分看作刚体，且忽略此刚体部分的惯性作用。按此，由杆端的卸载边界条件 $\sigma_0(t)$ 立即可以确定卸载前杆中最大塑性应力的分布 $\sigma_m(t)$，同时可由式(4-38a)确定卸载边界 $X=f(t)$ 或它的反演 $t=g(X)$，即

$$t = g(X) = \frac{X}{C[\sigma_m(X)]} \quad (4-41)$$

这样得到的解显然并不满足弹性卸载条件下的式(4-39)。但我们可以以此作为**零级近似解**，记作 $\sigma_m^{(0)}(X)$ 和 $g^{(0)}(X)$。将此零级近似解代入式(4-39)第一式右边，则由左边可确定**一级近似解** $\sigma_m^{(1)}(X)$ 以及 $g^{(1)}(X)=X/C[\sigma_m^{(1)}(X)]$。再把一级近似解代入式(4-39)第一式右边，由左边又可确定**二级近似解**，$\sigma_m^{(2)}(X)$ 以及 $g^{(2)}(X)$。依此类推，n 级近似的迭代公式为

$$\int_0^{\sigma_m^{(n)}(\nu X)} [\mu(\sigma)+1] d\sigma = \int_0^{\sigma_m^{(n-1)}(X)} [\mu(\sigma)-1] d\sigma + $$
$$2\sigma_0 \left[\frac{(\mu[\sigma_m^{(n-1)}(X)]+1)X}{C_0} \right] \quad (4-42)$$

这一逐步近似法的实质是：如同由点 M_1 通过式(4-37)求其共轭点 M_2 一样，由零级近似（相当于 M_1）通过式(4-39)求出与其共轭的一级近似（相当于 M_2），再以一级近似相当于 M_1 来求出相当于其共轭点 M_2 的二级近似，反复迭代。每迭代一次，通过式(4-39)中已知杆端卸载条件 $\sigma_0(t)$ 的作用来对近似解作一次修正，逐渐趋近于精确解。零级近似解的选取适当与否显然对最终结果影响不大，但对迭代次数多少有影响。上述讨论中取式(4-40)作为零级近似，是先由Буравцев(1970)建议的，不过他所采用的逐步近似法受 $1/\mu \ll 1$ 的限制，我们这里所讨论的则已作了改进，无此限制。

4.5.2 线性硬化材料中冲击波的衰减

在上述4.5.1节所讨论的问题中，材料如果不是递减硬化而是线性硬化的话，则塑性

波不是连续波,而是以恒速 $\bar{C} = (E_1/\rho_0)^{1/2}$ 传播的冲击波,因而所处理的是弱间断卸载扰动对恒波速强间断塑性加载扰动的追赶卸载问题。

显然,在此条件下,强间断塑性加载扰动的传播轨迹也就同时是卸载边界的传播轨迹,即 $\bar{C} = C_1$,而卸载边界在 (X,t) 平面上的位置可表示为

$$X = f(t) = \bar{C}t = C_1 t$$

这一结果可以从图 4-10 经演变而得到(图 4-12),首先令塑性加载区的右行特征线变成一族斜率为 C_1 的平行直线(对应于线性硬化材料),然后令 $t_0 \to 0$(对应于突然加载)。应当注意,沿 $X = C_1 t$ 发生的强间断实际上是对塑性加载而言的,而不是对卸载而言的。卸载过程本身在性质上仍然属于弱间断。

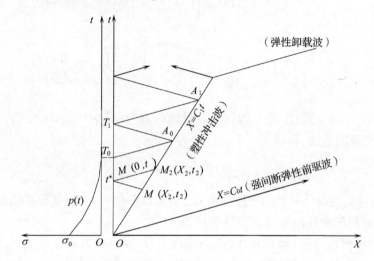

图 4-12 弱间断卸载扰动对恒波速强间断塑性加载扰动的追赶卸载

由于材料的线性硬化特性,共轭关系式(4-37)可化为

$$(\mu_1 + 1)\sigma_m(X_2) = (\mu_1 - 1)\sigma_m(X_1) + 2\sigma_0(t^*) \tag{4-43}$$

$$\mu_1 = C_0/C_1 = \sqrt{E/E_1}$$

再计及式(4-38),则上式可进一步化为

$$\frac{1}{2}(\mu_1 - 1)\sigma_m\left[\frac{C_0 t}{\mu_1 + 1}\right] - \frac{1}{2}(\mu_1 + 1)\sigma_m\left[\frac{C_0 t}{\mu_1 - 1}\right] = -\sigma_0(t) = p(t) \tag{4-44}$$

如果 $p(t)$ 可展为幂级数(Рахматулин, 1945):

$$p(t) = \sum_{n=0}^{\infty} p_n t^n \tag{4-45a}$$

则由式(4-44)可知,$\sigma_m(X)$ 应具有如下形式:

$$\sigma_m(t) = \sum_{n=0}^{\infty} b_n X^n \tag{4-45b}$$

并且

$$b_n = \frac{2p_n}{(\mu_1 - 1)\left(\dfrac{C_0}{\mu_1 + 1}\right)^n - (\mu_1 + 1)\left(\dfrac{C_0}{\mu_1 - 1}\right)^n}$$

从而也可确定 $\varepsilon_m(X)$ 及残余分布 $\varepsilon_R(X)$ 为

$$\varepsilon_m(X) = \frac{\sigma_m(X)}{E_1} + (1-\mu_1^2)\varepsilon_Y = \frac{1}{E_1}\sum_{n=0}^{\infty} b_n X^n + (1-\mu_1^2)\varepsilon_Y \quad (4-46)$$

$$\varepsilon_R(X) = \varepsilon_m(X) - \frac{\sigma_m(X)}{E} = \left(\frac{1}{E_1} - \frac{1}{E}\right)\sum_{n=0}^{\infty} b_n X^n + (1-\mu_1^2)\varepsilon_Y \quad (4-47)$$

于是可解正问题。这一方法称为**幂级数近似法**。

塑性变形的传播区的长度 l,可由 $\varepsilon_R(l)=0$ 的条件,从式(4-47)求得。例如,在如下的边界条件下:

$$p(t) = p_m\left\{1-\left(\frac{t}{T_0}\right)^n\right\} \quad (4-48)$$

不难算得

$$l = \frac{C_1 T_0}{1-\frac{1}{\mu_1^2}}\left\{\frac{\mu_1}{2}\left[\left(1+\frac{1}{\mu_1}\right)^{n+1} - \left(1-\frac{1}{\mu_1}\right)^{n+1}\right]\left(1-\frac{Y}{p_m}\right)\right\}^{1/n} \quad (4-49)$$

式中:p_m 是 $t=0$ 时的 p 值;T_0 是 p 卸载到零时的时刻。一般 $C_1/C_0 = 1/\mu < 1$,如果忽略上式中 $1/\mu^2$ 及更高阶小量,则得

$$l = C_1 T_0\left\{(n+1)\left(1-\frac{Y}{p_m}\right)\right\}^{1/n}$$

可见此时 l 值随线性硬化材料的塑性波速 C_1、最大载荷值 p_m 和载荷作用历时 T_0 的增大而增加,而与材料的弹性模量 E 无直接关系。

当杆端载荷 $p(t)$ 是随 t 线性衰减的特殊情况下,式(4-48)中 $n=1$,即对应于式(4-45a)中 $p_0 = p_m, p_1 = -p_m/T_0, p_i = 0 (i=2,3,\cdots)$。于是,由式(4-45b)可得

$$b_0 = -p_m, \quad b_1 = \frac{\mu_1^2-1}{2\mu_1} \cdot \frac{p_m}{C_0 T_0}$$

以及

$$\sigma_m(X) = -p_m\left(1 - \frac{\mu_1^2-1}{2\mu_1} \cdot \frac{X}{C_0 T_0}\right) \quad (4-50)$$

由式(4-49)可得塑性变形传播区的长度为

$$l = \frac{2C_1 T_0\left(1-\frac{Y}{p_m}\right)}{1-\frac{1}{\mu_1^2}}$$

当然,同一问题也可采用上述基于式(4-39)的逐步近似法来求解。在线性硬化材料的情况下,式(4-39)化为

$$\sigma_m(v_1 X) = \frac{1}{v_1}\sigma_m(X) + \frac{2}{\mu_1+1}\sigma_0\left[\frac{(\mu_1+1)X}{C_0}\right] \quad (4-51a)$$

或

$$\sigma_m(X) = \lambda_1\sigma_m(\lambda_1 X) + \frac{2}{\mu_1+1}\sigma_0\left[\frac{(\mu_1+1)\lambda_1 X}{C_0}\right] \quad (4-51b)$$

式中:v_1 或 λ_1 为已知常数,且

$$v_1 = \frac{\mu_1 + 1}{\mu_1 - 1} = \frac{1}{\lambda_1}$$

取 $C_0 \to \infty$ 时的解(式 4-40)作为零级近似,按式(4-48),当 $n=1$ 时,有

$$\sigma_m^{(0)}(X) = -p_m\left(1 - \frac{X}{C_1 T_0}\right)$$

代入式(4-51)右边,则由左边可得一级近似为

$$\sigma_m^{(1)}(X) = -\lambda_1 p_m\left(1 - \frac{\lambda_1 X}{C_1 T_0}\right) - \frac{2}{\mu_1 + 1}p_m\left(1 - \frac{(\mu_1 + 1)\lambda_1 X}{C_0 T_0}\right) =$$
$$-p_m\left[1 - (2\lambda_1 + \lambda_1^2 \mu_1)\frac{X}{C_0 T_0}\right]$$

把一级近似代入式(4-51)右边,则由左边可得二级近似为

$$\sigma_m^{(2)}(X) = \lambda_1 \sigma_m^{(1)}(\lambda_1 X) + \frac{2}{\mu_1 + 1}\sigma_0\left(\frac{(\mu_1 + 1)\lambda_1 X}{C_0}\right) =$$
$$-\lambda_1 p_m\left[1 - (2\lambda_1 + \lambda_1^2 \mu_1)\frac{\lambda_1 X}{C_0 T_0}\right] - \frac{2}{\mu + 1}p_m\left(1 - \frac{(\mu_1 + 1)\lambda_1 X}{C_0 T_0}\right) =$$
$$-p_m\left\{1 - [2\lambda_1(1 + \lambda_1^2) + \lambda_1^4 \mu_1]\frac{X}{C_0 T_0}\right\}$$

依此类推,可得第 n 级近似为

$$\sigma_m^{(n)}(X) = -p_m\left\{1 - [2\lambda_1(1 + \lambda_1^2 + \lambda_1^4 + \cdots + \lambda_1^{2(n-1)}) + \lambda_1^{2n} \mu_1]\frac{X}{C_0 T_0}\right\} =$$
$$-p_m\left\{1 - \left[\frac{2\lambda_1(1 - \lambda_1^{2n})}{1 - \lambda_1^2} + \lambda_1^{2n} \mu_1\right]\frac{X}{C_0 T_0}\right\} \quad (4-52)$$

由于 $\lambda_1 < 1$,当 $n \to \infty$ 时得到

$$\lim_{n \to \infty}\sigma_m^{(n)}(X) = -p_m\left(1 - \frac{\mu_1^2 - 1}{2\mu_1} \cdot \frac{X}{C_0 T_0}\right)$$

与式(4-50)相同,两种方法所得的结果是一致的。写成无量纲形式时,式(4-52)所给出的各级近似式可和精确解(见式(4-50))一起统一表为如下的无量纲化线性函数形式:

$$\left(\frac{\sigma_m(X)}{-p_m}\right) = 1 - B\left(\frac{X}{C_0 T_0}\right) \quad (4-53)$$

其差别主要在于代表此直线斜率的系数 B。设 $\mu_1 = 2$,则按式(4-50)和式(4-52)计算所得的 B 值如表 4-1 所列。可见 B 值如按三位有效数考虑的话,则四级近似就已给出了与精确解一致的结果。当然,收敛的快慢还与零级近似选取是否适当密切有关。

表 4-1　$\mu_1 = 2$ 时的 B 值

计算公式	式(4-50)的精确解	式(4-52)的近似解				
		零级	一级	二级	三级	四级
B 值	3/4 = 0.750	2.00	0.889	0.765	0.752	0.750

应该指出，上述解适用于图 4-12 上的 OA_0 段。即 $|p(t)|>0$ 的卸载阶段。当 $t \geq T_0$ 时，有 $p(t)=0$，问题的解可根据共轭关系式(4-35)由 OA_0 段来确定。在 $t=T_0$ 时，$p(t)$ 的一阶导数发生间断，$T_0A_0T_1A_1\cdots$ 就代表此弱间断的传播轨迹。

4.6 冲击波在追赶卸载作用下的衰减

上一节关于弱间断卸载扰动对强间断塑性波追赶卸载问题的讨论是把材料按线性硬化材料处理的。对于递增硬化材料，只要注意到冲击波波速 $\mathscr{D}$ 是随冲击波强度变化的这一特点之后，也可按同样原则作类似的处理。由于这种情况下的卸载边界和冲击波传播的轨迹重合，因此这时关于卸载边界的确定实际上就等价于冲击波在尾随卸载扰动作用下传播轨迹的确定，或者等价于**冲击波如何在追赶卸载作用下衰减**问题的研究。下面举例说明对这类问题的处理方法。

讨论一递增硬化材料的半无限长杆，原来处于静止的自然状态，杆端($X=0$)受突加载荷后逐渐卸载(图 4-13)。与图 4-12 所示的情况不同，现在强间断塑性加载波不再以恒速传播，而是随着冲击波强度的逐渐衰减，其波速 $\mathscr{D}$ 也逐渐减小。因此，与冲击波传播轨迹相重合的卸载边界现在是一条预先不知道的曲线 $X=f(t)$ 或其反演 $t=g(X)$。

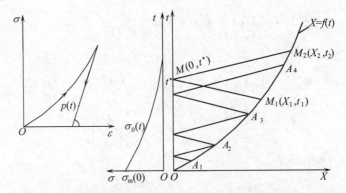

图 4-13 递增硬化半无限长杆杆端受突加载荷后的逐渐卸载

为了方便起见，设材料的应力应变曲线如图 4-13 的左图所示，即忽略加载时的线弹性部分。实际上土壤常呈这样的特性。这一假定并不影响我们所要讨论问题的实质。如果加载 σ—ε 曲线中包含线弹性部分，无非再增加一个强间断弹性前驱波而已。

问题在于如何确定冲击波衰减规律及其传播轨迹，在目前所设应力应变关系和零初始条件下，其冲击波传播速度可表示为

$$\mathscr{D}=f'(t)=\frac{1}{g'(X)}=\sqrt{\frac{1}{\rho_0}\frac{\sigma_m}{\varepsilon_m}} \tag{4-54}$$

而冲击波波阵面上的动量守恒条件则化为

$$\sigma_m = -\rho_0 \mathscr{D} v_m \tag{4-55}$$

在卸载边界的卸载区一侧，卸载边界上任一点 M_1，通过特征线 M_1M 和 MM_2，与卸载边界上的 M_2 点之间(图 4-13)有如下的共轭关系(见式(4-37a))：

$$\rho_0 C_0 v_m(X_2) - \sigma_m(X_2) = \rho_0 C_0 v_m(X_1) + \sigma_m(X_1) - 2\sigma_0(t^*)$$

利用式(4-55),上式可化为

$$\left\{\frac{C_0}{\mathscr{D}[\sigma_m(X_2)]} + 1\right\}\sigma_m(X_2) = \left\{\frac{C_0}{\mathscr{D}[\sigma_m(X_1)]} - 1\right\}\sigma_m(X_1) + 2\sigma_0(t^*) \quad (4-56)$$

如果引入 C_0 与 $\mathscr{D}$ 之比 μ_D,即

$$\mu_D = C_0/\mathscr{D}(\sigma) \quad (4-57)$$

则还可改写为

$$\{\mu_D[\sigma_m(X_2)] + 1\}\sigma_m(X_2) = \{\mu_D[\sigma_m(X_1)] - 1\}\sigma_m(X_1) + 2\sigma_0(t^*) \quad (4-58)$$

对于给定的 $\sigma-\varepsilon$ 关系,$\mathscr{D}(\sigma)$ 是已知的,从而 $\mu_D(\sigma)$ 也是已知的。

另一方面由特征线 M_1M 和 MM_2 的几何关系可知,X_1、X_2 和 t^* 之间有如下关系:

$$\begin{cases} t^* = t_1 + \dfrac{X_1}{C_0} = g(X_1) + \dfrac{X_1}{C_0} = \{\mu_S(X_1) + 1\}\dfrac{X_1}{C_0} \\ t^* = t_2 - \dfrac{X_2}{C_0} = g(X_2) - \dfrac{X_2}{C_0} = \{\mu_S(X_2) - 1\}\dfrac{X_2}{C_0} \\ X_1 = \dfrac{\mu_S(X_2) - 1}{\mu_S(X_1) + 1} \cdot X_2 = \lambda_S X_2 \end{cases} \quad (4-59)$$

式中:$\mu_S(X_1)$ 和 $\mu_S(X_2)$ 分别代表 C_0 与直线 $\overline{OM_1}$ 和 $\overline{OM_2}$ 对 t 轴的斜率之比,即

$$\mu_S(X) = \frac{C_0 g(X)}{X} \quad (4-60)$$

而 λ_S 定义为

$$\lambda_S(X) = \frac{\mu_S(X) - 1}{\mu_S(\lambda_S X) + 1} \quad (4-61)$$

把上述关系代入式(4-58)后,可得

$$\{\mu_D[\sigma_m(X)] + 1\}\sigma_m(X) = \{\mu_D[\sigma_m(\lambda_S X)] - 1\}\sigma_m(\lambda_S X) + \\ 2\sigma_0\left[\frac{(\mu_S(X) - 1)X}{C_0}\right] \quad (4-62)$$

如果 $t = g(X)$ 已知,则 $\mu_S(X)$ 及 $\lambda_S(X)$ 均为已知。于是我们可以在式(4-58)的基础上,采用逐步近似法来确定卸载边界 $t = g(X)$。

作为零级近似,可取冲击波衰减过程中每一瞬时的应力值直接等于表面载荷值(相当于令 $C_0 \to \infty$),即得

$$\sigma_m^{(0)}(t) = \sigma_0(t) \quad (4-63)$$

既然材料应力应变关系已知,由式(4-54)即可确定 $\mathscr{D}(t)$,并经积分后可得冲击波轨迹的零级近似为

$$X = f^{(0)}(t) = \int_0^t \mathscr{D}(t)\,dt \quad (4-64)$$

由其反演 $t = g^{(0)}(X)$ 和式(4-63)可得 $\sigma_m^{(0)}(X)$,从而可确定相应的 $\mu_S^{(0)}(X)$ 和 $\lambda_S^{(0)}(X)$。当然,后者的确定还需通过对式(4-61)的反复迭代。把这些零级近似值代入式(4-62)的右边,则由左边所得之值再通过一迭代过程即可确定 $\sigma_m(X)$ 的一级近似 $\sigma_m^{(1)}(X)$ 为

$$\{\mu_D[\sigma_m^{(1)}(X)] + 1\}\sigma_m^{(1)}(X) = \{\mu_D[\sigma_m^{(0)}(\lambda_S^{(0)}X)] - 1\}\sigma_m^{(0)}(\lambda_S^{(0)}X) +$$

$$2\sigma_0\left[\frac{(\mu_S^{(0)}(X) - 1)X}{C_0}\right] \quad (4-65)$$

并由式(4-54)可确定冲击轨迹的一级近似 $t = g^{(1)}(X)$，以及相应的 $\mu_S^{(1)}(X)$ 和 $\lambda_S^{(1)}(X)$。再把一级近似结果代入式(4-62)的右边，由左边又可确定二级近似。如此反复迭代，直到满足所需精度为止。

确定了冲击波轨迹 $OA_1A_2\cdots$，实际上也就得到了 $\sigma_m(X)$，即解决了塑性冲击波在传播中如何衰减的问题，而在卸载区则归结为解 Picard 问题，于是整个问题得解。

4.7 半无限长杆中卸载边界的传播特性

从前面讨论可知，除了在卸载扰动是强间断或塑性加载扰动是强间断的情况外，一般情况下弹塑性边界并非应力扰动、应变扰动或质点速度扰动本身的传播轨迹。弹塑性边界虽然不是力学扰动本身的传播，但它的位置也随时间而变化，这就是所谓弹塑性边界的传播。它的传播速度 $\bar{C}$ 一般是随着弹塑性波相互作用过程的进行而不断地变化着的，可以前进，也可以后退。

从加载—卸载的角度来看，弹塑性边界有从弹性区发展到塑性区的**加载边界**，也有从塑性区卸载到弹性区的**卸载边界**。对于半无限长杆，弹塑性加载波是简单波，因此加载边界容易确定，困难主要在于卸载边界的确定。现在我们用特征线法来分析一下半无限长杆中弱间断卸载边界的一般传播特性，讨论一下边界传播速度 $\bar{C}$ 到底主要取决于哪些因素。

如图 4-14 所示，考察弱间断卸载边界 $X = f(t)$（或其反演 $t = g(X)$）上任一点 $M_1(X_1, t_1)$ 及其邻近点 $M_2(X_2, t_2)$，它们通过卸载区中的 $M(X, t)$ 点以特征线相联系，其中 MM_1 是卸载区中左行特征线而 MM_2 是卸载区中右行特征线。在塑性加载区一侧，经 M_1 点的左行特征线 M_1N 与经 M_2 点的右行特征线 M_2N 则交于 N 点。

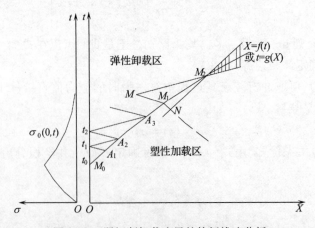

图 4-14 弱间断卸载边界的特征线法分析

由沿特征线 MM_1 的相容条件

$$\rho_0 C_0 \bar{v}(M) + \bar{\sigma}(M) = \rho_0 C_0 v_m(M_1) + \sigma_m(M_1)$$

和沿特征线 MM_2 的相容条件

$$\rho_0 C_0 \bar{v}(M) - \bar{\sigma}(M) = \rho_0 C_0 v_m(M_2) - \sigma_m(M_2)$$

消去 $\bar{v}(M)$,并考虑到在半无限长杆的情况下 v_m 和 σ_m 之间应满足简单波关系式(4-28),则得

$$\bar{\sigma}(X,t) = \frac{1}{2}\int_0^{\sigma_m(X_1)}\left(1 - \frac{C_0}{C}\right)\mathrm{d}\sigma + \frac{1}{2}\int_0^{\sigma_m(X_2)}\left(1 + \frac{C_0}{C}\right)\mathrm{d}\sigma \qquad (4-66)$$

上式实际上就是共轭关系式(4-37b)推广到 M 点不在 t 轴上的情况。

由特征线 MM_1 和 MM_2 表达式:

$$\begin{cases} MM_1 : X_1 = X + C_0\{t - g(X_1)\} \\ MM_2 : X_2 = X - C_0\{t - g(X_2)\} \end{cases} \qquad (4-67a)$$

现在来求 X_1, X_2 对时间的偏导数,考虑到 X 和 t 是相互独立的,及 $g' = 1/\bar{C}$,可得

$$\begin{cases} \dfrac{\partial X_1}{\partial t} = C_0\left(1 - g'\dfrac{\partial X_1}{\partial t}\right) = \dfrac{C_0}{1 + \dfrac{C_0}{\bar{C}}} \\ \dfrac{\partial X_2}{\partial t} = C_0\left(g'\dfrac{\partial X_2}{\partial t} - 1\right) = \dfrac{C_0}{\dfrac{C_0}{\bar{C}} - 1} \end{cases} \qquad (4-67b)$$

于是由式(4-66)可得

$$\frac{\partial \bar{\sigma}}{\partial t} = \frac{1}{2}\left(1 - \frac{C_0}{C}\right)\frac{\mathrm{d}\sigma_m}{\mathrm{d}X_1}\frac{\partial X_1}{\partial t} + \frac{1}{2}\left(1 + \frac{C_0}{C}\right)\frac{\mathrm{d}\sigma_m}{\mathrm{d}X_2}\frac{\partial X_2}{\partial t} =$$

$$\frac{1}{2}\left(1 - \frac{C_0}{C}\right)\cdot\frac{C_0}{\dfrac{C_0}{\bar{C}} + 1}\frac{\mathrm{d}\sigma_m}{\mathrm{d}X_1} + \frac{1}{2}\left(1 + \frac{C_0}{C}\right)\frac{C_0}{\dfrac{C_0}{\bar{C}} - 1}\frac{\mathrm{d}\sigma_m}{\mathrm{d}X_2} \qquad (4-68)$$

当 $M_2 \to M_1, M \to M_1$ 时,可得弱间断卸载边界 $t = g(X)$ 上任一点 M_1 处 $\dfrac{\partial \bar{\sigma}}{\partial t}$ 与 $\dfrac{\mathrm{d}\sigma_m}{\mathrm{d}X}$ 之间的如下关系:

$$\frac{\partial \bar{\sigma}}{\partial t} = \frac{1}{2}\left\{\frac{1 - \dfrac{C_0}{C}}{\dfrac{1}{\bar{C}} + \dfrac{1}{C_0}} + \frac{1 + \dfrac{C_0}{C}}{\dfrac{1}{\bar{C}} - \dfrac{1}{C_0}}\right\}\frac{\mathrm{d}\sigma_m}{\mathrm{d}X} \qquad (4-69)$$

另外,在塑性简单波区中,沿右行特征线 NM_2 有

$$\begin{cases} \sigma(N) = \sigma(M_2) \\ \dfrac{\mathrm{d}\sigma}{\mathrm{d}t} = \dfrac{\mathrm{d}\sigma_m}{\mathrm{d}X_2}\dfrac{\partial X_2}{\partial t} \end{cases} \qquad (4-70)$$

而由特征线 NM_2 的表达式有

$$X_2 = X + C\{g(X_2) - t\}$$

$$\frac{\partial X_2}{\partial t} = C\left(g'\frac{\partial X_2}{\partial t} - 1\right) + (g(X_2) - t)\frac{\mathrm{d}C}{\mathrm{d}\sigma}\frac{\mathrm{d}\sigma_m}{\mathrm{d}X_2}\frac{\partial X_2}{\partial t} =$$

$$\frac{C}{\dfrac{C}{\overline{C}} - 1 + (g(X_2) - t)\dfrac{\mathrm{d}C}{\mathrm{d}\sigma}\dfrac{\mathrm{d}\sigma_m}{\mathrm{d}X_2}} \tag{4-71}$$

代回式(4-70)，并令 $M_2 \to M_1$，则可得 $t = g(X)$ 上任一点 M_1 处 $\dfrac{\partial \sigma}{\partial t}$ 与 $\dfrac{\mathrm{d}\sigma_m}{\mathrm{d}X}$ 间的如下关系：

$$\frac{\partial \sigma}{\partial t} = \frac{\dfrac{\mathrm{d}\sigma_m}{\mathrm{d}X}}{\dfrac{1}{\overline{C}} - \dfrac{1}{C}} \tag{4-72}$$

C_0 和 C 均为已知，因而由式(4-69)和式(4-72)消去 $\dfrac{\mathrm{d}\sigma_m}{\mathrm{d}X}$ 后，就得到 $t = g(X)$ 上任一点 M_1 处卸载边界传播速度 $\overline{C}$ 与该点处 $\dfrac{\partial \sigma}{\partial t}$、$\dfrac{\partial \overline{\sigma}}{\partial t}$ 三者间的如下关系：

$$\frac{\dfrac{\partial \sigma}{\partial t}}{\dfrac{\partial \overline{\sigma}}{\partial t}} = \frac{(C_0^2 - \overline{C}^2)C^2}{(C^2 - \overline{C}^2)C_0^2} = \frac{1 - \left(\dfrac{\overline{C}}{C_0}\right)^2}{1 - \left(\dfrac{\overline{C}}{C}\right)^2} \tag{4-73a}$$

或者解出 $\overline{C}$ 得

$$\overline{C} = \sqrt{\frac{\dfrac{\partial \sigma}{\partial t} - \dfrac{\partial \overline{\sigma}}{\partial t}}{\dfrac{1}{C^2}\dfrac{\partial \sigma}{\partial t} - \dfrac{1}{C_0^2}\dfrac{\partial \overline{\sigma}}{\partial t}}} = \sqrt{\frac{C_0^2 \dfrac{\partial \overline{\varepsilon}}{\partial t} - C^2 \dfrac{\partial \varepsilon}{\partial t}}{\dfrac{\partial \overline{\varepsilon}}{\partial t} - \dfrac{\partial \varepsilon}{\partial t}}} \tag{4-73b}$$

在现在所讨论的情况下，$t = g(X)$ 表示由塑性区进入弹性区的卸载边界。只要 $\dfrac{\partial \sigma}{\partial t}$ 和 $\dfrac{\partial \overline{\sigma}}{\partial t}$ 不同时为零，则必定异号，即有 $\dfrac{\partial \overline{\sigma}}{\partial t} \Big/ \dfrac{\partial \sigma}{\partial t} \leqslant 0$ 或 $\dfrac{\partial \sigma}{\partial t} \Big/ \dfrac{\partial \overline{\sigma}}{\partial t} \leqslant 0$。于是由式(4-73a)可知：

$$C_0 \geqslant \overline{C} \geqslant C \tag{4-74}$$

这说明半无限长杆中卸载边界传播速度 $\overline{C}$ 之值必在弹性波速值 C_0 和塑性波速值 C 之间。例如图 4-14 中过 M_2 点的卸载边界必定落在图示的阴影区范围内。

在下列四种特殊情况下，$\overline{C}$ 分别等于 C_0 或 C，达到其上限值或下限值(图 4-15)：

$$\begin{cases} \text{(a)} & \dfrac{\partial \sigma}{\partial t} = 0, \dfrac{\partial \overline{\sigma}}{\partial t} \neq 0: \quad \overline{C} = C_0 \\ \text{(b)} & \dfrac{\partial \sigma}{\partial t} \neq \infty, \dfrac{\partial \overline{\sigma}}{\partial t} = -\infty: \quad \overline{C} = C_0 \\ \text{(c)} & \dfrac{\partial \sigma}{\partial t} \neq 0, \dfrac{\partial \overline{\sigma}}{\partial t} = 0: \quad \overline{C} = C \\ \text{(d)} & \dfrac{\partial \sigma}{\partial t} = \infty, \dfrac{\partial \overline{\sigma}}{\partial t} \neq -\infty: \quad \overline{C} = C \end{cases} \tag{4-75}$$

其中，(b)和(d)分别与强间断卸载扰动追赶弱间断塑性波时 $\overline{C} = C_0$ 的情况和弱间断卸载

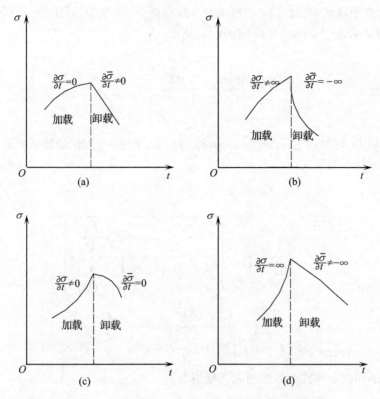

图 4-15 半无限长杆中卸载边界传播的四种特殊情况

扰动追赶强间断塑性波时 $\bar{C}=C$ 的情况相一致,(a)则与卸载扰动在塑性恒值区中传播时 $\bar{C}=C_0$ 的情况相一致。

以上讨论中已假定 $\partial\sigma/\partial t$ 和 $\partial\bar{\sigma}/\partial t$ 不同时为零,即假定所讨论的卸载边界是对于 σ 和 v 的一阶弱间断。如果两者同时为零,则式(4-73)成为不定式,就必须进一步考察二阶偏导数 $\partial^2\sigma/\partial t^2$ 和 $\partial^2\bar{\sigma}/\partial t^2$ 等。

在卸载区,由式(4-68)可得在 M 点处有

$$\frac{\partial^2\bar{\sigma}}{\partial t^2} = \frac{1}{2}\left(1-\frac{C_0}{C}\right)\frac{d^2\sigma_m}{dX_1^2}\left(\frac{\partial X_1}{\partial t}\right)^2 + \frac{1}{2}\left(1+\frac{C_0}{C}\right)\frac{d^2\sigma_m}{dX_2^2}\left(\frac{\partial X_2}{\partial t}\right)^2 =$$

$$\frac{1}{2}\left(1-\frac{C_0}{C}\right)\left(\frac{C_0}{\frac{C_0}{\bar{C}}+1}\right)^2\frac{d^2\sigma_m}{dX_1^2} + \frac{1}{2}\left(1+\frac{C_0}{C}\right)\left(\frac{C_0}{\frac{C_0}{\bar{C}}-1}\right)^2\frac{d^2\sigma_m}{dX_2^2}$$

在推导中已计及当 $\partial\bar{\sigma}/\partial t=0$ 时 $d\sigma_m/dX=0$(式 4-69),与 $d\sigma_m/dX$ 有关的项已略去不写。当 $M_2 \to M_1$ 时,$M \to M_1$,可得 $t=g(X)$ 上任一点 M_1 处 $d^2\sigma_m/dX^2$ 与 $\partial^2\bar{\sigma}/\partial t^2$ 间的如下关系:

$$\frac{\partial^2\bar{\sigma}}{\partial t^2} = \frac{1}{2}\left[\frac{1-\frac{C_0}{C}}{\left(\frac{1}{\bar{C}}+\frac{1}{C_0}\right)^2} + \frac{1+\frac{C_0}{C}}{\left(\frac{1}{\bar{C}}-\frac{1}{C_0}\right)^2}\right]\frac{d^2\sigma_m}{dX^2} \quad (4-76)$$

类似地,在塑性加载区中,对式(4-72)求对 t 的偏微分,再令 $M_2 \to M_1$,则可得 $t = g(X)$ 上任一点 M_1 处 $\partial^2 \sigma / \partial t^2$ 与 $\mathrm{d}^2 \sigma_m / \mathrm{d} X^2$ 间的如下关系:

$$\frac{\partial^2 \sigma}{\partial t^2} = \frac{\dfrac{\mathrm{d}^2 \sigma_m}{\mathrm{d} X^2}}{\left(\dfrac{1}{\overline{C}} - \dfrac{1}{C}\right)^2} \tag{4-77}$$

从式(4-76)和式(4-77)消去 $\mathrm{d}^2 \sigma_m / \mathrm{d} X^2$,可得 $t = g(X)$ 上任一点 M_1 处联系 $\partial^2 \overline{\sigma} / \partial t^2$、$\partial^2 \sigma / \partial t^2$ 和 $\overline{C}$ 三者间的如下关系式:

$$\frac{\dfrac{\partial^2 \sigma}{\partial t^2}}{\dfrac{\partial^2 \overline{\sigma}}{\partial t^2}} = \frac{2}{\left(\dfrac{1}{\overline{C}} - \dfrac{1}{C}\right)^2 \left\{ \dfrac{1 - \dfrac{C_0}{C}}{\left(\dfrac{1}{\overline{C}} + \dfrac{1}{C_0}\right)^2} + \dfrac{1 + \dfrac{C_0}{C}}{\left(\dfrac{1}{\overline{C}} - \dfrac{1}{C_0}\right)^2} \right\}} =$$

$$\frac{(C_0^2 - \overline{C}^2)^2}{(C - \overline{C})^2 \left(C_0^2 + 2 \dfrac{C_0^2}{C} \overline{C} + \overline{C}^2\right)} \cdot \frac{C^2}{C_0^2} \tag{4-78a}$$

这是关于 $\overline{C}$ 的四次方程式。如果引入无量纲参量

$$\beta = \frac{\dfrac{\partial^2 \sigma}{\partial t^2}}{\dfrac{\partial^2 \overline{\sigma}}{\partial t^2}}, a = \frac{C}{C_0}, \overline{a} = \frac{\overline{C}}{C_0}$$

则上式可化为如下的无量纲形式:

$$\beta = \frac{2a}{\left(1 - \dfrac{\overline{a}}{a}\right)^2 \left[\dfrac{1+a}{(1-\overline{a})^2} - \dfrac{1-a}{(1+\overline{a})^2}\right]} \tag{4-78b}$$

或者写成 $\overline{a}$ 的四次方程式,即

$$(\beta - a^2) \overline{a}^4 + 2\beta \left(\frac{1}{a} - a\right) \overline{a}^3 + \{(\beta+2)a^2 - 3\beta\} \overline{a}^2 + (\beta - 1)a^2 = 0 \tag{4-78c}$$

注意,对于二阶弱间断卸载情况,$\partial^2 \sigma / \partial t^2$ 和 $\partial^2 \overline{\sigma} / \partial t^2$ 必定同号,因而 $\beta \geq 0$。

在下列四种特殊情况下,问题可进一步简化而得到 $\overline{C}$ 的显式表达式。

(1) $\beta = 0$ 时,由式(4-78a)知 $\overline{C} = C_0$。

(2) $1/\beta = 0$ 时,由式(4-78a)知 $\overline{C} = C$。

(3) $\beta = 1$,即 $\partial^2 \sigma / \partial t^2 = \partial^2 \overline{\sigma} / \partial t^2$ 时,由于 $(1-a^2) \neq 0$,式(4-78c)可化为

$$\overline{a}^4 + 2 \overline{a}^3 / a - 3 \overline{a}^2 = \overline{a}^2 \left(\overline{a}^2 + \frac{2 \overline{a}}{a} - 3\right) = 0$$

由此可求得代表图 4-14 中卸载边界右行传播速度的 $\overline{C}$ 的正实根为

$$\overline{C} = \frac{C_0^2}{C} \left(\sqrt{1 + 3\left(\frac{C}{C_0}\right)^2} - 1\right) \tag{4-79}$$

这与 В. Л. Бидерман 所得出的结果一致。

(4) $\beta=a^2$ 时(这相当于 $\partial^2\varepsilon/\partial t^2=\partial^2\bar{\varepsilon}/\partial t^2$)，式(4-78c)降为 $\bar{a}$ 的三次方程：

$$\bar{a}^3-\frac{a}{2}\bar{a}^2-\frac{a}{2}=0$$

经过代数运算，最后可解得

$$\bar{a}=\alpha+\sqrt[3]{\alpha^3+\frac{3}{2}\alpha\left(1+\sqrt{1+\frac{4}{3}\alpha^2}\right)}+\sqrt[3]{\alpha^3+\frac{3}{2}\alpha\left(1-\sqrt{1+\frac{4}{3}\alpha^2}\right)} \quad (4-80)$$

式中为方便起见引入了 $\alpha=a/6$。

如果 $\dfrac{\partial^2\sigma}{\partial t^2}=\dfrac{\partial^2\bar{\sigma}}{\partial t^2}=0$，式(4-78)又不定，必须进一步考察三阶偏导数 $\dfrac{\partial^3\sigma}{\partial t^3}$ 和 $\dfrac{\partial^3\bar{\sigma}}{\partial t^3}$ 等。依此类推，如果 $\dfrac{\partial^i\sigma}{\partial t^i}=\dfrac{\partial^i\bar{\sigma}}{\partial t^i}=0$，$i=1,2,3,\cdots,(n-1)$，而 $\dfrac{\partial^n\sigma}{\partial t^n}$ 和 $\dfrac{\partial^n\bar{\sigma}}{\partial t^n}$ 不同时为零，则经过与上述类似的推导，可得到联系 $\dfrac{\partial^n\sigma}{\partial t^n}$、$\dfrac{\partial^n\bar{\sigma}}{\partial t^n}$ 和 $\bar{C}$ 三者间的如下关系式：

$$\frac{\dfrac{\partial^n\sigma}{\partial t^n}}{\dfrac{\partial^n\bar{\sigma}}{\partial t^n}}=\frac{2}{\left(\dfrac{1}{\bar{C}}-\dfrac{1}{C}\right)^n\left[\dfrac{1-\dfrac{C_0}{C}}{\left(\dfrac{1}{\bar{C}}+\dfrac{1}{C_0}\right)^n}+\dfrac{1+\dfrac{C_0}{C}}{\left(\dfrac{1}{\bar{C}}-\dfrac{1}{C_0}\right)^n}\right]} \quad (4-81)$$

它是 $\bar{C}$ 的 $2n$ 次方程。

下面介绍局部线性化法。

以上的结果不仅使我们对于半无限长杆中卸载边界的传播特性有了更进一步的了解，而且为解正问题提供了一种有效的近似方法，即所谓**局部线性化法**。其基本思想如下：把上述结果用于杆端($X=0$)，由于杆端处的载荷条件 $\sigma(0,t)$ 已作为边界条件给出，其对 t 的各阶偏导数均属已知，因而由卸载开始($t=t_0$)时 σ 和 $\bar{\sigma}$ 的对 t 的各阶偏导数中不同时为零的阶数最低者，即可按式(4-81)确定卸载边界的初始传播速度 $\bar{C}_i=f'(t)$，也即 (X,t) 平面上 $X=f(t)$ 在 M_0 点的初始斜率(图 4-14)。只要把 $X=f(t)$ 初始段 M_0A_1 取得足够短，就可以近似看作直线由 $\bar{C}_i$ 所确定，而 M_0A_1 上的应力值和质点速度值可根据塑性加载区的已知解来确定，于是 M_0A_1 段得解。而一旦已知 $X=f(t)$ 的初始一小段，就可根据前述共轭关系式(4-37)依次逐段确定其余部分。于是整个问题得解。

图 4-16 给出一个用局部线性化法解题的例子(Щапиро,1946)。考察一线性硬化材料的半无限长杆，原来处于静止的自然状态，杆端受到按抛物线规律变化的动载荷，为

$$\sigma_0(t)=-8Y\frac{t}{T}\left(1-\frac{t}{T}\right)$$

式中：Y 为材料屈服极限；T 为载荷持续时间。

可见 $t=T/2$ 时，载荷达到最大值$(\sigma_0)_{\max}=-2Y$，并开始卸载。既然这时 $\dfrac{\partial\sigma}{\partial t}=\dfrac{\partial\bar{\sigma}}{\partial t}=0$，而

$\dfrac{\partial^2 \sigma}{\partial t^2} = \dfrac{\partial^2 \overline{\sigma}}{\partial t^2} \neq 0$,因此可按式(4-79)计算卸载边界的初始传播速度。设 $C_1/C_0 = 1/4$,可得

$$\overline{C}(M_0) = C_0(\sqrt{19} - 4) = 0.359 C_0 = 1.44 C_1$$

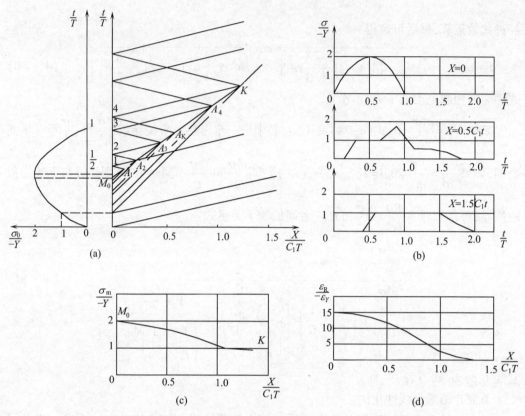

图 4-16 线性硬化半无限长杆杆端受到按抛物线规律变化的动载荷

现在可以以 $\overline{C}(M_0)$ 值为斜率作出卸载边界的初始小段 $M_0 A_1$。A_1 点的应力 $\sigma_m(A_1)$ 可以由经 A_1 点的斜率为 C_1 的特征线与 t 轴的交点,从 $\sigma_0(t)$ 上读出,实际上与 $(\sigma_0)_{max}$ 相差极小。$M_0 A_1$ 既已确定,就可利用共轭关系依次确定 $A_1 A_2$ 段,$A_2 A_3$ 段,…,直到在 K 点塑性波消失。在图 4-16(b)上给出了杆的三个截面位置上应力时程曲线。从图上不仅可以看到在卸载过程中塑性波应力幅值逐渐衰减以至消失,而且可以看到应力脉冲形状的变化,包括最大应力点两侧的 $\dfrac{\partial \sigma}{\partial t}$ 和 $\dfrac{\partial \overline{\sigma}}{\partial t}$ 也是在不断变化着的,特别是与杆端处情况不再相同。图 4-16(c)和图 4-16(d)分别给出了沿卸载边界 $\sigma_m(X)$ 的分布,及由此算得的残余应变 $\varepsilon_R(X)$ 的分布。杆的塑性变形区长度 l 等于 $1.32 C_1 T$。表明 l 既取决于塑性波速 C_1,也取决于杆端载荷作用的持续时间 T(见式(4-49))。

注意,在 (σ, v) 平面上,弱间断卸载边界的映像与塑性简单波的映像 KM_0 重合(图 4-17),而在卸载区,(X, t) 平面上的特征线与 (σ, v) 平面上的特征线有一一对应关系。因此用图解法相配合,很容易确定 A_2, A_3, A_4 及 A_k 诸点(图 4-17)。(σ, v) 平面上的 1,2,3,4 等诸点(图 4-17)分别由 (X, t) 平面上相应点处的应力值即杆端边界条件

(图4-16(a))来确定。

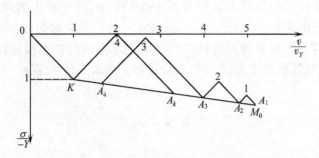

图 4-17　弱间断卸载边界的映像与塑性简单波的映像在(σ,v)平面上重合

4.8　迎面卸载

至此我们所讨论的还都只是半无限长杆中的卸载波问题,即沿着相同方向传播的卸载扰动和塑性加载扰动相互作用(**追赶卸载**)的问题。关于以相反方向传播的两弹塑性波迎面相遇而相互作用的问题,我们在4.1节中曾讨论过两同号应力波的相互作用,这时发生进一步的塑性加载。现在则来讨论两异号应力波的迎面相互作用,这时发生相互卸载,此即所谓**迎面卸载**问题。

为了对能更好地理解追赶卸载和迎面卸载这两类卸载问题的不同之处,我们先来回忆一下线弹性波情况下的某些已知结果。设有一有限长弹性杆,原来处于静止的自然状态,其左端受一突加恒值冲击载荷 $v_1>0$,而其右端受一突加恒值冲击载荷 $v_2>0$(图4-18)。这时在杆中右行传播一应力幅值为 σ_1 的压缩冲击波,左行传播一应力幅值为 σ_2 的拉伸冲击波。如果从杆的左端使应力从 σ_1 卸载到零的话,则质点速度也回到零。在 σ—v 图上这对应于从点 1 回到点 0。但如果由于左行波和右行波相遇而使 σ_1 卸到零的话(这只要左行波异号,应力波的应力幅值 $\sigma_2=-\sigma_1$),则质点速度将从 v_1 变成 $v_3=2v_1$。在 σ—v 图上这对应于从点 1 突跃到点 3。可见这两种情况下,虽然应力都从 σ_1 卸到了零,但卸载后的质点速度是不同的。这一点也可以这样来理解:如果杆的初始状态是图4-18中的 σ_1 和 v_1,则从杆的左端卸载到应力为零时,此右行卸载波的状态对应于点 0;而从杆的右端卸载到应力为零时,此左行卸载波的状态则对应于点 3。后一状态与前一状态的质点速度差恰为$(-2\sigma_1/\rho_0 C_0)$。这正是由于波阵面上动量守恒条件式(2-35)分别用于右行波和左行波时需分别取负号和正号的结果。

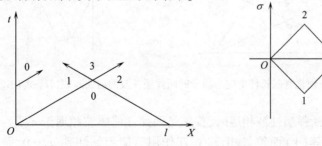

图 4-18　有限长弹性杆迎面卸载示意图

现在来对塑性状态分析一下,当由于右行卸载波和左行卸载波分别卸载到应力为零时的情况。如果杆的初始状态对应于图 4-19 的 (σ,v) 平面上的点 2(塑性状态)。这相当于原先静止的无初应力的线性硬化材料杆,由于其左端受突加恒速冲击载荷 v_2 而右行传播了相应的强间断弹塑性波之后的状态。则从杆的左端弹性卸载到应力为零时,此右行卸载波的状态按式(2-35)对应于图上点 L,残余质点速度 v_L 为(见图 4-5 和式(4-14))

$$v_L = v_2 + \frac{\sigma_2}{\rho_0 C_0} \tag{4-82}$$

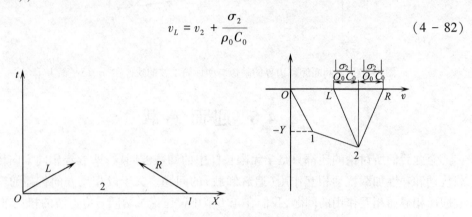

图 4-19 有限长杆加载到塑性状态后的迎面卸载示意图

但从杆的右端弹性卸载到应力为零时,此左行卸载波的状态按左行强间断面上的动力学相容条件见式(2-35),则对应于图上点 R,卸载后质点速度 v_R 为

$$v_R = v_2 - \frac{\sigma_2}{\rho_0 C_0} \tag{4-83}$$

后一卸载状态与前一卸载状态的质点速度差为 $(-2\sigma_2/\rho_0 C_0)$。

有了上述的认识,就可以进一步具体讨论应力异号的两弹塑性波迎面相遇时的卸载问题。设有一线性硬化材料的有限长杆,原来处于静止的自然状态。其左端受到突加恒速压缩冲击载荷 v_2,而右端受到突加恒速拉伸冲击载荷 v_4,于是迎面传播应力异号的强间断弹塑性波,而在杆上出现了弹性波后方 1,3 两区和塑性波后方 2,4 两区(图 4-20)。

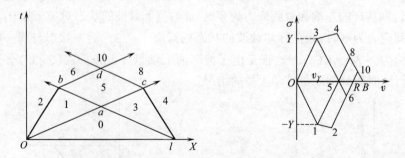

图 4-20 线性硬化有限长杆中应力异号的两弹塑性波的迎面卸载($|v_B - v_5| \leq 2v_Y$)

此两异号的强间断弹塑性波相遇时,首先是两弹性前驱波相遇于 a 点。由于此两弹性波应力幅绝对值相等(Y)而符号相反,相互作用后应力就卸到 $\sigma_5 = 0$,而质点速度为

104

$v_5 = 2v_Y$,如同应力幅为 Y 的弹性波在自由端反射后的情况一样。在 σ—v 图上此状态对应于点 5。

其次,左行内反射卸载波 ab 与右行塑性加载波 ob 迎面相遇于 b 点。设想 b 点的左侧(2区)在卸载波通过后应力也卸到零的话,则如前所述质点速度将等于 v_R(见式(4-83))。这样将由于 b 点两侧存在质点速度差 (v_R-v_5) 而发生内撞击。如果 $|v_R-v_5|\leqslant 2v_Y$,内撞击所产生的两个内反射应力波将都在弹性范围内,其后方状态对应于点 6。类似地,右行内反射卸载波 ac 与左行塑性加载波 lc 在 c 点迎面相遇后也产生内反射应力波,其后方的状态对应于点 8(设 $|v_B-v_5|\leqslant 2v_Y$)。

最后右行内反射波 bd 和左行内反射波 cd 在 d 点相遇后的状态对应于点 10,它在 σ—v 图上的映像落在弹性应力范围内,因此从 d 点出发的两个内反射波都是弹性波。至此应力异号的两弹塑性波迎面相遇时所发生的相互作用过程全部完毕。

如果上述讨论中 $|v_R-v_5|>2v_Y$ 或 $|v_B-v_5|>2v_Y$,则内撞击后所发生的内反射波将仍然包含塑性波,但与一次塑性波相比其强度削弱了。此情况与讨论追赶卸载中所述的情况相类似。图 4-21 给出了一个这样的例子(为简化起见而尚未计及边界反射的影响),不另作具体说明,请读者作为一个练习,自己讨论。

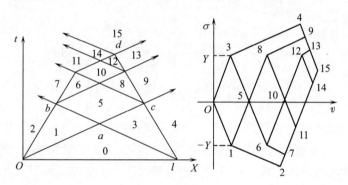

图 4-21 线性硬化有限长杆中应力异号的两弹塑性波的迎面卸载($|v_B-v_5|>2v_Y$)

如同在追赶卸载讨论中那样,上述有关恒波速强间断波迎面卸载的结果也可容易地推广到波速随波幅而变的冲击波和弱间断弹塑性波迎面卸载的情况中去。关于递增硬化杆中冲击波的迎面卸载将在下一节结合一实例加以说明。

关于弱间断弹塑性波的迎面卸载问题,其实如同在追赶卸载讨论中那样,也可看作一系列微小间断波的迎面卸载问题。图 4-22 给出了一个这样的例子,它与图 4-20 的例子相对应,只是这里所讨论的是递减硬化材料而不是线性硬化材料了。图中 0,2,4,10 四区是恒值区,在 σ—v 图上的映像分别是 O,g,h,d 四点;1,3,6,8 四区是简单波区,其在 σ—v 图上的映像分别是线段 eg,fh,bd 和 cd;卸载区 $acbd$(5区)则与 σ—v 图上的 $abcd$ 区相对应。值得注意的是,终了状态 d 点的 σ 和 v 不必经过全部中间过程即可求得。事实上,从杆的左端来看,终了状态 d 是先沿着 σ—v 图上的加载线 Oeg(右行加载波),再沿着卸载线 gbd(左行卸载波)达到的。根据波阵面上动量守恒关系式(2-63),注意到右行波和左行波取不同的符号,应有

$$v_d = -\int_0^{\sigma_g}\frac{d\sigma}{\rho_0 C} + \int_{\sigma_g}^{\sigma_d}\frac{d\sigma}{\rho_0 C_0} = -\frac{1}{\rho_0 C_0}\int_0^{\sigma_g}\left(1+\frac{C_0}{C}\right)d\sigma + \frac{\sigma_d}{\rho_0 C_0}$$

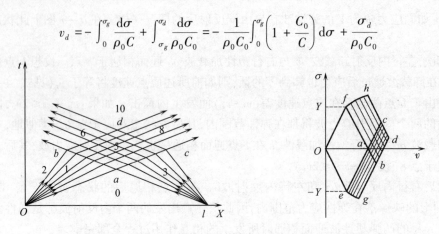

图 4-22 递减硬化有限长杆中应力异号的两弹塑性波的迎面卸载

对于杆的右端,类似地应有

$$v_d = \int_0^{\sigma_h}\frac{d\sigma}{\rho_0 C} - \int_{\sigma_h}^{\sigma_d}\frac{d\sigma}{\rho_0 C_0} = \frac{1}{\rho_0 C_0}\int_0^{\sigma_h}\left(1+\frac{C_0}{C}\right)d\sigma - \frac{\sigma_d}{\rho_0 C_0}$$

由以上两式可得

$$\begin{cases} v_d = \dfrac{1}{2\rho_0 C_0}\left[\int_0^{\sigma_h}\left(1+\dfrac{C_0}{C}\right)d\sigma - \int_0^{\sigma_g}\left(1+\dfrac{C_0}{C}\right)d\sigma\right] \\ \sigma_d = \dfrac{1}{2}\left[\int_0^{\sigma_h}\left(1+\dfrac{C_0}{C}\right)d\sigma + \int_0^{\sigma_g}\left(1+\dfrac{C_0}{C}\right)d\sigma\right] \end{cases} \quad (4-84)$$

在有关迎面卸载讨论的基础上,我们就能处理弹塑性波在自由端以及其他能引起卸载的表面上的反射,也能处理弹塑性波在不同介质界面上的反射和透射,特别是处理弹塑性波由波阻抗较高的材料传入波阻抗较低的材料时所发生的卸载反射。处理的原则和弹性波中所讨论的类似,即或者应满足给定的表面边界条件,或者在不同介质的界面上应满足两侧应力相等和质点速度相等的条件。但当出现卸载条件时,应根据具体情况区别是追逐卸载还是迎面卸载而分别加以处理。下一节将结合有限长杆在刚性砧上高速撞击时弹塑性波传播的例子作进一步的具体讨论。

4.9 有限长杆在刚砧上的高速撞击

平头弹以高速射击到靶板上,可以看成是有限长杆在刚性砧座上的高速撞击问题,人们还曾以此作为实验手段来测定材料的动态力学性能(Taylor,1948;Whiffen,1948;Денский,1951)。在这类问题中,将遇到弹塑性波在自由端的反射以及由反射形成的卸载波对撞击端形成的弹塑性加载波的迎面卸载问题。

设子弹以恒速 $-v^*$ 向左飞行,当它撞击在静止的刚性靶板上时,其撞击端的质点速度突然变到零,将向另一端即自由端右行传播弹塑性波(图 4-23)。我们如果在一以恒速 $-v^*$ 运动的坐标系中来观察,问题就化为一原来处于静止和自然状态下的有限长杆,一端受突加恒速载荷 v^*,而另一端为自由端的情况。

第四章 弹塑性波的相互作用

对于应力幅为 σ^* 的右行弹塑性波在自由端反射时,由波阵面动量守恒条件可知自由面质点速度为

$$v_{\text{fs}} = -\int_0^{\sigma^*} \frac{\mathrm{d}\sigma}{\rho_0 C} + \int_{\sigma^*}^0 \frac{\mathrm{d}\sigma}{\rho_0 C_0} = \frac{1}{\rho_0}\int_0^{\sigma^*}\left(\frac{1}{C}+\frac{1}{C_0}\right)\mathrm{d}\sigma = v^* - \frac{\sigma^*}{\rho_0 C_0} \quad (4-85)$$

当 $C=C_0$ 时, $v_{\text{fs}}=2v^*$, 就是弹性波在自由端反射时的结果。在塑性波的情况下, 由于 $\frac{1}{C_0}<\frac{1}{C}$, 所以 $v_{\text{fs}}<2v^*$, 也即弹塑性波在自由端反射后的质点速度达不到入射波质点速度的两倍。还应指出,**入射弹塑性波中的塑性波部分本身实际上到不了自由端**。因为在它到达自由端之前, 早已被入射弹性前驱波在自由端所反射的卸载波所削弱, 直至消失。这是容易理解的: 塑性波到达之处都将有残余应变, 而在自由端既然一直保持 $\sigma=0$, 当然不可能发生塑性变形。从这里可以知道: 一端为自由端的有限长杆中的所谓迎面卸载问题, 实际上都是先后相继从自由面反射的弹性卸载波对迎面而来的塑性加载波的相互作用问题。

4.9.1 线性硬化杆的撞击

我们先来讨论线性硬化材料的有限长杆的情况(Денский, 1951), 此时弹塑性波都是强间断波, 如图 4-23 所示, 在弹性前驱波到达自由端($X=l$)之前, 情况和半无限长杆中所讨论过的一样, 0, 1, 2 三区的状态易知为

$$v_0 = \sigma_0 = \varepsilon_0 = 0$$

$$v_1 = v_Y = \frac{Y}{\rho_0 C_0},\ \sigma_1 = -Y,\ \varepsilon_1 = -\varepsilon_Y = -\frac{Y}{E}$$

$$v_2 = v^*,\ \sigma_2 = \rho_0 C_1\left(\frac{Y}{\rho_0 C_0} - v^*\right) - Y,\ \varepsilon_2 = \frac{C_0 \varepsilon_Y - v^*}{C_1} - \varepsilon_Y$$

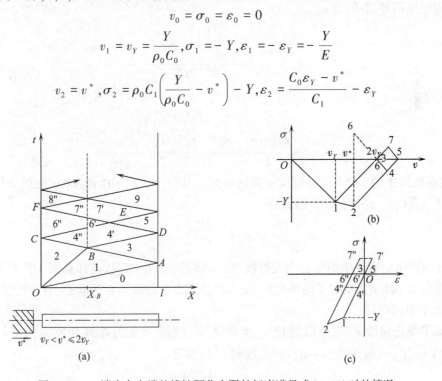

图 4-23 一端为自由端的线性硬化有限长杆当满足式(4-88)时的情况

式中:Y 和 ε_Y 是屈服极限和所对应的屈服应变的绝对值。

在 $t=l_0/C_0$ 时,弹性前驱波在自由端反射。在卸载区 3 区中有
$$v_3 = 2v_Y = \frac{2Y}{\rho_0 C_0}, \sigma_3 = \varepsilon_3 = 0$$

反射卸载波 AB 与入射塑性波 OB 在 B 点处相遇发生迎面卸载。先暂时假定 B 点的左侧应力也卸载到零,质点速度按式(4-83)将是 v_5,它与 B 点右侧的质点速度 v_3 之差将引起内撞击而发生内反射波 BC 和 BD,二者后方状态对应于点 4,而非原假定的点 5。此时 B 点两侧的质点速度和应力均相等:

$$v_4 = \frac{v_5 + v_3}{2} = \frac{1}{2}\left[v^* - \frac{C_1}{C_0}(v_Y - v^*) + v_Y + 2v_Y\right] =$$

$$\frac{\left(3 - \frac{C_1}{C_0}\right)(v_Y - v^*)}{2} + 2v^*$$

$$\sigma_4 = -\frac{\rho_0 C_0(v_5 - v_3)}{2} = -\frac{\rho_0 C_0}{2}\left[v^* - \frac{C_1}{C_0}(v_Y - v^*) + v_Y - 2v_Y\right] =$$

$$\frac{\rho_0 C_0\left(1 + \frac{C_1}{C_0}\right)(v_Y - v^*)}{2} \quad (4-86)$$

但两侧应变不等,右侧为 $\varepsilon_{4'}$:
$$\varepsilon_{4'} = \frac{\sigma_4}{E} = \frac{\left(1 + \frac{C_1}{C_0}\right)(v_Y - v^*)}{2C_0}$$

左侧为 $\varepsilon_{4''}$:
$$\varepsilon_{4''} = \varepsilon_2 - \frac{\sigma_2 - \sigma_4}{E} = \frac{\left(2 + \frac{C_1}{C_0} - \frac{C_1^2}{C_0^2}\right)(v_Y - v^*)}{2C_1}$$

因此,在截面 $X=X_B$ 处有一驻定应变强间断面。其位置可由 OB 和 AB 相交的条件决定,即由于 $X_B/C_1 = (2l - X_B)/C_0$,因而有

$$X_B = \frac{2C_1 l}{C_0 + C_1} \quad (4-87)$$

B 点处内撞击后所发生的左行内反射波 BC 是卸载波,使 2 区状态卸载到 4″区状态,右行的内反射波 BD 则是削弱了的加载波,使 3 区状态重新加载到 4′区状态,具体的结果则视 v^* 值大小不同而异。

如果撞击速度 v^* 比屈服速度 v_Y 大得不多,使得 4′区仍在弹性范围内,即如果有 $-\sigma_4 \leq Y = \rho_0 C_0 v_Y$,则按式(4-86)可知,这时 v^* 应满足:

$$v_Y < v^* \leq \frac{3C_0 + C_1}{C_0 + C_1} v_Y \quad (4-88)$$

这就是在杆中只产生一个塑性区,从而只产生一个驻定应变强间断面的条件。此后,弹性

波 BD 在自由端的反射和弹性杆中情况相同。不过 BC 到达撞击端 $X=0$ 时的反射情况，又要视 v^* 的大小而定。

先假定撞击作用仍在继续之中，杆还没有从靶板上跳开，则卸载波 BC 在撞击端反射后的状态(6区)应满足给定的边界条件，即 $v_6=v^*$，σ_6 则可按右行反射波 CE 的波阵面上动量守恒条件来确定：

$$\sigma_6 = \sigma_4 - \rho_0 C_0(v_6 - v_4) = \rho_0 C_0(2v_Y - v^*) \tag{4-89}$$

由上式可知，如果

$$v_Y < v^* \leqslant 2v_Y \tag{4-90}$$

则 $\sigma_6 \geqslant 0$，这对应于图 4-23(b) 的点 6^*。可是撞击界面处是不能承受拉应力的，因此反射波 CD 通过后实际上应力只能卸到零($\sigma_5=0$)，撞击端变成了自由端；与此零应力状态相对应，$v_6=2v_Y>v^*$，因此杆从靶面跳开，撞击持续时间为 $t_c=2l/C_0$。可见原先撞击作用继续的假定不能成立，这时 6 区的状态实际上对应于 σ—v 图上的点 6(与点 3 重合)，而不是点 6^*。

此后就是一个弹性脉冲在两端均为自由端的有限长杆中来回传播和反射的过程，即杆的自由振动的过程了。然而在 B 截面始终保持一个驻定应变间断面，B 的右侧的应力和应变状态反复在 $4'\sim 7'$ 间变化；而左侧在 $4''\sim 7''$ 间变化(图 4-23(c))。

当撞击速度 v^* 满足

$$2v_Y < v^* \leqslant \frac{3C_0+C_1}{C_0+C_1}v_Y \tag{4-91}$$

时，σ_6 将是压应力，因而撞击作用在 C 点处将继续维持，但 $|\sigma_4|$ 仍小于 Y。通过与上述类似的讨论可知(图 4-24)，撞击将在 F 点处结束，撞击持续时间 $t_F=4l/(C_0+C_1)=2t_B$。这时杆中仍只产生一个塑性变形区，其长度也仍按式(4-87)计算。

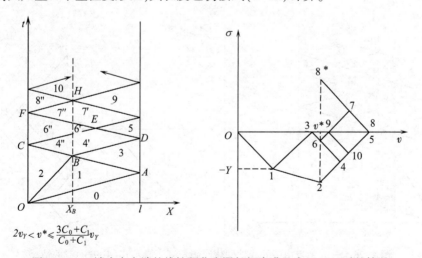

图 4-24 一端为自由端的线性硬化有限长杆当满足式(4-91)时的情况

当 $v^*=\dfrac{3C_0+C_1}{C_0+C_1}v_Y$ 时，$\sigma_4=-Y$。如果 v^* 再大些，在 B 点处撞击所产生的应力幅值将超过屈服限，因而从 B 处将向右传播一个强度已被削弱的塑性波 BB_1 和一个前驱弹性波

BD。此后有两种可能性:或者是右行弹性前驱波 BD 从杆的右端(即自由端)反射成左行卸载波 DB_1 后,与塑性波 BB_1 迎面相遇而发生迎面卸载(图 4-25);或者是左行卸载波 BC 从杆的左端(即撞击端)反射成右行卸载波 CB_2 后,赶上塑性波 BB_2 而发生追赶卸载(图 4-26)。究竟是哪一种情况,则视弹性波速与塑性波速的比值 C_0/C_1 而定。显然在两图上的 B_1 点和 B_2 点重合时是临界状态。读者不难证明,此时 $C_0/C_1 = 2+\sqrt{5}$。当 $C_0/C_1 < 2+\sqrt{5}$ 时将发生前一种情况,如图 4-25 所示;而当 $C_0/C_1 > 2+\sqrt{5}$ 时将发生后一种情况,如图 4-26 所示。

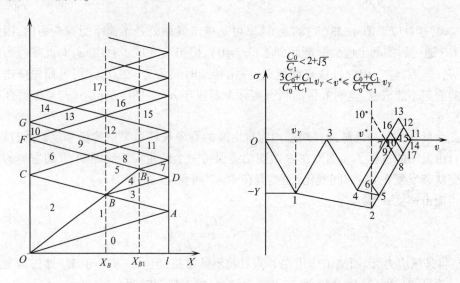

图 4-25 一端为自由端的线性硬化有限长杆当满足式(4-92a)时的情况

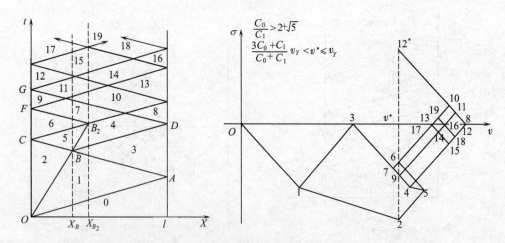

图 4-26 一端为自由端的线性硬化有限长杆当满足式(4-92b)时的情况

在图 4-25 中,不难证明当撞击速度 v^* 满足

$$\frac{3C_0+C_1}{C_0+C_1}v_Y < v^* \leqslant \frac{5C_0+C_1}{C_0+C_1}v_Y \qquad (4-92\text{a})$$

110

时,塑性波在 B_1 点处消失,从 B_1 点向两端传播的内反射波都是弹性波。第二个驻定应变强间断面的位置 X_{B_1} 为

$$X_{B_1} = \frac{4C_1 C_0 l}{(C_0 + C_1)^2}$$

撞击将在 F 点处结束,撞击持续时间 $t_F = \dfrac{4l}{C_0 + C_1}$。

在图 4-26 中,则可证明当撞击速度 v^* 满足

$$\frac{3C_0 + C_1}{C_0 + C_1} v_Y < v^* \leqslant 3v_Y \tag{4-92b}$$

时,塑性波在 B_2 点处消失,并且不至于在 F 点处反射塑性波(9 区为弹性区),而撞击在 G 点处结束。撞击持续时间 $t_G = \dfrac{4l}{C_0 + C_1}$。第二个驻定应变强间断面的位置 X_{B_2} 为

$$X_{B_2} = \frac{2C_1 l}{C_0 - C_1}$$

从图 4-23~图 4-26 的讨论中可以看到:对于一受压缩冲击载荷的杆,当两卸载波迎面相遇时将产生拉应力,如图 4-23 和图 4-24 中的 7 区,图 4-25 中的 12 区和 13 区,以及图 4-26 中的 10 区等。这一点在讨论弹性波的相互作用时就曾指出过,并且在此基础上讨论了层裂等反射断裂现象。这里我们再指出,在一定条件下,这样产生的拉应力也还可能导致拉伸屈服,即相对于原先发生的压缩屈服而言的**反向屈服**。

对于图 4-23~图 4-26 中的拉伸应力波,我们在前面的讨论中都是根据其数值小于 Y 或小于计及硬化的屈服应力值,而作为弹性波处理的。这时实际上已经作了塑性理论中所谓**各向同性硬化**的假定。在单向拉压下即认为,材料在压缩方向塑性变形后,如再在拉伸方向塑性变形时,其性能和在压缩变形时的一样。但实际材料的实验研究表明,在正方向(例如压缩方向)经历了塑性变形的材料当在反方向(拉伸方向)加载时,屈服应力往往要降低,这就是所谓 **Bauschinger 效应**。各向同性硬化模型正是忽略了这一效应。

一个计及 Bauschinger 效应的常用模型是假定在单向拉压下正向屈服应力与反向屈服应力之差保持为 $2Y$,将其推广到三维应力状态即所谓**随动硬化假定**。这样,当两卸载波相遇时就可能在较低拉应力下发生反向屈服,在拉伸波通过驻定应变间断面时也可能发生进一步的反向屈服。图 4-27 中给出了一个这样的例子。当左行卸载波 BD 与右行卸载波 CD 在 D 点相遇时,如果计及 Bauschinger 效应将发生反向(拉伸)塑性加载。类似地,右行拉伸塑性波在通过驻定应变间断面 X_B 时,由于 X_B 两侧材料反向屈服应力值的不同而将反射进一步增强的拉伸塑性波。图中的 8 区和 9″区都是反向(拉伸)塑性加载区。

以上虽然是以恒波速的强间断弹塑性波为对象进行讨论的,但如同我们在 4.8 节以及以前的讨论中曾经多次指出过的那样,原则上也可以推广到递增硬化杆中的冲击波以及递减硬化杆中的弱间断弹塑性波问题中去。下面将分别略加说明。

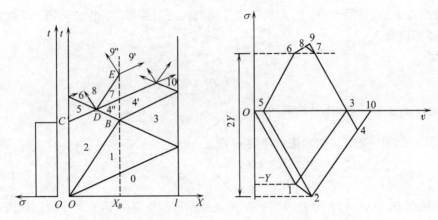

图 4-27 计及 Bauschinger 效应时发生反向塑性加载的例子

4.9.2 递增硬化杆的撞击

现在来讨论一递增硬化材料有限长杆以恒速 v^* 撞击刚性靶板的问题(Lee et al, 1954)。把整个系统叠加一个 $-v^*$ 速度,问题就化为杆端受突加恒速撞击的问题,而杆的另一端为自由端。因此所处理的也就是递增硬化材料中冲击波的迎面卸载问题。由于塑性冲击波在不同强度时具有不同的波速,因而现在的问题变得稍复杂一些。下面着重说明几点值得注意的地方。

杆的左端受到突加恒速 v^* 的撞击时,右行传播一强间断弹性前驱波 O-a 和一塑性冲击波 O-1,波速分别为 C_0 和 $\mathscr{D}_{JK}$(图 4-28)。$\mathscr{D}_{JK}$ 由单向压缩应力应变曲线上的击波弦 JK 的斜率所决定,这里 J 点为屈服点,$\sigma_J = -Y$,而 K 点为撞击速度 v^* 所决定的冲击波后方终态点,因此有

$$\mathscr{D}_{JK} = \sqrt{\frac{1}{\rho_0} \cdot \frac{\sigma_K + Y}{\varepsilon_K - \varepsilon_Y}}$$

而 σ_K 满足冲击波波阵面上守恒条件,即

$$\sigma_K = -Y - \rho_0 \mathscr{D}_{JK}(v^* - v_Y)$$

严格地说,这里的应力应变曲线应该是冲击绝热线而不是通常的等温线或等熵线(见 7.7 节),但只要冲击应力不太高,固体中的冲击绝热熵变可以忽略,因而三者的差别不大。

当右行强间断弹性加载波 O-a 在自由端($X=L$)反射为左行强间断卸载波并与右行塑性冲击波 O-1 在点 1 处迎面相遇时,发生相互作用,形成迎面卸载,其处理原则与 4.8 节中所述相同。结果,在 X_1 处形成一驻定应变强间断面,自 X_1 左行传播的内反射波 1-A 使 K 区的压应力 σ_K 卸载到 σ_N;而右行反射波因其强度仍超过屈服限,因此仍具有双波结构,即:在弹性波 1-b 的后方(M 区)跟着传播一强度已削弱了的塑性冲击波 1-2。由于冲击波波阵面上的应力跳跃值已降为 $|\sigma_N + Y|$,波速也相应地降为 $\mathscr{D}_{MN}$,它由 σ—ε 曲线上 MN' 的斜率所决定(在 σ—ε 曲线上 M 点与 J 点重合,而 N' 点和 N 点的应力相同),即

$$\mathscr{D}_{MN} = \sqrt{\frac{1}{\rho_0} \cdot \frac{\sigma_N + Y}{\varepsilon_{N'} - \varepsilon_Y}} \tag{4-93}$$

第四章 弹塑性波的相互作用

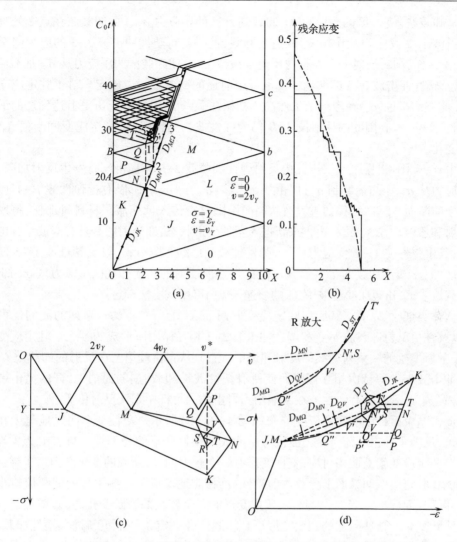

图 4-28 递增硬化有限长杆以恒速 v^* 撞击刚性靶板

σ_N 和 $\mathscr{D}_{MN}$ 值需用试凑法求得。注意到一方面对于左行内反射波 1-A 有

$$v_N - v_K = \frac{1}{\rho_0 C_0}(\sigma_N - \sigma_K)$$

另一方面对于右行内反射塑性冲击波 1-2 有

$$v_N - v_M = \frac{1}{\rho_0 \mathscr{D}_{MN}}(\sigma_N - \sigma_M)$$

消去 v_N 后可得

$$v_{K'} + \frac{1}{\rho_0 C_0}(\sigma_N - \sigma_K) = v_M - \frac{1}{\rho_0 \mathscr{D}_{MN}}(\sigma_N - \sigma_M) \tag{4-94}$$

此处 $v_K = v^*$，$\sigma_K = \sigma^*$，$v_M = 3v_Y$ 及 $\sigma_M = -Y$ 均为已知。经过试凑后，不难求得既满足式 (4-93) 又满足式 (4-94) 的 σ_N 和 $\mathscr{D}_{MN}$ 值。

左行内反射卸载波 1-A 在撞击端反射。按照满足给定的撞击速度 v^* 的条件，反射波

113

A-2 是卸载波,使 N 区的压应力 σ_N 卸载到 P 区的压应力 σ_P。此卸载波在点 2 处赶上塑性冲击波 1-2 发生相互作用,形成追赶卸载,使得右行塑性冲击波 2-3 的应力间断强度降为 $|\sigma_Q+Y|$,同时反射一个左行内反射加载波 2-B,使卸载区的压应力从 σ_P 加载到 σ_Q。σ_Q 以及塑性冲击波 2-3 的波速 $\mathscr{D}_{MN}$ 也可用前述的试凑法予以确定。对于驻定应变间断面 X_2 的左侧来说,σ_Q 在数值上虽然高于初始屈服限 Y,但仍低于历史上达到过的最大应力值 $|\sigma_K|$ 和 $|\sigma_N|$,因此内反射波 2-B 仍为弹性波,并且在通过驻定应变间断面 X_1 时不发生变化。

由 σ—v 图可见,$v_Q<v^*$,因此内反射弹性加载波 2-B 在撞击端将发生反射加载,使卸载区应力从 σ_Q 压缩加载到 σ_K,但由于 $|\sigma_K|>|\sigma_R|>|\sigma_N|$,所以右行弹性波 B-1$'$ 传到驻定应变间断面 X_1 处时,犹如应力波从高屈服限材料传入低屈服限材料时那样,将发生波的反射和透射。在 X_1 的右边将重新进入塑性变形状态,即透射的是具有双波结构的弹塑性波,其中弹性波 1$'$-2$'$ 使应力从 σ_Q 弹性加载到后继屈服限 $\sigma_N=\sigma_S$,塑性波 1$'$-5 使应力从 S 区的 σ_S 塑性加载到 T 区的 σ_T;X_1 的左边所反射的是使卸载区压应力从 σ_R 卸到 σ_T 的卸载波。σ_T 和塑性冲击波 1$'$-5 的波速 $\mathscr{D}_{ST}$ 仍可用试凑法确定。

依此类推,可以确定其后在驻定应变间断面 X_2 上所发生的一系列的波的反射和透射,以及在由反射卸载波 b-3 和塑性冲击波 2-3 相互作用所形成的第三个驻定应变间断面 X_3 上所发生的一系列的波的反射和透射。直到从自由端第三次反射的卸载波 C-4 与塑性冲击波 3-4 等依次相互作用而使所有塑性波被卸载、削弱而消失,杆的撞击端也脱离了撞击。此后就只有弹性波在两端均为自由端的短杆中来回反射传播了。

撞击结束后杆中的残余应变分布如图 4-28(b)所示。塑性变形明显地集中在撞击端附近,反映了冲击载荷下应力波效应所造成的塑性变形的局部性。与点 1,2,3 等每形成一个驻定应变间断面相对应,塑性变形有一个较大的、阶跃式的变化。而由于弹性入射波可能在驻定应变间断面上导致透射塑性波,相应地形成了一些附加的间断值较小的驻定应变间断面(如 X_5 等)。因此,在残余变形的几个较大的阶跃变化之间,增加了一些较小的阶跃变化。这些附加的残余变形正是卸载区在一定条件下重新进入塑性加载状态,即所谓二次**塑性加载**的体现。在同一图上用虚线所表示的残余应变分布,是下面第五章将要谈到的"**刚性卸载**"近似分析所得到的结果(见 5.3 节)。

4.9.3 递减硬化杆的撞击

最后,我们来讨论一个一端为自由端的递减硬化材料有限长杆受突加恒定冲击载荷 v^* 时的例子,如图 4-29 所示,它与图 4-23 所示情况相类似,只是现在的塑性波是弱间断波了。显然,$t=l/C_0$ 时,强间断弹性前驱波 OA 在自由端反射为强间断卸载波 AB,在 σ—v 图上对应于从状态点 A 突跃卸载到状态点 A'。但反射卸载波 AB 随即与一系列右行弱间断塑性中心波迎面相遇而发生一系列的内撞击。只要 AB 保持为强间断,按左行强间断面上动量守恒条件应有

$$\bar{\sigma} - \sigma = \rho_0 C_0 (\bar{v} - v)$$

而既然 AB 同时是卸载区中的左行特征线,还应同时有

$$\bar{\sigma} + \rho_0 C_0 \bar{v} = \sigma(A') + \rho_0 C_0 v(A') = 2\rho_0 C_0 v_Y$$

这里的 A' 是指和 A 点相对应的卸载波后方的点(见 σ—v 图)。由以上两式消去 $\bar{v}$,并利用

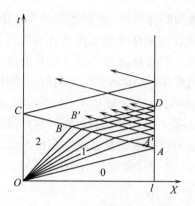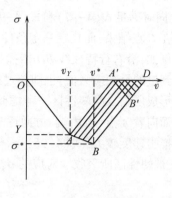

图 4-29 一端为自由端的递减硬化有限长杆受突加恒定冲击载荷的情况

加载区简单波关系,可得

$$\sigma - \bar{\sigma} = -Y + \frac{1}{2}\int_0^\sigma \left(1 - \frac{C_0}{C}\right)\mathrm{d}\sigma \qquad (4-95)$$

可见,随着反射卸载波从自由端向撞击端传播而使塑性区卸载的同时,加载波本身的强度 $|\sigma-\bar{\sigma}|$ 则愈来愈小。在 σ—v 图上,AB 代表此强间断卸载波的塑性侧映像,$A'B'$ 代表其卸载侧映像。注意,与追赶卸载时不同,现在依次与卸载波相互作用的是幅值愈来愈大的塑性波。如果直到 B 点,即对于应力幅最大的塑性波 (σ^*,v^*),卸载跳跃值 $|\sigma-\bar{\sigma}|$ 仍大于零,即按式(4-95)如果

$$v^* + \frac{\sigma^*}{\rho_0 C_0} = \frac{1}{\rho_0}\int_0^{\sigma^*}\left(\frac{1}{C_0} - \frac{1}{C}\right)\mathrm{d}\sigma < 2v_Y \qquad (4-96)$$

则强间断卸载波 AB 可通过整个塑性区。这一条件则与追赶卸载中的式(4-16)完全相同,而且当 $C=C_1$ 时即化为式(4-88)。

如能满足式(4-96),则强间断反射卸载波在通过塑性中心波区之后以保持不变的间断强度在塑性恒值区中传播,在 X—t 图上对应于 BC,而在 σ—v 图上则对应于从点 B 突跃到点 B',其状态可由式(4-95)令 $\sigma=\sigma^*$ 而算得

$$\bar{\sigma}(B') = \frac{1}{2}(\sigma^* - \rho_0 C_0 v^* + 2Y)$$

$$\bar{v}(B') = \frac{1}{2}\left(v^* - \frac{\sigma^*}{\rho_0 C_0} + 2v_Y\right)$$

接着在 C 点(即撞击端)发生反射,反射后的状态视撞击速度 v^* 的大小而定。按右行强间断面上动量守恒条件,反射后的 $\bar{\sigma}(C)$,$\bar{v}(C)$ 应满足

$$\bar{\sigma}(C) - \bar{\sigma}(B') = -\rho_0 C_0 \{\bar{v}(C) - \bar{v}(B')\}$$

如果撞击继续,$\bar{v}(C)=v^*$,则有

$$\bar{\sigma}(C) = 2Y - \rho_0 C_0 v^*$$

另一方面,如果撞击继续,$\bar{\sigma}(C)$ 还必须是压应力,即应有

$$v^* > 2v_Y \qquad (4-97)$$

否则撞击在 C 点结束,$\bar{\sigma}(C)=0$,撞击端转化为自由端,而 $\bar{v}(C)=2v_Y$,于是杆子以 $(2v_Y-v^*)$ 的速度差从靶上跳开。这情况和图 4-23 中所讨论过的相同(见式(4-90))。

当 v^* 同时满足式(4-97)和式(4-96)时,强间断卸载波 AB 虽然通过塑性中心波区,但撞击不在 C 点结束,而且在一定条件下还可能在卸载区重新发生塑性加载而形成二次塑性区。例如,沿右行特征线 BD 传播的内反射波如果其应力值超过某截面塑性变形历史中曾达到过的最大应力值,也即超过沿卸载边界 AB 上的 $\sigma_m(X)$ 之值时,就可能重新塑性加载而形成所谓二次塑性区。考虑到在目前所讨论的情况下 $\sigma_m(X)$ 的分布是以 B 点处为最大而向着 A 点(自由端)方向逐渐减小的,就不难理解这种可能性的存在了。

如果撞击速度较大,式(4-96)不满足,则强间断反射卸载波将在塑性加载区的某点 K 处消失,被塑性区所吸收。对应的 σ_K 值可由式(4-95)令 $\sigma_K - \bar{\sigma}_K = 0$ 来确定:

$$\int_0^{\sigma_K} \left(1 - \frac{C_0}{C}\right) d\sigma = 2Y$$

这时 K 点左侧继续传播塑性波,而 K 点右侧的卸载区中也同样可能形成二次塑性区。

为能进一步对二次塑性区、以及其他更一般情况下的弹塑性边界的传播问题进行分析,我们就必须对弹塑性边界的一般传播特性先作进一步的讨论。

4.10 弹塑性边界的一般传播特性

4.10.1 加载边界和卸载边界

在一般情况下,塑性加载区和弹性卸载区的边界随着应力波的传播和相互作用也在杆中变化着。在 X—t 平面上以曲线 $X = f(t)$ 表示其轨迹,则其传播速度 $\bar{C}$ 为

$$\bar{C} = \frac{dX}{dt} = f'(t) \tag{4-98}$$

可以区分两类不同的边界:如图 4-30 所示,对于随时间 t 的增加由塑性加载区进入弹性卸载区的称为**卸载边界**,其传播速度记作 $\bar{C}_U$;而对于随时间的增加由弹性区进入塑性区,包括由弹性卸载区重新进入二次塑性加载区的则称为**加载边界**,其传播速度记作 $\bar{C}_L$。一个连续的弹塑性边界,如果其斜率 $\bar{C}$ 之值变号,则对应于这两类边界的转变。

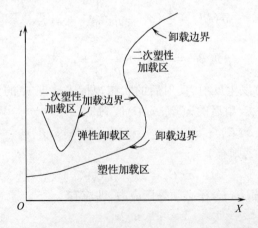

图 4-30 两类不同的弹塑性边界:加载边界和卸载边界

再次强调一下,与代表应力波扰动传播轨迹的特征线不同,**弹塑性边界在一般情况下并非机械扰动本身的传播轨迹**,而是在应力波的相互作用下,不同质点 X 在不同时刻 t 从塑性状态卸载进入弹性状态的临界点的联线轨迹(卸载边界),或从弹性状态(包括弹性卸载状态)加载进入塑性状态的临界点的联线轨迹(加载边界)。当然,在特殊情况下,如在过去讨论中曾遇到过的,弹塑性边界可能恰好与扰动传播轨迹,即特征线相重合。除了这种特殊情况外,一般必须把边界传播速度 $\bar{C}$ 与弹性加载波或卸载波传播速度 C_e 或塑性加载波传播速度 C_p 相区别。

对于塑性加载边界,在边界通过质点前,质点处于弹性加载过程阶段,而在边界通过后,质点处于塑性加载过程阶段。因此在加载边界通过质点前后,应力时程曲线的斜率同号,即必有

$$\frac{\partial \sigma^e}{\partial t} \bigg/ \frac{\partial \sigma^p}{\partial t} \geq 0$$

这里及以后,以上标(或下标) e 和 p 分别指弹性区(包括弹性卸载区)和塑性区的量。但如果 $\frac{\partial \sigma^e}{\partial t} = \frac{\partial \sigma^p}{\partial t} = 0$,则要看二阶导数的情况:在塑性加载边界通过质点前后,应力时程曲线的曲率由非正变到非负(拉伸加载),或由非负变到非正(压缩加载),因此必有

$$\frac{\partial^2 \sigma^e}{\partial t^2} \bigg/ \frac{\partial^2 \sigma^p}{\partial t^2} \leq 0$$

对于弹性卸载边界,质点由塑性加载过程转变为弹性卸载过程,故有

$$\frac{\partial \sigma^p}{\partial t} \bigg/ \frac{\partial \sigma^e}{\partial t} \leq 0$$

而在 $\frac{\partial \sigma^e}{\partial t} = \frac{\partial \sigma^p}{\partial t} = 0$ 时,在卸载边界通过质点前后,应力时程曲线的曲率同号,故有

$$\frac{\partial^2 \sigma^e}{\partial t^2} \bigg/ \frac{\partial^2 \sigma^p}{\partial t^2} \geq 0$$

归纳起来,对于加载边界必有

$$\frac{\partial \sigma^e}{\partial t} \bigg/ \frac{\partial \sigma^p}{\partial t} \geq 0 \quad \text{或} \quad \frac{\partial^2 \sigma^e}{\partial t^2} \bigg/ \frac{\partial^2 \sigma^p}{\partial t^2} \leq 0 \qquad (4-99)$$

对于卸载边界必有

$$\frac{\partial \sigma^p}{\partial t} \bigg/ \frac{\partial \sigma^e}{\partial t} \leq 0 \quad \text{或} \quad \frac{\partial^2 \sigma^e}{\partial t^2} \bigg/ \frac{\partial^2 \sigma^p}{\partial t^2} \geq 0 \qquad (4-100)$$

4.10.2 作为奇异面的弹塑性边界

在 4.7 节中,我们曾用特征线法讨论过在半无限长杆中,即塑性加载区是简单波区的情况下,卸载边界的传播特性。下面将用另一方法——把弹塑性边界作为**奇异面**,在更一般的情况下来讨论其传播特性。由此可得出在一般情况下确定卸载边界和加载边界的基本关系式。而一旦弹塑性边界确定之后,包含有卸载过程和二次塑性加载过程的应力波传播问题也就可以迎刃而解了。

当弹塑性边界在传播中通过一个物质质点时,这个质点或者从弹性状态加载进入塑

性状态,或者从塑性状态卸载回复到弹性状态。不论哪一种情况,材料的力学性质都将出现质的变化。这时,如我们通常所假定的,材料应力应变曲线的斜率 **dσ/dε 发生了间断**,从而应力**波速 C 发生了间断**,即

$$[C] = C_e - C_p \neq 0 \tag{4-101a}$$

或者引进无量纲参量 $\gamma = \bar{C}/C$,而把波速发生间断的特点表述为

$$[\gamma] = \gamma_e - \gamma_p \neq 0 \tag{4-101b}$$

正是由于材料**本构关系所包含的这种奇异性**,使得状态参量 σ 和 v,或其导数,在弹塑性边界两侧出现了间断,形成一个奇异面(王礼立 等,1983)。这种奇异面是和代表机械扰动传播的波阵面必须加以区别的、完全不相同的特殊奇异面。波阵面作为机械扰动在介质中传播时扰动区与未扰动区的界面,单纯地是在介质中机械扰动状态出现间断的奇异面,而弹塑性边界作为奇异面在介质中传播时则是带着材料本构关系的奇性以及状态参量的奇性一起传播;并且本构关系的奇性在传播过程中保持不变,而状态参量的奇性还可能在传播过程中发生变化(如强间断转化为弱间断,或反之)。不过无论怎样,如我们即将证明的那样,状态参量在弹塑性边界上所表现出来的各种奇性或其变化,归根到底都是由此奇异面上出现的应力应变曲线斜率发生间断,即应力波波速发生间断这一奇性所决定的。为此我们把弹塑性边界上波速出现间断这一奇性(见式(4-101a))称为**基本奇性**;把所作的这一假定作为研究弹塑性边界传播问题的**基本假定**(王礼立 等,1983)。否则,如果在弹塑性边界上应力应变曲线斜率不发生间断,$[C]=0$,意味着应力应变曲线的斜率 dσ/dε 在从塑性状态卸载回复到弹性状态或从弹性(卸载)状态加载进入塑性状态时始终保持连续,则整个问题完全可由前述关于非线性波的一般方法解得。事实上,如果出现这种情况,这时弹塑性边界和特征线重合,也无需专门加以讨论。

既然弹塑性边界的传播可以看作一种特殊奇异面的传播,我们就可以用与 2.7 节相类似的方法来讨论**弹塑性边界**上的**运动学相容条件和动力学相容条件**,只需另外再计入由式(4-101a)所表征的基本奇性。这样,随着弹塑性边界的传播来观察间断量

$$[F] = F^e - F^p$$

的变化时,类似于随波微商(见式(2-51)),现在有**随边界微商**:

$$\frac{\mathrm{d}}{\mathrm{d}t}[F] = \left[\frac{\partial F}{\partial t}\right] + \bar{C}\left[\frac{\partial F}{\partial X}\right] \tag{4-102}$$

以后将不断运用这个随边界微商来讨论弹塑性边界的性质。

4.10.3 强间断弹塑性边界

我们先来讨论一下弹塑性边界是强间断面的情况。取式(4-102)中的 F 为质点位移 u,由于边界两侧位移必须连续,就得到边界上的连续条件(**运动学相容条件**)为

$$[v] = -\bar{C}[\varepsilon] \tag{4-103}$$

另外,与式(2-57)类似地可得出强间断弹塑性边界上的动量守恒条件(**动力学相容条件**)为

$$[\sigma] = -\rho_0 \bar{C}[v] \tag{4-104}$$

由此可得

$$\bar{C} = \sqrt{\frac{1}{\rho_0} \frac{[\sigma]}{[\varepsilon]}} \qquad (4-105)$$

以上结果与式(4-101a)不相抵触,因而强间断弹塑性边界可能存在。在特殊情况下,如果在边界上有弹性卸载突跃,则

$$[\sigma]/[\varepsilon] = E, \bar{C} = C_e$$

意味着卸载边界与强间断卸载扰动的传播轨迹相重合,这正是图4-9中所曾讨论过的情况。如果在弹塑性边界上有塑性加载突跃,则加载边界与强间断塑性加载扰动(塑性冲击波)的传播轨迹相重合。对于线性硬化材料,有

$$[\sigma]/[\varepsilon] = E_1, \bar{C} = C_1$$

这正是图4-12中所曾讨论过的情况。如果在边界上$[\sigma]=0$而$[\varepsilon] \neq 0$,则$\bar{C}=0$,对应于驻定应变间断面处的情况。

4.10.4 一阶弱间断边界

其次,我们再来讨论弹塑性边界是弱间断面的情况,即σ和v本身在边界上连续而其偏导数发生间断的情况。重复说一遍,此处及后面均已假定:从塑性状态卸载,或从卸载状态重新进入塑性状态时,应力应变曲线本身是连续的,但其斜率发生间断,即在边界上必有式(4-101a)成立。即使对于初始屈服,也假定式(4-101a)成立,否则加载边界将和弹性特征线重合,问题是易于解决的。

既然沿弹塑性边界,现在σ和v的连续性是一直保持的,按式(4-102)可得

$$\frac{d[\sigma]}{dt} = \left[\frac{d\sigma}{dt}\right] = \left[\frac{\partial \sigma}{\partial t}\right] + \bar{C}\left[\frac{\partial \sigma}{\partial X}\right] = 0$$

$$\frac{d[v]}{dt} = \left[\frac{dv}{dt}\right] = \left[\frac{\partial v}{\partial t}\right] + \bar{C}\left[\frac{\partial v}{\partial X}\right] = 0 \qquad (4-106)$$

当以σ和v为因变量时,不论是边界的塑性区一侧还是弹性区一侧,在弹性区中不论是加载还是卸载,一阶偏微分控制方程组具有同样的形式(见式(2-13),式(2-17)和式(4-9)):

$$\frac{\partial v}{\partial X} = \frac{1}{\rho_0 C^2} \frac{\partial \sigma}{\partial t}, \frac{\partial v}{\partial t} = \frac{1}{\rho_0} \frac{\partial \sigma}{\partial X} \quad (e,p) \qquad (4-107a)$$

这里(e,p)指对弹性区和塑性区都适用,当然波速C应相应地分别取C_e和C_p。如果写成跨过弹塑性边界的间断形式,注意到式(4-101a),则应有

$$\left[\frac{\partial v}{\partial X}\right] = \frac{1}{\rho_0}\left[\frac{1}{C^2} \frac{\partial \sigma}{\partial t}\right], \left[\frac{\partial v}{\partial t}\right] = \frac{1}{\rho_0}\left[\frac{\partial \sigma}{\partial X}\right] \qquad (4-107b)$$

由式(4-107a),令

$$K_1 \equiv \frac{\partial \sigma}{\partial t} = \rho_0 C_0 \frac{\partial v}{\partial X}, J_1 \equiv \rho_0 C \frac{\partial v}{\partial t} = C \frac{\partial \sigma}{\partial X} \quad (e,p) \qquad (4-108)$$

代入式(4-106)中可得

$$[K_1 + \gamma_1 J_1] = 0, \left[\frac{1}{C}(J_1 + \gamma K_1)\right] = 0 \qquad (4-109)$$

这便是弱间断弹塑性边界所应满足的基本方程。

从这两式中消去J_1,可得

$$[(1-\gamma^2)K_1] = 0 \qquad (4-110a)$$

或者展开写成：

$$\frac{\frac{\partial \sigma^p}{\partial t}}{\frac{\partial \sigma^e}{\partial t}} = \frac{1 - \frac{\overline{C}^2}{C_e^2}}{1 - \frac{\overline{C}^2}{C_p^2}} \qquad (4-110b)$$

但是由于弹塑性边界上波速值间断的基本假定，$C_e \neq C_p$，因而由上式必有 $\frac{\partial \sigma_e}{\partial t} \neq \frac{\partial \sigma_p}{\partial t}$，即 $[K_1] = \left[\frac{\partial \sigma}{\partial t}\right] \neq 0$；从而再由式(4-109)的第一式可知 $[\gamma J_1] = \rho_0 \overline{C} \left[\frac{\partial v}{\partial t}\right] \neq 0$；最后从式(4-106)可知 $\frac{\partial \sigma}{\partial X} \neq 0, \frac{\partial v}{\partial X} \neq 0$。换句话说，在跨过弹塑性边界时，$\sigma$ 和 v 的所有一阶偏导数都必须间断。只有 $\frac{\partial \sigma_e}{\partial t} = \frac{\partial \sigma_p}{\partial t} = 0$ 时例外，以后另作讨论。由此得出弹塑性边界的一个重要性质：

定理一：除非在整个弹塑性边界上 $\frac{\partial \sigma_e}{\partial t}$ 和 $\frac{\partial \sigma_p}{\partial t}$ 处处同时为零，否则 σ 和 v 的一阶偏导数在此边界上必定处处间断，即弹塑性边界必为 σ 和 v 的一阶弱间断边界。

由式(4-110a)，可以直接得出一阶弱间断边界的传播速度为

$$\overline{C} = \sqrt{\frac{\left[\frac{\partial \sigma}{\partial t}\right]}{\left[\frac{1}{C^2}\frac{\partial \sigma}{\partial t}\right]}} \qquad (4-111)$$

这和4.7节中对于半无限长杆的卸载边界用特征线方法得出的结果式(4-73)完全一致，但这里是在一般情况下导出的，不限于卸载边界，更不限于塑性区为简单波区。这个弹塑性边界传播速度的公式最早是由 T. von Karman, H. F. Bohnenblust 和 D. H. Hyers(1942) 得到的。

一阶弱间断边界的确定方法如下。设在 X—t 图中(图4-31)，$t \leq t_1$ 时的解已经求出，GF 是由右下方来的进入 F 点的已确定的卸载边界，我们来寻找经过 Δt 时间后边界点 P 的可能位置。经 F 点作垂直于 X 轴的直线 FK，以及斜率分别为 $\pm C_e$ 和 $\pm C_p$ 的四条特征线，把 F 点以上($t \geq t_1$)的平面分成 I，II，III，IV，V，VI 等六个区域。显然，如果后继一段边界 FP 的位置和已知边界 GF 分别在垂线 FK 的不同侧，则 $\overline{C}$ 未变号，FP 仍为卸载边界。反之，如果 FP 的位置和已知边界 GF 都在垂线 FK 的同一侧，则经过 F 点时 $\overline{C}$ 变号，于是 FP 成为加载边界，形成二次塑性区。

对于卸载边界，由于 $\frac{\partial \sigma_e}{\partial t} / \frac{\partial \sigma_p}{\partial t} \leq 0$(式(4-100))，则由式(4-110b)可知，$\overline{C}$ 必须满足下列不等式(对照式(4-74))：

$$C_e \geq |\overline{C}_v| \geq C_p \qquad (4-112)$$

则后继边 FP 必定落在 II 区内，或者在 GF 由左下方进入 F 点的情况下则落在和 II 区对称

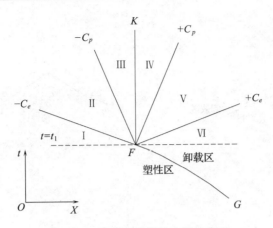

图 4-31 弱间断弹塑性边界的分区

的 Ⅴ 区内。

对于加载边界,也包括二次塑性边界,由于 $\dfrac{\partial \sigma_e}{\partial t} \Big/ \dfrac{\partial \sigma_p}{\partial t} \geq 0$(式 4-99),则由式(4-110b)可知,$\overline{C}$ 必须满足下列不等式之一:

$$\begin{cases} C_p \geq |\overline{C}_L| > 0 \\ |\overline{C}_L| \geq C_e \end{cases} \quad (4-113)$$

可知后继边界 FP 必定落在 Ⅳ 区或 Ⅵ 区内,分别和上面的第一式或第二式相对应;或者在 GF 由左下方进入 F 点的情况下则落在对称的 Ⅲ 区或 Ⅰ 区内。

至于 FP 究竟落在哪个区中,则由 $t \leq t_1$ 时已解得的具体情况来确定。不论落在哪一区,都是可解的,具体说明如下。

对于 Ⅱ 区:从已知卸载区有一条特征线 n_1 通到 P 点(图 4-32a),因而有

$$n_1: \quad \mathrm{d}X + C_e \mathrm{d}t = 0, \quad v^e + \dfrac{\sigma^e}{\rho_0 C_e} = \beta_1$$

从已知塑性区有两条特征线 n_2, n_3 通到 P 点,因而有

$$n_2: \quad \mathrm{d}X - C_p \mathrm{d}t = 0, \quad v^p - \phi(\sigma^p) = \alpha_2$$
$$n_3: \quad \mathrm{d}X + C_p \mathrm{d}t = 0, \quad v^p + \phi(\sigma^p) = \beta_3$$

式中:Riemann 不变量 β_1、α_2、β_3 均为已知。再加上弱间断弹塑性边界上应力连续 $\sigma^e = \sigma^p$ 和质点速度连续 $v^e = v^p$ 的条件。总共有 5 个方程解 5 个未知量 σ^e、σ^p、v^e、v^p 和 $\overline{C}$。因而 P 点可以确定。

对于 Ⅳ 区:这时通过 P 点有一条弹性区特征线 n_1 和一条塑性区特征线 n_2(图 4-32(b))是已知的。还应满足:在边界上应力连续且等于后继屈服限 $\sigma^e = \sigma^p = \sigma_m$,以及质点速度连续 $v^e = v^p$ 等 3 个条件,总共仍有 5 个方程解 5 个未知量,或归并为解方程:

$$\rho_0 C_e \alpha_2 - \rho_0 C_0 \beta_3 = \sigma_m + \rho_0 C_e \phi(\sigma_m)$$

经过几次试凑,就可以确定 P 点。

对于 Ⅵ 区:这时通到 P 点的有两条卸载区特征线 n_1 和 n_4(图 4-32(c)),除 n_1 与上面已提出的相同外,还有

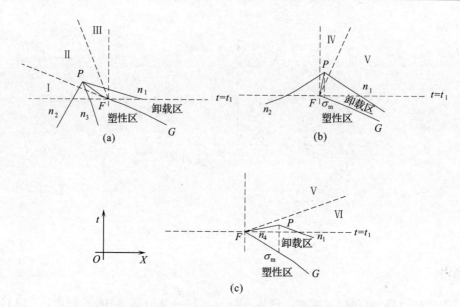

图 4-32 后继一阶弹塑性边界的分区确定

$$n_4: \quad dX - C_e dt = 0, \quad v^e - \frac{\sigma^e}{\rho_0 C_e} = \alpha_4$$

式中：Riemann 不变量 α_4 为已知。再加上条件 $\sigma^e = \sigma^p = \sigma_m$ 和 $v^e = v^p$，总共也是 5 个方程解 5 个未知量。或者归结为根据式

$$\rho_0 C_e (\beta_1 - \alpha_4) = 2\sigma_m$$

用试凑法来确定 P。

至于当 GF 从左下方进入 F 点时 P 点落到 Ⅰ，Ⅲ，Ⅴ 区的情况，完全可用类似的步骤确定。

H. F. Bohnenblust, J. V. Charyk 和 D. H. Hyers(1942) 曾就递减硬化材料的有限长杆（一端固定，另一端承受矩形脉冲载荷）情况讨论了弹塑性边界确定问题；而 E. H. Lee (1952) 则就递减硬化材料有限长杆撞击刚砧的情况讨论了包含 Ⅱ，Ⅳ，Ⅵ 三种类型边界传播的复杂问题，但是当时尚未能妥善地解决 $\frac{\partial \sigma^e}{\partial t}$ 和 $\frac{\partial \sigma^p}{\partial t}$ 同时为零时的二阶弱间断边界的确定问题。这一问题将在下面作进一步讨论（虞吉林 等，1981；1982；1984；Ting，1990）。

4.10.5 二阶弱间断边界

在一阶弱间断边界的讨论中我们知道，如果沿弹塑性边界 $\frac{\partial \sigma^e}{\partial t} = \frac{\partial \sigma^p}{\partial t} = 0$，则由式 (4-106) 和式 (4-107b) 可知下式成立：

$$\left[\frac{\partial \sigma}{\partial t}\right] = \left[\frac{\partial \sigma}{\partial X}\right] = \left[\frac{\partial v}{\partial t}\right] = \left[\frac{\partial v}{\partial X}\right] = 0 \qquad (4-114)$$

又由于连续方程和本构关系的组合式 (4-107a) 在弹塑性边界的弹性侧和塑性侧都成立，故有 $\frac{\partial v^e}{\partial X} = \frac{\partial v^p}{\partial X} = 0$。于是得到弹塑性边界的另一重要性质：

定理二：如果在弹塑性边界$\dfrac{\partial \sigma^e}{\partial t}, \dfrac{\partial \sigma^p}{\partial t}$处处同时为零，则$\sigma$和$v$的所有一阶偏导数在边界上各处都连续，且$\dfrac{\partial v^e}{\partial X}, \dfrac{\partial v^p}{\partial X}$必同时为零。

这时，边界传播速度公式(4-111)成为$\dfrac{0}{0}$型的不定式，因此必须考察更高一阶的偏导数。

对σ, v的一阶偏导数沿边界求导时，由定理二可知：

$$\begin{cases} \dfrac{\mathrm{d}}{\mathrm{d}t}\left(\dfrac{\partial \sigma}{\partial t}\right) = \dfrac{\partial^2 \sigma}{\partial t^2} + \bar{C}\dfrac{\partial^2 \sigma}{\partial t \partial X} = 0 \quad (e, p) \\ \left[\dfrac{\mathrm{d}}{\mathrm{d}t}\left(\dfrac{\partial \sigma}{\partial X}\right)\right] = \left[\dfrac{\partial^2 \sigma}{\partial t \partial X}\right] + \bar{C}\left[\dfrac{\partial^2 \sigma}{\partial X^2}\right] = 0 \\ \dfrac{\mathrm{d}}{\mathrm{d}t}\left(\dfrac{\partial v}{\partial X}\right) = \dfrac{\partial^2 v}{\partial t \partial X} + \bar{C}\dfrac{\partial^2 v}{\partial X^2} = 0 \quad (e, p) \\ \left[\dfrac{\mathrm{d}}{\mathrm{d}t}\left(\dfrac{\partial v}{\partial t}\right)\right] = \left[\dfrac{\partial^2 v}{\partial t^2}\right] + \bar{C}\left[\dfrac{\partial^2 v}{\partial t \partial X}\right] = 0 \end{cases} \quad (4-115)$$

这里的第一、第三两式对边界两侧都成立。

把边界两侧的弹性区中和塑性区中的一阶偏微分控制方程组(4-107a)对t和X分别求导一次，可得

$$\dfrac{\partial^2 v}{\partial t \partial X} = \dfrac{1}{\rho_0 C^2}\dfrac{\partial^2 \sigma}{\partial t^2} + \dfrac{1}{\rho_0}\dfrac{\partial \sigma}{\partial t}\dfrac{\partial}{\partial t}\left(\dfrac{1}{C^2}\right)$$

$$\dfrac{\partial^2 v}{\partial X^2} = \dfrac{1}{\rho_0 C^2}\dfrac{\partial^2 \sigma}{\partial t \partial X} + \dfrac{1}{\rho_0}\dfrac{\partial \sigma}{\partial t}\dfrac{\partial}{\partial X}\left(\dfrac{1}{C^2}\right)$$

$$\dfrac{\partial^2 v}{\partial t^2} = \dfrac{1}{\rho_0}\dfrac{\partial^2 \sigma}{\partial t \partial X}$$

$$\dfrac{\partial^2 v}{\partial t \partial X} = \dfrac{1}{\rho_0}\dfrac{\partial^2 \sigma}{\partial X^2}$$

既然已设在边界上$\dfrac{\partial \sigma}{\partial t} = 0$，由上述4个式子可见在边界上$\sigma$和$v$的6个二阶偏导数中只有两个是独立的，它们以3个为一组分别互相关联。于是可令

$$\begin{cases} K_2 \equiv \dfrac{\partial^2 \sigma}{\partial t^2} = \rho_0 C^2 \dfrac{\partial^2 v}{\partial t \partial X} = C^2 \dfrac{\partial^2 \sigma}{\partial X^2} \\ J_2 \equiv \rho_0 C \dfrac{\partial^2 v}{\partial t^2} = C \dfrac{\partial^2 \sigma}{\partial t \partial X} = \rho_0 C^2 \dfrac{\partial^2 v}{\partial X^2} \end{cases} \quad (4-116)$$

代入式(4-115)，得到

$$\begin{cases} K_2 + \gamma J_2 = 0 \quad (e, p) \\ \left[\dfrac{1}{C}(J_2 + \gamma K_2)\right] = 0 \end{cases} \quad (4-117)$$

这里的第一式对边界两侧都成立，所以实际上是两个独立方程。以上3个方程就是高一

阶的弱间断弹塑性边界所应满足的基本方程。

在式(4-117)中消去 J_2 可得

$$[(1-\gamma^2)K_2]=0 \qquad (4-118)$$

由弹塑性边界上波速间断的基本假定 $[\gamma]\neq 0$(见式(4-101a)),从上式可得 $[K_2]=[\gamma^2 K_2]\neq 0$;再从式(4-117)可知 $[\gamma J_2]\neq 0$,于是最后从式(4-115)可知在边界各处 σ,v 的所有二阶偏导数必定在跨过边界时发生间断,除非 K_2 连续,即 $\dfrac{\partial^2\sigma^e}{\partial t^2}=\dfrac{\partial^2\sigma^p}{\partial t^2}$,而这时由基本假定 $[\gamma]\neq 0$ 和式(4-118)则可知必有 $\dfrac{\partial^2\sigma^e}{\partial t^2}=\dfrac{\partial^2\sigma^p}{\partial t^2}=0$。这样就得出弹塑性边界的又一重要性质:

定理三:如果在弹塑性边界上 $\dfrac{\partial\sigma^e}{\partial t}$ 和 $\dfrac{\partial\sigma^p}{\partial t}$ 处处同时为零,则除非在整个边界上 $\dfrac{\partial^2\sigma^e}{\partial t^2}$ 和 $\dfrac{\partial^2\sigma^p}{\partial t^2}$ 连续,否则 σ 和 v 的二阶偏导数在此边界上必定处处间断,即在此情况下弹塑性边界必为 σ 和 v 的二阶弱间断边界。

从式(4-118)可以得出二阶弱间断边界传播速度 $\overline{C}$ 为

$$\overline{C}=\sqrt{\dfrac{\left[\dfrac{\partial^2\sigma}{\partial t^2}\right]}{\left[\dfrac{1}{C^2}\dfrac{\partial^2\sigma}{\partial t^2}\right]}} \qquad (4-119\mathrm{a})$$

R. J. Clifton 和 T. C. T. Ting(1968)曾经作为一个特例得到过这一式子,至于高于二阶的普遍公式尚需进一步讨论(见下面定理五)。

由式(4-117),$\overline{C}$ 尚应同时满足以下两式:

$$\overline{C}=-\dfrac{\dfrac{\partial^2\sigma^e}{\partial t^2}}{\dfrac{\partial^2\sigma^e}{\partial t\partial X}}=-\dfrac{\dfrac{\partial^2\sigma^e}{\partial t^2}}{\rho_0\dfrac{\partial^2 v^e}{\partial t^2}}$$

$$\overline{C}=-\dfrac{\dfrac{\partial^2\sigma^p}{\partial t^2}}{\dfrac{\partial^2\sigma^p}{\partial t\partial X}}=-\dfrac{\dfrac{\partial^2\sigma^p}{\partial t^2}}{\rho_0\dfrac{\partial^2 v^p}{\partial t^2}} \qquad (4-119\mathrm{b})$$

它们和式(4-119a)并不矛盾,有可能同时满足,因而二阶弱间断边界是可以存在的。

二阶弱间断边界在 $X-t$ 图上的可能位置是和一阶弱间断的情况有些不相同的。

对于卸载边界,由于应力时程曲线的曲率在塑性侧和弹性侧同号,$\dfrac{\partial^2\sigma^e}{\partial t^2}\Big/\dfrac{\partial^2\sigma^p}{\partial t^2}\geq 0$(见式(4-100)),因而由式(4-118)可知 $\overline{C}$ 必须满足下列不等式之一:

$$\begin{cases} C_p \geq |\overline{C}_U| > 0 \\ |\overline{C}_U| \geq C_e \end{cases}$$

所以后继边界应该落在Ⅵ区或Ⅳ区,或者落在和它们对称的Ⅰ区和Ⅲ区(图4-33)。

对于加载边界,由于应力时程曲线的曲率在跨过边界时变号,$\dfrac{\partial^2 \sigma^e}{\partial t^2} \Big/ \dfrac{\partial^2 \sigma^p}{\partial t^2} \leq 0$ (式4-99),因而由式(4-118)可知 $\overline{C}$ 应满足不等式:

$$C_e \geq |\overline{C}_L| \geq C_p$$

即后继边界应落在Ⅱ区或与它对称的Ⅴ区(图4-33)。

把以上结果与式(4-112)和式(4-113)相对比可知,卸载边界传播速度 $\overline{C}_U$ 和加载边界传播速度 $\overline{C}_L$ 的可能范围,在二阶弱间断边界中和一阶弱间断边界中恰好互换,合在一起则包罗了从 $-\infty$ 到 $+\infty$ 的所有可能范围,如表4-2所列及对应的图4-33所示。

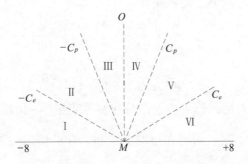

图 4-33　后继二阶弱间断边界的分区确定

表 4-2　一阶弱间断和二阶弱间断弹塑性边界的可能范围

弹塑性边界	加 载 边 界	卸 载 边 界
一阶弱间断	$\|\overline{C}_L\| \geq C_e$ (Ⅰ,Ⅵ区) $\|\overline{C}_L\| \leq C_p$ (Ⅲ,Ⅳ区)	$C_p \leq \|\overline{C}_U\| \leq C_e$ (Ⅱ,Ⅴ区)
二阶弱间断	$C_p \leq \|\overline{C}_L\| \leq C_e$ (Ⅱ,Ⅴ区)	$\|\overline{C}_U\| \geq C_e$ (Ⅰ,Ⅵ区) $\|\overline{C}_U\| \leq C_p$ (Ⅲ,Ⅳ区)

4.10.6　高于二阶的弱间断边界的讨论

在上一段的讨论中,已经把高于一阶的弱间断边界的基本方程归结为式(4-117):

$$K_2 + \gamma J_2 = 0, \quad \left[\dfrac{1}{C}(J_2 + \gamma K_2)\right] = 0$$

如果在边界上处处都有 $[K_2]=0$,则由式(4-118)必有 $K_2^e = \dfrac{\partial^2 \sigma^e}{\partial t^2}=0$ 和 $K_2^p = \dfrac{\partial^2 \sigma^p}{\partial t^2}=0$,那么由上述第一式立刻可以有 $(\gamma J_2)^e = \dfrac{\partial^2 v^e}{\partial t^2}=0$, $(\gamma J_2)^p = \dfrac{\partial^2 v^p}{\partial t^2}=0$,因此第二式也自动满足。而由 K_2, J_2 的定义式(4-116)可知,不论在边界的弹性侧还是塑性侧都有

$$\dfrac{\partial^2 \sigma}{\partial t^2} = \dfrac{\partial^2 \sigma}{\partial t \partial X} = \dfrac{\partial^2 \sigma}{\partial X^2} = \dfrac{\partial^2 v}{\partial t^2} = \dfrac{\partial^2 v}{\partial t \partial X} = \dfrac{\partial^2 v}{\partial X^2} = 0 \quad (e,p)$$

于是得出弹塑性边界的另一性质：

定理四：如果在整个弹塑性边界上 $\dfrac{\partial \sigma^e}{\partial t}$，$\dfrac{\partial \sigma^p}{\partial t}$ 处处同时为零，并且还有 $\dfrac{\partial^2 \sigma^e}{\partial t^2} = \dfrac{\partial^2 \sigma^p}{\partial t^2}$，则在整个边界上 σ 和 v 的所有二阶偏导数都连续而且都等于零。

这时，边界传播速度的几个公式如式(4-119a)等都成为 $\dfrac{0}{0}$ 型的不定式，似乎需要进一步讨论更高阶偏导数的间断。但我们立刻可以说明：由于边界上波速间断这一基本奇性（见式(4-101a)）的限制，实际上高于二阶的弱间断边界不可能存在，除非它和特征线重合。

因为按定理四，此时沿整个边界应有

$$\frac{\mathrm{d}}{\mathrm{d}t}\left(\frac{\partial^2 \sigma}{\partial t^2}\right) = \frac{\mathrm{d}}{\mathrm{d}t}\left(\frac{\partial^2 \sigma}{\partial t \partial X}\right) = \frac{\mathrm{d}}{\mathrm{d}t}\left(\frac{\partial^2 \sigma}{\partial X^2}\right) = \frac{\mathrm{d}}{\mathrm{d}t}\left(\frac{\partial^2 v}{\partial t^2}\right) =$$

$$\frac{\mathrm{d}}{\mathrm{d}t}\left(\frac{\partial^2 v}{\partial t \partial X}\right) = \frac{\mathrm{d}}{\mathrm{d}t}\left(\frac{\partial^2 v}{\partial X^2}\right) = 0 \qquad (4-120)$$

另一方面，对弹性区和塑性区的一阶偏微分控制方程组(4-107a)二次求导后，利用在边界上 $\dfrac{\partial \sigma}{\partial t}$，$\dfrac{\partial^2 \sigma}{\partial t^2}$ 都等于零的前提，可得在边界上 σ 和 v 的 8 个三阶偏导数中只有两个是独立的，它们以 4 个为一组分别相互关联，于是可令

$$K_3 \equiv \frac{\partial^3 \sigma}{\partial t^3} = \rho_0 C \frac{\partial^3 v}{\partial t^2 \partial X} = C^2 \frac{\partial^3 \sigma}{\partial t \partial X^2} = \rho_0 C^4 \frac{\partial^3 v}{\partial X^3}$$

$$J_3 \equiv \rho_0 C \frac{\partial^3 v}{\partial t^3} = C \frac{\partial^3 \sigma}{\partial t^2 \partial X} = \rho_0 C^3 \frac{\partial^3 \sigma}{\partial t \partial X^2} = C^3 \frac{\partial^3 \sigma}{\partial X^3} \qquad (4-121)$$

把此式代入式(4-120)，注意到随边界微商运算为 $\dfrac{\mathrm{d}}{\mathrm{d}t} = \dfrac{\partial}{\partial t} + \bar{C} \dfrac{\partial}{\partial X}$，最后可得

$$K_3 + \gamma J_3 = 0 \quad (e,p)$$
$$J_3 + \gamma K_3 = 0 \quad (e,p) \qquad (4-122)$$

这些式子在边界的弹性侧和塑性侧都成立，所以一共有四个方程。汇总起来是一个关于四个未知量 $K_3^e, K_3^p, J_3^e, J_3^p$ 的齐次线性方程组，其非平凡解存在的必要和充分条件是系数的行列式为零，即

$$\begin{vmatrix} 1 & 0 & \gamma_e & 0 \\ 0 & 1 & 1 & \gamma_p \\ \gamma_e & 0 & 1 & 0 \\ 0 & \gamma_p & 0 & 1 \end{vmatrix} = (1 - \gamma_e^2)(1 - \gamma_p^2) = 0$$

由此得出边界传播速度 $\bar{C}$ 的 4 个可能的解：

当 $1 - \gamma_e^2 = 0$ 时，$\bar{C} = \pm C_e$

当 $1 - \gamma_p^2 = 0$ 时，$\bar{C} = \pm C_p$

这也就是说，如果存在三阶弱间断弹塑性边界，若不是与弹性特征线重合，就是与塑性特征线重合。为要在满足基本方程组(4-122)的同时，又满足跨过边界时波速间断的基本

假定式(4-101a),那么当边界与弹性特征线重合时必须有 $K_3^e = J_3^e$,而当边界与塑性特征线重合时必须有 $K_3^p = J_3^p$。反之,如果弹塑性边界既不与弹性特征线重合($\gamma_e \neq 1$),又不与塑性特征线重合($\gamma_p \neq 1$),那么系数行列式不等于零,基本方程组(4-122)就只有平凡解:

$$K_e^3 = K_3^p = J_e^3 = J_p^3 = 0$$

也即在边界上 σ 和 v 的全部三阶偏导数必同时为零,换言之,根本不存在不和特征线相重合的三阶弱间断边界。依此类推,更高阶的偏导数也不可能在非特征方向的弹塑性边界上发生间断。由此我们得到下面最重要的结论(虞吉林,王礼立,朱兆祥,1981;1982;1984)。

定理五:以应力应变曲线斜率 $\dfrac{\mathrm{d}\sigma}{\mathrm{d}\varepsilon}$ 发生间断为特征的弱间断弹塑性边界,除与特征线相重合的特殊情况外,必然是应力 σ 和质点速度 v 的一阶或二阶弱间断,而不可能是更高阶的弱间断。

应该指出,这一重要性质也是由弹塑性边界上波速间断这一基本奇性所决定的。因为如果存在高于二阶的弱间断边界,譬如说存在三阶弱间断边界,就要求二阶偏导数在边界上处处连续,即要求式(4-122)满足。如果把式(4-122)写成跨过边界的弹性侧和塑性侧间的间断值的形式:

$$\left[\frac{K_3}{J_3} + \gamma\right] = 0$$

$$\left[\frac{J_3}{K_3} + \gamma\right] = 0$$

就可以得到

$$[\gamma] = -\left[\frac{K_3}{J_3}\right] = -\left[\frac{J_3}{K_3}\right]$$

而注意到

$$\left[\frac{J_3}{K_3}\right] = \left[\frac{1}{\frac{K_3}{J_3}}\right] = \frac{\left[\dfrac{K_3}{J_3}\right]}{\left(\dfrac{K_3}{J_3}\right)^e \cdot \left(\dfrac{K_3}{J_3}\right)^p}$$

则要上式成立就必须

$$[\gamma] = -\left[\frac{K_3}{J_3}\right] = 0$$

但这是和边界上波速间断的基本假定(见式(4-101a))相矛盾的。换言之,在弹塑性边界上波速间断的基本前提下,式(4-122)各式就不能同时成立,因而在弹塑性边界上 σ 和 v 的二阶偏导数不能处处连续,即三阶弱间断边界不存在。既然 n 阶弱间断边界的存在以全部低于 n 阶的偏导数在边界上处处连续为前提,所以高于二阶的弱间断边界都不能存在,除非它和特征线相重合。

4.10.7 弹塑性边界上的高阶孤立点

弹塑性边界只能是 σ 和 v 的一阶或二阶弱间断这一性质,并不排除在边界上的个别

孤立点 M 处出现高阶偏导数的间断,即存在**孤立的 n 阶弱间断点**$(n \geq 2)$。因为 n 阶弱间断点的存在只要求边界弹性、塑性两侧的 σ 和 v 的直到 $(n-1)$ 阶偏导数在该点连续,而并不要求它们在整个边界上连续。例如在一阶间断边界上可以存在二阶或更高阶的弱间断孤立点,在二阶弱间断边界上可以存在三阶或更高阶的弱间断孤立点。

对于一阶弱间断边界,已知在边界上处处满足式(4-109),即

$$[K_1] = -\bar{C}\left[\frac{J_1}{C}\right], \quad \left[\frac{J_1}{C}\right] = -\bar{C}\left[\frac{K_1}{C^2}\right]$$

当然它们在边界上任一点 M 也应满足。如果就在这个 M 点上 $K_1^e = K_1^p$,记作 $[K_1]_M = 0$,而在边界其他点上不是这样,那么上式表明在 M 点上,也只在 M 点上,应有

$$[K_1]_M = \left[\frac{J_1}{C}\right]_M = \left[\frac{K_1}{C^2}\right]_M = 0$$

因而在 M 点上 σ 和 v 的所有一阶偏导数都连续,并且由于边界上波速间断这一基本奇性,$[C]_M \neq 0$,还表明必定有 $K_1^e(M) = K_1^p(M) = 0$。如果二阶偏导数在该点上间断,则 M 点就是一个二阶弱间断孤立点。

同样,对于二阶弱间断边界,已知在边界上所有一阶偏导数都处处连续,而且,又已知在边界上处处要满足式(4-117),即

$$\begin{cases} K_2 = -\bar{C}\dfrac{J_2}{C} & (e,p) \\ \left[\dfrac{J_2}{C}\right] = -\bar{C}\left[\dfrac{K_2}{C^2}\right] \end{cases}$$

当然它们在边界上任一点 M 也应满足。如果就在这个 M 点上 $K_2^e = K_2^p$,即 $[K_2]_M = 0$,而在边界其他点上不是这样,那么由上式可得在 M 点上,也只在 M 点上,应有

$$K_2^e = K_2^p, \quad \left(\frac{J_2}{C}\right)^e = \left(\frac{J_2}{C}\right)^p, \quad [K_2]_M = \left[\frac{K_2}{C^2}\right]_M = 0$$

并且由于边界上波速间断这一基本奇性,这时还应有

$$K_2^e(M) = K_2^p(M) = J_2^e(M) = J_2^p(M) = 0$$

因而在 M 点上 σ 和 v 的所有二阶偏导数都连续且都等于零。如果三阶偏导数在该点上间断,则 M 点就是一个三阶弱间断的孤立点。容易看到,一阶弱间断边界上的任一点 M,如果除了 $K_1^e(M) = K_1^p(M)$ 外,还有 $K_2^e(M) = K_2^p(M)$,而 $K_3^e(M), K_3^p(M)$ 不同时为零,则 M 点同样是一个 σ 和 v 的全部二阶偏导数都等于零的三阶孤立点。

同样的推理表明,n 阶弱间断点是存在的,并且由于边界上波速间断的基本奇性,具有如下的重要性质。

定理六:在弹塑性边界上可以存在 n 阶弱间断孤立点 $(n \geq 2)$,在该点上,也只有在该点上,σ 和 v 的所有直到 $(n-1)$ 阶的偏导数连续,并且除去 $\dfrac{\partial \sigma}{\partial X}$ 和 $\dfrac{\partial v}{\partial t}$ 外必同时为零。

根据对弹性、塑性两侧的一阶偏微分控制方程组(4-107a)的多次求导,可知对于 n 阶弱间断点 M,其弹性侧或塑性侧的 $(n+1)$ 个 n 阶偏导数中只有两个是独立的:

$$\left(C^i\frac{\partial^n\sigma}{\partial X^i\partial t^{n-i}}\right)_M = \begin{cases}\left(\frac{\partial^n\sigma}{\partial t^n}\right)_M \equiv K_n, & (i\text{ 为偶数})\\ \rho_0\left(C\frac{\partial^n v}{\partial t^n}\right)_M \equiv J_n, & (i\text{ 为奇数})\end{cases}$$

$$\left(C^i\frac{\partial^n v}{\partial X^i\partial t^{n-i}}\right)_M = \begin{cases}\left(\frac{\partial^n v}{\partial t^n}\right)_M \equiv \frac{J_n}{\rho_0 C}, & (i\text{ 为偶数})\\ \frac{1}{\rho_0}\left(\frac{1}{C}\frac{\partial^n\sigma}{\partial t^n}\right)_M \equiv \frac{K_n}{\rho_0 C}, & (i\text{ 为奇数})\end{cases} \quad (4-123)$$

$$(i = 0, 1, 2, \cdots, n)$$

n 阶孤立点的后继边界，按照定理五，只可能有两种情况，或者是一阶边界，或者是二阶边界，而不可能有其他情况。

对于后继边界是一阶弱间断边界的情况，既然在边界上处处有

$$[\sigma] = 0, [v] = 0$$

则对 $[\sigma]$ 和 $[v]$ 作任意 n 次随边界微商 $\left(\frac{d^n}{dt^n}\right)$ 显然也等于零。这当然在 n 阶弱间断孤立点 M 上也应成立，即有

$$\left(\frac{d^n[\sigma]}{dt^n}\right)_M = 0, \quad \left(\frac{d^n[v]}{dt^n}\right)_M = 0$$

考虑到 $\frac{d^n}{dt^n} = \left(\frac{\partial}{\partial t} + \overline{C}\frac{\partial}{\partial X}\right)^n$，用二项式定理展开以上两式，并计及孤立点 M 上的定理六，可得

$$\sum_{i=0}^{n} C_n^i \left[\frac{\partial^n\sigma}{\partial X^i\partial t^{n-i}}\right]_M \overline{C}_M^i = 0$$

$$\sum_{i=0}^{n} C_n^i \left[\frac{\partial^n v}{\partial X^i\partial t^{n-i}}\right]_M \overline{C}_M^i = 0 \quad (4-124)$$

式中：$C_n^i = n!/[(n-i)!(i!)]$ 为二项式系数。把式(4-123)代入，得出在 M 点上有

$$[C_n^0 K_n + C_n^1\gamma J_n + C_n^2\gamma^2 K_n + C_n^3\gamma^3 J_n + \cdots + 第 n^{\text{th}} 项] = 0$$

$$\left[\frac{1}{C}(C_n^0 J_n + C_n^1\gamma K_n + C_n^2\gamma^2 J_n + C_n^3\gamma^3 K_n + \cdots + 第 n^{\text{th}} 项)\right] = 0$$

引入偶数项系数 ϕ_n 和奇数项系数 ψ_n：

$$\phi_n = C_n^0 + C_n^2\gamma^2 + C_n^4\gamma^4 + \cdots = \frac{1}{2}\{(1+\gamma)^n + (1-\gamma)^n\}$$

$$\psi_n = C_n^1\gamma + C_n^3\gamma^3 + C_n^5\gamma^5 + \cdots = \frac{1}{2}\{(1+\gamma)^n + (1-\gamma)^n\} \quad (4-125)$$

就得到后继边界为一阶弱间断时 n 阶孤立点的基本方程为

$$[\phi_n K_n + \psi_n J_n] = 0$$

$$\left[\frac{1}{C}(\phi_n J_n + \psi_n K_n)\right] = 0 \quad (4-126)$$

注意到系数 ϕ 和 ψ 间存在着递推关系：

$$\phi_n = \phi_{n-1} + \gamma \psi_{n-1}, \psi_n = \psi_{n-1} + \gamma \phi_{n-1} \tag{4-127}$$

代入上面二式并加以合并就可得到

$$[(1-\gamma^2)(\phi_{n-1}K_n + \psi_{n-1}J_n)] = 0 \tag{4-128a}$$

即

$$\frac{\phi_{n-1}^p K_n^p + \psi_{n-1}^p J_n^p}{\phi_{n-1}^e K_n^e + \psi_{n-1}^e J_n^e} = \frac{1 - \dfrac{\overline{C}_M^2}{C_e^2}}{1 - \dfrac{\overline{C}_M^2}{C_p^2}} \tag{4-128b}$$

值得指出,式(4-126)和式(4-128b)其实也可以从一阶弱间断边界的基本关系式(4-109)

$$[K_1 + \gamma J_1] = 0, \left[\frac{1}{C}(J_1 + \gamma K_1)\right] = 0$$

和式(4-110b)

$$\frac{K_1^p}{K_1^e} = \frac{1 - \dfrac{\overline{C}^2}{C_e^2}}{1 - \dfrac{\overline{C}^2}{C_p^2}}$$

直接应用于 M 点得出。把 K_1 和 J_1 在 n 阶弱间断孤立点 M 的领域沿弹塑性边界展开 Taylor 级数到 σ 和 v 的 n 阶偏导数,并考虑到在孤立点 M 上的定理六,则有

$$K_1 = \frac{\partial \sigma}{\partial t} = \frac{1}{(n-1)!}\frac{d^{n-1}}{dt^{n-1}}\left(\frac{\partial \sigma}{\partial t}\right)_M (t-t_M)^{n-1} =$$

$$\frac{(t-t_M)^{n-1}}{(n-1)!} \sum_{i=0}^{n-1} C_{n-1}^i \left(\frac{\partial^n \sigma}{\partial X^i \partial t^{n-i}}\right)_M \overline{C}_M^i =$$

$$\frac{(t-t_M)^{n-1}}{(n-1)!}(C_{n-1}^0 K_n + C_{n-1}^1 \gamma J_n + C_{n-1}^2 \gamma^2 K_n + \cdots)_M =$$

$$\frac{(t-t_M)^{n-1}}{(n-1)!}(\phi_{n-1}K_n + \psi_{n-1}J_n)_M$$

同理有

$$J_1 = \rho C \left(\frac{\partial v}{\partial t}\right)_M = \frac{(t-t_M)^{n-1}}{(n-1)!}(\phi_{n-1}J_n + \psi_{n-1}K_n)_M$$

把它们代入式(4-109)和式(4-110a),并考虑到定理六和递推关系式(4-127),就可立即得出式(4-126)和式(4-128b)。其中得出式(4-128b)的过程实质上跟把 L'hopital 法则应用于 $\dfrac{K_1^p}{K_1^e} = \dfrac{0}{0}$ 一样。

式(4-126)和式(4-128a)中任意两个是独立的。两个方程中包含 $K_n^e, K_n^p, J_n^e, J_n^p, \overline{C}_M$ 五个量。如果其中的四个 n 阶偏导数中任知三个,从这两方程中消去余下的一个,就可得到解 $\overline{C}_M$ 的 $2n$ 次代数方程。例如消去 J_n^e 后可得到

$$\left\{\frac{C_e + C_p}{2}(1-\gamma_e)^n - \frac{C_e - C_p}{2}(1+\gamma_e)^n\right\}(1+\gamma_p)^n(K_n^p + J_n^p) +$$

$$\left\{\frac{C_e + C_p}{2}(1+\gamma_e)^n - \frac{C_e - C_p}{2}(1-\gamma_e)^n\right\}(1-\gamma_p)^n(K_n^p - J_n^p) - $$
$$2C_p(1-\gamma_e^2)^n K_n^e = 0 \qquad (4-129)$$

而消去 J^p 后可得

$$\left\{\frac{C_e + C_p}{2}(1-\gamma_p)^n - \frac{C_e - C_p}{2}(1+\gamma_p)^n\right\}(1+\gamma_e)^n(K_n^e + J_n^e) + $$
$$\left\{\frac{C_e + C_p}{2}(1+\gamma_p)^n - \frac{C_e - C_p}{2}(1-\gamma_p)^n\right\}(1-\gamma_e)^n(K_n^e - J_n^e) - \qquad (4-130)$$
$$2C_e(1-\gamma_p^2)^n K_n^p = 0$$

它们分别适用于当杆端边界条件(K_n^e 和 K_n^p)已知时,确定由已知塑性区(J_n^p 已知)卸载进入弹性区的卸载边界初始传播速度,以及确定由已知弹性区(J_n^e 已知)加载进入塑性区的加载边界初始传播速度。

当 M 点是二阶弱间断点($n=2$)而后继边界是一阶弱间断边界时,式(4-126)化为

$$[(1+\gamma^2)K_2 + 2\gamma J_2] = 0$$
$$\left[\frac{1}{C}\{(1+\gamma^2)J_2 + 2\gamma K_2\}\right] = 0 \qquad (4-131)$$

而式(4-128a)化为

$$[(1-\gamma^2)(K_2 + \gamma J_2)] = 0 \qquad (4-132)$$

上述三式中任意两个是独立的。T. C. T. Ting(1971)在讨论杆端为二阶弱间断点而后继边界为一阶弱间断边界时,曾以不同的形式首先得出其中的第一式和第三式。

这样,对于一阶弱间断边界,不论所讨论的 M 点为何阶弱间断点,总有两个独立的方程把弹塑性边界两侧 σ 和 v 的四个独立的 n 阶偏导数和边界传播速度相联系。一般情况下,只要已知此四个偏导数中的任意三个,就可解得 $\overline{C}_M$。在简单波区情况下,就化为 4.7 节中的结果,只要已知 K_n^e 和 K_n^p,就可解得 $\overline{C}_M$。

类似地,还可以讨论当 n 阶弱间断孤立点 M 的后继边界是二阶弱间断边界时的情况。既然按照定理二,这时在边界上处处有

$$\frac{\partial \sigma}{\partial t} = \frac{\partial v}{\partial X} = 0, \left[\frac{\partial \sigma}{\partial X}\right] = \left[\frac{\partial v}{\partial t}\right] = 0$$

则对它们作 $(n-1)$ 次的随边界微商 $\left(\dfrac{d^{n-1}}{dt^{n-1}}\right)$ 后显然也仍等于零,并且当然在 M 点上也成立,即有

$$\frac{d^{n-1}}{dt^{n-1}}\left(\frac{\partial \sigma}{\partial t}\right)_M = \frac{d^{n-1}}{dt^{n-1}}\left(\frac{\partial v}{\partial X}\right)_M = 0$$
$$\left[\frac{d^{n-1}}{dt^{n-1}}\left(\frac{\partial \sigma}{\partial X}\right)\right]_M = \left[\frac{d^{n-1}}{dt^{n-1}}\left(\frac{\partial v}{\partial t}\right)\right]_M = 0 \qquad (4-133)$$

展开后,计及孤立点 M 的定理六,并把式(4-123)和式(4-125)代入后,即可得后继边界为二阶弱间断时 n 阶孤立点的基本方程为

$$\phi_{n-1} K_n + \psi_{n-1} J_n = 0 \quad (e, p)$$

$$\left[\frac{1}{C}(\phi_{n-1}J_n + \psi_{n-1}K_n)\right] = 0 \qquad (4-134)$$

把 ϕ 和 ψ 的递推关系式(4-127)代入式(4-134),并加以合并,可得

$$[(1-\gamma^2)(\phi_{n-2}K_n + \psi_{n-2}J_n)] = 0 \qquad (4-135a)$$

或改写为

$$\frac{\phi_{n-2}^p K_n^p + \psi_{n-2}^p J_n^p}{\phi_{n-2}^e K_n^e + \psi_{n-2}^e J_n^e} = \frac{1 - \dfrac{\overline{C}_M^2}{C_e^2}}{1 - \dfrac{\overline{C}_M^2}{C_p^2}} \qquad (4-135b)$$

显然,式(4-134)和式(4-135a)总共 4 个方程中只有 3 个是独立的。

4.10.8 加载边界上的补充条件

以上所讨论的结果,不论对卸载边界还是加载边界都适用。但对加载边界还应补充屈服条件。应注意,在由弹性(包括弹性卸载)状态加载进入塑性状态时应力应变曲线斜率 $d\sigma/d\varepsilon$ 发生间断(式(4-101a))的情况下,由于**屈服应力下应力波波速的多值性**,塑性静力学中常用的 Mises 屈服准则或 Tresca 屈服准则等对于弹塑性波而言,只是屈服的必要条件而不是充分条件。例如在图 4-34 所示弹塑性简单波情况下,大家已熟知,这时先以弹性波速 C_e 传播一个应力幅 $\sigma = Y_0$ 的弹性前驱波,紧跟着的是以塑性波速 $C_p(Y_0)$ 传播的塑性波,而两者之间形成了一个 $\sigma = Y_0$ 的**弹性恒值区**,这里 Y_0 是材料的初始屈服限。这就说明不能简单地认定 $\sigma = Y_0$ 的区域都是满足屈服条件的塑性区。所以,严格说来,在屈服点处应力应变曲线斜率 $d\sigma/d\varepsilon$ 发生间断的条件下(见式(4-101a)),加载边界 $t = g(X)$ 上的屈服条件应表为

$$\sigma(X, g(X)) = \sigma_m(X),\text{且}\begin{cases} \dfrac{\partial|\sigma^p|}{\partial t} > 0 & \text{(一阶边界)} \\ \dfrac{\partial^2|\sigma^p|}{\partial t^2} > 0 & \text{(二阶边界)} \end{cases} \qquad (4-136)$$

对于初始屈服,$\sigma_m(X) = Y_0$,否则 $\sigma_m(X)$ 是指该质点 X 在塑性变形历史中曾达到的最大应力值。

由图 4-34 还可知,由于屈服应力下波速的多值性,杆端边界条件所给出的端点进入屈服前的应力率 $\dfrac{\partial \sigma}{\partial t}$ 值$\left(记作 \dfrac{\partial \sigma^b}{\partial t}\right)$,和进入屈服后的应力率 $\dfrac{\partial \sigma}{\partial t}$ 值$\left(记作 \dfrac{\partial \sigma^a}{\partial t}\right)$,是分别以不同的波速沿不同的特征线传播的。它们并不就等于**加载边界**在该点处的弹性侧的应力率 $\dfrac{\partial \sigma^e}{\partial t}$ 和塑性侧的应力率 $\dfrac{\partial \sigma^p}{\partial t}$,即不能直接把它们分别当作 $\dfrac{\partial \sigma^e}{\partial t}$ 和 $\dfrac{\partial \sigma^p}{\partial t}$ 代入边界传播速度公式(4-111)来计算 $\overline{C}_L$。在更为一般的情况之下,按加载边界传播速度所应满足的不等式(4-113),$\overline{C}_L$ 的变化范围有两种可能:$C_p \geqslant |\overline{C}_L| \geqslant 0$,或 $|\overline{C}_L| \geqslant C_e$。在第一种情况下,即如果 $|\overline{C}_L| \leqslant C_p$,则如图 4-35(a)所示,$\dfrac{\partial \sigma^b}{\partial t}$ 实际上是沿弹性特征线传播,而加载边界前

方弹性侧的 $\dfrac{\partial \sigma^{e}}{\partial t}$ 则是尚待确定的 m 区中的相应值 $\dfrac{\partial \sigma^{m}}{\partial t}$。在第二种情况下，即如果 $|\bar{C}_\mathrm{L}| \geqslant C_e$，则如图 4-35(b)所示，$\dfrac{\partial \sigma^a}{\partial t}$ 实际上是沿塑性特征线传播的，而加载边界后方塑性侧的 $\dfrac{\partial \sigma^{p}}{\partial t}$ 实际上是尚待确定的 m 区中的相应值 $\dfrac{\partial \sigma^{m}}{\partial t}$。这样，为确定 $\bar{C}_\mathrm{L}$，不论从物理方面还是从数学方面来说，仅凭式(4-109)是不够的，还必须补充考虑屈服条件。

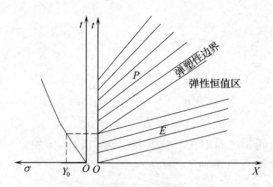

图 4-34 杆中弹塑性简单波情况下的弹塑性边界

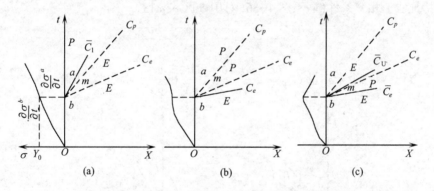

图 4-35 一阶弱间断弹塑性边界传播速度的多值性

这样，对于一阶弱间断加载边界，在边界上还应满足如下对式(4-136)微分后所得的一阶偏微分形式的屈服条件：

$$\frac{\mathrm{d}\sigma_m(X)}{\mathrm{d}X} = \frac{\partial \sigma}{\partial X} + \frac{1}{C}\frac{\partial \sigma}{\partial t} = \frac{1}{C}(\phi_1 K_1 + \psi_1 J_1) \qquad (4-137\mathrm{a})$$

即

$$\bar{C}_\mathrm{L} = \frac{\dfrac{\partial \sigma}{\partial t}}{\dfrac{\mathrm{d}\sigma_m}{\mathrm{d}X} - \dfrac{\partial \sigma}{\partial X}} \qquad (4-137\mathrm{b})$$

上式连同式(4-109)中两个方程，再加上沿弹性特征线或塑性特征线的相容条件：

$$\frac{\partial \sigma^m}{\partial t} - \frac{\partial \sigma^i}{\partial t} = -C_i \left(\frac{\partial \sigma^m}{\partial X} - \frac{\partial \sigma^i}{\partial X} \right) \tag{4-138}$$

总共四个方程,解四个未知量 $\overline{C}_L, \dfrac{\partial \sigma^m}{\partial t}, \dfrac{\partial \sigma^m}{\partial X}$ 和 $\dfrac{\partial \sigma^a}{\partial X}$,因而问题可解。式(4-138)中的上标 i 视具体情况,即根据是图4-35(a)的情况还是图4-35(b)的情况,而分别按上标 a 或下标 b 来处理,C_i 则相应地取为 C_e 或 C_p。

对于二阶弱间断加载边界(图4-36),类似地,显然还应补充考虑如下的二阶偏导数形式的屈服条件:

$$\frac{d^2 \sigma_m}{dX^2} = \frac{1}{\overline{C}_L^2} (\phi_2 K_2 + \psi_2 J_2) = \left(\frac{1}{C^2} + \frac{1}{\overline{C}_L^2} \right) \frac{\partial^2 \sigma}{\partial t^2} + \frac{2}{\overline{C}_L} \frac{\partial^2 \sigma}{\partial X \partial t} \tag{4-139a}$$

或计及式(4-119b)后可写成

$$\frac{d^2 \sigma_m}{dX^2} = \left(\frac{1}{C^2} - \frac{1}{\overline{C}_L^2} \right) \frac{\partial^2 \sigma}{\partial t^2} \tag{4-139b}$$

这样,上式连同二阶弱间断边界的三个基本方程(4-117),再加上与式(4-138)类似的弹性特征线上相容条件(联系图4-36(a)中 b 区和 r 区)

$$\frac{\partial \sigma^r}{\partial t} - \frac{\partial \sigma^b}{\partial t} = -C_e \left(\frac{\partial \sigma^r}{\partial X} - \frac{\partial \sigma^b}{\partial X} \right)$$

和塑性特征线上相容条件(联系图4-36(a)中 S 区和 a 区)

$$\frac{\partial \sigma^a}{\partial t} - \frac{\partial \sigma^s}{\partial t} = -C_p \left(\frac{\partial \sigma^a}{\partial X} - \frac{\partial \sigma^s}{\partial X} \right)$$

总共六个方程,解六个未知量 $\overline{C}_L, \dfrac{\partial \sigma^r}{\partial t}, \dfrac{\partial \sigma^r}{\partial X}, \dfrac{\partial \sigma^s}{\partial t}, \dfrac{\partial \sigma^s}{\partial X}$ 和 $\dfrac{\partial \sigma^a}{\partial X}$,问题也就可解。

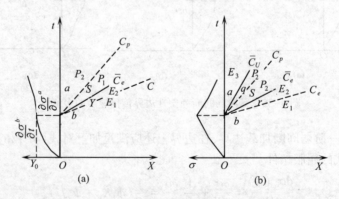

图4-36 二阶弱间断弹塑性边界传播速度的多值性

如果所考察点 M 是 n 阶弱间断点($n \geq 2$),则由对式(4-136)微分后可知在 M 点还应满足:

$$\frac{d^n \sigma_m}{dX^n} = -\frac{1}{\overline{C}_L^n} (\phi_n K_n + \psi_n J_n) \tag{4-140}$$

而与后继边界是一阶弱间断还是二阶弱间断无关;此处已假定

$$\left(\frac{\mathrm{d}^i \sigma_\mathrm{m}}{\mathrm{d} X^i}\right)_M = 0, i = 2, 3, \cdots, (n-1)$$

否则将有 $\overline{C}_M = 0$。

由以上的讨论还可以看到,对于一阶弱间断加载边界,在 $\overline{C}_\mathrm{L} \geq C_e$ 的情况下,既然 $\dfrac{\mathrm{d}\sigma_\mathrm{m}}{\mathrm{d}X}$ 及弹性区的 $\dfrac{\mathrm{d}\sigma^b}{\mathrm{d}t}, \dfrac{\mathrm{d}\sigma^b}{\mathrm{d}X}$ 均为已知,从式(4-137a)立即就可确定加载边界传播速度 $\overline{C}_\mathrm{L}$,而与 $\dfrac{\mathrm{d}\sigma^a}{\mathrm{d}t}$ 无关。实际上,甚至还允许 $\dfrac{\mathrm{d}\sigma^a}{\mathrm{d}t}<0$(卸载),从而同时还在这一加载边界后方的塑性区中形成了一条卸载边界,如图 4-35(c)所示。

对于二阶弱间断边界,也可出现类似情况,如图 4-36(b)所示。这样,在所考察点可以有不止一条弹塑性边界通过,即弹塑性边界传播速度 $\overline{C}$ 在该点是多值的,称之为**边界的分支点**,这是**对弹塑性边界本身而言的奇点**(虞吉林 等,1984)。这一情况之所以出现,从上述讨论过程可知,它是和弹塑性边界的基本奇性 $[C] \neq 0$ 分不开的。

不论是否出现弹塑性边界的分支点,本节所述的结果足以确定各种可能情况下的弹塑性边界传播速度。全部基本关系式汇总在表 4-3 中。对于弹塑性波传播中弹塑性边界的奇异性有兴趣作进一步研究的读者,可参阅有关文献,如王礼立 等(1983),虞吉林 等(1981;1982;1984)和 T. C. T. Ting(1990)。

表 4-3 弹塑性边界传播速度基本关系式汇总

后继边界	点		
	一阶弱间断点	二阶弱间断点	n 阶弱间断点
一阶弱间断边界	$[K_1 + \gamma J_1] = 0$ $\left[\dfrac{1}{C}(J_1 + \gamma K_1)\right] = 0$ $[(1-\gamma^2)K_1] = 0$ (Karman et al,1942)	$[(1+\gamma^2)K_2 + 2\gamma J_2] = 0$ $\left[\dfrac{1}{C}\{(1+\gamma^2)J_2 + 2\gamma K_2\}\right] = 0$ $[(1-\gamma^2)(K_2 + \gamma J_2)] = 0$ Ting(1971)	$[\phi_n K_n + \psi_n J_n] = 0$ $\left[\dfrac{1}{C}(\phi_n J_n + \psi_n K_n)\right] = 0$ $[(1-\gamma^2)(\phi_{n-1} K_n + \psi_{n-1} J_n)] = 0$
二阶弱间断边界		$K_2 + \gamma J_2 = 0$ $\left[\dfrac{1}{C}(J_2 + \gamma K_2)\right] = 0$ $[(1-\gamma^2)K_2] = 0$ (Clifton et al,1968)	$\phi_{n-1} K_n + \psi_{n-1} J_n = 0$ $\left[\dfrac{1}{C}(\phi_{n-1} J_n + \psi_{n-1} K_n)\right] = 0$ $[(1-\gamma^2)(\phi_{n-2} K_n + \psi_{n-2} J_n)] = 0$
加载边界的补充方程	$\dfrac{\mathrm{d}\sigma_\mathrm{m}}{\mathrm{d}X} = \dfrac{1}{C}(K_1 + \gamma J_1)$	$\dfrac{\mathrm{d}^2\sigma_\mathrm{m}}{\mathrm{d}X^2} = \dfrac{1}{C^2}\{(1+\gamma^2)K_2 + 2\gamma J_2\}$	$\dfrac{\mathrm{d}^n\sigma_\mathrm{m}}{\mathrm{d}X^n} = \dfrac{1}{C^n}\{\phi_n K_n + \psi_n J_n\}$

4.10.9 推广到相变应力波的研究

上述涉及波速奇性的不定边界问题,其根源在于材料应力应变曲线的斜率发生了间断。这类问题不仅发生在弹塑性材料的加载—卸载过程中,也同样发生在相变材料加载—卸载过程中由相变和逆相变引起的相应问题中。两者在数学描述上相似,因此以上讨论的原理和方法可以推广到处理**相变应力波**(phase transformation stress waves)传播问题。

物质视外界条件变化具有不同的聚集态,具有相同化学成分和结构的部分被称为**相**(phase),在一定温度和压力下,会产生物相转变,如固—液—气三态变化,这就是所谓**相变**(phase transformation/phase transition)。相变是自然界中普遍存在的一种临界现象。相变能引起材料的力、电、磁、声、光等一系列物理—力学性质的显著变化,是一个多物理场的耦合问题。从力学的角度出发,我们主要考虑的相变现象是指外部载荷条件变化下、特别是外力与温度变化作用下材料内部结构发生改变,从而造成其力学性质发生改变的现象。

从应力波研究角度出发,我们主要关注爆炸/冲击载荷下固体相变材料及结构的动态响应问题。与准静态下的相变接近于热力学等温过程相区别,爆炸/冲击载荷下的相变则接近于热力学绝热过程。这样,爆炸/冲击载荷不仅以高强动载荷(高压)为特征,还伴随着冲击突跃相变过程中的相变潜热和不可逆熵增所造成的温度急剧变化,导致高压+高温特殊条件下的**冲击相变**。

这种由冲击波引发的相变,可追溯到1941年H. Schardin(1941)的研究。1956年Bancroft等(1956)首次在冲击波实验中发现铁在13GPa压力处因冲击相变而引起的异常现象,归于由 α 相(体心立方晶体)向 ε 相(密排六方晶体)的转变。随后有众多研究者展开了一系列有关冲击相变的研究(Duvall et al,1977)。

铁的冲击相变可用图4-37来说明[1],图中 B 点对应于 $\alpha \to \varepsilon$ 相变点。如果爆炸/冲击载荷的压力对应于 C 点(高于13GPa但低于图中 D 点压力),由于在 B 点处曲线斜率发生间断(意味着波速发生间断),并且Rayleigh弦 BC 之斜率小于Rayleigh弦 AB 之斜率,于是与弹塑性双波结构类似,将形成两个冲击波:第一个传播较快、其波速由Rayleigh弦 AB 之斜率决定,后随的一个传播较慢、其波速由Rayleigh弦 BC 之斜率决定。如果爆炸/冲击载荷的压力对应于图中 D 点或超过 D 点,由于Rayleigh弦 BD 之斜率等于Rayleigh弦 AB 之斜率,又回到单波结构。

Barker和Hollenbach(1974)通过对铁试样的平板冲击试验观察到,在试样自由表面的实测波形显示为三波结构,如图4-38所示。图中 E 表征弹性前驱波波阵面,P_1 表征塑性波波阵面,P_2 表征由于材料相变产生的相变波波阵面。

以上讨论的是相变材料在加载过程所呈现的相变波,而一旦涉及卸载过程,由于卸载时相的逆转变会产生**卸载冲击波**(unloading shock),或称为**稀疏冲击波**(rarefaction shock),使问题变得更为复杂。

图4-39给出铁的加载—卸载 $P-V/V_0$ 图(Barker et al,1974)及相应的加载—卸载波形。当冲击加载到 C 点后卸载时,最先传播的是波速依次减慢的连续卸载波(稀疏波)R_1,直到点 E。在 E 点(压力9.8GPa)发生 $\varepsilon \to \alpha$ 逆相变,曲线斜率发生间断,从而形成相变卸载冲击波 R_2。最后是波速依次减慢的弹性连续卸载波(稀疏波)R_3。由于出现逆相变,卸载波也是三波结构。

如3.9节所述,当入射相变卸载冲击波在传播过程中与反射卸载冲击波相互作用时,

---

[1] 图4-37以 P(压力)对 V/V_0(相对体积)坐标作图,这适用于当固体在高压下可忽略畸变强度、因而按流体动力学模型来处理的简化情况。这时,$P-V/V_0$ 图相当于体积变形的应力应变图(容变律)。详见本书后述7.7节**高压下固体中的冲击波**。

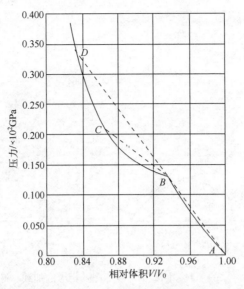

图 4-37　铁在 13GPa 压力处发生由 $\alpha \to \varepsilon$ 相变的 P—V/V_0 示意图

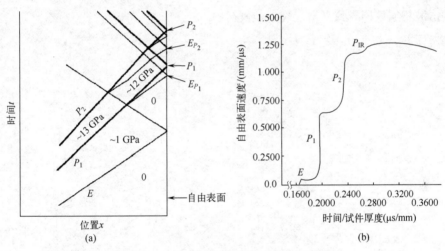

图 4-38　铁的平板冲击试验显示三波结构
(a) 试样中波传播时程图；(b) 实测波形。

将产生拉应力，当拉应力高得足以满足层裂准则时，将产生层裂破坏。

Ivanov 等(1961)和 Erkman(1961)指出，对于钢如果加载幅值超过 13GPa，当入射压力脉冲波尾的**相变卸载冲击波**与来自自由表面的**反射卸载冲击波**相互作用时，由于强间断相变卸载冲击波波阵面的陡峭性，将在很窄的区域里形成幅值突然升高的拉应力区，导致具有平滑层裂断口的所谓的**平滑层裂**，Erkman(1961)用特征线数值模拟算出相关的波的传播时程图，如图 4-40 所示(忽略弹性前驱波)。由图可见，入射波系中首先传播的是波速较快的第一冲击波(first shock)，即塑性冲击波，随后是波速较慢的第二冲击波(second shock)，此即加载相变冲击波，继后有波速更慢的逆相变卸载冲击波(图中左边带下划实线的稀疏激波)；另一方面，第一冲击波在自由表面反射后，先反射以扇面形传播的稀疏波系，随后形成反射卸载冲击波(图中右边带下划虚线的稀疏激波)，两个逆相变

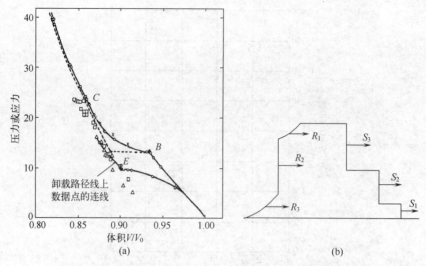

图 4-39 铁的加载—卸载 P—V/V_0 图及相应的加载—卸载波形
(a) 铁的加载—卸载 P—V/V_0 图;(b) 对应的加载—卸载波形。

卸载冲击波相遇处即导致平滑层裂的位置(图中 S 点)。

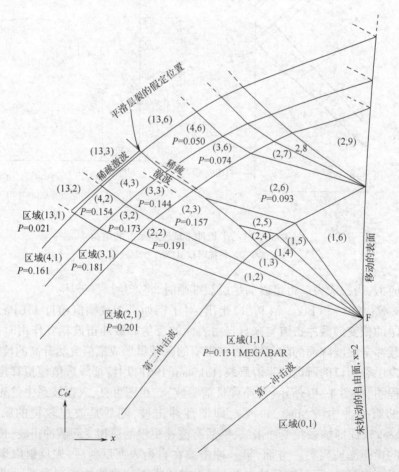

图 4-40 入射 $\varepsilon \rightarrow \alpha$ 逆相变引起的卸载冲击波与反射卸载冲击波相互作用而导致层裂

作为对比,图4-41和图4-42分别给出4340钢在15GPa压力(有相变)和10GPa压力(无相变)下试样剖面的显微照片(Zurek et al,1992),前者显示平滑层裂(smooth spall),而后者显示粗糙层裂(rough spall)。由此可见相变波对动态破坏的重要影响。

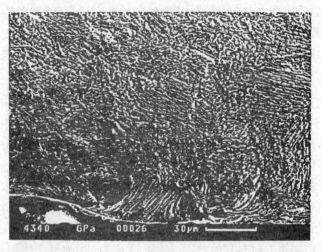

图4-41 4340钢在入射波压力15GPa(有相变)时发生平滑层裂,其剖面经浸蚀的显微照片

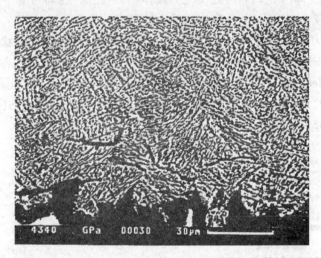

图4-42 4340钢在入射波压力10GPa(无相变)时发生粗糙层裂,其剖面经浸蚀的显微照片

以上的讨论采用$P—V/V_0$图(球量容变律形式)来描述固体在高压作用下的相变,忽略了剪切应力应变关系(偏量畸变律)的影响。研究表明(郭扬波 等,2004)两者对相变都分别有影响。下面以钛镍(TiNi)形状记忆合金(shape memory alloy,SMA)为代表,进一步讨论以形状变形(畸变)为主的相变及相变波。

从微观晶体点阵结构看,TiNi形状记忆合金主要有两个相:高温**奥氏体(A)相**和低温**马氏体(M)相**,分别具有B2体心立方结构和B19单斜结构。马氏体还有**孪晶马氏体**和**去孪晶马氏体**两种形态,从宏观上也可视为两个不同的相。图4-43(a)给出三者的相结构示意图。图中可见,当奥氏体转变为孪晶马氏体时(一般由温度诱发),相变产生的剪切变形相互抵消,与相变前相比,形状基本不变。对于应力诱发下发生的相变,无论初始是奥氏体还是孪晶马氏体,相结构都会沿着应力方向整齐排列,转变为去孪晶马氏体,可以看到形状发生了显著变化。

图4-43(b)给出应力—温度空间中的相图和相应的转变途径。设以特征温度M_s和M_f表征零应力下奥氏体降温时向马氏体转变的起始和完成温度,而以特征温度A_s和A_f表征马氏体升温向奥氏体转变的起始和完成温度。由于TiNi合金的相变过程同时依赖于应力和温度,因此这四个特征温度均随应力而变,如图4-43(b)所示,该图给出了奥氏体$\rightleftarrows$马氏体相变的应力—温度(σ—T)相图(Ma et al,2010)。为方便起见,图中各特征温度的σ—T曲线以直线表示,实际上不一定是直线,形状也不一定相同。显然,低于M_f曲线温度的低温区属于马氏体相区,高于A_f曲线温度的高温区属于奥氏体相区。M_f~A_f之间比较复杂,它可以是两相混合区,但也可能M_f~A_s段处于纯马氏体相,M_s~A_f段处于纯奥氏体相,它取决于热处理过程。譬如应力为零的情况下,当纯奥氏体降温时,只要不低于M_s,仍保持纯奥氏体相;对于纯马氏体,只要不高于A_s,则保持纯马氏体。奥氏体如果温度降至M_s~M_f之间,或者马氏体增加温度至A_s~A_f之间,都将发生部分相变,使之处于混合相。对于混合相,只要温度不高于A_f或低于M_f,则仍保持混合相,当然相成分含量不同。一般而言,我们采用的材料初始状态(室温、零应力)为纯奥氏体相或纯马氏体相,通过适当热处理,当$T>M_s$时,材料可处于纯奥氏体相,$T<A_s$时,材料可处于纯马氏体相。由于热处理时相变仅由温度引起,所产生的马氏体是孪晶马氏体。

在加卸载应力的作用下,TiNi合金将呈现两种不同特征效应:**形状记忆效应**(shape memory effect,SME)和**伪弹性/拟弹性效应**(pseudoelastic effect,PE),后者也称为**超弹性效应**(superelastic effect,SE)。下面分别通过示意图4-43(b)、图4-44和图4-45来加以说明(Ma et al,2010),其中图4-43(b)给出σ—T空间中的某一温度下的应力加卸载路径,图4-44和图4-45给出相应的σ—ε图。

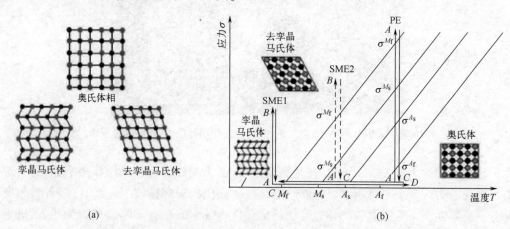

图4-43 TiNi形状记忆合金相变特征温度的应力—温度相图
(a) TiNi合金相结构示意图;(b)应力—温度空间中的SME及PE效应路径示意图。

1. 形状记忆效应

模式1(SME1),TiNi合金的初始状态为孪晶马氏体相,初始温度低于A_s,如图4-43(b)中的SME1和图4-44中的状态A点所示。在应力加载过程中,经历初始弹性变形(图4-44

中的初始线性段)后,由于应力引发马氏体**重取向**和**去孪晶**过程,进入去孪晶马氏体相(B 点)。从 B 点弹性卸载到应力为零时(对应于图 4-43(b)和图 4-44 中的状态点 C),材料保持为去孪晶马氏体,保留不可逆残余应变。此后经升温到超过 A_f(对应于图 4-43(b)和图 4-44 中的状态点 D),足以使热弹性马氏体相向奥氏体相发生完全的相变。由于热弹性马氏体相变的可逆性,残余变形消失,使合金恢复到加载前的形状,称为"形状记忆效应"。当奥氏体相冷却到 M_f 温度以下,又重新相变恢复到初始的孪晶马氏体相,对应于图 4-43(b)和图 4-44 中的状态点 A。

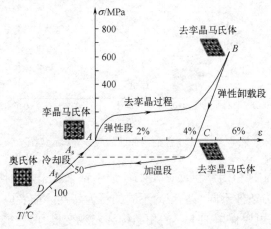

图 4-44 TiNi 合金形状记忆效应的 σ—ε—T 示意图

模式 2(SME2),TiNi 合金的初始状态为奥氏体相,初始温度介于 M_s 和 A_s 之间,其应力加载路径如图 4-43(b)中的 SME2 所示,加载时发生不可逆热弹性马氏体相变,进入去孪晶马氏体相,卸载至应力为零时,保持去孪晶马氏体相并有残余应变,该残余应变可以通过加热至 A_f 温度以上,发生完全的去孪晶马氏体至奥氏体逆相变消除,再冷却到初始温度,回复初始奥氏体状态。σ—ε—T 空间中的 σ—ε 和 ε—T 路径同样可以参见图 4-44,须说明的是,虽然模式 1 和 2 的转变机制不同,但是均为从宏观无剪切变形状态转变为剪切应变状态(去孪晶马氏体),其应力应变曲线也比较接近,因此图 4-44 也可以定性说明模式 2 的形状研究特性,只要把图中的初始结构图换成奥氏体,去孪晶过程换成马氏体转变过程,冷却段保持奥氏体相即可。

2. 伪弹性效应

参见图 4-43(b)中的 PE 路径线和图 4-45 的 σ—ε 曲线,图 4-43(b)中的 PE 路径线上的 $\sigma^{M_s}, \sigma^{M_f}, \sigma^{A_s}, \sigma^{A_f}$ 分别表示加载时的奥氏体至马氏体转变的起始应力和完成应力,卸载时马氏体至奥氏体的逆相变起始应力和完成应力。当 TiNi 合金在高于 A_f 特征温度下加载变形时,其初始状态处于奥氏体相,对应于图中的状态点 A。经历初始弹性变形(图中 σ^{M_s} 以下)后,由于加载引发马氏体相变的开始阈值点 σ^{M_s} 直到完全转变为去孪晶态马氏体的阈值点 σ^{M_f},终态对应于图中的状态点 B。在应力诱导的 A→M 相变过程中,在 σ—ε 图上表观上会产生类似塑性变形的非线性形变。从 B 点卸载时,经历马氏体相弹性卸载至奥氏体相变起始点 σ^{A_s},产生 M→A 的逆相变,到 σ^{A_f} 点完全逆变为奥氏体,沿奥氏体弹性卸载到零,回到 A 点,而与此同时表观非弹性变形也全部回复,因而称为"伪弹性/拟弹性"或"超弹性"。

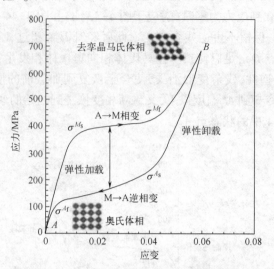

图 4-45 TiNi 合金伪弹性效应 σ—ε 示意图

形状记忆效应(SME)和伪弹性效应(PE)实质上都来源于热弹性马氏体相变,是同一物理机制视温度或应力条件不同而呈现的不同的行为特性。前者应力加卸载过程呈现的是不可逆相变行为,它可以保留加工后的相结构和宏观变形,但它能"记住初始形状",通过改变温度,使之产生相应的温度诱发的相变,从而消除残余变形,恢复初始状态和形状。后者应力加卸载过程呈现的是应力诱发的可逆相变行为,没有残余应变,σ—ε 曲线呈大应变非线性弹性,并有滞回,在抗冲吸能方面有重要应用。

在图 4-44 和图 4-45 讨论中尚未涉及材料的塑性变形,这时的相变波一般表现为双波结构,即弹性前驱波和相变波。但在一定条件下,TiNi 合金的总变形可包含不可逆塑性变形。这时的相变波将表现为三波结构,即弹性前驱波、相变波和塑性波。图 4-46 在 σ—T 相图上给出形状记忆效应、伪弹性/拟弹性效应和塑性变形的相互关系(杨杰 等,1993)。图中除四个特征温度曲线外,还给出了滑移变形临界应力曲线(即塑性屈服应力的 σ—T 线,以下简称 Y 线)。塑性变形难易程度,受到晶体结构、晶粒大小和热处理等多因素影响,图中以实 Y 线(A)和虚 Y 线(B)分别表示不易塑性变形和容易塑性变形的情况。

由此可知,不同温度下相变引发的变形和塑性变形孰先孰后、孰多孰少,将取决于相变特征温度线和 Y 线的相对位置,体现了这两种机制的竞争过程。以 $T>A_f$ 温度下的伪弹性变形情况为例,材料处于初始单相奥氏体状态。这时,伪弹性变形和塑性变形孰先孰后、孰多孰少,将取决于马氏体相变开始特征温度线 $M_s M_s'$ 和 Y 线的相对位置。如果滑移变形临界应力很低,如图中虚 Y 线(B)所示,那么在应力作用下首先将发生塑性滑移,随后才产生伪弹性变形。反之,如果滑移变形的临界应力较高,如图中实 Y 线(A)所示,则塑性滑移变形不易产生,就先产生相变伪弹性效应;但随着应力进一步增加,一旦超过实 Y 线(A),又将产生塑性滑移变形。值得注意,随着温度升高,实 Y 线(A)与 $M_s M_s'$ 线之间的差值愈来愈小,表示总变形中的塑性滑移变形之比重会愈来愈大,而伪弹性变形的比重则会愈来愈小,实验研究证实了这一点(朱珏 等,2005)。

第四章 弹塑性波的相互作用

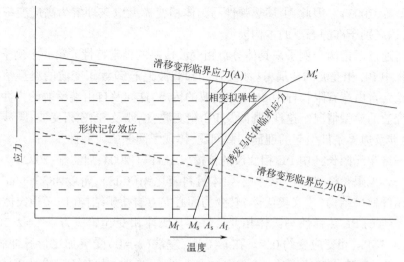

图 4-46 形状记忆效应、相变超弹性效应和塑性变形相互关系示意图

为便于相变应力波的分析研究，一般采用能够保持相变特征情况下的简化本构模型，例如图 4-47 所示的分段线性模型（唐志平，2022）。

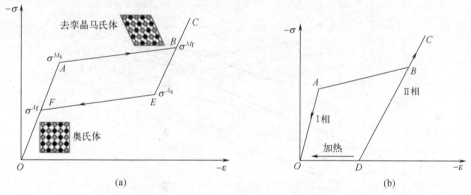

图 4-47 TiNi 合金一维应力应变关系示意图
(a) 伪弹性加载—卸载过程(PE)；(b) 形状记忆加载—卸载过程(SME)。

其中图(a)刻画伪弹性效应(PE)的加载—卸载过程：线段 OA 表示奥氏体相的弹性变形，AB 表示奥氏体相向马氏体相的转变，直到 B 点完全转变为去孪晶态马氏体。卸载时经历马氏体相的弹性卸载(CE)和 M→A 逆相变(EF)，恢复到奥氏体相，再经弹性卸载段 FO 回到原点。

图(b)刻画形状记忆效应(SME)的加载—卸载过程：线段 OA 表示孪晶态马氏体相的弹性变形，AB 表示孪晶态马氏体相向去孪晶态马氏体相的转变，直到 B 点完全转变为去孪晶态马氏体。卸载时沿 CD 段直接卸载到应力为零，存在残余应变(DO)。通过加热到 $T>A_f$，才会逆相变为奥氏体相，消除残余应变，回复原有状态。一般而言，去孪晶态马氏体相的弹性模量(CD 线段斜率)略低于奥氏体相的弹性模量(OA 线段斜率)。

实验研究表明，TiNi 合金的形状记忆效应对冲击高应变率是敏感的（施绍裘 等，2001；郭扬波 等，2003），其伪弹性效应也同样是对冲击高应变率敏感的（郭扬波 等，

2003;朱珏 等,2003)。因此,上述热弹性马氏体相变模型应该理解为高应变率下的动态本构模型,以区别于准静态下的本构模型。

下面将通过讨论两个例子来具体分析相变波传播的异常特性。第一个例子讨论一维半无限长杆中 PE 相变波的传播,这涉及弹性卸载波**追赶卸载**相变波的典型情况。第二个例子讨论含自由端有限长杆中 SME 相变波的传播,这涉及自由端反射的弹性卸载波**迎面卸载**相变波的典型情况。这样,既涉及 PE 相变波,也涉及 SME 相变波;既涉及追赶卸载问题,也涉及边界条件引起的迎面卸载问题,体现了问题的典型性。

(1) **一维半无限长杆中 PE 相变波的传播**(Dai et al,2004;唐志平,2022)。

考察一半无限长杆,材料为一种半导体材料硫化镉(CdS),密度 4830kg/m³。它在冲击下从六角纤锌矿结构(广义奥氏体)转变为面心立方岩盐矿结构(广义马氏体相),呈现类似 TiNi 合金的 PE 热弹性马氏体相变特性。马氏体相变起始应力 σ^{M_s} = 2.3GPa,完成应力 σ^{M_f} = 3.3GPa,相变应变约 0.2。在 $t=0$ 时,左端($X=0$)受突加矩形脉冲载荷,持续时间为 $\tau(=5\mu s)$,应力幅值 $\sigma^*(=4.0GPa)$ 大于图 4-47(a)中表征完成马氏体相变的 B 点的应力 σ^{M_f}。按本章原理和方法分析计算得到的加、卸载相变波产生、发展、消失的整个过程,示于图 4-48。

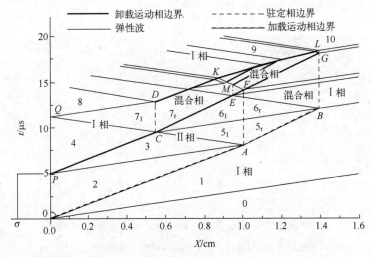

图 4-48 热弹性相变材料硫化镉(CdS)一维半无限长杆中相变波传播示意图

由图可见,在加载瞬间($t=0$),左端($X=0$)同时产生波速较快的右行弹性前驱波 0-1 和右行相变加载波(运动相边界)OA,跨过相变波波阵面材料发生相变突跃,由奥氏体相(图中Ⅰ相)转变为马氏体相(图中Ⅱ相)。$t=\tau$ 时刻,又同时产生波速较快的右行弹性卸载波 PA 和右行逆相变卸载波 PC。

首先,由于右行弹性卸载波 PA 的追赶卸载,在 A 点与相变加载波 OA 相遇,相互作用后产生一个左行反射弹性波 AC 和一个强度减弱因而波速变慢的右行相变加载波 AB,在 A 点则形成一个驻定应变间断面(图中以点线表示);但注意它同时又是驻定相变间断面,左侧 5_l 区为马氏体相(Ⅱ相),右侧 5_r 区为混合相。另外,A 点处左行反射弹性加载波 AC 与右行相变卸载波 PC 迎面相遇后,导致一个左行反射弹性波 CQ 和一个强度减弱而波速变慢的右行相变卸载波 CE,并在 C 点再次形成一个驻定应变/相变间断面,其左侧 7_l 区为奥氏体相（Ⅰ相），右侧7_r区为混合相。依此类推，相变波最后在B、G、L点消失，相互作用后的波系最后都削弱为弹性波传播。

本例中先后在A点、B点、C点和E点共4处形成驻定应变/相变间断面。值得注意的是，驻定应变/相变间断面会引发一些反常现象，例如，从左边界Q点反射的弹性波与D点的驻定间断面相互作用时，引发了一个新的相变卸载波DKL，从而在杆中同时有两条相变卸载波传播。又如，在F点和M点可以看到，相变卸载波与驻定间断面相互作用后，可产生一对正反向传播的相变波，有时把这称之为相边界的**分叉现象**（Dai et al,2004）。仔细观察相变卸载波DKL会发现其斜率越来越偏向X轴，但是其幅值沿DKL是不断衰减的，这就呈现出卸载相变波特有的波幅下降波速却增高的反常现象。

把本例与本书4.4.1节"线性硬化杆中强间断波的突然卸载"中的图4-5相比较可见，相变波的传播使问题远为复杂。在同样的突加矩形脉冲载荷条件下，线弹性—线性硬化塑性杆中的卸载过程简单得多，最后杆端留下一小段塑性残余变形。而对于伪弹性相变材料杆，各类应力波的相互作用复杂得多，最后杆端并没有留下残余变形，虽然经历过以多个驻定应变/相变间断面为界形成了不同的相组织。

（2）**一维含自由端有限长杆中SME相变波的传播**（徐薇薇 等，2006）。

考察一有限长杆，杆长为L，右端为自由端，材料为具有形状记忆效应的孪晶马氏体TiNi合金。在$t=0$时，左端（$X=0$）受突加矩形脉冲载荷，持续时间为t_0，加载应力幅值σ^*大于完成去孪晶马氏体相变所需的应力σ^{M_f}。波系的产生及其相互作用的整个过程示于图4-49，图中纵坐标$\tau=tC_e/L$以及横坐标X/L为无量纲时间和空间坐标，其中L/C_e是弹性波从加载端至自由端的传播时间。图中弹性加载波以细实线表示、弹性卸载波以虚线表示，不可逆相变加载波以粗实线表示。

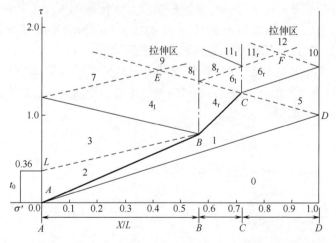

图4-49 孪晶马氏体TiNi合金一维含自由端有限长杆中相变波传播示意图

由图可见，在加载瞬间（$t=0$），左端（$X/L=0$）同时产生波速较快的右行弹性加载波AD和右行相变加载波AB，跨过相变波波阵面材料发生相变突跃，由初始的孪晶马氏体转变为去孪晶马氏体。$t=t_0$时刻，左端又产生波速较快的右行弹性卸载波LB，追赶右行相变加载波AB。设两者早于自由端反射波在B点相遇，相互作用后产生一个左行反射弹性波和一个强度减弱因而波速变慢的右行相变加载波BC；从而在B点形成驻定应变/相变间断面(以点划线表示),边界左侧 4_l 区为去孪晶马氏体,而右侧 4_r 区为混合相。此后,由自由面反射的弹性卸载波 DC 与减弱后的相变波 BC 在 C 点发生迎面卸载,相互作用后产生一个左行弹性卸载波和一个右行弹性加载波,相变波消失;C 点是又一个驻定应变/相变间断面,边界左侧 6_l 区为混合相,边界右侧 6_r 区为初始的孪晶马氏体相。其后,在弹性卸载波的相互作用下,在 E 点和 F 点先后形成拉应力区(9 区和 12 区),如果拉应力满足层裂准则,将会发生层裂断裂。图中 X/L 轴上的 AB 段为去孪晶马氏体相(Ⅱ相),BC 段为混合相,CD 段未发生相变,为初始的孪晶马氏体相(Ⅰ相),整个杆成为一个相结构不连续体。

受这一现象的启发,发现对于不可逆相变杆在突加载荷并连续卸载的应力边界条件下,有可能形成沿轴向具有梯度分布相结构的杆件,从而提出了利用冲击相边界的传播制备梯度材料的设想(戴翔宇 等,2003;徐薇薇 等,2006)。

回顾上述讨论,相变波问题的复杂性可归结为以下两方面:

首先,材料发生相变时,由于其微观结构和物理化学性质发生改变,其本构关系也发生相应的改变,相当于**从一种材料的本构关系变换到另一种材料的本构关系**,从而必须研究和掌握不同相的本构关系及其随外界载荷和温度的变化。特别是有关冲击载荷下这一方面的研究,已形成了一门跨学科的新兴学科分支——**冲击相变**(唐志平,2008),属于**相变材料动态响应**问题。

同时,对于由相变材料构成的结构,由于其应力波传播特性强烈地依赖于相变材料的本构关系,相变引起的材料本构关系的转变必然引起应力波传播规律的变化,引发相变边界的传播,即所谓**相变波**。特别是,一旦涉及加载—卸载—再加载—再卸载过程,由于相变时应力应变曲线斜率的间断,必然涉及波速奇性引起的不定边界问题,使得问题变得更为复杂。研究者必须研究和掌握相变如何影响应力波传播的规律性特征,及其随外界冲击载荷和温度的变化。这一方面的研究,也已形成了一门跨学科的新兴学科分支——**相变应力波**(唐志平,2022),属于**相变结构动态响应**问题。

唐志平教授及其研究团队近 20 年来,持续地在这两个新兴学科分支开展系统性的研究,积累了一系列有价值的研究成果,在国内外学术界居于前沿。有志于这一研究领域的读者请参阅他的这两本专著。

第五章 刚性卸载近似

上一章所讨论的含有卸载过程的弹塑性波的传播,都是建立在"**弹性卸载**"这一基本假定的基础上的。这时卸载扰动以弹性波速 C_0 传播。如果弹性模量比塑性阶段应力应变曲线斜率 $d\sigma/d\varepsilon$ 大得多,换言之,如果弹性波速 C_0 比塑性波速 C 大得多,则相对于塑性波速而言,可以近似地把 C_0 当作无穷大。在处理卸载问题时,这相当于把卸载时的应力应变曲线近似地取为平行于 σ 轴的直线(图 5-1),也即相当于把卸载后的物体看作刚体,但仍计及此刚体部分的惯性作用。作这样的"**刚性卸载**"假定后,常常可使问题的处理得以简化。

5.1 半无限长杆中的刚性卸载

5.1.1 线性硬化塑性材料的刚性卸载

我们先讨论一个最简单的例子。设一半无限长杆具有图 5-1(a)所示**线性硬化塑性加载—刚性卸载**的应力应变关系(可看作图 4-13 所示土壤类塑性加载—弹性卸载应力应变关系的简化模型)。杆端($X=0$)受到一突加恒速冲击载荷 v^*,经时间 t_1 后撞击结束而应力突然卸载到零(图 5-2)。

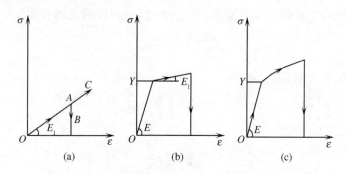

图 5-1 刚性卸载假定下的几种应力应变关系

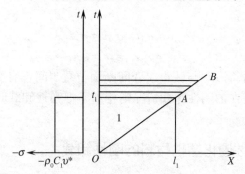

图 5-2 具有图 5-1(a)应力应变关系的半无限长杆受突加恒速载荷,经时间 t_1 后突然卸载

首先,强间断塑性波以恒速 $C_1 = \sqrt{\dfrac{E_1}{\rho_0}}$ 传播。卸载前($t<t_1$)的情况和过去有关塑性加载波讨论过的情况相同。在零初始条件下,1 区的状态为

$$v = v^*, \sigma_1 = -\rho_0 C_1 v_1 = -\rho_0 C_1 v^*, \varepsilon_1 = \frac{\sigma_1}{E_1} \qquad (5-1)$$

$t=t_1$ 时,塑性波阵面到达位置 $l_1 = C_1 t_1$,而杆端突然卸载。在刚性卸载假定下,卸载扰动以无限大的波速传播,即瞬时地作用于塑性加载波阵面后方的整个杆段($X \leqslant l_1$),从而使其立即全部处于卸载状态而像刚体那样运动,同时塑性加载波的幅值在卸载扰动的作用下开始衰减。与弹性卸载中讨论类似,这一衰减过程可以看作以无限大波速传播的卸载扰动与以塑性波速 C_1 传播的塑性加载扰动不断地相互作用的后果。而随着不断衰减着的塑性波的继续传播,被卸载成为刚体的杆段长度 $l(=C_1 t)$ 则不断增加。显然,$t=t_1$ 时的卸载边界是 $t_1 A$,边界传播速度 $\bar{C} = \infty$;而在 $t>t_1$ 时的卸载边界则和塑性波的传播轨迹 AB 重合,边界传播速度 $\bar{C} = C_1$。

对于强间断塑性波,其应力幅值 σ_m 和质点速度幅值 v_m 之间,按强间断面上动力学相容条件有

$$\sigma_m = -\rho_0 C_1 v_m \qquad (5-2)$$

这里注以下标 m 是由于这些量既是沿卸载边界的量,同时也是对应于各质点在塑性变形史中所曾达到的最大应力值的量。

另一方面对于卸载后的刚体部分,按牛顿第二定律,有如下的运动方程:

$$\sigma_m = \rho_0 l \frac{\mathrm{d} v_m}{\mathrm{d} t} \qquad (5-3)$$

由以上两式,计及 $l = C_1 t$,则可知刚体部分质点速度 $v_m(t)$ 应满足如下常微分方程:

$$\frac{\mathrm{d} v_m}{\mathrm{d} t} + \frac{v_m}{t} = 0 \qquad (5-4)$$

由 $v_m(t_1) = v_1$ 确定积分常数后,解得

$$v_m t = v_1 t_1 \qquad (5-5\mathrm{a})$$

或者按 $\dfrac{l}{t} = \dfrac{l_1}{t_1} = C_1$,可改写为

$$v_m l = v_1 l_1 \qquad (5-5\mathrm{b})$$

将式(5-1)和式(5-2)代入后,则可得 σ_m 和 ε_m 随卸载边界传播的位置 l,或随时间 t 的衰减规律为

$$\sigma_m l = \sigma_1 l_1, \sigma_m t = \sigma_1 t_1 \qquad (5-6)$$

$$\varepsilon_m l = \varepsilon_1 l_1, \varepsilon_m t = \varepsilon_1 t_1 \qquad (5-7)$$

回顾和对比一下弹性卸载时 σ_m 与驻定应变间断面位置 l' 间曾有类似于式(5-6)的双曲线函数关系(图 4-7),现在的刚性卸载情况则相当于把弹性卸载时形成的分立的驻定应变间断面连续化了。

5.1.2 线弹性—线性硬化塑性材料的刚性卸载

如果材料具有图 5-1(b)所示**线弹性—线性硬化塑性加载—刚性卸载**的应力应变关

系,只需再计及塑性加载波前方还有弹性前驱波即可。如果杆端卸载条件不是突然卸载到零,而是逐渐卸载(图 5-3),则在式(5-3)左边,除了从卸载边界一侧由塑性部分作用在刚体部分的作用力 σ_m 外,再计及杆端处作用在刚体部分的外作用力 $\sigma_0(t)$ 即可。整个问题仍可作类似的处理。

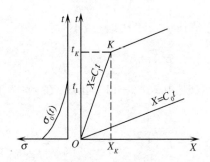

图 5-3 具有图 5-1(b)应力应变关系的半无限长杆受突加恒速载荷后逐渐卸载

这时,式(5-2)和式(5-3)分别成为

$$v_m = v_Y - \frac{1}{\rho_0 C_1}(\sigma_m - Y) \tag{5-8}$$

$$\sigma_m - \sigma_0 = \rho_0 l \frac{dv_m}{dt} \tag{5-9}$$

把式(5-8)代入式(5-9)后可得

$$\sigma_m - \sigma_0(t) = -\frac{l}{C_1}\frac{d\sigma_m}{dt} \tag{5-10}$$

再考虑到 $l = C_1 t$,则由上式可解得

$$\sigma_m = \frac{1}{t}\int_0^t \sigma_0(t)dt \tag{5-11}$$

而 $\sigma_0(t)$ 是已知的单调减函数,因此上式给出了 σ_m 随时间衰减的结果。设 $t \geq t_1$ 时 $\sigma_0(t) = 0$,注意到在 $t = t_1$ 时,按式(5-11)σ_m 之值为

$$\sigma_1 = \frac{1}{t_1}\int_0^{t_1}\sigma_0(t)dt \tag{5-12}$$

故从 t_1 时刻起的 σ_m 衰减规律就遵循式(5-6)。

根据条件

$$\sigma_m(t_K) = Y$$

可确定塑性波被卸载到消失的时刻 t_K,及相应的位置 $X_K = C_1 t_K$。此后,杆的弹性变形部分的卸载则通常仍可按弹性卸载处理。

求得最大应力衰减规律 $\sigma_m(t)$ 后,由强间断面上动力学相容条件式(5-8)和线性硬化塑性应力应变关系 $\varepsilon_m = \varepsilon_Y + \frac{\sigma_m - Y}{E_1}$,即可分别求出相应的最大质点速度衰减规律 $v_m(t)$ 和最大应变衰减规律 $\varepsilon_m(t)$ 为

$$v_m(t) = \frac{1}{\rho_0 C_1}\left[\left(1 - \frac{1}{\mu_1}\right)Y - \frac{1}{t}\int_0^t \sigma_0(t)dt\right] \tag{5-13a}$$

$$\varepsilon_{\mathrm{m}}(t) = \frac{1}{E_1}\left[\left(\frac{1}{\mu_1^2}-1\right)Y - \frac{1}{t}\int_0^t \sigma_0(t)\mathrm{d}t\right] \qquad (5-13\mathrm{b})$$

式中：

$$\mu_1 = \frac{C_0}{C_1} = \sqrt{\frac{E}{E_1}}$$

特殊情况下，当 $\sigma_0(t)$ 之值按下式随 t 线性减小时：

$$\sigma_0(t) = -p_{\mathrm{m}}\left(1-\frac{t}{T}\right)$$

此处 T 是 $\sigma_0(t)=0$ 的时刻，则由式(5-11)可知，在 $t\leqslant T$ 时，σ_{m} 是 t 的线性函数，且有

$$\sigma_{\mathrm{m}}(t) = -p_{\mathrm{m}}\left(1-\frac{t}{2T}\right) = -p_{\mathrm{m}}\left(1-\frac{\mu_1}{2}\frac{X}{C_0 T}\right) \qquad (5-14)$$

回忆一下第四章中弹性卸载时曾经得到过的如下的相应结果（见式(4-50)）：

$$\sigma_{\mathrm{m}}(t) = -p_{\mathrm{m}}\left(1-\frac{\mu_1^2-1}{2\mu_1}\cdot\frac{X}{C_0 T}\right) = -p_{\mathrm{m}}\left(1-\frac{\mu_1-\dfrac{1}{\mu_1}}{2}\frac{X}{C_0 T}\right)$$

两者相比较可知，随着 μ_1 的增大，两者的差别减小。如果以 $B_{\mathrm{R}}=\mu_1/2$ 和 $B_{\mathrm{E}}=(\mu_1^2-1)/(2\mu_1)$ 分别表示这两种介质中 $(X/(C_0 T))$ 的线性项的系数（见式(4-53)），则此两系数的相对差别为

$$\delta_{\mathrm{B}} = \frac{B_{\mathrm{R}}-B_{\mathrm{E}}}{B_{\mathrm{R}}} = \frac{1}{\mu_1^2}$$

对于金属材料，常近似地取弹性波与塑性波的波速比 $\mu_1=10$，于是 $\delta_{\mathrm{B}}=1\%$。这说明当弹性波速 C_0 比塑性波速 C_1 大得多时，可把弹性波速当作无穷大，按刚性卸载来简化处理，其误差是不大的。而这时，本来按弹性卸载考虑时需要联立解塑性区和弹性区两组不同的双曲型偏微分方程的问题，就简化为解常微分方程问题了。

上面所讨论的例子是刚性卸载边界与以恒速传播的强间断塑性加载波轨迹相重合时的情况。如果塑性加载波是连续波，则卸载边界是不再与塑性扰动传播轨迹相重合的弱间断边界。问题稍复杂一些，但仍可作类似处理。

5.1.3　线弹性—递减硬化塑性材料的刚性卸载

现在来讨论一半无限长杆具有图5-1(c)所示**线弹性—递减硬化塑性加载—刚性卸载**应力应变关系，杆端的加载条件和卸载条件中都不包含强间断，分别用 $\sigma_{\mathrm{ol}}(t)$ 和 $\sigma_{\mathrm{ou}}(t)$ 表示（图5-4）：

$$\begin{cases} \sigma(0,t) = \sigma_{\mathrm{ol}}(t), & \dfrac{\mathrm{d}|\sigma_{\mathrm{ol}}|}{\mathrm{d}t} \geqslant 0, 0 \leqslant t \leqslant t_0 \\ \sigma(0,t) = \sigma_{\mathrm{ou}}(t), & \dfrac{\mathrm{d}|\sigma_{\mathrm{ou}}|}{\mathrm{d}t} \leqslant 0, t_0 \leqslant t \end{cases}$$

这时半无限长杆中的卸载边界是弱间断卸载边界 $X=\varphi(t)$，如图5-4所示。相应地，前述

强间断边界上的相容关系式(5-8)现在应该用如下的右行塑性简单波微分关系：

$$dv_m = -\frac{d\sigma_m}{\rho_0 C} \quad (5-15)$$

来代替,再注意到刚体部分运动方程式(5-9)中代表杆段刚体部分长度的 l 现在应该代之以 $\varphi(t)$,则式(5-10)现在应改写为

$$\frac{\varphi(t)}{C}\frac{d\sigma_m}{dt} + \sigma_m - \sigma_{ou} = 0, t \geq t_0 \quad (5-16)$$

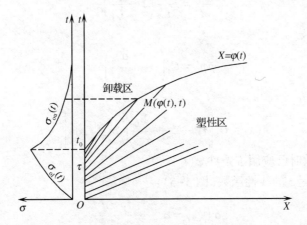

图 5-4　具有图 5-1(c)应力应变关系的半无限长杆受渐加载荷后逐渐卸载

对于塑性简单波,还应有如下关系：

$$\varphi(t) = C(\sigma_m) \cdot [t - \tau_l(\sigma_m)] \quad (5-17)$$

这里 $\tau_l(\sigma)$ 是 $\sigma_{ol}(t)$ 的反演；或者有如下关系：

$$\sigma_m(t) = \sigma_{ol}\left(t - \frac{\varphi(t)}{C(\sigma_m)}\right) \quad (5-18)$$

这样,当把式(5-17)代入式(5-16),消去 $\varphi(t)$ 后,问题就归结为解如下的 $\sigma_m(t)$ 的一阶常微分方程：

$$\frac{d\sigma_m}{dt} + \frac{\sigma_m - \sigma_{ou}}{t - \tau_l(\sigma_m)} = 0 \quad (5-19)$$

解得 $\sigma_m(t)$ 后,再代回式(5-17),即可确定卸载边界 $X = \varphi(t)$。或者,当把式(5-18)代入式(5-16),消去 $\sigma_m(t)$ 后,则问题归结为解 $\varphi(t)$ 的一阶常微分方程。解得 $\varphi(t)$ 后,代回式(5-18)即可确定 $\sigma_m(t)$。

例如,设 $\sigma_{ol}(t)$ 是随时间线性增加的函数(Nowaski,1978)：

$$\sigma_{ol}(\tau) = \sigma_{max}\frac{\tau}{t_0}$$

则式(5-18)和式(5-19)分别成为

$$\sigma_m(t) = \frac{\sigma_{max}}{t_0}\left[t - \frac{\varphi(t)}{C}\right] \quad (5-20)$$

$$\frac{d\sigma_m}{dt} + \frac{\sigma_m - \sigma_{ou}}{t - \dfrac{\sigma_m t_0}{\sigma_{max}}} = 0 \qquad (5-21)$$

再设 $C = C_1$ (线性硬化材料),则由式(5-20)得

$$\sigma_m(t) = \frac{\sigma_{max}}{t_0} \cdot \left[t - \frac{\varphi(t)}{C_1} \right] \qquad (5-22)$$

$$\frac{d\sigma_m}{dt} = \frac{\sigma_{max}}{t_0}\left(1 - \frac{\varphi'}{C_1}\right)$$

代入式(5-21),则得

$$\varphi\varphi' = C_1^2\left(t - \frac{t_0 \sigma_{ou}}{\sigma_{max}}\right) \qquad (5-23)$$

由此可解得卸载边界 $X = \varphi(t)$:

$$\varphi(t) = C_1\left[t^2 - t_0^2 - \frac{2t_0}{\sigma_{max}}\int_0^t \sigma_{ou}(t)\,dt \right]^{1/2} \qquad (5-24)$$

这里,在定积分常数时已应用了条件 $\varphi(t_0) = 0$。

如果 $\sigma_{ou}(t)$ 也是 t 的线性函数(图5-5):

$$\sigma_{ou}(t) = \sigma_{max} \cdot \frac{t_1 - t}{t_1 - t_0} \qquad (5-25)$$

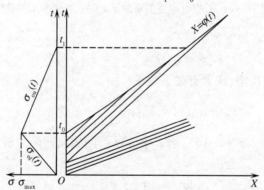

图 5-5 线性硬化弹塑性半无限长杆受线性加载后线性卸载

则由式(5-24)可得

$$\varphi(t) = \begin{cases} C_1(t - t_0)\sqrt{\dfrac{t_1}{t_1 - t_0}}, & t_0 \leq t \leq t_1 \\ C_1\sqrt{t^2 - t_0 t_1}, & t \geq t_1 \end{cases} \qquad (5-26)$$

由此可见,当 $t_0 \leq t \leq t_1$ 时,卸载边界是直线,以恒速 $\bar{C} = \varphi'(t) = C_1[t_1/(t_1 - t_0)]^{1/2} > C_1$ 的速度传播;而当 $t \geq t_1$ 时,卸载边界是双曲线,其传播速度 $\bar{C}$ 逐渐减小而趋于 C_1。

把式(5-26)代入式(5-22),再由式(5-15)则可求得沿卸载边界的应力 $\sigma_m(t)$ 和质点速度 $v_m(t)$ 分别为

对于 $t_0 \leq t \leq t_1$，有

$$\begin{cases} \sigma_m(t) = \dfrac{\sigma_{\max}}{t_0}\left[t - \sqrt{\dfrac{t_1}{t_1 - t_0}}(t - t_0)\right] \\ v_m(t) = -\dfrac{Y}{\rho_0 C_0}(1 - \mu_1) - \dfrac{\sigma_{\max}}{\rho_0 C_1 t_0}\left[t - \sqrt{\dfrac{t_1}{t_1 - t_0}}(t - t_0)\right] \end{cases} \quad (5-27)$$

对于 $t \geq t_1$，有

$$\begin{cases} \sigma_m(t) = \dfrac{\sigma_{\max}}{t_0}(t - \sqrt{t^2 - t_0 t_1}) \\ v_m(t) = -\dfrac{Y}{\rho_0 C_0}(1 - \mu_1) - \dfrac{\sigma_{\max}}{\rho_0 C_1 t_0}(t - \sqrt{t^2 - t_0 t_1}) \end{cases} \quad (5-28)$$

式中：$\mu_1 = \dfrac{C_0}{C_1}$。

应该注意，杆段卸载部分的质点速度 $\bar{v}$ 在每一时刻沿杆长是均匀的（刚体），即在卸载区中有

$$\bar{v}(X, t) = v_m(t)$$

但卸载区中的应力 $\bar{\sigma}$ 由于刚性卸载杆段的惯性效应，沿杆长是不均匀的，即在卸载区类似于式(5-9)有

$$\bar{\sigma}(X, t) = \rho_0 X \dfrac{d\bar{v}}{dt} + \sigma_{ou} = \rho_0 X \dfrac{dv_m}{dt} + \sigma_{ou}$$

把式(5-25)，式(5-27)和式(5-28)代入上式即得

$$\begin{cases} \bar{\sigma}(X, t) = -\dfrac{\sigma_{\max}}{C_1 t_0}\left(1 - \sqrt{\dfrac{t_1}{t_1 - t_0}}\right) X + \sigma_{\max}\dfrac{t_1 - t}{t_1 - t_0}, \quad t_0 \leq t \leq t_1 \\ \bar{\sigma}(X, t) = -\dfrac{\sigma_{\max}}{C_1 t_0}\left(1 - \dfrac{t}{\sqrt{t^2 - t_1 t_0}}\right) X, \quad t \geq t_1 \end{cases} \quad (5-29)$$

另外，既然卸载区的应变完全由卸载前所达到的最大应力 σ_m 所决定：

$$\varepsilon_m = \varepsilon_Y + \dfrac{\sigma_m - Y}{E_1} = \dfrac{Y}{E_0}\left(1 - \dfrac{E_0}{E_1}\right) + \dfrac{\sigma_m}{E_1}$$

由此可确定卸载区的应变分布为

$$\begin{cases} \varepsilon_m(X) = \dfrac{Y}{\rho_0 C_0^2}(1 - \mu_1^2) + \dfrac{\sigma_m}{\rho_0 C_1^2 t_0}\left[t_0 + \dfrac{X}{C_1}\left(\sqrt{\dfrac{1}{\dfrac{t_1}{t_1 - t_0}}}\right)\right], \quad t_0 \leq t \leq t_1 \\ \varepsilon_m(X) = \dfrac{Y}{\rho_0 C_0^2}(1 - \mu_1^2) + \dfrac{\sigma_m}{\rho_0 C_1^2 t_0}\left[\sqrt{\dfrac{X^2}{C_1^2} + t_0 t_1} - \dfrac{X}{C_1}\right], \quad t \geq t_1 \end{cases} \quad (5-30)$$

关于半无限长杆中**刚性卸载边界**的**一般传播特性**，可以直接由第四章中有关弹性卸载边界的讨论结果令 $C_0 \to \infty$ 而得到。例如，对于一阶弱间断刚性卸载边界，由式(4-73)令 $C_0 \to \infty$ 后，可得如下关系式：

$$\frac{\frac{\partial \sigma}{\partial t}}{\frac{\partial \bar{\sigma}}{\partial t}} = \frac{1}{1 - \frac{\bar{C}^2}{C^2}} \tag{5-31a}$$

或

$$\bar{C} = C\sqrt{1 - \frac{\frac{\partial \bar{\sigma}}{\partial t}}{\frac{\partial \sigma}{\partial t}}} \tag{5-31b}$$

既然对于卸载边界必有 $\frac{\partial \sigma}{\partial t} \geq 0$ 和 $\frac{\partial \bar{\sigma}}{\partial t} \leq 0$，由此可得

$$\bar{C} \geq C$$

当 $\frac{\partial \sigma}{\partial t} = \infty$，$\frac{\partial \bar{\sigma}}{\partial t} \neq \infty$ 时，或者当 $\frac{\partial \bar{\sigma}}{\partial t} = 0$，$\frac{\partial \sigma}{\partial t} \neq 0$ 时，有 $\bar{C} = C$；而当 $\frac{\partial \sigma}{\partial t} = 0$，$\frac{\partial \bar{\sigma}}{\partial t} \neq 0$ 时，或者当 $\frac{\partial \bar{\sigma}}{\partial t} = -\infty$，$\frac{\partial \sigma}{\partial t} \neq \infty$ 时，有 $\bar{C} = \infty$。

5.2 有限长杆中的刚性卸载

现在来讨论有限长杆中具有刚性卸载特性的应力波传播的例子（Nowaski W K，1978）。设杆由 A 材料的杆段（$0 \leq X \leq l$）和 B 材料的杆段（$X \geq l$）相接所组成，并设在连接面上有刚性质量 M（图 5-6）。材料 A 具有图 5-1(a)所示线性硬化塑性加载—刚性卸载特性的应力应变关系，其密度和塑性波速分别以 ρ_A 和 C_A 表示；而材料 B 为线弹性材料，其密度和弹性波速分别以 ρ_B 和 C_B 表示。杆原来处于静止自然状态。在 $t=0$ 时，杆端（$X=0$）受突加载荷，随之逐渐卸载。

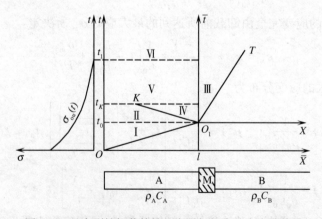

图 5-6 具有刚性卸载特性的有限长杆中的应力波传播

整个问题的解可以分几个区（图 5-6）来讨论。

对于 I 区，当右行塑性波 OO_1 到达两介质的界面（$X=l$）之前，其解已由前述半无限

长杆中的有关讨论所给出,即有

$$\begin{cases} \sigma_{m1}(t) = \frac{1}{t}\int_0^t \sigma_0(t)\,\mathrm{d}t, \text{或 } \sigma_{m1}(t) = \frac{C_A}{X}\int_0^{\frac{X}{C_A}} \sigma_0(t)\,\mathrm{d}t \\ v_{m1}(t) = -\frac{1}{\rho_A C_A t}\int_0^t \sigma_0(t)\,\mathrm{d}t \\ \bar{\sigma}_1(X,t) = \left(1 - \frac{X}{C_A t}\right)\sigma_0(t) + \frac{X}{C_A t^2}\int_0^t \sigma_0(t)\,\mathrm{d}t \\ \varepsilon_{m1}(X) = \frac{1}{\rho_A C_A X}\int_0^{\frac{X}{C_A}} \sigma_0(t)\,\mathrm{d}t \end{cases} \quad (5-32)$$

卸载边界与强间断塑性波轨迹 OO_1 重合。

$t = t_0 = \frac{l}{C_A}$ 时,强间断塑性波到达两介质的界面,发生波的反射和透射。由于界面上刚性质量 M 的存在(加速度有限)和材料 B 为线弹性材料,因而反射波 O_1K 为强间断塑性波而透射波 O_1T 是弱间断弹性波。这样,反射强间断塑性波 O_1K 可用下式表示:

$$X = 2l - C_A t \quad (5-33)$$

其前方是原来经刚性卸载而现在又被重新加载的 Ⅱ 区,其后方则是刚性质量 M 的运动所引起的新的刚性卸载区(Ⅳ区)。

对于 Ⅱ 区,$\sigma_2(X,t)$ 应满足如下的运动方程:

$$\sigma_2(X,t) = \rho_A X \frac{\mathrm{d}v_2}{\mathrm{d}t} + \sigma_0(t) \quad (5-34)$$

沿波阵面 O_1K,按上式则有

$$\sigma_{m2}(t) = \sigma_2[\varphi(t),t] = \rho_A(2l - C_A t)\frac{\mathrm{d}v_{m2}}{\mathrm{d}t} + \sigma_0(t) \quad (5-35)$$

既然从原来的刚性卸载状态重新进入塑性状态时,应力应等于卸载开始前所达到的应力(图 5-1(a) 上的 A 点),则应有

$$\sigma_{m2}(X) = \sigma_{m1}(X)$$

再按式(5-32)和式(5-33),$\sigma_{m2}(X)$ 可表示为

$$\sigma_{m2}(t) = \frac{C_A}{2l - C_A t}\int_0^{\left(\frac{2l}{C_A} - t\right)} \sigma_0(t)\,\mathrm{d}t$$

把这一结果代入式(5-35),并计及

$$v_2(t_0) = v_{m1}(t_0) = -\frac{1}{\rho_A C_A t_0}\int_0^{t_0} \sigma_0(t)\,\mathrm{d}t$$

即可求得 $v_{m2}(t)$,也即 $v_2(t)$ 值为

$$v_2(t) = -\frac{1}{\rho_A}\int_{t_0}^t \frac{\sigma_0(\tau)}{2l - C_A \tau}\mathrm{d}\tau + \frac{1}{\rho_A}\int_{t_0}^t \left\{\frac{C_A}{(2l - C_A \eta)^2}\int_0^{\left(\frac{2l}{C_A} - \eta\right)} \sigma_0(\tau)\,\mathrm{d}\tau\right\}\mathrm{d}\eta - \frac{1}{\rho_A C_A t_0}\int_0^{t_0} \sigma_0(\tau)\,\mathrm{d}\tau \quad (5-36)$$

于是,Ⅱ 区的应力分布 $\sigma_2(X,t)$ 可由式(5-36)代入式(5-34)而求得

$$\sigma_2(X,t) = \left(1 - \frac{X}{2l - C_A t}\right)\sigma_0(t) + \frac{C_A X}{(2l - C_A t)^2}\int_0^{\left(\frac{2l}{C_A} - t\right)} \sigma_0(\tau)\,d\tau \quad (5-37)$$

应变分布则与Ⅰ区的相同,即

$$\varepsilon_2(X) = \varepsilon_1(X)$$

Ⅲ区和Ⅳ区的解是通过刚性质量 M 所满足的下列两个方程(连续条件和动量守恒条件)相耦合的:

$$v_4(\bar{t}) = v_3(l,\bar{t}) \quad (5-38)$$

$$M\frac{dv_4}{d\bar{t}} = \sigma_3(l,\bar{t}) - \sigma_4(l,\bar{t}) \quad (5-39)$$

这里引入了 $\bar{t} = t - \dfrac{l}{C_A}$。Ⅲ区是弹性简单波区,因而有

$$\sigma_3(l,\bar{t}) = -\rho_B C_B v_3(l,\bar{t}) \quad (5-40)$$

Ⅳ区是刚性卸载区,应满足

$$\sigma_4(l,\bar{t}) - \sigma_{m4}(\bar{t}) = \rho_B C_B \bar{t}\frac{dv_4}{d\bar{t}} \quad (5-41)$$

并且按强间断塑性波 O_1K 的波阵面上守恒条件, $\sigma_{m4}(\bar{t})$ 与 $v_4(\bar{t})$ 间应有如下关系:

$$\sigma_{m4}(\bar{t}) = \sigma_{m2}(\bar{t}) + \rho_A C_A \{v_4(\bar{t}) - v_2(\bar{t})\} \quad (5-42)$$

式中: σ_{m2} 和 v_2 已由Ⅱ区的解给出。

从式(5-38)至式(5-42)这五个式子中消去 $\sigma_3(l,\bar{t})$,$\sigma_4(l,\bar{t})$,$\sigma_{m4}(l,\bar{t})$ 和 $v_3(l,\bar{t})$ 后,可得到如下的关于 $v_4(\bar{t})$ 的线性常微分方程:

$$\frac{dv_4(\bar{t})}{d\bar{t}} + f_1(\bar{t})v_4(\bar{t}) = f_2(\bar{t}) \quad (5-43)$$

式中:

$$f_1(\bar{t}) = \frac{\rho_A C_A + \rho_B C_B}{\rho_A C_A \bar{t} + M}$$

$$f_2(\bar{t}) = \frac{\rho_A C_A v_2(\bar{t}) + \sigma_{m2}(\bar{t})}{\rho_A C_A \bar{t} + M}$$

式(5-43)的解为

$$v_4(\bar{t}) = \int_0^{\bar{t}} f_2(\eta)\exp\left[-\int_\eta^{\bar{t}} f_1(\tau)\,d\tau\right]d\eta \quad (5-44)$$

这里在确定积分常数时,已应用了条件 $v_4(0) = 0$。$v_4(\bar{t})$ 一旦确定后,由式(5-42)和式(5-41)等即可确定Ⅳ区中的其他各量;同时由式(5-38)和式(5-40)可确定 $v_3(l,\bar{t})$ 和 $\sigma_3(l,\bar{t})$,从而Ⅲ区(弹性简单波区)可解。

反射塑性波 O_1K 在左行传播过程中,由于卸载作用,其强间断幅值不断衰减。设在 $t = t_K < t_l$ 时有

$$v_4(t_K) = v_2(t_K),\text{或 } \sigma_{m4}(t_K) = \sigma_{m2}(t_K) \quad (5-45)$$

这意味着强间断塑性波的消失。此后整个杆段 A 处于同一个刚性卸载过程中(Ⅴ区),既然 $v_4(t)$ 和 $v_2(t)$ 均已得解, t_K 值可由上式确定。

Ⅴ区的解仍需与Ⅲ区联立求解。类似于式(5-38)至式(5-41),有

$$\begin{cases} v_5(\bar{t}) = v_3(l,\bar{t}) \\ M\dfrac{\mathrm{d}v_5}{\mathrm{d}t} = \sigma_3(l,\bar{t}) - \sigma_5(l,\bar{t}) \\ \sigma_3(l,\bar{t}) = -\rho_B C_R v_3(l,\bar{t}) \\ \sigma_5(l,\bar{t}) - \sigma_0(\bar{t}) = \rho_A l \dfrac{\mathrm{d}v_5}{\mathrm{d}\bar{t}} \end{cases} \quad (5-46)$$

由这四个式子消去 $\sigma_3(l,\bar{t})$, $\sigma_5(l,\bar{t})$ 和 $v_3(l,\bar{t})$ 后,可得到如下的关于 $v_5(\bar{t})$ 的线性常微分方程:

$$\frac{\mathrm{d}v_5(\bar{t})}{\mathrm{d}\bar{t}} + f_3 v_5(\bar{t}) = f_4 \sigma_0(\bar{t}) \quad (5-47)$$

$$f_3 = \frac{\rho_B C_B}{\rho_A l + M}$$

$$f_4 = -\frac{1}{\rho_A l + M}$$

其解为

$$v_5(\bar{t}) = \exp[-f_3(\bar{t}-\bar{t}_K)]\left\{f_4\int_{\bar{t}_K}^{\bar{t}}\sigma_0(\eta)\exp[f_3(\eta-\bar{t}_K)]\mathrm{d}\eta + v_2(\bar{t}_K)\right\}$$

这里在确定积分常数时,已应用了条件 $v_5(\bar{t}_K) = v_2(\bar{t}_K)$。$v_5(\bar{t}_K)$一旦解得后,与讨论Ⅳ区时的情况类似,Ⅴ区和Ⅲ区的解($t_K \leq t \leq t_1$)就完全可解。

当 $t \geq t_1$ 时,$\sigma_0(t) \equiv 0$,其余情况与讨论Ⅴ区时的相同。因此Ⅵ区的解只需令Ⅴ区有关各式中的 $\sigma(\bar{t}) = 0$,即可求得。

在本例中,如果 $M \equiv 0$,问题就化为应力波在线性硬化塑性加载—刚性卸载材料(A)和线弹性材料(B)所组成的分层介质中的传播问题。如果 $M \to \infty$,问题就化为线性硬化塑性加载—刚性卸载材料有限长杆当一端为固定端时的应力波传播问题。这时有 $f_1 = f_2 = f_3 = 0$,$v_4(X,t) = 0$,以及

$$\sigma_4(X,t) = \sigma_{m4}(t) = \frac{C_A}{2l-C_A t}\int_0^{(\frac{2l}{C_A}-t)}\sigma_0(\tau)\mathrm{d}\tau + \int_{t_0}^{t}\frac{C_A}{2l-C_A\tau}\sigma_0(\tau)\mathrm{d}\tau - $$

$$\int_{t_0}^{t}\left[\frac{C_A^2}{(2l-C_A\eta)^2}\int_0^{(\frac{2l}{C_A}-\eta)}\sigma_0(\tau)\mathrm{d}\tau\right]\mathrm{d}\eta + \frac{1}{t_0}\int_0^{t_0}\sigma_0(t)\mathrm{d}t$$

5.3 冲击波传播中的刚性卸载

前两节中所涉及的强间断塑性加载波都是指线性硬化塑性材料在突加载荷下所形成的,这时由于波速是恒值 C_1,问题较易处理。但递增硬化塑性材料中的冲击波波速随冲击波强度而变,问题就稍复杂一些。现在来讨论这种情况下的刚性卸载问题。

先讨论一半无限长杆的例子(Kaliski et al,1967),再讨论一个有限长杆的例子(Lee et al,1954)。

5.3.1 半无限长杆中冲击波的刚性卸载

设有一半无限长杆,材料的应力应变曲线如图 5-7(a)所示,即在加载阶段有

$$\begin{cases} \sigma = E_1\varepsilon, \sigma \leq \sigma_A \\ \varepsilon = \varepsilon_A, \sigma > \sigma_A \end{cases}$$

因而当 $\sigma \leq \sigma_A$ 时塑性波速为恒值 $C_1 = (E_1/\rho_0)^{1/2}$,而当 $\sigma > \sigma_A$ 时将形成冲击波,波速 $\mathscr{D}$ 为

$$\mathscr{D} = \sqrt{\frac{\sigma}{\rho_0 \varepsilon_A}}$$

在卸载阶段,则呈刚性卸载特性。这样的应力应变关系可看作图 5-7(b)所示的土壤实际应力应变关系的一个简化模型。

设此半无限长杆原来处于静止的自然状态,$t=0$ 时受突加载荷,其值超过 σ_A。然后逐渐卸载。于是从杆端右行传播一逐渐衰减的塑性冲击波,其传播轨迹 $X = \varphi(t)$ 同时也就是刚性卸载边界(图 5-8)。

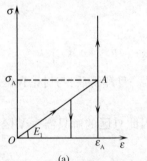
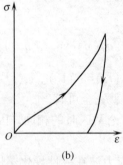
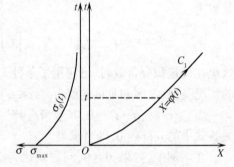

图 5-7 线性硬化塑性加载—刚性卸载的应力应变关系

图 5-8 半无限长杆中冲击波的刚性卸载

由冲击波波阵面上运动学相容条件和动力学相容条件,沿 $X = \varphi(t)$ 的塑性应力幅值 $\sigma_m(t)$,应变 ε_A,质点速度 $v_m(t)$ 和冲击波波速 $\varphi'(t)$ 之间应有如下关系:

$$v_m(t) = -\varphi'(t)\varepsilon_A \tag{5-48}$$

$$\sigma_m(t) = -\rho_0 \varphi'(t) v_m(t) \tag{5-49}$$

而刚性卸载部分的杆段应遵循:

$$\rho_0 X \frac{d\bar{v}}{dt} = \bar{\sigma}(X,t) - \sigma_0(t) \tag{5-50}$$

把上式用于沿卸载边界 $X = \varphi(t)$,并且注意到 $\bar{v}(t) = v_m(t)$,则有

$$\rho_0 \varphi \frac{dv_m}{dt} = \sigma_m(X,t) - \sigma_0(t)$$

再把式(5-48)和式(5-49)代入上式,整理后得

$$\varphi \varphi'' + (\varphi')^2 = \frac{\sigma_0(t)}{\rho_0 \varepsilon_A} = f(t) \tag{5-51}$$

即

$$(\varphi^2)'' = 2f(t)$$

对上式积分两次,并在确定积分常数时计及初始条件 $\varphi(0)=0$, $(\varphi^2)'|_{t=0}=2\varphi\varphi'|_{t=0}=0$ 后可解得卸载边界为

$$\varphi(t) = \left[2\int_0^t d\tau \int_0^\tau f(\xi)d\xi\right]^{1/2} \tag{5-52}$$

相应地,冲击波波速,即卸载边界传播速度 $\varphi(t)$ 则为

$$\varphi'(t) = \frac{1}{\varphi}\int_0^t f(\xi)d\xi = \frac{\int_0^t f(\xi)d\xi}{\left[2\int_0^t d\tau\int_0^\tau f(\xi)d\xi\right]^{1/2}}$$

把上述结果代回式(5-48)至式(5-50),即可求得沿卸载边界 $X=\varphi(t)$ 的质点速度 $v_m(t)$,塑性应力 $\sigma_m(t)$ 和刚性卸载部分杆段的随 X 和 t 变化着的应力 $\bar{\sigma}(X,t)$:

$$v_m(t) = -\varepsilon_A \frac{\int_0^t f(\xi)d\xi}{\left[2\int_0^t d\tau\int_0^\tau f(\xi)d\xi\right]^{1/2}}$$

$$\sigma_m(t) = \rho_0\varepsilon_A \frac{\int_0^t f(\xi)d\xi}{\left[2\int_0^t d\tau\int_0^\tau f(\xi)d\xi\right]^{1/2}}$$

$$\bar{\sigma}(X,t) = \sigma_0(t) - \rho_0\varepsilon_A X \frac{f(t)\left[2\int_0^t d\tau\int_0^\tau f(\xi)d\xi\right]^{1/2} - \left[\int_0^t f(\xi)d\xi\right]^2\left[2\int_0^t d\tau\int_0^\tau f(\xi)d\xi\right]^{-1/2}}{2\int_0^t d\tau\int_0^\tau f(\xi)d\xi}$$

冲击波在右行传播过程中因刚性卸载作用而不断衰减。设 $t=t^*$ 时,有

$$\sigma_m(t^*) = \sigma_A$$

则此后塑性波速为恒值 C_1,可按前述线性硬化材料的有关讨论来处理。

5.3.2 有限长杆中冲击波的刚性卸载

最后我们来讨论一**有限长杆中冲击波的刚性卸载**的例子(Lee et al,1954)。对于4.9节中所讨论过的递增硬化塑性材料有限长杆以恒速 v^* 撞击刚性靶板的例子(图4-28),如果弹性波速(不论是加载阶段或卸载阶段的)与塑性波速相比可看作无穷大,而且弹性变形与塑性变形相比可忽略不计的话,则图4-28(d)所示的弹塑性应力应变关系就可用图5-9(a)所示的刚塑性应力应变关系来代替。在应力波分析中,这相当于:凡塑性冲击波阵面尚未到达的部分均看作刚体,没有变形,而冲击波阵面通过后的部分也看作刚体,没有弹性回复。

设有限长杆以恒速 v^* 运动,撞击一刚性靶(图5-9(b)),则从杆端 $X=l$ 处将左行传播一波速为 $\mathscr{D}$ 的刚塑性冲击波,波阵面上的应力突跃为 $(\sigma-Y)$,应变突跃为 $(\varepsilon-0)$,质点速度突跃为 $(0-v)$。按左行冲击波波阵面上突跃条件,有

$$v = -\mathscr{D}\varepsilon \tag{5-53}$$

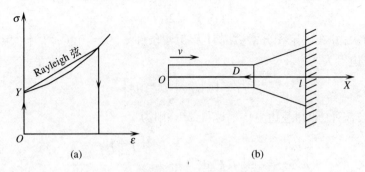

图 5-9　有限长杆中冲击波的刚性卸载

$$\sigma - Y = -\rho_0 \mathscr{D} v \tag{5-54}$$

由这两个式子消去 v 后,塑性冲击波波速 $\mathscr{D}$ 可由下式求得:

$$\mathscr{D}^2 = \frac{\sigma - Y}{\rho_0 \varepsilon} \tag{5-55}$$

而由式(5-53)和式(5-54)这两个式子消去 $\mathscr{D}$ 后,得

$$\rho_0 v^2 = (\sigma - Y)\varepsilon \tag{5-56}$$

在给定 σ-ε 关系时,此式给出了 v 和 σ 的关系。例如,由初始撞击速度 v^* 可确定相应的初始冲击波幅值 σ^*。

杆中冲击波尚未到达的部分,应满足刚体运动方程:

$$\rho_0 X \frac{\mathrm{d}v(t)}{\mathrm{d}t} = Y \tag{5-57}$$

这里 X 是冲击波前方的刚体部分长度。注意到冲击波波阵面传播轨迹 $X = \varphi(t)$ 或 $t = \psi(X)$,也就是刚塑性边界传播轨迹,上式也可改写为

$$-\rho_0 X \mathscr{D} \frac{\mathrm{d}v[\psi(X)]}{\mathrm{d}X} = Y$$

由式(5-53)消去 $\mathscr{D}$ 后,得

$$\rho_0 X v \frac{\mathrm{d}v}{\mathrm{d}X} = Y\varepsilon$$

$$\rho_0 X \frac{\mathrm{d}(v^2)}{\mathrm{d}X} = 2Y\varepsilon$$

再由式(5-55)消去 v^2 后,可得

$$\frac{\mathrm{d}[(\sigma - Y)\varepsilon]}{Y\varepsilon} = 2\frac{\mathrm{d}X}{X}$$

积分上式时,注意到 $X = l$ 时 $\sigma = \sigma^*$,并引入

$$F(\sigma) = \int_0^{(\sigma-Y)\varepsilon} \frac{\mathrm{d}[(\sigma - Y)\varepsilon]}{Y\varepsilon}$$

后,可得

$$\ln\left(\frac{X}{l}\right)^2 = F(\sigma) - F(\sigma^*) \tag{5-58}$$

关于 $F(\sigma)$,再经演算后,并注意到式(5-55),可表示为如下形式:

$$F(\sigma) = \int_0^{(\sigma-Y)\varepsilon} \frac{\mathrm{d}[(\sigma-Y)\varepsilon]}{Y\varepsilon} = \int_Y^\sigma \frac{\mathrm{d}\sigma}{Y} + \int_0^{\varepsilon(\sigma)} \frac{\sigma-Y}{Y\varepsilon}\mathrm{d}\varepsilon =$$
$$\frac{1}{Y}\left[\sigma + \rho_0 \int_0^{\varepsilon(\sigma)} \mathscr{D}^2 \mathrm{d}\varepsilon\right] - 1 = \frac{1}{Y}\left[\sigma + \int_Y^\sigma \frac{\mathscr{D}^2}{C^2}\mathrm{d}\sigma\right] - 1$$

既然对于给定的 σ-ε 曲线,$\mathscr{D}^2 = \frac{1}{\rho_0}\frac{\sigma-Y}{\varepsilon}$ 和 $C^2 = \frac{1}{\rho_0}\frac{\mathrm{d}\sigma}{\mathrm{d}\varepsilon}$ 均为已知,从而 $F(\sigma)$ 也为已知函数。因此,式(5-58)确定了杆中沿刚塑性边界的应力分布 $\sigma_m(X)$ 和相应的应变分布 $\varepsilon_m(X)$。式(5-58)还表明,杆中最大塑性应力和应变的分布只是 $\frac{X}{l}$ 的函数。

令式(5-58)中 $\sigma = Y$,即可确定塑性冲击波消失的位置,从而确定杆中塑性变形分布的总长度。显然,塑性冲击波在到达自由端之前一定消失。这可以理解为:当塑性冲击波向自由端方向传播时,一直受到从自由端反射来的、以 ∞ 波速传播的刚性卸载波的作用,直到冲击波消失。

在图 4-28 上给出了对同一问题分别用弹塑性波理论和刚性卸载分析计算所得结果的比较(Lee et al,1954)。图 4-28(a)上的黑点是刚塑性分析给出的冲击波波阵面传播轨迹,它与弹塑性波分析所给出的结果(实线)基本上重合。图 4-28(b)所示的残余应变分布图中,实线是原来弹塑性波理论给出的,而虚线是由刚塑性分析给出的。可见,刚塑性解把原来弹塑性解中不连续的残余应变分布连续化、平均化了。显然,**随着撞击速度的增大,杆中塑性变形增大,在自由端反射的卸载波的反射次数增多,则刚塑性分析所得出的近似结果愈接近于弹塑性波的解。**

第六章 一维黏弹性波和弹黏塑性波

迄今为止所讨论的弹塑性波,均以"应力仅是应变的函数而与应变率无关"这一基本假定为基础的,称为**速率无关理论**。但真实固体材料的力学性能实际上总或多或少地显示出速率相关性或时间相关性。例如,恒应力作用下应变随时间而增加的**蠕变现象**,恒应变下应力随时间而降低的**应力松弛现象**,应力循环中显示出的**迟滞回线**,应力波传播中的**吸收和弥散现象**,以及**高应变率下材料的强化和脆化倾向**等,都说明了材料的本构关系实质上是时间相关或速率相关的。这时,材料本构关系不能再以 (σ, ε) 平面中的某一曲线 $f(\sigma, \varepsilon) = 0$ 来表示,而至少必须以 $(\sigma, \varepsilon, \dot{\varepsilon})$ 空间中的某一曲面 $f(\sigma, \varepsilon, \dot{\varepsilon}) = 0$ 来表示。建立在这样的速率相关本构关系基础上的应力波理论,称为**速率相关理论**,有时叫做**应变率相关理论**。

速率相关材料的力学响应一般可概括分为两部分:与时间无关的**瞬态响应**部分和与时间相关的**非瞬态响应**部分。而各种非瞬态响应,不管其微观机理可能多种多样,在宏观上常可归结为或等价于具有黏性性质的内耗散力所引起。这样,在弹性响应的基础上计及这种效应时,相应地发展了**黏弹性波**理论。它在高分子材料中有特别广泛的应用。黏性效应主要导致波传播中的弥散现象(波速依赖于频率)和吸收现象(波幅随传播距离而衰减)。在弹塑性响应的基础上,同时对弹性部分和塑性部分计及这种黏性效应时,相应地发展了**黏弹塑性波**理论。如果只对塑性部分计及此黏性效应时,则相应地发展了弹黏塑性波理论。这是 20 世纪 50 年代前后自 Соколовский-Malvern 模型提出以来获得广泛重视的主要理论之一。本章将主要讨论杆中一维纵向黏弹性波和弹黏塑性波。

6.1 线性黏弹性本构关系

黏弹性理论的发展是同高分子聚合物力学性能的研究分不开的。大家知道,高聚物即使在普通的温度变化范围和时间范围内,也常常显示明显的黏性性质,可以具有从典型的黏性液体到典型的弹性固体之间的所有性质。

描述弹性固体的最简单的本构关系是应力与应变间的线性弹性律(Hooke 定律),而描述黏性液体的最简单的本构关系是应力与速度梯度间的线性黏性律(牛顿定律)。它们的一维形式分别可表述为

$$\sigma = E\varepsilon \tag{6-1}$$

$$\sigma = \eta \frac{\partial v}{\partial x} \tag{6-2}$$

式中:η 为黏性常数,其余符号的意义同前。

在小变形的条件下,忽略 Lagrange 变量和 Euler 变量间的差别,速度梯度就等于应变率,即

$$\frac{\partial v}{\partial x} \approx \frac{\partial v}{\partial X} = \frac{\partial^2 u}{\partial X \partial t} = \frac{\partial \varepsilon}{\partial t} = \dot{\varepsilon}$$

则式(6-2)可改写为

$$\sigma = \eta \dot{\varepsilon} \tag{6-3}$$

即应力和应变率间有线性关系。

既具有弹性又具有黏性性质的介质,在线性本构关系的范畴内,可以想象成是线性弹性固体和线性黏性液体的某种线性组合,称为**线性黏弹性体**,其本构关系是式(6-1)和式(6-3)的某种线性组合。如以弹簧模型代表线性弹性体(图6-1(a)),而以在黏性液体中移动的活塞即所谓黏壶模型代表线性黏性体(图6-1(b)),则最简单的线性组合式是一个弹簧元件和一个黏壶元件串联组成的 **Maxwell 体**(图6-2),或并联组成的 **Kelvin-Voigt 体**(图6-3)。

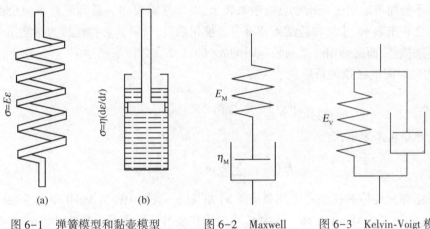

图 6-1 弹簧模型和黏壶模型　　图 6-2 Maxwell　　图 6-3 Kelvin-Voigt 模型
(a) 弹簧模型；(b) 黏壶模型。　　　　　　模型

6.1.1 Maxwell 体

在 Maxwell 模型中(图6-2),弹簧和黏壶中的应力相等:

$$\sigma = \sigma_E = \sigma_\eta$$

而总的应变是两者的应变之和:

$$\varepsilon = \varepsilon_E + \varepsilon_\eta$$

或者说,总的应变率是两者应变率之和:

$$\dot{\varepsilon} = \dot{\varepsilon}_E + \dot{\varepsilon}_\eta$$

把式(6-1)和式(6-3)代入上式,就得到 Maxwell 模型的本构方程:

$$\dot{\varepsilon} = \frac{\dot{\sigma}}{E_M} + \frac{\sigma}{\eta_M} \tag{6-4}$$

这样,在恒定应变($\dot{\varepsilon} = 0$)条件下,应力将从初始应力 σ_0 按下述指数规律随时间衰减:

$$\sigma(t) = \sigma_0 \exp\left(-\frac{E_M t}{\eta_M}\right) = \sigma_0 \exp\left(-\frac{t}{\theta_M}\right) \tag{6-5}$$

从而近似地描述了材料的应力松弛行为(图6-4)。式中 $\theta_M = \eta_M/E_M$ 代表应力松弛到初始应力的 $1/e(36.79\%)$ 所需的时间,称为**松弛时间**,是表征黏弹性材料特性的重要材料常数。

按下式定义**松弛模量**：

$$E_r(t) = \frac{\sigma(t)}{\varepsilon} \tag{6-6}$$

那么式(6-5)还可改写为

$$E_r(t) = \frac{\sigma_0}{\varepsilon}\exp\left(-\frac{t}{\theta_M}\right) = E_M\exp\left(-\frac{t}{\theta_M}\right) \tag{6-7}$$

可见 Maxwell 材料的松弛特性与所施加的恒定应变 ε 之值无关。

当然,Maxwell 模型只是一个简化的理想模型。对于大多数真实材料,实际的应力松弛行为并不能简单地用一个指数衰减项来表示,而常常需要用一系列具有不同松弛时间的指数项之和来表示,才与实验结果相符合。换句话说,材料的黏弹性行为不能用单一的松弛时间来描述,而必须用一系列松弛时间 $\theta_i(i=1,2,3,\cdots)$ 来描述。这样,在恒定应变 ε 下,应力随时间的松弛关系应表示为

$$\sigma(t) = \varepsilon\sum_{i=1}^{n}E_i\exp\left(-\frac{t}{\theta_i}\right) \tag{6-8a}$$

或者用松弛模量来表示,有

$$E_r(t) = \sum_{i=1}^{n}E_i\exp\left(-\frac{t}{\theta_i}\right) \tag{6-8b}$$

这相当于把黏弹性体看作由一系列具有不同 E_i 和 θ_i(或 η_i)的 Maxwell 单元并联所组成(图6-5),称为**广义 Maxwell 体**。式中 E_i 可看作代表第 i 个,即具有松弛时间 θ_i 的 Maxwell 元件对总的应力松弛所作贡献的分量(权)。当 $n\to\infty$ 时,松弛时间可看成连续分布的,E_i 则可用权函数 $E(\theta)\mathrm{d}\theta$ 来代替,于是上式求和形式的关系变成如下的积分形式关系：

$$E_r(t) = \int_0^{\infty}E(\theta)\exp\left(-\frac{t}{\theta}\right)\mathrm{d}\theta \tag{6-9}$$

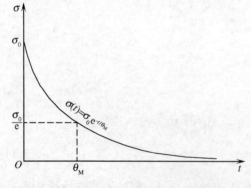

图6-4 恒定应变($\dot{\varepsilon}=0$)条件下的应力松弛

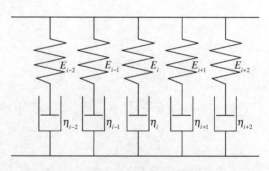

图6-5 广义 Maxwell 模型

$E(\theta)$ 称为**松弛时间谱**或简称**松弛谱**。既然松弛时间的分布很宽,有时以 $\ln(\theta)$ 作为自变量来考察松弛谱更为方便。为此,引入

$$H(\ln\theta)\mathrm{d}\ln\theta = E(\theta)\mathrm{d}\theta$$

则式(6-9)可改写为

$$E_\mathrm{r}(t) = \int_{-\infty}^{\infty} H(\ln\theta)\exp\left(-\frac{t}{\theta}\right)\mathrm{d}\ln\theta = \int_{0}^{\infty} H(\theta)\frac{1}{\theta}\exp\left(-\frac{t}{\theta}\right)\mathrm{d}\theta \qquad (6-10)$$

$H(\ln\theta)$ 是作为 $\ln\theta$ 的函数的松弛谱。

6.1.2 Kelvin-Voigt 体

在 Kelvin-Voigt 模型中(图 6-3),弹簧和黏壶中的应变相等:

$$\varepsilon = \varepsilon_E = \varepsilon_\eta$$

而总的应力是两者的应力之和:

$$\sigma = \sigma_E + \sigma_\eta$$

把式(6-1)和式(6-2)代入上式,就得到 Voigt 模型的本构关系:

$$\sigma = E_\mathrm{V}\varepsilon + \eta_\mathrm{V}\dot{\varepsilon} = \left(E_\mathrm{V} + \eta_\mathrm{V}\frac{\partial}{\partial t}\right)\varepsilon \qquad (6-11)$$

这可以看成由 Hooke 定律以算符 $\left(E_\mathrm{V} + \eta_\mathrm{V}\dfrac{\partial}{\partial t}\right)$ 代替相应的弹性常数 E 而得到的结果。

这样,在恒定应力 σ 条件下,应变按下述规律随时间而增加(设初始应变为0):

$$\begin{cases} \varepsilon(t) = \dfrac{\sigma}{E_\mathrm{V}}\left[1 - \exp\left(-\dfrac{t}{\tau_\mathrm{V}}\right)\right] \\ \tau_\mathrm{V} = \dfrac{\eta_\mathrm{V}}{E_\mathrm{V}} \end{cases} \qquad (6-12)$$

从而近似地描述了材料的蠕变行为(图 6-6),式中 $\tau_\mathrm{V} = \eta_\mathrm{V}/E_\mathrm{V}$。如果在 $\varepsilon = \varepsilon_0$ 时应力从 σ 突卸到 0,式(6-11)给出应变按下述规律延迟的回复:

$$\varepsilon(t) = \varepsilon_0\exp\left(-\frac{t}{\tau_\mathrm{V}}\right) \qquad (6-13)$$

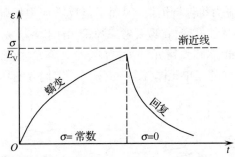

图 6-6 恒定应力 σ 条件下的蠕变行为和应力 σ 突卸到 0 时的延迟回复

可见 $t = \tau_\mathrm{V}$ 时,应变为初始应变的 $1/e$(36.79%)。τ_V 称为**延迟时间**,是表征黏弹性材料特性的另一个重要的材料常数。

和引入松弛模量类似,我们也可按下式定义一个**蠕变柔度** J_C:

$$J_\mathrm{C}(t) = \frac{\varepsilon(t)}{\sigma} \qquad (6-14)$$

则式(6-12)可化为

$$J_C = \frac{1}{E_V}\left[1 - \exp\left(-\frac{t}{\tau_V}\right)\right] = J_V\left[1 - \exp\left(-\frac{t}{\tau_V}\right)\right] \quad (6-15)$$

式中:$J_V = 1/E_V$,是 Voigt 模型中弹簧元件的柔度。

同样,由于单一延迟时间的 Kelvin-Voigt 体不能精确地描述真实材料的蠕变行为,可以引入由一系列不同延迟时间的 Kelvin-Voigt 单元串联组成的广义 **Kelvin-Voigt 体**(图 6-7),并且类似于式(6-9)和式(6-10)有

$$J_C(t) = \int_0^\infty J(\tau)\left[1 - \exp\left(-\frac{t}{\tau}\right)\right]d\tau = \int_{-\infty}^\infty L(\ln\tau)\left[1 - \exp\left(-\frac{t}{\tau}\right)\right]d\ln\tau \quad (6-16)$$

$J(t)$ 和 $L(\ln\tau)$ 分别是作为 τ 和 $\ln\tau$ 的函数的**延迟时间谱**。

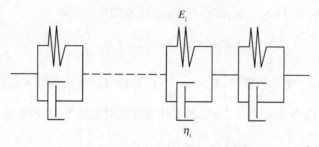

图 6-7 广义 Kelvin-Voigt 模型

6.1.3 标准线性固体

应该指出,Maxwell 体虽然能近似地描述应力松弛,但按式(6-4)在恒定应力下将有恒定应变率,因而只能反映牛顿黏性流动而不适用于描述更复杂的蠕变。并且,就是在描述应力松弛方面,按式(6-5),当时间足够长时,应力将松弛到零,也与实际材料在恒定应变下的松弛应力常趋于有限值不相符合。另外,Kelvin-Voigt 体虽然能近似地描述蠕变,但按式(6-11)在恒定应变下应力将保持恒值,因而不能反映应力松弛行为。为了既能较好地描述应力松弛又能较好地描述蠕变,就需要考虑弹簧元件和黏壶元件的更复杂的组合模型。其中最简单的是由 Maxwell 体和弹簧元件 E_a 并联的三单元体(图 6-8(a)),或由 Kelvin-Voigt 体与弹簧元件 E_a' 串联的三单元体(图 6-8(b))。它们分别具有如下的本构方程:

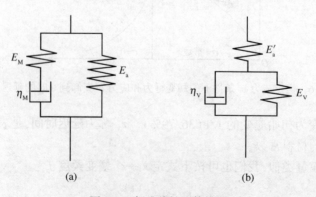

图 6-8 标准线性固体模型

$$E_M \sigma + \eta_M \dot{\sigma} = E_M E_a \varepsilon + (E_M + E_a) \eta_M \dot{\varepsilon} \qquad (6-17)$$

$$(E_a' + E_a) \sigma + \eta_V \dot{\sigma} = E_a' E_a \varepsilon + E_a' \eta_V \dot{\varepsilon} \qquad (6-18)$$

显然,如果 $E_a' = E_a + E_M$,$E_V = E_a(1 + E_a/E_M)$,以及 $\eta_V E_M E_a = \eta_M E_V E_a'$,则上述两式完全等价。实际上,它们都可看作式(6-4)和式(6-11)的线性组合,即

$$a_0 \sigma + a_1 \dot{\sigma} = b_0 \varepsilon + b_1 \dot{\varepsilon}$$

这种模型有时称为**标准线性固体模型**。当然,和前面讨论过的情况一样,为了更精确地描述黏弹性体的一般行为,常常需要采用更一般的线性黏弹性模型,其本构方程可表示为

$$\sum_{i=0}^{n} a_i \frac{\partial^i \sigma}{\partial t^i} = \sum_{i=0}^{n} b_i \frac{\partial^i \varepsilon}{\partial t^i}$$

式中:a_i, b_i 均为材料常数。

6.2 应力波在线性黏弹性杆中的传播

现在来讨论一下应力波在线性黏弹性体中的传播,着重看一看本构关系中的黏性项对应力波的传播有些什么影响。为简便起见,主要讨论纵波在 Voigt 体、Maxwell 体和标准线性固体的细长杆中的传播。

6.2.1 Kelvin-Voigt 杆中的黏弹性纵波

Kelvin-Voigt 体细长杆中纵波传播的控制方程由式(2-12)、式(2-13)、式(6-11)组成,即

$$\begin{cases} \dfrac{\partial v}{\partial X} = \dfrac{\partial \varepsilon}{\partial t} \\ \rho_0 \dfrac{\partial v}{\partial t} = \dfrac{\partial \sigma}{\partial X} \\ \sigma = E_V \varepsilon + \eta_V \dfrac{\partial \varepsilon}{\partial t} \end{cases} \qquad (6-19)$$

如果以位移 u 作为未知函数,则等价地有

$$\rho_0 \frac{\partial^2 u}{\partial t^2} = E_V \frac{\partial^2 u}{\partial X^2} + \eta_V \frac{\partial^3 u}{\partial X^2 \partial t} \qquad (6-20a)$$

或引入 $C_V^2 = E_V/\rho_0$ 后可改写为

$$\frac{\partial^2 u}{\partial t^2} - C_V^2 \frac{\partial^2 u}{\partial X^2} - C_V^2 \tau_V \frac{\partial^3 u}{\partial X^2 \partial t} = 0 \qquad (6-20b)$$

这是对 u 的三阶偏微分方程。当延迟时间 τ_V 很小因而第三项黏性项可忽略时,上式就化为弹性杆中的二阶偏微分方程式(2-18)。

由于黏性项的存在,弹性波解 $u = F(X \pm C_0 t)$ 不能满足式(6-20)。为求其解,以谐波解试之:

$$u(X, t) = A \cdot \exp[i(\omega t - k_1 X)]$$

如要满足式(6-20)则应有

$$\rho_0 \omega^2 = E_V k_1^2 + i \eta_V k_1^2 \omega \qquad (6-21)$$

这是一个复数关系。既然频率 ω 已假定是实数,则 k_1 必须是复数,令
$$k_1 = k + \mathrm{i}\alpha$$
代入式(6-21),由实部和虚部分别相等可得
$$\begin{cases} \rho_0\omega^2 = E_V(k^2 - \alpha^2) - 2\eta_V\omega\alpha k \\ 2E_V\alpha k = -\eta_V\omega(k^2 - \alpha^2) \end{cases} \quad (6-22)$$

由此可解得
$$k^2 = \frac{\rho_0 E_V \omega^2}{2(E_V^2 + \eta_V^2\omega^2)}\left[\sqrt{1 + \frac{\eta_V^2\omega^2}{E_V^2}} + 1\right] = \frac{\omega^2}{2C_V^2(1 + \omega^2\tau_V^2)}\left[\sqrt{1 + \omega^2\tau_V^2} + 1\right] \quad (6-23\mathrm{a})$$

$$\alpha^2 = \frac{\rho_0 E_V \omega^2}{2(E_V^2 + \eta_V^2\omega^2)}\left[\sqrt{1 + \frac{\eta_V^2\omega^2}{E_V^2}} - 1\right] = \frac{\omega^2}{2C_V^2(1 + \omega^2\tau_V^2)}\left[\sqrt{1 + \omega^2\tau_V^2} - 1\right] \quad (6-23\mathrm{b})$$

这里 α 可正可负,但正根意味着波幅随 X 将越来越大,没有物理意义(违反能量守恒),所以只取负值,并记作$(-\alpha)$。这样,可求得式(6-20)的解为
$$u(X,t) = A\exp(-\alpha X)\exp[\mathrm{i}(\omega t - kX)] \quad (6-24)$$

可见,复数值 k_1 中的 α 项实际上表示:应力波在传播中幅值将随传播距离 X 的增加而指数地衰减。这一现象叫做**吸收**现象,α 称为衰减因子。式(6-23b)表明,α 随频率而变。对于 $\omega \ll 1/\tau_V$(即周期 $T = 2\pi/\omega$ 比延迟时间 τ_V 大得多)的低频波,α 正比于 ω^2。

式(6-23a)表明,扰动传播的相速 $C(=\omega/k)$ 是频率 ω(或周期)的函数,为
$$C^2 = \frac{2C_V^2(1+\omega^2\tau_V^2)}{1+\sqrt{1+\omega^2\tau_V^2}} = \frac{2C_V^2\left[1+\left(\dfrac{2\pi\tau_V}{T}\right)^2\right]}{1+\sqrt{1+\left(\dfrac{2\pi\tau_V}{T}\right)^2}} \quad (6-25)$$

因而波在传播中形状要变化,这一现象叫做**弥散**(色散)现象。对于 $\omega \ll 1/\tau_V$ 的低频波,波速等于弹性杆中纵波速 $C = C_0$,而随着频率的增加相速增大。

6.2.2 Maxwell 杆中的黏弹性纵波

关于 **Maxwell** 体细长杆中纵波的传播,可作类似的讨论。其控制方程由式(2-12)、式(2-13)和式(6-4)所组成,即
$$\begin{cases} \dfrac{\partial v}{\partial X} = \dfrac{\partial \varepsilon}{\partial t} \\ \rho_0\dfrac{\partial v}{\partial t} = \dfrac{\partial \sigma}{\partial X} \\ \dfrac{\partial \varepsilon}{\partial t} = \dfrac{1}{E_M}\dfrac{\partial \sigma}{\partial t} + \dfrac{\sigma}{\eta_M} \end{cases} \quad (6-26)$$

或者当以位移 u 作为未知函数时,则等价地有
$$\rho_0\frac{\partial^3 u}{\partial t^3} - E_M\frac{\partial^3 u}{\partial X^2\partial t} + \frac{\rho_0 E_M}{\eta_M}\frac{\partial^2 u}{\partial t^2} = 0 \quad (6-27\mathrm{a})$$

或引入 $C_M^2 = E_M/\rho_0$ 后可改写为

$$\frac{\partial^2 u}{\partial t^2} - C_M^2 \frac{\partial^3 u}{\partial X^2 \partial t} + \frac{1}{\theta_M} \frac{\partial^2 u}{\partial t^2} = 0 \qquad (6-27b)$$

不难证明,谐波解式(6-24)仍满足此方程,但波数 k 和衰减因子 α 由下式确定:

$$k^2 = \frac{\omega^2}{2C_M^2}\left[\sqrt{1+\frac{1}{\omega^2\theta_M^2}}+1\right] \qquad (6-28a)$$

$$\alpha^2 = \frac{\omega^2}{2C_M^2}\left[\sqrt{1+\frac{1}{\omega^2\theta_M^2}}-1\right] \qquad (6-28b)$$

于是,和 Kelvin-Voigt 体中一样,应力波在传播中有弥散现象和吸收现象。但现在是对于 $\omega \gg 1/\theta_M$ 的高频波,相速才等于杆中弹性纵波速。并且这时衰减因子 α 与频率无关,有

$$\alpha = \frac{1}{2C_M\theta_M} = \frac{\rho_0 C_M}{2\eta_M} \qquad (6-29)$$

6.2.3 标准线性固体杆中的黏弹性纵波

完全类似地,对于图 6-8(a)所示的标准线性固体,由式(2-12)、式(2-13)和式(6-17)可得到以 u 为未知函数的控制方程为

$$\rho_0 \frac{\partial^3 u}{\partial t^3} + \frac{\rho_0}{\theta_M} \frac{\partial^2 u}{\partial t^2} = (E_a + E_M) \frac{\partial^3 u}{\partial t \partial x^2} + \frac{E_a}{\theta_M} \frac{\partial^2 u}{\partial x^2} \qquad (6-30)$$

式中:$\theta_M = \eta_M/E_M$;并且不难证明,谐波解式(6-24)仍是上式的解,只是 k 和 α 由下式确定:

$$k^2 = \frac{\rho_0 \omega^2}{2E_a}\left\{\left[\frac{1+\omega^2\theta_M^2}{1+\left(1+\frac{E_M}{E_a}\right)^2\omega^2\theta_M^2}\right]^{1/2} + \frac{1+\left(1+\frac{E_M}{E_a}\right)\omega^2\theta_M^2}{1+\left(1+\frac{E_M}{E_a}\right)^2\omega^2\theta_M^2}\right\} \qquad (6-31a)$$

$$\alpha^2 = \frac{\rho_0 \omega^2}{2E_a}\left\{\left[\frac{1+\omega^2\theta_M^2}{1+\left(1+\frac{E_M}{E_a}\right)^2\omega^2\theta_M^2}\right]^{1/2} - \frac{1+\left(1+\frac{E_M}{E_a}\right)\omega^2\theta_M^2}{1+\left(1+\frac{E_M}{E_a}\right)^2\omega^2\theta_M^2}\right\} \qquad (6-31b)$$

类似地,对于图 6-8(b)所示的标准线性固体,由式(2-12)、式(2-13)和式(6-18)可得到以 u 为未知函数的控制方程为

$$\rho_0 \eta_V \frac{\partial^3 u}{\partial t^3} + \rho_0(E_a' + E_V) \frac{\partial^2 u}{\partial t^2} - \eta_V E_a' \frac{\partial^3 u}{\partial X^2 \partial t} - E_V E_a' \frac{\partial^2 u}{\partial X^2} = 0 \qquad (6-32)$$

同样不难证明,谐波解式(6-24)仍是上式的解,只是 k 和 α 现在分别由下式确定:

$$k^2 = \frac{\rho_0 \omega^2}{2E_c E_a'}\left[\sqrt{\frac{E_a'^2 + E_c^2\omega^2\tau_V^2}{1+\omega^2\tau_V^2}} + \frac{E_a' + E_c\omega^2\tau_V^2}{1+\omega^2\tau_V^2}\right] \qquad (6-33a)$$

$$\alpha^2 = \frac{\rho_0 \omega^2}{2E_c E_a'}\left[\sqrt{\frac{E_a'^2 + E_c^2\omega^2\tau_V^2}{1+\omega^2\tau_V^2}} - \frac{E_a' + E_c\omega^2\tau_V^2}{1+\omega^2\tau_V^2}\right] \qquad (6-33b)$$

式中:E_c 是弹簧 E_V 和 E_a' 串联时的弹性模量,为

$$\frac{1}{E_c} = \frac{1}{E'_a} + \frac{1}{E_V}$$

不论按照式(6-31a)或式(6-33a)，扰动传播的相速 $C(=\omega/k)$ 都是频率 ω 的函数，这描述了标准线性固体中黏弹性波的弥散(色散)现象；而按照式(6-31b)或式(6-33b)，衰减因子 α 也是频率 ω 的函数，这描述了标准线性固体中黏弹性波的吸收现象。换言之，黏弹性波在标准线性固体中传播时，波形必定按照式(6-31)或式(3-33)表述的规律发生畸变。

对于爆炸和冲击等类型的高应变率载荷，人们更多关心高频波的情况。下面，我们以图6-8(a)所示的标准线性固体为例来分析。这时，由于 $\omega^2 \gg 1/\theta_M^2$，则式(6-31a)化为

$$k^2 \approx \frac{\rho_0 \omega^2}{E_a + E_M}$$

从而相速可表示为

$$C^2 = \frac{\omega^2}{k^2} = \frac{E_a + E_M}{\rho_0} = C_V^2 \tag{6-34}$$

这表示高频波的相速与频率无关，即意味着对于图6-8(a)所示的标准线性固体，这时化为由弹性常数分别为 E_a 和 E_M 的两弹簧元件并联组成的弹性体，原来Maxwell元件中的黏壶不起作用。因此波速也就正好等于由 E_a 和 E_M 并联组成的弹性体的弹性波波速 C_V。

至于高频波情况下的衰减因子 α，如果直接从式(6-31b)出发，容易误将公式右边分子和分母中的 $(\omega^2 \theta_M^2)$ 项同时约去，而导致错误的结论[①]。为便于正确讨论起见，需先把式(6-31b)改写为如下形式(Wang et al, 1994)：

$$\alpha^2 = \frac{\rho_0 \omega^2}{2E_a\left(1 + \frac{E_M}{E_a}\right)} \left\{ \left[\frac{1 + \frac{1}{\omega^2 \theta_M^2}}{1 + \frac{1}{\left(1 + \frac{E_M}{E_a}\right)^2 \omega^2 \theta_M^2}}\right]^{1/2} - \frac{1 + \frac{1}{\left(1 + \frac{E_M}{E_a}\right)\omega^2 \theta_M^2}}{1 + \frac{1}{\left(1 + \frac{E_M}{E_a}\right)^2 \omega^2 \theta_M^2}} \right\} \tag{6-35}$$

注意到对于高频波 $(\omega^2 \theta_M^2 \gg 1)$，上式中的有关各项可展开级数，再忽略高阶小量后，有

$$\left(1 + \frac{1}{\omega^2 \theta_M^2}\right)^{1/2} \approx 1 + \frac{1}{2}\left(\frac{1}{\omega^2 \theta_M^2}\right)$$

$$\left[1 + \frac{1}{(E_M/E_a)^2 \omega^2 \theta_M^2}\right]^{1/2} \approx 1 - \frac{1}{2}\left[\frac{1}{(1 + E_M/E_a)^2 \omega^2 \theta_M^2}\right]$$

$$\frac{1}{1 + \frac{1}{(1 + E_M/E_a)^2 \omega^2 \theta_2^2}} \approx 1 - \frac{1}{(1 + E_M/E_a)^2 \omega^2 \theta_M^2}$$

于是可得标准线性固体中的高频波的衰减因子(以下记作 α_{LS})：

[①] 关于标准线性固体中的黏弹性波，按K. W. Hillier(1949)的研究结果，当 $\omega \gg 1/\theta$ 时(高频波)，衰减因子 α 或无量纲阻尼 $\alpha C_0/\omega$ 将趋于0。这一结论曾被广泛地引用(如：Kolsky, 1953；Graff, 1975)，也被本书第1版所引用。后来我们发现这一结论是错误的并作了改正(Wang et al, 1994)，在此向本书第1版的读者们谨致歉意！

$$\alpha_{LS}^2 = \frac{\rho_0 \omega^2}{2(E_a + E_M)} \left\{ \frac{1}{2}\left(\frac{1}{\omega^2 \theta_M^2}\right) - \frac{1}{(1+E_M/E_a)\omega^2\theta_M^2} + \frac{1}{2}\left[\frac{1}{(1+E_M/E_a)^2 \omega^2 \theta_M^2}\right] \right\} =$$

$$\frac{\rho_0}{4\theta_M^2(E_a+E_M)}\left[1 - \frac{1}{(1+E_M/E_a)}\right]^2 = \frac{\rho_0 E_M^2}{4\theta_M^2(E_a+E_M)^3} \tag{6-36a}$$

这表示高频波的衰减因子 α_{LS} 与频率无关。为便于和 Maxwell 体中的高频波的衰减因子 α（见式(6-29)，今后记作 α_M）作比较，再注意到 $\theta_M = \eta_M/E_M$，$C_M^2 = E_M/\rho_0$ 和 $C_V^2 = (E_a+E_M)/\rho_0$（见式(6-34)）之后，式(6-36a)还可以改写为以下不同形式：

$$\alpha_{LS} = \frac{E_M}{2\theta_M C_V(E_a+E_M)} = \frac{\rho_0 C_V}{2\eta_M\left(1+\frac{E_a}{E_M}\right)^2} = \frac{\rho_0 C_M}{2\eta_M\left(1+\frac{E_a}{E_M}\right)^{3/2}} = \frac{\alpha_M}{\left(1+\frac{E_a}{E_M}\right)^{3/2}}$$

$$(6-36b)$$

既然 $E_a/E_M > 0$，由此可见必有 $\alpha_{LS} < \alpha_M$，即高频波在标准线性固体中的衰减比在对应的 Maxwell 体中的衰减要慢。

应当注意区分 2.8 节所述由杆的横向惯性引起的弥散和本节所述由黏性所引起的弥散。前者是几何尺寸因素所造成的**几何弥散**，而后者则是材料本身的黏性效应所造成的**本构黏性弥散**。这两种弥散随频率的变化恰好向两个不同的方向发展。对于黏弹性波，高频波速大于低频波速，而在杆中横向惯性引起的几何弥散中情况恰好相反（见式(2-68)）。

6.2.4 线性黏弹性杆中纵波的特征线解法

下面再来讨论一下 **Maxwell 体**细长杆中线性黏弹性纵波传播的**特征线解法**。这样既便于与过去所述的弹塑性波的特征线解法相对比，同时也便于下面对弹黏塑性波的讨论。

为求控制方程组(6-26)的特征线方程和相应的特征相容关系，可用待定系数 L、M 和 N 分别乘这三个式子，相加后有（以下暂略去 Maxwell 模型各材料参数的下标 M）

$$(L+N)\frac{\partial \varepsilon}{\partial t} + \left(M\rho_0\frac{\partial}{\partial t} - L\frac{\partial}{\partial X}\right)v + \left(-\frac{N}{E}\frac{\partial}{\partial t} - M\frac{\partial}{\partial X}\right)\sigma - N\frac{\sigma}{\eta} = 0 \tag{6-37}$$

为使上式化为只包含沿特征线的方向导数，这些系数应满足

$$\frac{dX}{dt} = \frac{0}{L+N} = \frac{-L}{M\rho_0} = \frac{ME}{N} \tag{6-38}$$

其解为

$$L+N=0, \rho_0 EM^2 = -LN \tag{6-39a}$$

$$L=M=0, N \neq 0 \tag{6-39b}$$

把式(6-39a)代入式(6-38)和式(6-37)得到两族实特征线和相应的特征相容关系：

$$dX = \pm\sqrt{\frac{E}{\rho_0}}dt = \pm C_0 dt \tag{6-40a}$$

$$dv = \pm\frac{1}{\rho_0 C_0}d\sigma \pm \frac{C_0}{\eta}\sigma dt = \pm\frac{1}{\rho_0 C_0}d\sigma \pm \frac{\sigma dX}{\eta} \tag{6-40b}$$

这两族特征线代表由材料瞬态响应所决定的波速 C_0 传播的波阵面轨迹。

把式(6-39b)代入式(6-38)和式(6-37)得到第三族特征线和相应的特征相容关系：

$$dX = 0 \tag{6-41a}$$

$$d\varepsilon - \frac{d\sigma}{E} - \frac{\sigma dt}{\eta} = 0 \tag{6-41b}$$

这族特征线代表质点运动轨迹,而特征相容关系式(6-41b)实际上就是材料本构关系式(6-4)的随体微商形式的另一种表现。

注意,与弹性波时的情况不同,现在沿特征线的相容关系中含有 dX 或 dt 项,正是这些项描述了黏弹性波的时间(速率)相关性,反映了黏弹性波在传播中的弥散和耗散特性,虽然这也给数值计算增加了复杂性。

这样,用特征线数值法解题时,经 X—t 平面上任一点有三条特征线(图 6-9),按已知的初始、边界条件联立解这三条特征线上的特征相容关系(用差分形式代替微分形式),即可确定点上的三个未知状态参量 σ, v 和 ε。具体的解法和过去所述类似,下面以 Maxwell 体半无限长杆为例加以说明。

设有一 Maxwell 体半无限长杆,初始处于静止的未扰动状态($v_0 = \sigma_0 = \varepsilon_0 = 0$),在杆端($X=0$)处受一突加恒值载荷 σ^*,则有一强间断波以波速 $\mathscr{D}$ 沿 OA 传播(图 6-9)。既然过去在第二章中导出强间断面上的如下运动学相容条件式(2-55):

$$[v] = -\mathscr{D}[\varepsilon]$$

和如下动力学相容条件式(2-57)时,均与材料性能无关,即

$$[\sigma] = -\rho_0 \mathscr{D}[v]$$

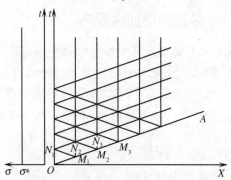

图 6-9 杆中黏弹性波传播的三族特征线

因此,此两式对黏弹性强间断波也仍应成立。并且由于在强间断面上 $\dot{\varepsilon} \to \infty$,本构关系中只有瞬态响应部分起作用,因而对 Maxwell 体有 $\frac{[\sigma]}{[\varepsilon]} = E$,因此可确定 Maxwell 杆中的强间断波波速 $\mathscr{D}$ 为

$$\mathscr{D} = \sqrt{\frac{1}{\rho_0} \frac{[\sigma]}{[\varepsilon]}} = \sqrt{\frac{E}{\rho_0}} = C_0$$

即 Maxwell 体强间断波的波速与弹性波波速一致。这样,沿 OA 一方面按照强间断波上的动力学相容条件和运动学相容条件应有

$$v = -\frac{\sigma}{\rho_0 C_0} \tag{6-42a}$$

$$v = -C_0 \varepsilon \tag{6-42b}$$

第六章 一维黏弹性波和弹黏塑性波

另一方面,由于 OA 是特征线,同时应满足相应的特征相容条件式(6-40b),即

$$\mathrm{d}v = \frac{\mathrm{d}\sigma}{\rho_0 C_0} + \frac{\sigma}{\eta}\mathrm{d}X$$

把式(6-42a)代入上式,就化为 σ 的一阶常微分方程,即

$$\frac{\mathrm{d}\sigma}{\mathrm{d}X} + \frac{\rho_0 C_0}{2\eta}\sigma = 0$$

利用边界条件 $\sigma|_{X=0} = \sigma^* = -\rho_0 C_0 v^*$ 来确定积分常数,可解得沿 OA 有

$$\sigma = \sigma^* \exp\left[-\frac{\rho_0 C_0}{2\eta}X\right] \tag{6-43a}$$

并由式(6-42)可得

$$v = -\frac{\sigma^*}{\rho_0 C_0}\exp\left[-\frac{\rho_0 C_0}{2\eta}X\right] = v^* \exp\left[-\frac{\rho_0 C_0}{2\eta}X\right] \tag{6-43b}$$

$$\varepsilon = \frac{\sigma^*}{E}\exp\left[-\frac{\rho_0 C_0}{2\eta}X\right] \tag{6-43c}$$

由此表明,强间断波在 Maxwell 体中传播时其强度按指数规律衰减(吸收现象),衰减因子 α 为

$$\alpha = \frac{\rho_0 C_0}{2\eta}$$

这和式(6-29)给出的高频波的结果一致。

求得沿 OA 的解后,可以进一步求解图 6-9 中的 AOt 区。应该注意,现在与弹性波时的情况不同,不再是恒值区,而是弱间断黏弹性波传播区。既然沿特征线 OA 的 σ、v 和 ε 已由式(6-43)解得,而沿另一条特征线 Ot 的 σ 值又由杆端边界条件给出,所以解 AOt 区归结为解黏弹性波的**特征线边值问题**。例如在数值解法中,边界点 N_1 的质点速度 $v(N_1)$ 和应变 $\varepsilon(N_1)$ 可由沿特征线 M_1N_1 和 ON_1 上的特征相容条件来解:

$$v(N_1) - v(M_1) = -\frac{1}{\rho_0 C_0}[\sigma(N_1) - \sigma(M_1)] + \frac{\sigma(M_1)}{\eta}[X(N_1) - X(M_1)]$$
$$\tag{6-44a}$$

$$\varepsilon(N_1) - \varepsilon(0) - \frac{1}{E}[\sigma(N_1) - \sigma(0)] - \frac{\sigma(0)}{\eta}[t(N_1) - t(0)] = 0 \tag{6-44b}$$

而内点 N_2 的状态参量 $\sigma(N_2)$,$v(N_2)$ 和 $\varepsilon(N_2)$ 则可由沿特征线 N_1N_2,M_2N_2 和 M_1N_2 上的特征相容条件来联立求解:

$$v(N_2) - v(N_1) = \frac{1}{\rho_0 C_0}[\sigma(N_2) - \sigma(N_1)] + \frac{\sigma(N_1)}{\eta}[X(N_2) - X(N_1)]$$
$$\tag{6-45a}$$

$$v(N_2) - v(M_2) = -\frac{1}{\rho_0 C_0}[\sigma(N_2) - \sigma(M_2)] + \frac{\sigma(M_1)}{\eta}[X(N_2) - X(M_2)]$$
$$\tag{6-45b}$$

$$\varepsilon(N_2) - \varepsilon(M_1) - \frac{1}{E}[\sigma(N_2) - \sigma(M_1)] - \frac{\sigma(M_1)}{\eta}[t(N_2) - t(M_1)] = 0$$
$$\tag{6-45c}$$

依此类推,整个 AOt 区可以解得。于是 Maxwell 体半无限长杆中黏弹性波传播的整个问题也就完全解得。

6.3 非线性黏弹性本构关系

在大变形的条件下,高聚物等黏弹性材料表现为非线性的力学行为,已不再能用上一节所讨论的线性黏弹性本构关系来表述。为此,人们发展了非线性黏弹性本构关系,及相应的非线性黏弹性波理论。

在我国,近 40 年来对于典型工程塑料(如环氧树脂、有机玻璃 PMMA、聚碳酸酯 PC、尼龙、ABS、PBT 等)所进行的一系列试验研究表明(唐志平 等,1981;王礼立 等,1992;王礼立 等,2000),在准静载荷到冲击载荷的范围内,即在应变率为 $10^{-4} \sim 10^{3} \mathrm{s}^{-1}$ 范围内,典型高聚物(包括热塑性和热固性的)的非线性黏弹性本构行为可以令人满意地由图 6-10 所示的非线性黏弹性本构模型来描述,它由一个非线性弹簧、一个低频 Maxwell 体和一个高频 Maxwell 体三者并联所组成。其相应的数学表达式(简称为 ZWT 方程)当以微分形式和积分形式表示时分别为

$$\frac{\partial \sigma}{\partial t} = \frac{\mathrm{d}f_e(\varepsilon)}{\mathrm{d}\varepsilon}\frac{\partial \varepsilon}{\partial t} + \frac{\partial \sigma_1}{\partial t} + \frac{\partial \sigma_2}{\partial t} = \left[\frac{\mathrm{d}f_e(\varepsilon)}{\mathrm{d}\varepsilon} + E_1 + E_2\right]\frac{\partial \varepsilon}{\partial t} - \frac{\sigma_1}{\theta_1} - \frac{\sigma_2}{\theta_2} \quad (6-46\mathrm{a})$$

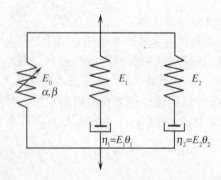

图 6-10 ZWT 非线性黏弹性本构模型

和

$$\sigma = f_e(\varepsilon) + E_1\int_0^t \dot{\varepsilon}\exp\left(-\frac{t-\tau}{\theta_1}\right)\mathrm{d}\tau + E_2\int_0^t \dot{\varepsilon}\exp\left(-\frac{t-\tau}{\theta_2}\right)\mathrm{d}\tau \quad (6-46\mathrm{b})$$

此处

$$f_e(\varepsilon) = E_0\varepsilon + \alpha\varepsilon^2 + \beta\varepsilon^3 \quad (6-46\mathrm{c})$$

描述非线性弹性平衡响应,E_0、α 和 β 是对应的弹性常数;第一个积分项描述低应变率下的黏弹性响应,E_1 和 θ_1 分别是所对应的低频 Maxwell 单元的弹性常数和松弛时间;而后一个积分项描述高应变率下的黏弹性响应,E_2 和 θ_2 则分别是所对应的高频 Maxwell 单元的弹性常数和松弛时间。

对于典型工程塑料如环氧树脂、有机玻璃(PMMA)、聚碳酸酯(PC)等,有关的 ZWT 参数如表 6-1 所列。

表 6-1　环氧树脂、有机玻璃 PMMA、聚碳酸酯 PC 的 ZWT 参数

	Epoxy	PMMA-1	PMMA-2	PMMA-3	PC
$\rho_0/(\text{kg/m}^3)$	1.20×10^3	1.19×10^3	1.19×10^3	1.19×10^3	1.20×10^3
E_0/GPa	1.96	2.04	2.19	2.95	2.20
α/GPa	4.12	4.17	4.55	10.9	23
β/GPa	−181	−233	−199	−96.4	−52
E_1/GPa	1.47	0.897	0.949	0.832	0.10
θ_1/s	157	15.3	13.8	7.33	470
E_2/GPa	3.43	3.07	3.98	5.24	0.73
$\theta_2/\mu\text{s}$	8.57	95.4	67.4	40.5	140

为避免式(6-46c)有可能导致虚假的"弹性应变软化",非线性弹性平衡态项 $f_e(\varepsilon)$ 有时还可表示为如下的指数函数形式(周风华 等,1992):

$$f_e(\varepsilon) = \sigma_m \left[1 - \exp\left(-\sum_{i=1}^{n} \frac{(m\varepsilon)^i}{i}\right)\right] \tag{6-47}$$

此处 σ_m、m 和正整数 n 均为材料参量,它们各有明确的物理意义。其中 σ_m 是应变趋于无穷大时 $f_e(\varepsilon)$ 的渐近最大值,m 是 E_0 和 σ_m 的比值,正整数 n 是表征 $f_e(\varepsilon)$ 初始线性度的材料参数。

关于 ZWT 方程中表征材料黏性特性的松弛时间参数 θ_1 和 θ_2,应该注意到它们分别都只对应一个有效的应变率范围(辖区)。事实上(Chu et al,1985),对于任一具有弹性系数 E_j 和黏性系数 η_j 的 Maxwell 单元,按式(6-4)有

$$\dot{\varepsilon} = \frac{\dot{\sigma}_j}{E_j} + \frac{\sigma_j}{\eta_j}$$

在恒应变率($\dot{\varepsilon} = \text{const}, \varepsilon = \dot{\varepsilon} t$)下有

$$\sigma_j = E_j \theta_j \dot{\varepsilon} \left\{1 - \exp\left(-\frac{\varepsilon}{\theta_j \dot{\varepsilon}}\right)\right\} \tag{6-48}$$

显然,当 $\dot{\varepsilon}$ 趋于无穷大时 σ_j 趋于其最大值,即瞬态响应 $\sigma_I = E_j \varepsilon$,而当 $\dot{\varepsilon}$ 趋于零时 σ_j 趋于其最小值,即平衡态响应 $\sigma_E = 0$。引入如下定义的无量纲应力松弛响应后:

$$\bar{\sigma}_j = \frac{\sigma_j}{\sigma_{\max} - \sigma_{\min}} = \frac{\sigma_j}{\sigma_I - \sigma_E} = \frac{\sigma_j}{E_j \varepsilon}$$

式(6-48)可改写为

$$\bar{\sigma}_j = \frac{\theta_j \dot{\varepsilon}}{\varepsilon}\left\{1 - \exp\left(-\frac{\varepsilon}{\theta_j \dot{\varepsilon}}\right)\right\} = \frac{\theta_j}{t}\left\{1 - \exp\left(-\frac{t}{\theta_j}\right)\right\}$$

如果把 $\bar{\sigma}_j = 0.995$ 近似地视为松弛过程的开始,而把 $\bar{\sigma}_j = 0.005$ 视为松弛过程的结束,则可确定该 Maxwell 单元的"有效影响区"或"辖区",当以时间来表示时为

$$10^{-2} \leq \frac{t}{\theta_j} \leq 10^{2.3} \tag{6-49a}$$

而以应变率来表示时(设 $\varepsilon = 1$)为

$$10^2 \geq \frac{\dot{\varepsilon}}{\left(\dfrac{\varepsilon}{\theta_j}\right)} \geq 10^{-2.3} \tag{6-49b}$$

这意味着任一松弛时间,其"有效影响区"不论以时间表示还是以应变率表示,均为大约 4 个量级。

由上述分析并联系到表 6-1 所列材料参数,对 ZWT 方程(式(6-46))应着重指出以下几点:

(1) 本构非线性仅来自纯弹性响应,而所有的黏弹性响应,即速率(时间)相关的响应,则本质上是线性的。这样的本构非线性是一种"弱非线性",或许可称之为"率无关非线性"。如果我们把这类材料称之为"ZWT 材料",则不难把成熟的线性黏弹性理论推广到处理 ZWT 材料的率相关响应。

(2) 典型工程塑料的试验表明,比值 α/E_0 为 $1 \sim 10$ 量级,而比值 β/E_0 为 $10 \sim 10^2$ 量级。这意味着,如果 $\varepsilon > 0.01$,应计及非线性;反之,如果 $\varepsilon < 0.01$,则可近似忽略非线性。

(3) 试验还表明,如表 6-1 所示,θ_1 通常是 $10 \sim 10^2$ s 量级,而 θ_2 通常是 $10^{-4} \sim 10^{-6}$ s 量级。所以不难理解,θ_1 对低应变率响应负责而 θ_2 对高应变率响应负责。既然 θ_1 比 θ_2 高 4~6 个量级,而由于每一松弛时间的影响范围约占 4 个量级,因此 θ_1 和 θ_2 将各自在自己的"有效影响域"范围内发挥作用。

(4) 这样,在时间尺度以 $1 \sim 10^2$ s 计的准静加载条件下,具有松弛时间 θ_2 为 $10^0 \sim 10^2$ μs 的高频 Maxwell 单元从准静加载一开始起就已经完全松弛了,于是式(6-46)化为

$$\sigma = f_e(\varepsilon) + E_1 \int_0^t \dot{\varepsilon}(t) \exp\left(-\frac{t-\tau}{\theta_1}\right) d\tau \tag{6-50a}$$

(5) 反之,在时间尺度以 $1 \sim 10^2$ μs 计的冲击加载条件下,具有松弛时间 θ_1 为 $10 \sim 10^2$ s 的低频 Maxwell 单元将无足够的时间来松弛(直到加载结束)。这时,低频 Maxwell 单元化为弹性常数为 E_1 的简单弹簧,而式(6-46)则化为

$$\sigma = f_e(\varepsilon) + E_1\varepsilon + E_2\int_0^t \dot{\varepsilon}(t)\exp\left(-\frac{t-\tau}{\theta_2}\right)d\tau = \sigma_e(\varepsilon) + E_2\int_0^t \dot{\varepsilon}(t)\exp\left(-\frac{t-\tau}{\theta_2}\right)d\tau$$
$$\sigma_e(\varepsilon) = f_e(\varepsilon) + E_1\varepsilon \tag{6-50b}$$

这说明聚合物在冲击载荷下的非线性黏弹性波的传播特性实际上由式(6-50b)控制。

理论上,式(6-46)既可以从 Coleman-Noll 的有限线性黏弹性理论(Coleman et al,1960;1961),也可以从 Green-Revlin 的多重积分本构理论导出(Green et al,1957)。事实上,一维形式的 Green-Revlin 的多重积分可写为

$$\sigma(t) = \int_{-\infty}^t \phi_1(t-\tau_1)\dot{\varepsilon}(\tau_1)d\tau_1 +$$
$$\iint_{-\infty}^t \phi_2(t-\tau_1, t-\tau_2)\dot{\varepsilon}(\tau_1)\dot{\varepsilon}(\tau_2)d\tau_1 d\tau_2 +$$
$$\iiint_{-\infty}^t \phi_3(t-\tau_1, t-\tau_2, t-\tau_3)\dot{\varepsilon}(\tau_1)\dot{\varepsilon}(\tau_2)\dot{\varepsilon}(\tau_3)d\tau_1 d\tau_2 d\tau_3 + \cdots \tag{6-51}$$

式中:ϕ_i 是松弛函数,式右第一项单重积分是遵循叠加原理的线性项,第二项双重积分是由 τ_1 时刻的应变增量和 τ_2 时刻的应变增量共同作用对现时刻 t 材料行为所产生影响的累积,第三项三重积分则是 τ_1, τ_2, τ_3 三个时间应变增量对现时刻材料行为影响的累积,

依此类推。但式(6-51)不适合于工程应用,即使仅取前三项,要确定松弛函数 ϕ_1,ϕ_2,ϕ_3,也至少需要 28 组不同的试验(Lockett,1972)。

然而,根据对环氧树脂、聚碳酸酯、尼龙、有机玻璃、ABS、PBT 等多种固体高分子材料动态力学行为的试验研究结果(王礼立 等,1992),有理由假设

$$\phi_1(t-\tau_1) = E_0 + E_1\exp\left(-\frac{t-\tau_1}{\theta_1}\right) + E_2\exp\left(-\frac{t-\tau_1}{\theta_2}\right)$$

$$\phi_2(t-\tau_1,t-\tau_2) = \text{const} = \alpha$$

$$\phi_3(t-\tau_1,t-\tau_2,t-\tau_3) = \text{const} = \beta$$

这时 Green-Revlin 多重积分(见式(6-51))就立即化为 ZWT 方程(见式(6-46))。

6.4 应力波在非线性黏弹性杆中的传播

现在来讨论一下应力波在非线性黏弹性体中的传播,看一看本构关系中的非线性项对黏弹性波的传播有些什么影响。为简便起见,主要讨论纵波在 ZWT 材料的细长杆中的传播。

非线性黏弹性杆中波传播的控制方程组由运动方程

$$\rho_0 \frac{\partial v}{\partial t} = \frac{\partial \sigma}{\partial x} \tag{6-52}$$

连续方程

$$\frac{\partial v}{\partial x} = \frac{\partial \varepsilon}{\partial t} \tag{6-53}$$

和非线性黏弹性本构方程所组成。对于遵循 ZWT 非线性黏弹性本构方程的材料(ZWT 材料),在时间尺度以 $1\sim10^2\mu s$ 计的冲击加载条件下,其非线性黏弹性方程式(6-46)可简化为式(6-50),有

$$\sigma = (E_0+E_1)\varepsilon + \alpha\varepsilon^2 + \beta\varepsilon^3 + E_2\int_0^t \dot{\varepsilon}(t)\exp\left(-\frac{t-\tau}{\theta_2}\right)d\tau$$

或以微分形式表示,等价地有

$$\frac{\partial \sigma}{\partial t} + \frac{\sigma}{\theta_2} = [\sigma'_{\text{eff}}(\varepsilon) + E_2]\frac{\partial \varepsilon}{\partial t} + \frac{\sigma_{\text{eff}}(\varepsilon)}{\theta_2} \tag{6-54a}$$

此处 $\sigma_{\text{eff}}(\varepsilon)$ 是有效非线性纯弹性响应,且

$$\sigma_{\text{eff}}(\varepsilon) = f_e(\varepsilon) + E_1\varepsilon, \quad \sigma'_{\text{eff}}(\varepsilon) = \frac{df_e(\varepsilon)}{d\varepsilon} + E_1 \tag{6-54b}$$

与前述线性黏弹性杆中波传播的特征线解法相类似,上述偏微分控制方程组等价于如下三族常微分方程组,每一族由特征线方程和沿特征线的相容条件所组成。其中,第一、第二族为

$$dx = \pm C_V dt \tag{6-55a}$$

$$dv = \pm\frac{1}{\rho_0 C_V}d\sigma \pm \frac{\sigma-\sigma_{\text{eff}}(\varepsilon)}{\rho_0 C_V\theta_2}dt = \pm\frac{1}{\rho_0 C_V}d\sigma + \left[\frac{\sigma-\sigma_{\text{eff}}(\varepsilon)}{(\sigma'_{\text{eff}}+E_2)\theta_2}\right]dx \tag{6-55b}$$

此处正、负号分别对应于正向波(右行波)和负向波(左行波),而沿特征线波速 C_V 为

$$C_V = \sqrt{\frac{1}{\rho_0}\frac{d(\sigma_{\text{eff}}+E_2)}{d\varepsilon}} = \sqrt{\frac{\sigma'_e(\varepsilon)+E_1+E_2}{\rho_0}} \tag{6-56}$$

第三族对应于质点运动轨迹及随质点运动应遵循的本构关系:

$$dx = 0 \qquad (6-57a)$$

$$d\varepsilon - \frac{d\sigma}{\sigma'_{eff} + E_2} - \frac{\sigma - \sigma_{eff}(\varepsilon)}{\sigma'_{eff} + E_2} \frac{dt}{\theta_2} = 0 \qquad (6-57b)$$

因此,只要已知有关材料特性参数,就不难用特征线数值法对杆中的非线性黏弹性波的传播求解。值得注意的是,在式(6-55b)和式(6-57b)即相容条件中,高频松弛时间 θ_2 总是以 $(\sigma-\sigma_{eff})dt/\theta_2$ 的形式出现在含 dt 的项中。黏弹性波的弥散和衰减实际上由这些项所描述,因而可知黏弹性波的弥散和衰减主要依赖于 θ_2 和所谓的"过应力" $(\sigma-\sigma_{eff})$。

以 $\theta_2 = 95.4\mu s$ 的有机玻璃(PMMA)和 $\theta_2 = 8.57\mu s$ 的环氧树脂为例进行比较,两者的高频松弛时间 θ_2 相差一个量级。数值模拟所需的其他非线性黏弹性本构参数可由表6-1查知,边界条件设为在半无限长杆的端部($X=0$)受到恒速冲击(80m/s)。由上述特征线数值计算方法可求得距冲击端不同位置处($X=0,0.2m,0.4m,0.6m,0.8m,1.0m$)的应力波形和应变波形。对于有机玻璃(PMMA),其结果分别如图6-11(a)和图6-11(b)所示;而对于环氧树脂,其结果则分别如图6-12(a)和图6-12(b)所示。图中除以实线表示非线性黏弹性波的计算结果外,还以虚线给出线性近似(令非线性弹性常数 $\alpha=\beta=0$)的计算结果(Wang et al,1995;Wang,2003)。

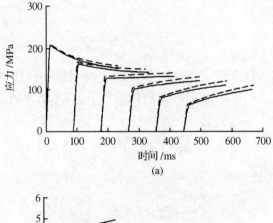

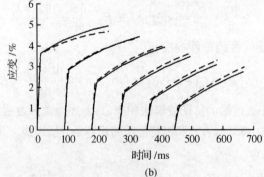

图6-11 有机玻璃(PMMA)半无限长杆在恒速冲击(80m/s)下的黏弹性波
(实线—非线性黏弹性波;虚线—线性黏弹性波。)
(a) $X=0,0.2m,0.4m,0.6m,0.8m,1.0m$ 处依次的应力波形;
(b) $X=0,0.2m,0.4m,0.6m,0.8m,1.0m$ 处依次的应变波形。

由图 6-11 和图 6-12 可见,不论对有机玻璃(PMMA),还是对环氧树脂,即使其黏弹性响应是线性的,本构非线性弹性对于波衰减和波剖面形状的影响仍然是不可忽略的。还值得注意,由图 6-11 和图 6-12 可以看到黏弹性波的以下几个基本共性。

(1) 与线弹性波不同,在黏弹性杆中传播的应力波、应变波和质点速度波之间不再存在简单的正比关系(见式(6-55b)和式(6-57b))。作为黏性效应的体现,应力剖面会呈现"应力松弛"型特性,即应力剖面在升时部分之后呈现随时间减小的特性;而应变剖面会呈现"蠕变"型特性,即应变剖面在升时部分之后呈现随时间增加的特性。这意味着,任一点 X 处的黏弹性动态应力 $\sigma(X,t)$ 不能简单地由该点处实测获得的动态应变 $\varepsilon(X,t)$ 乘以表观弹性模量来求得。

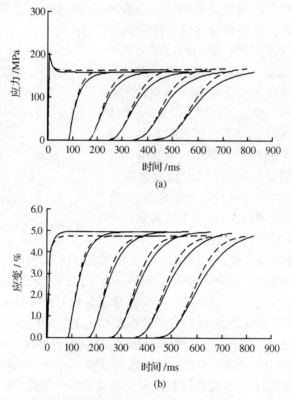

图 6-12 环氧树脂半无限长杆在恒速冲击(80m/s)下的黏弹性波
(实线—非线性黏弹性波;虚线—线性黏弹性波。)
(a) $X=0,0.2m,0.4m,0.6m,0.8m,1.0m$ 处依次的应力波形;
(b) $X=0,0.2m,0.4m,0.6m,0.8m,1.0m$ 处依次的应变波形。

(2) 作为黏性效应的另一主要体现,所有高聚物杆中的黏弹性波都显示其幅值随传播距离增大而减小的衰减特性。这一衰减特性由式(6-55b)和式(6-57b)中与 θ_2 相关的项 $\dfrac{\sigma-\sigma_{\text{eff}}(\varepsilon)}{(\sigma'_{\text{eff}}+E_2)\theta_2}$ 所决定,随 θ_2 之增大,衰减变弱。

(3) 既然如前所述,任一 θ_j 都存在一个"有效影响区",约 4 个量级的应变率范围(见式(6-49)),因此相对应地,就黏弹性波的传播而言,也存在一个由 θ_2 占统治地位的"有效传播时间"$t_{eff}=\theta_2$,或"有效传播距离"$X_{eff}=C_V\theta_2$。超出这一"有效传播时间"或"有效传播距离",θ_2就不再发挥显著的影响作用。例如由表 6-1 所列材料参数可估得,对于 PMMA 有 $X_{eff}=0.214\text{m}$,而对于环氧树脂有 $X_{eff}=0.0205\text{m}$。这不论对于研究黏弹性波的传播特性(正问题),或由黏弹性波传播的实测倒推材料本构关系(反问题),都有直接的指导意义。

6.5 弹黏塑性本构关系

人们早就发现在冲击载荷下材料的塑性变形性能明显地不同于准静载荷下的性能,认识到这是应变率对塑性变形的影响。在这方面,J. Hopkinson(1872)和 B. Hopkinson(1905)父子两人相继所做的钢丝的冲击拉伸试验(图 6-13)是具有历史意义的。他们的试验给出了三个重要的结果:①控制冲击拉断的主要因素是落重的高度,即主要取决于冲击速度,而与落重的质量基本无关;②冲击拉断的位置不在冲击端 A 处,而在悬挂固结端 B 处;③测得的动态屈服强度 Y_d 约为静态屈服强度 Y_s 的两倍,钢丝可经受比 Y_s 大 50% 的应力达约 100μs 而无明显的屈服(延迟屈服现象)。前两个结果主要是应力波传播过程所造成的,从前几章的讨论已完全可以理解,而第三个结果则完全归因于材料力学性能的应变率效应。

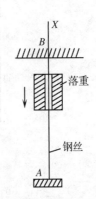

图 6-13 对钢丝的冲击拉伸试验

在速率无关塑性波理论中,一方面承认应变率效应的存在,因而提出了与静态应力应变曲线相区别的动态应力应变关系的概念;但另一方面,为了简化又近似地假定在动态下应力只是应变的单值函数,从而所采用的本构方程在形式上是速率无关类型的。这一理论虽然取得了相当程度的成功,但随后人们发现在某些方面并不完全与试验事实相符合。例如,对杆作恒速撞击时,按速率无关塑性波理论在杆端附近形成一段如图 2-10 所示的恒塑性应变区,但实际上并未被已有的试验一致地证实(Lee,1956;Riparbelli,1953;Sternglass et al,1953)。又如,对一弹塑性杆如果预先加载到某一塑性变形 ε_p,然后再施加一微幅冲击扰动时,按速率无关理论(式(2-15)),增量波将以 $\varepsilon=\varepsilon_p$ 时 $\sigma-\varepsilon$ 曲线斜率所决定的塑性波速传播,但若干试验结果却表明增量波实际上以弹性波速 C_0 传播(Bell,1951;Alter et al,1956;Bianchi,1964 等)。这些事实都表明速率无关理论有一定的局限性。克服这种局限性的途径,从根本上来说需要计及本构关系中塑性变形的速率相关性。从 20 世纪 40 年代末、50 年代初,就开始发展了弹黏塑性波理论。

为此,首先要建立弹黏塑性本构关系。有关应变率对屈服应力或定值应变下流动应力的影响,人们已做了大量的试验研究(Campbell,1973)。由试验数据整理所得的一维应力下的经验公式主要有两种类型,即如下的幂函数律:

$$\frac{\sigma}{\sigma_0}=\left(\frac{\dot{\varepsilon}}{\dot{\varepsilon}_0}\right)^n \tag{6-58a}$$

或者

$$\frac{\sigma}{\sigma_0} = 1 + \left(\frac{\dot{\varepsilon}}{\dot{\varepsilon}_0}\right)^n, \quad 即 \dot{\varepsilon} = \dot{\varepsilon}_0 \left(\frac{\sigma - \sigma_0}{\sigma_0}\right)^{1/n} \tag{6-58b}$$

和如下的对数律：

$$\frac{\sigma}{\sigma_0} = 1 + \lambda \ln\left(\frac{\dot{\varepsilon}}{\dot{\varepsilon}_0}\right), \quad 即 \dot{\varepsilon} = \dot{\varepsilon}_0 \exp\left[\frac{1}{\lambda}\left(\frac{\sigma - \sigma_0}{\sigma_0}\right)\right] \tag{6-59}$$

式中：σ_0 是准静态试验 $\dot{\varepsilon} = \dot{\varepsilon}_0$ 下的屈服应力或流动应力。显然，n 和 λ 即

$$n = \frac{\partial \ln \sigma}{\partial \ln \dot{\varepsilon}} \tag{6-60a}$$

$$\lambda = \frac{\partial \sigma}{\partial \ln \dot{\varepsilon}} \tag{6-60b}$$

分别是幂函数律和对数律下的**应变率敏感性系数**。式(6-58)和式(6-59)两式分别在双对数坐标和半对数坐标中呈直线(图6-14)。后者意味着只有当应变率有量级性变化时，流动应力才有显著的影响。

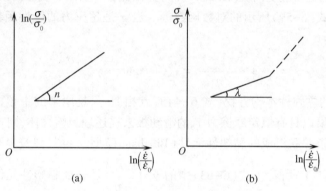

图 6-14 两种类型的应变率相关性
(a) 幂函数律；(b) 对数律。

注意到 $(\sigma - \sigma_0)$ 是动态应力与静态应力之差，常称为**超应力**(overstress)或**过应力**(extra stress)，$(\sigma - \sigma_0)/\sigma_0$ 则是无量纲化的超应力。于是式(6-58b)和式(6-59)意味着应变率是超应力的函数。这一试验研究结果最早可追溯到 Lüdwik(1909)的工作。

在这些试验研究的基础上，人们把经典的塑性理论加以推广，以考虑到塑性流变部分的应变率效应，但仍假设弹性变形部分的应变率效应可忽略不计，就发展了所谓**弹黏塑性**理论。其基本思想是，假设总应变率 $\dot{\varepsilon}$ 由弹性部分(率无关的瞬态响应) $\dot{\varepsilon}^e$ 和非弹性部分(率相关的非瞬态响应，即黏塑性响应) $\dot{\varepsilon}^p$ 相加组成：

$$\dot{\varepsilon} = \dot{\varepsilon}^e + \dot{\varepsilon}^p \tag{6-61}$$

值得注意，不同于**固体力学**的**本构形变律**一般表述为应力作为应变的函数，$\sigma = f(\varepsilon)$，上述的幂函数律(式(6-58))和对数律(式(6-59))则表述为应力作为应变率的函数，$\sigma = f(\dot{\varepsilon})$，它与熟知的牛顿黏性律类似，实质上都归属于**流体力学**的**本构流动律**。正由于此，我们称**黏塑性**为**流动**，而不称为变形，相对应的应力称为**流动应力**。相应地，在本构关系的几何描述上，**形变律** $\sigma = f(\varepsilon)$ 适合用 σ—ε 图来描述，**流动律** $\sigma = f(\dot{\varepsilon})$ 则适合用 σ—$\dot{\varepsilon}$ 图来描述。至于**弹黏塑性**本构方程(式6-61)，既包含固体性质的弹性变形，又包含流体性

质的黏塑性流动,应力是应变和应变率的函数,$\sigma=f(\varepsilon,\dot{\varepsilon})$,通常称为**弹黏塑性流变**。在本构关系的几何描述上,这对应于 $\sigma-\varepsilon-\dot{\varepsilon}$ 三维坐标中的曲面,因而既可以用 $\sigma-\varepsilon$ 坐标中一系列给定 $\dot{\varepsilon}$ 的曲线来描述,也可以用 $\sigma-\dot{\varepsilon}$(或 $\sigma-\log\dot{\varepsilon}$)坐标中一系列给定 ε 的曲线来描述。这两类图示法在下文和广泛文献中都会经常见到。

下面从宏观力学的角度来讨论几个具有代表性的弹黏塑性本构方程(唯象模型)。

1. Sokolovsky-Malvern-Perzyna 方程

Sokolovsky(Соколовский,1948)首先在理想塑性体的基础上提出了如下的弹黏塑性本构关系:

$$\dot{\varepsilon}=\frac{\dot{\sigma}}{E}+\text{sign}\sigma\cdot g\left[\frac{|\sigma|}{Y_0}-1\right] \quad (6-62)$$

即认为 $\dot{\varepsilon}^p$ 是由动态应力 σ 与理想塑性体静态屈服限 Y_0 之差所定义的超应力的函数 $g\left[\dfrac{|\sigma|}{Y_0}-1\right]$。在不同的恒应变率下,式(6-62)在 $\sigma-\varepsilon$ 坐标中是一族黏塑性变形部分为互相平行的直线的应力应变曲线(图6-15(a))。函数 g 一般是非线性函数,包括式(6-58)所示的幂函数和式(6-59)所示的对数函数等。当 g 是超应力的线性函数时,式(6-62)可写成如下形式:

$$\dot{\varepsilon}=\frac{\dot{\sigma}}{E}+\frac{|\sigma|-Y_0}{\eta}=\frac{\dot{\sigma}}{E}+\text{sign}\sigma\cdot\gamma^*\frac{|\sigma|-Y_0}{Y_0} \quad (6-63)$$

这与 Maxwell 体的黏弹性本构方程(式6-4)有点相似,只是原来的牛顿黏性项换成了超应力黏性项。如果以具有恒定摩擦力 Y_0 的滑动板来描述理想塑性体,则式(6-63)可表示为由黏壶和滑动板并联组成的黏塑性元件(Bingham 模型)、再与弹簧串联所组成的三单元模型,如图6-15(b)所示。式(6-63)中的 $\gamma^*\left(=\dfrac{Y_0}{\eta}\right)$ 是表征黏塑性元件的黏性特性的材料常数。

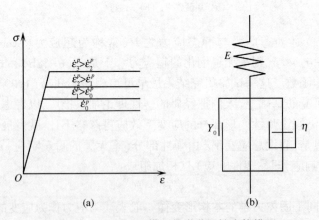

图 6-15 Sokolovsky 模型的弹黏塑性本构模型

L. E. Malvern(1951)提出,以静态的应力应变曲线 $\sigma_0(\varepsilon)$ 代替 Y_0 来计及应变硬化,给出如下的弹黏塑性本构方程:

$$\dot{\varepsilon} = \frac{\dot{\sigma}}{E} + \text{sign}\sigma \cdot g\left[\frac{\sigma}{\sigma_0(\varepsilon)} - 1\right] \qquad (6-64)$$

这相当于在图 6-15(b)所示模型中,认为摩擦力 Y 是塑性应变 ε^p 的函数,$Y = Y(\varepsilon^p)$。在不同的恒应变率下,式(6-64)在 σ—ε 坐标中是一族进入黏塑性变形后与静态应力应变曲线 $\sigma_0(\varepsilon)$ 各自保持等距离的应力应变曲线(图 6-16)。

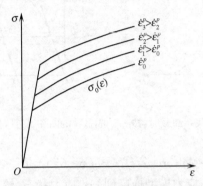

图 6-16 Sokolovsky-Malvern 模型的弹黏塑性本构模型

按照 Sokolovsky-Malvern 模型,只有在超应力大于零时才发生黏塑性变形,在超应力小于或等于零时,只发生弹性变形,这可以统一表示为如下形式的本构方程:

$$\begin{cases} \dot{\varepsilon} = \dfrac{\dot{\sigma}}{E} + \left\langle g\left[\dfrac{\sigma}{\sigma_0(\varepsilon)} - 1\right] \right\rangle \\ \langle g \rangle = \begin{cases} 0, & \dfrac{\sigma}{\sigma_0(\varepsilon)} - 1 \leqslant 0 \\ g, & \dfrac{\sigma}{\sigma_0(\varepsilon)} - 1 > 0 \end{cases} \end{cases} \qquad (6-65\text{a})$$

或者类似于式(6-63)引入黏性系数 γ^*,即令 $g\langle\xi\rangle = \gamma^* \phi(\xi)$,则式(6-65a)可写成另一种形式:

$$\begin{cases} \dot{\varepsilon} = \dfrac{\dot{\sigma}}{E} + \gamma^* \langle \phi(F) \rangle \\ \langle \phi(F) \rangle = \begin{cases} 0, & F \leqslant 0 \\ \varphi(F), & F > 0 \end{cases} \\ F = \dfrac{\sigma}{\sigma_0(\varepsilon)} - 1 \end{cases} \qquad (6-65\text{b})$$

注意,对于 Sokolovsky-Malvern 弹黏塑性体,到底是由弹性区进入黏塑性区还是由黏塑性区回到弹性区,完全由超应力是否大于零来决定。只要超应力大于零,则不论应力是随时间增大 $\left(\dfrac{\partial \sigma}{\partial t} > 0\right)$ 还是减小 $\left(\dfrac{\partial \sigma}{\partial t} < 0\right)$,都遵循同一本构关系,即使应力下降了,黏塑性变形仍可能继续发展。例如,在应力随时间先线性地增加、再线性地减小(图 6-17(a))的情况下,按式(6-65)计算所得的 σ—ε 曲线如图 6-17(b)所示。由图可见,应力开始下降后黏塑性变形还继续发展。应力卸到 C 点时,超应力为零,才由黏塑性状态转入弹性卸

载状态,C 点既不对应于应力开始下降点,也不对应于应变下降点。在这些方面,弹黏塑性材料与弹塑性材料完全不同。

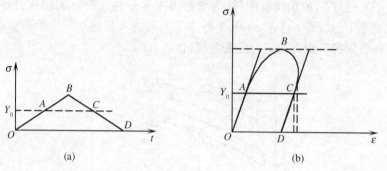

图 6-17　应力随时间线性加载—卸载时,按 Sokolovsky-Malvern 模型的弹黏塑性材料的 σ—ε 曲线

以上给出的 Sokolovsky-Malvern 公式(式(6-65))是一维应力状态下的表达式,Perzyna(1966)进一步将此超应力模型推广到三维应力状态,给出如下以张量形式表示的一般式,称为 Sokolovsky-Malvern-Perzyna 弹黏塑性本构方程:

$$\begin{cases} \dot{\varepsilon}_{ij} = \dot{\varepsilon}^e_{ij} + \dot{\varepsilon}^p_{ij} \\ = \dfrac{1}{2\mu} \dot{S}_{ij} + \dfrac{1}{3K} \dot{\sigma}_{ij} \delta_{ij} + \gamma <\phi(F)> \dfrac{\partial f}{\partial \sigma_{ij}} \\ <\phi(F)> = \begin{cases} 0, F \leq 0 \\ \phi(F), F > 0 \end{cases} \\ F = \dfrac{f(\sigma_{ij}, \dot{\varepsilon}^p_{ij})}{k(w_p)} - 1 \end{cases} \quad (6-66)$$

式中:μ 是弹性拉梅系数;K 是弹性体积模量;F 是度量动态加载函数 $f(\sigma_{ij}, \dot{\varepsilon}^p_{ij})$ 与计及硬化的静态流动应力 $k(w_p)$ 之差的塑性流动函数(无量纲超应力),此处 w_p 是塑性功。事实上,$F=0$ 对应于静态加载过程($\dot{\varepsilon}^p_{ij}=0$),此时的加载函数 $f(\sigma_{ij},\dot{\varepsilon}^p_{ij})=f_s=k(w_p)$;$F>0$ 则对应于动态加载过程,此时的加载函数 $f(\sigma_{ij},\dot{\varepsilon}^p_{ij})$ 则可写成 f_d。将结果代入式(6-66)最后一式,即可得

$$F = \frac{f_d - f_s}{f_s}$$

注意,Sokolovsky-Malvern-Perzyna 方程式(6-66)隐含着一个基本假定:总应变率张量是弹性应变率张量与塑性应变率张量之和,而不是张量积。

2. Cowper-Symonds 方程

Cowper 和 Symonds(1957)根据金属材料在不同应变率下的下屈服应力的大量试验数据,提出了如下形式的率相关本构方程:

$$\dot{\varepsilon} = D \left(\frac{\sigma_d}{\sigma_0} - 1 \right)^q \quad (6-67a)$$

或改写为应力作为应变率函数的如下形式:

$$\frac{\sigma_d}{\sigma_0} = 1 + \left(\frac{\dot{\varepsilon}}{D}\right)^{1/q} \qquad (6-67b)$$

式中：σ_0 是准静态流动应力；σ_d 是应变率 $\dot{\varepsilon}$ 时的动态流动应力；D 和 q 是材料常数。与幂函数律（式(6-58b)）相对照可知，D 和 q 分别对应于式(6-58b)中的 $\dot{\varepsilon}_0$ 和 $1/n$，而 n 的物理意义是式(6-60)所定义的应变率敏感系数。表 6-2 列出几种金属材料的 D 和 q 试验测定值。

表 6-2　几种金属材料的 D 和 q 值

材　料	D/s^{-1}	q
软钢	40.4	5
铝合金	6500	4
α-钛	120	9
304 不锈钢	100	10

对于软钢，取 $D = 40.4\text{s}^{-1}$、$q = 5$ 时，式(6-67)理论曲线与 Symonds(1967) 历时 30 年所收集的试验数据之对比如图 6-18 所示。考虑到不同实验室所研究的软钢之微观晶粒尺寸和热处理不尽相同，测试系统也有差别，图中的数据难免相当分散，而 Cowper-Symonds 公式总体上获得众多试验数据支持，这是它迄今在工程应用上仍获得广泛采用的重要原因之一。

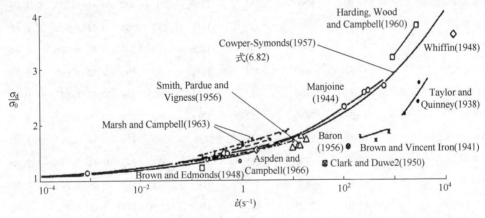

图 6-18　Cowper-Symonds 公式与软钢不同应变率下的下屈服应力试验结果的比较（Symonds,1967）

为反映材料的应变硬化效应，Symonds(1965) 把式(6-67a)改写为

$$\dot{\varepsilon} = D\left(\frac{\sigma_d}{\sigma(\varepsilon)} - 1\right)^q \qquad (6-67c)$$

式中：$\sigma(\varepsilon)$ 是准静态计及应变硬化的单轴应力应变曲线，$(\sigma_d - \sigma(\varepsilon))$ 则是相应的超应力。可见 Cowper-Symonds 公式可以归为基于超应力的经验公式。

Cowper-Symonds 公式在金属结构的结构冲击力学（Jones,2011），包括汽车碰撞、船舶碰撞和船撞桥等实际工程中获得广泛应用。

3. Johnson-Cook 方程

在对数律(式(6-59))的基础上,综合考虑到材料在准静态下的**应变硬化效应**,以及流动应力随温度升高而降低的**温度软化效应**,Johnson 和 Cook 提出用下述方程来描述材料的动态本构关系(Johnson et al,1983;Johnson et al,1983),被称为 Johnson-Cook 方程:

$$\sigma = (\sigma_0 + B\varepsilon^n)\left(1 + C\ln\frac{\dot{\varepsilon}}{\dot{\varepsilon}_0}\right)\left(1 - \left(\frac{T - T_r}{T_m - T_r}\right)^m\right) \quad (6-68)$$

式中:等号右边是三项之积,第一项反映计及抛物线型应变硬化的准静态响应,其中 σ_0 是准静态屈服应力,指数前系数 B 和应变硬化系数 n 表征应变硬化特性;第二项反映了动态对数型率相关响应,其中 $\dot{\varepsilon}_0$ 是参考应变率,通常取为 $1\mathrm{s}^{-1}$ 或取准静态应变率,C 是应变率敏感系数(即式(6-60b)中的 λ);第三项反映了温度软化响应,其中 T_r 是参考温度(通常取屈服应力 σ_0 测定时的温度),T_m 是熔点温度,m 是温度软化系数。Johnson 和 Cook (1983)根据一系列试验结果,给出了 12 种金属材料的相关数据,如表 6-3 所示,大大方便了工程应用。

表 6-3 不同材料的 Johnson-Cook 本构常数($\dot{\varepsilon} = 1\mathrm{s}^{-1}$)

材料	描述				本构参数 $\sigma = [\sigma_0 + B\varepsilon^n][1 + C\ln\varepsilon^*][1 - T^{*m}]$				
	硬度(Rockwell)	密度(kg/m³)	比热(J/kg K)	熔化温度/K	σ_0/MPa	B/MPa	n	C	m
无氧高导电性铜	F-30	8960	383	1356	90	292	0.31	0.025	1.09
弹壳黄铜	F-67	8520	385	1189	112	505	0.42	0.009	1.68
200 镍基高温合金	F-79	8900	446	1726	163	648	0.33	0.006	1.44
阿姆可铁	F-72	7890	452	1811	175	380	0.32	0.060	0.55
卡彭特软磁性低碳铁	F-83	7890	452	1811	290	339	0.40	0.055	0.55
1006 钢	F-94	7890	452	1811	350	275	0.36	0.022	1.00
2024-T351 铝	B-75	2770	875	775	265	426	0.34	0.015	1.00
7039 铝	B-76	2770	875	877	337	343	0.41	0.010	1.00
4340 钢	C-30	7830	477	1793	792	510	0.26	0.014	1.03
S-7 工具钢	C-50	7750	477	1763	1539	477	0.18	0.012	1.00
钨合金(.07Ni,.03Fe)	C-47	17000	134	1723	1506	177	0.12	0.016	1.00
贫铀-0.75% Ti	C-45	18600	117	1473	1079	1120	0.25	0.007	1.00

由于 Johnson-Cook 方程是根据试验数据拟合的经验公式,不难理解视材料的不同,相应的拟合经验式将有所变化。因此,自 Johnson-Cook 方程提出以来,人们对式(6-68)提出过不同的修正或改进形式,例如可以采用其他函数形式来描述式中第一项的应变硬化项,也可以采用其他函数形式来描述式中第二项的应变率硬化项,等等,都可以归属于 **Johnson-Cook 型**方程。

值得提到的是,对于脆性材料如陶瓷、岩石和混凝土等,考虑到这类材料的动态力学行为对静水压力 p(三轴等压力球量)和损伤 D 十分敏感,而对温度则不太敏感,

Holmquist,Johnson 和 Cook(1993)建议了如下的 **Holmquist-Johnson-Cook 方程**(简称 HJC 方程):

$$\sigma^* = [A(1-D) + Bp^{*N}](1 + C\ln\dot{\varepsilon}^*) \qquad (6-69a)$$

式中各量都进行了归一化处理,以实现公式无量纲化,即:$\sigma^* = \sigma_{eff}/f_c$ 为归一化等效应力($\leqslant S_{max}$),f_c 为准静态下单轴抗压强度,S_{max} 为材料所能达到的最大归一化等效应力;$p^* = P/f_c$ 为归一化等轴压力;$\dot{\varepsilon}^* = \dot{\varepsilon}_{eff}/\dot{\varepsilon}_0$ 为归一化等效应变率,而参考应变率 $\dot{\varepsilon}_0$ 常取为 $1s^{-1}$;A 为归一化的无损伤的内聚强度;B 为压力硬化系数;N 为压力硬化指数;C 为应变率敏感系数;$D(0\leqslant D\leqslant 1.0)$ 为刻画损伤的宏观标量,$D=0$ 对应于无损伤,$D=1$ 对应于破坏。在 HJC 模型中宏观损伤 D 的演化 dD 由总塑性应变增量(等效塑性应变增量 $d\varepsilon_p$ 与体积塑性增量 $d\mu_p$ 之和)与总破坏应变(等效塑性破坏应变 ε_f 与体积塑性破坏应变 μ_f 之和)两者之比来描述,即有如下的损伤演化方程:

$$\frac{dD}{dt} = \frac{1}{(\varepsilon_f + \mu_f)} \frac{d(\varepsilon_p + \mu_p)}{dt} \qquad (6-69b)$$

而总破坏应变 $(\varepsilon_f + \mu_f)$ 则如下式所示,是归一化等轴压力 p^* 与归一化最大拉伸应力 $T^* = T/f_c$(T 为材料拉伸强度)的函数,即

$$\varepsilon_f + \mu_f = D_1(p^* + T^*)^{D_2} \geqslant \varepsilon_{fmin} \qquad (6-69c)$$

式中:D_1 和 D_2 是表征损伤演化的材料常数,而 ε_{fmin} 是材料断裂时的最小塑性应变,用来控制拉伸应力波导致的脆性开裂。有关动态损伤演化可参考《材料动力学》(王礼立 等,2017)。

式(6-69)的意义不仅在于把源于金属材料的 Johnson-Cook 方程推广到脆性材料,增加了静水压力 p(三轴等压力球量)和宏观损伤 D 的影响,而且在于不局限于"材料容变律与畸变律解耦"的假定,即在材料动态畸变关系中考虑了三轴等压力球量 p 的影响,并且关于体积变形也不再局限于可逆热力学范畴的弹性变形,而考虑了不可逆塑性体积变形的存在。

Johnson-Cook 型方程由于同时计及了材料的应变硬化效应、应变率硬化效应和温度软化效应等,又具有便于工程应用的简便形式,还基于大量试验提供了公式应用所需的材料常数,因而获得广泛应用。

但是,把这些效应的相关项取乘积的形式来刻画材料动态畸变行为,缺乏理论支持。例如,大量试验和微观位错动力学机理分析表明(王礼立 等,2017),应变率效应与温度效应可用所谓的 Zener-Holloman 参数 $Z = \dot{\varepsilon}\exp\left(\dfrac{U}{kT}\right)$ 统一刻画(Zener et al, 1944),即两者之间存在所谓的率—温等效性(此处 U 为激活能,k 为 Boltzmann 常数,可参看下文的式(6-73))。又如,大量试验数据表明,应变率敏感响应项取用 $\sigma-\log\dot{\varepsilon}$ 线性关系形式(式(6-59)),只在一定应变率范围适用,当应变率高于 $10^4 s^{-1}$ 时不再成立,代表性的结果如图 6-19 所示(Follansbee et al,1988)。可见,人们在选用 Johnson-Cook 方程这类经验型公式时,一定要掌握其适用条件和局限性。

以上几个具有代表性的黏塑性本构方程(唯象模型)是基于宏观试验观察从宏观力学的角度来讨论的。与此同时,不少研究者们从微观的位错动力学角度开展了相应的研究,揭示了相对应的物理机制。下面作简要的讨论。

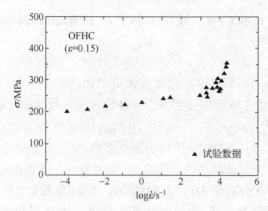

图 6-19 无氧铜(OFHC)在 $\varepsilon=0.15$ 时的 σ—$\log\dot{\varepsilon}$ 曲线(Follansbee et al,1988)

Polanyi(1934)、Orowan(1934)和 G. I. Taylor(1934)几乎同时、又分别独立地,提出了有关**位错**(dislocation)的概念。按此,晶体在外力 τ 作用下塑性滑移被归结为位错克服各种微观势垒的运动所形成的滑移,如图 6-20 所示。不同晶体不同位错之运动会形成不同方向不同量值的滑移,取决于**位错强度**,它由所谓的 **Burgers 矢量**(Burgers vector)**b** 表征。注意,位错运动是一个**时间相关**或**速率相关**过程,因而实质上是一个流动过程,而不是一个瞬时形变过程。

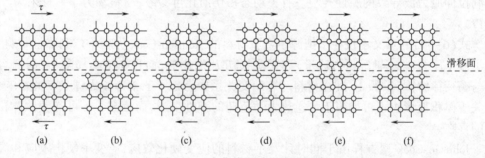

图 6-20 由位错运动形成的滑移

这样,**微观机理**上当从经典的晶体两部分**整体滑移**的**塑性形变**模型(经典理想强度模型)发展为时间相关的位错运动过程的**率相关塑性流动滑移**时,在**宏观表征**上实际上对应于从**本构形变律**转换为**本构流动律**,是建模观念上的一个跳跃性转变。可见,位错动力学的提出对于宏观塑性/黏塑性本构模型的发展具有十分重要的意义。

如何把微观尺度上位错运动的微观参量与宏观尺度上黏塑性流动的宏观参量之间建立定量关系,是**跨尺度研究走向应用的关键**。对此,Orowan(1940)做出了具有历史性的贡献。如图 6-21 所示,设在给定的宏观大小为 $l \times l \times l$ 的晶体中,受切应力 τ 作用,在微观尺度上有 N 个平行的 Burgers 矢量大小为 b 的可动刃型位错(以符号 $\perp$ 表示),沿图中水平滑移面运动。显然,产生的总滑移量为 Nb,把 N/l^2 定义为可动位错密度 ρ_m,则宏观塑性切应变 γ^p 便可写成

$$\gamma^p = \frac{Nb}{l} = \frac{Nbl}{l^2} = \phi\rho_m bl \qquad (6-70a)$$

式中:ϕ 是位相因数,是考虑到实际上 N 个可动位错不会如图 6-21 所示那样全都平行排列。

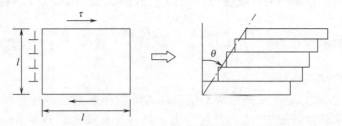

图 6-21 一列平行位错的运动造成的宏观塑性切应变 $\gamma^p(=\tan\theta)$

考虑到位错运动是一个率相关过程,重要的是建立宏观黏塑性应变率 $\dot{\gamma}^p$ 与微观位错各相关参数间的关系,将式(6-70a)对时间 t 微分,有

$$\dot{\gamma}^p = \phi\rho_m b v_d + \phi b l \dot{\rho}_m \qquad (6-70\text{b})$$

可见,黏塑性应变率 $\dot{\gamma}^p(=\mathrm{d}\gamma^p/\mathrm{d}t)$ 依赖于位错运动速度 $v_d(=\mathrm{d}l/\mathrm{d}t)$ 和可动位错密度对时间的变化率 $\dot{\rho}_m(=\mathrm{d}\rho_m/\mathrm{d}t)$。

设可动位错密度 ρ_m 随时间变化得慢,可暂时忽略,则有

$$\dot{\gamma}^p = \phi\rho_m b v_d \qquad (6-70\text{c})$$

上式建立了宏观黏塑性应变率 $\dot{\gamma}^p$ 与微观参量,即位错 Burgers 矢量大小 b 及位错运动速度 v_d 之间的关系。式(6-70)统称为 **Orowan 公式**(Orowan,1940)。

问题的下一步关键在于位错运动速度 v_d 如何依赖于**作用力** τ **和温度** T。

位错要跨越势垒才能实现滑移,其跨越势垒所需的能量由切应力 τ 做功与晶格热振动(热起伏/热涨落)提供的热激活能 U 两部分组成。按照统计力学的热激活机制,位错克服一个势垒的概率也即位错成功跨越势垒的频率 ν_l 为

$$\nu_l = \nu_0 \exp\left(-\frac{U}{kT}\right) \qquad (6-71)$$

式中:ν_0 为位错振动频率;k 为 Boltzmann 常数。位错速度 v_d 乃是位错成功跨越势垒频率 ν_l 与相应的平均运动距离 λ 之乘积,于是有

$$v_d = \lambda\nu_l = \lambda\nu_0\exp\left(-\frac{U}{kT}\right) = v_0\exp\left(-\frac{U}{kT}\right) \qquad (6-72)$$

式中 $v_0 = \lambda\nu_0$。上式称为**位错速度的 Arrhenius 方程**。把上式代入 Orowan 公式(式(6-70c))得到

$$\dot{\gamma}^p = \phi\rho_m b v_d = \phi\rho_m b v_0 \exp\left(-\frac{U(\tau)}{kT}\right) = \dot{\gamma}_0 \exp\left(-\frac{U(\tau)}{kT}\right) \qquad (6-73\text{a})$$

或可改写为如下形式:

$$U(\tau) = -kT\ln\frac{\dot{\gamma}^p}{\dot{\gamma}_0} = kT\ln\frac{\dot{\gamma}_0}{\dot{\gamma}^p} \qquad (6-73\text{b})$$

考虑到位错跨越势垒所需激活能 U 随切应力 τ 做功贡献之增大而减少等内禀特性,热激活能 U 通常表示为切应力 τ 的函数,式中 $\dot{\gamma}_0$ 是指数函数前各参量的组合,称为指前因子(pre-exponential factor)。上式是**热黏塑性应变率的 Arrhenius 方程**。

注意,式(6-73)表明,应变率升高和温度降低具有某种等效性,因而可用两者的某种组合参量来统一描述**率—温等效性**,例如上文提到的 Zener-Holloman 参数 $Z = \dot{\varepsilon}\exp\left(\dfrac{U}{kT}\right)$,或 Lindholm(1974)建议的 $T^*\left(=T\ln\left(\dfrac{\dot{\varepsilon}_0}{\dot{\varepsilon}_p}\right)\approx T\ln\left(\dfrac{\dot{\varepsilon}_0}{\dot{\varepsilon}}\right)\right)$。式(6-73)为这类率—温等效参数提供了微观位错动力学基础。

式(6-73)实际上是研究各种基于位错动力学的热黏塑性本构方程的基本出发点。问题的关键在于热激活能 $U(\tau)$ 与外加应力 τ 具有什么样的函数关系。在几何描述上,$U(\tau)$ 是在切应力 τ 对于激活体积 V 的坐标系(τ—V)中的**势垒曲线**的积分面积,如图6-22所示,此处激活体积 V 定义为长度为 l、Burgers 矢量大小为 b 的位错扫过激活距离 x 之积,$V = blx$。解析上,相对应的有如下表达式:

$$U(\tau) = \int_{\tau}^{\tau_0} V(\tau)\mathrm{d}\tau = \int_0^{\tau_0} V(\tau)\mathrm{d}\tau - \int_0^{\tau} V(\tau)\mathrm{d}\tau = U^*(\tau_0) - U^*(\tau) \quad (6-74)$$

式中:$U^* = \int_0^{\tau} V(\tau)\mathrm{d}\tau$。由此可见,基于热激活机制的宏观黏塑性畸变律之具体函数形式归根结底取决于表征位错**势垒形状**的 $U(\tau)$ 或 $V(\tau)$。

下面从势垒形状 $V(\tau)$ 出发,来讨论几种代表性的热黏塑性畸变律。

(1) **矩形势垒——Seeger's 模型**。

最简单的势垒形状是矩形,如图6-23所示。这时有

$$V = V^*, \quad U = V^*(\tau_0 - \tau) \quad (6-75)$$

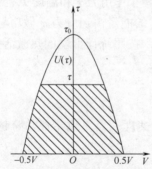
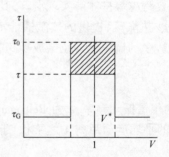

图6-22 在 τ—V 坐标中的位错势垒曲线示意　　图6-23 矩形位错势垒的 τ—V 示意图

此处 V^* 是 $\tau = 0$ 时的激活体积 $V^* = V(0, T)$,τ_0 是势垒最大应力,上式表明热激活能 U 是应力 τ 的线性函数,代入式(6-73b)后得到

$$\tau = \tau_0 + \dfrac{kT}{V^*}\ln\dfrac{\dot{\gamma}^p}{\dot{\gamma}_0} \quad (6-76\mathrm{a})$$

或可改写为

$$\tau = \tau_0\left(1 + C\ln\left(\dfrac{\dot{\gamma}^p}{\dot{\gamma}_0}\right)\right), \quad C = \dfrac{kT}{\tau_0 V^*} \quad (6-76\mathrm{b})$$

注意,微观上位错克服各种势垒所需的作用力,在宏观上表现为材料的黏塑性流变应力 τ。运动位错遇到的势垒既有小而窄的(Burgers 矢量 $\vec{b}$ 量级),也有大而宽的。前者称为

短程(short-range)势垒,后者称为**长程**(long-range)势垒。克服短程势垒所需的能量较小,它对温度和应变率敏感,热激活机制能能够帮助位错越过短程势垒。这样的势垒称为**热激活**(thermally activated)的。反之,克服长程势垒所需的能量较大,晶格原子热振动的热能已帮不上忙,它对温度和应变率不敏感。这样的势垒称为**非热激活**(non-thermally activated)的,或者称为**非热的**(athermal)。式(6.76a,b)中的 τ 只表示与热激活过程相对应的短程应力,如果计及**非热长程应力** τ_G(如图 6.23 中所标示),应更完整地写为

$$\tau = \tau_G + \tau_0 + \frac{kT}{V^*}\ln\frac{\dot{\gamma}^p}{\dot{\gamma}_0} \qquad (6-76c)$$

该式最早由 Seeger(1955)提出,称为 **Seeger's 模型**。它为对数律经验公式(6-59)以及 Johnson-Cook 方程(式(6-68))中的"应变率效应"项提供了位错动力学的理论基础。

(2) **非线性势垒——双曲形势垒谱模型**。

矩形位错势垒对应于激活能 U 与应力 τ 之间存在线性关系(式(6-75)),从而对应地有线性的 $\tau-\log\dot{\gamma}$ 关系(式(6-76))。试验观察表明,这常常只在一定的应变率范围内成立,如图 6-19 所示。

一般情况下位错势垒形状具有非线性 $U-\tau$ 关系,例如 Davidson 和 Lindholm(1974)以及 Kocks,Argon 和 Ashby(1975)等都建议过与试验结果相符合的非线性势垒模型。王礼立(Wang,1984)建议了一个更普遍的**双曲形势垒**(hyperbolic-shape barriers)模型:

$$V = V^*\left(1 + \frac{\tau}{\tau_c}\right)^{-m}, \quad m \geq 0 \qquad (6-77)$$

式中:V^* 是 $\tau=0$ 时的激活体积 $V^* = V(0,T)$;τ_c 是特征应力,可取势垒最大应力 τ_0(这时 $\tau/\tau_0 < 1$)或其他有意义的应力,如远程应力 τ_G(这时 $\tau/\tau_G > 1$)。不同的 m 值给出不同的双曲形势垒,如图 6-24 所示。

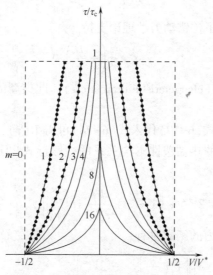

图 6-24 双曲形位错势垒的 $\tau-V$ 示意图

式(6-77)具有广泛的适用性,取不同的 m 值,可化为一系列已知的模型:

① 当 $m=0$,$V=V^*$,对应于矩形势垒,即 Seeger's 模型(参看式(6-75))。

② 当 $m=1$，$V=V^*\left(1+\dfrac{\tau}{\tau_c}\right)^{-1}$，则有

$$U = \tau_c V^*\left[\ln 2 - \ln\left(1+\dfrac{\tau}{\tau_c}\right)\right] \quad (6-78a)$$

$$\ln\left(\dfrac{\dot{\gamma}^p}{\dot{\gamma}_0}\right) = \dfrac{\tau_c V^*}{kT}\left[\ln\left(1+\dfrac{\tau}{\tau_c}\right) - \ln 2\right] \quad (6-78b)$$

如果 τ/τ_c 中的特征应力 τ_c 取为长程应力 τ_G，当 $\tau/\tau_c \gg 1$ 时，就有

$$\ln\dfrac{\dot{\gamma}^p}{\dot{\gamma}_0} \propto \ln\dfrac{\tau}{\tau_c} \quad (6-79)$$

这与幂函数律（式(6-58)）一致，在双对数坐标 $\ln\left(\dfrac{\tau}{\tau_c}\right) - \ln\left(\dfrac{\dot{\gamma}}{\dot{\gamma}_0}\right)$ 中的直线斜率表征应变率敏感性（式(6-60)）。因此，这为各种幂函数类型的经验公式（如 Cowper-Symonds **方程**），以及位错速度 v_d 与应力 τ 间的试验测定式 $v_d \propto \tau^n$（Johnston, 1959），提供了位错动力学理论支持。

③ 当 $m=2$，$V=V^*\left(1+\dfrac{\tau}{\tau_c}\right)^{-2}$，则有

$$U = \tau_c V^*\left[\left(1+\dfrac{\tau}{\tau_c}\right)^{-1} - \dfrac{1}{2}\right] \quad (6-80a)$$

$$\ln\left(\dfrac{\dot{\gamma}^p}{\dot{\gamma}_0}\right) = \dfrac{\tau_c V^*}{kT}\left[\dfrac{1}{2} - \left(1+\dfrac{\tau}{\tau_c}\right)^{-1}\right] \quad (6-80b)$$

当 $\bar{\tau} \gg 1$ 时，就有

$$\ln\dot{\gamma} \propto -\dfrac{1}{\tau} \quad (6-81a)$$

这为如下的经验公式提供了位错动力学理论支持

$$\dot{\gamma} \propto \exp\left(-\dfrac{D}{\tau}\right) \quad (6-81b)$$

式中：D 称为特征曳动应力（characteristic drag stress）。此类型的黏塑性方程称为 **Gilman 公式**（Gilman, 1960）。

④ 当 m 为任意值，将式(6-77)代入式(6-74)可得 $U(\tau)$，再代入式(6-73)，则有如下基于双曲形热激活势垒的热黏塑性本构关系的一般形式（但 $m \neq 1$），当表示为应力作为应变率的函数时有

$$\left(1+\dfrac{\tau}{\tau_c}\right)^{1-m} = 2^{1-m} + (1-m)\dfrac{kT}{\tau_c V^*}\ln\left(\dfrac{\dot{\gamma}^p}{\dot{\gamma}_0}\right), \quad m \geq 0, \ m \neq 1 \quad (6-82a)$$

或当表示为应变率作为应力的函数时有

$$\dot{\gamma}^p = \dot{\gamma}_0 \exp\left(\dfrac{\left(1+\dfrac{\tau}{\tau_c}\right)^{1-m} - 2^{1-m}}{(1-m)\dfrac{kT}{\tau_c V^*}}\right), \quad m \geq 0, \ m \neq 1 \quad (6-82b)$$

上式显然不适用于 $m=1$。其实，特殊情况 $m=1$ 时的表达式已由前述的式(6-78b)给出。

● **双曲形势垒谱**

进一步,考虑到一个单一的热激活势垒常常在一定的应变率和温度范围起主导作用,而在更广的应变率和温度范围,则可能存在多个机制,分别对应于不同的势垒形状。换句话说,实际上存在一个**势垒谱**(spectrum of barriers),在不同条件下有不同的机制起主导作用;这样以式(6-31)所示的双曲形势垒为基础,可以建立相应的**双曲形势垒谱**。

按式(6-82b),并设弹性应变率的贡献可以忽略,对于第 i 个势垒有

$$\left(\frac{\dot{\gamma}}{\dot{\gamma}_0}\right)_i = \exp\left(\frac{\left(1+\frac{\tau}{\tau_c}\right)^{1-m_i} - 2^{1-m_i}}{(1-m_i)\frac{kT}{\tau_c V^*}}\right), \quad m_i \geqslant 0, \quad m_i \neq 1 \quad (6-83\text{a})$$

或以应变率作为应力的函数时有

$$\left(\frac{\tau}{\tau_c}\right)_i = \left[2^{1-m_i} + (1-m_i)\frac{kT}{\tau_c V^*}\ln\left(\frac{\dot{\gamma}^p}{\dot{\gamma}_0}\right)\right]^{\frac{1}{1-m_i}} - 1 \quad (6-83\text{b})$$

如果总的黏塑性应变率 $(\dot{\gamma}/\dot{\gamma}_0)$ 为各个 $(\dot{\gamma}/\dot{\gamma}_0)_i$ 乘以权重函数 ψ_i 之和,则有

$$\left(\frac{\dot{\gamma}}{\dot{\gamma}_0}\right) = \sum_{i=1}^{n}\psi_i\left(\frac{\dot{\gamma}}{\dot{\gamma}_0}\right)_i = \sum_{i=1}^{n}\psi_i\exp\left(\frac{\left(1+\frac{\tau}{\tau_c}\right)^{1-m_i} - 2^{1-m_i}}{(1-m_i)\frac{kT}{\tau_c V^*}}\right) \quad (6-84\text{a})$$

此处应变率权重函数 ψ_i 一般是 $\gamma,\dot{\gamma}$ 和 T 的函数,并满足

$$\sum_{i=1}^{n}\psi_i(\gamma,\dot{\gamma},T) = 1 \quad (6-84\text{b})$$

如果总的应力 (τ/τ_c) 为各个 $(\tau/\tau_c)_i$ 乘以权重函数 ϕ_i 之和,则有

$$\left(\frac{\tau}{\tau_c}\right) = \sum_{i=1}^{n}\varphi_i\left(\frac{\tau}{\tau_c}\right)_i = \sum_{i=1}^{n}\varphi_i\left\{\left(\left(2^{1-m_i} + (1-m_i)\left(\frac{kT}{\tau_c V^*}\right)\ln\left(\frac{\dot{\gamma}}{\dot{\gamma}_0}\right)\right)^{\frac{1}{1-m_i}} - 1\right\}\right. \quad (6-85\text{a})$$

此处应力权重函数 ϕ_i 同样是 $\gamma,\dot{\gamma}$ 和 T 的函数,并满足:

$$\sum_{i=1}^{n}\phi_i(\gamma,\dot{\gamma},T) = 1 \quad (6-85\text{b})$$

注意,式(6-84)和式(6-85)分别对应于势垒谱中各势垒的**串联**组合及各势垒的**并联**组合,分别类似于黏弹性理论中的广义 Maxwell 模型和广义 Kelvin-Voigt 模型。

● **双曲形势垒模型的试验验证**

通过已经发表的试验数据,可以对基于双曲形热激活势垒的热黏塑性方程进行试验验证。

Lindholm(1968)给出铝在不同应变率($10^{-3} \sim 10^3 \text{s}^{-1}$)和不同温度(294~672K)的试验结果,如图 6-25 所示。根据这些数据,用式(6-82a)分别取不同的 m 值进行最小二乘法回归分析,发现 $m=2$ 时的相关系数最高。拟合曲线如图 6-25 中的实线所示,虚线则是 Lindholm 原来给出的按照 Seeger's 模型(相当于取 $m=0$)拟合的直线。两者对比表明,非

线性双曲形热激活势垒(式(6-82a))比 Seeger's 矩形势垒能更好地与试验数据相符,特别在曲线两端。

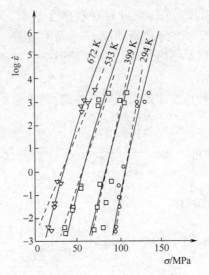

图 6-25　Lindholm 的铝试验结果(应变 0.15)与双曲形势垒(式(6-31))回归曲线对比

Campbell 和 Ferguson(1970)给出软钢在不同应变率($10^3 \sim 4\times10^4 \mathrm{s}^{-1}$)和温度(195~713 K)范围的屈服应力的经典试验结果,如图 6-26(a)所示。据此,研究者们曾按不同的应变率敏感性加以分区:①对应变率不太敏感的 I 区(低应变率—高温区);②σ—$\log \dot{\varepsilon}$ 坐标中服从线性关系式(Seeger's 模型)的 II 区(高应变率—低温区);以及③在 σ—$\dot{\varepsilon}$ 坐标中服从线性黏性关系的 IV 区。对于 I、II 两区的试验数据,按照双曲形势垒模型(式(6-82a))进行最小二乘法回归分析后,同样发现 $m=2$ 时的相关系数最高。拟合结果如图 6-26(b)中的曲线所示。由此可见,I、II 两区的试验数据完全可以用单一的双曲形势垒($m=2$)来刻画。

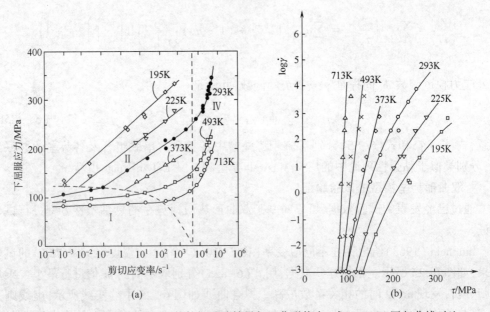

图 6-26　Campbell-Ferguson 的软钢试验结果与双曲形势垒(式(6-31))回归曲线对比

上述两个著名试验结果，前者是面心立方 FCC 金属而后者是体心立方 BCC 金属，一致对双曲形势垒模型的位错动力学机制给予有力支持。

（3）Zerilli-Armstrong 模型。

至此我们主要考虑了 Orowan 公式(式(6-70b))中位错运动速度 v_d 项的影响，而假设可动位错密度 ρ_m 随时间变化缓慢，即 $\dot{\rho}_m$ 项的影响可予以忽略。这在实质上忽略了以位错增殖机理为基础的**应变硬化效应**。

Zerilli 和 Armstrong(1987)考虑了应变硬化效应，在热黏塑性方程中增加了应变相关项。此外，还考虑了其他影响因素：①区别不同晶格结构(例如体心立方 BCC 和面心立方 FCC 晶体)具有不同的应变率敏感性和应变硬化效应；②按照著名的 Hall-Petch 公式($\sigma = \sigma_0 + kd^{-1/2}$)考虑了晶粒尺寸 d 对于流动应力的影响，此处 σ_0、k 均为材料常数；③计入长程非热应力 σ_G 等。这样，它们基于线性 $\ln(\tau/\tau_c)$-$\ln(\dot{\gamma}/\dot{\gamma}_0)$ 热激活势垒关系，对于 BCC 金属和 FCC 金属，分别给出如下以正应力 σ 形式表示的热黏塑性方程：

$$\sigma = \sigma_G + C_1\exp(-C_3T + C_4T\ln\dot{\varepsilon}) + C_5\varepsilon^n + kd^{-1/2} \quad \text{(BCC)} \quad (6-86a)$$

$$\sigma = \sigma_G + C_2\varepsilon^{1/2}\exp(-C_3T + C_4T\ln\dot{\varepsilon}) + kd^{-1/2} \quad \text{(FCC)} \quad (6-86b)$$

式中：C_1、C_2、C_3、C_4 等为材料常数。上式称为 **Zerilli-Armstrong 方程**，或简称 **ZA 方程**。

Zerilli 和 Armstrong(1987)对无氧铜(FCC 金属)圆杆(原始半径 R_0)在 190m/s 撞击速度下进行了 Taylor 杆撞击试验(参看 13.2.2 节 Taylor 杆)。试验后实测的径向应变 $\ln(R/R_0)$ 随撞击距离变化的结果如图 6-27 中的点划线所示。图中同时给出 Zerilli-Armstrong 方程的预示曲线(实线)以及 Johnson-Cook 方程(式(6-68))的预示曲线(虚线)。显然，Zerilli-Armstrong 方程与试验结果更为接近。

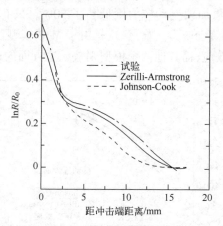

图 6-27 无氧铜 Taylor 杆撞击试验实测剖面形状与两种模型理论预示的对比

（4）力学阈值应力模型。

在以上讨论各种热激活模型时，对于图 6-22 所示的势垒峰值应力 τ_0，一般已假定是恒值。τ_0 在物理上是指 0K 温度下、即无热激活帮助时，为跨过势垒所必需的力学阈值应力(mechanical threshold stress，MTS)。τ_0 设为恒值的假定，只是在材料微观结构状态没有变化的前提下才成立。实际上，随着微结构的演化，τ_0 也随之变化。

事实上，材料的时间相关行为不仅表现在应变率相关性，还表现在**应变率历史**相关性,后者正是材料微观状态变化的反映。

基于上述情况,Follansbee 和 Kocks(1988)建议,不再把 τ_0 视为恒值而作为应变和应变率的函数,$\tau_0 = \tau_0(\gamma, \dot{\gamma})$,以反映微观状态的变化,从而提出了**力学阈值应力模型**。

Follansbee 和 Kocks 采用如下的 Kocks-Argon-Ashby(1975)非线性势垒模型

$$U = U_0 \left[1 - \left(\frac{\tau}{\tau_0} \right)^p \right]^q \qquad (6-87)$$

此处 U_0 为应力等于零时的激活能,$p(0 < p \leq 1)$ 和 $q(1 \leq q \leq 2)$ 为材料参数,并建议取 $p = 1/2$ 和 $q = 3/2$。把上式代入黏塑性应变率的 Arrhenius 方程(式6-73),整理后以正应力来表示时,有:

$$\left(\frac{\sigma}{G(T)} \right)^p = \left(\frac{\sigma_0}{G(T)} \right)^p \left[1 - \left(\frac{kT}{G(T) b^3 g_0} \ln \frac{\dot{\varepsilon}_0}{\dot{\varepsilon}} \right)^{1/q} \right] \qquad (6-88)$$

式中:$g_0 = U_0 / (G(T) b^3)$ 为无量纲归一化激活能;$G(T)$ 为弹性剪切模量,一般是温度 T 的弱函数;b 是 Burges 矢量的大小;$\sigma_0 = \sigma_0(\varepsilon, \dot{\varepsilon})$ 一般是应变和应变率的函数,以体现应变率历史所导致的微结构演化。上式称为**力学阈值应力**模型。

Maudlin,Davidson 和 Henninger(1990)对于无氧铜进行了"预加载—再加载"的应变率历史效应试验,即先在高应变率(10^4s^{-1})下预加载到应变值 0.15,再在低应变率(10^{-3}s^{-1})下加载到总应变值 0.25,图 6-28 给出 MTS 模型的数值计算结果与试验结果的比较。图中同时给出 Johnson-Cook 模型(式(6-68))和 Zerilli-Armstrong 模型(式(6-86))的数值计算结果。由图中的对比结果可见,Johnson-Cook 模型对预加载流动应力高估了 25%~30%,而对再加载流动应力则低估了 25%~30%。Zerilli-Armstrong 模型对预加载流动应力高估了 5%~10%,而对再加载流动应力则低估了 30%。只有 MTS 模型正确地预示了预加载流动应力和再加载流动应力。显然,这是由于 MTS 模型通过内变量 $\sigma_0 = \sigma_0(\varepsilon, \dot{\varepsilon})$ 计及了应变/应变率历史效应,而其他两个模型则缺乏这方面的功能。

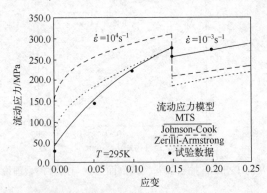

图 6-28 无氧铜预加载—再加载试验数据与 MTS 模型、Johnson-Cook 模型及 Zerilli-Armstrong 模型的对比

然而,确定 MTS 模型有关材料参数的试验比较复杂(Follansbee et al,1988),包括要进行低温试验等,这会影响该模型在工程界的广泛应用。

基于位错动力学的热黏塑性本构方程方面的研究,目前仍然是力学界和材料学界共同关注的热点之一。本节着重介绍了这方面的基本原理和代表性的模型,希望有助于读者在此基础上跟踪和参与到新的发展中去。更详细的讨论可以参考有关专著,如 *Dynamic Behavior of Materials*(Meyers,1994)和《材料动力学》(王礼立 等,2017)。

6.6 应力波在弹黏塑性杆中的传播

现在来讨论一下应力波在Соколовский-Malvern型弹黏塑性杆中的传播,其控制方程由连续方程式(2-12),运动方程式(2-13)和弹黏塑性本构方程式(6-66)所组成,即有

$$\begin{cases} \dfrac{\partial v}{\partial X} = \dfrac{\partial \varepsilon}{\partial t} \\ \rho_0 \dfrac{\partial v}{\partial t} = \dfrac{\partial \sigma}{\partial X} \\ \dfrac{\partial \varepsilon}{\partial t} = \dfrac{1}{E}\dfrac{\partial \sigma}{\partial t} + \gamma^* \langle \phi(F) \rangle \end{cases} \quad (6-89)$$

这是 σ、v 和 ε 的一阶偏微分方程组,可用特征线方法求解。为求特征线方程和相应的特征相容关系,可用待定系数 L、M 和 N 分别乘这三个式子,相加后得到

$$(L+N)\dfrac{\partial \varepsilon}{\partial t} + \left(M\rho_0 \dfrac{\partial}{\partial t} - L\dfrac{\partial}{\partial X}\right)v - \left(\dfrac{N}{E}\dfrac{\partial}{\partial t} + M\dfrac{\partial}{\partial X}\right)\sigma - N\gamma^*\langle \phi(F)\rangle = 0 \quad (6-90)$$

这些系数应满足

$$\dfrac{\mathrm{d}X}{\mathrm{d}t} = \dfrac{0}{L+N} = -\dfrac{L}{M\rho_0} = \dfrac{ME}{N} \quad (6-91)$$

这和式(6-38)完全一样,因此与式(6-40)式(6-41)相类似,最后可得三族实特征线的微分方程和相应的特征相容关系分别为

$$\mathrm{d}X = \pm \sqrt{\dfrac{E}{\rho_0}}\,\mathrm{d}t = \pm C_0\,\mathrm{d}t \quad (6-92\mathrm{a})$$

$$\mathrm{d}v = \pm \dfrac{1}{\rho_0 C_0}\mathrm{d}\sigma \pm C_0 \gamma^*\langle\phi(F)\rangle\mathrm{d}t = \pm \dfrac{1}{\rho_0 C_0}\mathrm{d}\sigma + \gamma^*\langle\phi(F)\rangle\mathrm{d}X \quad (6-92\mathrm{b})$$

和

$$\mathrm{d}X = 0 \quad (6-93\mathrm{a})$$

$$\mathrm{d}\varepsilon = \dfrac{\mathrm{d}\sigma}{E} + \gamma^*\langle\phi(F)\rangle\mathrm{d}t \quad (6-93\mathrm{b})$$

特征线式(6-92a)代表波阵面在(X,t)平面上的传播轨迹,而特征线式(6-93a)代表质点运动轨迹。这些都与Maxwell杆中的黏弹性波相类似,因此具体解题的方法也一样,只需把原来各式中的 σ/η 相应地换成 $\gamma^*\langle\phi(F)\rangle$ 即可。

下面具体讨论一半无限长杆,零初始条件,杆端受突加恒值冲击载荷 σ^*。和图6-9中情况一样,由于在强间断波阵面上$[\sigma]$和$[\varepsilon]$间的关系由本构关系的瞬态响应确定,因此强间断波以波速 C_0 沿 OA 传播,并且沿 OA 应满足强间断波上的动力学相容条件和运动学相容条件,即式(6-42)成立。另一方面,沿特征线 OA 同时应满足右行特征线上的特征相容关系,即按式(6-92b)有

$$dv = \frac{1}{\rho_0 C_0} d\sigma + \gamma^* \langle \phi(F) \rangle dX$$

把式(6-42a)代入上式后就有

$$\frac{d\sigma}{dX} = -\frac{1}{2}\rho_0 C_0 \gamma^* \langle \phi(F) \rangle = -\phi[X, \sigma(X)] \qquad (6-94)$$

于是可归结为解积分方程:

$$\sigma(X) = \sigma^* - \int_0^X \psi[\xi, \sigma(\xi)] d\xi$$

式中 σ^* 已由杆端边界条件给定。如果 $\dot{\varepsilon}^p$ 是对理想塑性材料屈服限 Y_0 的超应力的线性函数,即本构关系按式(6-63)考虑,则由式(6-94)可解得沿 OA 有

$$\sigma = Y_0 + (\sigma^* - Y_0)\exp\left[-\frac{\rho_0 C_0}{2\eta}X\right] \qquad (6-95)$$

可见衰减因子和式(6-43a)中的相同,即弹黏塑性强间断波的超应力以与 Maxwell 黏弹性强间断波相同的衰减因子,随传播距离 X 指数地衰减。沿 OA 的解确定后,AOt 区的解就归结为定解的特征线边值问题,和讨论图 6-9 时一样。

式(6-63)中的 Y_0 如用静态应力应变关系 $\sigma_0(\dot{\varepsilon})$ 代替(计及应变硬化),问题仍可类似地解得(Malvern,1951)。某些结果如图 6-19 中的实线所示。图中还用虚线给出了速率无关弹塑性波理论的结果,以供比较。

由这些结果可以看到以下几点:

(1) 由于弹黏塑性材料的瞬态响应是弹性的,在相同的突加恒速撞击条件下,弹黏塑性强间断波的初始应力幅值将比弹塑性波的高(超应力效应);但由于黏性效应,其应力幅值在传播中将不断衰减,趋近于弹塑性波理论中强间断弹性前驱波的幅值,即超应力值逐渐衰减到零(图 6-18(a))。不过,不论应力间断值大小如何,弹黏塑性波的传播速度不变,各扰动都以弹性波速 C_0 传播。这与预先经塑性变形的杆中增量波波速为 C_0 的试验事实相一致。

(2) 在强间断波阵面通过后的弱间断波传播区,对于恒值初始条件下的半无限长杆中的弹塑性波来说是简单波区,沿特征线 σ、ε 和 v 均为恒值。但对于弹黏塑性波,由于黏性效应(注意特征相容关系中的黏性项),不再是简单波区,其等应变线也不再与特征线相重合(图 6-29(b))。以等应变线的斜率 $\left.\dfrac{dX}{dt}\right|_{\varepsilon=\text{const}}$ 定义为应变传播的相速度的话,在小应变(瞬态响应起主要作用)时,应变在弹黏塑性杆中比在弹塑性杆中传播得快,而在大应变(黏性效应起延迟作用)时,则应变在弹黏塑性杆中比在弹塑性杆中传播得慢。

(3) 在弹黏塑性杆中,由于黏性效应,在撞击端附近不出现弹塑性波理论所推断的那种恒应变塑性平台,并且最大应变比按弹塑性波理论推断的高(图 6-29(c))。这也与某些实验事实更为符合。

(4) 不同的杆截面上,应变率 $\dot{\varepsilon}$ 随时间变化的情况不同,由此算得的每个截面上的应力应变关系也不同(图 6-29(d))。但每个截面上的应变率都随着时间逐渐下降到零,所以不同的杆截面上的应力应变曲线最后也都趋于准静态应力应变曲线 $\sigma_0(\varepsilon)$。

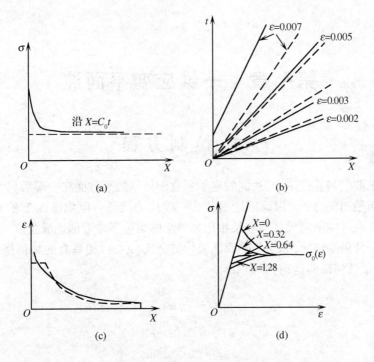

图 6-29 半无限长杆在突加恒值冲击载荷下的动态响应
(实线—弹黏塑性波解；虚线—弹塑性波解)
(a) 沿强间断 OA 的应力分布；(b) 在 X—t 平面上的等应变线；
(c) 最大应变沿杆长的分布；(d) 不同 X 处的应力应变曲线。

关于弹黏塑性波在杆中传播的其他例子，包括有限长杆中的弹黏塑性波问题，加卸载边界(弹性-黏塑性边界)的确定问题，以及瞬态响应中包含塑性响应时的问题等，都可在上述讨论的基础上进一步研究，或参看有关专著(例如：Cristescu, 1967; Nowaski, 1978)。在第七章和第八章中则还将分别讨论一维应变弹黏塑性波(见 7.11 节)以及弹黏塑性球面波和柱面波(见 8.5 节)。

第七章 一维应变平面波

7.1 控制方程

在杆中纵波的初等理论中,我们假定了垂直于杆轴的平截面在变形后仍为平截面,并只作用着均布轴向应力 σ_X,因而问题简化为一维应力问题。但如已在2.8节中指出的,这一假定只有在杆的横向尺寸与波长相比足够小的情况下才近似地成立。

作为另一种极端情况,如果与平面纵波传播方向(X轴)相垂直的物体横向尺寸十分大,以致阻碍了任何横向运动,即如果有

$$u_Y = u_Z = 0 \tag{7-1a}$$

$$\varepsilon_Y = \frac{\partial u_Y}{\partial Y} = 0, \varepsilon_Z = \frac{\partial u_Z}{\partial Z} = 0 \tag{7-1b}$$

$$v_Y = \frac{\partial u_Y}{\partial t} = 0, v_Z = \frac{\partial u_Z}{\partial t} = 0 \tag{7-1c}$$

式中各符号定义同前,而下标 Y 和 Z 分别表示 Y 轴和 Z 轴方向的分量,则介质内只有轴向应变 ε_X 的扰动的传播,称为**一维应变平面波**。这时严格说来不存在横向惯性效应问题,但相应地有侧向法应力 σ_Y 和 σ_Z 起横向约束作用,介质将处于三向应力状态。设 σ_Z 均匀作用在横截面上,则所有非零的应力分量和应变分量都只是 X 和 t 的函数,而且由于对称性,有

$$\sigma_Y(X,t) = \sigma_Z(X,t) \tag{7-2}$$

当然,严格说来,只有当半无限空间受到均匀分布的法向冲击载荷时才真正是一维应变平面纵波的传播问题。不过,在实际问题中,只要所研究的是侧向边界扰动尚未传到讨论区域的早期阶段,例如炸药对金属板的接触爆炸或平板的高速正撞击问题中,只要平板的横向尺寸与板厚相比足够大的话,在应力波传播的早期阶段中,都可作为一维应变平面波来处理。

与杆中一维应力纵波中所讨论的一样,控制方程仍然由连续方程、动量守恒方程和材料本构方程三部分组成。如果用 Lagrange 变量来描述,并假定轴向应力 σ_X 只是轴向应变 ε_X 的单值函数,则控制方程组在形式上和2.2节中对杆中一维应力纵波所讨论过的完全相同,即

$$\frac{\partial v_X}{\partial X} = \frac{\partial \varepsilon_X}{\partial t} \tag{7-3a}$$

$$\rho_0 \frac{\partial v_X}{\partial t} = \frac{\partial \sigma_X}{\partial X} \tag{7-3b}$$

$$\sigma_X = \sigma_X(\varepsilon_X) \tag{7-3c}$$

只是现在的纵向应力应变关系不是简单拉压时的一维应力状态下的 σ—ε 关系了。式

(7-3)也可写成其他的等价形式,例如:当消去σ_X时,有以v_X和ε_X为未知函数的如下的一阶偏微分方程组:

$$\frac{\partial v_X}{\partial X} = \frac{\partial \varepsilon_X}{\partial t} \tag{7-4a}$$

$$\frac{\partial v_X}{\partial t} = C_L^2 \frac{\partial \varepsilon_X}{\partial X} \tag{7-4b}$$

当消去ε_X时,有以σ_X和v_X为未知函数的如下的一阶偏微分方程组:

$$\rho_0 \frac{\partial v_X}{\partial t} = \frac{\partial \sigma_X}{\partial X} \tag{7-5a}$$

$$\rho_0 C_L^2 \frac{\partial v_X}{\partial X} = \frac{\partial \sigma_X}{\partial t} \tag{7-5b}$$

当以纵向位移$u_X(X,t)$为未知函数时,则有如下的二阶偏微分方程:

$$\frac{\partial^2 u_X}{\partial t^2} - C_L^2 \frac{\partial^2 u_X}{\partial X^2} = 0 \tag{7-6}$$

以上各式中C_L为一维应变平面纵波波速,且

$$C_L = \sqrt{\frac{1}{\rho_0} \frac{d\sigma_X}{d\varepsilon_X}} \tag{7-7}$$

由此可见,杆中一维应力纵波讨论中的很多处理方法和结果完全可以直接套用到这里来,不再重复,下面着重讨论某些具有特殊性的问题。

7.2 一维应变弹性波

一维应变弹性波与杆中一维应力弹性波的区别主要是由于这两种情况下的应力、应变状态不同,从而纵向应力应变关系的具体形式不同所引起的。对于前者,介质处于三维应力状态;而对于后者,介质处于一维应力状态。为了给出一维应变下的纵向应力应变关系σ_X—ε_X,需要回顾一下三维应力应变状态下的广义 Hooke 定律。

由弹性力学可知,对于各向同性线弹性体,Hooke 定律具有如下形式:

$$\begin{cases} \varepsilon_X = \frac{1}{E}[\sigma_X - \nu(\sigma_Y + \sigma_Z)] \\ \varepsilon_Y = \frac{1}{E}[\sigma_Y - \nu(\sigma_Z + \sigma_X)] \\ \varepsilon_Z = \frac{1}{E}[\sigma_Z - \nu(\sigma_X + \sigma_Y)] \\ \varepsilon_{XY} = \frac{1}{2G}\tau_{XY} \\ \varepsilon_{YZ} = \frac{1}{2G}\tau_{YZ} \\ \varepsilon_{ZX} = \frac{1}{2G}\tau_{ZX} \end{cases} \tag{7-8}$$

式中各应变分量是按下式定义的:

$$\begin{cases} \varepsilon_X = \dfrac{\partial u_X}{\partial X}, \varepsilon_{XY} = \dfrac{1}{2}\left(\dfrac{\partial u_X}{\partial Y} + \dfrac{\partial u_Y}{\partial X}\right) \\ \varepsilon_Y = \dfrac{\partial u_Y}{\partial Y}, \varepsilon_{YZ} = \dfrac{1}{2}\left(\dfrac{\partial u_Y}{\partial Z} + \dfrac{\partial u_Z}{\partial Y}\right) \\ \varepsilon_Z = \dfrac{\partial u_Z}{\partial Z}, \varepsilon_{ZX} = \dfrac{1}{2}\left(\dfrac{\partial u_Z}{\partial X} + \dfrac{\partial u_X}{\partial Z}\right) \end{cases} \quad (7-9)$$

式中：E 是杨氏模量；G 是剪切模量；ν 是泊松比。

当以应力作为应变的函数并按张量的形式来表示时，则有

$$\boldsymbol{\sigma}_{ij} = \lambda \boldsymbol{\delta}_{ij} \boldsymbol{\varepsilon}_{kk} + 2\mu \boldsymbol{\varepsilon}_{ij} \quad (7-10)$$

式中：$\boldsymbol{\delta}_{ij}$ 是单位张量（Kronecker δ），有

$$\boldsymbol{\delta}_{ij} = \begin{cases} 0, & i \neq j \\ 1, & i = j \end{cases}$$

λ 和 μ 是 Lame 系数：

$$\begin{aligned} \lambda &= \dfrac{E\nu}{(1+\nu)(1-2\nu)} \\ \mu &= G = \dfrac{E}{2(1+\nu)} \end{aligned} \quad (7-11)$$

如果引入体积应变 Δ 及静水压力 p（即平均法应力之负值）：

$$\Delta = \varepsilon_X + \varepsilon_Y + \varepsilon_Z \quad (7-12)$$

$$-p = \dfrac{1}{3}\sigma_{kk} = \dfrac{1}{3}(\sigma_X + \sigma_Y + \sigma_Z) \quad (7-13)$$

又引入代表畸变（形状变化）的应变偏量 e_{ij} 和相应的应力偏量 s_{ij}：

$$\begin{cases} \boldsymbol{e}_{ij} = \boldsymbol{\varepsilon}_{ij} - \dfrac{1}{3}\Delta \boldsymbol{\delta}_{ij} \\ \boldsymbol{s}_{ij} = \boldsymbol{\sigma}_{ij} + p\boldsymbol{\delta}_{ij} \end{cases} \quad (7-14)$$

则广义 Hooke 定律可写成由容变律和畸变律两部分所组成的形式：

$$\begin{cases} -p = K\Delta \\ s_{ij} = 2Ge_{ij} \end{cases} \quad (7-15)$$

式中：K 为体积模量，与其他弹性常数间关系是

$$K = \lambda + \dfrac{2G}{3} = \dfrac{E}{3(1-2\nu)} \quad (7-16)$$

在目前所讨论的一维应变（$\varepsilon_Y = \varepsilon_Z = 0$）条件下：

$$\begin{cases} \Delta = \varepsilon_X \\ e_{XX} = \varepsilon_X - \dfrac{1}{3}\varepsilon_X = \dfrac{2}{3}\varepsilon_X \end{cases} \quad (7-17)$$

则可得一维应变下的纵向应力应变关系为

$$\sigma_X = -p + s_{XX} = K\Delta + 2Ge_{XX} = \left(K + \dfrac{4}{3}G\right)\varepsilon_X \quad (7-18a)$$

或者由式（7-10）也立即可得

$$\sigma_X = (\lambda + 2\mu)\varepsilon_X = E_L \varepsilon_X \quad (7-18\text{b})$$

式中:E_L 称作侧限弹性模量,且

$$E_L = K + \frac{4}{3}G = \lambda + 2\mu = \frac{(1-\nu)E}{(1+\nu)(1-2\nu)} \quad (7-18\text{c})$$

把式(7-18)代入式(7-7)可得一维应变弹性纵波波速 C_L^e 为

$$C_L^e = \sqrt{\frac{E_L}{\rho_0}} = \sqrt{\frac{1}{\rho_0}\left(K + \frac{4}{3}G\right)} = \sqrt{\frac{1}{\rho_0}(\lambda + 2\mu)} = \sqrt{\frac{1}{\rho_0}\frac{(1-\nu)E}{(1+\nu)(1-2\nu)}}$$

$$(7-19)$$

侧限应力 σ_Y 和 σ_Z 则可由式(7-8)或式(7-10)可知:

$$\sigma_Y = \sigma_Z = \frac{\nu}{1-\nu}\sigma_X = \frac{\lambda}{\lambda + 2\mu}\sigma_X \quad (7-20)$$

这样,杆中一维应力波中有关弹性纵波的所有讨论原则上都可套用到这儿来,只需用侧限弹性模量 E_L 代替一维应力弹性模量 E。下面我们仅指出值得注意的几点:

(1) 既然 $\lambda>0, \mu>0$,则由式(7-20)可知 σ_Y 和 σ_Z 均与 σ_X 同号,因而当一维应变平面波在介质中传播时,介质或者处于三向压应力状态,或者处于三向拉应力状态。

(2) 既然通常 $0<\nu<0.5$,由式(7-18)和式(7-19)可知:$E_L>E$,$C_L^e>C_0$,即一维应变弹性纵波比杆中弹性纵波传播得快。几种常见材料的 C_L^e 值如表 7-1 所列(Kolsky,1953),可与表 2-1 和表 2-2 所给出的 C_0 和 C_T 值相对照。常用金属材料的 ν 在 1/4~1/3 之间,与之相对应地,E_L/E 在 1.2~1.5 之间,C_L^e/C_0 在 1.1~1.22 之间。当 $\nu \to 1/2$(材料不可压缩)时,$C_L^e \to \infty$。

(3) 一维应变弹性纵波其实就是各向同性、线弹性、无限介质中的平面无旋波,上述的 C_L^e 也就是无限弹性介质中无旋波的波速。这一点将在第十一章中加以说明。

表 7-1 几种常见材料的 Lame 系数和一维应变弹性纵波波速 C_L^e 值(Kolsky,1953)

	钢	铜	铝	玻璃	橡胶
λ/GPa	112	95	56	28	10
μ/GPa	81	45	26	28	7.0×10^{-4}
C_L^e/(km/s)	5.94	4.56	6.32	5.80	1.04

7.3 一维应变下的弹塑性本构关系

先回顾一下一维应力时的情况。这时,当应力达到材料单向拉伸试验所确定的屈服极限 Y 时,材料开始塑性变形。屈服准则可表示为

$$\sigma_X = Y \quad (7-21)$$

当计及应变硬化性能时,Y 是塑性应变 ε_X^p 的函数:

$$Y = Y_p(\varepsilon_X^p) \quad (7-22)$$

或者可取作塑性功 W_p 的函数:

$$Y = Y_W(W_p) \quad (7-23)$$

这里一维应力下的塑性功 W_p 为

$$W_p = \int \sigma_X d\varepsilon_X^p \tag{7-24}$$

按式(7-22),应力对塑性应变的导数为

$$\frac{d\sigma_X}{d\varepsilon_X^p} = \frac{dY_p}{d\varepsilon_X^p} = Y_p' \tag{7-25}$$

而按式(7-23)则为

$$\frac{d\sigma_X}{d\varepsilon_X^p} = \frac{dY_W}{dW_p} \cdot \frac{dW_p}{d\varepsilon_X^p} = \frac{dY_W}{dW_p} \cdot Y_W = Y_W Y_W' \tag{7-26}$$

可见 $Y_p' = Y_W Y_W'$。

假定总应变 ε 是弹性部分 ε^e 和塑性部分 ε^p 之和:

$$\varepsilon = \varepsilon^e + \varepsilon^p \tag{7-27}$$

且已知在弹性阶段有

$$\frac{d\varepsilon_X^e}{d\sigma_X} = \frac{1}{E} \tag{7-28}$$

则在塑性阶段,当计及式(7-25)和式(7-26),应有

$$\frac{d\varepsilon_X}{d\sigma_X} = \frac{d\varepsilon_X^e}{d\sigma_X} + \frac{d\varepsilon_X^p}{d\sigma_X} = \frac{1}{E} + \frac{1}{Y_p'} = \frac{1}{E} + \frac{1}{Y_W Y_W'}$$

由此可得一维应力下塑性变形阶段 σ_X—ε_X 曲线的斜率 $d\sigma_X/d\varepsilon_X$,当以 E 和 Y_p 或 Y_W 表示时为

$$\frac{d\sigma_X}{d\varepsilon_X} = E_p = \frac{ET_p'}{E+Y_W'} = \frac{EY_W Y_W'}{E+Y_W Y_W'} \tag{7-29}$$

称为**塑性硬化模量** E_p,E_p 等于常数时即为线性硬化材料。

在三维应力的一般情况下,假定材料是各向同性的,静水压力对屈服没有影响,以及设 Bauschinger 效应可忽略,则最常用的屈服准则有两个:Mises 准则(最大畸变能准则)和 Tresca 准则(最大切应力准则)。

Mises 准则把式(7-21)推广为

$$\sigma_i = \sqrt{3J_2} = \frac{\sqrt{2}}{2}\sqrt{(\sigma_1-\sigma_2)^2+(\sigma_2-\sigma_3)^2+(\sigma_3-\sigma_1)^2} = Y \tag{7-30}$$

式中:σ_1、σ_2、σ_3 是主应力;$J_2 = s_{ij}s_{ij}/2$ 是偏应力张量第二不变量;σ_i 称为应力强度或等效应力(在一维应力下 $\sigma_i = \sigma_1$)。这一屈服准则的物理意义是:弹性畸变能 $W_d(=J_2/(2G))$ 达到临界值时材料开始塑性变形。

Tresca 屈服准则可写作:

$$\sigma_1 - \sigma_3 = \pm Y \tag{7-31}$$

式中:σ_1 和 σ_3 分别对应于最大和最小主应力。

这一屈服准则的物理意义是最大切应力 $\tau_{\max}(=(\sigma_1-\sigma_3)/2)$ 达到临界值时材料开始塑性变形。

在目前所讨论的一维应变条件下,这两个屈服准则具有如下相同的形式:

$$\sigma_X - \sigma_Y = \pm Y \tag{7-32}$$

在应力平面 (σ_X,σ_Y) 上,上式表示为斜率为 1 的两条平行直线(图 7-1),称为屈服轨迹。

在以这上下两支屈服轨迹为界的范围内是弹性区。两支屈服轨迹平行并且对称于静水压力线 $\sigma_X = \sigma_Y (= \sigma_Z)$，这正是静水压力对屈服无影响这一假定的体现。对于理想塑性材料，$Y = Y_0$，则屈服轨迹是固定不变的。对于各向同性硬化材料，Y 是塑性变形或塑性功的函数，则屈服轨迹的上下两支随塑性变形或塑性功的增加，保持与静水压力线对称并且平行地向外扩大，如图7-1中两条虚线所示。

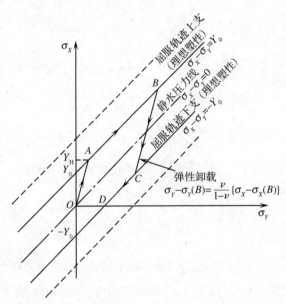

图 7-1 在应力平面 (σ_X, σ_Y) 上的上下两支屈服轨迹

注意到在弹性变形的一维应变条件下 σ_Y 和 σ_X 间有关系式(7-20)，将这一关系代入式(7-32)，即可确定一维应变条件下对轴向应力 σ_X 而言的初始屈服极限 Y_H 为

$$Y_H = \frac{1-\nu}{1-2\nu} Y_0 = \frac{\lambda + 2\mu}{2\mu} Y_0 = \frac{K + 4G/3}{2G} Y_0 \tag{7-33}$$

称为**侧限屈服极限**或 **Hugoniot 弹性极限**，对应于图7-1中的点 A。显然 Y_H 高于单向应力下的初始屈服极限 Y_0。例如当 $\nu = 1/3$ 时，$Y_H = 2Y_0$。

在上述讨论的基础上，可以进一步来讨论一维应变条件下的弹塑性 $\sigma_X \sim \varepsilon_X$ 关系。

假定塑性变形对体积变形没有贡献，即设

$$\varepsilon_X^p + \varepsilon_Y^p + \varepsilon_Z^p = 0 \tag{7-34}$$

则容变律完全是弹性性质的。再注意到在一维应变条件下有式(7-17)及下式：

$$s_{XX} = \sigma_X + p = \frac{2}{3}(\sigma_X - \sigma_Y) = \frac{4}{3}\tau \tag{7-35}$$

则一维应变条件下的弹塑性应力应变关系可写作：

$$\begin{cases} 容变律：-p = K\varepsilon_X \\ 畸变律：\sigma_X - \sigma_Y = \begin{cases} 2G\varepsilon_X & （弹性）\\ \pm Y & （塑性）\end{cases} \end{cases} \tag{7-36}$$

于是加载时的轴向弹塑性应力应变关系 $\sigma_X \sim \varepsilon_X$ 与式(7-18)类似，可写作（图7-2）：

$$\sigma_X = -p + s_{XX} = -p + \frac{2}{3}(\sigma_X - \sigma_Y) = \begin{cases} \left(K + \frac{4}{3}G\right)\varepsilon_X, & \sigma_X \leqslant Y_H \\ K\varepsilon_X + \frac{2}{3}Y, & \sigma_X \geqslant Y_H \end{cases} \quad (7-37)$$

上式中的右边是两项之和，第一项与体积变化有关，在图中以斜率为 K 的直线 OE 表示；第二项则与畸变有关。

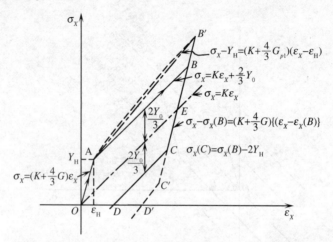

图 7-2　一维应变条件下的轴向弹塑性应力应变关系

对于理想塑性材料，$Y=Y_0$，则 σ_X—ε_X 曲线的塑性段是与 OE 线平行的直线，在 σ_X 轴方向与 OE 线相距 $2Y_0/3$，如图 7-2 中的直线 AB 所示。这时，弹性加载段和塑性加载段的斜率都是恒值，即有

$$\frac{\mathrm{d}\sigma_X}{\mathrm{d}\varepsilon_X} = \begin{cases} K + \frac{4}{3}G, & \sigma_X \leqslant Y_H \\ K, & \sigma_X \geqslant Y_H \end{cases} \quad (7-38)$$

对于各向同性硬化材料，情况稍复杂一些。从式(7-36)和式(7-37)可知，为要确定斜率 $\mathrm{d}\sigma_X/\mathrm{d}\sigma_X$，关键在于确定 $\mathrm{d}(\sigma_X-\sigma_Y)/\mathrm{d}\varepsilon_X$，实际上就是如何来确定畸变律的斜率 $\mathrm{d}(\sigma_X-\sigma_Y)/\mathrm{d}(\varepsilon_X-\varepsilon_Y)$，即 $\mathrm{d}\tau/\mathrm{d}\gamma$。这里 τ 是最大剪应力，而 γ 是最大剪应变。因为在一维应变条件下按变形的对称性有 $\varepsilon_Y^p = \varepsilon_Z^p$，再由塑性变形对体积变形无贡献的假定式(7-34)可知，三个塑性主应变中只有一个是独立的，即有

$$\varepsilon_X^p = \frac{2}{3}(\varepsilon_X^p - \varepsilon_Y^p) = \frac{4}{3}\gamma^p \quad (7-39)$$

于是，当 Y 作为轴向塑性应变 ε_X^p 的函数 $Y_p(\varepsilon_X^p)$ 来计及应变硬化时，由式(7-36)中的畸变律可知在弹性阶段和塑性阶段应分别有

$$\begin{cases} \dfrac{\mathrm{d}\tau}{\mathrm{d}\gamma^e} = 2G \\ \dfrac{\mathrm{d}\tau}{\mathrm{d}\gamma^p} = \dfrac{1}{2}\dfrac{\mathrm{d}Y_p}{\mathrm{d}\varepsilon_X^p} \cdot \dfrac{\mathrm{d}\varepsilon_X^p}{\mathrm{d}Y^p} = \dfrac{2}{3}Y_p' \end{cases} \quad (7-40)$$

这样，与得出一维应力下的式(7-27)完全相类似，假定总应变是弹性部分与塑性部分之和(见式(7-25))，有

$$\frac{d\gamma}{d\tau} = \frac{d\gamma^e}{d\tau} + \frac{d\gamma^p}{d\tau} = \frac{1}{2G} + \frac{3}{2Y_p'} = \frac{3G + Y_p'}{2GY_p'}$$

与弹性畸变律中的剪切模量 G 相对应,我们定义畸变律塑性段曲线的斜率之半为**塑性剪切刚度** G_p,则有

$$G_p = \frac{1}{2}\frac{d\tau}{d\gamma} = \frac{GY_p'}{3G + Y_p'} \tag{7-41a}$$

如果类似于式(7-22b),当 Y 作为塑性功 W_p 的函数 $Y_W(W_p)$ 时。由于在一维应变条件下有

$$dW_p = \sigma_X d\varepsilon_X^p + 2\sigma_Y d\varepsilon_Y^p = (\sigma_X - \sigma_Y)d\varepsilon_X^p = \frac{8}{3}\tau d\gamma^p$$

因而可得

$$\frac{d\tau}{d\gamma^p} = \frac{1}{2}\frac{dY_W}{dW_p} \cdot \frac{dW_p}{d\gamma^p} = Y_W' \cdot \frac{2}{3}(\sigma_X - \sigma_Y) = \frac{2}{3}Y_W Y_W'$$

与式(7-40)对比可知 $Y_p' = Y_W Y_W'$,这和讨论一维应力条件下式(7-26)时所得的结果一致。因此,塑性剪切刚度 G_p 也可写作:

$$G_p = \frac{GY_W Y_W'}{3G + Y_W Y_W'} \tag{7-41b}$$

引入了塑性剪切刚度 G_p 后,由式(7-37)可知,各向同性硬化材料在一维应变条件下的轴向应力应变关系的斜率可表示为

$$\frac{d\sigma_X}{d\varepsilon_X} = \begin{cases} K + \dfrac{4}{3}G, & \sigma_X \leqslant Y_H \\ K + \dfrac{4}{3}G_p, & \sigma_X \geqslant Y_H \end{cases} \tag{7-42}$$

可见这时塑性段斜率的表达形式与弹性段的相类似,只需以 G_p 代替 G 即可。对于线性硬化材料,即 $G_p = G_{pl}$(常数)时,轴向应力应变曲线的塑性段是直线,如图 7-2 中点划线 AB' 所示。这一情况对应于

$$Y_p' = Y_W Y_W' = E_Y \quad (常数)$$

意味着 Y_p 是 ε_X^p 的线性函数:

$$Y_p = Y_H + E_Y \varepsilon_X^p \tag{7-43a}$$

或者与之等价地,意味着 Y_W^2 是塑性功 W_p 的线性函数:

$$Y_W^2 = Y_H^2 + 2E_Y W_p \tag{7-43b}$$

以上两式中 Y_H 是材料的 Hugoniot 弹性极限(式(7-33)),而 E_Y 是表征材料线性硬化特征的常数,均由材料试验测定。

现在我们同时在 $(\sigma_X, \varepsilon_X)$ 平面(图 7-2)上和 (σ_X, σ_Y) 平面(图 7-1)上总的来考察一下加载路径和卸载路径。特别注意它们和一维应力条件下相比有些什么主要的区别。以理想塑性材料为例,当介质从自然状态($\sigma_X = \varepsilon_X = 0$)开始加载时,先沿 OA 线弹性变形。在 $\sigma_X - \varepsilon_X$ 平面上其斜率按式(7-37)为 $(K+4/3G)$,而在(σ_X, σ_Y) 平面上其斜率按式(7-20)为 $\left(\dfrac{\nu}{1-\nu}\right)$。当 σ_X 达到侧限屈服极限 Y_H(见式(7-23))以后,沿 AB 线进入塑性加载阶段。在 $\sigma_X - \varepsilon_X$ 平面上其斜率按式(7-37)为 K,而在 $\sigma_X - \sigma_Y$ 平面上其斜率按式(7-36)为 1。

如果塑性加载到 B 点后开始卸载,作弹性卸载的假定,则沿着与 OA 线平行的 BC 线卸载。在 $\sigma_X—\varepsilon_X$ 平面上有

$$\sigma_X = \sigma_X(B) + \left(K + \frac{4}{3}G\right)\{\varepsilon_X - \varepsilon_X(B)\} \tag{7-44}$$

而在 $\sigma_X—\sigma_Y$ 平面上有

$$\sigma_Y = \sigma_Y(B) + \frac{\nu}{1-\nu}\{\sigma_X - \sigma_X(B)\} \tag{7-45}$$

注意,卸载到 E 点时介质只承受静水压力。随着 σ_X 继续下降,与畸变对应的切应力则以与原加载时符号相反的方向增大,即发生与加载时方向相反的弹性畸变。这样,沿 EC 线介质处于反向的弹性畸变加载,而在 C 点处,按式(7-32)满足反向屈服条件,即

$$\sigma_X - \sigma_Y = -Y$$

材料开始进入反向塑性变形。C 点处的应力 $\sigma_X(C)$ 可由上式和式(7-45)确定为

$$\sigma_X(C) = \sigma_X(B) - \frac{2(1-\nu)}{1-2\nu}Y = \sigma_X(B) - 2Y_H \tag{7-46}$$

此后,对 σ_X 而言的所谓卸载,实际上是沿着 CD 线,即沿着屈服轨迹下支进行的反向塑性加载。对这种加载有时也叫做"塑性卸载",但看来是不恰当的。

7.4　一维应变弹塑性波

上一节所确立的一维应变条件下的 $\sigma_X—\varepsilon_X$ 关系,以假定弹性变形部分服从 Hooke 定律为前提。在此基础上,下面来讨论一维应变弹塑性波的传播,这方面的研究是在 D. S. Wood(1952)等人工作的基础上发展起来的。

在加载阶段,一维应变弹性波波速按式(7-19)为

$$C_L^e = \sqrt{\frac{K + \frac{4}{3}G}{\rho_0}}$$

塑性波波速按式(7-7)和式(7-42)为

$$C_L^p = \sqrt{\frac{K + \frac{4}{3}G_p}{\rho_0}} \tag{7-47}$$

由于 $G>0$,$Y_p'>0$(体现硬化),因而由式(7-41)可知 $G_p/G<1$,从而有

$$C_L^p < C_L^e$$

和一维应力情况下一样,这意味着在一维应变弹塑性加载波的传播中也是以波速较快的弹性波为前驱,然后尾随波速较慢的塑性波。整个问题的处理完全可仿照一维应力波中所述,包括 2.7 节所述的波阵面上的守恒条件继续适用。类似之处不再重复。格外值得注意的有以下几点:

（1）一维应力下的理想塑性材料,其应力应变关系的塑性段是水平线 $\sigma_X=Y$(图 7-3)。由于这时应力和应变之间不再具有一一对应的单值函数关系,这与第二章中在写出应变率无关的应力应变关系（见式(2-14)）时所作的第二个基本假定不再相符合,因而不能再用

此应变率无关应力波理论来处理,否则就会得出塑性波速为零,即不传播塑性应变的结论。但是,在一维应变的情况下,则可以用应变率无关理论来处理理想塑性材料中的应力波传播问题。因为这时反映畸变律的 s_X—ε_X 关系在塑性段虽然是一水平线(图 7-4(b)),即 s_X 和 ε_X 之间不存在一一对应的单值函数关系,但轴向应力 σ_X 和轴向应变 ε_X 之间则具有对应的单值函数关系,而且在塑性段呈线性关系,其斜率取决于 K(图 7-4(a))。可见在形式上它完全类似于一维应力下的线性硬化材料的应力应变关系。

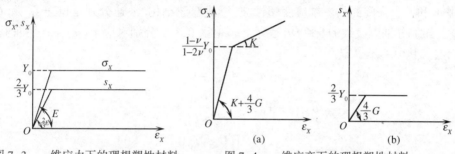

图 7-3　一维应力下的理想塑性材料　　　图 7-4　一维应变下的理想塑性材料

(2) 在一般情况下,一维应变塑性波速 C_L^p 是塑性应变 ε_X^p 或塑性功 W_p 的函数(见式(7-47)和式(7-41))。对于线性硬化材料和理想塑性材料,塑性波速为常数,分别以 C_{L1}^p 和 C_K 表示为

$$C_{L1}^p = \sqrt{\frac{1}{\rho_0}\left[K + \frac{4GE_Y}{3(3G+E_Y)}\right]} \tag{7-48}$$

$$C_K = \sqrt{\frac{K}{\rho_0}} \tag{7-49}$$

C_K 又称为体波波速。

(3) 在一维应力下,塑性波速一般比弹性波速小得多,可相差一个量级。例如金属材料的 E_1/E 约为 0.01,因而 $(C_1/C_0) \approx 0.1$。而一维应变下的塑性波速则较高,其下限是理想塑性假定下的体波波速 C_K。既然 $K \approx E$,体波波速接近于杆中弹性纵波速,$C_K \approx C_0$。例如,当 $\nu = 1/3$ 时,由式(7-16)和式(7-11)知 $K = E$,$G = 3E/8$,因而有 $C_K = C_0$,$C_L^e = \sqrt{2/3}\,C_0$ $\approx 1.22 C_0$,即有 $(C_K/C_L^e) \approx 0.82$。

以上讨论的是弹塑性加载阶段的情况。

在卸载阶段,起初是弹性卸载,按式(7-44)卸载扰动也以无限介质中弹性纵波波速 C_L^e 传播。由于 $C_L^e > C_L^p$,即弹性卸载扰动传播得比塑性加载扰动快,因此和一维应力中情况一样,也会视情况的不同存在有追赶卸载和迎面卸载等问题。不过由于 C_L^e 比 C_L^p 大得不多,在追赶卸载过程中塑性加载波的衰减较一维应力波中的要慢。至于弹塑性边界的传播速度及边界的确定方法原则上也和一维应力波中所述(见 4.10 节)类似,但需注意屈服准则的差别及出现反向塑性加载边界的可能性(王礼立 等,1983)。

和一维应力波相比起来,一维应变弹塑性波的一个最具特色的问题是在 σ_X 尚未卸到零而满足反向塑性屈服条件时(见式(7-32)),将传播所谓反向塑性加载波。在反向塑性加载阶段,既然塑性波速 C_L^p 小于弹性波速 C_L^e,即晚传播的反向塑性加载扰动比早传播的弹性卸载扰动传播得慢,因此这两波阵面的距离在传播过程中将越拉越远。

7.5 反向屈服对于弹塑性波传播的影响

作为示例,我们来考察一受矩形脉冲载荷的理想弹塑性半无限体(王礼立,1982)。介质原处于静止的自然状态,$t=0$ 时刻在其表面($X=0$)上受一均布的实加恒值压应力载荷 σ_X^*,经时刻 T 之后又突卸到零(图7-5)。这时,首先将传播一个强间断的一维应变弹性前驱波和一个强间断的一维应变塑性波,形成双波结构,波速分别是恒速 C_L^e 和 C_K,在 (X,t) 平面上分别以直线 OA 和 OB 表示。恒值区 0,1,2 分别对应于 (σ_X,v_X) 平面上的 0,1,2 三点。其中不难确定:

$$\sigma_{X0} = v_{X0} = 0$$

$$\sigma_{X1} = -Y_H, v_{X1} = -\frac{\sigma_{X1}}{\rho_0 C_L^e} = -\frac{Y_H}{\rho_0 C_L^e}$$

$$\sigma_{X1} = \sigma_X^*, v_{X2} = \frac{1}{\rho_0 C_K}\left\{\left(\frac{C_K}{C_L^e}-1\right)Y_H - \sigma_X^*\right\} = v_X^*$$

这和一维应力条件下线性硬化材料中所讨论过的情况完全类似。

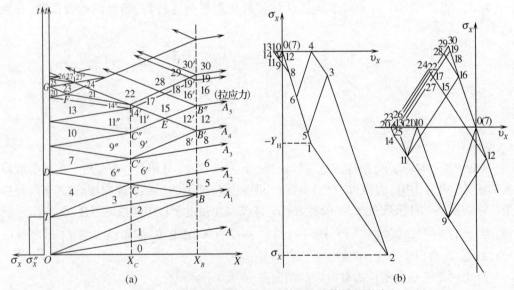

图7-5 反向屈服对一维应变弹塑性波传播的影响

但当卸载过程开始时,情况就不同了。$t=T$ 时,随着边界上应力突卸到零,不仅将有一个以恒速 C_L^e 传播的强间断的一维应变弹性卸载波 TB,而且将同时有一个以恒速 C_K 传播的强间断的一维应变反向塑性加载波 TC,即卸载时也形成双波结构。两波后方恒值区 3 区和 4 区分别对应于 (σ_X, v_X) 平面上的 3 点和 4 点。两区的状态可由强间断波阵面上相容条件和反向屈服条件来确定:

$$\sigma_{X3} = \sigma_X^* + 2Y_H, v_{X3} = v_X^* - \frac{2Y_H}{\rho_0 C_L^e}$$

$$\sigma_{X4} = 0, v_{X4} = v_{X3} + \frac{\sigma_{X3}}{\rho_0 C_K}$$

在强间断弹性卸载扰动 TB 追上正向塑性加载波 OB 之前的某一时刻，波形曲线 σ_X—X 和 ε_X—X 分别如图 7-6(a) 中的实线和虚线所示。在传播过程中，正向塑性加载波与弹性加载波间的距离也逐渐拉长，但弹性卸载波与正向塑性加载波之间的距离则逐渐缩短。在 t_B 时刻，TB 追上 OB 而相互作用（追赶卸载）。为方便起见，设卸载残余质点速度 v_{X3} 不太大，满足如下条件：

$$v_{X3} < v_{X1} + \frac{\sigma_{X3} - \sigma_{X1}}{\rho_0 C_L^e}$$

即如果

$$\sigma_X^* \geq -\left(\frac{1 + 5\dfrac{C_L^p}{C_L^e}}{1 + \dfrac{C_L^p}{C_L^e}}\right) Y_H$$

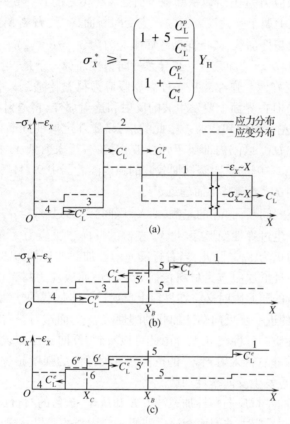

图 7-6　不同时刻的应力分布（实线）和应变分布（虚线）
(a) $t<t_B$；(b) $t_B<t<t_C$；(c) $t_C<t<t_D$。

则正向塑性加载波将在相互作用后消失，在 B 点形成驻定应变强间断面；从 B 处右行传播的是弹性卸载波 BA_1，而左行传播的内反射波 BC 则是弹性卸载区中使应力从 σ_{X3} 重新压缩加载到 σ_{X5} 的加载波。但应注意，内反射波 BC 对于随后在 C 点处迎面相遇的反向塑性加载波 TC 来说，则是起卸载作用的弹性卸载波（迎面卸载）。所以在 t_C 时刻，BC 和 TC 迎面相遇而相互作用。在 C 点形成另一个驻定应变强间断面；从 C 处右行传播的是以弹性波速传播的内反射波 CA_2。注意，从 BC 对于反向塑性加载波 TC 起卸载作用的意义上来说，CA_2 是重新被加载的弹性波；但从介质原来所受到的正向塑性加载来说，CA_2 则是使应力从 σ_{X5} 进一步卸载到 σ_{X6} 的弹性卸载波。5 区和 6 区的状态，以及以后形成的其他各区的状态，都可按照在波的相互作用界面处应力和质点速度保持连续的要求，由波阵面上的相容条件加以确定,这里不再细述。所得结果如图 7-5 所示。读者不难把 (X,t) 图和 (σ_X, v_X) 图对照起来一步步顺次看懂。这里只着重指出以下几点。

(1) 与 B 点和 C 点相对应地,在 X_B 和 X_C 处形成了两个驻定应变强间断面。但应注意,这是两个性质不同的驻定间断面。前者是对正向塑性加载而言的,即在 X_B 处有正向塑性应变的突跃。其左侧的应变比右侧的大(图 7-6(b));而后者则是对反向塑性加载而言的,即在 X_C 处有反向塑性应变的突跃,其左侧的应变比右侧的小(图 7-6(c))。

(2) 既然驻定应变间断面 X_C 的左侧曾经经历过强度为 $\sigma_{X4}=0$ 的反向塑性加载(4区),其反向后继屈服应力为 0,所以从卸载表面处右行传来的 $\sigma_X=0$ 的扰动,例如 DC,在 OX_C 区间传播时性质上属于弹性波。但驻定应变间断面 X_C 的右侧 $X_C X_B$ 区间,以前只发生过 $\sigma_{X2}=\sigma_X^*$ 的正向塑性加载,其反向后继屈服应力为 $\sigma_{X3}=\sigma^* +2Y_H$,因而凡是应力绝对值小于反向屈服应力 $|\sigma_{X3}|$ 的卸载扰动将导致反向塑性加载。于是,当 DC' 入射到驻定应变间断面 XC 上时,就好像一弹性波从一种高屈服应力材料传播到一种低屈服应力材料(两种材料声抗相同)时在界面上要发生波的反射和透射那样,将透射一右行反向塑性加载波 $C'B'$,而反射一左行弹性卸载波。依此类推,只要驻定应变间断面 X_C 存在,从卸载表面反射的右行波在 OX_C 区间内部属于弹性波,而在右行入射到 X_C 处时都将透射反向塑性加载波。于是 X_C 右侧的反向塑性加载波的强度随着图中 9′,11′和 14′等各区的出现而依次增强(绝对值 $|\sigma_X|$ 逐渐减小而趋近于零)。

(3) 由于驻定应变间断面 X_B 的左侧($X_C X_B$ 区间)经历过 $\sigma_{X2}=\sigma_X^*$ 的正向塑性加载,而其右侧在以前只发生过弹性变形,因此 X_B 左侧的反向屈服应力为 $\sigma_{X3}=\sigma_X^* +2Y_H$,而其右侧的反向屈服应力仍为 Y_H。因此,当右行反向塑性加载波例如 $C'B'$,传播到 X_B 处时,就好像一塑性波从一种低屈服应力材料传播到一种高屈服应力材料(两者声抗相同)而塑性波幅值低于后者的屈服限时必将在界面上反射进一步加载的塑性波而只透射弹性波那样,将反射一左行的进一步反向塑性加载的塑性波 $B'E$,而透射一右行的相对于原来正向加载而言是卸载性质的弹性波 $B'A_4$。由此可以看到,反向塑性加载波的传播止于驻定应变间断面 X_B 处,除非右行入射到 X_B 的反向塑性加载波的强度超过了 Y_H(拉应力),从而足以使 X_B 的右侧也发生反向塑性加载。

(4) 从 X_B 反射的左行反向塑性加载波 $B'E$ 和从 X_C 透射的右行反向塑性加载波 $C''E$ 迎面相遇后,和所有同号应力波迎面相遇后波幅必定增强的后果一样,将发生进一步的反向塑性加载,从而形成拉应力区。而且,一方面由于内反射拉应力波在左行传播过程中与从 X_C 透射过来的一系列依次增强的右行反向塑性加载波相互作用后,会使拉应力值增大(如 17 区);另一方面,由于它右行传播到驻定应变间断面 X_B 上发生反射加载后也会使拉应力值增大(如 16′区),于是 $X_C X_B$ 区间中的反向塑性加载区将朝着拉应力值越来越大的方向发展。而在 X_B 右侧也相应地形成了拉应力越来越大的反向弹性加载区(即拉应力的弹性卸载区)。

(5) 由于 X_C 的左侧在历史上只经历过 $\sigma_{X4}=0$ 的反向塑性加载(4 区),因此当 $X_C X_B$ 区间中所发展起来的拉应力反向塑性加载波左行入射到 X_C 处时,将如同塑性波从高屈服应力材料传播到低屈服应力材料那样,透射一弹性波和一拉应力的反向塑性加载波(21 区和 22 区),并随着 X_C 左侧也进入拉应力的反向塑性加载状态,驻定应变间断面 X_C 也就消失了,这对以后左行传播来的拉应力值愈来愈大的其他反向塑性加载波将不再产生任何影响(如28区)。最终,拉应力区将扩展到整个 OX_B 区间的范围内。

(6) 如果说当左行的拉应力反向塑性加载波 FG 入射到冲击卸载表面($X=0$)之前($t<t_G$),自由表面上的卸载条件($\sigma_X=0$)实际上起着推动反向塑性加载发展的作用的话,则此后自由表面边界条件就不再会引起进一步的反向塑性加载,而相反地是对反向塑性加载起卸载作用了。以后的处理和一般的塑性波卸载问题一样,无需再加详细讨论。

由此可见,在一维应变弹塑性波问题中,仅仅由于反向屈服效应,也会在承受冲击压缩脉冲载荷的表面附近形成拉应力区,并且相应的质点速度与冲击加载时的符号相反(在本例中为负值)。这种情况在以往的杆中一维应力波的讨论中是不存在的,在下面将要讨论的基于流体模型的一维应变波中也是不存在的。这种具有相反质点速度的拉应力区的出现在一定条件下,特别对于抗拉强度低的介质或已具有裂纹的脆性材料等,可能促进或导致冲击表面附近动态断裂的发展。

7.6 固体高压状态方程

上两节中所讨论的一维应变弹塑性波,都以材料的弹性变形部分遵循 Hooke 定律为前提。显然,这只在小应变的条件下才成立。在较高压力、较大变形时,弹性模量实际上不再是常数,而是应变或应力的函数。这时,本构方程中的弹性变形部分也是**非线性**的。

由于在高压下,固体材料抗畸变的能力(即剪切强度)常可近似地忽略不计,因而本构关系中的畸变律部分也就可暂时忽略不计,而只考虑容变律部分。换言之,这时本构关系就简化成了静水压力 p 和体积应变 Δ 或比体积 V 之间的关系,有时称为**固体高压状态方程**。这相当于把高压下固体材料看成如同无黏性的可压缩流体一样。

这一节来讨论体现非线性容变律的固体高压状态方程。实际上,它不仅在固体剪切强度可忽略的高压下,对于固体中冲击波的研究是必需的;而且在固体剪切强度不可忽略的条件下,对于非线性弹塑性波的传播的研究,也同样是必不可少的。

关于体积应变,应该注意,如果按工程应变来定义,记作 Δ,有

$$\Delta = \frac{V-V_0}{V_0} = (1+\varepsilon_X)(1+\varepsilon_Y)(1+\varepsilon_Z) - 1 \tag{7-50}$$

式中:V_0 是材料初始比容($V_0 = 1/\rho_0$),则相应的体积模量为

$$K = -\frac{\mathrm{d}p}{\mathrm{d}\Delta} = -V_0\frac{\mathrm{d}p}{\mathrm{d}V} \tag{7-51}$$

这是以 Lagrange 观点来描述的体积模量,可称为 **Lagrange 体积模量**。而如果体积应变按对数应变(真应变)来定义,记作 $\widetilde{\Delta}$,有

$$\widetilde{\Delta} = \ln\frac{V}{V_0} = \widetilde{\varepsilon}_X + \widetilde{\varepsilon}_Y + \widetilde{\varepsilon}_Z, \quad \widetilde{\varepsilon} = \ln(1+\varepsilon) \tag{7-52}$$

则相应的体积模量为

$$k = -\frac{\mathrm{d}p}{\mathrm{d}\widetilde{\Delta}} = -\frac{\mathrm{d}p}{\mathrm{d}\ln V} = -V\frac{\mathrm{d}p}{\mathrm{d}V} \tag{7-53}$$

这是以 Euler 观点来描述的体积模量,称为 **Euler 体积模量**。显然 k 和 K 之间有如下关系:

$$k = \frac{V}{V_0}K = (1 + \Delta)K \tag{7-54}$$

在一维应变条件下,式(7-51)、式(7-53)和式(7-54)分别化为

$$K = -\frac{dp}{d\varepsilon_X}, k = -\frac{dp}{d\tilde{\varepsilon}} \tag{7-55a}$$

$$k = (1 + \varepsilon_X)K \tag{7-55b}$$

Bridgman 方程

人们对固体高压状态方程的研究,首先是在静高压条件下,对材料体积模量随静水压力的变化规律进行实验研究而开始的。Bridgman(1949)曾对数十种元素和化合物在高达 $1 \sim 10 \text{GPa}(10^4 \sim 10^5 \text{bar})$ 的静高压条件下研究了它们的体积压缩随静压力变化的情况。根据试验测定结果,提出了如下的经验公式:

$$\frac{V_0 - V}{V} = -\Delta = ap - bp^2 \tag{7-56}$$

式中:a 和 b 为材料常数。此式常称为 **Bridgman 方程**或**固体等温状态方程**。

对于大部分试验材料,当 p 以 bar 为单位时,a 为 $10^{-6} \sim 10^{-7} \text{bar}^{-1}$ 量级,b 为 10^{-12}bar^{-2} 量级。例如,对于铁,根据四百次以上的测量结果,在 24℃时有

$$\frac{V_0 - V}{V} = -\Delta = 5.826 \times 10^{-7} p - 0.80 \times 10^{-12} p^2$$

由式(7-56)可求得体积模量 K 作为静水压 p 的函数关系为

$$K(p) = \frac{1}{a - 2bp} = \frac{1}{a\left(1 - \frac{2b}{a}p\right)} \tag{7-57}$$

可见 K 随 p 之增加而增大,即 p—V 曲线呈图 7-7 所示凹曲线的形式。这反映了固体材料对体积压缩的抗力随压缩变形程度的增大而增大,从而越来越难压缩这一物理图像。

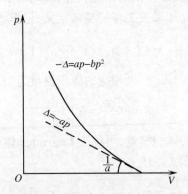

图 7-7　Bridgman 方程式(7-56)表述的 p—V 曲线

由于 b/a 约为 $10^{-5} \sim 10^{-6} \text{bar}^{-1}$ 量级,式(7-57)表明至少需要 $0.1 \sim 1 \text{GPa}(10^3 \sim 10^4 \text{bar})$ 量级的压力,K 才变化约 1%。这说明了为什么通常只在高压下才计及弹性容变律的非线性特征。当 $2bp/a < 1$ 时,把式(7-57)展为幂级数并忽略高阶小量后可得

$$K(p) \approx \frac{1}{a}\left(1 + \frac{2b}{a}p\right) \tag{7-58}$$

可见 $1/a$ 相当于低压时线弹性容变律的体积模量 K_0，而 b 是当 K 近似作为 p 的线性函数时表征 K 随 p 的变化率的系数。

有时也采用其他函数形式的 $p—V$ 关系，利用 Bridgman 的试验数据进行曲线拟合来确定有关的材料常数。例如，D. C. Pack, W. M. Evans, H. J. Jame (1948) 在固体物理的理论分析的基础上建议采用如下的 $p—V$ 关系：

$$p = \alpha \left(\frac{V_0}{V}\right)^{2/3} \left\{\exp\left[\beta\left(1 - \left(\frac{V}{V_0}\right)^{1/3}\right)\right] - 1\right\} \tag{7-59a}$$

在一维应变条件下，由于 $V = (1+\varepsilon_X)V_0$，上式化为

$$p = \alpha(1 + \varepsilon_X)^{-2/3} \{\exp[\beta(1 - (1 + \varepsilon_X)^{1/2})] - 1\} \tag{7-59b}$$

按照 Bridgman 实验数据所确定的几种材料的 α 和 β 值如表 7-2 所列（$1\text{bar} = 10^5\text{Pa}$）（引自 Broberg, 1956）。

表 7-2　几种材料的 α 和 β 值（见式(7-59b)）

材　料	铁	铝	镁	铜	铅	石英玻璃
$\rho_0/(10^3 \text{kg/m}^3)$	7.86	2.72	1.74	8.93	11.34	2.21
$\alpha/10^5 \text{bar}$	6.01	1.90	0.639	3.52	1.32	4.7
β	8.4	11.4	15.6	11.7	10.0	2.0

Murnagham 方程

如果从 Euler 体积模量定义式(7-53)出发，并类似于式(7-58)来考察 k 随 p 线性变化时的情况，即设

$$k = k_0(1 + \eta p) \tag{7-60}$$

式中：k_0 和 η 均为材料常数，则 $p—V$ 关系归结为解常微分方程：

$$-V\frac{dp}{dV} = k_0 + np$$

这里 $n = k_0 \eta$。根据初始条件 $V|_{p=0} = V_0$ 可解得

$$\left(p + \frac{1}{\eta}\right)\left(\frac{V}{V_0}\right)^n = \frac{1}{\eta}(\text{常数}) \tag{7-61a}$$

或改写为

$$p = \frac{k_0}{n}\left\{\left(\frac{V_0}{V}\right)^n - 1\right\} \tag{7-61b}$$

在一维应变条件下则化为

$$p = \frac{k_0}{n}\{(1 + \varepsilon_X)^{-n} - 1\} = \frac{k_0}{n}\{\exp(-n\widetilde{\varepsilon}_X) - 1\} \tag{7-61c}$$

注意，式(7-61a)在形式上与理想气体的等熵方程

$$p\left(\frac{V}{V_0}\right)^\gamma = \text{常数}$$

相类似，n 则处于与气体绝热指数 γ 相类似的地位。对于金属，n 的典型值为 4。式(7-61)通常称为 **Murnagham 方程**或**固体等熵状态方程**，式中材料常数 K_0 和 n 常由等熵条件下的波传播实验测试来确定。

Murnagham 方程最早是在研究有限变形弹性理论的基础上通过较复杂的演算导出的。不过如前面讨论所表明的，它实际上等价于 k 正比于 p 的假定（见式(7-60)），即 Euler 体积模量随静水压的增加而线性地增大。显然，式(7-61)所代表的 p—V 曲线也具有类似于图 7-7 的凹曲线的形式，或者在一维应变压缩加载条件下，反映非线性弹性容变律的轴向应力应变曲线 σ_x—ε_x 具有图 7-8 所示的凹曲线的形式。

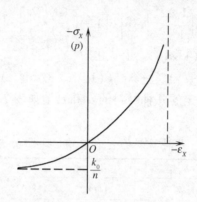

图 7-8　一维应变下与 Murnagham 方程式(7-61)对应的 σ_x—ε_x 曲线

Grüneisen 方程

Bridgman 方程和 Murnagham 方程分别描述了等温过程和等熵过程的 p—V 关系，因而它们都只是特定的热力学条件下的固体状态方程，不足以描述当温度 T 或熵 S 有变化时的更一般条件下的材料各状态参量间的相互关系。换句话说，一般条件下的固体状态方程不是能由 p 和 V 两个状态参量间的关系所能代表的，而必须考虑 p, V 和其他热力学参量间的关系。例如，可以采用一系列不同温度下的 Bridgman 方程（等温 p—V 曲线），或一系列不同熵值条件下的 Murnagham 方程（等熵 p—V 曲线）来描述。这就分别导致人们在流体力学中所常用的所谓温度形式状态方程：

$$f_T(p, V, T) = 0 \tag{7-62}$$

和所谓熵形式状态方程：

$$f_S(p, V, S) = 0 \tag{7-63}$$

其几何意义分别为 p, V, T 三维空间的曲面，和 p, V, S 三维空间中的曲面。显而易见，Bridgman 方程只不过是曲面（见式(7-62)）与恒温平面的截线，而 Murnagham 方程只不过是曲面（见式(7-63)）与恒熵平面的截线。由这些截线的斜率则分别确定了等温体积模量 k_T：

$$k_T = -V\left(\frac{\partial p}{\partial V}\right)_T \tag{7-64}$$

和等熵体积模量 k_S：

$$k_S = -V\left(\frac{\partial p}{\partial V}\right)_S \tag{7-65}$$

过去在线性弹性波问题的讨论中是未曾强调过 k_T 和 k_S 两者间的区别的。

但是，对于高压下固体中冲击波的研究来说，不论状态方程式(7-62)或式(7-63)的形式都不太适用。因为由 2.7 节关于冲击波波阵面上质量守恒、动量守恒和能量守恒条件的讨论可以理解,这些守恒方程所涉及到的状态参量,在忽略材料畸变的情况下,只包含静水压力 p、比体积 V 和内能 E(详见 7.7 节),而并未直接涉及温度 T 或熵 S。所以这时比较方便的是采用把 p、V、E 三者联系起来的所谓内能形式状态方程:

$$f_E(p,V,E) = 0 \tag{7-66a}$$

或等价地,写成 p 作为 E 和 V 的函数:

$$p = p(E,V) \tag{7-66b}$$

问题在于对于固体材料,这一内能形式的状态方程实际上具有什么样的具体函数形式。

为了对此作进一步的讨论,首先可类似于由式(7-63)或式(7-64)来定义体积模量那样,在式(7-66b)的基础上可引入一个如下定义的新参量 Γ:

$$\Gamma = V\left(\frac{\partial p}{\partial E}\right)_V \tag{7-67}$$

称为 Grüneisen 系数。它代表在定容条件下压力对于单位体积内能的变化率,即定容条件下每增加单位体积内能时所增加的压力值。

注意到按热力学第一、第二定律,有

$$dE = TdS - pdV \tag{7-68}$$

于是,对于等容过程有

$$\left(\frac{\partial E}{\partial T}\right)_V = T\left(\frac{\partial S}{\partial T}\right)_V \equiv C_V \tag{7-69}$$

这里 C_V 是等容比热;另外,既然是等容过程,应有

$$dV = \left(\frac{\partial V}{\partial p}\right)_T dp + \left(\frac{\partial V}{\partial T}\right)_p dT = 0$$

因而可得

$$\left(\frac{\partial p}{\partial T}\right)_V = -\left(\frac{\partial p}{\partial V}\right)_T\left(\frac{\partial V}{\partial T}\right)_p = -V\left(\frac{\partial p}{\partial V}\right)_T \cdot \frac{1}{V}\left(\frac{\partial V}{\partial T}\right)_p = k_T\alpha \tag{7-70}$$

这里 $\alpha\left(\equiv \frac{1}{V}\left(\frac{\partial V}{\partial T}\right)_p\right)$ 是等压膨胀系数。于是,由式(7-69)和式(7-70)可得

$$\Gamma = V\frac{\left(\frac{\partial p}{\partial T}\right)_V}{\left(\frac{\partial E}{\partial T}\right)_V} = \frac{k_T\alpha V}{C_V} \tag{7-71}$$

它给出了由易于测定的热力学参量 k_T、α 和 C_V 来确定 Grüneisen 系数的基本关系式。

如果设 Γ 只是 V 的函数:

$$\Gamma = \gamma(V) \tag{7-72}$$

这一假定称为 Grüneisen 假定。对式(7-67)积分后可得

$$p = \frac{\gamma}{V}E + \Pi(V) \tag{7-73a}$$

或可改写为

$$p = p_K(V) + \frac{\gamma}{V}\{E - E_K(V)\} \tag{7-73b}$$

这就是著名的 **Mie-Grüneisen 状态方程**,是目前在研究高压下固体中应力波传播时最常用的一种内能形式状态方程。

为说明 $E_K(V)$ 的物理意义，注意一下对式(7-69)积分后，可得

$$E = E_K(V) + \int_0^T C_V dT = E_K(V) + E_T(V,T) \quad (7-74)$$

这说明内能 E 是由两部分组成的：与温度无关的**冷能** $E_K(V)$ 和与温度相关的热能 $E_T(V,T)$。前者即 0K 时的内能，又称**晶格势能**（弹性能），它包括分子（离子、原子等）间相互作用能（晶格结合能）、零点振动能和价电子气压缩能等与温度无关部分的内能；后者又称为**晶格动能**，它包括晶格热振动和电子热激活能等与温度相关部分的内能。

为说明 $p_K(V)$ 的物理意义，注意一下对式(7-70)积分后，可得

$$p = p_K(V) + \int_0^T k_T \alpha dT = p_K(V) + \int_0^T \frac{\Gamma C_V}{V} dT = p_K(V) + p_T(V,T) \quad (7-75)$$

这说明压力 p 也是由两部分所组成：与温度无关的**冷压** $p_K(V)$ 和与温度相关的**热压** $p_T(V,T)$。它们分别与冷能 E_K 和热能 E_T 相对应。事实上，当把式(7-68)用到绝对零度，注意到在绝对零度时熵保持为零（Nernst 定理），即有

$$p_K(V) = -\frac{dE_K(V)}{dV} \quad (7-76)$$

而热压 p_T 则可按式(7-68)和式(7-75)表示为

$$p_T(V,T) = -\left(\frac{\partial E_T}{\partial V}\right)_S = \int_0^T \frac{\Gamma C_V}{V} dT$$

在 Grüneisen 假定式(7-72)之下，则有

$$p_T(V,T) = \frac{\gamma}{V} \int_0^T C_V dT = \left(\frac{\gamma}{V}\right) E_T(V,T) \quad (7-77)$$

这意味着热压 p_T 和热能 E_T 之比与温度无关而只是比体积的函数 $\gamma(V)/V$。这就是 Grüneisen 假定的物理含义。在晶格热振动理论中这相当于晶格准谐振动假定，即假定晶格的振动频率只是原子间距（比体积）的函数，而在每一比体积下都可按谐振处理。式(7-77)其实就是 Mie-Grüneisen 方程，只需把 p_T 和 E_T 分别改写为 $(p-p_K)$ 和 $(E-E_K)$ 就得到了式(7-73b)。

7.7　高压下固体中的冲击波

在固体剪切强度可以忽略的高压下，如前所述，固体可当作非黏性可压缩流体来处理。这时，气体动力学中有关等熵波和冲击波的许多研究结果，都可直接推广应用到高压下固体中应力波传播的研究中来，只需计及固体高压状态方程与气体状态方程的差别。这种近似处理方法通常称为**流体动力学近似**。

正常的固体材料，在高压下一般都表现为随体积压缩而变得愈来愈难压缩，即体积模量随压力之增加而增大，在定性上如图 7-7 或图 7-8 所示那样。因此，与 2.6 节中所述相类似，不难理解在高压固体中压缩扰动的传播将形成强间断的冲击波，而膨胀扰动的传播将形成弱间断的稀疏波。

稀疏波的传播和过去所讨论过的递减硬化材料中非线性弹塑性连续波的传播完全类似，这里不再复述。下面只对高压固体中冲击波传播的有关问题作进一步的讨论。

7.7.1 冲击突跃条件

在 2.7 节中我们曾经采用 Lagrange 变量讨论过一维应力条件下杆中冲击波波阵面上的质量守恒、动量守恒和能量守恒条件,即所谓冲击突跃条件。现在把这一结果推广到一维应变条件,并同时给出以 Euler 变量描述的形式。

Lagrange 形式

在物质坐标中考察一以物质波速 $\mathscr{D}$ 传播的一维应变平面冲击波,取其传播方向为 X 轴。设冲击波前方的初态和后方的终态都是热力学平衡态,则冲击波波阵面上的质量、动量和能量守恒条件在形式上和 2.7 节中所给的式(2-55)、式(2-57)和式(2-61)或式(2-62)完全一样,现汇总重列如下:

$$[v] = -\mathscr{D}[\varepsilon]$$

$$[\sigma] = -\rho_0 \mathscr{D}[v]$$

$$[e] = -\frac{[\sigma v]}{\rho_0 \mathscr{D}} - \frac{1}{2}[v^2] = \frac{1}{2\rho_0}(\sigma^- + \sigma^+)[\varepsilon]$$

这时只需把其中的 σ, ε 和 v 理解为一维应变条件下应力、应变和质点速度的 X 轴向分量即可。

对于高压下的固体,按流体动力学近似,可忽略与畸变有关的项,这相当于把以上三式中的 σ 改为 $-p$ 和相应地把 ε 改为 $(V_0 - V)/V_0$;并且如果按高压下固体冲击波讨论中的习惯,把质点速度改用 u 表示而比内能改用 $\mathscr{E}$ 表示,则冲击突跃条件化为如下形式:

$$[u] = -\rho_0 \mathscr{D}[V] \tag{7-78a}$$

$$[p] = \rho_0 \mathscr{D}[u] \tag{7-78b}$$

$$[\mathscr{E}] = \frac{[pu]}{\rho_0 \mathscr{D}} - \frac{1}{2}[u^2] = -\frac{1}{2}(p^- + p^+)[V] \tag{7-78c}$$

这就是高压下固体中平面冲击波的 **Lagrange 形式**的**冲击突跃条件**或 **Rankine-Hugoniot 关系**(简称为 R-H 关系)。

Euler 形式

现在我们在空间坐标中来讨论同一问题。设平面冲击波以空间波速 D 沿空间坐标 x 轴方向传播,波阵面前方的诸状态参量以上标+表示,而后方的诸量以上标-表示(图 7-9)。

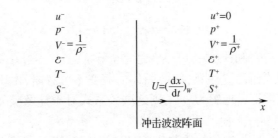

图 7-9 空间坐标中的平面冲击波

注意到相对于波阵面而言的质点速度为 $(u-D)$,则按质量守恒条件,通过波阵面的质量流率 m 守恒,即有

$$\rho^-(u^- - D) = \rho^+(u^+ - D) = m$$

即
$$[\rho u] = D[\rho] \tag{7-79a}$$

按动量守恒条件,应有
$$\rho^- u^- (u^- - D) - \rho^+ u^+ (u^+ - D) = p^+ - p^-$$

或利用上述质量守恒条件,则有
$$mu^- + p^- = mu^+ + p^+$$

即
$$[p] = -m[u] = \rho^+ (D - u^+)[u] \tag{7-79b}$$

而按能量守恒条件,应有
$$\rho^- \left\{ \frac{1}{2}(u^-)^2 + \mathscr{E}^- \right\}(u^- - D) - \rho^+ \left\{ \frac{1}{2}(u^+)^2 + E^+ \right\}(u^+ - D) = p^+ u^+ - p^- u^-$$

或利用上述质量守恒条件,则有
$$m\left\{ \frac{1}{2}(u^-)^2 + \mathscr{E}^- \right\} + p^- u^- = m\left\{ \frac{1}{2}(u^+)^2 + \mathscr{E}^+ \right\} + p^+ u^+$$

即
$$[\mathscr{E}] = -\frac{[pu]}{m} - \frac{1}{2}[u^2] = \frac{[pu]}{\rho^+(D-u^+)} - \frac{1}{2}[u^2] \tag{7-79c}$$

如果再利用动量守恒条件式(7-79b),则上式也可化为与参考坐标系无关的形式:
$$[\mathscr{E}] = -\frac{1}{2}(p^+ + p^-)[V] \tag{7-79c'}$$

与式(7-78c)的第二个等号结果相一致。式(7-79)就是在固定空间坐标系中的 **Euler 形式的 Rankine-Hugoniot 关系**。

如果参考坐标系随冲击波前方的质点一起运动,则冲击波相对于其前方质点的**相对空间波速** U 为
$$U = D - u^+ \tag{7-80}$$

把它代入式(7-79),并注意到在目前所选坐标系中 $u^* = 0$,则可得这时的 Euler 形式 R-H 关系为
$$u^- = -\rho^+ U[V] \tag{7-81a}$$
$$[p] = \rho^+ U u^- \tag{7-81b}$$
$$[\mathscr{E}] = \frac{p^- u^-}{\rho^+ U} - \frac{1}{2}(u^-)^2 \tag{7-81c}$$

式(7-78)、式(7-79)和式(7-81)三者是完全等价的,只不过在不同的坐标系中 R-H 关系表现为不同的形式而已。注意,即使固体的畸变不可忽略,由于对于一维应变仍有 $\varepsilon_X = (V_0 - V)/V_0$,故只需把 p 理解为 $-\sigma_X$,则这些关系式对于计及畸变的一维应变平面冲击波也仍然成立。

由这三组方程可见冲击波的物质波速 $\mathscr{D}$,相对空间波速 U 和绝对空间波速 D 分别可表为
$$\mathscr{D} = V_0 \sqrt{-\frac{[p]}{[V]}} \tag{7-82a}$$

$$U = V^+ \sqrt{-\frac{[p]}{[V]}} \qquad (7-82\mathrm{b})$$

$$D = u^+ + V^+ \sqrt{-\frac{[p]}{[V]}} \qquad (7-82\mathrm{c})$$

这三者本身之间则显然有如下关系：

$$D = U + u^+ = \frac{V^+}{V_0} \cdot \mathscr{D} + u^+ \qquad (7-83)$$

这实际上就是式(2-11)在现在所讨论情况下的具体表现。如果冲击波前方是未压缩的自然状态，即 $V^+ = V_0$，则 $U = \mathscr{D}$；如果再加上还是静止状态，即 $u^+ = 0$，则 $D = U = \mathscr{D}$。只有在这种情况下，这三种波速一致。

当波阵面上的状态参量突跃值趋于无限小时，把间断值代之以等熵条件下的微分值，则式(7-82)所表示的 $\mathscr{D}$、U 和 D 分别转化为稀疏波的物质波速 C、相对空间波速 a 和绝对空间波速 c：

$$C = V_0 \sqrt{-\left(\frac{\partial p}{\partial V}\right)_S} = \frac{\rho}{\rho_0} \sqrt{\left(\frac{\partial p}{\partial \rho}\right)_S} \qquad (7-84\mathrm{a})$$

$$a = V \sqrt{-\left(\frac{\partial p}{\partial V}\right)_S} = \sqrt{\left(\frac{\partial p}{\partial \rho}\right)_S} \qquad (7-84\mathrm{b})$$

$$c = u + V \sqrt{-\left(\frac{\partial p}{\partial V}\right)_S} = u + \sqrt{\left(\frac{\partial p}{\partial \rho}\right)_S} \qquad (7-84\mathrm{c})$$

应该说明，上述三种形式的 R-H 关系都是按右行波传播来推导的。对于左行波则需将波速变号，这和过去讨论杆中强间断波阵面上守恒条件时的情况一样。

这样，由冲击突跃条件所包含的三个守恒条件，连同表征材料特性的一个内能形式的状态方程式(7-66)总共有四个方程。在给定的初始条件，即给定的冲击初态下，这四个方程中共包含五个未知参量：表征冲击终态的 p、V（或 ρ）、u、$\mathscr{E}$ 和冲击波波速 $\mathscr{D}$（或 U、D）。一旦由边界条件给定其中的任一参量，就可由此确定其余四个参量了。因此，对于一定的材料（固体高压状态方程已知），在给定的初始条件和边界条件下，平面冲击波传播问题是定解的。

如果我们所处理的是两平板 A 和 B 的高速撞击问题，在两板中同时产生冲击波，而撞击界面上的状态参量待定（图 7-10）。这时，对于 A、B 两板各需确定五个未知量，总共

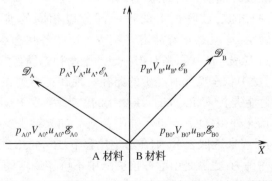

图 7-10　两平板 A 和 B 的高速撞击时的冲击波传播

有十个未知量。但我们对 A、B 两板各可列出四个方程,再加上在撞击界面处应该满足如下质点速度相等和压力相等条件:

$$u_A = u_B, p_A = p_B$$

则总共有十个方程解十个未知量,问题仍然可解。当然这时应注意,把 R-H 关系式(7-78 或其等价形式)用于右行波和左行波时,冲击波波速应取不同的正、负号。

7.7.2 冲击绝热线

如果不具体规定边界条件,则对于一定的平衡初态,R-H 关系连同状态方程一起给出了它们所包含的五个未知参量中任意两参量间的关系,例如 $p-V,p-u$ 关系等。这样得到的关联一对对冲击波参量间的关系,称为**冲击绝热线**,又称为 **Rankine-Hugoniot 曲线**,或简称为 Hugoniot 线。由于在冲击波波阵面上所发生的冲击突跃过程是一个非平衡的不可逆过程,所以冲击绝热线实际上只代表对于一定的平衡初态(称为 Hugoniot 线的心点)通过冲击突跃所可能达到的平衡终态点的轨迹,而并不表示材料在这一冲击突跃过程中所经历的相继的状态点。这是它与等温过程中状态参量间的关系(等温线)、等熵绝热过程中状态参量间的关系(等熵绝热线),以及与讨论非递增硬化材料的弹塑性波时所遇到的准平衡的绝热应力应变曲线等所完全不同的。此外,既然 Hugoniot 线也是对一定的平衡初态而言的,因此即使是同一材料,当初态点不同时,Hugoniot 线也是不同的。关于冲击突跃过程是一个非平衡的,有额外熵增的不可逆过程这一点,除在 2.7 节中已作过初步讨论外,在本节的下文中还要作进一步的讨论。

各种形式的 Hugoniot 线中,最常用的有三种: $p-V$(或 $p-\rho$), $p-u$ 线和 $U-u$ 线。

1. $p-V$ Hugoniot 线

由冲击波波阵面上能量守恒条件式(7-78c)和内能形式状态方程式(7-66)消去内能 $\mathscr{E}$,就得到冲击绝热条件下的 $p-V$ 关系,即 $p-V$ Hugoniot 线。正常材料的 $p-V$ Hugoniot 线是向上凹的。图 7-11 给出了由冲击波实验确定的几种材料的 $p-V$ Hugoniot 线(Jones,1972)。

$p-V$ Hugoniot 线上联结终态点与初态点的弦线(图 7-12 之 AB)具有特殊意义,通常称为 Rayleigh 线。事实上,由式(7-82)知,冲击波的波速取决于此 Rayleigh 线的斜率,而由式(7-78c)知,此 Rayleigh 线下的面积恰好代表冲击波波阵面上的内能突跃值。注意,对于一定的材料(ρ_0 一定),物质波速 $\mathscr{D}$ 将完全由 Rayleigh 线的斜率所确定,但空间波速则还同时取决于冲击波波阵面前方的初态密度 ρ^+。

既然对于稳定的冲击波,波阵面上的每一部分以相同的波速传播,而波速又由 Rayleigh 线的斜率所确定,这就意味着冲击突跃所经历的各状态点的轨迹正是 Rayleigh 线。前面我们曾强调过 Hugoniot 线只是对于一定的平衡初态而言的可能的平衡终态的轨迹,而并非冲击突跃过程中状态变化所经历的路径。现在已看到在冲击突跃过程中介质所经历的状态变化实际上是沿着 Rayleigh 线变化的。当然,在 Rayleigh 线上除了初态点和终态点是热力学平衡态外,其他各点都是非平衡态。如果冲击突跃中代表平衡过程的 $p-V$ 关系可用 Hugoniot 线来近似表示,则在给定比容下,Rayleigh 线与 Hugoniot 线的压力差值就近似地代表非平衡力,也就是引起冲击突跃中不可逆熵增的黏性力(耗散力)。一个稳定的冲击波正是在一定的耗散机制的基础上,通过调节波阵面的实际剖面形状,使得平衡力与非平衡力之和恰好对应于 Rayleigh 线上之压力值而实现的。

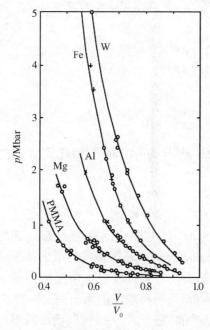 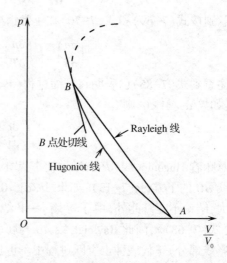

图 7-11　几种材料的 p—V Hugoniot 线　　　图 7-12　p—V Hugoniot 线和 Rayleigh 线

从另一个角度来讨论 p—V Hugoniot 线,也可说明冲击突跃是一个具有不可逆熵增的过程。对式(7-78c)微分,并以下标 0 表示初态,不带下标表示终态,可得

$$dE = \frac{1}{2}(V - V_0)dp - \frac{1}{2}(p + p_0)dV$$

这表示 p—V Hugoniot 线上相邻的两个可能终态点之间应满足的微分关系。另一方面,由于终态是热力学平衡态,还应满足热力学第一、第二定律式(7-68)。从这两个式子中消去 dE 后可得

$$TdS = \frac{1}{2}(V_0 - V)dp + \frac{1}{2}(p - p_0)dV = \frac{1}{2}\left\{1 - \frac{\dfrac{p - p_0}{V - V_0}}{\left(-\dfrac{dp}{dV}\right)}\right\}(V_0 - V)dp \quad (7-85)$$

参照图 7-12 知,$(p-p_0)/(V_0-V)$ 是 Rayleigh 线的斜率值,而 $(-dp/dV)$ 是 p—V Hugoniot 线在终态点 B 处的斜率值。既然对于正常材料,其 p—V Hugoniot 线凹向上,意味着

$$\frac{\left(\dfrac{p - p_0}{V_0 - V}\right)}{\left(-\dfrac{dp}{dV}\right)} < 1$$

因此式(7-85)表明,沿着 Hugoniot 线,熵随压力的增加而增加,$dS/dp>0$。即使在某些反常的情况下,p—V Hugoniot 线发生了像图 7-12 中虚线所示那样的回弯,由于这时 $dp/dV>0$,由式(7-85)仍可得出 $dS/dp>0$ 的结论。

我们再来考察一下 Hugoniot 线与等熵绝热线以及等温线间的某些关系。如果沿着 p—V Hugoniot 线作 $p=p(S,V)$ 对 V 的全微分,则可知 p—V Hugoniot 线的斜率 dp/dV 和等熵 p—V 线的斜率 $(\partial p/\partial V)_S$ 之间有如下关系:

$$\frac{dp}{dV} = \left(\frac{\partial p}{\partial V}\right)_S + \left(\frac{\partial p}{\partial S}\right)_V \left(\frac{dS}{dV}\right) \tag{7-86}$$

注意到按式(7-69)和式(7-70)在正常情况下有

$$\left(\frac{\partial p}{\partial S}\right)_V = \left(\frac{\partial p}{\partial T}\right)_V \left(\frac{\partial T}{\partial S}\right)_V = \frac{k_T \alpha T}{C_V} > 0$$

再注意到式(7-85)已表明在压缩过程($V<V_0$)中 dS/dV 与 dp/dV 同号,因此式(7-86)表明:如果 $dp/dV<0$,则有

$$\left(-\frac{dp}{dV}\right) > -\left(\frac{\partial p}{\partial V}\right)_S$$

这意味着 Hugoniot 线 AB 在经过初态点 A 的等熵线 AS_1 的上方,但在经过终态点 B 的等熵线 BC 的下方(图 7-13);如果 $dp/dV>0$,则 Hugoniot 线斜率和等熵线斜率之差进一步增大,结论不变。此外,由于等熵 p—V 线下的面积代表等熵过程中可恢复的内能变化(见式(7-68)),因此 Rayleigh 线 AB 与膨胀等熵线 BC 之间所包围的面积(图 7-13 中带阴影线部分)正代表冲击突跃过程中不可逆的能量耗散,它与式(7-85)所给出的不可逆熵增相对应。

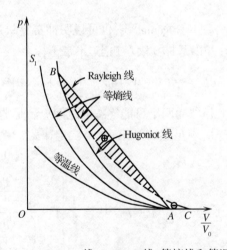

图 7-13 Hugoniot 线,Rayleigh 线,等熵线和等温线

至于等熵线斜率 $(\partial p/\partial V)_S$ 与等温线斜率 $(\partial p/\partial V)_T$ 之间,由 $p=p(V,T)$ 在等熵条件下对 V 作微分可知有如下关系:

$$\left(\frac{\partial p}{\partial V}\right)_S = \left(\frac{\partial p}{\partial V}\right)_T + \left(\frac{\partial p}{\partial T}\right)_V \left(\frac{\partial T}{\partial V}\right)_S \tag{7-87}$$

注意到对于等温过程有

$$dT = \left(\frac{\partial T}{\partial V}\right)_S dV + \left(\frac{\partial T}{\partial S}\right)_V dS = 0$$

再计及式(7-69)和如下 Maxwell 关系式[①]：

$$\left(\frac{\partial p}{\partial T}\right)_V = \left(\frac{\partial S}{\partial V}\right)_T$$

可得

$$-\left(\frac{\partial T}{\partial V}\right)_S = \left(\frac{\partial T}{\partial S}\right)_V \left(\frac{\partial S}{\partial V}\right)_T = \frac{T}{C_V}\left(\frac{\partial p}{\partial T}\right)_V$$

于是式(7-87)可改写为

$$-\left(\frac{\partial p}{\partial V}\right)_S = -\left(\frac{\partial p}{\partial V}\right)_T + \frac{T}{C_V}\left(\frac{\partial p}{\partial T}\right)_V^2$$

既然 $T>0, C_V>0$，上式表明

$$-\left(\frac{\partial p}{\partial V}\right)_S > -\left(\frac{\partial p}{\partial V}\right)_T$$

这意味着等熵线在等温线的上方（图 7-13）。

在初态点 A 处，既然由式(7-85)知有 $\left.\dfrac{dS}{dV}\right|_A = 0$，因此由式(7-86)知有

$$\left.\frac{dp}{dV}\right|_A = \left.\left(\frac{\partial p}{\partial V}\right)_S\right|_A$$

即在初态点 A 处 Hugoniot 线的斜率和等熵线的斜率相等。不仅如此，如果对式(7-86)进一步微分，经过演算后，不难证明：

$$\left.\frac{d^2 p}{dV^2}\right|_A = \left.\left(\frac{\partial^2 p}{\partial V^2}\right)_S\right|_A$$

$$\left.\frac{d^3 p}{dV^3}\right|_A \neq \left.\left(\frac{\partial^3 p}{\partial V^3}\right)_S\right|_A$$

即在初态点 A 处，Hugoniot 线和等熵线具有相同的斜率和曲率，直到考虑它们的三阶导数时才有差别。

在以上讨论中，尚未计及材料相变对于 Hugoniot 线的影响，而已暗中假定了下式成立：

$$\frac{p_2 - p_1}{V_1 - V_2} > \frac{p_1 - p_0}{V_0 - V_1} \tag{7-88}$$

这里以下标 0 表示初态，下标 2 表示终态，而下标 1 表示介于初态点 0 和终态点 2 之间的 Hugoniot 线上任意一点。显然，当满足式(7-88)时，能形成一个单一的稳定的冲击波阵面。但由于固体中的冲击波通常是在高压下产生的，冲击突跃过程中的不可逆熵增又会造成温度的剧烈上升，在这样的高压高温条件下，材料有可能发生相变，从而使式(7-88)不再满足。例如，人们已发现铁在 13GPa 的冲击高压下会发生 α 相（体心立方晶格）向 ε 相（密排六方晶格）的相变，等等。

[①] 引入 Helmholz 自由能 $A = \mathscr{E} - TS$，则热力学第一定律（见式(7-68)）可化为 $dA = -SdT - pdV$，由此得 $S = -\left(\dfrac{\partial A}{\partial T}\right)_V$，$p = -\left(\dfrac{\partial A}{\partial V}\right)_T$，从而有 $\left(\dfrac{\partial p}{\partial T}\right)_V = -\dfrac{\partial^2 A}{\partial T \partial V} = \left(\dfrac{\partial S}{\partial V}\right)_T$。

在图 7-14 中,设点 1 对应于相变点。由于相变前后材料的性能不同,相应地其状态方程和冲击绝热线等也有所不同。对于 p—V Hugoniot 线来说,表现为在相变点 1 处曲线本身可能发生间断(一级相变点)或其斜率发生间断(二级相变点)。

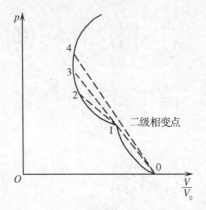

图 7-14 具有相变点的 p—u Hugoniot 线

现以图中所示的二级相变点为例来讨论。如果冲击压力超过相变压力 p_1 不多,例如冲击终态点对应于图中点 2,则 Rayleigh 线 1-2 的斜率绝对值将小于 Rayleigh 线 0-1 的斜率绝对值,从而高压相中冲击波波速将低于低压相中冲击波波速。这时式(7-88)不再成立,单一的冲击波是不稳定的,而将形成双波结构。只有当冲击压力足够高,使得终态点落在图中点 3 以上,例如点 4 处时,单一的冲击波才又重新成为稳定。点 3 由条件

$$\frac{p_3 - p_1}{V_1 - V_3} = \frac{p_1 - p_0}{V_0 - V_1}$$

所确定,与点 3 相对应的临界压力值称为过驱压力。

相变对冲击波传播特性的影响已被人们用来作为相变,特别是高压相变的一个重要手段。另一方面,冲击相变效应又被人们用来作为达到某种所需相变的手段,例如用爆炸合成方法实现石墨向金刚石的相变以制造人工合成金刚石,以及正在探索用冲击波技术实现 H_2 向具有超导性能的金属氢转变的可能性等。

以上的讨论虽然是对于 p—V 形式的 Hugoniot 线进行的,但由于通过 R-H 关系可以把 p—V 形式的 Hugoniot 线转换成任何其他形式的 Hugoniot 线,因此实际上也是对 Hugoniot 线的一般性质的讨论。下面就不再对其他形式的 Hugoniot 线详加讨论,而只对另两种常用形式,即 p—u 形式和 U—u 形式的 Hugoniot 线再略加一些说明。

2. p—u Hugoniot 线

由 R-H 关系式(7-78b)可知,p—u 形式 Hugoniot 线上连接初态点 A 和终态点 B 的连线,即 Rayleigh 线的斜率 $[p]/[u]$ 代表冲击波波阻抗 $\rho_0 \mathscr{D}$,如图 7-15 所示。

由于在处理两物体的高速撞击,或两冲击波的相互作用,以及冲击波从一种介质传播到另一种介质时的反射和透射等问题中,都必须利用在界面处 p 连续和 u 连续的条件,所以这时以采用 p—u 形式的 Hugoniot 线最为方便,其地位就相当于杆中一维应力弹塑性波理论中的应力—质点速度(σ—v)曲线。下一节具体讨论冲击波的反射和透射问题时,将

会进一步体会到这一点。

3. U—u Hugoniot 线

从冲击波的实验研究和测试技术的角度来说,速度量纲的参量如质点速度 u 和冲击波波速 U 等一般较易直接测定。因为它们都归结为对距离间隔和相应的时间间隔的测量,是目前的测试技术比较容易实现的。而动态条件下的压力、比体积和内能等,则相对地较难直接测量,因此在 Hugoniot 线的实验测定中,以及通过 Hugoniot 线的测定对材料的高压状态方程所作的大量研究中,U—u 形式的 Hugoniot 线是最常用的。

对广泛材料所作的大量实验表明,在不发生冲击相变的相当宽的试验压力范围内,U—u Hugoniot 线常呈如图 7-16 所示的简单线性关系:

$$U = a_0 + su \tag{7-89a}$$

式中:a_0 和 s 是材料常数。有时就把满足这一关系的材料称为"a, s 材料"。对于有些材料,例如铁,其实验测定的 U—u Hugoniot 线偏离线性关系,而需再添加一项 u 的二次项,即有

$$U = a_0 + su + qu^2 \tag{7-89b}$$

式中:q 为材料常数。

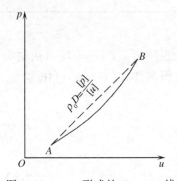
图 7-15 p—u 形式的 Hugoniot 线

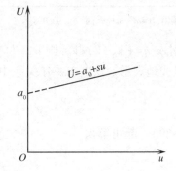
图 7-16 U—u 形式的 Hugoniot 线

既然当 u 趋近于零时,非等熵的冲击波趋近于等熵的声波,因此式(7-89)中的 a_0 应代表材料的声速。事实上,冲击波实验所确定的 a_0 值的确常常很接近材料的体积声速 $(k_0/\rho_0)^{1/2}$。对一些典型材料,由冲击波实验实测求得的 a_0, s 值如表 7-3 所列(McQueen, et al,1970)。表中还同时给出了常温常压下的密度 ρ_0 和 Grüneisen 系数 $\varGamma_0$。对于金属材料,$\varGamma_0$ 常接近于 2。

表 7-3 几种典型材料的冲击 U—u Hugoniot 线的材料参数(见式(7-89))

材　料	$a_0/$(km/s)	s	$\rho_0/$(g/cm^3)	$\varGamma_0$
2024 铝合金(Al、Cu、Mg、Mn 的质量百分比分别为 94.3:4.5:1.5:0.6)	5.328	1.338	2.785	2.00
921-T 铝合金(Al、Cu、Si 的质量百分比分别为 92.0:3.5:2.0)	5.041	1.420	2.833	2.10
铜	3.940	1.489	8.93	1.99

(续)

材料	$a_0/(\text{km/s})$	s	$\rho_0/(\text{g/cm}^3)$	Γ_0
低碳钢(含 C 0.81%)[①]	3.574	1.920	7.85	1.69
不锈钢(Fe、Cr、Ni、Mn、Si、C 的质量百分比分别为 68:19:10:2:1:0.08)	4.569	1.490	7.896	2.17
铀钼合金(U、Mo 的质量百分比分别为 97:3)	2.565	1.531	18.45	2.03
碳化钨	4.920	1.339	15.02	1.50
聚乙烯(低密度)	2.901	1.481	0.915	1.644
聚苯乙烯	2.746	1.319	1.044	1.18
有机玻璃(商名 Plexiglass)	2.572	1.536	1.185	0.97
环氧树脂(含乙二胺 14%)	2.678	1.520	1.198	1.13
酚醛树脂(商品名 Durite)	2.847	1.404	1.370	0.50

① 对低碳钢，$U=a_0+su+qu^2$，而 $q=-0.068$。

如果引入 $\eta=(V_0-V)/V_0$，则 a,s 材料的冲击终态 u、p、U、$\mathscr{E}$ 等均可用材料常数 a_0，s 和 η 来显式地表示。这时 R—H 关系中的质量守恒条件式(7-81a)可化为

$$\eta = \frac{u}{U}$$

它与式(7-89)一起可解得

$$u = \frac{a_0\eta}{1-s\eta} \tag{7-90a}$$

$$U = \frac{a_0}{1-s\eta} \tag{7-90b}$$

而动量守恒条件式(7-81b)当 $p_0=0$ 时化为

$$p = \frac{\rho a_0^2 \eta}{(1-s\eta)^2} \tag{7-90c}$$

而能量守恒条件式(7-81c)当 $\mathscr{E}_0=0$ 时化为

$$\mathscr{E} = \frac{a_0^2 \eta^2}{2(1-s\eta)^2} \tag{7-90d}$$

有时还引入**冲击马赫数** M_s，有

$$M_s = \frac{U}{a_0}$$

则由 R-H 关系式(7-81)和线性 U—u Hugoniot 关系式(7-89)可解得

$$\frac{u}{a_0} = \frac{M_s-1}{s} \tag{7-91a}$$

$$\frac{\rho}{\rho_0} = \frac{sM_s}{1 + (s-1)M_s} \qquad (7-91b)$$

$$\frac{p - p_0}{\rho_0 \sigma_0^2} = \frac{M_s(M_s - 1)}{s} \qquad (7-91c)$$

$$\frac{\mathscr{E} - \mathscr{E}_0}{a_0^2} = \frac{(M_s - 1)^2}{2s^2} \qquad (7-91d)$$

在结束关于冲击绝热线的讨论前应该指出,冲击绝热线实际上涉及两类不同的问题:一类是给定状态方程求 Hugoniot 线,另一类则是给定 Hugoniot 线求状态方程。第一类问题是一完全确定的问题,就我们所讨论的固体中的应力波传播问题来说,所涉及的主要就是这类问题。第二类问题则是一不确定的问题,即只有对状态方程的具体形式作某些假定,才能求解。利用冲击波试验来研究固体状态方程时所涉及的正是这类问题。对于 Grüneisen 型状态方程来说,这时的一个关键问题是如何确定 Grüneisen 系数 $\gamma(V)$,而目前最不确定的恰恰正是 $\gamma(V)$。幸而人们发现由 $\gamma(V)$ 的不确定性给冲击波分析所带来的误差不大,在工程实际应用中通常可近似取

$$\frac{\gamma(V)}{V} = \rho_0 \Gamma_0 (常数) \qquad (7-92)$$

或在更粗略的分析中甚至近似取 $\gamma = \Gamma_0$(常数),而常数 Γ_0 则可由其他已知的热力学参量按式(7-71)来确定。一些典型材料的 Γ_0 已列在表 7-3 中。

对于强度较弱的所谓弱冲击波,可近似看作一等熵过程,则固体状态方程可相应地近似取为 Murnagham 方程形式(7-61):

$$p = \frac{k_0}{n}\left\{\left(\frac{V_0}{V}\right)^n - 1\right\} = \frac{k_0}{n}\left\{\left(\frac{\rho}{\rho_0}\right)^n - 1\right\}$$

这时如果由冲击波试验测得了线性 U—u 冲击绝热线(见式(7-89)),则不难由 a_0 和 s 值来确定相应的 k_0 和 n 值。事实上,把 Murnagham 方程代入局部声速,即相对空间波速 a 的定义(式(7-84b)),有

$$a^2 = \left(\frac{\partial p}{\partial \rho}\right)_s = \frac{k_0}{\rho_0}\left(\frac{\rho}{\rho_0}\right)^{n-1}$$

微分后可得

$$\frac{2}{n-1}\mathrm{d}a = \frac{a}{\rho}\mathrm{d}\rho \qquad (7-93)$$

另一方面,既然弱冲击波近似认为是等熵的,则跨过弱冲击波的 Riemann 不变量不变。这相当于冲击波波阵面上守恒条件式(7-79)中的间断值[ ]可用微分值来代替,以及相应地 D 用 c 代替,从而由式(7-79a)可得

$$\mathrm{d}u = (c - u)\frac{\mathrm{d}\rho}{\rho} = \frac{a}{\rho}\mathrm{d}\rho$$

把它代入式(7-93),再经积分后,可得

$$a = a_0 + \frac{n-1}{2}(u - u_0)$$

这里以下标 0 表示冲击波前方的初态量,而无下标的表示冲击波后方的终态量。于是,在

计及这一关系式后,弱冲击波的绝对空间波速 D 就可表示为

$$D = a_0 + u_0 = a + u = \frac{1}{2}(a + u + a_0 + u_0) = a_0 + \frac{n+1}{4}u + \frac{n-3}{4}u_0$$

这表示按 Murnagham 方程来分析,从理论上可得出 D,u 之间应有线性关系。在 $u_0 = 0$ 的试验条件下,上式化为

$$D = U = a_0 + \frac{n+1}{4}u \tag{7-94}$$

它与实验测定得出的线性 U—u Hugoniot 线(见式(7-89))相比后,可立即得到由 s 和 a_0 来分别确定 n 和 k_0 的如下关系式:

$$\begin{cases} n = 4s - 1 \\ k_0 = \rho_0 a_0^2 \end{cases} \tag{7-95}$$

7.8 高压下固体中冲击波的相互作用,反射和透射

关于高压下固体中平面冲击波的相互作用以及反射和透射等问题,其总的处理原则和一维杆中所讨论的相同,要求在波的相互作用界面或不同介质界面上满足压力 p 和质点速度 u 均连续的要求。但要注意:①当反射波是进一步压缩加载的冲击波时,反射冲击波的终态点应落在以反射冲击波前方状态为初态点,即新的心点的 Hugoniot 线上,而不是落在以入射冲击波的初态点为心点的 Hugoniot 线上;②当反射波是膨胀卸载的稀疏波时,则其状态由卸载等熵线所确定,即通过稀疏波的传播介质所经历的各相继状态都落在以入射冲击波终态点为起点的等熵膨胀线上。

当然,前曾述及,只要状态方程已知,经任一点的 Hugoniot 线和等熵线都是确定的。在采用 Grüneisen 状态方程的条件下,实际上只要已知材料的 Grüneisen 系数 $\gamma(V)$,就不难由一条已知的 Hugoniot 线来确定以该 Hugoniot 线上任一点为新的心点的 Hugoniot 线或等熵线(图 7-17)。方法如下:

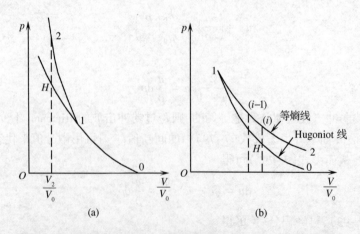

图 7-17 由已知 Hugoniot 线确定加载 Hugoniot 线和卸载等熵线
(a) 加载 Hugoniot 线;(b) 卸载等熵线。

设点 0 是入射冲击波的初态点,点 1 是入射冲击波的终态点,同时也即反射冲击波的初态点。对于反射冲击波 Hugoniot 线上任一点 2(图 7-17(a))应满足式(7-78c),即有

$$\mathscr{E}_2 = \mathscr{E}_1 + \frac{1}{2}(p_2 + p_1)(V_1 - V_2) \tag{7-96}$$

同时,由于点 2 及原 Hugoniot 线上具有相同比体积 V_2 的点 H 都应满足 Grüneisen 方程(见式(7-73b)),因而有

$$\mathscr{E}_2 = \mathscr{E}_H + \frac{(p_2 - p_H)}{\left(\dfrac{\gamma}{V}\right)_2} \tag{7-97}$$

式中:下标 2 和 H 表示相应点 2 和 H 上的值。

由以上两式消去 E_2 后可得

$$\mathscr{E}_1 - \mathscr{E}_H = \frac{p_2 - p_H}{\left(\dfrac{\gamma}{V}\right)_2} - \frac{1}{2}(p_2 + p_1)(V_1 - V_2) \tag{7-98}$$

一方面,点 1 和 H 都是以 0 为心点的原 Hugoniot 线上的点,按式(7-78c)应分别满足:

$$\mathscr{E}_1 - \mathscr{E}_0 = \frac{1}{2}(p_1 + p_0)(V_0 - V_1)$$

$$\mathscr{E}_H - \mathscr{E}_0 = \frac{1}{2}(p_H + p_0)(V_0 - V_2)$$

由以上两式消去 E_0 后可得

$$\mathscr{E}_1 - \mathscr{E}_H = \frac{1}{2}(p_1 + p_0)(V_0 - V_1) - \frac{1}{2}(p_H + p_0)(V_0 - V_2) \tag{7-99}$$

然后由式(7-98)和式(7-99)消去(E_1-E_H),并设 $p_0=0$,则可得

$$p_2 = \frac{p_H - \left(\dfrac{\gamma}{V}\right)_2 \cdot \dfrac{(p_H - p_1)(V_0 - V_2)}{2}}{1 - \left(\dfrac{\gamma}{V}\right)_2 \cdot \dfrac{(V_1 - V_2)}{2}} \tag{7-100}$$

这就是处理反射冲击波时所需的以点 1 为心点的 p—V Hugoniot 线。

经点 1 的等熵线则可这样来确定(图 7-17(b)):由于沿等熵线 $dS=0$,因而由热力学定律式(7-68)知应有

$$\mathrm{d}\mathscr{E} = -p\mathrm{d}V$$

或者写成差分形式,有

$$\mathscr{E}_i = \mathscr{E}_{i-1} - \frac{1}{2}(p_i + p_{i-1})\Delta V \tag{7-101}$$

另一方面,由于点 i 以及原 Hugoniot 线上具有相同比容 V_i 的 H 点都应满足 Grüneisen 方程(见式(7-73b)),因而有

$$\mathcal{E}_i = \mathcal{E}_H + \frac{p_i - p_H}{\left(\dfrac{\gamma}{V}\right)_i} \tag{7-102}$$

由以上两式消去 $\mathcal{E}_i$ 后可得

$$p_i = \frac{p_H - \left(\dfrac{\gamma}{V}\right)_i \left[p_{i-1} \cdot \dfrac{\Delta V}{2} + \mathcal{E}_H - \mathcal{E}_{i-1} \right]}{1 + \left(\dfrac{\gamma}{V}\right)_i \cdot \dfrac{\Delta V}{2}} \tag{7-103}$$

这样就可用数值解法由 $(i-1)$ 点求出 i 点，并逐点地确定整个等熵膨胀线 1-2。

确定反射冲击波的 Hugoniot 线和反射卸载波的等熵膨胀线后，就不难处理冲击波的相互作用以及反射和透射问题。如前述及，这类问题在 (p,u) 平面上处理较为方便。下面我们以冲击波在两不同介质的界面上的反射和透射为例加以说明。

先讨论一压力幅值为 p_1 的平面冲击波 $\mathscr{S}_1$ 由较低冲击波阻抗材料 A 中右行传播正入射到较高冲击波阻抗材料 B 中去的情况（图 7-18）。设两材料原来都处于未扰动状态，对应于 p—u 图中 0 点。由式 (7.78b) 知，材料 A 的 p—u Hugoniot 线上连接初态点 0 和终态点 1 的 Rayleigh 线之斜率，代表材料 A 的冲击波阻抗 $(\rho_0 \mathscr{D})_A$。入射冲击波到达两材料的界面时由于冲击波阻抗的不同将发生反射和透射。既然材料 B 的冲击波阻抗 $(\rho_0 \mathscr{D})_B$ 高于材料 A 的冲击波阻抗 $(\rho_0 \mathscr{D})_A$，由过去关于弹性波在不同介质界面上反射的讨论（3.5 节）容易理解，反射波 $\mathscr{S}_R$ 是使材料 A 从状态 1 进一步压缩加载到状态 2 的冲击波，而透射波 $\mathscr{S}_T$ 则是使材料 B 从未扰动状态 0 压缩加载到状态 2 的冲击波。根据在界面上 p 和 u 均应连续的要求，并注意到式 (7-78) 所给出的 R-H 关系用到左行波时 $\mathscr{D}$ 应该变号，则点 2 应是 B 材料以 0 为心点的正向 Hugoniot 线与 A 材料以 1 为心点的负向 Hugoniot 线的交点。显然，透射冲击波 $\mathscr{S}_T$ 的强度高于入射冲击波 $\mathscr{S}_1$ 的强度。例如，压力幅值为 24GPa 的冲击波从冲击波阻抗较低的铝中传入到冲击波阻抗较高的铁中去时，透射冲击波的压力幅值将约达 34GPa。

现在再来讨论一压力幅值为 p_1 的平面冲击波 $\mathscr{S}_1$ 由较高冲击波阻抗材料 A 右行传播正入射到较低冲击波阻抗材料 B 中去的情况（图 7-19），类似于前面的讨论，不难得出结论，这时在两材料的界面上将发生卸载反射，即反射波 $\mathscr{S}_R$ 是使材料 A 从状态 1 卸载到状态 2 的稀疏膨胀波，而透射波 $\mathscr{S}_T$ 则是使材料 B 从未扰动状态 0 加载到状态 2 的冲击波。点 2 应是 A 材料经点 1 的负向等熵线与 B 材料以 0 为心点的正向 Hugoniot 线的交点。显然，透射冲击波 $\mathscr{S}_T$ 的强度低于入射冲击波 $\mathscr{S}_1$ 的强度。例如，压力幅值为 24GPa 的冲击波从较高冲击波阻抗的铝中传入到较低冲击波阻抗的聚乙烯中去时，透射冲击波的压力幅约为 9.5GPa。

图 7-20 给出了几种常见材料的正向 Hugoniot 线，以及几种典型炸药的以 C-J（Chapman-Jouget）爆轰状态（图中的黑点）为初态点的负向 Hugoniot 线和负向等熵膨胀线（Jones, 1972）。这正、负两族曲线的交点确定了对应的炸药爆轰波正入射到相关材料中去时所产生的冲击波强度。交点如果在 C-J 点的上方，反射到爆轰产物中去的是冲击波，反之，交点如在 C-J 点的下方，反射的则是稀疏波。

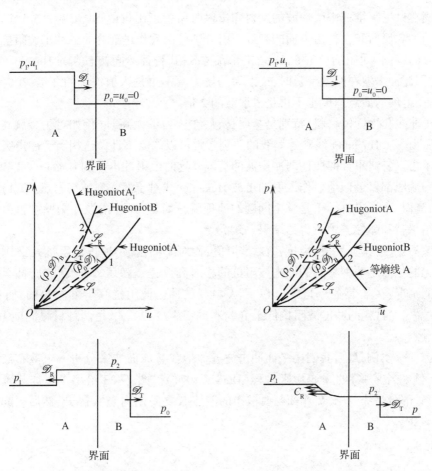

图 7-18　冲击波由低波阻抗材料入射到高波阻抗材料时的反射和透射

图 7-19　冲击波由高波阻抗材料入射到低波阻抗材料时的反射和透射

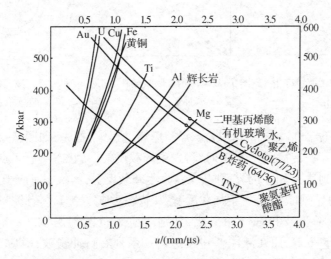

图 7-20　几种材料的正向 Hugoniot 线及炸药的负向 Hugoniot 线和负向等熵膨胀线
（$1\text{bar} = 10^5 \text{Pa}$）

如同在讨论一维杆中弹性波的反射和透射时所曾指出过的那样(见3.5节),冲击波在刚壁的加载反射和在自由表面的卸载反射分别可以看作透射介质的冲击波阻抗分别为 ∞ 和 0 时的特例。但由于 Hugoniot 线和等熵线不相同,且不同初态点的 Hugoniot 线也各不相同,因此冲击波在刚壁反射时,反射后的压力幅不再是入射波幅的 2 倍;在自由表面反射时,反射后的质点速度也不再是入射波的 2 倍。

对于非多孔性固体材料,特别是金属材料,在压力不太高时(例如对于金属在 10GPa 量级的压力下),Hugoniot 线和等熵线的差别常常可以忽略不计。这相当于冲击突跃所引起的熵增可以忽略不计的所谓**弱冲击波**的情况。这时反射冲击波的 Hugoniot 线和反射稀疏波的等熵线都可近似地取作入射冲击波 Hugoniot 线对于经入射波终态点(点 1)所作垂线 ab 的镜像(图 7-21)。于是整个问题的处理就较简单,而冲击波在刚壁或自由表面反射时的结果就和弹性波中所得的结果一致。

应该注意,对于弹性波,声抗 $\rho_0 C_0$ 是恒值;而对于冲击波,冲击波阻抗 $\rho_0 \mathscr{D}$ 则是随压力而变化的。因此两种材料的冲击波阻抗的相对高低也是随压力而变化的,甚至可能出现这样的情况:在某个临界压力 p_K 以下,A 材料的冲击波阻抗高于 B 材料的,而当 $p>p_K$ 时则反过来,A 材料的冲击波阻抗低于 B 材料的(图 7-22),p_K 是两种材料同向 Hugoniot 线的交点。

作为一个实例,最后我们用平面冲击波近似地代替球面波来分析一个散布液体的爆炸装置(例如云雾弹)的爆炸膨胀过程(Duvall,1971)。图 7-23 给出了爆炸装置的示意图,其中心部分是炸药 E,在炸药与要散布的液体 B 之间用内壳 A 隔开,然后一起封装在外壳 C 之中。

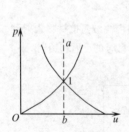
图 7-21 弱冲击波情况下的简化

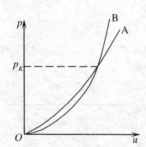
图 7-22 冲击波阻抗随压力而变化

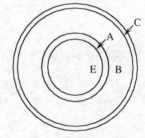
图 7-23 散布液体的爆炸装置示意图

设已知 $(\rho_0 \mathscr{D})_E > (\rho_0 \mathscr{D})_A > (\rho_0 \mathscr{D})_B < (\rho_0 \mathscr{D})_C$。爆炸过程中,首先,如图 7-24 所示,当以状态点 1 表示的爆轰波传播到壳体 A 时,将发生卸载反射,其状态对应于点 2。接着,A 中的透射冲击波在到达 A 和 B 的界面时,又将发生卸载反射,其状态对应于点 3。但当反射波回到 E 和 A 的界面时,则将发生加载反射,其状态对应于点 4。依此类推,在内壳 A 中将来回反射左行稀疏波和右行冲击波,分别对应于负向等熵线 2-3,4-5 等和正向 Hugoniot 线 3-4,5-6 等,而在液体 B 中则透射一系列右行冲击波,对应于正向 Hugoniot 线 0-3,3-5,5-7 等。

其次,如图 7-25 所示,当 B 中的透射冲击波传到外壳 C 时,由于 $(\rho_0 \mathscr{D})_B < (\rho_0 \mathscr{D})_C$,将发生加载反射,对应于负向 Hugoniot 线 1-2。接着,C 中的透射冲击波在到达自由表面

时,将发生卸载反射,对应于负向等熵线 2-3,意味着外壳向外膨胀的质点速度增大。但当反射波回到 B 和 C 的界面时,将反射右行冲击波,对应于正向 Hugoniot 线 3-4。于是在外壳 C 中也将来回反射左行稀疏波和右行冲击波,分别对应于负向等熵线 4-5,6-7 等和正向 Hugoniot 线 5-6,7-8 等;并且每在自由表面反射一次,外壳向外膨胀速度就增加一次,对应于状态点 3,5,7,…。结果,外壳不断向外加速膨胀,直至破坏;而液体 B 则被散布成雾滴,其散布体积可达原来液体体积的千倍数量级。

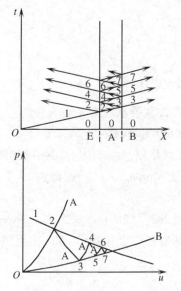 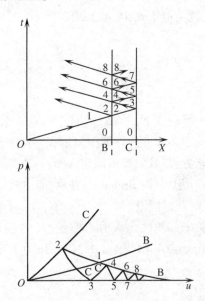

图 7-24 爆炸波在内壳 A 与液体 B 间的传播   图 7-25 爆炸波在液体 B 与外壳 C 间的传播

所谓的"燃料空气炸弹"(fuel air explosive,FAE)也正是基于同一原理。这时,图 7-23 中的液体 B 全部是燃料,因而在弹体膨胀过程中发生燃料与空气相混合的多相反应,具有爆炸分布面广、单位能量密度高、作用时间长的体积爆炸特性。

7.9 流体弹塑性介质中的平面波

从发展过程来看,非线性弹塑性波理论是沿着两个不同的途径发展起来而异途同归的。即一方面可以在较低载荷下的线弹性波理论的基础上,随着载荷强度的增加逐步考虑到塑性变形(见 7.4 节),再进而考虑非线性弹性的影响(如 Morland,1959)。这是一种把较低压力下的线弹性波理论推广到较高压力下的非线性弹塑性波理论去的途径。另一方面,也可以从高压下忽略剪切强度的固体冲击波理论出发(Rice et al,1958),随着载荷强度的降低来计及弹塑性剪切变形的影响。这是一种把很高压力下的固体冲击波理论(见 7.7 节)推广到次高压下非线性弹塑性波理论去的途径。沿两种不同途径所得到的结果是一致的。

我们先沿着第一种途径来讨论非线性弹塑性介质中平面波的传播特性。回顾一下 7.4 节中所讨论的一维应变弹塑性波,当时事先假定材料的弹性变形部分遵循 Hooke 定律。显然,这只在小应变的条件下才成立,因为在较高压力和较大变形时,材料的弹性模量一般不再保持为常数,即弹性本构关系实际上是非线性的。但如果把非线性弹性本构关系写成微分形式,则可具有和 Hooke 定律(见式(7-15))之微分形式相类似的形式:

$$容变律：-\mathrm{d}p = K\mathrm{d}\Delta$$
$$畸变律：\mathrm{d}S_{ij} = 2G\mathrm{d}e_{ij} \tag{7-104}$$

只是现在式中的 K 和 G 一般都是应变或应力的函数,代表各自相关的非线性应力应变曲线的局部切线斜率。相应地,一维应变下的轴向应力应变关系 $\sigma_X — \varepsilon_X$,当以微分形式表达时,就类似于式(7-42),有

$$\mathrm{d}\sigma_X = -\mathrm{d}p + \mathrm{d}S_{XX} = \begin{cases} \left(K + \dfrac{4}{3}G\right)\mathrm{d}\varepsilon_X, & \sigma_X < Y_H \\ \left(K + \dfrac{4}{3}G_p\right)\mathrm{d}\varepsilon_X, & \sigma_X > Y_H \end{cases} \tag{7-105}$$

计及一维应变下 $\varepsilon_X = \Delta$,式中 K 和 G 一般是体积应变 Δ 或静水压力 p 的函数。

关于非线性弹性体积模量 $K(p)$,实际上已在 7.6 节中作了讨论。只要给出了固体高压状态方程,就立即可确定 $K(p)$。在压力还不是高到足以忽略固体剪切强度的情况下,工程实用上常按 Bridgman 方程,即由式(7-57),或按 Murnagham 方程,即由式(7-60)来确定非线性体积模量。

关于非线性弹性剪切模量 $G(p)$,有关的实验数据不像 $K(p)$ 那么多。Воронов 和 Верещакин(1961)根据在 1GPa 压力下超声测量数据,曾提出和式(7-60)相类似的线性关系式:

$$G = G_0(1 + \eta p) \tag{7-106}$$

式中:$\eta(=k_0 n)$ 就是 Murnagham 方程(见式(7-60))中的材料参数。在数据不足的情况下,工程实用上有时常忽略 p 对 G 的影响而近似地取 G 为常数。

若再确定了塑性剪切刚度(见式(7-41)),则非线性弹塑性介质在一维应变条件下的 $\sigma_X — \varepsilon_X$ 关系式(7-105)就完全确定了。在此基础上,就可和 7.4 节中所述相类似地来解非线性弹塑性平面波问题。显然,按式(7-7),这时非线性弹性波速 C_L^e 和塑性波速 C_L^p 为

$$C_L^e = \sqrt{\dfrac{K(p) + \dfrac{4}{3}G(p)}{\rho_0}} \tag{7-107}$$

$$C_L^p = \sqrt{\dfrac{K + \dfrac{4}{3}G_p}{\rho_0}} \tag{7-108}$$

三者都是随轴向应变 ε_X 或体积应变 Δ 而变化的,或者等价地随静水压力 p 而变化的。

对于理想塑性的情况,$G_p = 0$。这时,与压缩加载—膨胀卸载过程相对应的 $\sigma_X — \varepsilon_X$ 曲线如图 7-26 所示。其中点划线 OE 与非线性弹性容变律相应,实线 OA 和 AB 分别与弹性压缩加载和塑性压缩加载相对应,而 BC 和 CD 则分别与弹性膨胀卸载和反向塑性加载相对应。在目前所讨论的理想塑性的情况下,如果压力不太高,AB 和 CD 可看作在 σ_X 轴方向与静水压力线保持等间距($2Y_0/3$)。和线弹性—理想塑性情况下的 $\sigma_X — \varepsilon_X$ 曲线(图 7-2)相对比可见,现在在压缩加载过程中,不论是弹性加载阶段 OA,还是塑性加载阶

段 AB,在正常情况下都具有向上凹的应力应变曲线 $\left(\dfrac{\mathrm{d}^2\sigma_X}{\mathrm{d}\varepsilon_X^2}>0\right)$,因而必将相应地形成弹性冲击波和塑性冲击波。波速分别由 Rayleigh 弦 $\overline{OA}$ 和 $\overline{OB}$ 的斜率所确定,即弹性冲击波波速 $\mathscr{D}_\mathrm{e}$ 为

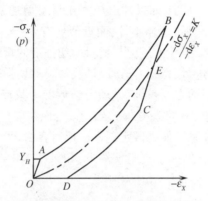

图 7-26 理想塑性情况下一维应变加载和卸载 σ_X—ε_X 曲线

$$\mathscr{D}_\mathrm{e} = \sqrt{\dfrac{1}{\rho_0} \cdot \dfrac{\sigma_X(A)}{\varepsilon_X(A)}}$$

而塑性冲击波波速 $\mathscr{D}_\mathrm{p}$ 为

$$\mathscr{D}_\mathrm{p} = \sqrt{\dfrac{1}{\rho_0} \cdot \dfrac{\sigma_X(B) - \sigma_X(A)}{\varepsilon_X(B) - \varepsilon_X(A)}}$$

在卸载过程中,则不论是弹性卸载段 BC,还是反向塑性加载段 CD,由于应力应变曲线斜率 $\dfrac{\mathrm{d}\sigma_X}{\mathrm{d}\varepsilon_X}$ 随 σ_X 的下降而减小,因而必将形成发散的弹性卸载连续波和反向塑性加载连续波,波速分别按式(7-107)和式(7-108)确定。

应说明一下,由于冲击突跃过程既非等温,又非等熵过程,而是一个绝热的但有额外熵增的不可逆过程,因此在图 7-26 中与形成冲击波相对应的 OA 段和 AB 段实际上应是计及畸变的冲击绝热线。严格来说,这并不与等熵静水压力线 OE 相平行。卸载过程中,弹性卸载段 BC 是等熵绝热线,而反向塑性加载段 CD 则应是与等熵静水压力线 OE 相平行但又有不可逆塑性变形相关的熵增的绝热线。所以,即使在理想塑性情况下,AB 段和 CD 段其实也并不相互平行。只有在压力不太高时,固体的等温 p—V 线,等熵 p—V 线和冲击绝热 p—V 线之间差别不大时,才可相应地对 σ_X—ε_X 曲线中的冲击绝热线和等熵绝热线等近似地不加区分。当必须严格地计及它们之间的差别时,就必须把 7.7 节中所作的讨论,从忽略固体畸变的流体动力学近似,推广到计及畸变的情况中去,这就是本节一开头所提到的第二个途径。下面就再从这一角度出发对这一问题作些讨论。

回顾一下 7.7 节中所讨论的高压下固体中的冲击波,当时曾假定固体抗畸变的剪切强度可以忽略不计而当作流体来处理。显然,这只在冲击压力比固体剪切强度高得多时才成立。事实上,在一维应变条件下,轴向应力可分解为静水压力 p 项和最大切应力 τ 项两者之和:

$$\sigma_X = -p + S_{XX} = -p + \frac{2}{3}(\sigma_X - \sigma_Y) = -p + \frac{4}{3}\tau$$

式中：p 随介质体积压缩的增加而增大，其值并无极限，在实际问题中可高达 $10^3 \sim 10^8 \mathrm{GPa}$ 量级；τ 则随介质的剪切变形的增加而增大，以材料的剪切强度为极限，对大多数工程材料约为 $10\mathrm{MPa} \sim 1\mathrm{GPa}$ 量级。因此，如果冲击压力比材料剪切强度高两个数量级或更高，即 $\tau/p \leq 0.01$，则上式中的 τ 项可忽略不计，而近似地有 $\sigma_X \approx -p$。只有这时，流体模型才能提供足够好的近似。反之，当冲击压力与材料剪切强度的量级接近或相同时，流体动力学近似就不再适用，而必须进行适当的修正以计及材料剪切强度效应。

具体的修正表现在以下两方面：①流体动力学近似中只反映材料非线性容变律的高压固体状态方程，例如内能形式状态方程式(7-66)，现在应代之以同时计及容变律和畸变律的非线性弹塑性本构关系。如果假定塑性变形对容变无贡献，则式(7-66)继续成立还需再增加弹塑性畸变律。在一维应变条件下，如果按 Mises 准则或 Tresca 准则，则与式(7-42)相类似，当以微分形式给出时，有

$$\frac{\mathrm{d}S_{XX}}{\mathrm{d}\varepsilon_X} = \begin{cases} \dfrac{4}{3}G, & |S_{XX}| < \dfrac{2}{3}Y \\ \dfrac{4}{3}G_p, & |S_{XX}| = \dfrac{2}{3}Y \end{cases} \quad (7-109)$$

这样的非线性弹塑性本构模型，常称为**流体弹塑性模型**，而具有这样的本构方程的介质则称为**流体弹塑性介质**。如果把这样的本构关系写成一维应变下的轴向应力应变关系的形式，其实和从线弹性波理论推广到非线性弹塑性波理论时所得出的式(7-105)完全一致。沿两种不同的途径所作的讨论，其结果是一致的。②流体动力学近似中所给出的冲击突跃条件式(7-78)现在应作相应的修正，主要是原式中的静水压力 $(-p)$ 现在应代之以轴向应力 σ_X①。

这样，控制流体弹塑性介质中平面冲击波传播的基本方程包括：修正后的冲击突跃条件所包含的三个守恒条件，本构关系所包含的两个方程，联系 σ_X, p 和 S_{XX} 的关系式，以及联系轴向应变 ε_X 和比体积 V 间的关系式等总共七个方程，汇总列出如下：

$$[u] = \rho_0 \mathscr{D}[V] \quad (7-110\mathrm{a})$$

$$[\sigma_X] = -\rho_0 \mathscr{D}[u] \quad (7-110\mathrm{b})$$

$$[\mathscr{E}] = \frac{1}{2}(\sigma_X + \sigma_{X0})[V] \quad (7-110\mathrm{c})$$

$$p = p(V, E) \quad (7-110\mathrm{d})$$

$$\frac{\mathrm{d}S_{XX}}{\mathrm{d}\varepsilon_X} = \begin{cases} \dfrac{4}{3}G, & |S_{XX}| < \dfrac{2}{3}Y \\ \dfrac{4}{3}G_p, & |S_{XX}| = \dfrac{2}{3}Y \end{cases} \quad (7-110\mathrm{e})$$

$$\sigma_X = -p + S_{XX} \quad (7-110\mathrm{f})$$

---

① 在导出式(7-78)时，由于 p 以压为正，相应地规定 $\varepsilon_X = 1 - V/V_0$，即暗中已改为 ε_X 以压为正。而此处则仍和全书规定一致，σ_X 和 ε_X 均以拉为正。这样，式(7-110)和式(7-78)中相对应各式的正负号应有所不同。

$$\varepsilon_X = \frac{V}{V_0} - 1 \qquad (7-110\text{g})$$

当冲击波前方的初态(式中带下标 0 的各量)已知时,以上七个方程共包含八个未知参量,即表征冲击波后方的终态的各参量 $\sigma_X, p, S_{XX}, \varepsilon_X, V, u, E$ 以及冲击波波速 $\mathscr{D}$。当由边界条件给定其中任一参量时,就可确定其余七个参量了。或者说,上述七个方程给出了这八个未知参量中任两参量间的关系。这样得到的关联任两参量间的关系,是流体弹塑性模型中的冲击绝热线或 Hugoniot 线。再次强调一下,它们只代表对于一定的平衡初态通过冲击突跃所可能达到的平衡终态的轨迹,而并不代表材料在冲击突跃过程中所经历的路径。

图 7-27 给出了以未扰动态为初态的三种形式的 Hugoniot 线 σ_X—ε_X,p—ε_X 和 S_{XX}—ε_X。其中 p—ε_X 线反映了固体容变律对冲击突跃过程的影响,S_{XX}—ε_X 线反映了固体畸变律的影响,而 σ_X—ε_X 线则是这两方面的综合。流体弹塑性模型和流体模型的差别正好表现为 σ_X—ε_X 线和 p—ε_X 线的差别上。图中 A 点对应于 Hugoniot 弹性极限,$|\sigma_X(A)|=Y_H$。$|\sigma_X|\leq Y_H$ 时形成单一的弹性冲击波。当 $|\sigma_X|>Y_H$ 时将形成双波结构,在弹性前驱波冲击波之后尾随一塑性冲击波。随着压力增大,塑性冲击波波速也增大,而当 $|\sigma_X|\geq \sigma_X(K)$ 时又将形成稳定的单一冲击波,这里 $\sigma_X(K)$ 是过驱应力,K 点与 A 点连线的斜率恰好等于 Rayleigh 线 OA 的斜率。当 $|\sigma_X|\gg Y_H$ 时,σ_X—ε_X 线和 p—ε_X 线的差别可以忽略不计,这时流体动力学近似才适用。

与流体动力学分析相比,流体弹塑性分析的一个重要特点是考虑到了不可逆的塑性变形,因而在塑性冲击波的冲击突跃中,不可逆熵增实际上包括两部分:

$$dS = dS_q + dS_p \qquad (7-111)$$

式中:dS_q 是 7.7 节中已讨论过的因形成冲击波所额外引起的熵增,可近似地以 σ_X—ε_X Hugoniot 线 AB 和 Rayleigh 线 $\overline{AB}$ 间的月牙形面积来表示(图 7-28);dS_p 则是不可逆塑性变形(准平衡态)所引起的熵增,即有

$$TdS_p = dW_d^p \qquad (7-112)$$

这里用 W_d^p 表示畸变功 W_d 中的塑性部分。由于已假定塑性变形对体积变形无贡献,所以 W_d^p 也就是总的塑性功。

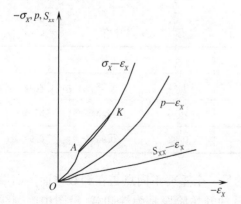

图 7-27 流体弹塑性模型中三种形式的 Hugoniot 线

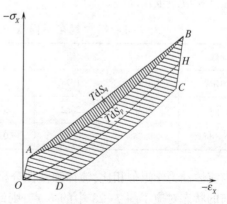

图 7-28 流体弹塑性模型中塑性冲击波的熵增 dS_q 和 dS_p

关于 dS_q,与流体动力学近似中由式(7-85)来计算冲击突跃过程中的熵增相类似。在目前情况下,把式(7-85)中的 p 和 V 相应地换成 σ_X 和 ε_X 后,则可由下式来计算 dS_q:

$$TdS_q = \frac{1}{2}V_0(\varepsilon_X - \varepsilon_A)d\sigma_X \cdot \left\{1 - \frac{\dfrac{\sigma_X - \sigma_A}{\varepsilon_X - \varepsilon_A}}{\dfrac{d\sigma_X}{d\varepsilon_X}}\right\} \quad (7-113)$$

至于 dS_p,则可通过塑性畸变功 dW_d^p 来计算。在一维应变条件下,畸变功的计算简化为

$$dW_d = V_0 S_{XX} d\varepsilon_X = \frac{4}{3}V_0 \tau d\varepsilon_X \quad (7-114)$$

其中的弹性部分,按线弹性畸变律($S_{XX} = 4G\varepsilon_X/3$)来考虑,有

$$dW_d^e = V_0 \cdot \frac{4}{3}G\varepsilon_X d\varepsilon_X = \frac{4}{3}\frac{V_0 \tau}{G}d\tau \quad (7-115)$$

因而塑性部分为

$$dW_d^p = dW - dW_d^e = \frac{4}{3}V_0 \tau \left(d\varepsilon_X - \frac{d\tau}{G}\right)$$

代入式(7-112),即得

$$TdS_p = \frac{4}{3}V_0 \tau \left(d\varepsilon_X - \frac{d\tau}{G}\right) \quad (7-116)$$

在无硬化的理想塑性情况下,$d\tau \equiv 0$,则有

$$TdS_p = dW_d^p = dW_d = \frac{4}{3}V_0 \tau d\varepsilon_X$$

表7-4中给出了铝和铜在不同压力下 dS_q 与总熵增 dS 之比值(Duvall,1972)。由此可见,在高压下塑性变形对熵增的贡献不大。从这一意义上说,流体动力学近似处理是允许的。但在次高压或所谓中等压力下,塑性变形效应则是不可忽略的。既然塑性变形引起能量耗散,基于流体弹塑性分析的塑性冲击波在通过介质时所耗散的能量显然较大,引起的温升相应地也较高些。

表7-4 铝和铜在不同压力下 dS_q 与总熵增 dS 之比值

参数	铝			铜		
Y/GPa	0.72	1.74	2.30	0.51	1.28	2.53
σ_X/GPa	9.0	20.2	37.5	16.6	41.3	81.6
dS_q/dS	0.75	0.87	0.92	0.88	0.95	0.97

与流体动力学近似相比,流体弹塑性分析的另一个重要不同点是在卸载方面。如果卸载前的状态对应于图7-28中的 B 点,则卸载的开始阶段是弹性卸载,沿图中等熵线 BC 变化。弹性卸载波是连续波(稀疏波),其波速由等熵线 BC 的切线斜率所决定(见式(7-107)),一般高于由 Rayleigh 线 $\overline{AB}$ 之斜率所决定的塑性冲击波波速,因而将追上其

前方的塑性冲击波而相互作用(追赶卸载)。随着 σ_X 值的继续降低,当满足反向屈服条件(图中 C 点)时,将发生反向塑性变形,沿图中 CD 线变化,它是在等熵体积膨胀线的基础上计及塑性畸变确定的。反向塑性加载是连续波,其波速由 CD 的切线斜率所决定(见式(7-108)),一般低于弹性卸载波波速。

关于弹塑性边界的确定,原则上和一维应力弹塑性波中所述(见 4.10 节)相类似(王礼立等,1983)。需注意的主要有以下两点:首先,对于 σ_X—ε_X 线应该区分在压缩加载形成冲击波时是指冲击绝热线,而在卸载时则是指等熵绝热线(弹性卸载阶段),或在等熵 p—V 线基础上计及塑性畸变的准平衡绝热线(反向塑性加载阶段),并且它们都是依初态点不同而不同的。这给弹塑性边界的具体确定带来了更大的复杂性。其次,由于在卸载过程中会出现反向塑性加载,因而将相应地出现反向塑性加载边界;并且由于在正向塑性加载边界和反向塑性加载边界之间来回传播的内反射弹性波既对正向塑性加载波起着卸载作用(追赶卸载),也对反向塑性加载波起着卸载作用(迎面卸载),因而使得反向塑性加载边界的确定和正向塑性加载边界的确定关联在一起,既相互影响又相互依赖。这种耦合性质也给弹塑性边界的具体确定带来了新的问题。这一点在下一节的讨论中将会看得更清楚。

7.10 流体弹塑性介质中冲击波的衰减

考察一原先处于静止、无应力状态下的半无限流体弹塑性体,初始时刻($t=0$)在其表面($X=0$)上受到突加载荷 σ^*,随即逐渐卸载,以 $\sigma_0(\tau)$ 表示。我们来讨论这种情况下塑性冲击波由于尾随卸载扰动的作用是如何衰减的(王礼立 等,1983)。为方便起见,轴向应力 σ_X 的下标 X 在本节中均暂略去不记。

如图 7-29 所示,受到突加载荷的一开始,将同时传播一应力幅为 Y_H(Hugoniot 弹性极限)的弹性前驱冲击波 OH 和一初始应力幅为 (σ^*-Y_H) 的塑性冲击波 OA_2。由于塑性冲击波从传播的一开始就不断受到尾随卸载扰动的作用,因而其幅度将不断地衰减,其波速 $\mathscr{D}_p$ 也随之不断减小。在本例中,卸载边界恰与塑性冲击波传播轨迹重合,于是,确定卸载边界的问题,和确定塑性冲击波如何随卸载扰动的作用而衰减的问题,实际上成了同一个问题。

当表面载荷卸到满足反向屈服条件时(对应于图中 B_0 点),将开始形成反向塑性加载边界。我们先来说明反向塑性加载边界 B_0B_2 的发展是与卸载边界 A_0A_2 的发展互相依赖互相影响的。为此,在图中经反向塑性加载边界的起点 B_0 作弹性卸载区中的左、右行特征线,分别交卸载边界于 A_0 和 A_1 点,并依次作弹性区中特征线 A_1B_1,B_1A_2,A_2B_2,…,以及塑性加载区中特征线 B_1Q_0 等。

从上图中可以看到:①经 OA_1 段上任一点 M_2 的弹性卸载区中的右行特征线 MM_2 均交于 t 轴,这意味着塑性冲击波在 OA_1 段的衰减由表面载荷在 OB_0 期间的卸载条件所决定;②经 A_1A_2 段上任一点 M_4 的弹性卸载区中的右行特征线 N_0M_4 则均交于反向塑性加载边界的 B_0B_1 段。这意味着卸载边界 A_1A_2 段,即塑性冲击波在 A_1A_2 段的衰减,则是由反向塑性加载边界 B_0B_1 段上的状态所决定的;③经 B_0B_1 段上任一点 N_2 的弹性卸载区中的左行特征线 N_2L_2 均交于 A_0A_1 段,同时,经 N_2 在反向塑性加载区中的右行特征线 NN_2

均交于 t 轴，这意味着 B_0B_1 段上的状态则又是由卸载边界 A_0A_1 段上塑性冲击波的衰减状态以及表面载荷在 B_0Q_0 期间的卸载条件所共同确定的。

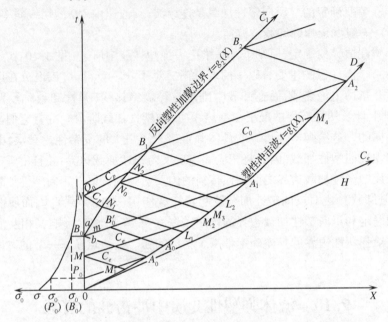

图 7-29 正向塑性加载边界和反向塑性加载边界之间的相互影响

这样，为要确定卸载边界的 A_1A_2 段，需先确定反向塑性加载边界的 B_0B_1；而要确定 B_0B_1 段，又需先确定卸载边界的 A_0A_1 段。因此，整个卸载边界，即整个塑性冲击波传播轨迹 $OA_0A_1A_2A_3\cdots$ 的确定，是一个和反向塑性加载边界 $OB_0B_1B_2B_3\cdots$ 的确定相互耦合在一起的复杂问题。

但由上述讨论也可知，可以把整个问题作如下的分段处理来求解，即先设法求得与反向塑性加载边界无关的 OA_1，再由此设法确定 B_0B_1 段，此后仿照第四章中利用共轭关系式(4-37)从一段已知弹塑性边界来确定其共轭段边界的做法，就可依次交替地确定卸载边界 A_1A_2 段，反向塑性加载边界 B_1B_2 段等，从而确定全部所需边界。剩下来的问题主要就是如何来确定卸载边界的初始段 OA_1 和反向塑性加载边界的初始段 B_0B_1。

在具体处理中，设弹性卸载区和反向塑性加载区中的特征线可分区近似为直线，即假定弹性波速 C_L^e 和反向塑性加载波速 C_L^p 分区为恒值，则与导出共轭关系式(4-37)的步骤完全类似，对于 OA_1 段上任一点 $M_2(X_2,t_2)$，以及借特征线 MM_2 和 MM_1 与之相联系的边界点 $M(0,\tau)$ 和共扼点 $M_1(X_1,t_1)$ 这三点之间，可导出如下的共轭关系：

$$\langle \mu_D(M_2) + 1 \rangle \sigma(M_2) - \mu_D(M_2) Y_H = \langle \mu_D(M_1) - 1 \rangle \sigma(M_1) - \mu_D(M_1) Y_H + 2\sigma_0(M)$$
(7-117)

式中：$\mu_D = C_L^e / D(\sigma)$，对于给定材料是 σ 的已知函数。

上式给出了当 $\sigma(M_1)$ 已知时，$\sigma(M_2)$ 完全由卸载表面载荷 $\sigma_0(M)$ 所决定的关系式。

对于 A_1A_2 段上任一点 $M_4(X_4,t_4)$，以及借特征线 N_0M_4 和 N_0M_3 与之相联系的共轭点 $M_3(X_3,t_3)$ 和反向塑性加载边界上相关点 $N_0(X_{N_0},t_{N_0})$ 之间，类似地可导出如下共轭关系：

$$\langle \mu_D(M_4) + 1 \rangle \sigma(M_4) - \mu_D(M_4) Y_H = \langle \mu_D(M_3) - 1 \rangle \sigma(M_3) - \mu_D(M_3) Y_H + 2\sigma_B(M_0) \tag{7-118}$$

上式给出了当 $\sigma(M_3)$ 已知时，$\sigma(M_4)$ 完全由反向塑性加载边界上相关点 N_0 处应力 $\sigma_D(N_0)$ 所决定的关系式。

对于 B_0B_1 段上任一点 N_2，以及借特征线 NN_2、NN_1、N_2L_2 和 N_1L_1 与之相联系的相关点 N、N_1、L_1 和 L_2 这五点之间，也类似地可导出如下的共轭关系：

$$(\mu_p + 1)\sigma(N_2) = 2\mu_p \sigma_0(N) - (\mu_p - 1)\sigma(N_1) - \langle \mu_D(L_2) - 1 \rangle \sigma(L_2) + \{\mu_D(L_1) - 1\}\sigma(L_1) + \{\mu_D(L_2) - \mu_D(L_1)\}Y_H \tag{7-119}$$

式中：$\mu_p = C_L^e / C_L^p$。

上式给出了当 $\sigma(N_1)$ 已知时，$\sigma(N_2)$ 由表面载荷 $\sigma_0(N)$ 和卸载边界 A_0A_1 段上相关点应力 $\sigma(L_1)$、$\sigma(L_2)$ 所共同决定的关系式。

这样，如果已知 OA_1 和 B_0B_1 的各自初始一小段，利用共轭关系式(7-117)~式(7-119)就可分段交替地确定整个卸载边界和反向塑性加载边界。至于 OA_1 和 B_0B_1 的初始段的确定，和在第四章中所述类似，可以在共轭关系式(7-117)和式(7-119)的基础上采用"逐步近似法"，也可以在确定弹塑性边界初始传播速度的基础上采用"局部线性化法"。

在采用逐步近似法时，应指出的是，零级近似的选取虽然并不影响最终结果，但却影响所需迭代次数。在4.6节中讨论杆中冲击波的衰减时，曾取冲击波的每一瞬时应力值直接等于表面载荷来作为零级近似解式(4-63)。这相当于作刚性卸载假定($C_e \to \infty$)而不计卸载后刚体部分的惯性作用。但对于目前我们所讨论的一维应变弹塑性波，由于波速比 $C_L^e / C_L^p \approx 0.8$ 或更高，刚性卸载假定的误差显然较大，其结果将把塑性冲击波 OA_1 的衰减过程估计得过快。如果考虑到沿 OA_1 由冲击波衰减所引起的 $\mathscr{D}_p$ 的变化实际上不大，可近似地取 $\mu_D(M_2) = \mu_D(M_1)$，则共轭关系式(7-117)可化简为

$$\sigma(M_2) = \sigma_0(M) \left\{ 1 + \frac{\mu_D - 1}{\mu_D + 1} \cdot \frac{\sigma(M_1) - \sigma_0(M)}{\sigma_0(M)} \right\} = \sigma_0(M)(1 + s_D)$$

而既然对于一维应变弹塑性波 $\mu_D \approx 1$，从而 $s_D \ll 1$，由此提供了一个比刚性卸载近似更好的零级近似解，为

$$\sigma^{(0)}(M_2) = \sigma_0(M) \tag{7-120}$$

这相当于卸载扰动以弹性波速追上塑性冲击波时，冲击波应力幅立即降至该值，而忽略了两者相互作用后发生的内反射波。同理，对于反向塑性加载边界 B_0B_1，当近似地有 $\mu_D(L_1) = \mu_D(L_2)$ 时，共轭关系式(7-119)可化简为

$$\sigma(N_2) = \sigma_0(N) \left\{ 1 - \frac{\mu_p - 1}{\mu_p + 1} \cdot \frac{\sigma(N_1) - \sigma_0(N)}{\sigma_0(N)} - \frac{\mu_D - 1}{\mu_D + 1} \cdot \frac{\sigma(L_1) - \sigma(L_2)}{\sigma_0(N)} \right\} = \sigma_0(N)(1 + S_p)$$

从而可类似地取零级近似为

$$\sigma^{(0)}(N_2) = \sigma_0(N) \tag{7-121}$$

剩下的具体迭代计算步骤等和第四章中所讨论过的基本相同，只是对于反向塑性加载边界 $t = g_2(X)$，当由迭代近似求得沿此边界的应力分布 $\sigma_B(X) = \sigma(X, g_2(X))$ 后，需利用反

向屈服条件

$$\sigma_B(X) = \sigma_A(X) - 2Y_H \tag{7-122}$$

才能确定此边界的轨迹 $t = g_2(X)$，这里 $\sigma_A(X) = \sigma(X, g_1(X))$ 是沿卸载边界 $t = g_1(X)$ 的应力分布。

值得指出的是，在 $\mu_D \approx 1$ 和 $\mu_p \approx 1$ 的情况下，作为零级近似的式(7-120)和式(7-121)常可直接给出足够精确的近似解，而无须作进一步的迭代计算。这样的近似处理可称为"分区简单波法"，它相当于在确定 OA_1 段时把 OA_1B_0 区近似地作为弹性简单波区而忽略了卸载扰动追上塑性冲击波时所产生的内反射波，在确定 B_0B_1 段时则把 $B_0B_1Q_0$ 区近似地作为塑性简单波区而忽略了反向塑性加载扰动与迎面卸载扰动相遇时所产生的内反射波。依此类推，对于卸载边界 A_1A_2 段，近似地取

$$\sigma(M_4) = \sigma_B(N_0)$$

等。相当于在确定 A_1A_2 段时把 $A_1B_0B_1A_2$ 区近似地作为弹性简单波区而忽略了有关的内反射波。

在采用局部线性化法时，强间断卸载边界 OA_0 的初始传播速度 $\mathscr{D}_p(\sigma^*)$ 容易由已知的 σ_X—ε_X Hugoniot 线之 Rayleigh 线斜率来确定，不需多加说明。问题在于弱间断反向塑性加载边界的初始传播速度 $\overline{C}_L$ 的确定。对此，首先应该注意，对于一阶弱间断反向塑性加载边界 B_0B_1，和图 4-35(a) 所示情况一样，不能直接把问题边界条件所给出的进入反向屈服前的 $\partial\sigma/\partial t$ (记作 $\partial\sigma^b/\partial t$) 和进入反向屈服后的 $\partial\sigma/\partial t$ (记作 $\partial\sigma^a/\partial t$) 分别当作 $\partial\sigma^e/\partial t$ 和 $\partial\sigma^p/\partial t$ 代入式(4-111)来计算 $\overline{C}_L$。实际上，反向塑性加载边界前方一侧的 $\partial\sigma^e/\partial t$ 是尚待确定的 m 区中的相应值 $\partial\sigma^m/\partial t$，因而按式(4-111)应有

$$\frac{\partial\sigma^a}{\partial t}\bigg/\frac{\partial\sigma^m}{\partial t} = \frac{1 - \left(\dfrac{\overline{C}_L}{C_L^e}\right)^2}{1 - \left(\dfrac{\overline{C}_L}{C_L^p}\right)^2}$$

而沿弹性特征线 B_0A_1 则有

$$\frac{\partial\sigma^m}{\partial t} - \frac{\partial\sigma^b}{\partial t} = -C_L^e\left(\frac{\partial\sigma^m}{\partial X} - \frac{\partial\sigma^b}{\partial X}\right)$$

同时 B_0B_1 还应满足反向屈服条件式(7-122)，在理想塑性情况下其微分形式为

$$\frac{\mathrm{d}\sigma_B(X)}{\mathrm{d}X} = \frac{\partial\sigma^m}{\partial X} + \frac{1}{\overline{C}_L}\frac{\partial\sigma^m}{\partial t} = \frac{\mathrm{d}\sigma^A(X)}{\mathrm{d}X}$$

从上述三个方程中消去 $\partial\sigma^m/\partial X$ 和 $\partial\sigma^m/\partial t$，并注意到 B_0 点 $\partial\sigma^b/\partial t = \partial\sigma^a/\partial t$，就可得到关于 $\overline{C}_L$ 的如下关系式：

$$\frac{1}{\overline{C}_L} = \frac{A + \sqrt{A^2 + 4\left\{\dfrac{1}{(C_L^p)^2} + \dfrac{A}{C_L^e}\right\}}}{2} \tag{7-123}$$

式中：$A = \dfrac{1}{\eta} - \dfrac{1}{C_L^e}$，而 $\eta = \dfrac{\partial\sigma^b}{\partial t}\bigg/\left(\dfrac{\mathrm{d}\sigma_A}{\mathrm{d}X} - \dfrac{\partial\sigma^b}{\partial X}\right)$。

实用上为避免计算 $\partial\sigma^b/\partial X$，可设法用其他已知量来直接表达 η。利用沿弹性特征线

B_0B_0'、B_0A_0、$B_0'A_0'$ 上的相容关系可得

$$\sigma(B_0') - \sigma(B_0) = \frac{1}{2}\left(1 - \frac{C_L^e}{\mathscr{D}(A_0)}\right)\langle\sigma(A_0') - \sigma(A_0)\rangle$$

而利用四边形 $B_0B_0'A_0A_0'$ 的几何关系可知有

$$X(B_0') - X(B_0) = \frac{1}{2}\left(1 + \frac{C_L^e}{\mathscr{D}(A_0)}\right)\langle X(A_0') - X(A_0)\rangle$$

以上两式相除,并令 $B_0' \to B_0$,则可知 B_0 点处 σ 沿弹性特征线 B_0A_1 的全微分 $\left.\dfrac{d\sigma(B_0)}{dX}\right|_{B_0A_1}$ 与 A_0 点处 σ 沿卸载边界 A_0A_2 的全微分 $\dfrac{d\sigma_A(A_0)}{dX}$ 之间有如下关系:

$$\left.\frac{d\sigma(B_0)}{dX}\right|_{B_0A_1} = -\frac{\mu_D - 1}{\mu_D + 1} \cdot \frac{d\sigma_A(A_0)}{dX}$$

而按照沿特征线全微分的定义有

$$\left.\frac{d\sigma}{dX}\right|_{B_0A_1} = \frac{\partial\sigma}{\partial X} + \frac{1}{C_L^e}\frac{\partial\sigma}{\partial t}$$

把上述结果代入式(7-123)中关于 η 的定义,即得 B_0 点处的 η 值为

$$\frac{1}{\eta(B_0)} = \frac{\dfrac{d\sigma_A(0)}{dX} + \dfrac{\mu_D(A_0) - 1}{\mu_D(A_0) + 1} \cdot \dfrac{d\sigma_A(A_0)}{dX} + \dfrac{\sigma_0'(B_0)}{C_L^e}}{\sigma_0'(B_0)} \tag{7-124a}$$

式中:$\sigma_0' = \dfrac{d\sigma_0(t)}{dt}$。

如再考虑到卸载边界初始段 OA_0 之斜率变化不大,可近似地取 $\mu_D = \mu_s =$ 常数,以及考虑到表面载荷的卸载初始阶段(OP_0 段)可局部地按线性衰减处理,即近似地取 $\sigma_0' =$ 常数,于是参照式(4-50)可知有

$$\frac{d\sigma_A(0)}{dX} = \frac{d\sigma_A(A_0)}{dX} = \frac{\mu_D^2 - 1}{2\mu_D} \cdot \frac{\sigma_0'(0)}{C_L^e}$$

代入式(7-124a)后有

$$\frac{1}{\eta(B_0)} = \left(\frac{1}{\mathscr{D}} - \frac{1}{C_L^e}\right)\frac{\sigma_0'(0)}{\sigma_0'(B_0)} + \frac{1}{C_L^e} \tag{7-124b}$$

或按式(7-123)中 A 的定义即有

$$A = \left(\frac{1}{\mathscr{D}} - \frac{1}{C_L^e}\right)\frac{\sigma_0'(0)}{\sigma_0'(B_0)}$$

对于给定的材料,C_L^e,C_L^p 和 $\mathscr{D}(\sigma)$ 均已知,于是可根据表面载荷卸载条件所给出的 0 点处 $\sigma_0'(0)$ 和 B_0 点处 $\sigma_0'(B_0)$ 按式(7-123)和式(7-124b)来确定 B_0 点处反向塑性加载边界的初始传播速度 $\overline{C}_L(B_0)$。

如果表面载荷 $\sigma_0(t)$ 是线性衰减函数,则 $\sigma_0'(0) = \sigma_0'(B_0)$,而 $A = (1/\mathscr{D} - 1/C_L^e)$,于是式(7-123)化为 Lee 和 Liu(1964)所给出的结果,即

$$\frac{1}{\overline{C}_L} = \frac{\left(\frac{1}{\mathscr{D}} - \frac{1}{C_L^e}\right) + \sqrt{\left(\frac{1}{\mathscr{D}} - \frac{1}{C_L^e}\right)^2 + \left(\frac{2}{C_L^p}\right)^2 + \left(\frac{1}{\mathscr{D}} - \frac{1}{C_L^e}\right)\frac{4}{C_L^e}}}{2} \tag{7-125}$$

已知弹塑性边界的初始传播速度后,即可按第四章所述局部线性化的近似法,由相应的共轭关系来确定所需的整个弹塑性边界,此处不再重复。

作为一个实例,对于在炸药接触爆炸作用下钢板中的塑性冲击波的衰减,用上述方法计算所得的结果如图7-30的实线所示(王礼立 等,1983)。迭代计算进行到应力值在三位有效数的精度内重复为止。实线附近的计算点则是按"分区简单波近似法"所得结果,在本例中与迭代解的误差不超过1%。若按流体动力学近似,即忽略材料剪切强度,则结果如图中虚线所示。图中还同时给出了按流体弹塑性模型以有限差分法在电子计算机上作数值计算所得的结果(朱兆祥,李永池,王肖钧,1981),以点划线表示。可见用本节所述近似法和用电子计算机的有限差分法所得结果基本一致,它们与流体动力学近似所得结果相比,证实了固体的弹塑性畸变特性将使冲击波在传播过程中衰减得更快些。本例中塑性冲击波的最高应力幅为39.3GPa,材料的Hugoniot弹性限为1.21GPa,这时材料的剪切强度对冲击波衰减的影响已不可忽略了。

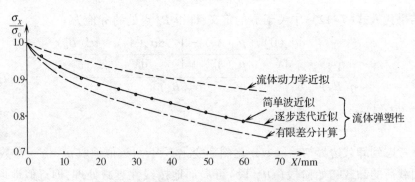

图 7-30 炸药接触爆炸作用下钢板中的塑性冲击波的衰减

7.11 一维应变弹黏塑性波

现在我们把一维应力下的Соколовский-Malvern弹黏塑性理论(见6.5节),在经典塑性流动理论的基础上推广到三维的一般情况,进而讨论一维应变弹黏塑性波。

如所熟知,塑性流动理论(增量理论)的一般形式可表为

$$\dot{\varepsilon}_{ij}^p = \lambda \frac{\partial F}{\partial \sigma_{ij}} \tag{7-126}$$

式中:$\dot{\varepsilon}_{ij}^p = \frac{\partial \varepsilon_{ij}^p}{\partial t}$是塑性应变率;$\lambda$是非负的标量函数;而$F$是塑性势函数。在所谓关联理论中,$F$取为屈服函数。如果采用Mises屈服条件,相当于塑性势F取如下形式:

$$F = J_2 - \mathscr{K}^2(W_p) = 0$$

则式(7-126)化为如下形式：

$$\dot{\varepsilon}_{ij}^p = \lambda s_{ij} \tag{7-127}$$

以上各式中 J_2 是应力偏量 s_{ij} 的第二不变量，有

$$J_2 = \frac{1}{2} s_{ij} s_{ij} = \frac{1}{6}\{(\sigma_1 - \sigma_2)^2 + (\sigma_2 - \sigma_3)^2 + (\sigma_3 - \sigma_1)^2\}$$

$\mathscr{K}(W_p)$ 是作为塑性功 W_p 函数的材料应变硬化参量。在理想塑性情况下，$\mathscr{K}$ 等于纯剪切时的屈服限 k，而 $k = Y_0/\sqrt{3}$，这里 Y_0 是简单拉伸屈服限。

如果引入塑性应变率张量 $\dot{\varepsilon}_{ij}^p$ 的第二不变量 I_2^p：

$$I_2^p = \frac{1}{2} \dot{\varepsilon}_{ij}^p \dot{\varepsilon}_{ij}^p$$

并且定义塑性应变率强度 $\dot{\varepsilon}_i^p$ 和应力强度 σ_i①为

$$\dot{\varepsilon}_i^p = \sqrt{I_2^p}$$

$$\sigma_i = \sqrt{J_2}$$

则由式(7-127)可得

$$\frac{1}{2} \dot{\varepsilon}_{ij}^p \dot{\varepsilon}_{ij}^p = \lambda^2 \left(\frac{1}{2} s_{ij} s_{ij}\right)$$

因而可把 λ 表示为

$$\lambda = \frac{\dot{\varepsilon}_i^p}{\sigma_i} = \frac{\sqrt{I_2^p}}{\sqrt{J_2}}$$

于是式(7-127)最后可化为

$$\dot{\varepsilon}_{ij}^p = \dot{\varepsilon}_i^p \frac{s_{ij}}{\sqrt{J_2}} \tag{7-128}$$

按照 Соколовский-Malvern 模型（见6.5节），非弹性应变率 $\dot{\varepsilon}^p$ 是超应力 $(\sigma - Y(W_p))$ 的函数。推广到三维的一般情况，则非弹性应变率强度 $\dot{\varepsilon}_i^p$ 应是"超应力" $(\sqrt{J_2} - \mathscr{K}(W_p))$ 的函数。因而与式(6-65b)相类似，在三维情况下有

$$\dot{\varepsilon}_i^p = \gamma \left\langle \phi\left(\frac{\sqrt{J_2}}{\mathscr{K}}\right) - 1 \right\rangle \tag{7-129}$$

式中：γ 是黏性系数。

这样，一般塑性流动理论的本构关系式(7-128)推广到一般黏塑性理论时，成为

$$\dot{\varepsilon}_{ij}^p = \gamma \left\langle \phi\left(\frac{\sqrt{J_2}}{\mathscr{K}}\right) - 1 \right\rangle \frac{s_{ij}}{\sqrt{J_2}} \tag{7-130}$$

如再设非弹性应变 $\dot{\varepsilon}_{ij}^p$ 对体积变形无贡献：

$$\dot{\varepsilon}_{kk}^p = 0$$

$$e_{ij}^e = \varepsilon_{ij}^p - \frac{1}{3} \varepsilon_{kk} \delta_{ij} = \varepsilon_{ij}^p$$

---

① 此处 σ_i 与式(7-30)中的定义差一系数 $\sqrt{3}$。

这里 e_{ij} 是应变偏量，e_{ij}^p 是塑性应变偏量，则弹黏塑性本构方程的一般形式为

$$\begin{cases} \dot{\varepsilon}_{kk} = \dfrac{1}{3K}\dot{\sigma}_{kk} \\ \dot{\varepsilon}_{ij} = \dot{\varepsilon}_{ij}^e + \dot{\varepsilon}_{ij}^p = \dfrac{1}{2\mu}\dot{s}_{ij} + \gamma\left\langle \phi\left(\dfrac{\sqrt{J_2}}{\mathscr{K}} - 1\right)\right\rangle \dfrac{s_{ij}}{\sqrt{J_2}} \end{cases} \quad (7-131)$$

这一本构方程最先是由 P. Perzyna(1963)把 Соколовский-Malvern 理论加以推广而得出的，称为 Sokolovsky-Malvern-Perzyna 方程，是式(6-66)的另一种表述形式。

在一维应变的条件下，式(7-131)可化为如下形式：

$$\begin{cases} \dot{\varepsilon}_X = \dfrac{1}{3K}(\dot{\sigma}_X + 2\dot{\sigma}_Y) \\ \dot{\varepsilon}_X = (\dot{\varepsilon}_X^e - \dot{\varepsilon}_Y^e) + (\dot{\varepsilon}_X^p - \dot{\varepsilon}_Y^p) = \dfrac{1}{2\mu}(\dot{\sigma}_x - \dot{\sigma}_Y) + \sqrt{3}\gamma\langle\phi(F)\rangle \end{cases} \quad (7-132)$$

式中：

$$\langle\phi(F)\rangle = \begin{cases} 0, & F \leqslant 0 \\ \phi(F), & F > 0 \end{cases} \qquad F = \dfrac{\sqrt{J_2}}{\mathscr{K}} - 1$$

由式(7-132)的第一式解出 $\dot{\sigma}_Y$ 后代入第二式，可得一维应变条件下的轴向弹黏塑性本构方程为

$$\dot{\varepsilon}_X = \dfrac{1}{E_L}\dot{\sigma}_X + \dfrac{4\sqrt{3}\mu}{3E_L}\gamma\langle\phi(F)\rangle \quad (7-133)$$

这里 E_L 是侧限弹性模量（见式(7-18c)），且

$$E_L = K + \dfrac{4}{3}G = \lambda + 2\mu = \dfrac{(1-\nu)E}{(1+\nu)(1-2\nu)}$$

这样，连续方程式(7-3a)、动量守恒方程式(7-3b)和弹黏塑性本构方程式(7-133)一起共同组成了一维应变弹黏塑性波的控制方程组，现汇总重列如下：

$$\begin{cases} \dfrac{\partial v_X}{\partial X} = \dfrac{\partial \varepsilon_X}{\partial t} \\ \rho_0 \dfrac{\partial v_X}{\partial t} = \dfrac{\partial \sigma_X}{\partial X} \\ \dfrac{\partial \varepsilon_X}{\partial t} = \dfrac{1}{E_L}\dfrac{\partial \sigma_X}{\partial t} + \dfrac{4\sqrt{3}\mu}{3E_L}\gamma\langle\phi(F)\rangle \end{cases}$$

和一维应力下的弹黏塑性波的控制方程组(6-82)相比，可知两者形式几乎完全一样，只需用侧限弹性模量 E_L 代替原来的杨氏模量 E，以 $4\sqrt{3}\mu\gamma/(3E_L)$ 代替原来的 γ^* 即可。由此，和从式(6-82)得出特征线微分方程(6-85)和沿特征线的特征相容关系式(6-86)完全相类似地，可得出一维应变弹黏塑性波的三族特征线和相应的特征相容关系分别为

$$\begin{cases} \mathrm{d}X = \pm \sqrt{\dfrac{K + \dfrac{4}{3}G}{\rho_0}}\,\mathrm{d}t = \pm C_\mathrm{L}^e \mathrm{d}t \\ \mathrm{d}\nu_X = \pm \dfrac{1}{\rho_0 C_\mathrm{L}^e}\mathrm{d}\sigma_X \pm \dfrac{4\sqrt{3}\mu\gamma}{3\rho_0 C_\mathrm{L}^e}\langle\phi(F)\rangle\mathrm{d}t = \\ \qquad \pm \dfrac{1}{\rho_0 C_\mathrm{L}^e}\mathrm{d}\sigma_X + \dfrac{4\sqrt{3}\mu\gamma}{3E_\mathrm{L}}\langle\phi(F)\rangle\mathrm{d}X \end{cases} \quad (7-134)$$

$$\begin{cases} \mathrm{d}X = 0 \\ \mathrm{d}\varepsilon_X = \dfrac{\mathrm{d}\sigma_X}{E_\mathrm{L}} + \dfrac{4\sqrt{3}\mu\gamma}{3E_\mathrm{L}}\langle\phi(F)\rangle\mathrm{d}t \end{cases} \quad (7-135)$$

在给定的初始、边界条件下,具体的解题步骤和一维应力弹黏塑性波中所述(见6.6节)完全一样,这里不再重复。

第八章 球面波和柱面波

在地下爆炸和工程爆破等许多实际问题中,常常会遇到点爆炸或点撞击(高度局部化的冲击载荷),以及在球形腔壁或柱形腔壁上受到爆炸载荷等情况的问题。这时需要处理球面波或柱面波的传播问题。

球面波和柱面波与迄今我们所讨论的平面波相比,一个重要的差别是在波的传播过程中波阵面发生扩散,以至即使在弹性波的情况下,波剖面也不断变化;而且一个压缩波在传播时,其波阵面的后方会形成拉应力和产生振荡等。

由于球面波和柱面波有许多相似之处,我们可以合在一起讨论。实际上,我们分析时着重在球面波,而仅指出柱面波能以此类推地解得。

8.1 连续方程和运动方程

球面波的波阵面是同心球面。由于介质运动的球对称性质,在极坐标 r,θ,φ 中(图8-1),只有径向位移分量 $u(r,t)$ 为非零位移分量,且各状态参量都只是球径 r 和时间 t 的函数,而与 θ,φ 无关,于是有

$$\varepsilon_r(r,t) = \frac{\partial u(r,t)}{\partial r}, v(r,t) = \frac{\partial u(r,t)}{\partial t} \quad (8-1a)$$

$$\varepsilon_\theta(r,t) = \varepsilon_\varphi(r,t) = \frac{u(r,t)}{r} \quad (8-1b)$$

$$\sigma_r = \sigma_r(r,t), \sigma_\theta(r,t) = \sigma_\varphi(r,t) \quad (8-1c)$$

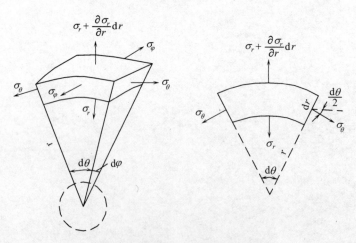

图8-1 极坐标 r,θ,φ 中的微元体

这里 r,θ,φ 是物质坐标,作为下标使用时指有关的分量,其余各符号意义同前。它与式(7-2)相比可知,其应力状态与一维应变平面波有类似之处。如果波阵面的曲率半径趋于无穷大($r\to\infty$),球面波问题实际上就化为一维应变平面波问题了。

由式(8-1)可知,为保证位移是 r 和 t 的单值连续函数,ε_r,ε_θ 和径向质点速度 v 之间应满足以下相容条件:

$$\frac{\partial \varepsilon_r}{\partial t} = \frac{\partial v}{\partial r} \qquad (8-2a)$$

$$\frac{\partial \varepsilon_\theta}{\partial t} = \frac{v}{r} \qquad (8-2b)$$

这就是球面波控制方程中的连续方程,代表质量守恒条件。

考察径向的动量守恒条件(图 8-1),可得

$$\left(\sigma_r + \frac{\partial \sigma_r}{\partial r}\mathrm{d}r\right)(r+\mathrm{d}r)^2\mathrm{d}\theta\mathrm{d}\varphi - \sigma_r r^2\mathrm{d}\theta\mathrm{d}\varphi - 2\sigma_\theta\sin\frac{\mathrm{d}\theta}{2}\cdot\left(r+\frac{\mathrm{d}r}{2}\right)\mathrm{d}\varphi\mathrm{d}r -$$

$$2\sigma_\varphi\sin\frac{\mathrm{d}\varphi}{2}\cdot\left(r+\frac{\mathrm{d}r}{2}\right)\mathrm{d}\theta\mathrm{d}r = \rho_0\left(r+\frac{\mathrm{d}r}{2}\right)^2\mathrm{d}\varphi\mathrm{d}\theta\mathrm{d}r\cdot\frac{\partial v}{\partial t}$$

忽略高阶小量,且计及 $\sigma_\theta = \sigma_\varphi$,则可得

$$\frac{\partial \sigma_r}{\partial r} + \frac{2(\sigma_r - \sigma_\theta)}{r} = \rho_0\frac{\partial v}{\partial t} \qquad (8-3)$$

这就是球面波控制方程中的运动方程。

对于波阵面是同轴圆柱面的径向柱面波,与上述相类似,由于介质运动的柱对称性质,在 Lagrange 柱坐标 r,θ,z 中,只有径向位移分量 $u(r,t)$ 为非零位移分量,而且各状态参量都只是 r 和 t 的函数而与 θ 和 z 无关,于是有

$$\varepsilon_r = \frac{\partial u}{\partial r}, v = \frac{\partial u}{\partial t} \qquad (8-4a)$$

$$\varepsilon_\theta = \frac{u}{r}, \varepsilon_z = 0 \qquad (8-4b)$$

$$\sigma_r = \sigma_r(r,t), \sigma_\theta = \sigma_\theta(r,t), \sigma_z = \sigma_z(r,t) \qquad (8-4c)$$

由此可得,径向柱面波的连续方程和球面波的完全相同(见式(8-2)),而径向运动方程则仅仅在 $(\sigma_r-\sigma_\theta)/r$ 项的系数上有差别,即有

$$\frac{\partial \sigma_r}{\partial r} + \frac{(\sigma_r - \sigma_\theta)}{r} = \rho_0\frac{\partial v}{\partial t} \qquad (8-5)$$

有时把式(8-3)和式(8-5)统一写成

$$\begin{cases}\dfrac{\partial \sigma_r}{\partial r} + n_0\dfrac{(\sigma_r - \sigma_\theta)}{r} = \rho_0\dfrac{\partial v}{\partial t} \\ n_0 = \begin{cases}2, \text{球面波} \\ 1, \text{径向柱面波}\end{cases}\end{cases} \qquad (8-6)$$

这样,式(8-2)和式(8-6)就是球面波和径向柱面波公共的连续方程和运动方程,两类问题可以合在一起讨论。

8.2 弹性球面波和柱面波

和以前讨论平面波时的情况一样,问题的控制方程仍由连续方程、运动方程和材料本构方程三部分所组成。前两者已由式(8-2)和式(8-6)给出,剩下来还需给出材料的本构关系。而本构方程的性质决定了波的性质是弹性的、弹塑性的,黏弹性的,或是弹黏塑性的等。现在先来讨论具有线弹性本构关系之材料中的球面波和柱面波。

在式(8-1)和式(8-4)所给出的条件之下,以容变律和畸变律形式给出的广义 Hooke 定律(见式(7-15))化为

$$\sigma_r + n_0 \sigma_\theta + n_1 \sigma_z = 3K(\varepsilon_r + n_0 \varepsilon_\theta) \tag{8-7a}$$

$$\sigma_r - \sigma_\theta = 2G(\varepsilon_r - \varepsilon_\theta) \tag{8-7b}$$

$$(\sigma_r - \sigma_\theta - 2\sigma_z)n_1 = 2G(\varepsilon_r + \varepsilon_\theta)n_1 \tag{8-7c}$$

式中:

$$n_0 = 2, n_1 = 0, 球面波$$
$$n_0 = 1, n_1 = 1, 柱面波$$

这样,对于球面波,控制方程组包括五个方程,即式(8-2a)、式(8-2b)、式(8-6)、式(8-7a)和式(8-7b),解五个未知函数 σ_r、σ_θ、ε_r、ε_θ 和 v。对于径向柱面波,多一个未知函数 σ_z,但也多一个方程式(8-7c),共六个方程解六个未知函数。

下面,以球面波问题为例来讨论一下弹性球面波的特征线解法。从式(8-2)和式(8-7)消去 ε_r 和 ε_θ 后可得

$$\frac{1}{3K}\frac{\partial \sigma_r}{\partial t} + \frac{2}{3K}\frac{\partial \sigma_\theta}{\partial t} - \frac{\partial v}{\partial r} - \frac{2v}{r} = 0 \tag{8-8}$$

$$\frac{1}{2G}\frac{\partial \sigma_r}{\partial t} - \frac{1}{2G}\frac{\partial \sigma_\theta}{\partial t} - \frac{\partial v}{\partial r} + \frac{v}{r} = 0 \tag{8-9}$$

式(8-3)、式(8-8)和式(8-9)是以 σ_r、σ_θ 和 v 为未知函数的双曲型一阶偏微分方程组。用特征线法来求解这一偏微分方程组时,此方程组的线性组合应能化为只包含沿特征线的方向导数。以未定系数 L,M 和 N 分别乘上述三式后再相加,有

$$\left\{L\frac{\partial}{\partial r} + \left(\frac{M}{3K} + \frac{N}{2G}\right)\frac{\partial}{\partial t}\right\}\sigma_r + \left(\frac{2M}{3K} - \frac{N}{2G}\right)\frac{\partial \sigma_\theta}{\partial t} - \left\{(M+N)\frac{\partial}{\partial r} + L\rho_0\frac{\partial}{\partial t}\right\}v +$$

$$\frac{1}{r}\{2L(\sigma_r - \sigma_\theta) + (N - 2M)v\} = 0 \tag{8-10}$$

这些系数应满足:

$$\frac{\mathrm{d}r}{\mathrm{d}t} = \frac{L}{\frac{M}{3K} + \frac{N}{2G}} = \frac{0}{\frac{2M}{3K} - \frac{N}{2G}} = \frac{M+N}{L\rho_0} \tag{8-11}$$

由此得出或者有

$$L = 0, M + N = 0 \tag{8-12}$$

或者有

$$\frac{2M}{3K} = \frac{N}{2G}, \left(\frac{L}{M}\right)^2 = \frac{K + \frac{4}{3}G}{\rho_0 K^2} \tag{8-13}$$

把上述结果代回式(8-11)和式(8-10)就得到三族特征线方程和相应的特征关系,即按式(8-12)有

$$dr = 0 \tag{8-14}$$

$$\left(\frac{1}{3K} - \frac{1}{2G}\right)d\sigma_r + \left(\frac{2}{3K} + \frac{1}{2G}\right)d\sigma_\theta = \frac{3v}{r}dt \tag{8-15}$$

而按式(8-13)则有

$$dr = \pm C_L dt \tag{8-16}$$

$$d\sigma_r = \pm \rho_0 C_L dv - 2\left[(\sigma_r - \sigma_\theta) \mp \left(K - \frac{2G}{3}\right)\frac{v}{C_L}\right]\frac{dr}{r} \tag{8-17}$$

第一族特征线(见式(8-14))代表质点运动轨迹(采用 Lagrange 坐标时质点的坐标位置是不变的),而沿此特征线上的相容条件式(8-15)正是任一质点时时应满足本构关系式(8-7)的微分形式的体现。事实上,式(8-7a)和式(8-7b)相减后再对 t 微分,并注意到对 t 的偏导数就是沿特征线式(8-14)的对 t 的全微分,所得结果就是式(8-15)。另两族特征线式(8-16)则代表正向波和负向波波阵面的传播轨迹,相应的特征相容关系式(8-17)规定了扰动传播过程中 σ_r, σ_θ 和 v 之间的相互制约关系,以保证满足连续条件、动量守恒条件和材料本构关系。注意,式(8-17)与一维应变平面波的特征相容关系相比时,多出了与 dr/r 有关的一项,它代表球面波的球面扩散特性。当 $r \to \infty$ 时,这一项趋于零,就化为一维应变平面波问题了。

这样,当用特征线法来解弹性球面波问题时,需联立解三个特征相容方程式(8-15)和式(8-17),共包括三个未知函数: σ_r, σ_θ 和 v。这正是控制方程组三个方程式(8-3),式(8-8)和式(8-9)包含这三个未知函数的反映。解题的具体方法和步骤与第六章中关于黏弹性波的特征线解法相类似。

例如,对于具有一半径为 a 的球形孔腔的弹性介质,设初始条件,即沿 r 轴的 σ_r, σ_θ 和 v 已知,球腔壁上的压力边界条件,即沿着垂直特征线(质点轨迹) $r = a$ 的 σ_r 也已知,且均暂时假定不存在强间断条件,即设球面波为连续波,问题就归结为在 rab 区解 Cauchy 初值问题和在 bat 区解特征线边值问题(图 8-2)。

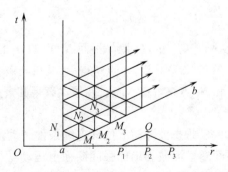

图 8-2 弹性球面波问题的特征线解法

对于 rab 区,考察邻近 r 轴的任一点 Q,经 Q 点必有三条特征线 QP_1, QP_2, QP_3 交于 r 轴。按式(8-15)和式(8-17),并由于 Q 与 P_1、P_2、P_3 三点的距离选得足够小,因而可用差分来代替微分,则有

$$\sigma_r(Q) - \sigma_r(P_1) = \rho_0 C_L \{v(Q) - v(P_1)\} - 2\left\{(\sigma_r - \sigma_\theta) - \left(K - \frac{2G}{3}\right)\frac{v}{C_L}\right\}_{P_1} \cdot$$

$$\frac{r(Q) - r(P_1)}{r(P_1)}$$

$$\sigma_r(Q) - \sigma_r(P_3) = -\rho_0 C_L \{v(Q) - v(P_3)\} - 2\left\{(\sigma_r - \sigma_\theta) + \left(K - \frac{2G}{3}\right)\frac{v}{C_L}\right\}_{P_3} \cdot$$

$$\frac{r(Q) - r(P_3)}{r(P_3)}$$

$$\left(\frac{1}{3K} - \frac{1}{2G}\right)\{\sigma_r(Q) - \sigma_r(P_2)\} + \left(\frac{2}{3K} + \frac{1}{2G}\right)\{\sigma_\theta(Q) - \sigma_\theta(P_2)\} =$$

$$\frac{3v(P_2)}{r(P_2)}\{t(Q) - t(P_2)\}$$

既然 Q 点的位置 r_Q, t_Q 可先由式(8-14)和式(8-16)确定,而 P_1、P_2 和 P_3 点上的 σ_r、σ_θ 和 v 均已知,因而可从这三个方程联立解得 $\sigma_r(Q), \sigma_\theta(Q)$ 和 $v(Q)$。依此类推,就可求得整个 rab 区的解。如果初始条件是零恒值条件(未扰动状态),则不难证明 rab 区是零恒值区。

对于 bat 区,类似于杆中一维应力波特征线解法中的混合问题,先要解 $r=a$ 线上的所谓边界点,如图中 N_1 点。只要 N_1 点距 M_1 和 a 的距离足够小,按式(8-17)和式(8-15)沿特征线 $M_1 N_1$ 和 aN_1 分别有差分方程:

$$\sigma_r(N_1) - \sigma_r(M_1) = -\rho_0 C_L \{v(N_1) - v(M_1)\} - 2\left\{(\sigma_r - \sigma_\theta) + \left(K - \frac{2G}{3}\right)\frac{v}{C_L}\right\}_{M_1} \cdot$$

$$\frac{r(N_1) - r(M_1)}{r(M_1)}$$

$$\left(\frac{1}{3K} - \frac{1}{2G}\right)\{\sigma_r(N_1) - \sigma_r(a)\} + \left(\frac{2}{3K} + \frac{1}{2G}\right)\{\sigma_\theta(N_1) - \sigma_\theta(a)\} =$$

$$\frac{3v(a)}{r(a)}\{t(N_1) - t(a)\}$$

由于沿特征线 ab 的解已从刚才解 rab 区时解得,而 N_1 点的 σ_r 已由边界条件给出,于是由以上两式可解得 $\sigma_\theta(N_1)$ 和 $v(N_1)$。当 N_1 点解得后,又可与解 Cauchy 初值问题中的步骤类似,由已知的 M_1, M_2 和 N_1 点来解得 N_2 点,及依次解得其余的所谓内点。以此类推,可求得整个 bat 区的解。

注意,对于强间断球面波,根据波阵面上位移连续条件和动量守恒条件,注意到 u 连续时 ε_θ 也必连续,则对强间断平面波导出的强间断面上运动学相容条件式(2-55)和动力学相容条件式(2-57)仍然成立,即对于垂直于球面波波阵面方向的质点速度 v,应力分量 σ_r 和应变分量 ε_r,其间断突跃值之间有如下的相容性关系:

$$[v] = \mp \mathscr{D}[\varepsilon_r]$$
$$[\sigma_r] = \mp \rho_0 \mathscr{D}[v] \tag{8-18}$$

在我们目前所讨论的弹性波情况下，$\mathscr{D}=C_L$。可见在数学表达形式上和一维应变平面波中的完全一样。球面扩散的影响主要表现在间断值$[\sigma_r]$，$[v]$和$[\varepsilon_r]$在球面强间断波的传播过程中是变化的，即使波阵面的前方是未扰动状态。

对于图8-2所示的情况，设初始条件和边界条件为

$$u(r,0)=v(r,0)=\sigma_r(r,0)=\sigma_\theta(r,0)=0, a<r\leqslant\infty$$
$$\sigma_r(a,t)=-p_0 \qquad t\geqslant 0 \tag{8-19}$$

这是对于原先处于静止未扰动状态的介质，在其球形内腔壁$r=a$上突加恒值压力p_0时的球面波传播问题。设p_0不足以引起塑性变形，沿ab传播的是强间断弹性球面波，沿ab应满足式(8-18)。另一方面ab又是特征线，沿ab又应满足式(8-17)。再考虑到沿ab线由位移连续条件知有$\varepsilon_\theta=u/r=0$，从而由式(8-7)知沿ab线有

$$\sigma_r - \sigma_\theta = 2G\varepsilon_r = \frac{2G}{K+\frac{4}{3}G}\sigma_r = \frac{2G}{\rho_0 C_L^2}\sigma_r \tag{8-20a}$$

于是，沿ab的特征相容关系式(8-17)中的球面扩散项可化为

$$\frac{2}{r}\left\{(\sigma_r-\sigma_\theta)-\left(K-\frac{2G}{3}\right)\frac{u}{C_L}\right\}dr=\frac{2\sigma_r}{r}dr$$

而式(8-17)就化为

$$\frac{d\sigma_r}{\sigma_r} = -\frac{dr}{r} \tag{8-20b}$$

利用边界条件$\sigma_r|_a=-p_0$确定积分常数后，可得σ_r沿ab的衰减规律为

$$\sigma_r = -\frac{p_0 a}{r} \tag{8-21a}$$

代回式(8-18)和式(8-20)后还可得沿ab的v和σ_θ为

$$v = -\frac{\sigma_r}{\rho_0 C_L} = \frac{p_0 a}{\rho_0 C_L r} \tag{8-21b}$$

$$\sigma_\theta = \frac{K-\frac{2}{3}G}{K+\frac{4}{3}G}\sigma_r = \frac{\lambda}{\lambda+2\mu}\sigma_r = \frac{\nu}{1-\nu}\sigma_r = \frac{-\nu}{1-\nu}\cdot\frac{p_0 a}{r} \tag{8-21c}$$

由此可知，强间断球面弹性波的应力幅值σ_r随距球心距离的增大与r成反比地衰减，这就是球面扩散的后果。反之，球面波如果向着球心集聚地传播(聚爆)，则强度将增强。式(8-21b)和式(8-21c)还表明，在强间断球面弹性波波阵面上，σ_r、σ_θ和v之间的正比关系和一维应变平面波中σ_X、σ_Y和v之间的关系完全相同。所以，一方面强间断球面波和强间断一维应变平面波不同，在式(8-19)的初始、边界边条件下，其强度在传播过程中将不断衰减；另一方面，在传播过程的每一时刻其应力状态则又处在和一维应变平面波中相同的状态下。如果σ_r为压应力，则σ_θ也为压应力。反之σ_r为拉应力，则σ_θ也为拉应力。

强间断波阵面通过后的区域,即图 8-2 中 bat 区是弱间断球面波的传播区。当沿 ab 的解已由强间断球面波解(见式(8-21))求得后,如已指出的,这归结为解一个特征线边值问题(Darboux 问题)的定解问题,不再细述。但应注意,与一维应变平面波中的情况不同,即使在零初始条件和恒值加载边界条件式(8-19)下,也不再是简单波解了。不仅如此,由于球面扩散的后果,在压缩强间断球面波波阵面的后方,很快地还会出现拉应力,特别对于 σ_θ 而言,其拉应力之值甚至可以超过原先的压应力之值。

关于球面弹性波的传播,也还可以用其他方法,例如用 Fourier 变换等方法来解(Miklowitz,1978)。这里我们采用了特征线法,一方面便于与前述各章相联系和比较,另一方面也便于在下文中对球面弹塑性波等的论述。

图 8-3 给出了在式(8-19)的初边条件下,三个球径位置处($r=a, r=2a$ 和 $r/a \to \infty$) 的应力时程曲线(Selberg,1952)。为便于比较,纵坐标采用的是无量纲应力 $\left(-\dfrac{r\sigma_r}{ap_0}\right)$, $\left(-\dfrac{r\sigma_\theta}{ap_0}\right)$ 和 $\left(-\dfrac{r\tau}{ap_0}\right)$,这里 τ 是最大剪应力 $|\sigma_r - \sigma_\theta|/2$,横坐标采用的是无量纲时间 $\bar{t} = \left(\dfrac{C_L t}{a} - \dfrac{r-a}{a}\right)$。在计算中已取泊松比 $\nu = 0.25$(这时 $\lambda = \mu$)。

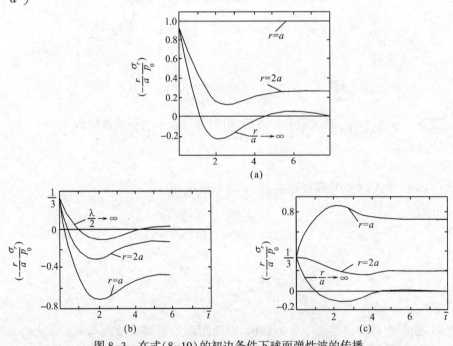

图 8-3 在式(8-19)的初边条件下球面弹性波的传播

现将这一结果与静力学解作一比较。大家知道,弹性静力学分析给出的厚壁球在内压($-p_0$)作用下的应力分布的 Lame 解为(Timoshenko et al,1951)

$$\begin{cases} \sigma_r = \dfrac{p_0 a^3 (b^3 - r^3)}{r^3 (b^3 - a^3)} \\ \sigma_\theta = -\dfrac{p_0 a^3 (b^3 + 2r^3)}{2r^3 (b^3 - a^3)} \end{cases} \quad (8-22)$$

式中:a 是球内壁半径;b 是球外壁半径。

球面弹性波的动力学分析与之相比起来,如果就强间断波而言,则波阵面上 σ_r 和 σ_θ 都是压应力,而式(8-22)给出 σ_r 为压、σ_θ 为拉。强间断波应力幅值 σ_r 随 r 的变化按式(8-21a)与 r 成反比,而按式(8-22)给出的静力学应力分布 σ_r 与 r^3 成反比。如果就弱间断波传播区的情况而言,则在强间断波阵面通过以后,与径向压应力 σ_r 之值下降的同时,切向应力 σ_θ 则很快变成了拉应力。特别是在球腔孔壁处($r=a$)其值较静力分析的还要大,并由此使得最大切应力 τ 也变得比静力学分析结果为大。

对于径向柱面波,从式(8-2)、式(8-5)和式(8-7)所给出的六个方程出发,完全可作类似的处理,并且式(8-18)也继续适用于强间断柱面波。

对于具有一半径为 a 的圆柱形孔腔的无限弹性介质,在零初始条件和腔壁上受均匀突加恒值应力($-p_0$)的边界条件下,和图 8-2 所示相类似,强间断径向柱面波将以 C_L 波速沿 ab 线传播,但其应力幅值 σ_r 将随距轴心距离的增大与 $\sqrt{r}$ 成反比地衰减,即代替式(8-21),这时沿 ab 有

$$\sigma_r = -\sqrt{\frac{a}{r}} p_0 \qquad (8-23\text{a})$$

$$v = \sqrt{\frac{a}{r}} \frac{p_0}{\rho_0 C_L} \qquad (8-23\text{b})$$

$$\sigma_\theta = \sigma_z = -\frac{\nu}{1-\nu} \sqrt{\frac{a}{r}} p_0 \qquad (8-23\text{c})$$

在强间断波后方的弱间断波传播区,则与图 8-3 类似,$r/a = 1$、2、∞ 处的应力时程曲线如图 8-4 所示(Selberg,1952)。

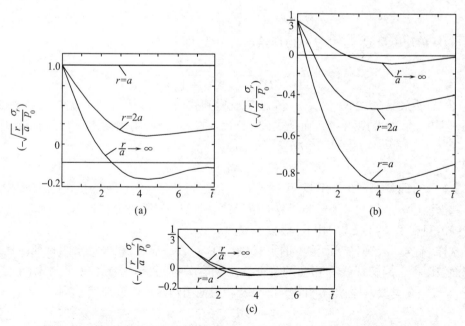

图 8-4 零初始条件和突加恒值应力($-p_0$)边界条件下的柱面弹性波的传播

8.3 弹塑性球面波

在图 8-2 所示例子中,当腔壁上作用的冲击压力足够大时,将引起塑性变形。下面来讨论一下弹塑性球面波的传播。

设塑性变形对体积变形无贡献(见式(7-34)),并设弹性体积变形遵循 Hooke 定律,这在压力不太高的小变形条件下是允许的。此外,由于球对称(见式(8-1)),不论 Mises 屈服准则或 Tresca 准则,都可化为式(7-32)的形式。于是,代替式(8-7),弹塑性球面波控制方程中的本构关系为

容变律:
$$\sigma_r + 2\sigma_\theta = 3K(\varepsilon_r + 2\varepsilon_\theta) \tag{8-24a}$$

畸变律:
$$\sigma_r - \sigma_\theta = \begin{cases} 2G(\varepsilon_r - \varepsilon_\theta), & \text{弹性} \\ \pm Y, & \text{塑性} \end{cases} \tag{8-24b}$$

这里 Y 或者可取为塑性应变 ε_r^p 的函数,$Y = Y_p(\varepsilon_r^p)$,或者可取为塑性功 W_p 的函数,$Y = Y_W(W_p)$。将式(8-24)对 t 求偏导数,其中塑性畸变律经过与导得式(7-41)一样的推演,则可得

$$\frac{\partial \sigma_r}{\partial t} + 2\frac{\partial \sigma_\theta}{\partial t} = 3K\left(\frac{\partial \varepsilon_r}{\partial t} + 2\frac{\partial \varepsilon_\theta}{\partial t}\right) \tag{8-25a}$$

$$\frac{\partial \sigma_r}{\partial t} - \frac{\partial \sigma_\theta}{\partial t} = \begin{cases} 2G\left(\dfrac{\partial \varepsilon_r}{\partial t} - \dfrac{\partial \varepsilon_\theta}{\partial t}\right), & \text{弹性} \\ 2G_p\left(\dfrac{\partial \varepsilon_r}{\partial t} - \dfrac{\partial \varepsilon_\theta}{\partial t}\right), & \text{塑性} \end{cases} \tag{8-25b}$$

式中:塑性剪切模量 G_p 与式(7-41)所给出的一致,即

$$G_p = \frac{GY_p'}{3G + Y_p'} = \frac{GY_W Y_W'}{3G + Y_W Y_W'}$$

把式(8-2)代入式(8-25a)消去 ε_r 和 ε_θ 后就得到式(8-8),把式(8-2)代入式(8-25b)消去 ε_r 和 ε_θ 后就得式(8-9),而把式(8-2)代入式(8-25c)消去 ε_r 和 ε_θ 后则得到:

$$\frac{1}{2G_p}\frac{\partial \sigma_r}{\partial t} - \frac{1}{2G_p}\frac{\partial \sigma_\theta}{\partial t} - \frac{\partial v}{\partial r} + \frac{v}{r} = 0 \tag{8-26}$$

它与式(8-9)的差别只在于用 G_p 代替了 G。于是式(8-3)、式(8-8)和式(8-26)构成了塑性球面波以 σ_r、σ_θ 和 v 为未知函数的拟线性双曲型一阶偏微分方程组。与弹性球面波所不同的只在于其第三式中用 G_p 代替了 G。

这样,完全重复弹性球面波中的自式(8-10)以后的推导,就可得出用特征线法解塑性球面波时的三族特征线和相应的特征线上相容关系,其结果在形式上与式(8-14)~式(8-17)完全类似,只需用 G_p 代替了 G,及相应地用塑性球面波波速 C_L^p:

$$C_L^p = \sqrt{\frac{K + \dfrac{4}{3}G_p}{\rho_0}}$$

来代替弹性波速 C_L^e

$$C_L^e = \sqrt{\frac{K + \frac{4}{3}G}{\rho_0}}$$

即可,这里不再重写。回顾式(7-47)可知,塑性球面波波速就是一维应变塑性波波速,并且和一维应变弹塑性波中一样,球面塑性波波速 C_L^p 一般小于球面弹性波波速 C_L^e,因而塑性球面波将尾随在弹性球面波的后面。由于 C_L^p 一般是应变 ε_r^p 的函数,在 (r,t) 平面上,代表塑性球面波传播的两族特征线一般不再是直线,只有对于线性硬化材料(G_p =常数)或理想塑性材料(G_p =0), C_L^p =常数,相应的特征线才是直线。这些都和一维应变弹塑性波中所讨论的类似。总之,在引入塑性剪切模量 G_p 之后,犹如在一维应变情况下可以方便地把弹性波的讨论推广到弹塑性加载波中去一样。现在也可以方便地把弹性球面波的讨论推广到弹塑性球面加载波中去了。

与一维应变弹塑性波相比,应注意的是,不论是球面弹性前驱波,还是尾随的球面塑性波,由于球面扩散的影响,两者的强度都随着 r 的增大而减小,其结果犹如弹性波和塑性波在传播中都不断地反射内反射波并相互作用,这就使情况复杂化了。例如,对于线弹性—理想塑性材料或者线弹性—线性硬化材料,当球腔内壁受突加恒值载荷时,弹性前驱波和塑性波都是强间断波,弹塑性加载边界就和强间断球面塑性波的传播轨迹重合,直到强间断塑性波在传播中因衰减而消失为止,这些是和一维应变弹塑性波中情况相类似的。但是,和一维应变弹塑性加载波中的情况不同,在强间断球面弹性波和强间断球面塑性波之间不再是恒值区。这是因为,一方面强间断弹性波波阵面上的应力状态与 r 成反比地衰减,已不再满足屈服准则;另一方面,球面波条件下的初始屈服条件也不再能像一维应变条件下那样简单地以 $\sigma_x = Y_H$ (式(7-33))来表示。事实上,由式(8-24)的三个式子中消去 σ_θ 和 ε_r 可知,由弹性状态进入塑性状态的初始屈服条件可表述为

$$\sigma_r = 3K\varepsilon_\theta + Y_H$$

式中:

$$Y_H = \frac{K + \frac{4}{3}G}{2G} Y_0$$

为 Hugoniot 屈服极限,可见塑性强间断波阵面前方的 σ_r 值并非值 Y_H,而与当时弹性区中的 ε_θ 值有关。

同理,在球面塑性波是弱间断波的情况下,由于原来满足屈服准则的应力幅值在传播过程中会由于球面扩散效应而衰减,以至不再满足屈服准则,所以塑性波将"转化"为弹性波,弱间断弹塑性边界(加载边界)的传播速度将低于塑性波速。这是球面波与一维应变平面波不同的另一特点。

在卸载过程中,首先发生弹性卸载。在弹性卸载假定下,卸载扰动的传播速度为 C_L^e。然后当应力进一步降低时发生反向塑性加载,以 C_L^p 波速传播。这些也和一维应变弹塑性波中情况类似。但应注意,弹性卸载扰动在追赶其前方的正向塑性加载扰动的同时,由于球面扩散效应,其应力幅值还要继续降低,因而会转入到反向塑性加载阶段中去。因此,

反向塑性加载边界的传播速度不仅将快于塑性加载扰动本身的传播,甚至快于弹性波的传播。

图 8-5 是一理想弹塑性介质($G_p=0$)当半径为 a 的球腔壁上受指数脉冲压力时,不同时刻下径向应力 σ_r 的波形分布(Friedman et al,1965)

$$\sigma_r(t)|_{r=a} = -5.0Y_0 \exp\left(-3.5\frac{C_K t}{a}\right)$$

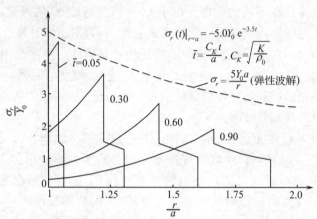

图 8-5　理想弹塑性球面波径向应力 σ_r 的波形分布

这里 $C_K = \sqrt{K/\rho_0}$ 是理想塑性体的塑性波速。由图可知,强间断弹性前驱波是在不断衰减的,强间断塑性波波阵面前方的 σ_r 值也是在变动的(虽然此时是满足屈服条件的),而强间断塑性波的应力幅值则衰减得更快,这一方面由于指数衰减卸载扰动的追赶卸载作用,另一方面则是由于球面扩散效应所致。

关于球面弹塑性波传播中弱间断弹塑性边界的确定,可在 4.10 节中所述的基础上作类似的讨论,在塑性变形对体积变形无贡献的假定下,由式(8-25)可知,在弹塑性边界上体积模量是连续的,$[K]=0$,但剪切模量发生了间断,$[G]\neq 0$,从而波速发生了间断:

$$[C_L] = C_L^p - C_L^e \neq 0 \tag{8-27}$$

这是决定球面波弹塑性边界的间断性质的最本质的奇异性,沿弹塑性边界的其他奇异性则由这一基本奇异性所决定并受其约束。与之相联系的是,在球面波问题中判断介质是处于塑性加载过程还是卸载过程应该考虑 $\dfrac{\partial|\sigma_r-\sigma_\theta|}{\partial t}$ 或 $\dfrac{\partial|\varepsilon_r-\varepsilon_\theta|}{\partial t}$,以代替在一维应力波或一维应变波中对 $\dfrac{\partial\sigma_x}{\partial t}$ 或 $\dfrac{\partial\varepsilon_x}{\partial t}$ 的考察。或者当引入最大切应力 $\tau=\dfrac{1}{2}(\sigma_r-\sigma_\theta)$ 和最大剪应变 $\gamma=\dfrac{\varepsilon_r-\varepsilon_\theta}{2}$ 后,并注意到按连续方程式(8-2)有

$$\frac{\partial}{\partial t}(\varepsilon_r - \varepsilon_\theta) = \frac{\partial v}{\partial r} - \frac{v}{r}$$

则也可等价地考察 $\partial\tau/\partial t, \partial\gamma/\partial t$ 或 $(\partial v/\partial r - v/r)$ 等。弹、塑性畸变律(式(8.25b))在弹塑性边界两侧的间断可表示为

$$\left[\frac{1}{2G}\frac{\partial \tau}{\partial t}\right] = \left[\frac{\partial \gamma}{\partial t}\right] = \frac{1}{2}\left[\frac{\partial v}{\partial r} - \frac{v}{r}\right] \tag{8-28}$$

对于一阶弱间断边界,即在弹塑性边界上 σ_r、σ_θ 和 v 等连续而其一阶偏导数间断的话,则类似于式(4-106)应有

$$\left[\frac{\partial \sigma_r}{\partial t}\right] = -\bar{C}\left[\frac{\partial \sigma_r}{\partial r}\right] \tag{8-29}$$

$$\left[\frac{\partial v}{\partial t} - \frac{v}{r}\right] = -\bar{C}\left[\frac{\partial v}{\partial r} - \frac{v}{r}\right] \tag{8-30}$$

另一方面,由弹性区控制方程组(式(8-3),式(8-8),式(8-9))和塑性区控制方程组(式(8-3),式(8-8),式(8-26))可得

$$\left[\frac{\partial \sigma_r}{\partial r}\right] = \rho_0\left[\frac{\partial v}{\partial t} - \frac{v}{r}\right] \tag{8-31}$$

$$\left[\frac{\partial \sigma_r}{\partial t}\right] = \rho_0 C_L^2\left[\frac{\partial v}{\partial r} - \frac{v}{r}\right] \tag{8-32}$$

为了便于讨论,已在式(8-30)和式(8-31)中添加了与 $[v/r]$ 有关的项。既然 $[v/r]=0$,这对结果当然没有影响。

这样,式(8-27)、式(8-29)~式(8-32)是球面波中弱间断弹塑性边界所应满足的基本方程,它们等价于一维应力波中的式(4-101(a)),(4-106)和式(4-107(b))。由此出发,可以作与4.10节中所述类似的讨论。例如,对于一阶弱间断边界从式(8-29)~式(8-32)中消去 $[\partial \sigma_r/\partial t]$,$[\partial \sigma_r/\partial r]$ 和 $[\partial v/\partial t - v/t]$ 后可得到关于边界传播速度 $\bar{C}$ 的如下关系式:

$$\bar{C} = \sqrt{\frac{\left[C_L^2\left(\frac{\partial v}{\partial r} - \frac{v}{r}\right)\right]}{\left[\frac{\partial v}{\partial r} - \frac{v}{r}\right]}}, \quad 或 \frac{\left(\frac{\partial v^p}{\partial r} - \frac{v^p}{r}\right)}{\left(\frac{\partial v^e}{\partial r} - \frac{v^e}{r}\right)} = \frac{1-\left(\frac{C_L^e}{\bar{C}}\right)^2}{1-\left(\frac{C_L^p}{\bar{C}}\right)^2} \tag{8-33a}$$

或按式(8-28)可改写为如下几种不同的等价形式:

$$\begin{cases}\bar{C} = \sqrt{\dfrac{C_L^2\dfrac{\partial \gamma}{\partial t}}{\dfrac{\partial \gamma}{\partial t}}} = \sqrt{\dfrac{\left[\dfrac{C_L^2}{G}\dfrac{\partial \tau}{\partial t}\right]}{\left[\dfrac{1}{G}\dfrac{\partial \tau}{\partial t}\right]}} \\[2em] \dfrac{\dfrac{\partial \gamma^p}{\partial t}}{\dfrac{\partial \gamma^e}{\partial t}} = \dfrac{1-\left(-\dfrac{C_L^p}{\bar{C}}\right)^2}{1-\left(\dfrac{C_L^e}{\bar{C}}\right)^2}, \dfrac{\dfrac{\partial \tau^p}{\partial t}}{\dfrac{\partial \tau^e}{\partial t}} = \dfrac{G_p}{G}\dfrac{1-\left(\dfrac{C_L^p}{\bar{C}}\right)^2}{1-\left(\dfrac{C_L^e}{\bar{C}}\right)^2}\end{cases} \tag{8-33b}$$

如果注意到式(4-111)当以 $\partial \varepsilon/\partial t$ 来表示时可表为如下形式(或参照式(4-73b)):

$$\bar{C} = \sqrt{\frac{\left(C^2\frac{\partial \varepsilon}{\partial t}\right)}{\left(\frac{\partial \varepsilon}{\partial t}\right)}}$$

则实际上只需把上式中的 ε 代之以 γ 即成为球面波中的相应式了。

在以上的讨论中均假设体积模量 K 为常数,这只适用于压力不太大的小应变情况。我们可以把本节的讨论看作7.4节所述的一维应变弹塑性波(小应变)理论在球面波中的推广。在压力较大的情况下,必须考虑到弹性模量不再是常数,而且要考虑到弹性模量随压力增加而增大的趋势(见7.6节),因而将形成冲击波。这时就需要把7.9节所述的流体弹塑性介质中的平面波理论推广到球面波中来,问题就更复杂了。

8.4 球形弹壳破碎的近似分析

在第五章中曾指出,当塑性变形比弹性变形大得多,以及当弹性波速比塑性波速大得多,特别是当所关心的是弹性波来回反射多次后的情况时,则令弹性波速趋近于 ∞,把材料当作刚塑性材料来分析,是相当方便和有效的。

对于球腔内壁 $r=a$ 处受到爆炸压力 p_a 的球形弹壳中的球面波分析,如果作类似的考虑,令弹性模量趋于无穷大,这相当于在上一节的弹塑性本构关系式(8-24)中用体积不可压缩条件($\varepsilon_{KK}=0$)来代替弹性容变律,而在畸变律中只保留塑性屈服条件(式(8-24b)第二式)。于是整个问题的控制方程组由连续方程式(8-2),运动方程式(8-3)和屈服条件(式(8-24b)第二式)组成,现汇总重列如下:

连续方程:

$$\begin{cases} \dfrac{\partial \varepsilon_r}{\partial t} = \dfrac{\partial v}{\partial r} \\ \dfrac{\partial \varepsilon_\theta}{\partial t} = \dfrac{v}{r} \end{cases} \quad (8-34a)$$

运动方程:

$$\frac{\partial \sigma_r}{\partial t} + \frac{2(\sigma_r - \sigma_\theta)}{r} = \rho_0 \frac{\partial v}{\partial t} \quad (8-34b)$$

不可压缩方程:

$$\varepsilon_r + 2\varepsilon_\theta = 0 \quad (8-34c)$$

屈服条件:

$$\sigma_r - \sigma_\theta = \pm Y \quad (8-34d)$$

将式(8-34c)对 t 微分后,再把式(8-34a)、式(8-34b)代入,则不可压缩条件化为

$$\frac{\partial v}{\partial r} + 2\frac{v}{r} = 0$$

即

$$\frac{\partial}{\partial r}(vr^2) = 0$$

积分后可得

$$v = \frac{a^2}{r^2} v_a \quad (8-35)$$

式中:v_a 是球壳内壁 $r=a$ 处的径向质点速度。

把上式和屈服条件式(8-34d)一起代入运动方程式(8-34b),可得

$$\frac{\partial \sigma_r}{\partial r} = \frac{2Y}{r} + \frac{\rho_0 a^2}{r^2}\frac{dv_a}{dt}$$

对上式积分,并利用边界条件 $\sigma_r|_a = -p_a$ 定积分常数后得

$$\sigma_r = -p_a + 2Y\ln\frac{r}{a} + \rho_0 a\left(1 - \frac{a}{r}\right)\frac{dv_a}{dt} \tag{8-36}$$

这里已作了理想塑性材料假设(Y=常数)。把上式代回屈服条件可得

$$\sigma_\theta = Y - p_a + 2Y\ln\frac{r}{a} + \rho_0 a\left(1 - \frac{a}{r}\right)\frac{dv_a}{dt} \tag{8-37}$$

在通常情况下,球腔内壁处的爆炸压力 p_a 远大于屈服应力 Y。因此,除非 p_a 降到 Y 值或更低,内壁处的 σ_r 和 σ_θ 都处于压应力状态:

$$\sigma_r|_a = -p_a, \sigma_\theta|_a = -(p_a - Y)$$

这与弹性静力学的分析结果(式(8-22))是不同的。

随着 r 的增加,由式(8-37)可知, σ_θ 的压应力值减小。设在 $r_h = (b-h)$ 处, $\sigma_\theta = 0$;则在 $r > r_h$ 处, $\sigma_\theta \geq 0$,即为拉应力。这里 b 是厚壁球壳的外半径,而 h 是从外壁量起的距离。

G. I. Taylor(1963)在研究圆管状弹壳的破碎问题时,根据对高速摄影片的观察,判断弹壳首先在外壁处出现轴向裂纹,并随着弹壳膨胀,裂纹逐渐张大,直至管径胀大到原尺寸的约 2 倍时,裂纹才穿透内壁而导致弹壳破碎。由此认为,只有当 σ_θ 的压应力区消失而裂纹穿透到内壁时,弹壳才会发生破碎。

由式(8-37)知, σ_θ 由拉应力转为压应力的界面位置 r_b,即 h 值,可由 $\sigma_\theta = 0$ 的条件给出如下:

$$p_a - Y = 2Y\ln\left(\frac{b-h}{a}\right) + \rho_0 a\left(1 - \frac{a}{b-h}\right)\frac{dv_a}{dt}$$

而 σ_θ 为压应力之区域消失的条件是 $h = b - a$,此时上式右边消失。由此可见,只有当 p_a 值随时间下降到 Y 值时,弹壳才会破碎。

设爆炸气体在球形弹壳内做绝热膨胀,有

$$pV^\gamma = 常数$$

式中: γ 是气体绝热指数。

球壳的初始内半径为 a,如果膨胀时任一时刻的内半径为 A,既然 $V = 4\pi A^3/3$,因此若初始压力为 p_0,则任一时刻内壁压力 p_a 为

$$p_a = p_0\left(\frac{a}{A}\right)^{3\gamma}$$

如果球腔未填满炸药,药包半径为 $a_c(<a)$,则

$$p_0 = p_c\left(\frac{a_c}{a}\right)^{3\gamma}$$

由于球壁的膨胀速度比起炸药爆炸波传播速度来要小得多,可假定爆轰是瞬时完成的,故此处 p_c 可取为瞬时爆轰压力(即 C-J 爆压之半)。由此得

$$p_a = p_c\left(\frac{a_0}{a}\right)^{3\gamma} \cdot \left(\frac{a}{A}\right)^{3\gamma} = p_c\left(\frac{a_c}{A}\right)^{3\gamma}$$

如果以 σ_θ 压应力区之消失即 $p_a = Y$ 作为弹壳破碎条件,则由上式可求出破碎半径 A_f 为

$$A_f = a_c \left(\frac{p_c}{Y}\right)^{\frac{1}{3\gamma}} \qquad (8-38)$$

Hassani, Johnson(1969)曾用 Euler 变量对这一问题作过分析,现在这里则用 Lagrange 变量作了分析(王礼立,1983)。

8.5 黏弹性球面波

强爆炸波以球面波形式向外发散传播时,通常随其强度逐渐降低将形成三个区域:高压区(材料剪切强度可忽略的流体动力区)、中压区(材料剪切强度不可忽略的弹塑性区)和低压区(塑性可忽略的弹性区)。然而,应力波的传播特性强烈地依赖于介质的材料本构关系,而材料本构关系在爆炸/冲击载荷下以体现应变率效应为重要特征。因此,在中压区和低压区人们需要处理的实际上分别是黏弹塑性波和黏弹性波。可见弹黏塑性球面波和黏弹性球面波的研究不论在学术上还是对于实际工程都具有重要意义。本节拟讨论线性黏弹性球面波和非线性黏弹性球面波,下一节(8.6节)将讨论弹黏塑性球面波。

从历史上看,对黏弹性球面波研究得不多。20世纪八九十年代,Koshelev(1988)基于 Maxwell 体对线性黏弹性球面波的传播进行了理论推导,讨论了在球形空腔边界上施加形式 $p(t) = B t \exp(-\beta t)$ 的压力边界(B 和 β 为常数)时的解析解;邓德全和李兆权(1992)采用 Laplace 法、Wegner(1993)采用特征线法对线性黏弹性球面波曾经作过初步探讨;Banerjee 和 Roychoudhuri(1995)基于 Kelvin-Voigt 体分析了热黏弹性球面波的传播特性;但对于强间断黏弹性球面波的衰减特性则缺乏解析分析;对于非线性黏弹性球面波的研究更是空缺。本节将主要采用特征线法对这一问题作进一步的分析研究。

黏弹性球面波的控制方程,与弹性球面波类似,同样由连续方程(质量守恒)、运动方程(动量守恒)和材料本构方程三部分组成。其中,式(8-2a,b)给出的连续方程和式(8-3)给出的运动方程对所有介质是普遍适用的。不同介质中之所以传播不同特性的球面波,主要取决于不同的材料本构关系。

从理论的普遍性来说,既可以从包含 n 个松弛时间 $\theta_i (i=1,2,\cdots,n)$ 的广义 Maxwell 方程(式(6-8))出发,也可以从 Green-Revlin 多重积分本构理论(式(6-66))出发,来建立黏弹性球面波的本构方程。但从应用实际出发,正如式(6-64)所示,由于任一个松弛时间 θ_i 都有一个约跨 4 个量级的"有效影响域"(EID),实际上只要采用包含 2 个松弛时间的 ZWT 黏弹性方程(式(6-61)),就足以描述大量黏弹性材料从准静态到冲击动态范围(即应变率为 $10^{-5} \sim 10^3 \text{ s}^{-1}$)的非线性黏弹性本构行为

$$\sigma = f_e(\varepsilon) + E_1 \int_0^t \dot{\varepsilon} \exp\left(-\frac{t-\tau}{\theta_1}\right) d\tau + E_2 \int_0^t \dot{\varepsilon} \exp\left(-\frac{t-\tau}{\theta_2}\right) d\tau, f_e(\varepsilon) = E_0 \varepsilon + \alpha \varepsilon^2 + \beta \varepsilon^3$$

式中:$f_e(\varepsilon)$ 描述非线性弹性平衡响应,E_0、α 和 β 是对应的弹性常数;第一个积分项描述低应变率下的黏弹性响应,E_1 和 θ_1 分别是所对应的低频 Maxwell 单元的弹性常数和松弛时间;而后一个积分项描述高应变率下的黏弹性响应,E_2 和 θ_2 则分别是所对应的高频 Maxwell 单元的弹性常数和松弛时间(参见图8-6)。

由表 6-1 可知,θ_1 为 $10\sim 10^2$ s 量级,θ_2 为 $10^{-4}\sim 10^{-6}$ s 量级。因此,在时间尺度以 $1\sim 10^2\mu s$ 计的冲击加载条件下,具有 θ_1 为 $10\sim 10^2$ s 的低频 Maxwell 单元,直到冲击加载结束将无足够时间来松弛,从而化成一个**并联弹簧单元**(图 8-7),于是高应变率下的非线性 ZWT 方程可简化为

$$\sigma = \sigma_{\text{eff}}(\varepsilon) + E_2\int_0^t \dot{\varepsilon}(t)\exp\left(-\frac{t-\tau}{\theta_2}\right)\mathrm{d}\tau, \quad \sigma_{\text{eff}}(\varepsilon) = f_e(\varepsilon) + E_1\varepsilon \quad (8-39)$$

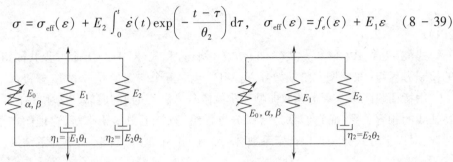

图 8-6 ZWT 黏弹性本构模型　　　图 8-7 高应变率下 ZWT 黏弹性本构模型

上式是一维形式,类似于弹性球面波讨论中由一维应力应变关系推导球对称三维 Hooke 定理(式(8-7a,b))那样,不难由上式推得球对称三维应力状态下的高应变率 ZWT 方程,通常由球量部分(容变律)和偏量部分(畸变律)两部分组成,当以微分形式表示时,分别为

$$\frac{\partial\sigma_r}{\partial t} + 2\frac{\partial\sigma_\theta}{\partial t} - 3K_{\text{eff}}(\Delta)\left(\frac{\partial\varepsilon_r}{\partial t} + 2\frac{\partial\varepsilon_\theta}{\partial t}\right) = 0 \quad (8-40\text{a})$$

$$\frac{1}{2G_{\text{eff}}}\left(\frac{\partial\sigma_r}{\partial t} - \frac{\partial\sigma_\theta}{\partial t}\right) - \left(\frac{\partial\varepsilon_r}{\partial t} - \frac{\partial\varepsilon_\theta}{\partial t}\right) + \frac{(\sigma_r - \sigma_\theta) - (\sigma_{\text{eff}}(\varepsilon_r) - \sigma_{\text{eff}}(\varepsilon_\theta))}{2G_{\text{eff}}\theta_2} = 0$$
$$(8-40\text{b})$$

式中:$\Delta = \varepsilon_r + 2\varepsilon_\theta$ 是体积变形;$K_{\text{eff}} = \dfrac{E_{\text{eff}}}{3(1-2\nu)}$ 是非线性体积模量;$E_{\text{eff}} = \sigma'_{\text{eff}} + E_2 = f'(\varepsilon) + E_1 + E_2$ 是非线性杨氏模量;$G_{\text{eff}} = \dfrac{E_{\text{eff}}}{2(1+\nu)}$ 是非线性剪切模量;ν 是泊松比,且假设与应变率和应变无关。与弹性球面波的相应式(式(8-7))相比,可见式(8-40a)与式(8-7a)形式上一致,但 K_{eff} 是非线性模量,并且这里已做了黏弹性容变律无体积黏性的假设;而式(8-40b)是弹性畸变律(式(8-7b))向非线性黏弹性的推广。注意,黏性效应主要由式中第三项的过应力项与高频松弛时间 θ_2 之比来刻画。

8.5.1 线性黏弹性球面波

当非线性项可暂时忽略时($\alpha = \beta = 0$,非线性弹性模量均化为常数),式(8-40a)和式(8-40b)分别化为

$$\frac{\partial\sigma_r}{\partial t} + 2\frac{\partial\sigma_\theta}{\partial t} - 3K_e\left(\frac{\partial\varepsilon_r}{\partial t} + 2\frac{\partial\varepsilon_\theta}{\partial t}\right) = 0 \quad (8-41\text{a})$$

$$\frac{1}{2G_e}\left(\frac{\partial \sigma_r}{\partial t} - \frac{\partial \sigma_\theta}{\partial t}\right) - \left(\frac{\partial \varepsilon_r}{\partial t} - \frac{\partial \varepsilon_\theta}{\partial t}\right) + \frac{(\sigma_r - \sigma_\theta) - 2G_a(\varepsilon_r - \varepsilon_\theta)}{2G_e \theta_2} = 0 \quad (8-41b)$$

式中:弹性体积模量 $K_e = \dfrac{E_e}{3(1-2\nu)}$, $E_e = E_a + E_2$, $E_a = E_0 + E_1$;剪切模量 $G_e = G_a + G_2$, $G_a = \dfrac{E_a}{2(1+\nu)}$, $G_2 = \dfrac{E_2}{2(1+\nu)}$, ν 为泊松比。

式(8-2a)、式(8-2b)、式(8-3)、式(8-41a)和式(8-41b)五个方程共同组成本问题的控制方程组(双曲型一阶偏微分方程组),包含五个未知量 $\sigma_r, \sigma_\theta, \varepsilon_r, \varepsilon_\theta$ 和 v。

用特征线解法来解上述双曲型一阶偏微分方程组时,问题转化为解特征线方程和沿特征线的相容关系,而它们都是常微分方程组,数学上更易于求解,物理图像也更清晰。为此,对以上五式分别乘以待定系数 A_1, A_2, A_3, A_4 和 A_5,然后相加,有如下结果:

$$(A_1 - 3K_e A_4 - A_5)\frac{\partial \varepsilon_r}{\partial t} + (A_2 - 6K_e A_4 + A_5)\frac{\partial \varepsilon_\theta}{\partial t} + \left(A_3 \rho_o \frac{\partial}{\partial t} - A_1 \frac{\partial}{\partial r}\right)v +$$

$$\left(\left(A_4 + \frac{A_5}{2G_e}\right)\frac{\partial}{\partial t} - A_3\frac{\partial}{\partial r}\right)\sigma_r + \left(2A_4 - \frac{A_5}{2G_e}\right)\frac{\partial \sigma_\theta}{\partial t} +$$

$$A_5 \frac{(\sigma_r - \sigma_\theta) - 2G_a(\varepsilon_r - \varepsilon_\theta)}{2G_e \theta_M} - A_3 \frac{2(\sigma_r - \sigma_\theta)}{r} - A_2 \frac{v}{r} = 0 \quad (8-42a)$$

为使上式只包含沿特征线 $\mathscr{C}(r,t)$ 的方向导数,待定系数 A_1, A_2, A_3, A_4 和 A_5 必须满足下式:

$$\left.\frac{dr}{dt}\right|_c = \frac{0}{A_1 - 3K_e A_4 - A_5} = \frac{0}{A_2 - 6K_e A_4 + A_5} = -\frac{A_1}{A_3 \rho_o} = -\frac{A_3}{A_4 + \dfrac{A_5}{2G_e}} = \frac{0}{2A_4 - \dfrac{A_5}{2G_e}}$$

$$(8-42b)$$

显然,A_1, A_2, A_3, A_4 和 A_5 有两族解,第一族解由下列方程确定:

$$A_1 - 3K_e A_4 - A_5 = 0 \quad (8-43a)$$

$$A_2 - 6K_e A_4 + A_5 = 0 \quad (8-43b)$$

$$4G_e A_4 - A_5 = 0 \quad (8-43c)$$

$$\rho_0 A_3^2 = A_1\left(A_4 + \frac{A_5}{2G_e}\right) \quad (8-43d)$$

另一族解由下列方程确定:

$$\begin{aligned}&A_1 = A_3 = A_2 = A_5 = 0, A_4 \neq 0 \\ &A_1 = A_3 = A_2 = A_4 = 0, A_5 \neq 0 \\ &A_1 = A_3 = A_4 = A_5 = 0, A_2 \neq 0\end{aligned} \quad (8-44)$$

先讨论第一族解,由式(8-43)可解出

$$A_4 = \frac{1}{4G_e} A_5$$

$$A_1 = \frac{3K_e + 4G_e}{4G_e} A_5 = (3K_e + 4G_e)A_4$$

$$A_2 = \frac{3K_e - 2G_e}{2G_e} A_5 = (6K_e - 4G_e) A_4$$

$$A_3^2 = \frac{3(3K_e + 4G_e)}{\rho_0 (4G_e)^2} A_5^2, \text{ 或者 } A_3 = -\frac{A_1}{\rho_0 \frac{dr}{dt}} = -\frac{\frac{3K_e + 4G_e}{4G_e}}{\rho_0 \frac{dr}{dt}} A_5$$

代回式(8-42b),得到如下两族特征线:

$$\frac{dr}{dt} = -\frac{A_1}{\rho_0 A_3} = \pm \sqrt{\frac{K_e + \frac{4}{3}G_e}{\rho_0}} = \pm C_k \qquad (8-45a)$$

再一起代回式(8-42a),经整理,最后得到如下相应的两族沿特征线的相容条件:

$$d\sigma_r = \pm \rho_0 C_k dv \mp \frac{2}{3} \frac{[(\sigma_r - \sigma_\theta) - 2G_a(\varepsilon_r - \varepsilon_\theta)]}{C_k \theta_2} dr - 2\left[(\sigma_r - \sigma_\theta) \mp (K_e - \frac{2}{3}G_e)\frac{v}{C_k}\right] \frac{dr}{r}$$
$$(8-45b)$$

此处正号和负号分别对应于右行波和左行波。注意,沿特征线的传播速度形式上正好是弹性波的膨胀波(或一维应变纵波)波速 C_L。

另一族解由方程(8-44)确定,给出沿同一特征线的三个特征相容条件。首先,当 $A_1 = A_3 = A_2 = A_5 = 0, A_4 \neq 0$ 时,第三族特征线和沿特征线的相容条件分别为

$$dr = 0 \qquad (8-46a)$$

$$d\sigma_r + 2d\sigma_\theta - 3K_e(d\varepsilon_r + 2d\varepsilon_\theta) = 0 \qquad (8-46b)$$

其次,当 $A_1 = A_3 = A_2 = A_4 = 0, A_5 \neq 0$ 时,第三族特征线仍为式(8-46a),但沿特征线的相容条件为

$$\frac{1}{2G_e}(d\sigma_r - d\sigma_\theta) - (d\varepsilon_r - d\varepsilon_\theta) + \frac{[(\sigma_r - \sigma_\theta) - 2G_a(\varepsilon_r - \varepsilon_\theta)]}{2G\theta_2} dt = 0$$
$$(8-46c)$$

最后,当 $A_1 = A_3 = A_5 = A_4 = 0, A_2 \neq 0$ 时,第三族特征线仍为式(8-46a),但沿特征线的相容条件则为

$$d\varepsilon_\theta = \frac{v}{r} dt \qquad (8-46d)$$

显然,第三族特征线(式(8-46a))与质点运动轨迹相一致,式(8-46b)和式(8-46c)分别是黏弹性本构方程中的体变律式(8-41a)和畸变律式(8-41b)沿质点运动轨迹的特殊形式,而式(8-46d)是 θ 方向连续性条件式(8-1b)沿质点运动轨迹的特殊形式。

当松弛时间 θ_2 趋于无穷大时,黏弹性本构方程(式(8-41))化为弹性本构方程,相应地式(8-45)和式(8-46)就化为弹性球面波的特征线方程及其相应的特征线上相容方程(式(8-14)~式(8-17))。如再令 r 趋于无穷大,就进一步简化为一维应变平面波问题了。

这样,当用特征线法来解线性黏弹性球面波问题时,归结为沿三条特征线(式(8-45a)两个加上式(8-46a))联立解五个特征相容方程(式(8-45b)两个加上式(8-46b)、式(8-46c)和式(8-46d)共五个),共包括五个未知函数 $\sigma_r, \sigma_\theta, \varepsilon_r, \varepsilon_\theta$ 和 v。通常采用差分数值解法,把

特征线和沿特征线相容关系的常微分方程组代之以相应的差分方程,一旦给定初始-边界条件,就足以解出全部五个变量。

基于 ZWT 黏弹性本构方程的线性简化形式,从球面波动力学基本方程出发,也可得出以位移为变量的三阶波动方程,进而可对线性黏弹性球面波的吸收和弥散现象进行讨论(卢强等,2013)。

下面讨论一个以特征线法求解线性黏弹性球面波的实例(赖华伟 等,2013)。有机玻璃 PMMA 是典型的黏弹性材料,其一维黏弹性本构参数已由 SHPB 试验确定为(参看表6-1):$E_0=2.04\text{GPa}$,$E_1=0.897\text{GPa}$,$E_2=3.07\text{GPa}$,$\theta_2=95.4\mu s$ 和 $\rho_0=1.19\times10^3\text{kg/m}^3$。设泊松比 $\nu=0.35$,与应变率无关。按这些本构参数,6.4 节已研究过一维杆中黏弹性波的传播特性。下面按这些相同的本构参数,采用特征线数值计算来分析一下黏弹性球面波的传播特性。

初始条件为:$t=0$ 时各力学量均为零(静止的无扰动状态)。边界载荷条件为:在内壁球径 $r_0=5$mm 处受到升时为 $10\mu s$ 的恒速冲击($v=80$m/s),如图 8-8 所示。特征线数值计算得到的不同球径 r_i 处的质点速度波剖面 $v(r_i,t)$,径向应力波剖面 $\sigma_r(r_i,t)$,周向应力波剖面 $\sigma_\theta(r_i,t)$,径向应变波剖面 $\varepsilon_r(r_i,t)$,周向应变波剖面 $\varepsilon_\theta(r_i,t)$ 分别如图 8-9、图 8-10、图 8-11、图 8-12 和图 8-13 所示,相关各图中的五条曲线从左到右依次对应于球径 $r_i=50$mm,56mm,75mm,100mm,150mm。图中还以虚线给出了相应的线弹性球面波的计算结果(相当于 θ_M 趋于无穷大),以供比较。

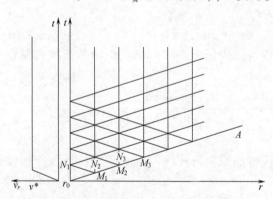

图 8-8　黏弹性球面波波传播的三族特征线

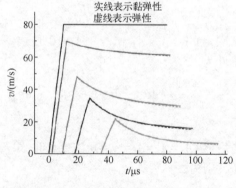

图 8-9　PMMA 中黏弹性球面质点速度波 v

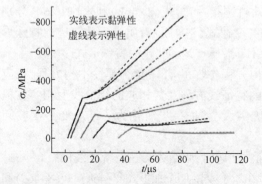

图 8-10　PMMA 中黏弹性球面径向应力波 σ_r

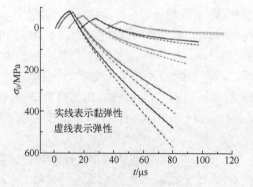

图 8-11　PMMA 中黏弹性球面环向应力波 σ_θ

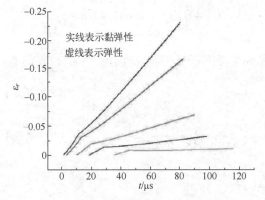

图 8-12 PMMA 中黏弹性球面径向应变波 ε_r

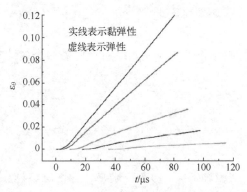

图 8-13 PMMA 中黏弹性球面周向应变波 ε_θ

由上述结果可见:随黏弹性球面波的发散传播,质点速度波剖面 $v(r_i,t)$ 的峰值显著地衰减(图 8-9);而且即使在恒速边界条件下,各个位置处的 $v(r_i,t)$ 波剖面在到达峰值后,都呈现类似于"应力松弛"的逐渐降低现象。由径向应力波计算中线性黏弹性球面波与线弹性球面波的对比可见(图 8-10),如所预期,径向应力波剖面 $\sigma_r(r_i,t)$ 同样呈现"应力松弛"现象。径向应变 $\varepsilon(r_i,t)$ 波剖面则显示相反的"类蠕变"特性(图 8-12),即:即使在恒速边界条件下径向应变 $\varepsilon(r_i,t)$ 仍然随时间不断地增加。这些现象都与式(8-45b)中包含的 $dr/(C_k\theta_2)$ 项有关。值得注意的是,线性黏弹性球面波与线弹性球面波的差别主要表现在径向应力波和周向应力波,并且随传播距离的增加其差别逐渐减小,体现任一松弛时间 θ_i 都存在一个"有效传播距离"(参看 6.4 节)。另一个值得关注的则是,周向应力波剖面 $\sigma_\theta(r_i,t)$ 在经历短暂的压缩状态后,转变为愈来愈大的拉伸应力(图 8-11),而周向应变 $\varepsilon_\theta(r_i,t)$ 波剖面从一开始就进入拉伸状态,并且随时间直线般增大(图 8-13),成为导致介质拉伸失效的主要原因。这些现象则与式(8-45b)中包含的 dr/r 项有关。

8.5.2 强间断黏弹性球面波的传播特性

爆炸冲击波一般具有一个陡峭的波阵面,通常按强间断波阵面来看待,要专门处理。

对于以波速 $\mathscr{D}$ 传播的强间断球面波,根据波阵面上位移连续条件和动量守恒条件,注意到位移 u 连续时 ε_θ 也必连续(式(8-1b)),则由强间断平面波导出的强间断面上运动学相容条件和动力学相容条件对于球面波仍然成立,即对于垂直于球面波波阵面方向的质点速度 v,径向应力分量 σ_r 和径向应变分量 ε_r,其间断突跃值(以[ ]表示)之间有如下的相容性关系:

$$[v] = \mp \mathscr{D}[\varepsilon_r] \tag{8-47a}$$

$$[\sigma_r] = \mp \rho_0 \mathscr{D}[v] \tag{8-47b}$$

式中:-号和+号分别对应于右行波和左行波。在线性黏弹性球面波情况下, $\mathscr{D}=C_k=C_L$ (式(8-45a))。可见在数学表达形式上和一维应变平面波中的完全一样。球面扩散的影响主要表现在间断值 $[\sigma_r]$,$[v]$ 和 $[\varepsilon_r]$ 在球面强间断波的传播过程中是变化的,即使波阵面的前方是未扰动状态。

对于原先处于静止、未扰动状态的介质,设在其球形内腔壁 $r=r_0$ 上突加一恒值载荷 σ_{r0},相应的初始条件和边界条件为

$$\begin{cases} u(r,0) = v(r,0) = \sigma_r(r,0) = \sigma_\theta(r,0) = 0, & r_0 < r \leqslant \infty \\ \sigma_r(r_0,t) = \sigma_{r0}, & t \geqslant 0 \end{cases} \quad (8-48)$$

这时,沿图 8-8 中 r_0A 线右行传播的是线性黏弹性强间断球面波,应满足式(8-47),即有

$$v = -\frac{\sigma_r}{\rho_0 C_k} \quad (8-49\text{a})$$

$$\varepsilon_r = -\frac{v}{C_k} = \frac{\sigma_r}{\rho_0 C_k^2} = \frac{\sigma_r}{K_e + \frac{4}{3}G_e} = \frac{3\sigma_r}{3K_e + 4G_e} \quad (8-49\text{b})$$

再考虑到沿 r_0A 线为了满足位移连续条件 $u=0$,有

$$\varepsilon_\theta = \frac{u}{r} = 0 \quad (8-49\text{c})$$

注意到跨过强间断黏弹性波阵面的力学响应(应变率趋于无穷大)只能是瞬态弹性响应,式(8-41a,b)分别简化为线弹性球面波的弹性体变律和畸变律(相当于 θ_M 趋于无穷大),由此两式知沿 r_0A 线应有

$$\sigma_\theta = \frac{K - \frac{2}{3}G}{K + \frac{4}{3}G}\sigma_r = \frac{\nu}{1-\nu}\sigma_r, \quad \sigma_r - \sigma_\theta = \frac{6G_e}{3K_e + 4G_e}\sigma_r = \frac{2G_e}{K_e + \frac{4}{3}G_e}\sigma_r \quad (8-49\text{d})$$

另一方面跨过 r_0A 又是特征线,即沿右行波 r_0A 还应满足式(8-45b)

$$\mathrm{d}\sigma_r = \rho_0 C_k \mathrm{d}v - \frac{2}{3}\frac{[(\sigma_r - \sigma_\theta) - 2G_a(\varepsilon_r - \varepsilon_\theta)]}{C_k \theta_2}\mathrm{d}r - 2\left[(\sigma_r - \sigma_\theta) - \left(K_e - \frac{2}{3}G_e\right)\frac{v}{C_k}\right]\frac{\mathrm{d}r}{r}$$

这时,注意到按式(8-49a~d),有

$$[(\sigma_r - \sigma_\theta) - 2G_a(\varepsilon_r - \varepsilon_\theta)] = \frac{2G_e \sigma_r}{\rho_0 C_k^2} - \frac{2G_a \sigma_r}{\rho_0 C_k^2} = \frac{2G_2 \sigma_r}{\rho_0 C_k^2} \quad (8-49\text{e})$$

$$\left[(\sigma_r - \sigma_\theta) - \left(K_e - \frac{2}{3}G_e\right)\frac{v}{C_k}\right] = \frac{2G\sigma_r}{\rho_0 C_k^2} + \frac{(3K_e - 2G_e)\sigma_r}{3\rho_0 C_k^2} = \frac{\left(K_e + \frac{4}{3}G_e\right)\sigma_r}{\rho_0 C_k^2} = \sigma_r$$

$$(8-49\text{f})$$

把上述各式代入式(8-45b),消去 $v,\varepsilon_r,\varepsilon_\theta$ 和 σ_θ 后,有

$$\mathrm{d}\sigma_r = -\mathrm{d}\sigma_r - \frac{2}{3}\frac{2G_2 \sigma_r}{\rho_0 C_k^3 \theta_2}\mathrm{d}r - 2\sigma_r \frac{\mathrm{d}r}{r}$$

经过整理后有

$$\frac{\mathrm{d}\sigma_r}{\sigma_r} = -\frac{2G_2}{(3K_e + 4G_e)C_k \theta_2}\mathrm{d}r - \frac{\mathrm{d}r}{r} \quad (8-50\text{a})$$

上式右端第一项反映本构黏性效应(与 θ_2 相关),而第二项反映球面扩展效应(与 r 相关)。

对上式积分,利用 $r=r_0$ 处 $\sigma_r = \sigma_{r0}$ 的边界条件,可得 σ_r 沿 r_0A 的衰减规律为

$$\sigma_r = \frac{\sigma_{r0} r_0 \exp[-\alpha(r-r_0)]}{r}, \quad \alpha = \frac{2G_2}{(3K_e + 4G_e)C_k \theta_2} \quad (8-50\text{b})$$

上式表明 σ_r 既随 r 的增大呈反比地衰减(球面扩散效应),又按衰减因子 α 呈指数型衰减(黏性效应)。由式(8-49)知,强间断弹性球面波波阵面上的 σ_θ、ε_r 和 v 均与 σ_r 成正比($\varepsilon_\theta = 0$),所以它们也以同样规律衰减。

从式(8-50)出发,可以讨论两种特殊情况:

(1) 当 θ_2 趋于无穷大时,黏弹性材料化为弹性材料,式(8-50a)化为

$$\frac{\mathrm{d}\sigma_r}{\sigma_r} = -\frac{\mathrm{d}r}{r} \tag{8-51a}$$

这正好是描述强间断弹性球面波衰减的已知公式(式(8-20b))。这时,利用 $r = r_0$ 处 $\sigma_r = \sigma_{r0}$ 的边界条件,可得 σ_r 沿 $r_0 A$ 的衰减规律为

$$\sigma_r = \frac{\sigma_{r0} r_0}{r}, \quad 或者 \quad \lg \sigma_r = A_0 - \lg r \tag{8-51b}$$

上式表明在对数坐标中 $\lg \sigma_r$ 与 $\lg r$ 有斜率为 -1 的直线关系,其截距 $A_0 = \lg(\sigma_{r0} r_0)$。这种衰减归因于球面几何扩散效应。

(2) 当 r 趋于无穷大时,球面波解转化为平面波解,式(8-20a)化为描述强间断黏弹性平面波衰减的公式:

$$\mathrm{d}\sigma_r = -\frac{2G_2}{(3K_e + 4G_e)C_k \theta_2} \sigma_r \mathrm{d}r \tag{8-52a}$$

利用 $r = r_0$ 处 $\sigma_r = \sigma_{r0}$ 的边界条件,可得这时 σ_r 沿 OA 的衰减规律为

$$\frac{\mathrm{d}\sigma_r}{\sigma_r} = \mathrm{d}\lg\sigma_r = -\frac{2G_2}{(3K_e + 4G_e)C_k \theta_2}\mathrm{d}r = -\alpha \mathrm{d}r$$

$$\sigma_r = \sigma_{r0}\exp(-\alpha(r - r_0)), \quad \alpha = \frac{2G_2}{(3K_e + 4G_e)C_k \theta_2} \tag{8-52b}$$

或者注意到 $r = C_k t$,$r_0 = C_k t_0$,也可改写为

$$\sigma_r = \sigma_{r0}\exp(-\alpha C_k(t - t_0)) \tag{8-52c}$$

上式表明这时 σ_r 呈指数式衰减,以 α 为衰减因子。这种衰减归因于本构黏性效应。

对比式(8-50)、式(8-51)和式(8-52)可知,强间断黏弹性球面波的衰减既不同于强间断弹性球面波的衰减只归因于几何扩散效应,也不同于强间断黏弹性平面波的衰减只归因于本构黏性效应,而是两种效应的共同作用。这种差别在衰减的早期尤为明显。Wegner(1993)观察到黏弹性球面波的衰减早期与 $1/r^2$ 成正比,而后期与 $1/r$ 成正比。其实,按照以上分析,更确切的衰减特性可以用式(8-50)来解析地表述。

下面讨论一个实例(赖华伟等,2013)。仍以有机玻璃 PMMA 为例对强间断黏弹性球面波的传播特性进行研究。计算中采用的 PMMA 一维黏弹性本构参数为:$E_0 = 2.04\text{GPa}$,$E_1 = 0.897\text{GPa}$,$E_M = 3.87\text{GPa}$,$\theta_M = 2.05\mu s$ 和 $\rho_0 = 1.19 \times 10^3 \text{kg/m}^3$。设泊松比 $\nu = 0.35$,与应变率无关。

初始条件为:$t = 0$ 时各力学量均为零(静止的无扰动状态)。参照王占江,李孝兰,张若棋等(2000)对 PMMA 研究中一系列球面波质点速度波形的实验测试结果(图 8-14),边界载荷条件取为:在内壁球径 $r_0 = 5\text{mm}$ 处受到突加载荷(强间断),随后呈指数衰减,即

$$V_t = V_{t0} \cdot t/0.4, \quad V_{t0} = 675\text{m/s}, \quad 0 \leq t \leq 0.4\mu s$$

$$V_t = V_{t0}\exp\left(-\frac{t}{2.2}\right) - 100, \quad V_{t0} = 675\text{m/s}, \quad t \geq 0.4\mu\text{s}$$

特征线数值计算得到的不同球径 r_i 处的质点速度波剖面 $v(r_i,t)$，径向应力波剖面 $\sigma_r(r_i,t)$，周向应力波剖面 $\sigma_\theta(r_i,t)$，径向应变波剖面 $\varepsilon_r(r_i,t)$，周向应变波剖面 $\varepsilon_\theta(r_i,t)$ 分别如图 8-15、图 8-16、图 8-17、图 8-18 和图 8-19 所示，相关各图中的七条曲线从左到右依次对应于球径 r_i = 5.0mm，5.6mm，7.5mm，10mm，15mm，20mm，25mm。图中还用虚线给出了相应的线弹性球面波的计算结果(相当于 θ_M 趋于无穷大)，以供比较。

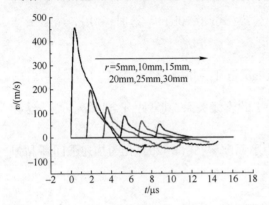

图 8-14　PMMA 中实测球面质点速度波 v

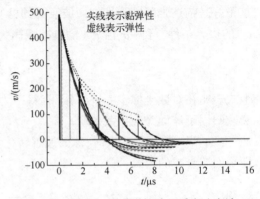

图 8-15　PMMA 中黏弹性球面质点速度波 v

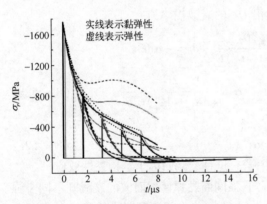

图 8-16　PMMA 中黏弹性球面径向应力波 σ_r

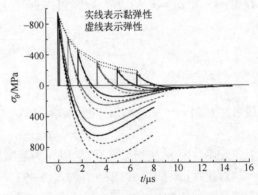

图 8-17　PMMA 中黏弹性球面周向应力波 σ_θ

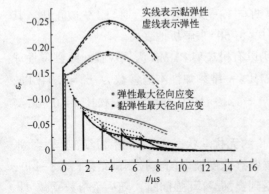

图 8-18　PMMA 中黏弹性球面径向应变波 ε_r

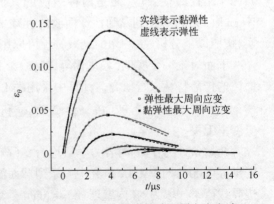

图 8-19　PMMA 中黏弹性球面周向应变波 ε_θ

把这一组图与图 8-9~图 8-13 那组图相比,"突加载荷+指数衰减"形式的边界条件明显影响黏弹性球面波的传播图像,主要表现在:黏弹性球面波应力和质点速度峰值明显低于线弹性球面波的,并衰减得更快;质点速度出现了由正转负、径向应力也出现由压转拉的现象;周向应力由压转拉后不再是单调增大,而是达到一定最大值后转向减小;同样,径向应变和周向应变也不再是单调增大,而是达到一定最大值后转向减小。还值得关注的是,特征线数值模拟得到的质点速度波剖面 $v(r_i,t)$(图 8-15)与实测曲线(图 8-14)在外观上十分接近。这为我们如何从实测波剖面系列曲线来反推黏弹性本构参数提供了启示,将在第十三章详加讨论。

8.5.3 非线性黏弹性球面波

强动载荷常常伴随着非线性本构关系,这时本构非线性项就不可忽略,我们必须处理非线性黏弹性球面波问题。

这时,式(8-2a,b)给出的连续方程和式(8-3)给出的运动方程仍然适用,再加上 ZWT 非线性黏弹性本构关系(式(8-40a,b)),组成问题的控制方程组,包含五个未知量 $\sigma_r, \sigma_\theta, \varepsilon_r, \varepsilon_\theta$ 和 v。

用特征线解法来解上述控制方程组时,问题转化为解特征线方程和沿特征线的相容关系,而它们都是常微分方程组,数学上更易于求解,物理图像也更清晰。为此,对以上五式分别乘以待定系数 A_1, A_2, A_3, A_4 和 A_5,然后相加,有如下结果:

$$(A_1 - 3K_{\text{eff}}A_4 - A_5)\frac{\partial \varepsilon_r}{\partial t} + (A_2 - 6K_{\text{eff}}A_4 + A_5)\frac{\partial \varepsilon_\theta}{\partial t} + \left(A_3\rho_0\frac{\partial}{\partial t} - A_1\frac{\partial}{\partial r}\right)v +$$
$$\left(\left(A_4 + \frac{A_5}{2G_{\text{eff}}}\right)\frac{\partial}{\partial t} - A_3\frac{\partial}{\partial r}\right)\sigma_r + \left(2A_4 - \frac{A_5}{2G_{\text{eff}}}\right)\frac{\partial \sigma_\theta}{\partial t} +$$
$$A_5\frac{(\sigma_r - \sigma_\theta) - [\sigma_{\text{eff}}(\varepsilon_r) - \sigma_{\text{eff}}(\varepsilon_\theta)]}{2G_{\text{eff}}\theta_2} - A_3\frac{2(\sigma_r - \sigma_\theta)}{r} - A_2\frac{v}{r} = 0 \quad (8-53\text{a})$$

与线性黏弹性球面波情况下的式(8-42a)不同,上式中的 K_{eff} 和 G_{eff} 均为应变的非线性函数。为使上式只包含沿特征线 $\mathscr{C}(r,t)$ 的方向导数,待定系数 A_1, A_2, A_3, A_4 和 A_5 必须满足下式:

$$\left.\frac{\mathrm{d}r}{\mathrm{d}t}\right|_c = \frac{0}{A_1 - 3K_{\text{eff}}A_4 - A_5} = \frac{0}{A_2 - 6K_{\text{eff}}A_4 + A_5} = -\frac{A_1}{A_3\rho_0} = -\frac{A_3}{A_4 + \frac{A_5}{2G_{\text{eff}}}} = \frac{0}{2A_4 - \frac{A_5}{2G_{\text{eff}}}}$$

$$(8-53\text{b})$$

显然,A_1, A_2, A_3, A_4 和 A_5 有两族解,第一族解由下列方程确定:

$$A_1 - 3K_{\text{eff}}A_4 - A_5 = 0 \quad (8-54\text{a})$$
$$A_2 - 6K_{\text{eff}}A_4 + A_5 = 0 \quad (8-54\text{b})$$
$$4G_{\text{eff}}A_4 - A_5 = 0 \quad (8-54\text{c})$$

$$\rho_0 A_3^2 = A_1 \left(A_4 + \frac{A_5}{2G_{\text{eff}}} \right) \tag{8-54d}$$

另一族解由下列方程确定：

$$A_1 = A_3 = A_2 = A_5 = 0, A_4 \neq 0 \tag{8-55a}$$

$$A_1 = A_3 = A_2 = A_4 = 0, A_5 \neq 0 \tag{8-55b}$$

$$A_1 = A_3 = A_4 = A_5 = 0, A_2 \neq 0 \tag{8-55c}$$

先讨论第一族解，由式(8-54)可解出

$$A_4 = \frac{1}{4G_{\text{eff}}} A_5$$

$$A_1 = \frac{3K_{\text{eff}} + 4G_{\text{eff}}}{4G_{\text{eff}}} A_5 = (3K_{\text{eff}} + 4G_{\text{eff}}) A_4$$

$$A_2 = \frac{3K_{\text{eff}} - 2G_{\text{eff}}}{2G_{\text{eff}}} A_5 = (6K_{\text{eff}} - 4G_{\text{eff}}) A_4$$

$$A_3^2 = \frac{3(3K_{\text{eff}} + 4G_{\text{eff}})}{\rho_0 (4G_{\text{eff}})^2} A_5^2, \text{或者 } A_3 = -\frac{A_1}{\rho_0 \dfrac{dr}{dt}} = -\frac{\dfrac{3K_{\text{eff}} + 4G_{\text{eff}}}{4G_{\text{eff}}}}{\rho_0 \dfrac{dr}{dt}} A_5$$

代回式(8-42b)，得到如下两族特征线：

$$\frac{dr}{dt} = -\frac{A_1}{\rho_0 A_3} = \pm \sqrt{\frac{K_{\text{eff}} + \frac{4}{3} G_{\text{eff}}}{\rho_0}} = \pm C_k(\varepsilon) \tag{8-56a}$$

再一起代回式(8-42a)，经整理，最后得到如下相应的两族沿特征线的相容条件：

$$d\sigma_r = \pm \rho_0 C_k dv \mp \frac{2}{3} \frac{[(\sigma_r - \sigma_\theta) - [\sigma_{\text{eff}}(\varepsilon_r) - \sigma_{\text{eff}}(\varepsilon_\theta)]]}{C_k \theta_2} dr -$$

$$2 \left[(\sigma_r - \sigma_\theta) \mp \left(K_{\text{eff}} - \frac{2}{3} G_{\text{eff}} \right) \frac{v}{C_k} \right] \frac{dr}{r} \tag{8-56b}$$

此处正号和负号分别对应于右行波和左行波。注意，上式右侧包含 $\dfrac{dr}{C_k \theta_2} \left(= \dfrac{dt}{\theta_2} \right)$ 项的第二项刻画了黏性弥散和耗散特性，而包含 $\dfrac{dr}{r}$ 项第三项则刻画了由于球面波表面膨胀引起的几何弥散特性。

另一族解由方程(8-55)确定，给出沿同一特征线的三个特征相容条件。首先，当 $A_1 = A_3 = A_2 = A_5 = 0, A_4 \neq 0$ 时，第三族特征线和沿特征线的相容条件分别为

$$dr = 0 \tag{8-57a}$$

$$d\sigma_r + 2d\sigma_\theta - 3K_{\text{eff}}(d\varepsilon_r + 2d\varepsilon_\theta) = 0 \tag{8-57b}$$

其次，当 $A_1 = A_3 = A_2 = A_4 = 0, A_5 \neq 0$ 时，第三族特征线仍为式(8-57a)，但沿特征线的相容条件为

$$\frac{1}{2G_{\text{eff}}}(\mathrm{d}\sigma_r - \mathrm{d}\sigma_\theta) - (\mathrm{d}\varepsilon_r - \mathrm{d}\varepsilon_\theta) + \frac{[(\sigma_r - \sigma_\theta) - (\sigma_{\text{eff}}(\varepsilon_r) - \sigma_{\text{eff}}(\varepsilon_\theta))]}{2G_{\text{eff}}\theta_2}\mathrm{d}t = 0$$
(8-57c)

最后,当 $A_1 = A_3 = A_5 = A_4 = 0, A_2 \neq 0$ 时,第三族特征线仍为式(8-57a),但沿特征线的相容条件则为

$$\mathrm{d}\varepsilon_\theta = \frac{v}{r}\mathrm{d}t \qquad (8-57\mathrm{d})$$

显然,第三族特征线(式(8-57a))与质点运动轨迹相一致,式(8-57b)和式(8-57c)分别是高应变率下 ZWT 非线性黏弹性本构方程中的容变律式(8-40a)和畸变律式(8-40b)沿质点运动轨迹的特殊形式,而式(8-57d)是 θ 方向连续性条件式(8-1b)沿质点运动轨迹的特殊形式。

当松弛时间 θ_2 趋于无穷大时,非线性黏弹性本构方程(式(8-40a,b))化为非线性弹性本构方程,相应地式(8-56)和式(8-57)就化为非线性弹性球面波的特征线方程及其相应的特征线上相容方程。如再令 r 趋于无穷大,就进一步简化为非线性弹性一维应变平面波问题了。

下面讨论一个计算实例(Wang et al,2013)。仍以有机玻璃 PMMA 为例对非线性黏弹性球面波的传播特性进行研究。计算中采用的 PMMA 一维黏弹性本构参数为:$E_0 = 2.04\text{GPa}, \alpha = 0.594\text{GPa}, \beta = 12.5\text{GPa}, E_1 = 0.897\text{GPa}, E_2 = 3.07\text{GPa}, \theta_2 = 3.17\mu\text{s}$ 和 $\rho_0 = 1.19 \times 10^3 \text{kg/m}^3$。设泊松比 $\nu = 0.35$,与应变率无关。

初始条件取为:$u(r,0) = v(r,0) = \sigma_r(r,0) = \sigma_\theta(r,0) = 0, r_0 < r \leqslant \infty$。取 $r = 5\text{mm}$ 处实测的径向质点速度 $v_{r=5}(t)$,如图 8-20 所示,为边界载荷条件。特征线数值计算得到的不同球径 r_i 处的质点速度波剖面 $v(r_i,t)$,径向应力波剖面 $\sigma_r(r_i,t)$,向向应力波剖面 $\sigma_\theta(r_i,t)$,径向应变波剖面 $\varepsilon_r(r_i,t)$,向向应变波剖面 $\varepsilon_\theta(r_i,t)$ 分别如图 8-21、图 8-22、图 8-23、图 8-24 和图 8-25 所示,相关各图中的五条曲线从左到右依次对应于球径 $r_i = 5\text{mm}$,5.5mm,6.5mm,10mm,15mm 和 20mm。图中还以虚线给出了相应的非线性弹性球面波的计算结果(相当于 θ_M 趋于无穷大),以供比较。

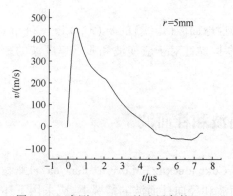

图 8-20 实测 $r = 5\text{mm}$ 处边界条件 $v_r(t)$

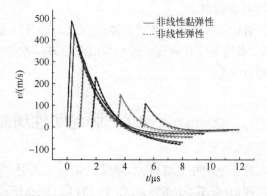

图 8-21 PMMA 中非线性黏弹性球面 v 波

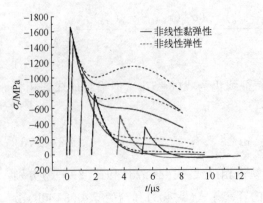
图 8-22 PMMA 中非线性黏弹性球面 σ_r 波

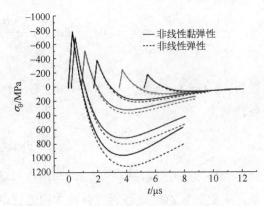
图 8-23 PMMA 中非线性黏弹性球面 σ_θ 波

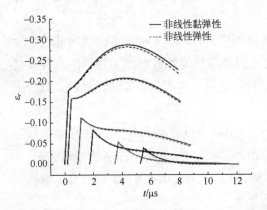
图 8-24 PMMA 中非线性黏弹性球面 ε_r 波

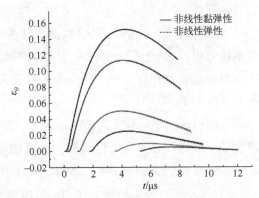
图 8-25 PMMA 中黏弹性球面 ε_θ 波

由上述结果可见:不论是径向应力波剖面 $\sigma_r(r_i,t)$ 还是其他力学参量的波剖面,有一个共同特性,即波剖面的峰值随传播距离显著衰减。另一个值得注意的特征是,即使在受压边界条件下,周向应力波剖面 $\sigma_\theta(r_i,t)$ 在经历短暂的压缩状态后,很快转变为愈来愈大的拉伸应力状态(图 8-23),而周向应变 $\varepsilon_\theta(r_i,t)$ 波剖面则完全处于拉伸状态(图 8-25),成为导致介质特别是脆性介质拉伸失效的主要原因。一旦 σ_θ 或 ε_θ 达到并超过相关失效准则的临界值,就导致拉伸失效,而无关乎边界条件处于压缩载荷状态。

对比非线性黏弹性球面波(实线)与非线性弹性球面波(虚线)的 $\sigma_r(r_i,t)$ 和 $\sigma_\theta(r_i,t)$ 可见,本构黏性导致更严重的弥散和衰减。不过本构黏性对于应变波和质点速度波的影响相对较小。

8.6 弹黏塑性球面波和柱面波

对于速率相关材料,如果采用第六章所述的 Соколовский-Malvern-Perzyna 的弹黏塑性理论(见式(6-66)或式(7-131)),则在球面波和径向柱面波的情况下,应采用下述本构关系来代替弹性波理论中的式(8-7):

第八章 球面波和柱面波

$$\dot{\varepsilon}_r + n_0 \dot{\varepsilon}_\theta = \frac{1}{3K}(\dot{\sigma}_r + n_0 \dot{\sigma}_\theta + n_1 \dot{\sigma}_z) \qquad (8-58\text{a})$$

$$\dot{\varepsilon}_r - \dot{\varepsilon}_\theta = \frac{1}{2\mu}(\dot{\sigma}_r - \dot{\sigma}_\theta) + \gamma \left\langle \phi\left(\frac{\sqrt{J_2}}{\chi} - 1\right) \right\rangle \frac{\sigma_r - \sigma_\theta}{\sqrt{J_2}} \qquad (8-58\text{b})$$

$$n_1(\dot{\varepsilon}_r + \dot{\varepsilon}_\theta) = -n_1 \left\{ \frac{1}{2\mu}(2\dot{\sigma}_z - \dot{\sigma}_r - \dot{\sigma}_\theta) + \gamma \left\langle \phi\left(\frac{\sqrt{J_2}}{\chi} - 1\right) \right\rangle \cdot \frac{2\sigma_z - \sigma_r - \sigma_\theta}{\sqrt{J_2}} \right\}$$
$$(8-58\text{c})$$

它们连同连续方程式(8-2)和运动方程式(8-6)组成控制方程组。经整理后现汇总重列如下：

$$\begin{cases} \dfrac{\partial \varepsilon_r}{\partial t} - \dfrac{\partial v}{\partial r} = 0 \\[2mm] \dfrac{\partial \varepsilon_\theta}{\partial t} - \dfrac{v}{r} = 0 \\[2mm] \rho_0 \dfrac{\partial v}{\partial t} - \dfrac{\partial \sigma_r}{\partial r} - n_0 \dfrac{(\sigma_r - \sigma_\theta)}{r} = 0 \\[2mm] \dfrac{\partial v}{\partial r} - \dfrac{1}{3K}\dfrac{\partial \sigma_r}{\partial t} - \dfrac{n_0}{3K}\dfrac{\partial \sigma_\theta}{\partial t} - \dfrac{n_1}{3K}\dfrac{\partial \sigma_z}{\partial t} + n_0 \dfrac{v}{r} = 0 \\[2mm] \dfrac{\partial v}{\partial r} - \dfrac{1}{2\mu}\dfrac{\partial \sigma_r}{\partial t} - \dfrac{1}{2\mu}\dfrac{\partial \sigma_\theta}{\partial t} - \dfrac{v}{r} - \gamma\left\langle \phi\left(\dfrac{\sqrt{J_2}}{\chi} - 1\right)\right\rangle \cdot \dfrac{\sigma_r - \sigma_\theta}{\sqrt{J_2}} = 0 \\[2mm] n_1 \dfrac{\partial v}{\partial r} - \dfrac{n_1}{2\mu}\dfrac{\partial \sigma_r}{\partial t} - \dfrac{n_1}{2\mu}\dfrac{\partial \sigma_\theta}{\partial t} + \dfrac{n_1}{\mu}\dfrac{\partial \sigma_z}{\partial t} + n_1 \dfrac{v}{r} + \\[2mm] \qquad n_1 \gamma \left\langle \phi\left(\dfrac{\sqrt{J_2}}{\chi} - 1\right)\right\rangle \cdot \dfrac{2\sigma_z - \sigma_r - \sigma_\theta}{\sqrt{J_2}} = 0 \end{cases} \qquad (8-59)$$

式中各符号意义均同前。这样，对于径向柱面波共有六个方程来解六个未知函数 σ_r、σ_θ、σ_z、ε_r、ε_θ 和 v；对于球面波少一个未知函数 σ_z，也少一个方程（最后一个方程）。

用特征线解法来解这一组双曲型一阶偏微分方程时，为确定特征线和相应的特征相容关系，以待定系数 L, M, N, P, Q 和 R 分别乘上述六式后再相加，可得

$$L\frac{\partial}{\partial t}\varepsilon_r + M\frac{\partial}{\partial t}\varepsilon_\theta + \left\{ N\rho_0 \frac{\partial}{\partial t} + (P + Q + Rn_1 - L)\frac{\partial}{\partial r} \right\} v -$$

$$\left\{ n\frac{\partial}{\partial r} + \left(\frac{P}{3K} + \frac{Q}{2\mu} + \frac{Rn_1}{2\mu}\right)\frac{\partial}{\partial t} \right\} \sigma_r - \left(\frac{Pn_0}{3K} - \frac{Q}{2\mu} + \frac{Rn_1}{2\mu}\right)\frac{\partial}{\partial t}\sigma_\theta +$$

$$\left(-\frac{Pn_1}{3K} + \frac{Rn_1}{\mu}\right)\frac{\partial}{\partial t}\sigma_z + (Pn_0 - M - Q + Rn_1)\frac{v}{r} - Nn_0\frac{\sigma_r - \sigma_\theta}{r} +$$

$$\frac{\gamma\langle\phi\rangle}{\sqrt{J_2}}\{2Rn_1\sigma_z - (Rn_1 - Q)\sigma_r - (Rn_1 - Q)\sigma_\theta\} = 0$$

这些系数应满足

$$\frac{\mathrm{d}r}{\mathrm{d}t} = \frac{0}{L} = \frac{0}{M} = \frac{P+Q+Rn_1-L}{N\rho_0} = \frac{N}{\dfrac{P}{3K}+\dfrac{Q}{2\mu}+\dfrac{Rn_1}{2\mu}} =$$

$$\frac{0}{\dfrac{Pn_0}{3K} - \dfrac{Q}{2\mu} + \dfrac{Rn_1}{2\mu}} = \frac{0}{-\dfrac{Pn_1}{3K} + \dfrac{Rn_1}{\mu}} \tag{8-60}$$

由此可求得如下的解：

(1)
$$L = M = \frac{Pn_0}{3K} - \frac{\theta}{2\mu} + \frac{Rn_1}{2\mu} = \frac{Rn_1}{2\mu} - \frac{Pn_1}{3K} = 0$$

这时可求得两族相异的实特征线，特征线微分方程和相应的特征相容关系为

$$\mathrm{d}r = \pm\sqrt{\frac{K+\dfrac{4}{3}\mu}{\rho_0}}\,\mathrm{d}t = \pm C_L^e \mathrm{d}t \tag{8-61a}$$

$$\mathrm{d}\sigma_r = \pm\rho_0 C_L^e \mathrm{d}v + n_0\left\{\frac{1}{r}\left[\left(K-\frac{2\mu}{3}\right)v \mp C_L^e(\sigma_r-\sigma_\theta)\right] - \frac{2\mu}{3}\frac{\gamma\langle\phi\rangle}{\sqrt{J_2}}\left[(1+n_1)\sigma_r-\sigma_\theta-n_1\sigma_z\right]\right\}\mathrm{d}t = \pm\rho_0 C_L^e \mathrm{d}v - n_0\left\{\frac{1}{r}(\sigma_r-\sigma_\theta) \mp \left(K-\frac{2\mu}{3}\right)\frac{v}{C_L^e} \pm \frac{2\mu}{3C_L^e}\frac{\gamma\langle\phi\rangle}{\sqrt{J_2}}\left[(1+n_1)\sigma_r-\sigma_\theta-n_1\sigma_z\right]\right\}\mathrm{d}r$$

$$\tag{8-61b}$$

这两族特征线代表弹黏塑性波的传播轨迹。

(2) $\qquad N = P+Q+Rn_1-L = 0$

这时可求得四族相重的实特征线：

$$\mathrm{d}r = 0 \tag{8-62a}$$

其相应的特征相容关系为

(i) $M \neq 0$，其余系数 $=0$，则有

$$\mathrm{d}\varepsilon_\theta = \frac{v}{r}\mathrm{d}t \tag{8-62b}$$

(ii) $P = L \neq 0$，其余系数 $=0$，则有

$$\mathrm{d}\varepsilon_r - \frac{1}{3K}(\mathrm{d}\sigma_r - n_0\mathrm{d}\sigma_\theta + n_1\mathrm{d}\sigma_z) + n_0\frac{v}{r}\mathrm{d}t = 0 \tag{8-62c}$$

(iii) $Q = L \neq 0$，其余系数 $=0$，则有

$$\mathrm{d}\varepsilon_r - \frac{1}{2\mu}(\mathrm{d}\sigma_r - \mathrm{d}\sigma_\theta) - \left[\frac{v}{r} + \gamma\langle\phi\rangle\frac{\sigma_r-\sigma_\theta}{\sqrt{J_2}}\right]\mathrm{d}t = 0 \tag{8-62d}$$

(iv) $Rn_1 = L \neq 0$，其余系数 $=0$，则有

$$n_1 \mathrm{d}\varepsilon_r + \frac{n_1}{2\mu}(2\mathrm{d}\sigma_z - \mathrm{d}\sigma_r - \mathrm{d}\sigma_\theta) + n_1\left\{\frac{v}{r} + \gamma\langle\phi\rangle\frac{2\sigma_z-\sigma_r-\sigma_\theta}{\sqrt{J_2}}\right\}\mathrm{d}t = 0 \tag{8-62e}$$

这族特征线式(8-62a)代表质点运动轨迹,相应的特征相容关系式(8-62b)~式(8-62e)其实就是连续方程式(8-59b)和本构关系式(8-58)的体现。因为采用 Lagrange 变量时, $\frac{\partial}{\partial t}$ 也就是沿 $dr=0$ 对 t 的全微分。

这样,我们就得到了弹黏塑性球面波和柱面波的全部特征线微分方程和相应的特征相容关系。在给定的初始条件和边界条件下,可以用特征线数值解法来解弹黏塑性球面波和柱面波问题。

设在无限弹黏塑性介质中有一半径为 a 的球形孔腔,腔壁上均匀地受到图 8-26 所示的爆炸压力 $p(t)$ 的作用。在一开始的突加载荷作用下,沿特征线 ab 传播的是强间断球面波。如8.2节中所指出的,对强间断球面波,式(8-18)成立。设介质原来处于静止的未扰动状态,则在强间断波阵面上具有如下和一维应变波中相同的关系式:

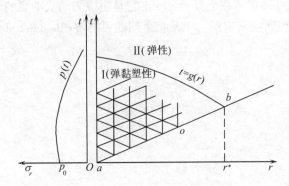

图 8-26 弹黏塑性球面波的特征线数值解法示意

$$\mu = \varepsilon_\theta + \varepsilon_\varphi = 0 \tag{8-63a}$$

$$v = -\frac{\sigma_r}{\rho_0 C_L^e}, \varepsilon_r = \frac{\sigma_r}{K + \frac{4}{3}\mu} \tag{8-63b}$$

$$\sigma_\theta = \sigma_\varphi = \frac{K - \frac{2}{3}\mu}{K + \frac{4}{3}\mu}\sigma_r = \frac{\lambda}{\lambda + 2\mu}\sigma_r = \frac{v}{1-v}\sigma_r \tag{8-63c}$$

式中各参量值不再像一维应变波中那样保持不变。另外,沿 ab 线还应满足特征相容关系。由于在强间断波阵面上只有瞬态响应($\dot{\varepsilon} = \infty$),$W_p = 0$,因而式(8-61b)中 $\chi = k = Y_0/\sqrt{3}$ (Y_0 是简单拉伸屈服限);再注意到在式(8-63)条件下有如下关系(见式(8-20a)):

$$\sqrt{J_2} = \frac{\sigma_r - \sigma_\theta}{\sqrt{3}} = \frac{2\mu}{\sqrt{3}\left(K + \frac{4}{3}\mu\right)}\sigma_r$$

则经过与导出式(8-20b)相类似的步骤,可得到沿 ab 线有

$$\frac{d\sigma_r}{dr} = -\frac{n_0 \sigma_r}{2r} - \frac{2\mu}{\sqrt{3}C_L^e}\gamma\left\langle \phi\left(\frac{2\mu\sigma_r}{\sqrt{3}\rho_0(C_L^e)^2 K} - 1\right)\right\rangle \equiv -\psi(r, \sigma_r(r)) \tag{8-64}$$

对上式两边积分,并利用初始条件 $\sigma_r(a,0) = -p_0$,就可得到如下的非线性第二类 Volterra 积分方程:

$$\sigma_r = p_0 - \int_a^r \psi(\xi, \sigma_r(\xi)) \mathrm{d}\xi \qquad (8-65)$$

通常可以用逐步近似法来解这一方程。一旦求出沿 ab 线的 σ_r 值,在 I 区就归结为解定解的特征线边值问题。

强间断球面波沿 ab 传播时,其幅度随 r 的增加不断衰减,这既由于球面扩散的作用,也由于黏塑性的耗散作用,它们分别对应于式(8-64)中组成 ψ 的前后两项。设图中 $b(r^*)$ 处超应力消失,即满足

$$J_2(r^*) = k^2 \qquad (8-66)$$

于是 $r \geq r^*$ 的部分属于弹性解(见式(8-21))。同理,可以确定 I 区(弹黏塑性区)中满足式(8-66)的点,由此可确定卸载边界 $t = g(r)$,它是超应力消失的点的轨迹,在 II 区(弹性卸载区)又可按弹性球面波来求解。于是整个问题可得解(Bejda et al, 1964)。

第九章 柔性弦中弹塑性波的传播理论

本章讨论只承受张力的弦,即所谓**柔性弦**中的弹塑性波的传播理论。

在柔性弦的弹性波的经典理论中,只处理两种简单类型的弹性波的传播:或者只讨论纵波,假定没有横向位移,这属于第二章中讨论过的纵向应力波的传播理论的范畴;或者只讨论横波,即只有横向位移 u 而忽略纵向应变。u 在任何时刻均垂直于弦(X 轴),并且限于研究弦的微幅振动,即假定 $\left(\dfrac{\partial u}{\partial X}\right)^2 \ll 1$。在这样的假设条件下,弦上的张力 T 将不随坐标 X 和时间 t 而变化,即

$$T = T_0 = 常数$$

横波的波速 C_h 也是常数,且

$$C_h = \sqrt{\frac{T_0}{\rho_0}} = 常数 \tag{9-1}$$

式中:ρ_0 是弦的原始密度。

Cole,Dougherty 和 Huth(1953)以及 Smith,McCrackin 和 Schiefer(1958)等研究了弦中纵向应力波和横向应力波同时传播的情况,但限于线弹性弦的情况。

如果弦上所有作用的载荷强度足够大,经典弹性理论就不再适用。这时在弦中将发生塑性变形,并且同时传播的塑性纵波和横波还将相互发生影响,问题就复杂多了。

弦的弹塑性动力学问题大约是在第二次世界大战期间才开始研究的,但直到战后才公开发表。最早的是苏联 Рахматулин(1945)的工作,随后主要有罗马尼亚 Cristescu (1954)和美国 Craggs(1954)等的工作。与杆的弹塑性动力学问题的研究比较起来,弦的研究是远非完善的。

弦的弹塑性动力学问题的研究有助于解决一系列实际应用问题,例如在军事上关于降落伞降落的研究,长纤维增强复合材料受冲击载荷时长纤维中应力波传播的研究,工业中关于矿井绳索的冲击以及织布机纺线的冲击变形的研究等。另外,杆的纵向冲击只是弹塑性动力学中最简单的问题。在更一般的情况下,杆将受到斜向冲击。这时实际上应该处理梁的弹塑性动力学问题。但众所周知,即使只讨论弹性弯曲波问题也是十分复杂的(参见第十章中的讨论)。对于细长梁,当可以忽略抗弯刚度时,作为初步近似,可化为对柔性弦的研究。而膜的冲击问题也可以看作弦的研究之推广。最后,关于弦的研究也已经由 Рахматулин(1947)应用于材料动态应力应变关系的研究中了。

和杆中应力波传播的研究一样,在弦的应力波研究中既可以采用 Lagrange 变量,也可以采用 Euler 变量,或者两者混合应用。为了使本书的描述具有一般性,使各章节之间更密切地联系和呼应,下面我们将采用 Lagrange 变量来进行研究讨论。事实上,由以下的讨论可见,用 Lagrange 方法来描述也确是较为清晰方便的(王礼立,1964)。

9.1 基本方程

首先要明确,以下我们限于讨论柔性弦。柔性这一概念的数学表达法就是指弦中各点上张力的方向总是沿着弦的瞬时侧影的切线方向。这条件表示弦不抵抗弯曲,只承受切向的张力。

对于在运动中始终保持直线形状的弦,张力的方向始终保持不变。因此,在这种弦中就只传播纵波。对这种情形完全可以应用第二章杆的纵向应力波传播理论,不需另作处理。

弦中传播横波时,弦的形状必然发生变化,也就是只有张力矢量 T 的方向发生变化时,才会有横向扰动的传播。

如果弦的形状发生突然变化(折断),则在折断点两边,张力矢量 T 的方向发生突然改变(强间断)。按动量定理,相应地必有横向速度的突然跳跃,反之亦然。于是,强间断横波波阵面必将以折断点的形式在弦中传播。

下面就首先来讨论这种强间断横波的传播。

用 Lagrange 变量 S_0 和 t 来描写弦的运动,S_0 是弦的原始弧长,t 是时间。以 u 表示位移矢量,则质点速度矢量 $v = \dfrac{\partial u}{\partial t}$,注意速度矢量 v 和弦的方向间一般有一夹角 β。强间断前方和后方的各量分别用下标 1 和 2 表示(图 9-1)。

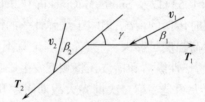

图 9-1 强间断横波在弦中的传播

设在 dt 时间间隔中,强间断横波沿弦传播了 dS_0 微元弦段。dS_0 微元弦段受到的冲量为

$$(T_1 + T_2)dt$$

动量的变化为

$$\rho_0(v_2 - v_1)dS_0$$

则按动量定理,强间断面上的动力学条件为

$$\rho_0 C_h(v_2 - v_1) = T_2 + T_1 \qquad (9-2)$$

式中:$C_h = \dfrac{dS_0}{dt}$ 是强间断横波的传播速度(注意这是 Lagrange 波速);ρ_0 是弦的原始线密度。

由于连续条件的要求,间断面两边的位移必须相等,即应有

$$u_2(S_0, t) = u_1(S_0, t)$$

随着强间断的传播,这条件在间断面上总是成立的,换言之,沿着强间断面,u_2 和 u_1 的全

微商相等,即

$$\frac{\partial \boldsymbol{u}_2}{\partial t} + C_\mathrm{h} \frac{\partial \boldsymbol{u}_2}{\partial S_0} = \frac{\partial \boldsymbol{u}_1}{\partial t} + C_\mathrm{h} \frac{\partial \boldsymbol{u}_1}{\partial S_0} \qquad (9-3)$$

上式可改写为

$$\boldsymbol{v}_2 - \boldsymbol{v}_1 = - C_\mathrm{h} \left(\frac{\partial \boldsymbol{u}_2}{\partial S_0} - \frac{\partial \boldsymbol{u}_1}{\partial S_1} \right) \qquad (9-4)$$

式中:$\frac{\partial \boldsymbol{u}}{\partial S_0}$ 是相对位移矢量。如以 $\boldsymbol{S}_0$ 和 $\boldsymbol{S}_1$ 分别表示微元弦段 $\mathrm{d}S_0$ 在变形前后切线方向的单位矢量,如图 9-2 所示。

则显然有

$$(1+\varepsilon)\boldsymbol{S}_1 = \boldsymbol{S}_0 + \frac{\partial \boldsymbol{u}}{\partial S_0} \qquad (9-5)$$

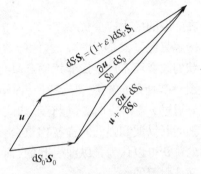

图 9-2 变形前后的微元弦段 $\mathrm{d}S_0$

式中:$\varepsilon = \frac{\mathrm{d}S - \mathrm{d}S_0}{\mathrm{d}S_0}$ 是弦的拉伸应变。

应变 ε 和张力 T 之间由已知材料应力应变关系

$$T = T(\varepsilon) \qquad (9-6)$$

相联系。此处及今后均假定 $T=T(\varepsilon)$ 只是应变的函数,与应变率无关。并限于讨论 $\frac{\mathrm{d}^2 T}{\mathrm{d}\varepsilon^2} \leqslant 0$ 的情况。

这样,式(9-2)、式(9-4)和式(9-6)组成了问题的基本方程。如果回忆一下 2.3 节中推导的用来描述杆中强间断纵波传播的 Rankine-Hugoniot 关系的情况,立即可以发现这三个方程正是与式(2-57)、式(2-56)和式(2-14)相对应的。

不失其普遍性,今后设弦作平面运动。这时矢量方程式(9-2)和式(9-4)就等价于四个标量方程。例如,如果沿强间断前方弦段的切向和法向投影,令强间断折断点两边弦的夹角为 γ,并利用式(9-5)之后(注意 $\boldsymbol{S}_0$ 和 $\boldsymbol{S}_1$ 的夹角在强间断面后方即 γ 角,在前方则为零),则有

$$(9-\mathrm{I}) \begin{cases} \rho_0 C_\mathrm{h} [v_2 \cos(\beta_2 + \gamma) - v_1 \cos\beta_1] = T_2 \cos\gamma - T_1 & (9-7) \\ \rho_0 C_\mathrm{h} [v_2 \sin(\beta_2 + \gamma) - v_1 \sin\beta_1] = T_2 \sin\gamma & (9-8) \\ v_2 \cos(\beta_2 + \gamma) - v_1 \cos\beta_1 = C_\mathrm{h} [(1+\varepsilon_2)\cos\gamma - 1 - \varepsilon_1] & (9-9) \\ v_2 \sin(\beta_2 + \gamma) - v_1 \sin\beta_1 = C_\mathrm{h} (1+\varepsilon_2)\sin\gamma & (9-10) \end{cases}$$

由式(9-8)和式(9-10)立即可得出横波的波速

$$C_\mathrm{h} = \sqrt{\frac{1}{\rho_0} \frac{T_2}{1+\varepsilon_2}} \qquad (9-11)$$

再由式(9-7)和式(9-9)可知

$$\frac{T_2 \cos\gamma - T_1}{(1+\varepsilon_2)\cos\gamma - (1+\varepsilon_1)} = \frac{T_2}{1+\varepsilon_2}$$

化简一下即

$$\frac{T_1}{1+\varepsilon_1} = \frac{T_2}{1+\varepsilon_2} \qquad (9-12)$$

要想满足这一条件,应使

$$T_1 = T_2, \varepsilon_1 = \varepsilon_2 \qquad (9-13)$$

或者应使

$$\frac{T_1 - T_2}{\varepsilon_1 - \varepsilon_2} = \frac{T_1}{1+\varepsilon_1} = \frac{T_2}{1+\varepsilon_2} \qquad (9-14)$$

在一般的应力应变关系 $T=T(\varepsilon)$ 的情况下,式(9-12)的解只能是式(9-13)。这意味着**横波只引起弦的形状的改变而不产生应变扰动**。只有当 $T=T(\varepsilon)$ 具有如图 9-3 所示的线性硬化特性,即塑性段的直线延线恰好通过 $\varepsilon=-1$ 点时,才能有形如式(9-14)的解。这时强间断纵波和强间断横波相重合。强间断上的 T 和 ε 的跳跃可以认为是纵波引起的,而形状变化(折断)是横波引起的。

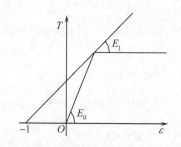

图 9-3 线性硬化特性的塑性段延线恰好通过 $\varepsilon=-1$ 点

如果 ε 与 1 相比较是可忽略的小量,张力 T 也就可以近似看作不变,式(9-11)就化为经典理论中弦在微幅振动时的弹性波横波波速(见式 9-1))。

当 $r=0$ 时,由式(9-7)~式(9-10)所组成的方程组(**9-Ⅱ**)就化为

$$(9-\mathrm{II})\begin{cases} \rho_0 C_\mathrm{h}[(v\cos\beta)_2 - (v\cos\beta)_1] = T_2 - T_1 & (9-15) \\ (v\cos\beta)_2 - (v\cos\beta)_1 = C_\mathrm{h}(\varepsilon_2 - \varepsilon_1) & (9-16) \\ (v\sin\beta)_2 = (v\sin\beta)_1 & (9-17) \end{cases}$$

这其实就是在以横向速度 $v\sin\beta=\mathrm{const}$ 运动的杆中传播强间断纵波的 Rankine-Hugoniot 关系,它与式(2-57)和式(2-56)是完全一致的,而 C_h 则化为

$$C_\mathrm{h} = \sqrt{\frac{1}{\rho_0}\frac{T_2-T_1}{\varepsilon_2-\varepsilon_1}}$$

当强间断横波的跳跃值从有限值逐渐减小而趋于无限小时,最后达到的极限情况就是弱间断横波(连续波)。这时用 $\mathrm{d}\gamma$ 代替 γ,并相应地令

$$T_2 = T_1\mathrm{d}T, \varepsilon_2 = \varepsilon_1 + \mathrm{d}\varepsilon, \beta_2 = \beta_1 + \mathrm{d}\beta, v_2 = v_1 + \mathrm{d}v$$

则方程组(**9-Ⅰ**)化为弱间断横波波面上的动力学条件和运动学条件:

$$(9-\mathrm{III})\begin{cases} \rho_0 C_\mathrm{h}[\mathrm{d}(v\cos\beta) - v\sin\beta\mathrm{d}\gamma] = \mathrm{d}T & (9-18) \\ \rho_0 C_\mathrm{h}[\mathrm{d}(v\sin\beta) + v\cos\beta\mathrm{d}\gamma] = T\mathrm{d}\gamma & (9-19) \\ \mathrm{d}(v\cos\beta) - v\sin\beta\mathrm{d}\gamma = C_\mathrm{h}\mathrm{d}\varepsilon & (9-20) \\ \mathrm{d}(v\sin\beta) + v\cos\beta\mathrm{d}\gamma = C_\mathrm{h}(1+\varepsilon)\mathrm{d}\gamma & (9-21) \end{cases}$$

由式(9-19)和式(9-21)立即得出弱间断横波波速为

$$C_\mathrm{h}(\varepsilon) = \sqrt{\frac{1}{\rho_0}\frac{T(\varepsilon)}{1+\varepsilon}} \qquad (9-22)$$

再由式(9-18)和式(9-20)可知

$$\frac{T}{1+\varepsilon} = \frac{\mathrm{d}T}{\mathrm{d}\varepsilon} \tag{9-23}$$

要想满足这一条件,应使

$$\mathrm{d}T = 0, \mathrm{d}\varepsilon = 0 \tag{9-24}$$

或者应使

$$\varepsilon = \varepsilon_A \tag{9-25}$$

ε_A 是在 A 点的应变值(图9-4),而 A 点是自 $\varepsilon = -1$ 向 $T = T(\varepsilon)$ 曲线所作切线的切点。在一般情况下,式(9-23)的解只能是式(9-24),这在弱间断的传播中又表明横波不改变弦的伸长变形($\mathrm{d}\varepsilon = 0$)而只是引起弦的形状变化($\mathrm{d}\gamma \neq 0$)。在式(9-25)的特殊情况下则横波波面与纵波波面重合,这时张力的变化 $\mathrm{d}T$ 和应变的变化 $\mathrm{d}\varepsilon$ 可以认为是纵波引起的,而形状变化 $\mathrm{d}\gamma$ 是横波引起的。

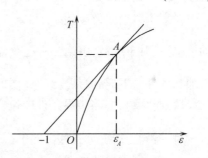

图9-4 $T = T(\varepsilon)$ 曲线在 A 点的切线恰好通过 $\varepsilon = -1$ 点

如果 $\mathrm{d}\gamma = 0$,方程组(9-Ⅲ)就回到弱间断纵波传播理论中熟知的关系式

$$(9-\text{Ⅳ}) \begin{cases} \rho_0 C_1 \mathrm{d}(v\cos\beta) = \mathrm{d}T & (9-26) \\ \mathrm{d}(v\cos\beta) = C_1 \mathrm{d}\varepsilon & (9-27) \\ \mathrm{d}(v\sin\beta) = 0 & (9-28) \end{cases}$$

这里 C_h 已改用符号 $C_1 = \sqrt{\dfrac{1}{\rho_0}\dfrac{\mathrm{d}T}{\mathrm{d}\varepsilon}}$。方程组(9-Ⅳ)实际上就和第二章中导出的式(2-63)相等价。

上面得出的方程组(9-Ⅰ)~方程组(9-Ⅳ)是讨论弦中传播弹塑性纵波和横波(并且不论强间断或弱间断)的基本微分关系式。它们分别表示在不同情况下波阵面上的动力学条件和运动学条件。

横波以波速 $C_h = \sqrt{\dfrac{1}{\rho_0}\dfrac{T}{1+\varepsilon}}$ 传播,纵波以波速 $C_1 = \sqrt{\dfrac{1}{\rho_0}\dfrac{\mathrm{d}T}{\mathrm{d}\varepsilon}}$ 传播。在 Lagrange 平面 (S_0-t 平面)上分别以特征线族

$$\mathrm{d}S_0 = \pm C_h \mathrm{d}t \tag{9-29}$$

和

$$\mathrm{d}S_0 = \pm C_1 \mathrm{d}t \tag{9-30}$$

代表这两种波阵面的传播。基本微分关系方程组(9-Ⅲ)和方程组(9-Ⅳ)就是跨过对应的正向特征线,也就是在负向特征线上的微分关系。对于正向特征线上的微分关系,和在2.1节中的讨论一样,只要改变对应的正负号即可。从这些微分关系出发,可以用特征线法求解弦的弹塑性波的传播问题,但问题的求解显然要比在第二章中所遇到的要复杂得多。

特别要注意,虽然纵波只产生应变($\mathrm{d}\varepsilon \neq 0$)而不改变弦的形状($\mathrm{d}\gamma = 0$),横波则只引起弦的形状变化($\mathrm{d}\gamma \neq 0$)而不产生应变($\mathrm{d}\varepsilon = 0$),但它们是互相影响着的。因为对于纵波,按方程组(9-Ⅳ),$\mathrm{d}T$ 和 $\mathrm{d}\varepsilon$ 是与切向速度的变化 $\mathrm{d}(v\cos\beta)$ 有关的,横波改变了弦的形

状之后，就会通过切向速度的变化而影响纵波的传播。另外，按式(9-22)，横波的波速 C_h 是应变 ε 的函数，纵波改变了弦的应变之后，也就立即会影响横波的传播。

在各种不同的情况下，不论是纵波还是横波，都可以分别是弱间断或强间断。纵波和横波传播的先后次序也可以是不同的，可以有 $C_l>C_h$，也可以有 $C_l<C_h$。这些主要取决于材料的应力应变关系 $T=T(\varepsilon)$、弦的原始形状以及边界条件。边界条件可以以 $T|_{边界}=T_0(t)$，或者 $\boldsymbol{v}|_{边界}=\boldsymbol{v}_0(t)$，或者 $\varepsilon|_{边界}=\varepsilon_0(t)$ 的形式给定。

在限于讨论应力应变关系 $T=T(\varepsilon)$ 凸向 T 轴($d^2T/d\varepsilon^2 \leqslant 0$)和不发生卸载($\partial\varepsilon/\partial t \geqslant 0$)的情况下，对于纵波，由第二章已知，波速 $C_l\left(=\sqrt{\dfrac{1}{\rho_0}\dfrac{dT}{d\varepsilon}}\right)$ 随 ε 的增大而减小。因此，在一般加载条件之下，纵波是连续波(弱间断)。只有当 $T=T(\varepsilon)$ 上有直线段(例如线性弹性或线性硬化段)，并当边界条件中包含有强间断(突加载荷)时才会形成强间断。

对于横波，情况就有些不同了。当 $\varepsilon \leqslant \varepsilon_A$(图9-4)时，横波波速 $C_h\left(=\sqrt{\dfrac{1}{\rho_0}\dfrac{T}{1+\varepsilon}}\right)$ 随 ε 的增大而增大，这时后面的扰动将追上前面的扰动，最终将形成强间断横波，它以对应于最大应变 ε_m 的波速 $C_h(\varepsilon_m)=\sqrt{\dfrac{1}{\rho_0}\dfrac{T(\varepsilon_m)}{1+\varepsilon_m}}$ 传播。同时，因为 $C_h(\varepsilon_m) \leqslant C_l(\varepsilon_m)$，所以横波将落在纵波后面(当 $\varepsilon<\varepsilon_A$)，或者横波将与纵波相重合(当 $\varepsilon=\varepsilon_A$)。当 $\varepsilon>\varepsilon_A$ 时，随 ε 的增加 C_h 又减小，粗看起来，这时在对应于 ε_A 的强间断横波后面似乎会跟随着一系列弱间断横波。事实上却不会这样，因为当 $\varepsilon>\varepsilon_A$ 时有 $\dfrac{T}{1+\varepsilon}>\dfrac{dT}{d\varepsilon}$，即在应变超过 ε_A 的弦上横波将比纵波传播得快。但是要提醒一下 ε 是由纵波传播的，并且 ε 愈小的纵波传播得愈快，因而随着横波依次赶上原先在前面传播的纵波的同时，ε 将逐渐减小，结果横波的传播速度会愈来愈快，最后仍然形成以波速 $C_h(\varepsilon_A)$ 传播的强间断横波。

可见，横波最终总要形成强间断。对于一般的逐渐加载的边界条件($\dfrac{\partial \sigma_0}{\partial t}\geqslant 0$，$\dfrac{\partial \sigma_0}{\partial t}\neq \infty$)，强间断横波是逐渐形成的。只要边界条件上外载荷继续随时间增加($\partial\sigma_0/\partial t>0$)，强间断就是不稳定的，它的强度和波速也就继续变化。只有当边界条件上出现恒值载荷($\partial\sigma_0/\partial t=0$)时才会最终形成稳定的强间断。对于突加恒值载荷，显然在一开始就形成稳定的强间断横波了。

上述这些进一步说明了弦中弹塑性波传播问题的复杂性。比起第二章中所遇到的杆中弹塑性纵波的传播，问题的求解显然就要困难得多。

最后注意，上述的标量形式的基本方程组是矢量方程式(9-2)和方式(9-4)对间断面前的弦段的切向和法向投影而得的。现在如果对间断面后的弦段的切向和法向投影，与方程组(9-Ⅰ)类似，将有

$$(9-\text{Ⅰ}')\begin{cases}\rho_0 C_h[v_2\cos\beta_2-v_1\cos(\beta_1-\gamma)]=T_2-T_1\cos\gamma & (9-31)\\ \rho_0 C_h[v_2\sin\beta_2-v_1\sin(\beta_1-\gamma)]=T_1\sin\gamma & (9-32)\\ v_2\cos\beta_2-v_1\cos(\beta_1-\gamma)=C_h[\varepsilon_2-(1+\varepsilon_1)\cos\gamma+1] & (9-33)\\ v_2\sin\beta_2-v_1\sin(\beta_1-\gamma)=C_h(1+\varepsilon_1)\sin\gamma & (9-34)\end{cases}$$

显然,方程组(9-I)和方程组(9-I′)只有一组是独立的。例如把式(9-7)乘 $\cos\gamma$,把式(9-8)乘 $\sin\gamma$,两者相加即可得出式(9-31)等。由式(9-8)和式(9-10)以及由式(9-32)和式(9-34)立即可看出应有

$$C_h^2 = \frac{1}{\rho_0} \cdot \frac{T_1}{1+\varepsilon_1} = \frac{1}{\rho_0} \cdot \frac{T_2}{1+\varepsilon_2}$$

这就是前面得出过的式(9-11)和式(9-12)。

9.2 半无限长直弦的突加恒值斜向冲击

现在讨论一半无限长直弦,它的端部 S_0 处受到一突加恒值载荷 V_0,β_0。根据上一节的讨论,这时显然在一开始就形成稳定的强间断横波。在这样的问题中不包含特征长度和特征时间,按照量纲分析理论,就只有一个无量纲变量 $\dfrac{S_0}{V_0 t}$,此即所谓的"自模拟"问题。在 S_0—t 图上,这时就对应于一束"中心波"(图9-5和图9-7)。

在载荷不很大的情况下有 $\varepsilon_m < \varepsilon_A$,则如图9-5所示,在半无限长直弦中传播了一系列弹塑性纵波之后形成一个"恒值区";在此区中又传播一较慢的强间断横波,直弦发生折断,而折断点两边都保持是直线段(图9-6)。在折断点之后的直线段中张力 T 和应变 ε 不再变化。

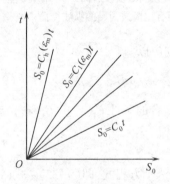

图9-5 半无限长直弦中传播的一系列
弹塑性纵波和强间断横波

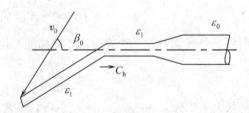

图9-6 强间断横波的折断点两侧都是直线段

设弦的初始应变为 ε_0,初始速度为零,则在强间断横波前面的直线段上有

$$v_1 = \int_{\varepsilon_0}^{\varepsilon_1} C_1(\varepsilon) \, d\varepsilon \tag{9-35}$$

在强间断面上,按方程组(9-I)有

$$\rho_0 C_h [v_2 \cos(\beta_2 + \gamma) - v_1] = T_2 \cos\gamma - T_1 \tag{9-36}$$

$$\rho_0 C_h [v_2 \sin(\beta_2 + \gamma)] = T_2 \sin\gamma \tag{9-37}$$

$$v_2 \cos(\beta_2 + \gamma) - v_1 = C_h [(1+\varepsilon_2)\cos\gamma - (1+\varepsilon_1)] \tag{9-38}$$

$$v_2 \sin(\beta_2 + \gamma) = C_h (1+\varepsilon_2) \sin\gamma \tag{9-39}$$

在强间断后面的直线弦段上应有

$$v\cos\beta = \text{const}, v\sin\beta = \text{const}$$

再应用冲击端给定的边界条件 v_0, β_0，就有

$$v_2 \sin\beta_2 = v_0 \sin(\beta_0 - \gamma) \qquad (9-40)$$
$$v_2 \cos\beta_2 = v_0 \cos(\beta_0 - \gamma) \qquad (9-41)$$

这里 β_0 是 v_0 与初始弦的夹角(图 9-6)。既然 $\beta_0, v_0, \varepsilon_0$ 和 $T = T(\varepsilon)$ 是已知的，则由七个方程式 (9-35)~式(9-41)就可以解得七个未知量 $\varepsilon_1, v_1, \beta_2, v_2, \varepsilon_2, C_h$ 和 γ。

在载荷足够大的情况下，有 $\varepsilon_m > \varepsilon_A$（图 9-7），则在半无限直弦中传播了一系列弹塑性纵波之后，在 $\varepsilon = \varepsilon_A$ 的纵波上相重合地同时有强间断横波传播，弦发生折断。弦的折断点两边仍然是直线段，但在强间断横波后面的直线弦段中还有比横波为慢的纵波传播，张力和应变发生变化，最后才是恒值区（图 9-8）。

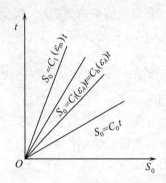 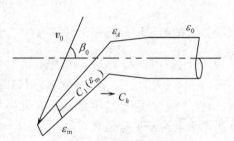

图 9-7 在 $\varepsilon_m > \varepsilon_A$ 的情况下半无限直弦中弹塑性纵波和强间断横波的传播

图 9-8 强间断横波后面的直线弦段中还有比横波为慢的纵波传播

这时式(9-35)~式(9-40)仍然成立，式(9-41)则应以

$$v_0 \cos(\beta_0 - \gamma) = \int_{\varepsilon_2}^{\varepsilon_m} C_1(\varepsilon) d\varepsilon + v_2 \cos\beta_2 \qquad (9-42)$$

来代替，另外还需补充一个在 $\varepsilon = \varepsilon_A$ 处横波与纵波相重合的条件 $C_1(\varepsilon_A) = C_h(\varepsilon_A)$，或

$$\left.\frac{dT}{d\varepsilon}\right|_{\varepsilon = \varepsilon_2} = \frac{T(\varepsilon_2)}{1 + \varepsilon_2} \qquad (9-43)$$

这样，八个未知数 $\varepsilon_1, v_1, \varepsilon_2, v_2, \beta_2, C_h, \gamma$ 和 ε_m 就可以由八个方程式，即(9-35)~式(9-40)，式(9-42)和式(9-43)解得。

可以看到，在"自模拟"问题中，横波和纵波常常是可以分开来加以分别处理的，这样就使问题的求解简单多了。

在工程应用中，有时常把一般的 $T = T(\varepsilon)$ 关系简化为线性硬化关系。这时可能出现如下的三种情况：

(1) $E_1 > \dfrac{T_s}{1 + \varepsilon_s}$（图 9-9）；

(2) $E_1 < \dfrac{T_s}{1 + \varepsilon_s}$（图 9-10）；

(3) $E_1 = \dfrac{T_s}{1 + \varepsilon_s}$（图 9-11）。

这里 T_s, ε_s 分别代表屈服张力和屈服应变，E_1 是线性硬化模量。

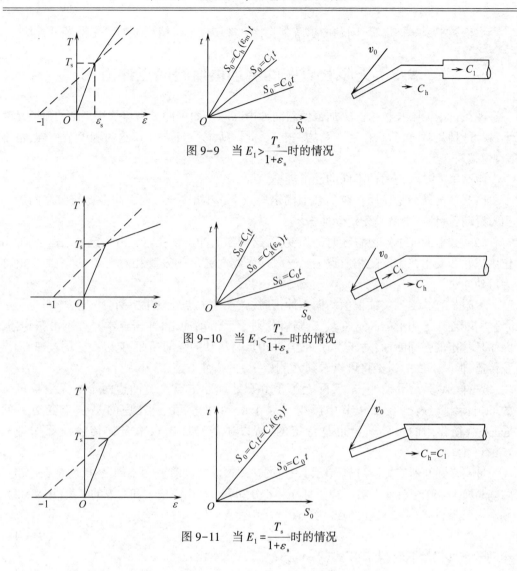

图 9-9 当 $E_1 > \dfrac{T_s}{1+\varepsilon_s}$ 时的情况

图 9-10 当 $E_1 < \dfrac{T_s}{1+\varepsilon_s}$ 时的情况

图 9-11 当 $E_1 = \dfrac{T_s}{1+\varepsilon_s}$ 时的情况

利用以下关系：

$$C_0 = \sqrt{\dfrac{E}{\rho_0}} \text{ 和 } C_1 = \sqrt{\dfrac{E_1}{\rho_0}}$$

这三种情况也可以对应地表示为

(1) $C_0^2 \varepsilon_s < C_1^2 (1+\varepsilon_s)$；

(2) $C_0^2 \varepsilon_s > C_1^2 (1+\varepsilon_s)$；

(3) $C_0^2 \varepsilon_s = C_1^2 (1+\varepsilon_s)$。

由第二章知，式中 C_0 即弹性纵波波速，C_1 即线性硬化材料的塑性纵波波速。在突加恒值载荷的条件下，横波和纵波都是强间断。但是在情况(1)之下，塑性纵波比横波传播得快；在情况(2)之下，横波比塑性纵波传播得快；而在情况(3)之下，两者重合。

对于大多数的工程材料，常常满足情况(1)的条件，例如对于钢 $C_1^2/C_0^2 \approx 0.05$，$\varepsilon_s \approx 0.002$；对于铜 $C_1^2/C_0^2 \approx 0.003$，$\varepsilon_s \approx 0.001$。

不论属于哪一种情况,问题的求解都将比一般 $T=T(\varepsilon)$ 情况下的简化得多了。

9.3 无限长直弦的突加恒值斜向点冲击

现在讨论无限长直弦的突加恒值斜向冲击问题。如果冲击物与弦相接触的弧段足够小,就可以假定外载荷只作用在弦的一点上,此即所谓"**点冲击**"。这时和上节一样,也是"自模拟"问题。

但这里需要区别两种不同的冲击类型。

(1) 冲击载荷是作用在弦的某个固定质点上,例如 $S_0 = 0$ 上。冲击物与弦之间没有相对滑动,这种冲击就是**无滑动冲击**。

(2) 弦上的冲击点位置随时间而变化,这相当于冲击物在空间沿一定方向运动,冲击作用却并非发生在固定的弦质点上。这时冲击物与弦之间发生相对滑动,这种冲击就称为**滑动冲击**。

无限长直弦受到突加恒值斜向点冲击时,弦在冲击点处发生折断,冲击点本身也是一个强间断面。当用 Lagrange 变量来描述时,对于无滑动冲击,冲击点本身并不沿弦传播,因而是驻定的强间断面;对于滑动冲击,冲击点是运动的强间断面,它以一定的波速 C_{h0} 沿弦传播,但从下面的讨论将可以看到, C_{h0} 比一般的横波波速 C_h 小。

这样,对于无滑动冲击,实际上等于分别处理冲击点左右两边两个半无限长直弦的冲击问题。这已在 9.2 节中解得。对于滑动冲击,由于处理的是一个**变边界问题**,外载荷作用的边界本身也是待定的,所以还需对冲击点本身的传播情况作进一步的讨论。

冲击点强间断的传播与前面已讨论过的一般横波之间有一个不同之处,就是在冲击点强间断面上还作用有外力 T_0。以下标 3 和 4 分别表示冲击点前方和后方的各量(图 9-12),则动力学条件式(9-2)这时应改为

$$\rho_0 C_{h0}(\boldsymbol{v}_4 - \boldsymbol{v}_3) = \boldsymbol{T}_4 + \boldsymbol{T}_3 + \boldsymbol{T}_0 \qquad (9-44)$$

运动学条件仍然不变,类似于式(9-4),有

$$\boldsymbol{v}_4 - \boldsymbol{v}_3 = -C_{h0}\left(\frac{\partial \boldsymbol{u}_4}{\partial S_0} - \frac{\partial \boldsymbol{u}_3}{\partial S_0}\right) \qquad (9-45)$$

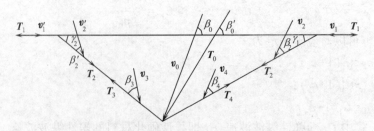

图 9-12 无限长直弦的突加恒值斜向滑动冲击

注意到图 9-12 中所标明的符号,将矢量方程式(9-44)和式(9-45)沿 T_3 的切向和法向投影,得到

第九章　柔性弦中弹塑性波的传播理论

$$(9-\text{V})\begin{cases}\rho_0 C_{h0}[v_4\cos(\pi-\beta_4-\gamma_1-\gamma_2)-v_3\cos\beta_3]=\\ \qquad T_4\cos(\gamma_1+\gamma_2)+T_0\cos(\pi-\beta'_0-\gamma_2)-T_3 \qquad (9-46)\\ \rho_0 C_{h0}[v_1\sin(\pi-\beta_4-\gamma_1-\gamma_2)-v_3\sin\beta_3]=\\ \qquad -T_4\sin(\gamma_1+\gamma_2)+T_0\sin(\pi-\beta'_0-\gamma_2) \qquad (9-47)\\ v_4\cos(\pi-\beta_4-\gamma_1-\gamma_2)-v_3\cos\beta_3=\\ \qquad C_{h0}[(1+\varepsilon_4)\cos(\gamma_1+\gamma_2)-(1+\varepsilon_3)] \qquad (9-48)\\ v_4\sin(\pi-\beta_4-\gamma_1-\gamma_2)-v_3\sin\beta_3=\\ \qquad -C_{h0}(1+\varepsilon_4)\sin(\gamma_1+\gamma_2) \qquad (9-49)\end{cases}$$

或者沿 T_4 的切向和法向投影，可得

$$(9-\text{V}')\begin{cases}\rho_0 C_{h0}[v_4\cos\beta_4-v_3\cos(\pi-\beta_3-\gamma_1-\gamma_2)]=\\ \qquad -T_4+T_0\cos(\beta'_0-\gamma_1)+T_3\cos(\gamma_1+\gamma_2) \qquad (9-50)\\ \rho_0 C_{h0}[v_4\sin\beta_4-v_3\sin(\pi-\beta_3-\gamma_1-\gamma_2)]=\\ \qquad T_0\sin(\beta'_0-\gamma_1)-T_3\sin(\gamma_1+\gamma_2) \qquad (9-51)\\ v_4\cos\beta_4-v_3\cos(\pi-\beta_3-\gamma_1-\gamma_2)=\\ \qquad -C_{h0}[(1+\varepsilon_4)-(1+\varepsilon_3)\cos(\gamma_1+\gamma_2)] \qquad (9-52)\\ v_4\sin\beta_4-v_3\sin(\pi-\beta_3-\gamma_1-\gamma_2)=\\ \qquad -C_{h0}(1+\varepsilon_3)\sin(\gamma_1+\gamma_2) \qquad (9-53)\end{cases}$$

显然，在动力学条件式(9-46)，式(9-47)，式(9-50)和式(9-51)中任意两个是独立的。在运动学条件式(9-48)，式(9-49)，式(9-52)和式(9-53)中也有任意两个是独立的。总共有四个独立的标量方程。

注意，一般 $\beta'_0\neq\beta_0$，即 T_0 和 v_0 不一定是同一方向的。

由式(9-47)，式(9-49)和由式(9-51)，式(9-53)可得 C_{h0} 的表达式为

$$C_{h0}^2=\frac{1}{\rho_0}\frac{T_4\sin(\gamma_1+\gamma_2)-T_0\sin(\beta'_0+\gamma_2)}{(1+\varepsilon_4)\sin(\gamma_1+\gamma_2)}=\\ \frac{1}{\rho_0}\frac{T_3\sin(\gamma_1+\gamma_2)-T_0\sin(\beta'_0-\gamma_1)}{(1+\varepsilon_3)\sin(\gamma_1+\gamma_2)} \qquad (9-54)$$

设 $T_3\neq T_4$，进一步演算后可得

$$C_{h0}^2=\frac{1}{\rho_0}\frac{T_4\sin(\beta'_0-\gamma_1)-T_3\sin(\beta'_0+\gamma_2)}{(1+\varepsilon_4)\sin(\beta'_0-\gamma_1)-(1+\varepsilon_3)\sin(\beta'_0+\gamma_2)} \qquad (9-55)$$

$$T_0=\frac{T_4(1+\varepsilon_3)-T_3(1+\varepsilon_4)}{(1+\varepsilon_3)\sin(\beta'_0+\gamma_2)-(1+\varepsilon_4)\sin(\beta'_0-\gamma_1)}\sin(\gamma_2+\gamma_1) \qquad (9-56)$$

此外，按式(9-11)和式(9-55)有

$$C_{h0}^2=C_h^2(\varepsilon_4)-\frac{T_0}{\rho_0(1+\varepsilon_4)}\frac{\sin(\beta'_0+\gamma_2)}{\sin(\gamma_1+\gamma_2)}=C_h^2(\varepsilon_3)-\frac{T_0}{\rho_0(1+\varepsilon_3)}\frac{\sin(\beta'_0-\gamma_1)}{\sin(\gamma_1+\gamma_2)}$$

由此可见，$C_{h0}^2<C_h^2(\varepsilon_4)$，$C_{h0}^2<C_h^2(\varepsilon_3)$，这表明滑动冲击点传播得较慢。

在方程组($9-\text{V}$)和($9-\text{V}'$)中也可以设法消去 C_{h0} 和 T_0，得到联系其他各量间的两个方程。例如，由式(9-49)和式(9-53)可得

$$\frac{v_4\sin(\beta_4+\gamma_1+\gamma_2)-v_3\sin\beta_3}{(1+\varepsilon_4)}=\frac{v_4\sin\beta_4-v_3\sin(\beta_3+\gamma_1+\gamma_2)}{(1+\varepsilon_3)} \quad (9-57)$$

由式(9-46)和式(9-47)消去 T_0，再由式(9-55)消去 C_{h0} 后，可得

$$\begin{aligned}&\rho_0[v_4\sin(\beta_4+\gamma_1-\beta_0')-v_3\sin(\beta_3+\gamma_2+\beta_0')]^2=\\&[T_4\sin(\beta_0'-\gamma_1)-T_3\sin(\beta_0'+\gamma_2)]\cdot\\&[(1+\varepsilon_4)\sin(\beta_0'-\gamma_1)-(1+\varepsilon_3)\sin(\beta_0'+\gamma_2)]\end{aligned} \quad (9-58)$$

应该指出，在冲击点强间断面上，两边质点速度有间断 $v_3\neq v_4$，并且 v_3 和 v_4 都不等于 v_0。但是根据冲击点速度和弦质点速度在弦法线上的分量应相等这一接触条件，仍应有类似于式(9-40)的边界条件：

$$v_4\sin\beta_4=v_0\sin(\beta_0-\gamma_1) \quad (9-59)$$
$$v_3\sin\beta_3=v_0\sin(\beta_0+\gamma_2) \quad (9-60)$$

事实上，$\boldsymbol{v}_0$ 也就是冲击点在空间中传播的 Euler 波速，与 2.4 节中讨论的类似，它与 Lagrange 波速 C_{h0} 之间应满足如下关系：

$$\boldsymbol{v}_0=\boldsymbol{v}_3+(1+\varepsilon_3)C_{h0}\boldsymbol{S}_3=\boldsymbol{v}_4+(1+\varepsilon_4)C_{h0}\boldsymbol{S}_4$$

这里 $\boldsymbol{S}_3$ 和 $\boldsymbol{S}_4$ 分别是沿 $\boldsymbol{T}_3$ 和沿 $\boldsymbol{T}_4$ 方向的单位矢量。利用这个关系也立即可以得出式(9-59)和式(9-60)。

这样，对于 $\varepsilon_m>\varepsilon_A$ 的情况，综合起来后(参见图 9-12)，对于冲击点右边的弦段，按前节应有

$$(9-\text{VI})\begin{cases}v_1=\int_{\varepsilon_0}^{\varepsilon_1}c(\varepsilon)\mathrm{d}\varepsilon & (a)\\ \rho_0C_h[v_2\cos(\beta_2+\gamma_1)-v_1]=T_2\cos\gamma_1-T_1 & (b)\\ \rho_0C_h[v_2\sin(\beta_2+\gamma_1)]=T_2\sin\gamma_1 & (c)\\ v_2\cos(\beta_2+\gamma_1)-v_1=C_h[(1+\varepsilon_2)\cos\gamma_1-(1+\varepsilon_1)] & (d)\\ v_2\sin(\beta_2+\gamma_1)=C_h(1+\varepsilon_2)\sin\gamma_1 & (e)\\ v_4\cos\beta_4=\int_{\varepsilon_2}^{\varepsilon_4}c(\varepsilon)\mathrm{d}\varepsilon+v_2\cos\beta_2 & (f)\\ \left.\dfrac{\mathrm{d}T}{\mathrm{d}\varepsilon}\right|_{\varepsilon=\varepsilon_2}=\dfrac{T(\varepsilon_2)}{1+\varepsilon_2} & (g)\\ v_4\sin\beta_4=v_2\sin\beta_2 & (h)\end{cases}$$

对冲击点左边有类似的 8 个方程，只需以 $v_1',\varepsilon_1',v_2',\varepsilon_2',\beta_2',T_1',T_2',\gamma_2,C_h',v_3,\beta_3,\varepsilon_3$，对应地替换 $v_1,\varepsilon_1,v_2,\varepsilon_2,\beta_2,T_1,T_2,\gamma_1,C_h,v_4,\beta_4,\varepsilon_4$ 即可。因为 $T=T(\varepsilon)$ 是已知函数，实际上这 16 个方程中包含的是 20 个未知量。在冲击点当地，消去 C_{h0} 和 T_0 后有 4 个方程式(9-57)~式(9-60)，但其中又引入了新未知量 β_0'。所以总共是 20 个方程 21 个未知量。从问题的动力学条件、运动学条件和边界条件来考虑，已经建立、也只能建立 20 个独立方程。这就必须考虑决定滑动的摩擦条件，以便再补充一个方程而使问题可以求解。

另外应注意，方程组(9-VI)是对比较复杂的 $\varepsilon_m>\varepsilon_A$ 的情况列出的，如果 $\varepsilon_m<\varepsilon_A$，横波在恒值区中传播，则只需把其中的最后三式以 $\varepsilon_4=\varepsilon_2$，$v_4=v_2$ 和 $\beta_4=\beta_2$ 代替即可，这就更简单了。

现在来列出摩擦条件。

研究有摩擦的一般情况。设冲击物与弦之间遵循库仑固体摩擦定理,则摩擦力是外载荷 T_0 沿弦的法线分量与摩擦系数 f 的乘积。但是在点冲击的情况下,冲击点是一折断点。就折断点来说,在数学意义上是不存在所谓法向和切向的。于是,库仑摩擦定理的应用产生了困难。为此,我们可以把冲击点先看作一具有半径 R 和夹角 γ 的微小圆弧段,此圆弧段的每一点上,法向和切向当然就都是确定的了。把外载荷 T_0 看作圆弧段上分布外载荷的合力。以 N 表分布法向载荷,以 F 表分布摩擦力,以 f 表摩擦系数,则按库仑定理有

$$F = f \cdot N$$

取 γ 角的等分线方向为 y 轴,其垂直方向为 x 轴。设 N 的合力为 $\boldsymbol{P}=P_x\boldsymbol{i}+P_y\boldsymbol{j}$,$F$ 的合力为 $\boldsymbol{Q}=Q_x\boldsymbol{i}+Q_y\boldsymbol{j}$,则有

$$P_x = \int_{-\gamma/2}^{\gamma/2} RN\sin\alpha d\alpha = 0$$

$$P_y = \int_{-\gamma/2}^{\gamma/2} RN\cos\alpha d\alpha = RN\gamma$$

$$Q_x = \int_{-\gamma/2}^{\gamma/2} RF\cos\alpha d\alpha = RF\gamma = fRN\gamma$$

$$Q_y = \int_{-\gamma/2}^{\gamma/2} RF\sin\alpha d\alpha = 0$$

由此可见:$\boldsymbol{P}=P_y\boldsymbol{j}=RN\gamma\boldsymbol{j}$,表明分布法向载荷的合力沿 y 轴方向,即沿夹角 γ 的等分线方向;$\boldsymbol{Q}=Q_x\boldsymbol{i}=fRN\gamma\boldsymbol{i}$,表明分布摩擦力的合力沿 x 轴方向,即沿夹角 γ 的等分线的垂直方向。并且 $|\boldsymbol{Q}|=f|\boldsymbol{P}|$,表明以合力的形式来表达库仑定理时,法向相当于弦的夹角的等分线方向,切向相当于等分线的垂直方向。当 $R\to 0$ 时,微小圆弧段趋于一点,就对应于点冲击的情况。因此,折断点处的法向和切向,凡在应用库仑定理的意义上,今后均可理解为折断点处弦的夹角的等分线方向及其垂直方向(图9-13)。在数学意义上,这恰好就是夹角两边的法线方向和切向方向取平均值的结果。

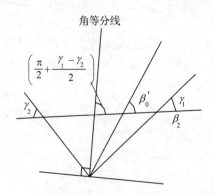

图9-13 折断点处弦的夹角的等分线方向及其垂直方向

当外载荷 T_0 沿弦的切向分量小于摩擦力时,冲击物不能沿弦滑动,这属于无滑动冲击情况,问题已在前面解决了。只有当 T_0 的切向分量足以克服摩擦力时,也就是只有当 T_0 和弦法线方向之间的夹角 $\left(\dfrac{\pi}{2}+\dfrac{\gamma_1-\gamma_2}{2}-\beta_0'\right)$ 等于摩擦角 φ 时,即当有

$$\frac{\pi}{2}+\frac{\gamma_1-\gamma_2}{2}-\beta_0'=\varphi=\operatorname{arctan}f \qquad (9-61)$$

时,才发生滑动冲击。补充这一方程后,问题就可以求解了。

用 21 个方程解 21 个未知量似乎是十分烦琐的。但实际上可以容易地利用式(9-59)和式(9-60)先把方程组(9-Ⅵ)中所有的未知量表为只是 ε_1 和 ε_1' 的函数,代入式(9-57),式(9-58)和式(9-61),把问题化为只由 3 个方程解 3 个未知量 ε_1,ε_1' 和 β_0'。

最简单的摩擦条件当然是无摩擦的情况。这时在式(9-61)中令 $f=0$,可得

$$\beta_0'=\frac{\pi}{2}+\frac{\gamma_1-\gamma_2}{2} \qquad (9-62)$$

这表明外载荷 T_0 的方向就是冲击点处夹角的等分线方向。把式(9-62)代入式(9-54),可得

$$T_3=T_4,\varepsilon_3=\varepsilon_4 \qquad (9-63)$$

这表明在无摩擦时,冲击点两边弦段的张力和应变是相等的。另外可以想象,这时任何 $\beta_0\ne\dfrac{\pi}{2}$ 的斜冲击都是滑动冲击。有了式(9-63),在实际求解时就可以不涉及 β_0',因为方程组(9-Ⅵ)加上式(9-57)、式(9-59)、式(9-60)和式(9-63),已有足够的 20 个独立方程来求解 20 个未知量了。

无限长直弦的突加恒值斜向点冲击问题最早是由 Рахматулин(1945)研究的,可惜在他列出的基本方程中,不适当地采用了机械工程中常用的线索绕滑轮的 Euler 公式

$$T_4-\rho_0 u_s^2=\mathrm{e}^{f(\gamma_1+\gamma_2)}(T_3-\rho_0 u_s^2) \qquad (9-64)$$

作为冲击点处的动力学条件。注意,式(9-64)是由静力平衡条件导出的,而这里处理的却是动力学问题。只有在没有摩擦的情况下,按式(9-64)恰好也可以得到与式(9-63)一致的结果 $T_3=T_4$。这一巧合使得我们有可能继续利用 Рахматулин 在无摩擦的条件下导得的一切结果。

下面我们更具体地来讨论一下无摩擦时的滑动冲击情况。为简单起见,限于讨论 $\varepsilon_m<\varepsilon_A$ 的情况。这时,把方程组(9-Ⅵ)和式(9-57),式(9-59),式(9-60),式(9-62)汇总在一起,并经若干演算后,变为

$$v_1=\int_{\varepsilon_0}^{\varepsilon_1}c(\varepsilon)\mathrm{d}\varepsilon$$

$$T_2=T_1,\varepsilon_1=\varepsilon_2$$

$$C_\mathrm{h}=\sqrt{\frac{1}{\rho_0}\frac{T_1}{1+\varepsilon_1}}$$

$$v_2\cos\beta_2-v_1\cos\gamma_2=C_\mathrm{h}(1+\varepsilon_1)(1-\cos\gamma_1)$$

$$v_2\sin\beta_2 + v_1\sin\gamma_2 = C_h(1 + \varepsilon_1)\sin\gamma_1$$

$$v_4 = v_2$$

$$\beta_4 = \beta_2$$

$$\varepsilon_4 = \varepsilon_2, T_4 = T_2$$

$$T_3 = T_4, \varepsilon_3 = \varepsilon_4$$

$$v_2\sin\beta_2 = v_0\sin(\beta_0 - \gamma_1)$$

$$v_2'\sin\beta_2' = v_0\sin(\beta_0 + \gamma_2)$$

$$v_2\sin(\beta_2 + r_1 + r_2) - v_2'\sin\beta_2' = v_2\sin\beta_2 - v_2'\sin(\beta_2' + r_1 + r_2)$$

前面 7 个方程是由方程组 (9–VI) 导得的,当考虑冲击点左边的弦段时还有类似的 7 个方程。再进一步整理后可以把未知量归为 9 个: $\varepsilon(=\varepsilon_4=\varepsilon_2=\varepsilon_1=\varepsilon_3=\varepsilon_2'=\varepsilon_1')$, $v_1(=v_1')$, $b(=b')$, $v_2(=v_4)$, $\beta_2(=\beta_4)$, $v_2'(=v_2)$, $\beta_2'(=\beta_3)$, γ_1, γ_2。T 和 ε 由已知的 $T=T(\varepsilon)$ 相联系。它们由以下 9 个方程求解:

$$(9-\text{VII})\begin{cases} v_1 = \int_{\varepsilon_0}^{\varepsilon} c(\varepsilon)\,\mathrm{d}\varepsilon & \text{(a)} \\ C_h = \sqrt{\dfrac{1}{\rho_0}\dfrac{T}{1+\varepsilon}} & \text{(b)} \\ v_2\cos\beta_2 - v_1\cos\gamma_2 = C_h(1+\varepsilon)(1-\cos\gamma_1) & \text{(c)} \\ v_2\sin\beta_2 + v_1\sin\gamma_1 = C_h(1+\varepsilon)\sin\gamma_1 & \text{(d)} \\ v_2'\cos\beta_2' - v_1\cos\gamma_2 = C_h(1+\varepsilon)(1-\cos\gamma_1) & \text{(e)} \\ v_2'\sin\beta_2' + v_1\sin\gamma_2 = C_h(1+\varepsilon)\sin\gamma_2 & \text{(f)} \\ v_2\sin\beta_2 = v_0\sin(\beta_0 - \gamma_1) & \text{(g)} \\ v_2'\sin\beta_2' = v_0\sin(\beta_0 + \gamma_2) & \text{(h)} \\ v_2\sin\beta_2\cos(\gamma_1+\gamma_2) + v_2\cos\beta_2\sin(\gamma_1+\gamma_2) - v_2'\sin\beta_2' = v_2\sin\beta_2 - \\ \quad v_2'\sin\beta_2'\cos(\gamma_1+\gamma_2) - v_2'\cos\beta_2'\sin(\gamma_1+\gamma_2) & \text{(i)} \end{cases}$$

在方程组 (9–VII) 中,由式(d)和式(g)可得

$$\tan\gamma_1 = \frac{v_0\sin\beta_0}{C_h(1+\varepsilon) - v_1 + v_0\cos\beta_0} = \frac{v_0\sin\beta_0}{c_h + v_0\cos\beta_0} \tag{9-65a}$$

式中:

$$c_h = C_h(1+\varepsilon) - v_1 \tag{9-65b}$$

其物理意义是横波的 Euler 波速。类似地由式(e)和式(h)可得

$$\tan\gamma_2 = \frac{v_0\sin\beta_0}{C_h(1+\varepsilon) - v_1 - v_0\cos\beta_0} = \frac{v_0\sin\beta_0}{c_h - v_0\cos\beta_0} \tag{9-66}$$

由式(9-65)和式(9-66)可以解得

$$\begin{cases} v_0\cos\beta_0 = \dfrac{c_h(\tan\gamma_2 - \tan\gamma_1)}{\tan\gamma_1 + \tan\gamma_2} \\ v_0\sin\beta_0 = \dfrac{2c_h\tan\gamma_1\tan\gamma_2}{\tan\gamma_1 + \tan\gamma_2} \\ \tan\beta_0 = \dfrac{2\tan\gamma_1\tan\gamma_2}{\tan\gamma_2 - \tan\gamma_1} \\ \cot\gamma_1 = 2\cot\beta_0 + \cot\gamma_2 \end{cases} \quad (9-67)$$

在具体解题时,对于某个已知的 ε_0 和 β_0 值,可以先假设给出一个 γ_1 值,就可以按式(9-67)算得 γ_2 值,例如表 9-1 就是这样算得的某些结果。

表 9-1 γ_2 值

β_0	γ_1								
	10°	13°	18°	23°	30°	35°	40°	50°	55°
90°	10°00′	13°00′	18°00′	23°00′	30°00′	35°00′	40°00′	50°00′	—
70°	8°50′	11°10′	14°40′	18°00′	22°10′	24°50′	27°30′	32°30′	—
50°	7°40′	9°20′	11°50′	14°00′	16°20′	17°50′	19°10′	21°40′	—
30°	6°10′	7°20′	8°40′	9°40′	10°50′	11°30′	12°10′	13°00′	13°30′

既然 γ_1 和 γ_2 已知,而 v_1 和 C_h 只是 ε 的函数,按式(c)~式(f),则 $v_2\cos\beta_2$,$v_2\sin\beta_2$,$v_2'\cos\beta_2'$,和 $v_2'\sin\beta_2'$ 均可表为仅仅是 ε 的函数,把它们代入式(i),就可解得 ε 值,于是其他的各未知量都可求得。最后由式(9-67)可以确定产生这样的 ε 值所需的冲击速度值 v_0。这样的凑试解法是由 Рахматулин(1945)建议的。

对于线性硬化材料,问题更为简单。设应力应变关系为

$$\begin{cases} T = E\varepsilon, \varepsilon < \varepsilon_s \\ T = T_s + E_1(\varepsilon - \varepsilon_s), \varepsilon > \varepsilon_s \end{cases}$$

式中:T_s,ε_s 分别是屈服张力和屈服应变;E_1 是线性硬化模量;E 是弹性模量。

这时对于式(a)和式(b)则有

$$v_1 = c_0(\varepsilon_s - \varepsilon_0) + c_1(\varepsilon - \varepsilon_s)$$

$$C_h = \sqrt{\dfrac{c_0^2\varepsilon_s + c_1^2(\varepsilon - \varepsilon_s)}{1 + \varepsilon}}$$

此处 $c_0 = \sqrt{\dfrac{E}{\rho_0}}$,$c_1 = \sqrt{\dfrac{E_1}{\rho_0}}$ 分别代表弹性波和塑性波波速。设 $\varepsilon_s = 0.002$ 和 $\bar{c}_1^2 = \left(\dfrac{c_1}{c_0}\right)^2$,在初始应变 $\varepsilon_0 = 0$ 和 $\varepsilon_0 = 0.001$ 的条件下,Рахматулин 对于 $\beta_0 = 30°,50°,70°,90°$ 四种情况算得的 ε,$\overline{B}\left(=\dfrac{C_h}{c_0}\right)$ 和 $\bar{v}_0\left(=\dfrac{v_0}{c_0}\right)$ 之间的数值关系如表 9-2 所列,在图 9-14 上给出了对应的 $\varepsilon = \varepsilon(v_0)$ 图。

第九章 柔性弦中弹塑性波的传播理论

表 9-2 ε 和 $\overline{B}$ 值

\multicolumn{11}{c	}{$\beta_0 = 90°, \varepsilon_0 = 0, \overline{c}_1^2 = 0.05, \varepsilon_s = 0.002$}
$\overline{v}_0$	0.0135	0.0167	0.0192	0.0245	0.0347	0.045	0.0518	0.064	0.0661	0.0742	0.085
ε	0.0020	0.006	0.010	0.020	0.04	0.060	0.0800	0.100	0.120	0.140	0.160
$\overline{B}$	0.0426	0.0441	0.0453	0.0481	0.0530	0.05696	0.06045	0.0656	0.0655	0.068	0.0707

\multicolumn{11}{c	}{$\beta_0 = 90°, \varepsilon_0 = 0.001, \overline{c}_1^2 = 0.05, \varepsilon_s = 0.002$}
$\overline{v}_0$	0.00978	0.1295	0.0164	0.02035	0.0228	0.0283	0.0391	0.0381	0.0423	0.0511
ε	0.002	0.006	0.010	0.016	0.020	0.030	0.040	0.050	0.060	0.080
$\overline{B}$	0.0436	0.0491	0.0463	0.0481	0.0491	0.0518	0.054	0.0563	0.0579	0.0614

\multicolumn{7}{c	}{$\beta_0 = 70°, \varepsilon_0 = 0.001, \overline{c}_1^2 = 0.05, \varepsilon_s = 0.002$}
$\overline{v}_0$	0.0139	0.0182	0.0254	0.0311	0.0376	0.0554
ε	0.006	0.010	0.0219	0.0326	0.0444	0.0787
$\overline{B}$	0.0450	0.0464	0.0499	0.0525	0.0551	0.0612

\multicolumn{8}{c	}{$\beta_0 = 50°, \varepsilon_0 = 0.001, \overline{c}_1^2 = 0.05, \varepsilon_s = 0.002$}
$\overline{v}_0$	0.0113	0.0148	0.0188	0.02426	0.0286	0.0337	0.0423
ε	0.0002	0.0042	0.008	0.0146	0.0207	0.0323	0.0455
$\overline{B}$	0.0431	0.0445	0.0456	0.0478	0.0496	0.00525	0.0555

\multicolumn{10}{c	}{$\beta_0 = 30°, \varepsilon_0 = 0.001, \overline{c}_1^2 = 0.05, \varepsilon_s = 0.002$}
$\overline{v}_0$	0.0142	0.0183	0.0217	0.0263	0.0297	0.0332	0.036	0.0388	0.0425
ε	0.0004	0.0023	0.0058	0.0082	0.0114	0.015	0.0185	0.0223	0.029
$\overline{B}$	0.043	0.0439	0.0446	0.0458	0.0472	0.0487	0.049	0.051	0.0517

在法向冲击下有

$$\beta_0 = \frac{\pi}{2}$$

$$v_0 = v_2 = v_2'$$

$$\gamma_1 = \gamma_2 = \gamma$$

$$\beta_2 = \beta_0 - \gamma_1 = \frac{\pi}{2} - \gamma$$

$$\beta_2' = \beta_0 - \gamma_2 = \frac{\pi}{2} + \gamma$$

方程组(9-Ⅶ)就化简为如下形式：

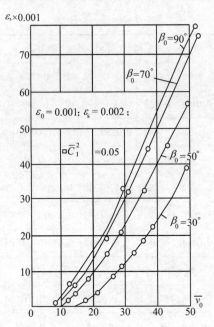

图 9-14　不同冲击角度 β_0 下的 $\varepsilon = \varepsilon(v_0)$ 关系

$$(9-\text{VIII}) \begin{cases} v_1 = \int_{\varepsilon_0}^{\varepsilon} c(\varepsilon) \mathrm{d}\varepsilon \\ C_h = \sqrt{\dfrac{1}{\rho_0} \dfrac{T}{1+\varepsilon}} \\ v_0 \cos\left(\dfrac{\pi}{2} - \gamma\right) - v_1 \cos\gamma = C_h(1+\varepsilon)(1-\cos\gamma) \\ v_0 \sin\left(\dfrac{\pi}{2} - \gamma\right) + v_1 \sin\gamma = C_h(1+\varepsilon)\sin\gamma \end{cases}$$

由这四个方程可以解得四个未知量 ε, v_1, C_h 和 γ。对最后两式演算化简后可得

$$\begin{cases} \tan\gamma = \dfrac{v_0}{(1+\varepsilon) - v_1} \\ \sec\gamma = \dfrac{C_h(1+\varepsilon)}{C_h(1+\varepsilon) - v_1} \end{cases} \quad (9-68)$$

再消去 γ 后有

$$\left(\frac{C_h(1+\varepsilon)}{C_h(1+\varepsilon) - v_1}\right)^2 - \left(\frac{v_0}{C_h(1+\varepsilon) - v_1}\right)^2 = 1$$

或

$$v_0^2 = 2C_h(1+\varepsilon)v_1 - v_1^2$$

把方程组 (9-VIII) 前两式的 v_1 和 C_h 代入上式，在给定的 v_0 值下即可解得 ε 值，从而也可求得 C_h, v_1 和 γ。

例如，对于弹性弦，$T = E\varepsilon$，则有

$$v_1 = c_0(\varepsilon - \varepsilon_0)$$

$$C_h = c_0 \sqrt{\frac{\varepsilon}{1+\varepsilon}}$$

$$\bar{v}_0 = \frac{v_0}{c_0} = \sqrt{2(\varepsilon - \varepsilon_0)\sqrt{\varepsilon(1+\varepsilon)} - (\varepsilon - \varepsilon_0)^2} \qquad (9-69)$$

当 $\varepsilon_0 \approx 0, \varepsilon \ll 1$ 时，由式(9-69)可求出

$$\varepsilon \approx \frac{\bar{v}_0^{4/3}}{\sqrt[3]{4}} \qquad (9-70)$$

因而

$$C_h \approx c_0 \frac{\bar{v}_0^{2/3}}{\sqrt[3]{2}} = 0.8 v_0^{2/3} c_0^{1/3} \qquad (9-71)$$

再由式(9-68)可得

$$\tan\gamma \approx \frac{v_0}{0.8 v_0^{2/3} c_0^{1/3}} = 1.25 \cdot \sqrt[3]{\frac{v_0}{c_0}} \qquad (9-72)$$

可见即使在小的 v_0 值下也有大的 γ 值。设材料的弹性变形极限为 $\varepsilon_s = 0.002$，则由式(9-70)可知，使弦开始屈服所需的法向冲击速度约为 $v_0 \approx 55\text{m/s}$，这说明需要相当大的冲击速度。

9.4 预张力作用下的弦的横向冲击

现在讨论在预张力作用下的直弦的横向点冲击问题，分析一下预张力对于弦中纵波和横波传播特性的影响(Wang et al, 1992)。

如图 9-15 所示，考察一初始时刻处于静止状态，但具有预张力 T_0(及对应的预应变 ε_0)的无限长直弦，其原始线密度为 ρ_0，受到垂直于弦长方向(X 轴)的恒速点冲击 V(以图中 Y 轴方向为正)。由于问题的对称性，只需讨论 $X \geq 0$ 这一半弦的运动即可。这时，在弦中依次有纵波和横波传播，其物质波速(Lagrange 波速)分别以 C_l 和 C_h 表示。

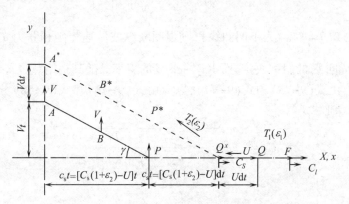

图 9-15 具有预张力 T_0 的无限长直弦的横向点冲击

以物质坐标(Lagrange 坐标)来描述这一问题时，对于强间断纵波波阵面，有如下的动力学相容关系(动量守恒)和运动学相容关系(位移连续)：

$$[T] = \rho_0 C_1 [U]$$
$$[U] = C_1 [\varepsilon]$$

式中:张力 $T(=\sigma A_0)$ 和应变 ε 均以拉为正; X 方向的质点速度 U 则以指向冲击点(即 $-X$ 方向)为正。注意到质点速度 U 的正负号的定义后,不难看出以上两式其实就是第二章讨论杆中强间断纵波时得出的动力学相容关系式(2-57)和运动学相容关系式(2-55)。

如果以下标 1 表示弦中强间断纵波波阵面后方诸量,则对于初始时刻处于静止状态而具有预张力 T_0 的弦,以上两式可分别具体地写为

$$T_1 - T_0 = \rho_0 C_1 U_1 \tag{9-73}$$
$$U_1 = C_1 (\varepsilon_1 - \varepsilon_0) \tag{9-74}$$

对于横波强间断波阵面,其波阵面上的动力学条件和位移连续条件在一般条件下已由方程组(9-I)给出。在目前的情况下,方程组(9-I)中的 $v_1 = U_1, v_2 = V, b_1 = 0, \beta_2 + \gamma = \pi/2$,再以下标 2 表示弦中横波强间断波阵面后方诸量时,则方程组(9-I)可具体化为

$$T_2 \cos\gamma - T_1 = -\rho_0 C_h U_1 \tag{9-75}$$
$$T_2 \sin\gamma = \rho_0 C_h V \tag{9-76}$$
$$-U_1 = C_h [(1+\varepsilon_2)\cos\gamma - (1+\varepsilon_1)] \tag{9-77}$$
$$V = C_h (1+\varepsilon_2)\sin\gamma \tag{9-78}$$

显然,由式(9-73)和式(9-74)立即可求得纵波波速 C_1 为

$$C_1 = \sqrt{\frac{1}{\rho_0} \frac{T_1 - T_0}{\varepsilon_1 - \varepsilon_0}} \tag{9-79a}$$

这和杆中纵波波速的式(2-59)相一致。由上式可见,当弦材料的本构关系 $T = T(\varepsilon)$ 为线性关系时,预张力 T_0 不会影响纵波波速。但当 $T = T(\varepsilon)$ 为非线性关系时,T_0 将影响纵波波速,并且与讨论杆中强间断纵波时的情况一样,如果 $\frac{d^2 T}{d\varepsilon^2} < 0$($T = T(\varepsilon)$ 为上凸曲线),强间断纵波将转化为弱间断纵波(连续波),而式(9-79a)则相应地化为

$$C_1 = \sqrt{\frac{1}{\rho_0} \frac{dT}{d\varepsilon}} = \sqrt{\frac{A_0}{\rho_0} \frac{d\sigma}{d\varepsilon}} \tag{9-79b}$$

反之,如果 $\frac{d^2 T}{d\varepsilon^2} > 0$($T = T(\varepsilon)$ 为下凹曲线),则强间断纵波波速将随预张力 T_0 变化(冲击波的波速由 Rayleigh 弦的斜率决定,而 Rayleigh 弦的斜率又随其初始点位置而变化)。

对于横波,由式(9-75)和式(9-77),以及由式(9-76)和式(9-78)分别可得出横波波速的两种表达形式:

$$C_h = \sqrt{\frac{1}{\rho_0} \frac{T_2 \cos\gamma - T_1}{(1+\varepsilon_2)\cos\gamma - (1+\varepsilon_1)}} \tag{9-80a}$$

$$C_h = \sqrt{\frac{1}{\rho_0} \frac{T_2}{1+\varepsilon_2}} \tag{9-80b}$$

要同时满足此两式,如同式(9-12)~式(9-14)所示,在一般情况下必定有

$$T_2 = T_1 \tag{9-81a}$$
$$\varepsilon_2 = \varepsilon_1 \tag{9-81b}$$

即横波只引起弦的形状改变而不产生应变扰动。

这样,本问题包括纵波与横波的全部动量守恒条件与位移连续条件最后可归纳为以下四个独立方程:

$$\rho_0 C_l U = T - T_0 = T_d \tag{9-82a}$$

$$U = C_l(\varepsilon - \varepsilon_0) = C_l \varepsilon_d \tag{9-82b}$$

$$\rho_0 C_h V = T\sin\gamma \tag{9-82c}$$

$$V = C_h(1 + \varepsilon)\sin\gamma \tag{9-82d}$$

此处为方便起见,在计及式(9-81)后已略去有关各量的下标 1 和 2。

显然,当弦的线密度 ρ_0 和本构关系 $T=T(\varepsilon)$ 已知,其预张力 T_0(从而预应变 ε_0)和横向冲击速度 V 也已给定时,以上四个独立方程中还包含五个未知量:C_l, U, T, C_h 和 γ,因此如能由实验测知其中任一个,其余四个未知量就都能解得了。

下面以实测预张力弦中的波速为例作进一步的具体讨论。

9.4.1 预张力弦中波速的试验研究

Wang,Field 和 Sun(1992)对预张力弦中纵波和横波的传播进行了试验研究,图 9-16 给出了该试验的示意图。

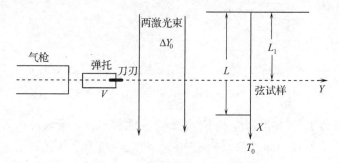

图 9-16 预张力直弦的横向点冲击试验示意

由气枪发射头部镶有薄刀刃的子弹(图 9-17),对垂直悬挂的弦试样进行横向点冲击。弦试样下挂砝码,通过改变砝码的重量来调节弦的预张力 T_0。子弹在横向冲击弦试样前,先穿过两束给定距离 ΔY_0 的激光束,通过测量子弹遮断激光束的时间差 Δt_0,即可确定子弹的冲击速度 $V(=\Delta Y_0/\Delta t_0)$。在弦试样相距 L 的上下端,各装置一个压电传感器,分别距冲击点 L_1 和 $L_2(=L-L_1)$。由于 $L_1 \neq L_2$,弦中纵波将分别在不同时刻 t_1 和 t_2 到达上、下端压电传感器。由此即可确定弦中的纵波波速 $C_l = (L_1-L_2)/(t_1-t_2)$。

与此同时,用高速摄影机记录弦试样在横向冲击下的形状变化过程,特别是表征横波传播的折断角 γ 及其传播。

测量横向冲击下($V=81$m/s)高聚物弦线 Kevlar 中纵波波速的典型示波记录如图 9-18 所示。从应力波到达时记录到的跳跃式信号可知,所测到的纵波为强间断波。这说明所试材料 Kevlar 不是具有线性本构关系,就是具有下凹 $T=T(\varepsilon)$ 曲线的非线性本构关系。如果是前者,纵波速将不随预张力而变化;如果是后者,纵波速将随预张力增加而增快。

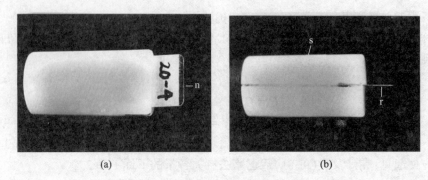

图 9-17 头部镶有薄刀刃的子弹

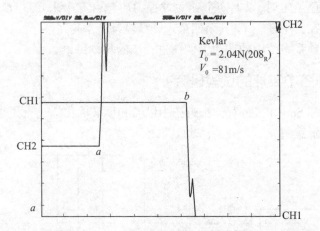

图 9-18 测量 Kevlar 高聚物弦线中纵波波速的典型示波记录

在不同预张力 T_0 和冲击速度 V 下,高聚物弦线 Kevlar 中纵波波速 C_1 的实测结果汇总在表 9-3 中。可见在相同预张力 T_0 作用下,纵波速 C_1 几乎不随冲击速度 V 而变化;但在相同冲击速度 V 下,Kevlar 中纵波速 C_1 随预张力 T_0 之增大而增加,并近似地呈线性关系,如图 9-19 中的斜线 k 所示。同一图中,还给出了高聚物弦线 Spectra 和 Ni-Cr 合金弦的实测 C_1—T_0 关系,分别如斜线 s 和水平线 n 所示。这说明在试验的冲击条件下,高聚物弦线 Kevlar 和 Spectra 都具有下凹的非线性 $T=T(\varepsilon)$ 关系,而 Ni-Cr 合金则具有线性 $T=T(\varepsilon)$ 关系。

表 9-3 不同预张力 T_0(预张应力 σ_0)和冲击速度 V 下高聚物弦线 Kevlar 中的纵波速 C_1

T_0/N	2.04	3.02	5.96	10.9	10.9	10.9	10.9	20.7	30.5
σ_0/MPa	32	47	93	170	170	170	170	324	478
V/(m/s)	81	79	81	54.5	81	138	170	82	81
C_1/(km/s)	9.04	9.13	9.22	9.35	9.35	9.36	9.27	9.52	9.79

对于预张应力为 170MPa 的高聚物弦线 Kevlar 进行横向冲击试验时,用 IMACON 高速摄影机每隔 20μs 拍摄的典型记录照片如图 9-20 所示。其中,图 9-20(a) 给出冲击速度为 54.5m/s 时的结果,图 9-20(b) 则给出冲击速度为 170m/s 时的结果。

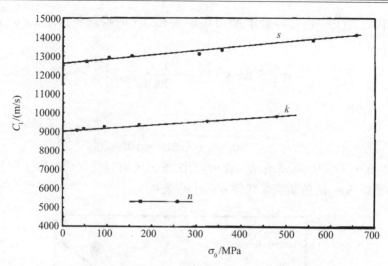

图 9-19 纵波波速随预张力变化的实测结果

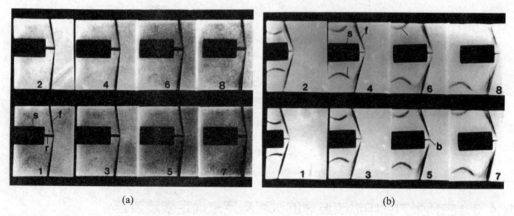

图 9-20 具有预张应力 170MPa 的高聚物弦线 Kevlar 受横向冲击时的高速摄影照片,帧隔时间 20μs
(a) 冲击速度 54.5m/s;(b) 冲击速度 170m/s。

由此可见,弦线在横向冲击下的断开过程是一个由组成弦线的纤维束一根根相继断开的过程。纤维断开时,随着预张力的释放,纤维反弹回缩。在给定预张力下,随着横向冲击速度的提高,表征横波传播的折断角 γ 增大,弦线也在更短的时间里被割断。

9.4.2 由预张力弦中纵波波速的试验测定来研究弦材料的本构关系

通过实验测得了不同预张力下弦中纵波波速后,可以推算弦材料的瞬态应力应变关系。这与讨论杆中应力波时曾述及的第二类反问题相类似,即由实测波信息来反解材料本构关系。

对于高聚物弦线 Kevlar,图 9-19 中的 C_l—T_0 线性关系以最小二乘法拟合后,可定量地表为如下的 C_l—σ_0 线性关系:

$$C_l = 9.10 + 1.56 \times 10^{-3}\sigma_0 \tag{9-83}$$

式中:C_l 以 km/s 为单位;而 σ_0 以 MPa 为单位。

把上式代入式(9-79b),再积分,就可以确定 Kevlar 的瞬态非线性 $\sigma = \sigma(\varepsilon)$ 关系,结果如下:

$$\sigma = 5.85 \times 10^3 \left(\frac{1}{1 - 20.8\varepsilon} - 1 \right) \qquad (9-84a)$$

或

$$\varepsilon = \frac{\sigma}{20.8\sigma + 1.216 \times 10^5} \qquad (9-84b)$$

以图表示,如图 9-21 中的实线所示。作为对比,图中还同时以虚线给出了用相同方法确定的高聚物弦线 Spectra 的瞬态非线性 $\sigma = \sigma(\varepsilon)$ 关系。

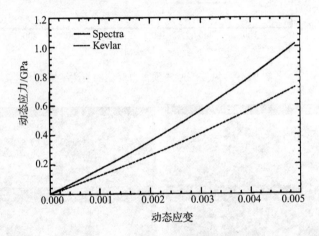

图 9-21 高聚物弦线 Kevlar 和 Spectra 的瞬态非线性 $\sigma = \sigma(\varepsilon)$ 关系

9.4.3 由预张力弦中纵波波速的试验测定来确定横波波速

参照图 9-15 可知,横向冲击速度 V 与横波在空间坐标(Euler 坐标)中的传播速度 c_h 之间有如下简单的几何关系:

$$V = c_h \tan\gamma \qquad (9-85)$$

另一方面,与导出式(2-11)相类似,横波的 Euler 波速 c_h 与 Lagrange 波速 C_h 之间在目前情况下应有如下关系(参看式(9-65b)):

$$c_h = C_h(1 + \varepsilon) - U \qquad (9-86)$$

这两个方程连同式(9-82a,b,c,d)4 个方程总共 6 个方程,包含了 11 个未知量:ρ_0, C_1, C_h, c_h, U, V, γ, T, ε, T_0 和 ε_0。一般,ρ_0, T_0 和 ε_0 是已知的,横向冲击速度 V 在试验中可测知,还剩下 7 个未知量。所以,一旦能在试验中测得纵波波速 C_1,就可由上述 6 个方程确定其余各量。

以高聚物弦线 Kevlar 为例,根据纵波波速 C_1 的实测数据所确定的其他各量汇总于表 9-4。关于表征横波传播的折断角 γ,表中同时给出了按纵波波速推算的折断角计算值 γ_{cal}(以度为单位)和按高速摄影照片(图 9-20)量取的试验值 γ_{exp}(以度为单位),两者符合得相当好。

表 9-4 Kevlar 在不同预张力 T_0 和冲击速度 V 下的实测纵波速 C_1 及推算的其他各量

T_0/N	2.04	3.02	5.96	10.9	10.9	10.9	10.9	20.7	30.5
σ_0/MPa	32	47	93	170	170	170	170	324	478
$\varepsilon_0/10^{-6}$	262	383	753	1360	1360	1360	1360	2520	3630
V/(m/s)	81	79	81	54.5	81	138	170	82	81
C_1/(km/s)	9.04	9.13	9.22	9.35	9.35	9.36	9.27	9.52	9.79
c_h/(m/s)	324	333	373	388	424	519	567	527	610
U/(m/s)	10	9.2	8.7	3.8	7.48	18	24.9	6.3	5.35
T/N	10.4	11.0	13.6	14.4	17.5	27.0	32.8	26.3	35.4
σ/MPa	165	171	210	221	273	414	513	409	555
$\varepsilon/10^{-6}$	1350	1400	1710	1780	2160	3320	4030	3220	4180
γ_{cal}/(°)	14	13.3	12.3	8.0	10.7	14.9	16.7	8.8	7.6
γ_{exp}/(°)	—	—	13	8.5	11.1	15	17	9.5	8

从表中的结果可见,弦在横向冲击时的应力和应变明显地依赖于预张力和冲击速度。还值得注意的是,像 Kevlar 这类材料在横向冲击下的波速大大快于在金属弦中的波速,有利于把冲击能量更快地传递出去,而避免高度区局域化应变。这对于抵抗横向冲击的工程应用是有意义的。

第十章 横向冲击下梁中弹塑性波的传播(弯曲波理论)

杆在横向冲击下或在偏心纵向冲击下都将发生弯曲运动。承受弯曲的杆常称之为梁,在基于"平截面假定"基础的初等理论中,梁的弯曲运动可归结为各截面发生相对转动而其中性轴发生横向运动。

上一章讨论了柔性弦的冲击问题,忽略了弦的刚度,现在则可以把梁看作具有较大刚度的弦。

梁的动态弯曲问题,可以用振动的处理方法来描述,也可以用波的处理方法来描述。前者通常在有关振动学或结构动力学中讨论;本章则只准备讨论后者,即只讨论所谓弯曲波。首先将简略地提一下弯曲弹性波,随后主要讨论弯曲塑性波。和杆的纵向塑性波一样,弯曲塑性波的处理可以采用弹塑性分析,也可以近似地采用刚塑性分析。

应该指出,也和杆中纵向应力波理论一样,这里只限于讨论与应变率无关的所谓"率无关"弯曲波理论;并也只限于讨论基于"平截面假定"基础上的初等理论。精确的理论和计及应变率效应的理论要复杂得多,并显然比纵波的处理要困难得多。

10.1 基本假定和方程

基本方程包括三个方面:动力学方程、运动学方程和材料本构方程。在一般情况下,描述运动的各参量是空间坐标 x,y,z 和时间 t 的函数。问题的求解在数学上是十分复杂困难的,因此通常引入某些限制和某些基本假定。

首先我们预先限制所讨论的是等截面的直梁,且梁的横截面至少有一个几何对称面,而外载荷作用在此对称面上。这样,梁轴的变形始终在对称面中,梁不发生扭转变形,此即所谓**平面弯曲**问题。这一限制的意义就在于首先把一般的空间问题简化成了平面问题。

再作**第一个基本假定**:变形前垂直于梁轴的平截面在变形后仍保持平面并保持和变形后的梁轴垂直。此即所谓**平截面假定**。这样就存在某个在弯曲中长度未改变的纤维层,称为中性层。对于矩形截面的梁,中性层就是与外力所作用的对称面互相垂直的另一对称面。在中性层的上下,纤维分别受拉伸和压缩。中性层和各截面的交线称为中性轴。我们选取变形前的梁轴为 x 轴,中性轴为 y 轴,外力作用的对称轴为 z 轴,如图 10-1 所示。显然,平截面假定把梁的弯曲归结为梁轴的横向位移 w(以正 z 方向为正)和各截面绕其中性轴的转动(转角 α 以顺时针转向为正)。

以 $Q(x,t)$ 和 $M(x,t)$ 分别代表作用在任一截面 x 上的切力和弯矩,规定其正号如图 10-2 所示。考虑梁的一个微元素 dx 部分,按动量定理和动量矩定理即可得出梁的两个动力学方程为

$$\frac{\partial Q}{\partial x} + q(x) = \rho_0 A_0 \frac{\partial v}{\partial t} \qquad (10-1)$$

$$\frac{\partial M}{\partial x} - Q = -\rho_0 I \frac{\partial \omega}{\partial t} \qquad (10-2)$$

式中:$q(x)$为分布外载荷;ρ_0为变形前梁的密度;A_0为变形前梁的截面积;$I = \int_A z^2 \mathrm{d}A$是截面对中性轴的转动惯量(轴惯性矩);$v$为梁轴的横向移动速度;$\omega$为截面转动的角速度。

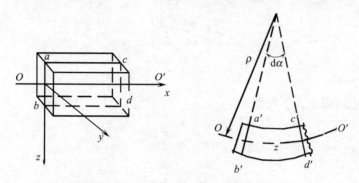

图 10-1　平截面假定下梁的平面弯曲

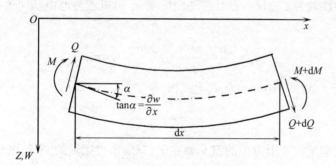

图 10-2　梁的微元段上作用的切力和弯矩

平截面假定的意义就在于把平面弯曲问题进一步简化为一维问题,一般情况下的六个动力学方程在目前的限制和假定下只剩下两个,即式(10-1)和式(10-2)。

在平截面假定下,运动学方程可以容易地列出如下:

$$v = \frac{\partial w}{\partial t} \qquad (10-3)$$

$$\tan\alpha = \frac{\partial w}{\partial x} \qquad (10-4)$$

$$\omega = \frac{\partial \alpha}{\partial t} \qquad (10-5)$$

$$k = \frac{1}{\rho} = \frac{\partial \alpha}{\partial s} = -\frac{\dfrac{\partial^2 w}{\partial x^2}}{\left[1 + \left(\dfrac{\partial w}{\partial x}\right)^2\right]^{3/2}} \qquad (10-6)$$

式中:k为曲率;ρ为曲率半径;s为梁绕曲轴的弧长。

式(10-6)右边取负号是因我们把 M 和 k 的正号规定如图10-2所示,而这时变形了的梁轴在 w—x 坐标中为凸曲线 $\left(\dfrac{\partial^2 w}{\partial x^2}\right)$ 之故。

在下面讨论的弯曲波理论中,我们还作了**第二个基本假定:梁的变形不大,$\tan\alpha \leqslant 1$**。这时,可以忽略 Lagrange 坐标和 Euler 坐标的差别,而式(10-4)~式(10-6)就简化为

$$\alpha = \frac{\partial w}{\partial x} \tag{10-4a}$$

$$\omega = \frac{\partial \omega}{\partial t} = \frac{\partial^2 w}{\partial t \partial x} \tag{10-5a}$$

$$k = \frac{1}{\rho} = -\frac{\partial^2 w}{\partial x^2} \tag{10-6a}$$

或者连续方程也可以表为下列形式:

$$\frac{\partial v}{\partial x} = \frac{\partial \alpha}{\partial t} = \omega \tag{10-7}$$

$$\frac{\partial k}{\partial t} = -\frac{\partial \omega}{\partial x} \tag{10-8}$$

至于截面上离中性轴为 z 的任一点处的法向应变 ε_x 可以容易地由几何关系(图10-1)决定,即

$$\varepsilon_x = \frac{(\rho + z)\mathrm{d}\alpha - \rho \mathrm{d}\alpha}{\rho \mathrm{d}\alpha} = \frac{z}{\rho} = zk \tag{10-9}$$

在小应变的假定下,以式(10-6a)代入上式得

$$\varepsilon_x = -z\frac{\partial^2 w}{\partial x^2} \tag{10-9a}$$

平截面假定在求解梁的变形方面的意义就在于:只需求得梁轴的变形,则任一点的变形就可确定了。

最后来讨论材料本构方程。在杆的纵向运动中表现为简单拉伸(压缩)σ—ε 关系。在一般的率无关问题中应该是联系应力张量和应变张量的广义应力应变关系。在目前的情况下,代替应力分量,在动力学方程中出现的是 M 和 Q;而与应变 ε 相联系的是曲率 k(见式(10-9))。平截面假定在实质上是忽略了切力 Q 对梁变形的作用。这时,对于梁而言,材料本构方程就转化为建立 M 和 k 的关系。

弯矩 M 按其定义是该截面上法应力对中性轴的合力矩,为

$$M = \int_A \sigma_x z \mathrm{d}A \tag{10-10}$$

在简单拉伸(压缩)下,σ—ε 关系是容易由实验给出的。但在一般的受力状况下 ε_x 不仅仅取决于 σ_x,还取决于 σ_y 和 σ_z;或者说,σ_x 应是 ε_x,ε_y 和 ε_z 的函数。不过,通常在作平截面假定的同时,还作**第三个基本假定:各纵向纤维间无挤压**,即梁的各纤维均处于单向拉伸(压缩)下 $\sigma_x = \sigma_x(\varepsilon_x)$。如果用 b 和 h 表示矩形截面的宽和高,则式(10-10)可写为

$$M = b\int_{-h/2}^{h/2} \sigma_x(\varepsilon_x) z \mathrm{d}z$$

再补充以**第四个基本假定:σ_x—ε_x 曲线对拉伸和压缩是相同的**。上式可写为

$$M = 2b\int_0^{h/2} \sigma_x(kz)z\mathrm{d}z = M(k) \tag{10-11}$$

或者

$$M = \frac{2b}{k^2}\int_0^{h/2} \sigma_x(\varepsilon_x)\varepsilon_x \mathrm{d}\varepsilon_x = M(k) \tag{10-11a}$$

只要 σ_x—ε_x 曲线已知,$M=M(k)$ 就可算得,并且 M 只是 k 的函数。注意,这里我们实际上已经暗中作了**第五个基本假定:材料的本构方程与应变率无关**。对于这一点,我们理解为在动载荷下的本构方程与静载荷下可以是不同的,而在动载荷下则近似地看作只有唯一的 $M=M(k)$ 关系。

在线弹性变形范围内,$M=M(k)$ 也是线性的。这时式(10-11)化为

$$M = EIk \tag{10-12}$$

但注意,线性硬化弹塑性的 σ—ε 关系

$$\begin{cases} \sigma_x = E\varepsilon_x, & \varepsilon_x \leqslant \varepsilon_s \\ \sigma_x = (E-E_1)\varepsilon_s + E_1\varepsilon_x, & \varepsilon_x \geqslant \varepsilon_s \end{cases}$$

并不对应于线性硬化弹塑性的 $M=M(k)$ 关系。事实上如以 $z_s = \varepsilon_s/k$ 表示弹塑性层分界的坐标,由式(10-11)得

$$M = \frac{2bkEz_s^3}{3} + b(E-E_1)\varepsilon_s\left(\frac{h^2}{4} - z_s^2\right) + \frac{2bkE_1}{3}\left(\frac{h^3}{8} - z_s^3\right) =$$

$$EIk\left[1 - \lambda - 4\lambda\left(\frac{z_s}{h}\right)^3 + 3\lambda\left(\frac{z_s}{h}\right)\right] =$$

$$EIk\left[1 - \lambda - 4\lambda\left(\frac{\varepsilon_s}{hk}\right)^3 + 3\lambda\left(\frac{\varepsilon_s}{hk}\right)\right] \tag{10-13}$$

式中:$\lambda = (E-E_1)/E$;$I = bh^3/12$(b 和 h 是截面宽和高)。

当 $\lambda = 0$ 时,上式与式(10-12)一致。弹性段直到 $k_s = 2\varepsilon_s/h$,$M_s = 2EI\varepsilon_s/h$ 点结束,此后为一曲线。如果 $\lambda = 1$,这对应于理想塑性的情况,这时,

$$M_s = EI\left[\frac{3\varepsilon_s}{h} - \frac{4\varepsilon_s^3}{h^3k^2}\right]$$

当 $k \to \infty$ 时,$z_s = \varepsilon_s/k \to 0$,$M \to 3EI\varepsilon_s/h = 1.5M_s$(图10-3)。如果整个截面都进入塑性变形,$k$ 可以无限增大,通常称为形成了所谓"塑性铰"。

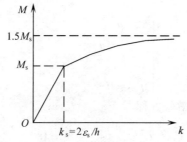

图 10-3 弹性—理想塑性材料的 M—k 关系

由此可见,今后如果谈及线性硬化 M—k 关系或理想塑性的 M—k 关系,并非对应于线性硬化和理想塑性的 σ—ε 关系。

这样，我们建立了问题的全部基本方程。总结一下，包括有动力学方程式(10-1)，式(10-2)，运动学方程式(10-3)，式(10-4a)，式(10-5a)，式(10-6a)(或者式(10-7)，式(10-8))；以及本构方程式(10-11)。总共七个方程，解 M,Q,w,v,α,ω,k 七个未知函数。这些基本方程的导得基于上述的五个基本假定，并限于平面弯曲问题。这里也已预先认为梁是不受轴向拉伸或压缩的。

由于引入了上述的近似假定，显然这些方程只有在某些条件下才是适用的。例如小应变假定限于梁的转角 $\alpha<10°$。平面假定和纵向纤维无挤压的假定实质上都是忽略了切应力效应。在纯弯曲的情况下，没有切应力，这是正确的。在一般情况下实际上截面上有切应力存在，其合力即切力 Q，而根据切应力成对定理，各纵向纤维间显然也存在切应力。变形前两平截面间的元素将发生切应变，原来的平截面发生挠曲，不会再保持平面；而各纵向纤维间也将发生挤压。对于静力学问题，弹性力学中曾经证明只有长梁才允许作此近似假定。这一点也可以由各应力分量的数量级的估算看出。如果梁长 l，截面积为 h^2 阶，受分布载荷 q(单位长度载荷)；则切力 Q 是 ql 阶的，σ_Y 是 $q/l/h$ 阶的，τ 是 Q/h^2 也即 ql/h 阶的，而 σ_X 是 Ql/h^3 也即 ql^2/h^3 阶的。可见 τ/σ_X 是 h/l 阶的，而 σ_Y/σ_X 是 h^2/l^2 阶的。因此，如果 l/h 足够大，则与 σ_X 相比，τ 是可忽略的，σ_y 更可忽略。通常认为 $h:l \leqslant 1:5$ 的梁中，切应力效应是可以忽略的。在动力学问题中，重要的不是梁的截面尺寸与长度之比，而是梁的截面尺寸与波长之比。Timoshenko 在弹性梁的动力学理论中指出(Kolsky, 1953)，只要当波长 λ 比梁截面的回转半径 R 大得多时，切应力效应才是可以忽略的。这时按上述近似假定所得的结果与精确理论的结果一致，否则必须进行修正。

10.2　弹性弯曲波

在最简单的弹性弯曲波理论中，假定了梁的每一单元的运动纯粹是垂直于梁轴的横向运动，即忽略了截面的旋转惯性。此外，设 $q=0$。这时，基本方程简化为如下的线性方程组：

$$\begin{cases} \dfrac{\partial Q}{\partial x} = \rho_0 A_0 \dfrac{\partial v}{\partial t} & (10-1a) \\[6pt] \dfrac{\partial M}{\partial x} = Q & (10-2a) \\[6pt] v = \dfrac{\partial w}{\partial t} & (10-3) \\[6pt] k = -\dfrac{\partial^2 w}{\partial x^2} & (10-6a) \\[6pt] M = EIk & (10-12) \end{cases}$$

或者归并为求解 w 的四阶偏微分方程：

$$C_0^2 R^2 \dfrac{\partial^4 w}{\partial x^4} + \dfrac{\partial^2 w}{\partial t^2} = 0 \qquad (10-14)$$

式中：$C_0 = \sqrt{\dfrac{E}{\rho_0}}$ 是纵向弹性波波速；$R = \sqrt{\dfrac{I}{A_0}}$ 是截面对中性轴的回转半径。

设方程式(10-14)的弯曲波的解可取为如下形式：

$$w = D\cos(pt - fx) \qquad (10-15)$$

式中：D 是振幅，$f = 2\pi/\Lambda$ 是波数；$p = fC$ 是圆频率；而 Λ 是波长，C 是波速(相速)。

以式(10-15)代入式(10-14)得

$$p^2 = C_0^2 R^2 f^4$$

或者

$$C = \frac{2\pi R C_0}{\Lambda} \qquad (10-16)$$

可见初等理论中的弯曲弹性波波速 C 与波长 Λ 成反比。因此，与纵向弹性波波速是常数这一事实不同，一个任意形状的弯曲扰动沿梁传播时将发生所谓"弥散"现象，不同波长的扰动将以不同的波速传播。

然而，按式(10-16)，如果波长无限小，则传播速度无限大。弯曲脉冲以无穷速度传播的结果从物理上看是不适合的。这主要由于式(10-16)实际上只适用于波长 Λ 比梁截面 R 大得多时的情况。当波长能够与梁的横向尺寸相比较时，旋转惯性 $\rho_0 I \frac{\partial \omega}{\partial t}$ 就不能再忽略，平面假定也必须作修正，以计及切应力效应了。

关于旋转惯性的修正是由 Rayleigh 提出的(Kolsky, 1953)。这时基本方程组回到：

$$\begin{cases} \dfrac{\partial Q}{\partial x} = \rho_0 A_0 \dfrac{\partial v}{\partial t} \\ \dfrac{\partial M}{\partial x} - Q = -\rho_0 I \dfrac{\partial \omega}{\partial t} \\ v = \dfrac{\partial w}{\partial t}, \omega = \dfrac{\partial^2 w}{\partial t \partial x}, \kappa = -\dfrac{\partial^2 w}{\partial x^2} \\ M = EI\kappa \end{cases}$$

或者归并为解 w 的下列偏微分方程：

$$C_0^2 R^2 \frac{\partial^4 w}{\partial x^4} - R^2 \frac{\partial^4 w}{\partial x^2 \partial t^2} + \frac{\partial^2 w}{\partial t^2} = 0 \qquad (10-17)$$

它比式(10-14)多了一项计及旋转惯性的附加项。如果取式(10-15)为一个解，则得

$$C = C_0 \left(1 + \frac{\Lambda^2}{4\pi^2 R^2}\right)^{-1/2} \qquad (10-18)$$

既然当 $\Lambda \to 0$ 时由式(10-18)决定的波速 C 趋于有限值 C_0 而不趋于无穷大，因此在物理上是更合理的。当 R/Λ 很小时，即 $R/\Lambda \ll 1$，或 $\Lambda/R \gg 1$ 时，式(10-18)与式(10-16)相一致，这说明了只有当 Λ 比 R 大得多时才允许忽略转动惯性。

Timoshenko 指出当 Λ 能够与 R 相比较时，关于切应力效应的修正是与关于转动惯性的修正同样重要的(Kolsky, 1953)。当计及切应力时，原来的平截面由于剪切应变而挠曲，梁轴的横向位移 w 实际上是由于弯矩 M 作用下的转角 α 所对应的 w_M 和由于切力 Q 作用下的剪应变 γ 所对应的 w_Q 两部分所组成的：

$$w = w_M + w_Q \qquad (10-19)$$

Q 与 γ 间应有如下的弹性的物性方程:

$$Q = \int_A \tau \mathrm{d}A = \int_A G\gamma(z)\mathrm{d}A = G\gamma A_s \tag{10-20}$$

式中:A_s 是只依赖于梁截面形状的系数;$\gamma(z)$ 是沿截面变化的真正剪应变;G 是剪切弹性模量。

考虑这一修正时,基本方程对应地修正为

$$\begin{cases} \dfrac{\partial Q}{\partial x} = \rho_0 A_0 \dfrac{\partial v}{\partial t} & \text{(移动)} \\ \dfrac{\partial M}{\partial x} - Q = -\rho_0 I \dfrac{\partial \omega}{\partial t} & \text{(转动)} \end{cases} \quad \text{(动力学方程)}$$

$$\begin{cases} w = w_M + w_Q \\ \omega = \dfrac{\partial^2 w_M}{\partial t \partial x}, k = -\dfrac{\partial^2 w_M}{\partial x^2} & \text{(弯曲)} \\ \gamma = \dfrac{\partial w_Q}{\partial x}, v = \dfrac{\partial w}{\partial t} & \text{(剪切)} \end{cases} \quad \text{(运动学方程[I])}$$

或者

$$\begin{cases} \dfrac{\partial k}{\partial t} = -\dfrac{\partial \omega}{\partial x} & \text{(弯曲)} \\ \dfrac{\partial \gamma}{\partial t} + \omega = \dfrac{\partial v}{\partial x} & \text{(剪切)} \end{cases} \quad \text{(运动学方程[II])}$$

$$\begin{cases} M = EIk & \text{(弯曲)} \\ Q = GA_s\gamma & \text{(剪切)} \end{cases} \quad \text{(本构方程)}$$

如果把运动学方程和本构方程代入动力学方程,则分别有

$$GA_s\left(\dfrac{\partial^2 w}{\partial x^2} - \dfrac{\partial^2 w_M}{\partial x^2}\right) = \rho_0 A_0 \dfrac{\partial^2 w}{\partial t^2}$$

$$EI\dfrac{\partial^3 w_M}{\partial x^3} + GA_s\left(\dfrac{\partial w}{\partial x} - \dfrac{\partial w_M}{\partial x}\right) = \rho_0 I \dfrac{\partial^3 w_M}{\partial t^2 \partial x}$$

由此两式消去含 w_M 的项,最后可得对于 w 的如下的四阶偏微分方程:

$$\dfrac{EI}{\rho_0 A_0} \dfrac{\partial^4 w}{\partial x^4} - \dfrac{I}{A_0}\left[1 + \dfrac{E}{\rho_0}\dfrac{\rho_0 A_0}{GA_s}\right]\dfrac{\partial^4 w}{\partial x^2 \partial t^2} + \dfrac{I}{A_0}\cdot\dfrac{\rho_0 A_0}{GA_s}\dfrac{\partial^4 w}{\partial t^4} + \dfrac{\partial^2 w}{\partial t^2} = 0$$

由于 $C_0^2 = \dfrac{E}{\rho_0}$,$R^2 = \dfrac{I}{A_0}$;再引入 $C_Q^2 = \dfrac{GA_s}{\rho_0 A_0}$,则可写为

$$C_0^2 R^2 \dfrac{\partial^4 w}{\partial x^4} - R^2\left(1 + \dfrac{C_0^2}{C_Q^2}\right)\dfrac{\partial^4 w}{\partial x^2 \partial t^2} + \dfrac{R^2}{C_Q^2}\cdot\dfrac{\partial^4 w}{\partial t^4} + \dfrac{\partial^2 w}{\partial t^2} = 0 \tag{10-21}$$

或者

$$\frac{\partial^4 w}{\partial x^4} - \left(\frac{1}{C_0^2} + \frac{1}{C_Q^2}\right)\frac{\partial^4 w}{\partial x^2 \partial t^2} + \frac{1}{C_Q^2}\frac{1}{C_0^2}\frac{\partial^4 w}{\partial t^4} + \frac{1}{C_0^2 R^2}\frac{\partial^2 w}{\partial t^2} = 0 \qquad (10-21a)$$

这方程常称为 Timoshenko 方程①。

如果取式(10-15)为一个解,则得

$$f^4 - \left(\frac{1}{C_0^2} + \frac{1}{C_Q^2}\right)f^2 p^2 + \frac{p^4}{C_0^2 C_Q^2} - \frac{p^2}{C_0^2 R^2} = 0$$

或者

$$1 - \left(\frac{C^2}{C_0^2} + \frac{C^2}{C_Q^2}\right) + \frac{C^4}{C_0^2 C_Q^2} - \frac{C^2}{C_0^2 R^2 f^2} = 0 \qquad (10-22)$$

这方程的解给出了弯曲波速 C 与波长 $\Lambda = 2\pi/f$ 的关系。

对于半径 a 的圆柱杆,当材料的泊松比 $\nu = 0.29$ 时,R. M., Davies 给出按各种理论所得的无量纲量 C/C_0 与 a/Λ 的关系,如图 10-4 所示(Kolsky,1953)。Timoshenko 理论的计算结果与从一般弹性方程出发所得的精确理论的结果极为符合。这些理论都表明弯曲波是弥散的。当 $a/\Lambda < 0.1$(波长 Λ 比圆柱半径 a 大 10 倍以上时),这些理论给出相接近的结果;否则初等理论和 Rayleigh 修正都导致显著的误差。

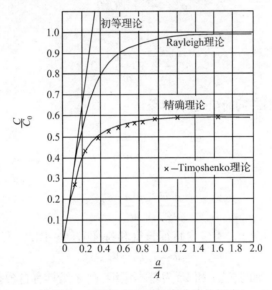

图 10-4 半径为 a 的圆柱杆内弹性弯曲波的相速($\nu = 0.29$)

---

① 如果以本构方程代入运动学方程[Ⅱ],则连同动力学方程组成如下的一阶偏微分方程组:

$$\begin{cases} \frac{\partial M}{\partial x} + \rho_0 I \frac{\partial \omega}{\partial t} = Q; \frac{1}{EI}\frac{\partial M}{\partial t} - \frac{\partial \omega}{\partial x} = 0 \\ \frac{\partial Q}{\partial x} - \rho_0 A_0 \frac{\partial v}{\partial t} = 0; \frac{1}{GA_s}\frac{\partial Q}{\partial t} - \frac{\partial v}{\partial x} = -\omega \end{cases}$$

可借助于特征线方法求解,对应的特征线方程为

沿 $\mathrm{d}x \pm C_0 \mathrm{d}t = 0, \mathrm{d}M \pm \rho_0 I C_0 \mathrm{d}\omega = \mp C_0 Q \mathrm{d}t$

沿 $\mathrm{d}x \pm C_Q \mathrm{d}t = 0, \mathrm{d}Q \pm \rho_0 I C_Q \mathrm{d}v = \rho_0 A_0 C_Q^2 \omega \mathrm{d}t$

但这两组方程并非互相独立而是互相耦合的,M-ω 波依赖于 Q,而 Q-v 波依赖于 ω。

10.3 塑性弯曲波(弹塑性梁)

塑性弯曲波的研究是在纵向塑性波理论提出以后的事。最早发表的有关梁在横向冲击下塑性变形的理论和实验研究,应追溯到 Duwez, Clark, Bohnenblust(1943,1950)的工作。后来的不少研究是在这一基础上发展的。下面就主要讨论这一结果。其理论部分是由 Bohnenblust 所建立的。

考虑一无限长梁受横向恒速冲击载荷 V_1 的问题。在弹性变形的情况下,这一问题早已在 1885 年由 Boussinesq 解得(Duwez et al,1950),并表明 w/t 只是 x^2/t 的函数,即具有自模拟解的性质。Bohnenblust 的理论就在于把这一基于线性关系 $M=EIk$ 下得到的结果,推广到塑性变形的条件下,即 $M=M(k)$ 为非线性的情况中去,证实 w/t 仍然只是 x^2/t 的函数,从而可以求解。

Boussinesq 的理论不是从一般方程出发得到的精确解,而是从前述的梁的初等理论出发,忽略了切应力效应,也忽略了转动惯性。这时,解的自模拟性质其实是容易由量纲分析看出的。问题的基本方程是式(10-14),或者引入

$$a^4 = \frac{EI}{\rho_0 A_0} = C_0^2 R^2 \qquad (10-23)$$

可改写为

$$a^4 \frac{\partial^4 w}{\partial x^4} + \frac{\partial^2 w}{\partial t^2} = 0 \qquad (10-14a)$$

既然在方程中 a 总是与 $\dfrac{\partial}{\partial x}$ 同时出现的,再令

$$\xi = \frac{x}{a}$$

则进一步可化为

$$\frac{\partial^4 w}{\partial \xi^4} + \frac{\partial^2 w}{\partial t^2} = 0$$

在定解条件中只含有恒速 V_1,不包含特征长度和特征时间。因此,有

$$w = f(\xi, t, V_1)$$

注意到 $\xi = x/a$ 是 $t^{1/2}$ 量纲的,选 t 和 V_1 为基本量纲,则显然具有自模拟解(参看附录Ⅲ)

$$\frac{w}{V_1 t} = f\left(\frac{\xi^2}{t}\right) = f\left(\frac{x^2}{a^2 t}\right)$$

或者为了实用上的方便写成

$$w = tf(\eta), \eta = \frac{x^2}{4a^2 t} \qquad (10-24)$$

则有

$$\frac{\partial w}{\partial t} = f(\eta) - \eta f'(\eta) = v \qquad (10-25)$$

$$\frac{\partial^2 w}{\partial t^2} = \frac{\eta^2}{t} f''(\eta) \qquad (10-26)$$

$$\frac{\partial w}{\partial x} = \frac{x}{2a^2}f'(\eta) = \frac{\sqrt{t}}{a}\sqrt{\eta}f'(\eta) = \alpha \qquad (10-27)$$

$$\frac{\partial^2 w}{\partial x^2} = \frac{1}{2a^2}[f'(\eta) + 2\eta f''(\eta)] = -k \qquad (10-28)$$

$$\frac{\partial^2 w}{\partial t \partial x} = -\frac{1}{a\sqrt{t}}\eta^{3/2}f''(\eta) = \omega \qquad (10-29)$$

$$\frac{\partial^3 w}{\partial x^3} = \frac{1}{4a^4}\frac{x}{t}[3f''(\eta) + 2\eta f'''(\eta)] \qquad (10-30)$$

$$\frac{\partial^4 w}{\partial x^4} = \frac{1}{4a^4 t}[3f''(\eta) + 12\eta f'''(\eta) + 4\eta^2 f^{(4)}(\eta)] \qquad (10-31)$$

以式(10-26)和式(10-31)代入式(10-14a),则偏微分方程化为常微分方程:

$$4\eta^2 f^{(4)}(\eta) + 12\eta f'''(\eta) + (3+4\eta^2)f''(\eta) = 0 \qquad (10-32)$$

注意 $v\left(=\dfrac{\partial w}{\partial t}\right)$ 和 $\kappa\left(=-\dfrac{\partial^2 w}{\partial x^2}\right)$ 只与 η 有关,而 $\alpha\left(=\dfrac{\partial w}{\partial x}\right)$, $\omega\left(=\dfrac{\partial^2 w}{\partial t \partial x}\right)$ 和 $\dot v\left(=\dfrac{\partial^2 w}{\partial t^2}\right)$ 则还取决于 x 或 t。

Bohnenblust 沿用了弹性梁初等理论中的全部基本假定。他先假定 Boussinesq 的自模拟解式(10-24)在弹塑性梁中仍然正确,对基本方程积分后表明解是满足初始条件和边界条件的,从而证实了式(10-24)确实成立。其实我们仍然可以用量纲分析事先说明这一点。

在作了 10.1 节所述的限制和假定,并忽略转动惯性时,基本方程为

$$\begin{cases} \dfrac{\partial Q}{\partial x} = \rho_0 A_0 \dfrac{\partial v}{\partial t} & (10-1\text{a}) \\ \dfrac{\partial M}{\partial x} = Q & (10-2\text{a}) \end{cases} \quad (\text{动力学条件})$$

$$\begin{cases} v = \dfrac{\partial w}{\partial t} & (10-3) \\ \kappa = -\dfrac{\partial^2 w}{\partial x^2} & (10-6\text{a}) \end{cases} \quad (\text{运动学条件})$$

$$M = M(\kappa) \qquad (\text{本构方程}) \qquad (10-11)$$

把式(10-3)、式(10-6a)和式(10-11)代入式(10-1a)和式(10-2a)得到包含 Q 和 w 的方程组:

$$\begin{cases} \dfrac{\partial Q}{\partial x} = \rho_0 A_0 \dfrac{\partial^2 w}{\partial t^2} & (10-33) \\ Q = -\dfrac{\mathrm{d}M}{\mathrm{d}k}\dfrac{\partial^3 w}{\partial x^3} & (10-34) \end{cases}$$

或者可化为对 w 的如下拟线性四阶偏微分方程:

$$\frac{1}{\rho_0 A_0}\frac{\mathrm{d}M}{\mathrm{d}k}\frac{\partial^4 w}{\partial x^4} - \frac{1}{\rho_0 A_0}\frac{\mathrm{d}^2 M}{\mathrm{d}k^2}\left(\frac{\partial^3 w}{\partial x^3}\right)^2 + \frac{\partial^2 w}{\partial t^2} = 0 \qquad (10-35)$$

M 只是 k 的函数:$M = M(k)$,或者可以用无量纲形式表达为

$$\frac{M}{M_\mathrm{s}} = f\left(\frac{k}{k_\mathrm{s}}\right)$$

式中:M_s 和 k_s 对应于开始屈服的弯矩和曲率,则

$$\frac{dM}{dk} = \frac{d\left(\frac{M}{M_s}\right)}{d\left(\frac{k}{k_s}\right)} \frac{M_s}{k_s} = EI f'_1, \quad \frac{d^2 M}{dk^2} = \frac{d^2\left(\frac{M}{M_s}\right)}{d\left(\frac{k}{k_s}\right)^2} \frac{M_s}{k_s^2} = \frac{EI}{k_s} f''_1$$

注意到符号 $a^4 = \dfrac{EI}{\rho_0 A_0}$,式(10-35)就可以写为

$$a^4 f'_1 \frac{\partial^4 w}{\partial x^4} - a^4 \frac{f''_1}{k_s}\left(\frac{\partial^3 w}{\partial x^3}\right)^2 + \frac{\partial^2 w}{\partial t^2} = 0$$

仍然引入 $\xi = x/a$,并同时引入 $Q = w/k_s$,则有

$$f'_1 \frac{\partial^4 Q}{\partial \xi^4} - \frac{f''_1}{a^2}\left(\frac{\partial^3 Q}{\partial \xi^3}\right)^2 + \frac{\partial^2 Q}{\partial t^2} = 0 \tag{10-35a}$$

注意这时有

$$\frac{M}{M_s} = f_1\left(\frac{k}{k_s}\right) = f_1\left(-\frac{1}{k_s}\frac{\partial^2 w}{\partial x^2}\right) = f_1\left(-\frac{\partial^2 Q}{\partial x^2}\right)$$

再引进 $\zeta = -Q/a^2$,则式(10-35a)可进一步化为

$$f'_1 \frac{\partial^4 \zeta}{\partial \xi^4} - f''_1 \left(\frac{\partial^3 \zeta}{\partial \xi^3}\right)^2 + \frac{\partial^2 \zeta}{\partial t^2} = 0 \tag{10-35b}$$

并且

$$\frac{M}{M_s} = f_1\left(-\frac{\partial^2 Q}{\partial x^2}\right) = f_1\left(-\frac{\partial^2 \zeta}{\partial \xi^2}\right)$$

问题的边界条件原来是

$$\left.\frac{\partial w}{\partial t}\right|_{x=0} = V_1$$

现在就化为

$$\left.\frac{\partial \zeta}{\partial t}\right|_{\xi=0} = \frac{V_1}{k_s a^2}$$

在这一边界条件下,方程(10-35b)的解可写为

$$\zeta = g_1\left(\xi, t, \frac{V_1}{k_s a^2}\right)$$

式中:各量的量纲分别为

$$[t] = T$$

$$[\xi] = \left[\frac{x}{\sqrt[4]{\dfrac{EI}{\rho_0 A_0}}}\right] = \frac{L}{LT^{-1/2}} = T^{1/2}$$

$$[\zeta] = \left[\frac{w}{k_s \cdot \sqrt{\dfrac{EI}{\rho_0 A_0}}}\right] = \frac{L}{L^{-1} \cdot L^2 T^{-1}} = T$$

$$\left[\frac{V_1}{k_s a^2}\right] = \left[\frac{V_1}{k_s \cdot \sqrt{\dfrac{EI}{\rho_0 A_0}}}\right] = \frac{LT^{-1}}{L^{-1} \cdot L^2 T^{-1}} = L^0 T^0$$

因此显然有

$$\frac{\zeta}{t} = g\left(\frac{\xi^2}{t}, \frac{V_1}{k_s a^2}\right)$$

或者

$$\frac{w}{k_s \cdot \sqrt{\frac{EI}{\rho_0 A_0}} \cdot t} = g\left(\frac{x^2}{\sqrt{\frac{EI}{\rho_0 A_0}} \cdot t}, \frac{V_1}{k_s \cdot \sqrt{\frac{EI}{\rho_0 A_0}}}\right)$$

这表明式(10-24)在弹塑性梁中仍然成立。

这样，k 按式(10-28)只是 η 的函数，从而 M 按式(10-11)也只是 η 的函数，但是 Q 按式(10-2a)为

$$Q = \frac{\partial M}{\partial x} = \frac{\partial M}{\partial \eta}\frac{\partial \eta}{\partial x} = \frac{1}{a \cdot \sqrt{t}}\sqrt{\eta}\frac{dM}{d\eta} \tag{10-36}$$

为了处理只与 η 有关的函数，引入

$$S = \frac{2a^2}{EI}\sqrt{t}\, Q = \frac{2a^2}{EI}\sqrt{\eta}\frac{dM}{d\eta} \tag{10-37}$$

既然

$$\frac{\partial Q}{\partial x} = \frac{EI}{2a^3\sqrt{t}}\frac{ds}{d\eta}\frac{d\eta}{dx} = \frac{EI}{2a^4 t}\sqrt{\eta}\, S'$$

再根据式(10-26)和式(10-30)，则式(10-33)和式(10-34)对应地化为

$$\begin{cases} S' = 2\eta^{3/2} f''(\eta) & (10-38) \\ S = -\frac{1}{EI}\sqrt{\eta} \cdot [3f''(\eta) + 2\eta f'''(\eta)] \cdot \frac{dM}{dk} & (10-39) \end{cases}$$

如由此消去 S，得到四阶常微分方程：

$$4\eta^2 \frac{dM}{dk} f^{(4)} + \left[12\eta \frac{dM}{dk} - 4\frac{\eta^2}{a^2} - \frac{d^2 M}{dk^2}(\eta f''' + 3f'')\right] f''' +$$

$$\left[3\frac{dM}{dk} + 4EI\eta^2 - 9\frac{\eta}{a^2}\frac{d^2 M}{dk^2} f''\right] f'' = 0 \tag{10-40}$$

在弹性梁时 $M = EIk$，就是式(10-32)。显然式(10-40)也就是式(10-26)、式(10-30)和式(10-31)直接代入式(10-35)的结果。

也可以由式(10-38)和式(10-39)消去 $f(\eta)$ 得出 S 的常微分方程。为此对式(10-38)微分得

$$S'' = \sqrt{\eta}\,[3f''(\eta) + 2\eta f'''(\eta)]$$

与式(10-39)比较就有

$$S'' + EIS \frac{dk}{dM} = 0 \tag{10-41}$$

显然式(10-40)和式(10-41)是互相等价的，前者解得位移 $w = tf(\eta)$，由此微分可求出 k、M 和 Q；后者解得 S，也即 Q，由此积分而求出 M、k 和 w。既然式(10-41)是二阶常微分方程，比求解式(10-40)就要方便一些。Bohnenblust 就是从方程(10-41)出发的。

问题的初始条件和边界条件为

$$t = 0, 0 < x \leqslant \infty,$$
$$w = v = \alpha = \omega = k = M = 0 \tag{10-42}$$
$$\text{或} \quad w = \frac{\partial w}{\partial t} = \frac{\partial w}{\partial x} = \frac{\partial^2 w}{\partial t \partial x} = \frac{\partial^2 w}{\partial x^2} = M = 0$$

$$t > 0, x = \infty,$$
$$w = v = \alpha = \omega = k = M = 0 \tag{10-43}$$
$$\text{或} \quad w = \frac{\partial w}{\partial t} = \frac{\partial w}{\partial x} = \frac{\partial^2 w}{\partial t \partial x} = \frac{\partial^2 w}{\partial x^2} = M = 0$$

$$t > 0, x = 0,$$
$$v = \frac{\partial w}{\partial t} = V_1 \tag{10-44}$$

在引入无量纲自变量 $\eta = \dfrac{x^2}{4a^2 t}$ 以后,初始条件式(10-42)和边界条件式(10-43)就都对应于 $\eta = \infty$ 的边界条件。由式(10-24)到式(10-29)可知应有边界条件:

$$\eta = \infty, w = v = \alpha = \omega = k = M = 0$$
$$\text{或} \quad f(\eta) = \eta f'(\eta) = \eta^{3/2} f''(\eta) = 0 \tag{10-45}$$

$$\eta = 0, v = \frac{\partial w}{\partial t} = f(\eta) - \eta f'(\eta) = f(\eta) = V_1 \tag{10-46}$$

在式(10-46)中已经应用了条件
$$\lim_{\eta \to 0} \eta f'(\eta) = 0$$

这一点可说明如下:在冲击点 $x=0$ 处,在有限时间内,截面转角 $\alpha = \dfrac{\partial w}{\partial x}$ 是有限值,按式(10-27) 应有 $\lim\limits_{\eta \to 0} \sqrt{\eta} f'(\eta) = A, A$ 为有限值,因此上式成立。或者从 $w(0,t) = V_1 t = t \cdot f(0)$,也可直接得出式(10-46),从而要求 $\lim\limits_{\eta \to 0} \eta f'(\eta) = 0$。

此外,如果在 $x=0$ 点, $\alpha = \dfrac{\partial w}{\partial x}$ 角是连续的,则由于梁在 $x=0$ 两边的变形是反对称的,就只能有

$$\alpha(0,t) = \left.\frac{\partial w}{\partial x}\right|_{x=0} = 0$$

或者按式(10-27),此 $\partial w / \partial x$ 连续条件就表达为

$$\lim_{\eta \to 0} \sqrt{\eta} f'(\eta) = A = 0 \tag{10-47}$$

如果在冲击点 $\partial w / \partial x$ 发生间断,例如出现塑性铰时,梁就发生折曲,则上式中 $A \neq 0$,但由于 $\alpha(0,\tau)$ 总是有限值,因此 A 至少仍为有限值。如果在任意时刻 $t, \partial w / \partial x \big|_{x=0}$ 始终保持连续,也即有

$$\left.\frac{\partial \alpha}{\partial t}\right|_{x=0} = \left.\frac{\partial^2 w}{\partial t \partial x}\right|_{x=0} = -\lim_{\eta \to 0} \eta^{3/2} f''(\eta) = 0 \tag{10-47a}$$

当我们从方程式(10-41)出发来求解问题时,这些边界条件还应改写为 $S(\eta)$ 函数表达式的对应形式。注意到式(10-38),则与式(10-45)和式(10-46)对应地有

$$S'(\infty) = 0 \tag{10-48}$$

$$V_1 = \frac{1}{2}\int_\infty^0 d\eta \int_\infty^0 \frac{S'(\eta)}{\eta^{3/2}} d\eta \qquad (10-49)$$

式(10-38)按照式(10-29),式(10-28)和式(10-27)还可以写成以下几种不同形式:

$$S'(\eta) = 2\eta^{3/2} f''(\eta) = -2a\sqrt{t}\frac{\partial^2 w}{\partial t \partial x} = -2a\sqrt{t}\omega =$$

$$2a^2\sqrt{\eta}\frac{\partial^2 w}{\partial t^2} - \sqrt{\eta}f'(\eta) = -2a^2\sqrt{\eta}k - \frac{a}{\sqrt{t}}\alpha \qquad (10-50)$$

在 $x=0$ 点,α 的连续条件式(10-47)或式(10-47a)就表示为

$$S'(0) = 0 \qquad (10-51)$$

可见,按式(10-50),$S'(\eta)$ 的物理意义可理解为对应于角速度 ω 的,只与 η 有关的函数,与式(10-37)类似。条件式(10-51)可理解为在 $x=0$ 点,角速度为零;或者理解为在 $x=0$ 点,转角连续(等于零)而曲率 k 为有限值。如果在 $x=0$ 点形成塑性铰,α 将发生间断,显然 $S'(0) \neq 0$,并也将发生间断,这将在下面用到。

一旦 $S(\eta)$ 由式(10-41)解得,则 Q, M, α, k, w 就可由下列各式求得,即按式(10-37)有

$$Q = \frac{EI}{2a^3\sqrt{t}}S(\eta) \qquad (10-52)$$

并可知在 $x=0$ 点的外力 $P(t) = 2Q(0,t) = \frac{EIS(0)}{a^3\sqrt{t}}$;按式(10-36)有

$$M = \frac{EI}{2a^2}\int_\infty^\eta \frac{S(\eta)}{\sqrt{\eta}} d\eta = -\frac{EI}{2a^2}\int_\eta^\infty \frac{S(\eta)}{\sqrt{\eta}} d\eta \qquad (10-53)$$

这时应用了边界条件式(10-45),按式(10-38)有

$$f'(\eta) = \frac{1}{2}\int_\infty^\eta \frac{S'}{\eta^{3/2}} d\eta = -\frac{S'(\eta)}{\sqrt{\eta}} + \int_\infty^\eta \frac{S''}{\sqrt{\eta}} d\eta$$

这时应用了边界条件式(10-45)和式(10-48)。于是按式(10-27)有

$$\alpha = \frac{\partial w}{\partial x} = -\frac{\sqrt{t}}{a}S'(\eta) - \frac{\sqrt{t}}{a}\sqrt{\eta}\int_\eta^\infty \frac{S''}{\sqrt{\eta}} d\eta \qquad (10-54)$$

按式(10-50)有

$$k = -\frac{S'}{2a^2\sqrt{\eta}} - \frac{a}{2a\sqrt{t}\sqrt{\eta}} = \frac{1}{2a^2}\int_\eta^\infty \frac{S''}{\sqrt{\eta}} d\eta \qquad (10-55)$$

按式(10-24)和式(10-38)有

$$w = \frac{t}{2}\int_\infty^\eta d\eta \int_\infty^\eta \frac{S'}{\eta^{3/2}} d\eta$$

这时应用了边界条件式(10-45)。对于最后一式的二重积分,改变积分次序后可以改写为(图10-5)

$$w = \frac{t}{2}\int_\infty^\eta \mathrm{d}\zeta \int_\infty^\zeta \frac{S'(\xi)}{\xi^{3/2}}\mathrm{d}\xi = \frac{t}{2}\int_\eta^\infty \frac{S'(\xi)}{\xi^{3/2}}\mathrm{d}\xi \cdot \int_\eta^\zeta \mathrm{d}\zeta = \frac{t}{2}\int_\eta^\infty \frac{S'(\xi)}{\sqrt{\xi}}\mathrm{d}\xi - \frac{t}{2}\eta\int_\eta^\infty \frac{S'(\xi)}{\xi^{3/4}}\mathrm{d}\xi$$

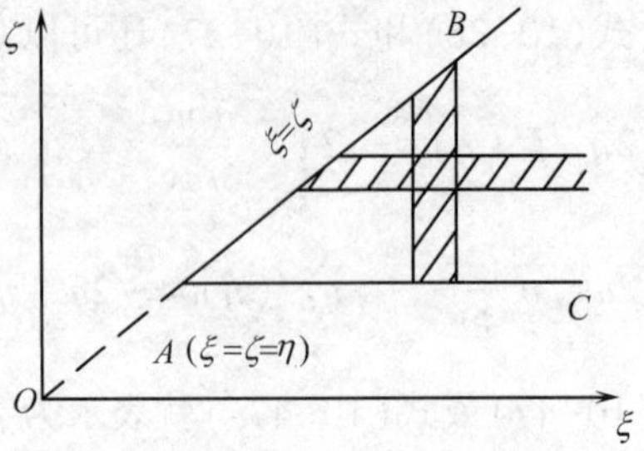

图 10-5 二重积分可改变积分次序

最后可写为

$$w = \frac{t}{2}\int_\infty^\eta \frac{S'}{\sqrt{\eta}}\mathrm{d}\eta - \frac{t}{2}\eta\int_\eta^\infty \frac{S'}{\eta^{3/2}}\mathrm{d}\eta \qquad (10-56)$$

注意到 $\frac{1}{2}\eta\int_\eta^\infty \frac{S'}{\eta^{3/2}}\mathrm{d}\eta$ 即 $-\eta f'(\eta)$，并按式(10-46) $\lim_{\eta\to 0}\eta f'(\eta)=0$，则边界条件式(10-46)（也即式(10-49)）就表达为

$$V_1 = \frac{1}{2}\int_0^\infty \frac{S'}{\sqrt{\eta}}\mathrm{d}\eta \qquad (10-57)$$

其实式(10-56)也已给出如下关系：

$$f(\eta) = \frac{1}{2}\int_\eta^\infty \frac{S'}{\sqrt{\eta}}\mathrm{d}\eta - \frac{1}{2}\eta\int_\eta^\infty \frac{S'}{\eta^{3/2}}\mathrm{d}\eta = \frac{1}{2}\int_\eta^\infty \frac{S'}{\sqrt{\eta}}\mathrm{d}\eta + \eta f'(\eta)$$

与式(10-25)对比就得出

$$v = \frac{\partial w}{\partial t} = \frac{1}{2}\int_\eta^\infty \frac{S'}{\sqrt{\eta}}\mathrm{d}\eta \qquad (10-58)$$

显然应有边界条件式(10-57)。

这样，整个问题都已解得。我们概括一下上述的讨论：一无限长梁受一横向恒速冲击载荷 V_1 时，不论是弹性或弹塑性变形，都存在自模拟解式(10-24)。于是问题可化为求解常微分方程式(10-40)或式(10-41)。如果从式(10-41)出发求得满足边界条件式(10-48)，式(10-57)(即式(10-49))和式(10-51)的 $S(\eta)$ 函数，则 Q,M,α,k,w,v 就可对应地由式(10-52)~式(10-56)和式(10-58)求得。只要 V_1 相同，在不同时间的梁的挠度曲线 $w(x,t)$，当以 w/t 和 $x/t^{1/2}$ 形式表示时，是完全一样的；特别例如 $w=0$ 的点 x_0 是正比于 $t^{1/2}$ 的。对于某一确定的 $\eta_1 = x^2/(4a^2 t)$ 值，$w/t, v, \alpha/t^{1/2}, k, M$ 以及 $Qt^{1/2}$ 值是相同的。这意味着这些量沿着梁轴 x 是以波速 $\dfrac{\mathrm{d}x}{\mathrm{d}t} = \dfrac{a\sqrt{\eta_1}}{\sqrt{t}}$ 传播的，即波速随时间 $\sqrt{t}$ 的增大而减小，并非恒值。这与前节讨论弯曲弹性波时指出弯曲波具有弥散特性这一结论是相一致的。

但应注意，这一分析忽略了转动惯性和切应力效应。在弹性弯曲波的分析中曾指出，这样的初等理论只在波长比梁横向尺寸大得多时才是可靠的，否则就会有大的误差。不难想象，对于塑性弯曲波，理应有类似的情况，只有在计及转动惯性和切应力效应时才会给出更精确的解。此外，在上述分析中也尚未涉及波的反射和相互作用，也尚未处理外载荷卸载及此后的复杂情况。

整个问题的中心之点在于解方程式(10-41)。由于 dM/dk 的非线性性质,导致了数学上的复杂化。一般情况下,如果 $M=M(k)$ 关系是由实验得到而不是用解析式表示时,就只能采用图解法或计算机数值解。但在 $M=M(k)$ 关系具有线性硬化或理想塑性特点的简化情况下,如图 10-6 所示,则可以进行分析计算。下面分别讨论这两种特殊情况。为此,首先要讨论一下相应的弹性梁的情况,并确定塑性变形开始发生的临界条件。

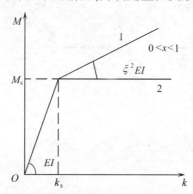

图 10-6 理想塑性和线性硬化的 $M=M(k)$ 关系

1. 弹性的情况($M=EIk$)

这时式(10-41)化为简单的二阶常系数线性齐次常微分方程:
$$S'' + S = 0$$
其通解为 $S=C_1\cos\eta+C_2\sin\eta$,未定常数由边界条件式(10-51)和式(10-57)确定:
$$S'(0) = -C_1\sin 0 + C_2\cos 0 = 0, \quad C_2 = 0$$
$$V_1 = -\frac{C_1}{2}\int_\eta^\infty \frac{\sin\eta}{\sqrt{\eta}}d\eta = -\frac{C_1}{2}\sqrt{\frac{\pi}{2}}, \quad C_1 = -2\sqrt{\frac{2}{\pi}}V_1$$

因此求得解为
$$S(\eta) = -2\sqrt{\frac{2}{\pi}}V_1\cos\eta \tag{10-59}$$

这时按式(10-53)和式(10-55)有
$$M(\eta) = \sqrt{\frac{2}{\pi}}\frac{EIV_1}{a^2}\int_\eta^\infty \frac{\cos\eta}{\sqrt{\eta}}d\eta$$
$$k(\eta) = \sqrt{\frac{2}{\pi}}\frac{V_1}{a^2}\int_\eta^\infty \frac{\cos\eta}{\sqrt{\eta}}d\eta$$

可见 $S(\eta)$ 是 η 的余弦函数,其振幅为 $\sqrt{\frac{2}{\pi}}2V_1$;但 $M(\eta)$ 和 $k(\eta)$ 则具有其振幅绝对值随 η 增大而减小的、周期函数的性质(图 10-7)。

在 $x=0$ 点处有最大值,为
$$S(0) = -2\sqrt{\frac{2}{\pi}}V_1, M(0) = \frac{EIV_1}{a^2}, k(0) = \frac{V_1}{a^2} \tag{10-60}$$

在 $\eta=(2n+1)\pi/2(n=0,1,2,\cdots)$ 处是 $S(\eta)$ 的零点,而按式(10-36)正是 $M(\eta)$ 和 $k(\eta)$

的极值点，交替地达到正的和负的极值。这意味着弯曲波从冲击点 $x=0$ 处传播出去，在梁的每一截面处将依次上凸及下凹，并且每一次凸凹弯曲的变形将逐渐增大。但弯曲波沿 x 轴传播时并非恒速，例如：满足 $w=0$ 的点是以正比于 $t^{1/2}$ 的规律向前传播的。我们来估一下第一个 $w=0$ 的坐标 x_0 随 t 的变化规律，这时 $\eta_0 = \dfrac{x_0^2}{4a^2 t}$ 是小量。按式（10-56），η_0 目前应满足如下方程：

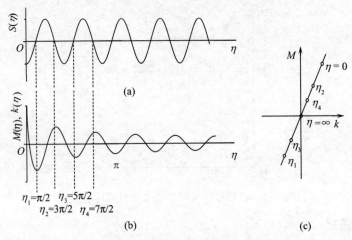

图 10-7 弹性的情况（$M=EIk$）

$$\int_{\eta_0}^{\infty} \frac{\sin\eta}{\sqrt{\eta}} d\eta - \eta_0 \int_{\eta_0}^{\infty} \frac{\sin\eta}{\eta^{3/2}} d\eta = 0$$

利用级数展开式：

$$\frac{\sin\eta}{\sqrt{\eta}} = \frac{1}{\sqrt{\eta}}\left[\eta - \frac{1}{3!}\eta^3 + \frac{1}{5!}\eta^5 - \cdots\right] = \left[\eta^{\frac{1}{2}} - \frac{1}{3!}\eta^{\frac{5}{2}} + \frac{1}{5!}\eta^{\frac{9}{2}} - \cdots\right]$$

$$\frac{\sin\eta}{\sqrt{\eta^3}} = \left[\eta^{-\frac{1}{2}} - \frac{1}{3!}\eta^{\frac{3}{2}} + \frac{1}{5!}\eta^{\frac{7}{2}} - \cdots\right]$$

上式可化为

$$\int_{\eta_0}^{0} \frac{\sin\eta}{\sqrt{\eta}} d\eta + \int_{0}^{\infty} \frac{\sin\eta}{\sqrt{\eta}} d\eta - \eta_0 \int_{\eta_0}^{0} \frac{\sin\eta}{\eta^{3/2}} d\eta - \eta_0 \int_{0}^{\infty} \frac{\sin\eta}{\eta^{3/2}} d\eta =$$

$$-\left[\frac{2}{3}\eta^{\frac{3}{2}} - \frac{2}{7}\cdot\frac{1}{3!}\eta^{\frac{7}{2}} + \frac{2}{11}\cdot\frac{1}{5!}\eta^{\frac{11}{2}} - \cdots\right]\bigg|_{0}^{\eta_0} + \sqrt{\frac{\pi}{2}} + \eta_0$$

$$\left[2\eta^{\frac{1}{2}} - \frac{2}{5}\cdot\frac{1}{3!}\eta^{\frac{5}{2}} + \frac{2}{9}\cdot\frac{1}{5!}\eta^{\frac{9}{2}} - \cdots\right]\bigg|_{0}^{\eta_0} - 2\sqrt{\frac{\pi}{2}}\eta_0 = 0$$

略去 $\eta_0^{7/2}$ 及更高阶的小量时有

$$2\sqrt{\frac{\pi}{2}}\eta_0 - \frac{4}{3}\eta_0^{3/2} - \sqrt{\frac{\pi}{2}} = 0$$

最后可求得

$$x_0 = \sqrt{4a^2 t \eta_0} \approx 2.13 a\sqrt{t} = 2.13 \cdot \sqrt[4]{\frac{EI}{\rho_0 A_0}}\sqrt{t} \qquad (10-61)$$

表明 x_0 与 $\sqrt{t}$ 的关系只与梁的尺寸和材料性质有关而与冲击速度 V_1 无关。

既然最大的 M 和 k 发生在 $x=0$ 点,且正比于 V_1 值,因此随着 V_1 的提高将首先在 $x=0$ 点发生塑性变形,弹性梁的极限冲击速度 V_s 可由式(10-60)令 $M(0)=M_s$ 得出:

$$V_s = \frac{a^2 V_s}{EI} = a^2 k_s = \frac{2a^2 \varepsilon_s}{h} \qquad (10-62)$$

式中:h 为梁截面高度;ε_s 为单向拉伸(压缩)屈服极限。

2. 线性硬化的情况

当 $V_1 > V_s$ 时梁中就发生塑性变形。如果设 M—k 图具有线性硬化的形式,即由斜率为 EI 和 $\xi^2 EI(\xi<1)$ 的两段直线组成式(图10-6),则在弹性变形区和塑性变形区,方程式(10-41)分别化为

$$S'' + S = 0$$

$$S'' + \frac{1}{\xi^2}S = 0$$

其通解分别为

$$S(\eta) = C_1 \cos\eta + C_2 \sin\eta = A_1 \sin(\eta - A_2) \qquad (10-63)$$

$$S(\eta) = C_3 \cos\frac{\eta}{\xi} + C_4 \sin\frac{\eta}{\xi} = A_3 \sin(\eta - A_4) \qquad (10-64)$$

于是 $S(\eta)$ 由不同段的这些解组成。在这两种解的连接点处,S 和 S' 应该相等。由式(10-50)知,这就是弹性区和塑性区交界点处转角 α 和曲率 k 连续的要求。

例如,对于 $0 \le \eta \le \eta_0$,$M(\eta)$ 都超过了 M_s,发生塑性变形,对应于解式(10-64);而 $\eta \ge \eta_0$,仍为弹性解式(10-63),如图 10-8 所示。这时共有五个未定常数:C_1,C_2,C_3,C_4 和 η_0,可用五个条件决定:在 $\eta=0$ 处的边界条件式(10-51)和式(10-57),在 $\eta=\eta_0$ 处由式(10-63)和式(10-64)决定的解 $S(\eta)$ 和 $S'(\eta)$ 连续的条件,以及 $M(\eta_0)=M_s$。

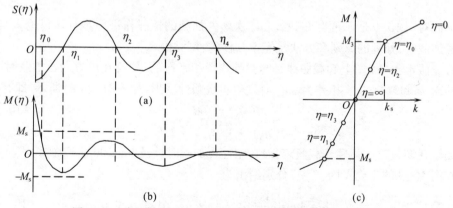

图 10-8 当梁截面只发生一次塑性变形且无卸载情况下的解

图 10-8 表示的是当每一梁截面只发生一次塑性变形、不存在卸载时的情况,所以问题的求解还比较简单。这时,梁的任一截面 x 处首先通过一系列交替产生正负弯曲的弹性波,并逐次增大强度。在时间 $t=x^2/(4a^2\eta_0)$ 时,就在 $+M_s$ 作用下进入塑性弯曲(设 V_1 为正向),此后塑性变形单调上升,当 $t \to \infty$ 时 $M \to M(0)$ 值。

当发生塑性变形且又存在卸载和二次加载的情况时,问题就比较复杂。我们先来看

一下卸载和二次加载是怎样产生的。

随着 V_1 的增加,图 10-8 中的 η_0 将向右移,但 η_0 不可能到达 η_1 点,因为在 η_1 处 M 达到负向的极值,所以在 η_0 和 η_1 之间必然有 M 的零点,也即必然有一段 $|M(\eta)|<M_s$ 的区间。但注意 $M(\eta_1)$ 的绝对值也是随 V_1 增加而增大的,因此当 V_1 足够大时最后将出现 $M(\eta_1) \leq -M_s$ 的区间,在 S—η 图和 M—η 图上将形成一个新的塑性区($\eta_1 \leq \eta \leq \eta_2$),如图 10-9 所示之Ⅲ区。在 η_0 与 η_1 之间则是与之相伴随出现的卸载区(Ⅱ区)。这时,对于梁的任一截面 x 来说,运动是这样的:首先通过一系列交替产生正负弯曲的弹性波,在 $t = x^2/(4a^2\eta_2)$ 时将在 $-M_s$ 作用下进行塑性弯曲。变形逐渐增大。到 $t = x^2/(4a^2\eta_1)$ 时,负 M 达到其极大值。此后 M 的绝对值减小,即发生塑性变形后的卸载。随着卸载的进行 M 转为正值,而在 $t = x^2/(4a^2\eta_0)$ 时,又在正 M 作用下进入二次塑性变形,这以后就一直单调上升,依此类推。当 V_1 更大时,可以形成再一次的塑性变形及伴随的卸载。只要 V_1 是正向的,截面最后总是在正 M 作用下是塑性弯曲的,而在这最后的单调增大的塑性弯曲之前,能发生几次正反的塑性弯曲(每一次交替时有卸载)则取决于 V_1 的大小。注意,应该对这里出现的内部卸载与外载荷的卸载予以区别。

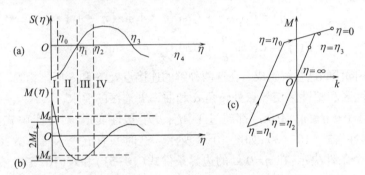

图 10-9 当梁截面存在卸载和二次塑性加载情况下的解

下面对图 10-9 所示的存在卸载和二次塑性加载的情况作进一步具体讨论。当有多次塑性加载时,处理的原则和方法是完全一样的,可类推。

首先假定 M—k 图上卸载曲线是与弹性线段相平行的,并且在反方向再加载时,当新达到的 M 与卸载前的 M 相差为 $2M_s$ 时发生再次塑性变形,如图 10-9(c)所示,即有

$$M(\eta_2) = -M_s \qquad (10-65)$$
$$|M(\eta_0) - M(\eta_1)| = 2M_s \qquad (10-66)$$

这相当于在卸载时作弹性卸载假定,而在塑性再加载时计及 Bauschinger 效应。

在图 10-9 的Ⅰ到Ⅳ区,$S(\eta)$ 分别给出为

$$\text{Ⅰ} \quad S = A\cos\left(\frac{1}{\xi}\right)\eta, \qquad 0 \leq \eta \leq \eta_0 \qquad (10-67a)$$

$$\text{Ⅱ} \quad S = -B\sin(\eta - \eta_1), \qquad \eta_0 \leq \eta \leq \eta_1 \qquad (10-67b)$$

$$\text{Ⅲ} \quad S = -C\sin\left(\frac{1}{\xi}\right)(\eta - \eta_2), \qquad \eta_1 \leq \eta \leq \eta_2 \qquad (10-67c)$$

$$\text{Ⅳ} \quad S = C\sin(\eta - \eta_3), \qquad \eta_2 \leq \eta \qquad (10-67d)$$

这里已经应用了条件 $S'(0) = 0$ 和条件 $S(\eta_1) = 0$,自然也已满足了Ⅱ、Ⅲ区在 η_1 点 $S(\eta)$

连续的要求。解式(10-67)中包含有八个未定常数：A、B、C、D、η_0、η_1、η_2 和 η_3，可利用在各区连接点 S 和 S' 连续的五个条件，加上条件式(10-57)，式(10-65)和式(10-66)共八个方程来决定，即有

$$\begin{cases} A\cos\left(\dfrac{1}{\xi}\right)\eta_0 = -B\sin(\eta_0 - \eta_1) & \text{(a)} \\[4pt] \dfrac{A}{\xi}\sin\dfrac{\eta_0}{\xi} = B\cos(\eta_0 - \eta_1) & \text{(b)} \\[4pt] B = \dfrac{C}{\xi} & \text{(c)} \\[4pt] -C\sin\dfrac{\eta_2 - \eta_1}{\xi} = D\sin(\eta_2 - \eta_3) & \text{(d)} \\[4pt] \dfrac{C}{\xi}\cos\dfrac{\eta_2 - \eta_1}{\xi} = -D\cos(\eta_2 - \eta_3) & \text{(e)} \\[4pt] \int_0^\infty \dfrac{S'(\eta)}{\sqrt{\eta}}\mathrm{d}\eta = 2V_1 & \text{(f)} \\[4pt] \int_{\eta_2}^\infty \dfrac{S(\eta)}{\sqrt{\eta}}\mathrm{d}\eta = 2V_s & \text{(g)} \\[4pt] \int_{\eta_0}^{\eta_1} \dfrac{S(\eta)}{\sqrt{\eta}}\mathrm{d}\eta = -4V_s & \text{(h)} \end{cases} \quad (10-68)$$

实际的计算过程如下：选取一对 η_2 和 η_3 值，由式(10-68)(a)~(c)可以决定 η_0，η_1 以及 $A:B:C:D$ 的比值。然后用试凑的方法找到一对 η_2 和 η_3 使满足式(10-68)的(g)和(h)。冲击速度 V_1 就可以由式(10-68)的(f)算得。重复这一计算直到得出给定的 V_1 值。注意，计算中所包含的积分可以容易地化为 Fresnel 积分，其值可以由积分表查得(Sparrow,1934)。

3. 理想弹塑性的情况

如果 M—k 是理想弹塑性的(图10-6 曲线2)则计算可以大大简化，这可以看作线性硬化在 $\xi=0$ 时的特殊情况。

先讨论只发生一次塑性加载，如图10-8 但当 $\alpha=0$ 时的情况。既然 $\eta_0/\xi<\pi/2$，故 I 区将缩为 $\eta=0$ 一点。在这一点上 $M(0)=M_s$ 而 k 可以无限地增加，即形成了一个塑性铰，问题的解就简化为

$$S = -B\sin(\eta - \eta_1), \quad 0 \leqslant \eta \quad (10-69)$$

未定常数 B 和 η_1 由条件 $M(0)=M_s$ 和式(10-57)决定：

$$\begin{cases} B\int_0^\infty \dfrac{\cos(\eta - \eta_1)}{\sqrt{\eta}}\mathrm{d}\eta = -2V_1 \\[4pt] B\int_0^\infty \dfrac{\sin(\eta - \eta_1)}{\sqrt{\eta}}\mathrm{d}\eta = 2V_s \end{cases} \quad (10-70)$$

由于 $\cos(\eta - \eta_1) = \cos\eta\cos\eta_1 + \sin\eta\sin\eta_1$，$\sin(\eta - \eta_1) = \sin\eta\cos\eta_1 - \cos\eta\sin\eta_1$ 以及 $\int_{\eta_0}^\infty \dfrac{\cos\eta}{\sqrt{\eta}}\mathrm{d}\eta = \int_0^\infty \dfrac{\sin\eta}{\sqrt{\eta}}\mathrm{d}\eta = \sqrt{\dfrac{\pi}{2}}$，由以上两式可得出

$$\begin{cases} B\sqrt{\dfrac{\pi}{2}}\cos\eta_1 = V_s - V_1 \\ B\sqrt{\dfrac{\pi}{2}}\sin\eta_1 = -(V_s + V_1) \end{cases} \quad (10-70\text{a})$$

于是解得

$$\begin{cases} B = 2\sqrt{\dfrac{V_1^2 + V_s^2}{\pi}} \\ \eta_1 = \arctan\left(\dfrac{V_1 + V_s}{V_1 - V_s}\right) = \dfrac{\pi}{4} + \arctan\left(\dfrac{V_s}{V_1}\right) \end{cases} \quad (10-71)$$

注意,在 $x=0$ 点由于现在形成了一个塑性铰, $\partial w/\partial x$ 就不再连续, k 可以无限增加。事实上,按式(10-54),在目前有

$$\tan\theta = \alpha\bigg|_{x=+0} = \dfrac{\partial w}{\partial x}\bigg|_{x=+0} = -\dfrac{\sqrt{t}}{a}S'(\eta)\bigg|_{\eta_0=0} = \dfrac{\sqrt{t}}{a}B\cos\eta_1 \quad (10-72\text{a})$$

或由式(10-70a)可改写为

$$\tan\theta = \alpha\bigg|_{x=+0} = \sqrt{\dfrac{2}{\pi}}\dfrac{1}{a}(V_s - V_1)\sqrt{t} = \sqrt{\dfrac{2k_s}{\pi V_s}}(V_s - V_1)\sqrt{t} \quad (10-72\text{b})$$

表明 $\alpha(0,t)$ 随 $\sqrt{t}$ 成正比而增大。由于梁的变形就 α 而言是对冲击点反对称的,显然 $\alpha|_{x=-0}$ 的解就是对 $\alpha|_{x=+0}$ (即式(10-72))的解变号。由式(10-50)知 α 在 $x=0$ 点的间断必然对应地有 $S(\eta)|_{\eta=0}$ 的间断。事实上由式(10-69)直接可看到式(10-51)条件 $S'(0) = 0$ 不再成立了。 $S'(\eta)_{\eta=+0} = -\dfrac{a}{\sqrt{t}}\alpha\bigg|_{x=+0}$ 是有限值。

上述的解只在 $|M(\eta)| < M_s$, $(\eta \neq 0)$ 时成立。随着 V_1 的提高,首先将有 $M(\eta_1) = -M_s$,按式(10-53)即有

$$M(\eta_1) = \dfrac{EIB}{2a^2}\int_{\eta_1}^{\infty}\dfrac{\sin(\eta-\eta_1)}{\sqrt{\eta}}\mathrm{d}\eta = -M_s = -\dfrac{EIV_s}{a^2}$$

$$B\left[\cos\eta_1\int_{\eta_1}^{\infty}\dfrac{\sin\eta}{\sqrt{\eta}}\mathrm{d}\eta - \sin\eta_1\int_{\eta_1}^{\infty}\dfrac{\cos\eta}{\sqrt{\eta}}\mathrm{d}\eta\right] = -2V_s$$

由式(10-70a)知 $2V_s = B\sqrt{\dfrac{\pi}{2}}(\cos\eta_1-\sin\eta)$,由上式消去 B 后得

$$\sin\eta_1 = \dfrac{1}{\sqrt{2\pi}}\int_0^{\eta_1}\dfrac{\cos\eta}{\sqrt{\eta}}\mathrm{d}\eta - \cos\eta_1\dfrac{1}{\sqrt{2\pi}}\int_0^{\eta_1}\dfrac{\sin\eta}{\sqrt{\eta}}\mathrm{d}\eta = \sin\eta_1 - \cos\eta_1$$

这一方程的解是 $\eta_1 = 70.6°$,则由式(10-71)知对应地有 $V_1 = 2.087V_s$。这就是上述解的极限速度,即当 $V_3 < V_1 < 2.087V_s$ 时有解式(10-69)。这时只在 $x=0$ 点形成一个塑性铰,梁的其余部分均受弹性弯曲,冲击点塑性弯曲的转角由式(10-72)决定。

当 $V_1 = 2.087V_s$ 时,将出现图 10-9 的Ⅲ区,并且既然 $(\eta_2-\eta_1)/\alpha < \pi$,当 $\alpha \to 0$ 时,Ⅲ区也缩为一点 $\eta = \eta_1$。问题的解是

$$\begin{cases} S = -B\sin(\eta - \eta_1), & 0 \leq \eta \leq \eta_1 \\ S = -D\sin(\eta - \eta_1), & \eta_1 \leq \eta \end{cases} \quad (10-73)$$

未知常数 B、D 和 η_1 由条件式(10-57), $M(\eta_1) = -M_s$ 和 $-M(\eta_1) = 2M_s$ 来决定,也即有

$$\begin{cases} B\int_0^{\eta_1} \dfrac{\cos(\eta-\eta_1)}{\sqrt{\eta}}\mathrm{d}\eta + D\int_{\eta_1}^{\infty}\dfrac{\cos(\eta-\eta_1)}{\sqrt{\eta}}\mathrm{d}\eta = -2V_1 \\ D\int_{\eta_1}^{\infty}\dfrac{\sin(\eta-\eta_1)}{\sqrt{\eta}}\mathrm{d}\eta = -2V_s \\ B\int_0^{\eta_1}\dfrac{\sin(\eta-\eta_1)}{\sqrt{\eta}}\mathrm{d}\eta = 4V_s \end{cases} \quad (10-74)$$

与前面所述同理,由于Ⅰ、Ⅲ两区缩为两点,$S'(\eta)$在$\eta=0,\eta=\eta_1$两点发生间断(图10-10)。

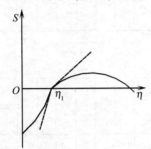

图10-10 $S'(\eta)$在$\eta=0,\eta=\eta_1$两点发生间断

由基本方程式(10-41)也可看到这两点是奇点,$S''\to\infty$。这样,与$\eta=0$相对应地在$x=0$点形成一个驻定的塑性铰,与$S'(0)$的间断相对应的是$\alpha(0,t)$发生间断,即梁的挠度曲线在$x=0$点有一个非零角$\alpha\ne 0$,其值仍按式(10-72)计算。与$\eta=\eta_1$相对应地在$x_1=2a\sqrt{\eta_1 t}$形成另一个塑性铰。注意x_1与$\sqrt{t}$成正比,因此这是一个向离开冲击点方向运动的塑性铰,其传播速度$C_{\eta_1}=\dfrac{\mathrm{d}x_1}{\mathrm{d}t}=a\sqrt{\dfrac{\eta_1}{t}}$。与$S'(\eta)$的间断相对应的是在$x_1$点曲率将发生跳跃$\Delta k$,但是$\alpha\big|_{x=x_1}\left(=\dfrac{\partial w}{\partial x}\big|_{x=x_1}\right)$却仍是连续的。其物理意义是:在塑性铰处作用有恒值弯矩M_s,曲率可以无限增大,但这一过程的发生需要时间。对于固定的塑性铰经过有限时间间隔后将导致α发生有限间断,其间断值还连续随时间增大,如式(10-72)所示。但对于运动的塑性铰,只是瞬时地通过各个梁截面,就来不及发生α的间断,因此$\alpha\big|_{x=x_1}$仍是连续的。由式(10-50)可见,这时$S'(\eta)$的间断只意味着曲率的间断或角速度ω的间断,并且曲率的间断跳跃值显然等于:

$$\Delta k = k(\eta_1-0) - k(\eta_1+0) =$$
$$\dfrac{1}{2a^2\sqrt{\eta_1}}[S'(\eta_1+0) - S'(\eta_1-0)] = \dfrac{k_s}{2V_s}\cdot\dfrac{1}{\sqrt{\eta}}(B-D) \quad (10-75)$$

由式(10-74)解出B、D和η_1,就可由式(10-72)和式(10-75)算得θ和Δk。当$V_1\gg V_s$时,Duwez,Clark,Bonenblust(1943,1950)给出下列近似式:

$$\begin{cases} \eta_1 \approx \dfrac{3V_s}{V_1} \\ \tan\theta \approx \sqrt{t}\sqrt{\dfrac{k_s}{3}}\dfrac{V_1^{3/2}}{V_s} \end{cases} \quad (10-76)$$

在图 10-11 中给出了当 $V_1<V_s$（弹性梁），当 $V_s<V_1<2.087V_s$（有一个驻定的塑性铰）和当 $V_1>2.087V_s$（有驻定的和运动的塑性铰）时的挠度曲线和弯矩图。

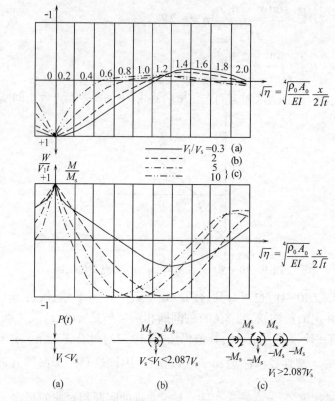

图 10-11　无限长梁受横向恒速冲击载荷 V_1 时的挠度曲线和弯矩图
(a) $V_1<V_s$（弹性梁）；(b) $V_s<V_1<2.087V_s$（有一个驻定的塑性铰）；
(c) $V_1>2.087V_s$（有驻定的和运动的塑性铰）。

这样，对于理想塑性 M—k 图，梁的塑性弯曲是由驻定塑性铰和作纵向运动的塑性铰完成的。

Duwez，Clark，Bonenblust(1950)还进行了实验研究，与上述理论结果作了比较。实验是在长约 3.05m(10ft)的矩形截面梁(9.53mm×19.1mm 或 9.53mm×25.4mm)试件上进行的。试件两端用水平的销钉销住，允许水平移动和绕销钉转动而不能垂直移动。以给定速度的重锤对梁的中点作横向撞击，撞击延续时间由调节梁的顶面与制动砧间的距离来控制。在撞击结束时用闪光照相记录梁的挠度曲线。梁试件的材料有两种：冷轧低碳钢和退火铜。实验决定的 M—k 曲线和理论计算中采用的近似曲线对这两种材料分别如图 10-12 和图 10-13 的实线和虚线所示(1in·lb=0.113N·m)。实验测得的和理论计算所得的挠度曲线的比较对两种材料分别如图 10-14 和图 10-15 所示(1in=2.54cm)。可见，理论曲线和实验曲线是相类似的。对于钢，按梁是完全弹性时算得的结果能更好地与实验结果相符合。而对于铜，则按弹塑性梁算得的结果与实验结果有好的符合，解释为塑性的影响对于铜比钢大得多，实验中发现对于钢梁塑性变形只局部地集中在冲击点附近。

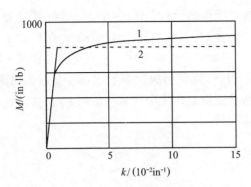

图 10-12　冷轧低碳钢的 M—k 曲线

实线 1—实测曲线；虚线 2—计算用近似曲线。

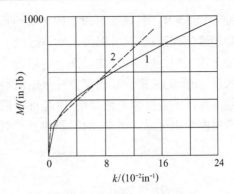

图 10-13　退火铜的 M—k 曲线

实线 1—实测曲线；虚线 2—计算用近似曲线。

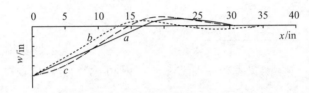

图 10-14　对于冷轧低碳钢，实验测得的和理论计算所得的挠度曲线的比较

实线 a—实测曲线；点线 b—弹塑性梁计算曲线；虚线 c—弹性梁计算曲线。

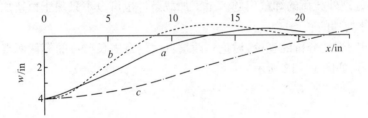

图 10-15　对于退火铜，实验测得的和理论计算所得的挠度曲线的比较

实线 a—实测曲线；点线 b—弹塑性梁计算曲线；虚线 c—弹性梁计算曲线。

至于理论曲线和实验曲线间的某些差别，可以解释为：①计算用的 M—k 图是近似的；②实测的结果可能受弯曲波在梁端反射的影响；③初等理论中包含了一系列假设，特别是忽略了转动惯性和切应力效应，以及计算不是按动态 M—k 图而是按静态 M—k 图进行的。

此外，实验证实了 $w=0$ 的点 x_0 是与 $t^{1/2}$ 成正比的，即弯曲波沿梁轴 x 不是以恒值传播而是取决于 x^2/t 的。

10.4　刚塑性分析

梁的刚塑性动态分析是由 Lee 和 Symonds(1952)所发展的。当塑性变形比弹性变形大得多时，如同在讨论杆中塑性波时那样，可以近似地忽略弹性变形，讨论所谓刚塑性梁。

假设 M—k 图如图 10-16 所示，即假设：①当 $|M|<M_0$ 时梁以刚体运动；②当某个梁

截面上$|M|=M_0$时,曲率可以无限增加,即形成所谓塑性铰(图 10-17)。这样就导致研究以塑性铰相连接的、各梁段的刚体运动。应该注意,前已述及,塑性铰的形成,即整个截面完全进入塑性变形,只能是渐近地趋近的,并且梁的塑性变形区一般总是只占据某个有限长度,而梁的非塑性区则作弹性弯曲振动。因此,只有当塑性变形比弹性变形大得多,塑性变形区的长度相对地很小,以至可以把塑性变形看作集中在某一截面上时,这一近似才有可能给出可靠的结果,而问题的处理则大大简化。

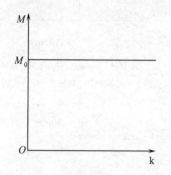

图 10-16　刚塑性梁的 M—k 曲线

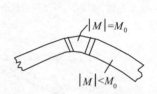

图 10-17　$|M|=M_0$ 时形成塑性铰

显然,这一近似处理可看作 10.3 节"理想弹塑性梁情况"的进一步近似的特例。但正由于这进一步的近似,我们将不仅可以方便地处理有限长梁;还可以处理冲击停止后梁的运动,也即处理外载荷的卸载问题。至于加载条件也可以不只限于恒速加载,这些都是 10.3 节中未能处理的。

为了说明刚塑性分析的理论,讨论一两端自由的有限长($2l$)的等截面直梁,在中点受一脉冲力 $P(t)$,如图 10-18 所示。

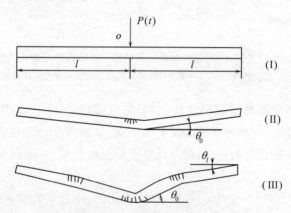

图 10-18　有限长等截面直梁在中点受冲击时
刚塑性分析的三个运动阶段(相)

运动可以分三个阶段来描述,或称为三个"相"(图 10-18)。在第Ⅰ相中,$M<M_0$,只有刚体平移运动。在第Ⅱ相中,冲击点处达到 $M=M_0$,因此梁的两半对这个中间塑性铰发生相对转动。在第Ⅲ相中,在离冲击点某一距离的截面处达到 $M=-M_0$,这时除了中间的驻定塑性铰之外,在其两边还有两个运动的塑性铰。

下面分别对这些阶段进行讨论。

第Ⅰ相:$\left(\mu = \dfrac{Pl}{M_0} < 4\right)$

当 $P(t)$ 从零开始增加时,首先引起梁作平行于自身的刚体平移运动。这时每一点的加速度相同,其值为

$$a = \frac{P}{2ml} \qquad (10-77)$$

式中:m 为梁单位长度质量(线密度),这相当于静止的梁受有均布载荷 $-ma$。

因此,弯矩分布为

$$M(x) = \int_0^{l-x} ma\xi d\xi = \frac{m(l-x)^2}{2}a = \frac{P(l-x)^2}{4l} \qquad (10-78)$$

显然在梁的中点 $x=0$ 处弯矩达到最大,为

$$M(0) = \frac{ml^2}{2}a = \frac{Pl}{4}$$

因此,当 $P = 4M_0/l$ 时,$M(0) = M_0$,在中点形成塑性铰,梁不再作刚体平移运动。引入无量纲参数 $\mu = Pl/M_0$,则当 μ 达到

$$\mu = \frac{Pl}{M_0} = 4 \qquad (10-79)$$

时,第Ⅰ相结束,第Ⅱ相开始。

第Ⅱ相:$(4 \leqslant \mu < 22.9)$

这时在中间塑性铰处作用有恒值弯矩 M_0,梁的两半仍作为刚体运动,但绕铰点作相对转动(图 10-19)。设 a_0 为梁中点 $x=0$ 的线加速度,θ_0 为右半梁绕中间铰转动的转角,以逆时针为正,$\alpha_0 = \dfrac{d^2\theta_0}{dt^2}$ 是对应的角加速度。则右半梁的动量方程和动量矩方程(对 $x = l/2$ 点取矩)分别为

$$\frac{P}{2} = \int_0^l ma_0 dx - \int_0^l \frac{d^2\theta_0}{dt^2}x dx = ml\left(a_0 - \frac{l\alpha_0}{2}\right) \qquad (10-80)$$

$$\frac{Pl}{4} - M_0 = 2\int_0^{l/2} m\frac{d^2\theta_0}{dt^2}x^2 dx = \frac{ml^3}{12}\alpha_0 \qquad (10-81)$$

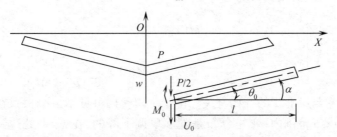

图 10-19 梁的两半绕铰点作相对刚体转动 $(4 \leqslant \mu < 22.9)$

由此可解得 a_0 和 α_0 为

$$a_0 = \frac{M_0}{ml^2}\left(\frac{2Pl}{M_0} - 6\right) = \frac{M_0}{ml^2}(2\mu - 6) \qquad (10-82)$$

$$l\alpha_0 = \frac{M_0}{ml^2}\left(\frac{3Pl}{M_0} - 12\right) = \frac{M_0}{ml^2}(3\mu - 12) \tag{10-83}$$

当给出 $P(t)$ 时，即可算出 $a_0(t)$ 和 $\alpha_0(t)$。对 t 积分再算出线速度和角速度，从而最后可求出位移 $w(0,t)$ 和角位移 θ_0。注意，当 $P(t)$ 减小时上述方程继续成立，只要塑性铰尚未消失。事实上随着 $P(t)$ 减小，a_0 和 α_0 先转变为负值，但角速度仍然可以是正的，意味着塑性铰并不立即消失，甚至直到 $P(t)$ 减小到零以后还可能存在。这解释为外载荷的卸载开始后，梁作刚体运动的动能进一步转变为塑性应变能，产生附加的塑性变形。从这里看到，在刚塑性分析中可以处理外载荷的卸载问题。

在第 Ⅱ 相中，除了 $x=0$ 的中间塑性铰以外，梁的其余的任一截面上弯矩都小于 M_0 值。如果 $P(t)$ 进一步增大，就可以在其他截面上产生新的塑性铰。我们来确定第 Ⅱ 相的极限条件，为此需确定这时的弯矩分布。如图 10-19 所示，显然有

$$M(x) = \frac{P}{2}x - M_0 - \int_0^x ma_0 x\,dx + \int_0^x m\frac{d^2\theta_0}{dt^2}(x-\xi)\xi\,d\xi =$$
$$\frac{P}{2}x - M_0 - \frac{mx^2}{2}a_0 + \frac{mx^3}{6}\alpha_0 \tag{10-84}$$

或以式(10-82)和式(10-83)代入，有

$$M(x) = \frac{\mu M_0}{2} \cdot \frac{x}{l} - M_0 - \frac{1}{2}M_0(2\mu - 6)\left(\frac{x}{l}\right)^2 + \frac{1}{6}M_0(3\mu - 12)\left(\frac{x}{l}\right)^3 =$$
$$M_0\left(\frac{\mu - 4}{2} \cdot \frac{x}{l} - 1\right)\left(1 - \frac{x}{l}\right)^2 \tag{10-84a}$$

在 $\left(\dfrac{dM}{dx}\right)_{x_1} = 0$ 的截面 $x=x_1$ 上 M 达到极值，即有

$$\frac{P}{2} - ma_0 x_1 + \frac{1}{2}ma_0 x_1^2 = 0$$

或

$$\left(\frac{x_1}{l}\right)^2 - \frac{4}{3}\frac{\mu - 3}{\mu - 4}\left(\frac{x_1}{l}\right) + \frac{\mu}{3(\mu - 4)} = 0$$

方程的两个根和对应的 $M(x_1)$ 为

$$\begin{cases} \dfrac{x_1}{l} = 1, & M(x_1) = 0 \\ \dfrac{x_1}{l} = \dfrac{\mu}{3(\mu - 4)}, & M(x_1) = M_0\left[1 + \dfrac{9\mu^2 - 2\mu^3}{27(\mu - 4)^2}\right] \end{cases} \tag{10-85}$$

讨论第二个根，它与第 Ⅱ 相的开始有关。由于 $x_1/l \leq 1$，可见第二个根只在 $\mu \geq 6$ 时出现。事实上，在 $4 \leq \mu \leq 6$ 范围内，弯矩分布是随 x 单调下降的，在 $x=1$ 处达到极小 $M(l)=0$（对应于第一个根）。如果以 $4 \leq \mu \leq 6$ 代入式(10-85)则 $M(x_1)$ 是正值，但 $M(x_1)$ 随 μ 增加（即 $P(t)$ 增加）而减小，在 $\mu=6$ 时为零，此后 $\mu>6$ 时 $M(x_1)$ 是负值。第 Ⅱ 相结束的条件就由下式决定：

$$M(x_1) = M_0\left[1 + \frac{9\mu^2 - 2\mu^3}{27(\mu - 4)^2}\right] = -M_0$$

这是一个三次方程：
$$2\mu^3 - 63\mu^2 + 432\mu - 864 = 0$$
唯一的实根是 $\mu = 22.9$，这时就对应地有
$$x_1 = \frac{\mu}{3(\mu - 4)}l = 0.404l \tag{10-86}$$
因此当 $\mu = 22.9$ 时，在 $x = \pm 0.404l$ 处，$M = -M_0$，发生第二个塑性铰，第 Ⅱ 相结束，第 Ⅲ 相开始。

第 Ⅲ 相：$(\mu \geq 22.9)$

当到达 $\mu = 22.9$ 时，运动的第 Ⅲ 相开始。如果载荷继续增加，则将在 $x < 0.404l$ 的截面上发生极限弯矩 M_0。换言之，当载荷增加时，x_1 处的塑性铰将向冲击点 $x = 0$ 处运动（移行）。这一点并非一下子就可以明显地看出的，而要利用第 Ⅲ 相的运动方程的解来确定的。

首先可以指明一点，当塑性铰移到新的位置时，在原来位置上 M 就降低到小于 M_0，因而在那里不再有相对转动。事实上，在塑性铰的左右一定有 $M<M_0$。如果不是这样，就存在一个恒值 M 区。而按 $dM/dx = Q$，这个区域切力均为零，所有点的加速度也就为零，这一段就以刚体运动，也就不称其所谓塑性铰了。

现在设想在某一瞬时，移行塑性铰在 x_h 位置。对右半梁的 x_h 左右的两段刚体，可分别列出动量方程和动量矩方程(图 10-20)为
$$\frac{P}{2} = \int_0^{x_h} ma_0 dx - \int_0^{x_h} m\frac{d^2\theta_0}{dt^2}x dx = mx_h\left(a_0 - \frac{\alpha_0 x_h}{2}\right) \tag{10-87}$$
$$\frac{Px_h}{4} - 2M_0 = 2\int_0^{x_h/2} m\frac{d^2\theta_0}{dt^2}x^2 dx = \frac{mx_h^3\alpha_0}{12} \tag{10-88}$$
$$0 = \int_{x_h}^l ma_l dx + \int_{x_h}^l m\frac{d^2\theta_l}{dt^2}x dx = m(l - x_h)\left[a_l + \frac{\alpha_l(l - x_h)}{2}\right] \tag{10-89}$$
$$M_0 = 2\int_0^{(l-x_h)/2} m\frac{d^2\theta_l}{dt^2}\xi^2 d\xi = \frac{m(l - x_h)^2}{12}\alpha_l \tag{10-90}$$
式中：a_l 是 $x = l$ 点的线加速度，$\alpha_l = \frac{d^2\theta_l}{dt^2}$ 是移行塑性铰右边的角加速度。

为了求解 $a_0, \alpha_0, a_l, \alpha_l$ 和 x_h，仅仅考察上述四个动力学条件是不够的。在具有移行塑性铰的情况下，还必须考察移行塑性铰的运动学条件。

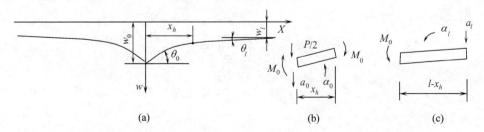

图 10-20 移行塑性铰将向冲击点 $x = 0$ 处运动$(\mu \geq 22.9)$

现在来写出铰点上的运动学方程,用 x_h^- 和 x_h^+ 表示铰点位置的左右两边。显然在塑性铰上位移 w 连续,即

$$w(x_h^-) = w(x_h^+)$$

这不论移行塑性铰在什么位置或什么时候都应成立,即位移对于随移行塑性铰的全微分也应相等,即

$$\frac{\mathrm{d}}{\mathrm{d}t}w[x_h^-] = \frac{\mathrm{d}}{\mathrm{d}t}w[x_h^+]$$

$$\frac{\partial w(x_h^-)}{\partial t} + c\frac{\partial w(x_h^-)}{\partial t} = \frac{\partial w(x_h^+)}{\partial t} + c\frac{\partial w(x_h^+)}{\partial x}$$

式中:$c = \dfrac{\mathrm{d}x_h}{\mathrm{d}t}$ 是塑性铰沿梁轴运动速度。

这样,横向速度 $v = \dfrac{\partial w}{\partial t}$ 与转角 $\theta = -\dfrac{\partial w}{\partial x}$ 之间的关系为

$$v(x_h^-) - v(x_h^+) = +c[\theta(x_h^-) - \theta(x_h^+)] \tag{10-91}$$

由于移行塑性铰依次通过各个梁截面,对于每一截面,在塑性铰通过的无穷小时间中只能发生无穷小相对转动,因此在移行塑性铰上转角是连续的,这在 10.3 节中已提到过。既然 $\theta(x_h^-) = \theta(x_h^+)$,按式(10-91),则横向速度也是连续的。类似地,既然

$$\frac{\mathrm{d}}{\mathrm{d}t}\theta(x_h^-) = \frac{\mathrm{d}}{\mathrm{d}t}\theta(x_h^+)$$

$$\frac{\mathrm{d}}{\mathrm{d}t}v(x_h^-) = \frac{\mathrm{d}}{\mathrm{d}t}v(x_h^+)$$

可以对应地建立角速度 $\omega = \dfrac{\partial \theta}{\partial t}$ 和曲率 $k = \dfrac{\partial \theta}{\partial x} = -\dfrac{\partial^2 w}{\partial x^2}$ 间的运动学关系:

$$\omega(x_h^-) - \omega(x_h^+) = -c[k(x_h^-) - k(x_h^+)] \tag{10-92}$$

以及角速度 $\omega = \dfrac{\partial \theta}{\partial t} = -\dfrac{\partial^2 w}{\partial t \partial x}$ 和横向加速度 $a = \dfrac{\partial v}{\partial t} = \dfrac{\partial^2 w}{\partial t^2}$ 间的运动学关系:

$$a(x_h^-) - a(x_h^+) = c[\omega(x_h^-) - \omega(x_h^+)] \tag{10-93}$$

由于在塑性铰的两边,角速度 ω 发生间断,则由式(10-92)和式(10-93)可知,横向加速度 a 和曲率 k 也一定发生间断。

注意到上述结论后,塑性铰两边的速度和加速度公式可求得如下:

$$w = w_0 - \int_0^x \theta \mathrm{d}x \tag{10-94}$$

$x < x_h$ 时,有

$$v = \frac{\partial w}{\partial t} = \frac{\partial w_0}{\partial t} - \int_0^x \frac{\partial \theta}{\partial t} \mathrm{d}x = v_0 - \frac{\mathrm{d}\theta_0}{\mathrm{d}t}x \tag{10-95}$$

$$a = \frac{\partial^2 w}{\partial t^2} = \frac{\partial^2 w_0}{\partial t^2} - \int_0^x \frac{\partial^2 \theta}{\partial t^2} \mathrm{d}x = a_0 - \alpha_0 x \tag{10-96}$$

$x > x_h$ 时,有

$$v = \frac{\partial w}{\partial t} = \frac{\partial w_0}{\partial t} - \int_0^{x_h} \frac{\partial \theta}{\partial t} \mathrm{d}x - \int_{x_h}^x \frac{\partial \theta}{\partial t} \mathrm{d}x - \frac{\mathrm{d}x_h}{\mathrm{d}t}[\theta(x_h^-) - \theta(x_h^+)] =$$

第十章 横向冲击下梁中弹塑性波的传播（弯曲波理论）

$$v_0 - \frac{d\theta_0}{dt}x_h - \frac{d\theta_l}{dt}(x - x_h) \tag{10-97}$$

$$a = \frac{\partial^2 w}{\partial t^2} = a_0 - \alpha_0 x_h - \alpha_l(x - x_h) - \frac{dx_h}{dt}\left(\frac{d\theta_0}{dt} - \frac{d\theta_l}{dt}\right) =$$

$$a_0 - \alpha_0 x_h - \alpha_l(x - x_h) - \frac{dx_h}{dt}(\omega_0 - \omega_l) \tag{10-98}$$

由式(10-95)和式(10-97)也表明横向速度是连续的，$v(x_h^-) = v(x_h^+)$，而由式(10-96)和式(10-98)则分别给出：

$$a(x_h^-) = a_0 - \alpha_0 x_h \tag{10-99}$$

$$a(x_h^+) = a_0 - \alpha_0 x_h - \frac{dx_h}{dt}(\omega_0 - \omega_l) \tag{10-100}$$

另一方面，有关系

$$a(x_h^+) = a_l + \alpha_l(l - x_h) \tag{10-101}$$

则由式(10-100)和式(10-101)就得到一个联系 $a_0, \alpha_0, a_l, \alpha_l$ 和 x_h 之间的补充方程（运动学条件）为

$$a_0 - \alpha_0 x_h - a_l - \alpha_l(x - x_h) = \frac{dx_h}{dt}\left(\frac{d\theta_0}{dt} - \frac{d\theta_l}{dt}\right) \tag{10-102}$$

引入 $\xi = \dfrac{x_h}{l}$ 和 $\mu = \dfrac{Pl}{M_0}$，方程式(10-87)～式(10-90)和式(10-102)可以改写为

$$\frac{a_0}{l} = \frac{M_0}{ml^3}\left(\frac{2\mu}{\xi} - \frac{12}{\xi^2}\right) \tag{10-103}$$

$$\alpha_0 = \frac{d^2\theta_0}{dt^2} = \frac{M_0}{ml^3}\left(\frac{3\mu}{\xi^2} - \frac{24}{\xi}\right) \tag{10-104}$$

$$\frac{a_l}{l} = -\frac{M_0}{ml^3}\frac{6}{(1-\xi)^2} \tag{10-105}$$

$$\alpha_l = \frac{d^2\theta_l}{dt^2} = \frac{M_0}{ml^3}\frac{12}{(1-\xi)^3} \tag{10-106}$$

$$\frac{M_0}{ml^3}\left[\frac{\mu}{\xi} - \frac{12}{\xi^2} + \frac{6}{(1-\xi)^2}\right] = -\frac{d\xi}{dt}(\omega_0 - \omega_l) = -\frac{d\xi}{dt}\left(\frac{d\theta_0}{dt} - \frac{d\theta_l}{dt}\right) \tag{10-107}$$

由方程式(10-103)～式(10-107)可以确定梁在第Ⅲ相中的运动，并且不论载荷是增加或者从某个 $\mu > 22.9$ 值以后减小，只要 $\dfrac{d\theta_0}{dt} > \dfrac{d\theta_l}{dt}$（移行塑性铰不消失），总是成立。

由于在式(10-107)中出现 $\dfrac{d\xi}{dt}(\omega_0 - \omega_l)$ 项，方程的求解就复杂化了。如果没有这一项，μ 和 ξ 间就有简单的关系，a_0, α_0, a_l 和 α_l 就可以容易地表为 μ 的函数，直接积分就可求出速度和位移。现在则由于在 μ 和 ξ 的关系中包含有未知量 $\dfrac{d\xi}{dt}, \dfrac{d\theta_0}{dt}$ 和 $\dfrac{d\theta_l}{dt}$，因此意味着速度和位移不可能直接由积分求得。第Ⅲ相的解就不像前两相中那么容易。这时，可以

采用以下两种方法之一来求解。

一个是逐步近似法。先令 $\dfrac{\mathrm{d}\xi}{\mathrm{d}t}(\omega_0-\omega_l)=0$，由方程式(10-103)~式(10-106)可求得一次近似解。由此算得$(\omega_0-\omega_l)$和$\dfrac{\mathrm{d}\xi}{\mathrm{d}t}$，代入式(10-107)，再解方程组求得二次近似解。如此重复，逐步逼近，直到两次间求得的$\dfrac{\mathrm{d}\xi}{\mathrm{d}t}(\omega_0-\omega_l)$值之差达到规定的误差范围。

另一个是逐步积分法。由某个时间 t_1 时的 μ_1 和 ξ_1，按方程式(10-103)~式(10-106)可算得该瞬时 t_1 时的加速度值。之后可计算 $t_2=t_1+\Delta t$ 时的角速度：

$$(\omega_0)_2 = (\omega_0)_1 + (\alpha_0)_1 \Delta t$$

算出 t_1 时的$(\omega_0-\omega_l)$后，用重复试凑方法解式(10-107)可求得 t_2 时的 μ_2 和 ξ_2。再由式(10-103)~式(10-106)求 t_2 时的加速度，并且可以重新计算 t_2 时的 ω_0 和 ω_l，如

$$(\omega_0)_2 = (\omega_0)_1 + \dfrac{1}{2}[(\alpha_0)_1 + (\alpha_0)_2]\Delta t$$

再重新算出 ξ_2 和 μ_2。重复这一过程可以算出下一个时间 $t_3=t_2+\Delta t$ 的结果，以此类推。

在第Ⅲ相中如果外载荷开始卸载，其处理原则与在第Ⅱ相中所述是一样的。只要运动塑性铰不消失，方程(10-104)~式(10-107)仍然成立。如果最大载荷 P_m 足够大，则即使当 $P(t)$ 降到零时，仍然可以有相对角速度$(\omega_0-\omega_l)$，这时塑性铰继续运动，直到 $\omega_0=\omega_l$。塑性铰消失的位置 $\xi_{\max}$ 可以由式(10-107)令 $\mu=0$，$\dfrac{\mathrm{d}\xi}{\mathrm{d}t}(\omega_0-\omega_l)=0$ 求得

$$\xi_{\max} = 2 - \sqrt{2} = 0.586 \qquad (10-108)$$

这是移行塑性铰到达的离冲击点的最大距离。在移行塑性铰消失后，在中间点仍有驻定塑性铰的继续作用。这时应该用第Ⅱ相的运动方程，即式(10-28)和式(10-83)求解。到最后，中间驻定铰也消失$(\omega_0=0)$，整个梁又以刚体运动，不再有进一步的变形。最终所达到的塑性变形即为冲击引起的永久变形。

在中间驻定铰处，变形所需的塑性功为 $M_0\theta_0$。另一方面长为 l 的梁在弯矩 M 作用下的弹性弯曲应变能为 $\dfrac{1}{2}M\theta = \dfrac{Ml}{2P} = \dfrac{M^2 l}{2EI}$，最大值为 $\dfrac{M_0^2 l}{2EI}$。如果中间铰处的塑性应变能比整个梁的最大弹性应变能还大得多，即

$$M_0\theta_0 \gg \dfrac{M_0^2 l}{2EI} \qquad (10-109)$$

则认为弹性变形与塑性变形相比是可以忽略的，可以期望刚塑性分析能提供足够满意的近似。对于两端自由的梁，弹性自振的基本频率 f_2 可由以下方程确定：

$$f_2 = \dfrac{(4.73)^2}{2\pi l^2} \cdot \sqrt{\dfrac{EI}{\rho_0 A_0}}$$

或者基本周期 τ 为

$$\tau = \dfrac{1}{f_2} = \dfrac{2\pi l^2}{(4.73)^2} \cdot \sqrt{\dfrac{\rho_0 A_0}{EI}}$$

则式(10-109)可改写为如下的无量纲形式：

$$\frac{\theta_0}{M_0 T^2/(ml^3)} \geq \frac{1}{2.5}\frac{\tau^2}{T^2} \tag{10-110}$$

式中：T 为冲击延续时间。

式(10-110)可以看作决定刚塑性分析能否应用的判断准则。此外，由于在上述的整个理论框架上已包含了小变形假定 $\left(\theta \approx -\frac{\partial w}{\partial x}\right)$，因此本理论分析也只限于在 $\theta_0 \leq 10°$ 的情况中应用。

10.5 梁在横向冲击下的剪切失效

以上我们主要讨论了梁在横向冲击下的弯曲波的传播特性。但如同我们在 10.2 节导出 Timoshenko 方程(见式(10-21))时所指出的那样，在这里应再强调一下，弯曲波实际上是相互依赖的弯矩扰动(M-ω 波)与剪力扰动(Q-v 波)共同耦合作用的后果，其中已包含了剪力效应。与剪力在梁的准静态响应中的作用相比，在梁的动态响应的研究中，由于控制方程组中包含横向惯性，剪力扮演着更重要的角色。

就梁在横向冲击下的动态失效模式而言，大量的实验和理论研究一致地表明(Menkes,1973;Jones,1989)，一般有三种基本模式，即：大挠度失效(模式Ⅰ)，撕裂拉伸失效(模式Ⅱ)和横向剪切失效(模式Ⅲ)。前两种模式主要由梁中的弯曲波所致，但第三种模式则主要与梁中的横向塑性剪切波相关。

本节就来讨论梁中塑性剪切波的传播特性(Wang et al,1996)。

与 10.1 节中一致，假定梁在变形前垂直于梁轴的平截面在变形后仍保持平面并和变形后的梁轴垂直(**平截面假定**)，并仍以 Q 和 w 分别表示梁截面上的横向剪力和横向位移，则对应地有剪应变 $\gamma = \frac{\partial w}{\partial X}$ 和横向质点速度 $v = \dot{w} = \frac{\partial w}{\partial t}$。引入梁的线密度 $m(=\rho_0 A_0)$，此处 ρ_0 表示梁的初始密度，A_0 表示梁的初始截面积。显然，对于以强间断形式传播的剪切扰动(剪切铰)，与第二章所讨论的杆中强间断纵波完全相类似(见式(2-57)和式(2-55))，应有如下的动力学相容条件(动量守恒)：

$$[Q] = -m\dot{\xi}[\dot{w}] \tag{10-111}$$

和运动学相容条件(连续性条件)：

$$[\dot{w}] = -\dot{\xi}[\gamma] \tag{10-112}$$

式中：$\dot{\xi} = \mathrm{d}\xi/\mathrm{d}t$ 表示强间断剪切扰动(剪切铰)沿梁中性轴(X 轴)的传播速度；而 ξ 表示剪切铰在 X 轴上的位置。

由式(10-111)和式(10-112)可得

$$\dot{\xi}^2 = \frac{[Q]}{m[\gamma]} \tag{10-113}$$

这意味着剪切铰的传播速度主要由梁的 Q—γ 特性所确定。

与第二章讨论杆中强间断纵波的情况完全相类似(见 2.6 节)，显然只有当梁的 Q—γ 曲线的塑性段呈线性硬化特性($\mathrm{d}Q/\mathrm{d}\gamma = \mathrm{const}$)或递增硬化特性($\mathrm{d}Q/\mathrm{d}\gamma > 0$)时，才可能形成塑性剪切铰。

对于图 10-21 所示的具有理想刚性—线性硬化塑性特性的 Q—γ 关系,有

$$\gamma = 0, \qquad Q < Q_0 \qquad (10-114\text{a})$$
$$Q = Q_0 + G_p\gamma, \qquad Q \geq Q_0 \qquad (10-114\text{b})$$

式中:Q_0 为屈服剪力;G_p 为线性硬化模量。

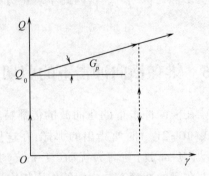

图 10-21 理想刚性—线性硬化塑性的 Q—γ 关系

这时,塑性剪切铰的传播速度 C_Q 为恒值:

$$C_Q = \pm\sqrt{\frac{G_p}{m}} \qquad (10-115)$$

式中:正号和负号分别对应于沿 X 轴正向传播和负向传播的塑性剪切铰。

注意,当 G_p 趋于零时,式(10-114)化为刚性—理想塑性的 Q—γ 关系,则 $\dot{\xi}=0$,对应于不传播的驻定塑性剪切铰。这时,由强间断面上的连续性条件式(10-112)知,剪切铰两侧横向质点速度必定连续,即必有 $[\dot{w}]=0$。由此可见,Q—γ 关系的塑性硬化特性对于塑性剪切铰的研究至关重要。

下面以简支梁在横向冲击载荷下的剪切失效为例,作进一步的具体分析。

考察一长度为 $2L$ 的简支梁,受均布冲击载荷 V_0,如图 10-22 所示。

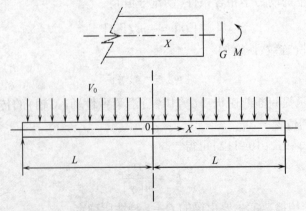

图 10-22 受均布冲击载荷 V_0 的简支梁

第十章 横向冲击下梁中弹塑性波的传播(弯曲波理论)

按梁的动量定理和动量矩定理(见式(10-1)和式(10-2)),当忽略转动惯性时有

$$\frac{\partial Q}{\partial X} = m\ddot{w} \quad (10-116\text{a})$$

$$\frac{\partial M}{\partial X} = Q \quad (10-116\text{b})$$

问题的初始和边界条件可写为

$$w = 0, \quad \dot{w} = V_0, \quad t = 0 \quad (10-117\text{a,b})$$
$$Q = 0, \quad X = 0 \quad (10-117\text{c})$$
$$M = 0, \quad X = \pm L \quad (10-117\text{d})$$

由于问题的对称性,只需考虑梁的右半部分。设想塑性剪切铰以速度 $\dot{\xi} = -C_Q$ 从支点 $X=L$ 处向梁的中心 $X=0$ 传播,跨过塑性剪切铰的剪力跳跃 $[Q]$,剪应变跳跃 $[\gamma]$ 和横向质点速度跳跃 $[\dot{w}]$ 分别为

$$[Q] = (-Q_1) - (-Q_0) \quad (10-118\text{a})$$
$$[\gamma] = (-\gamma_1) - 0 \quad (10-118\text{b})$$
$$[\dot{w}] = 0 - \dot{w} \quad (10-118\text{c})$$

此处下标 1 表示移行塑性剪切铰后方的相关量。于是式(10-111)和式(10-112)现在分别化为

$$Q_1 - Q_0 = mC_Q\dot{w} \quad (10-119\text{a})$$
$$\dot{w} = C_Q\gamma_1 \quad (10-119\text{b})$$

既然按理想刚性—线性硬化塑性模型,在移行塑性剪切铰两侧的梁段均为刚体,$t>0$ 时的横向质点速度分布 $v(X) = \dot{w}(X)$ 为(图10-23(a))

$$\dot{w} = V = \dot{W}, \quad 0 \leq X \leq \xi \quad (10-120\text{a})$$
$$\dot{w} = 0, \quad \xi < X < L \quad (10-120\text{b})$$

此处 $V = \dot{W}(t)$ 表示 $X=0$ 处的横向质点速度,ξ 为塑性剪切铰的瞬态位置,在目前情况下为

$$\xi = L - C_Q t \quad (10-121)$$

横向剪力分布可由式(10-116a)求得(图10-23(b)):

$$Q = m\ddot{W}X, \quad 0 \leq X \leq \xi \quad (10-122\text{a})$$
$$Q = -Q_1(t), \quad \xi \leq X \leq L \quad (10-122\text{b})$$

此处 $\ddot{W} = \mathrm{d}\dot{W}/\mathrm{d}t$,它可由式(10-117c),式(10-118a)和式(10-121)代入式(10-122)后求得:

$$\ddot{W} = -\frac{Q_0}{m(L - C_Q t)} \quad (10-123)$$

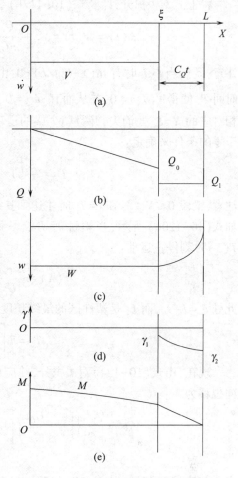

图 10-23 冲击加载的简支梁在 $t<T_s$ 时的情况

(a) 横向速度剖面;(b) 剪力分布;
(c) 横向位移剖面;(d) 剪切应变分布;
(e) 弯矩分布。

将上式对 t 积分,计及式(10-117b)给出的初始条件,得到

$$\dot{w}(t) = \dot{W}(t) = V_0 + \frac{Q_0}{mC_Q}\ln\left(1 - \frac{C_Q t}{L}\right), \qquad 0 \leq X \leq \xi \tag{10-124}$$

注意,既然当 $\xi<L$ 时有 $\ln(1-C_Q t/L)<0$,由上式可知 $\dot{W}(t)$ 随时间 t 减小。这样,存在某个时间 T_s 使得 $\dot{W}(T_s)=0$,并从而有 $[\dot{w}]=0$。换句话说,当 $t=T_s$ 时,移行塑性剪切铰在与之相对应的 $X=\xi_s$ 处消失,并且整个梁的运动也在这时停止。T_s 可由式(10-124)令 $\dot{w}(t)$ 等于零的条件来确定:

$$T_s = \frac{L}{C_Q}\left[1 - \exp\left(-\frac{mC_Q V_0}{Q_0}\right)\right] \tag{10-125a}$$

注意,梁段 $0 \leq X \leq \xi_s$ 在 $t=T_s$ 时才达到其终态,但移行塑性剪切铰后方的梁段 $\xi_s \leq X \leq L$ 则如式(10-120b)所示,当塑性剪切铰一到达就立即停止运动了,即在由下式所确定的 $T(X)$ 时刻停止运动:

$$T(X) = \frac{L-X}{C_Q}, \qquad \xi_s \leq X \leq L \tag{10-125b}$$

此处 $\xi_s = L - L_s$,而 L_s 是塑性区的最终长度,且

$$L_s = C_Q T_s = L\left[1 - \exp\left(-\frac{mC_Q V_0}{Q_0}\right)\right] \tag{10-126}$$

现在,由式(10-124)对 t 积分,并应用式(10-117a)给出的初始条件,就可以得到横向位移为

$$w(t) = V_0 t - \frac{Q_0 L}{mC_Q^2}\left\{\left(1 - \frac{C_Q t}{L}\right)\left[\ln\left(1 - \frac{C_Q t}{L}\right) - 1\right] + 1\right\}, \qquad 0 \leq X \leq \xi \tag{10-127}$$

上式与式(10-125a)和式(10-125b)共同给出了梁的最终位移剖面(图10-23(c)):

$$w_f = W_f = \frac{V_0 L}{C_Q}\left\{1 + \frac{Q_0}{mC_Q V_0}\left[\exp\left(-\frac{mC_Q V_0}{Q_0}\right) - 1\right]\right\}, \qquad 0 \leq X \leq \xi_s \tag{10-128a}$$

$$w_f = w_f(X) = \frac{V_0 L}{C_Q}\left\{\left(1 - \frac{X}{L}\right) - \frac{Q_0}{mC_Q V_0}\left[\frac{X}{L}\left(\ln\frac{X}{L} - 1\right) + 1\right]\right\}, \qquad \xi_s \leq X \leq L \tag{10-128b}$$

由 $w_f(X)$ 对 X 微分,可得到剪切应变分布 $\gamma(X) = \partial w/\partial X$,如图10-23(d)所示,那么有

$$\gamma(X) = 0, \qquad 0 \leq X \leq \xi_s \tag{10-129a}$$

$$\gamma(X) = -\gamma_s\left(1 + \frac{Q_0}{mC_Q V_0}\ln\frac{X}{L}\right), \qquad \xi_s \leq X \leq L \tag{10-129b}$$

其绝对值随 X 增加,直至最大值 γ_s,即

$$\gamma_s = \frac{V_0}{C_Q} \tag{10-129c}$$

注意,式(10-129)也可由式(10-119b),式(10-124)和式(10-125a)导出,表明它是满足

跨过移行塑性剪切铰的运动学条件的。

另一方面,为满足跨过移行塑性剪切铰的动力学条件,由式(10-119a)和式(10-124)知,Q_1应是如下形式的t的函数:

$$Q_1(t) = mC_QV_0 + Q_0\left[1 + \ln\left(1 - \frac{C_Qt}{L}\right)\right] = Q_s + Q_0\ln\left(1 - \frac{C_Qt}{L}\right) \qquad (10-130\text{a})$$

此处

$$Q_s = Q_0 + mC_QV_0 \qquad (10-130\text{b})$$

注意到塑性区长度$l_s = C_Qt$小于L,因而按式(10-130a)$Q_1(t)$必随t减小,于是可知Q_s是$Q_1(t)$在$t=0$时的最大值。

注意,$Q_1(t)$随t而减小就意味着塑性剪切铰后方的梁段($\xi \leq X \leq L$)处于卸载状态,而由式(10-129b)知,这就导致塑性剪切应变的非均匀分布,如图10-23(d)所示。

跨过移行塑性剪切铰的剪切应变率当$[\gamma] \neq 0$时理论上等于无穷大。从工程应用的观点,可以按式(10-129)和式(10-128),先定义沿局部塑性区L_s的平均剪切应变(绝对值)为

$$\gamma_{av} = \frac{\left|\int_{L-L_s}^{L}\gamma(X)\mathrm{d}X\right|}{L_s} = \frac{W_f}{L_s} \qquad (10-131\text{a})$$

于是,平均剪切应变率可近似地定义为

$$\dot{\gamma}_{av} = \frac{\gamma_{av}}{T_s} = \frac{W_f}{L_sT_s} \qquad (10-131\text{b})$$

下一步还需要求弯矩分布,并确定以上的理论分析是否满足有关的屈服条件。由式(10-116b)、式(10-121)、式(10-122)、式(10-123)和式(10-130)连同弯矩在$X = \xi = (L-C_Qt)$处的边界条件,可求得弯矩分布为

$$M = Q_1(L-X) = Q_sL\left[1 + \frac{Q_0}{Q_s}\ln\left(1 - \frac{C_Qt}{L}\right)\right]\left(1 - \frac{X}{L}\right) \qquad \text{当}(L-C_Qt) \leq X \leq L$$

$$(10-132\text{a})$$

$$M = Q_1C_Qt + \frac{Q_0L}{2}\left(1 - \frac{C_Qt}{L}\right)\left[1 - \frac{X^2}{(1-C_Qt/L)^2L^2}\right] =$$

$$Q_sL\left\{\frac{C_Qt}{L} + \frac{Q_0}{Q_s}\left[\frac{C_Qt}{L}\ln\left(1 - \frac{C_Qt}{L}\right) + \frac{1}{2}\left(1 - \frac{C_Qt}{L}\right)\left(1 - \frac{X^2}{(1-C_Qt/L)^2L^2}\right)\right]\right\}$$

$$\text{当}\ 0 \leq X \leq (L-C_Qt) \qquad (10-132\text{b})$$

按式(10-132b),空间分布上的最大弯矩$M_{x\max}$发生在梁的跨中($X=0$),如图10-23(e)所示,那么有

$$M_{x\max} = M(0,t) = Q_1C_Qt + \frac{Q_0L}{2}\left(1 - \frac{C_Qt}{L}\right) = \frac{Q_0L}{2} + \left(Q_1 - \frac{Q_0}{2}\right)C_Qt \qquad (10-133)$$

它随时间t单调增大。

由式(10-130)知,当$t = T_s$时$Q_1 = Q_0$,于是同时就空间和时间两者而言的最大弯矩$M_{\max}$为

$$M_{\max} = M(0, T_s) = \frac{Q_0 L}{2}\left(1 + \frac{C_Q T_s}{L}\right) \tag{10-134a}$$

或可写为如下的无量纲形式：

$$\overline{M}_{\max} = \nu(1 + \overline{L}_s) \tag{10-134b}$$

此处已引入了如下定义的无量纲最终塑性区长度$\overline{L}_s$，无量纲弯矩$\overline{M}$和无量纲强度比ν，即

$$\overline{L}_s = \frac{L_s}{L} = \frac{C_Q T_s}{L}, \qquad \overline{M} = \frac{M}{M_0}, \qquad \nu = \frac{Q_0 L}{2M_0} \tag{10-135}$$

而M_0是梁全截面屈服弯矩。

在采用M—Q矩形屈服条件的情况下，显然当$\nu(1+\overline{L}_s) \geqslant 1$时，梁在跨中处（$X=0$）的最大弯矩将满足屈服条件（$M_{\max} \geqslant M_0$），形成新的弯曲塑性铰，整个问题将变得更加复杂，超出了本节讨论的范围。换句话说，本节关于梁在冲击载荷下的塑性剪切响应的分析限于在满足以下不等式条件下成立：

$$\nu(1 + \overline{L}_s) \leqslant 0 \tag{10-136}$$

对于具有较高的剪切屈服强度和较弱的应变硬化特性的梁，有

$$\frac{mC_Q V_0}{Q_0} = \frac{Q_p \gamma_s}{Q_0} \ll 1 \tag{10-137}$$

从而再根据式（10-126）有

$$\overline{L}_s \approx \frac{mC_Q V_0}{Q_0} \ll 1 \tag{10-138}$$

这意味着塑性区的最终长度L_s远小于梁的半跨长度L。在这种情况下，前面给出的大部分公式可以进一步简化，以利工程应用。例如，式（10-125a），式（10-128），式（10-129）和式（10-131）等分别简化为

$$T_s \approx \frac{mLV_0}{Q_0} \tag{10-139}$$

$$w_f = W_f \approx \frac{mV_0^2 L}{2Q_0}, \qquad 0 \leqslant X \leqslant (L - L_s) \tag{10-140a}$$

$$w_f \approx \frac{V_0 L}{C_Q}\left(\left(1 - \frac{X}{L}\right) - \frac{Q_0}{2mC_Q V_0}\left(1 - \frac{X}{L}\right)^2\right), \quad (L - L_s) \leqslant X \leqslant L \tag{10-140b}$$

$$\gamma(X) \approx -\gamma_s\left[1 - \frac{Q_0}{mC_Q V_0}\left(1 - \frac{X}{L}\right)\right], \qquad (L - L_s) \leqslant X \leqslant L \tag{10-141}$$

$$\dot{\gamma}_{av} \approx \frac{Q_0}{2mC_Q L} \tag{10-142}$$

式（10-139）和式（10-140）与Nanoka(1967)给出的解相一致。换句话说，Nanoka解可以看作本节分析在$\overline{L}_s \approx 0$时的近似解。

最后，从本节分析可以看出，梁在冲击载荷作用下的剪切失效至少有以下三种可能模式。

（1）横向大挠度失效模式：当由式（10-128）计算的横向位移w_f超过设计规定的临界横向位移w_c时，

第十章 横向冲击下梁中弹塑性波的传播(弯曲波理论)

$$w_\mathrm{f} \geqslant w_\mathrm{c} \qquad (10-143)$$

发生这种模式的失效。

(2) 横向剪切大变形失效：当由式(10-129)计算的最大横向剪切应变 γ_s 超过设计规定的临界剪切应变(或材料的剪切断裂应变)γ_c 时，

$$\gamma_\mathrm{s} \geqslant \gamma_\mathrm{c} \qquad (10-144)$$

发生这种模式的失效。注意，材料的剪切断裂应变一般是应变率相关的。

(3) 绝热剪切失效模式：在足够高的应变率下，材料内部的变形会集中发生在高度局域化的所谓的"绝热剪切带"内，并最终导致绝热剪切失效(王礼立,1992)。大量试验研究表明(Wang et al,1987;Wang et al,1988)，绝热剪切在微观上包含形变剪切带的起始和发展、向相变剪切带的转变及发展、绝热剪切断裂等一系列过程；而在宏观上则可归因于材料的热黏塑性本构失稳，其临界条件可用如下的绝热剪切失效准则来描述(Wang,1986;Wang et al,1991)：

$$f(\gamma,\dot{\gamma}) = \left(1 + g\frac{\dot{\gamma}}{\dot{\gamma}_0}\right)\left(A - \frac{\alpha\beta G_1}{T_0\rho C}\right)\left(\frac{\tau_0}{G_1} + \gamma\right) - 1 = 0 \qquad (10-145)$$

此处 G_1, g 和 α 分别表征材料的应变硬化，应变率硬化和热软化特性；τ_0, $\dot{\gamma}_0$ 和 T_0 分别是准静态试验时的特征应力，特征应变率和特征温度；ρ 和 C 分别是材料密度和比热容；β 是表征多少黏塑性功转变为热量的所谓的 Taylor-Quinney 系数(常取0.9)，而参数 A 是表征绝热剪切过程中不同状态(例如形变剪切带的起始、相变剪切带的起始、绝热剪切断裂等等)的不同常数。

在上述梁的剪切失效模式中，哪一种模式实际上起主导作用，一般取决于式(10-143)~式(10-145)中哪一个首先满足。

关于梁的弹塑性动力学问题的更详尽的内容和实例，早期文献可参考后面的参考文献(Abramson et al,1958;Rakhmatulin,1961)，而近期文献可参考后面的参考文献(Jones,1989,2011)等。

第十一章 一般线弹性波

11.1 无限介质中的线弹性波

在三维的一般情况下,当忽略体力时,运动方程为

$$\begin{cases} \rho_0 \dfrac{\partial v_X}{\partial t} = \dfrac{\partial \sigma_{XX}}{\partial X} + \dfrac{\partial \sigma_{YX}}{\partial Y} + \dfrac{\partial \sigma_{ZX}}{\partial Z} \\ \rho_0 \dfrac{\partial v_Y}{\partial t} = \dfrac{\partial \sigma_{XY}}{\partial X} + \dfrac{\partial \sigma_{YY}}{\partial Y} + \dfrac{\partial \sigma_{ZY}}{\partial Z} \\ \rho_0 \dfrac{\partial v_Z}{\partial t} = \dfrac{\partial \sigma_{XZ}}{\partial X} + \dfrac{\partial \sigma_{YZ}}{\partial Y} + \dfrac{\partial \sigma_{ZZ}}{\partial Z} \end{cases} \quad (11-1)$$

对于均匀、各向同性、线弹性介质,利用 Lame 形式的 Hooke 定律(见式(7-10)),从上式中消去应力分量后可得

$$\begin{cases} \rho_0 \dfrac{\partial v_X}{\partial t} = \dfrac{\partial}{\partial X}(\lambda\Delta + 2\mu\varepsilon_{XX}) + \dfrac{\partial}{\partial Y}(2\mu\varepsilon_{XY}) + \dfrac{\partial}{\partial Z}(2\mu\varepsilon_{ZZ}) \\ \rho_0 \dfrac{\partial v_Y}{\partial t} = \dfrac{\partial}{\partial X}(2\mu\varepsilon_{XY}) + \dfrac{\partial}{\partial Y}(\lambda\Delta + 2\mu\varepsilon_{YY}) + \dfrac{\partial}{\partial Z}(2\mu\varepsilon_{YZ}) \\ \rho_0 \dfrac{\partial v_Z}{\partial t} = \dfrac{\partial}{\partial X}(2\mu\varepsilon_{XZ}) + \dfrac{\partial}{\partial Y}(2\mu\varepsilon_{YZ}) + \dfrac{\partial}{\partial Z}(\lambda\Delta + 2\mu\varepsilon_{ZZ}) \end{cases} \quad (11-2)$$

或者如果用位移分量 u_X、u_Y 和 u_Z 来表示,则可写成

$$\begin{cases} \rho_0 \dfrac{\partial^2 u_X}{\partial t^2} = (\lambda + \mu)\dfrac{\partial \Delta}{\partial X} + \mu\left(\dfrac{\partial^2}{\partial X^2} + \dfrac{\partial^2}{\partial Y^2} + \dfrac{\partial^2}{\partial Z^2}\right)u_X \\ \rho_0 \dfrac{\partial^2 u_Y}{\partial t^2} = (\lambda + \mu)\dfrac{\partial \Delta}{\partial Y} + \mu\left(\dfrac{\partial^2}{\partial X^2} + \dfrac{\partial^2}{\partial Y^2} + \dfrac{\partial^2}{\partial Z^2}\right)u_Y \\ \rho_0 \dfrac{\partial^2 u_Z}{\partial t^2} = (\lambda + \mu)\dfrac{\partial \Delta}{\partial Z} + \mu\left(\dfrac{\partial^2}{\partial X^2} + \dfrac{\partial^2}{\partial Y^2} + \dfrac{\partial^2}{\partial Z^2}\right)u_Z \end{cases} \quad (11-3)$$

式中各符号的意义均与第七章相同。

把式(11-2)中的三个式子分别对 X、Y、Z 微分后再相加,并注意到如下的连续条件:

$$\dfrac{\partial v_X}{\partial X} = \dfrac{\partial \varepsilon_{XX}}{\partial t}, \dfrac{\partial v_Y}{\partial Y} = \dfrac{\partial \varepsilon_{YY}}{\partial t}, \dfrac{\partial v_Z}{\partial Z} = \dfrac{\partial \varepsilon_{ZZ}}{\partial t} \quad (11-4)$$

则可得

$$\rho_0 \dfrac{\partial^2 \Delta}{\partial t^2} = (\lambda + 2\mu)\left(\dfrac{\partial^2}{\partial X^2} + \dfrac{\partial^2}{\partial Y^2} + \dfrac{\partial^2}{\partial Z^2}\right)\Delta \quad (11-5)$$

这是对于体积膨胀 $\Delta = \varepsilon_{XX} + \varepsilon_{YY} + \varepsilon_{ZZ}$ 的线性双曲型偏微分方程,表示体积膨胀 Δ 以波速 C_L^e

传播,且

$$C_{\mathrm{L}}^{e} = \sqrt{\frac{\lambda + 2\mu}{\rho_0}}$$

故有时称为膨胀波。与式(7-19)相对照可知,它就是已讨论过的一维应变弹性纵波波速。膨胀波传播时,实际上伴随着畸变。

如果把式(11-2)中第三式对 Y 微分,第二式对 Z 微分,相减后消去 Δ,并注意到如下的连续性条件:

$$\frac{\partial v_Z}{\partial Y} - \frac{\partial v_Y}{\partial Z} = \frac{\partial}{\partial t}\left(\frac{\partial u_Z}{\partial Y} - \frac{\partial u_Y}{\partial Z}\right) = 2\frac{\partial \omega_X}{\partial t}$$

则可得

$$\rho_0 \frac{\partial^2 \omega_X}{\partial t^2} = \mu\left(\frac{\partial^2}{\partial X^2} + \frac{\partial^2}{\partial Y^2} + \frac{\partial^2}{\partial Z^2}\right)\omega_X \qquad (11-6)$$

式中:ω_X 是对 X 轴的旋转,且

$$\omega_X = \frac{1}{2}\left(\frac{\partial u_Z}{\partial Y} - \frac{\partial u_Y}{\partial Z}\right)$$

依此类推,由式(11-2)的第一、第二两式和第三、第一两式分别可得对于旋转 $\boldsymbol{\omega} = \frac{1}{2}\mathrm{rot}\boldsymbol{u}$ 的另两个分量 ω_Y 和 ω_Z 的线性双曲型偏微分方程:

$$\rho_0 \frac{\partial^2 \omega_Y}{\partial t^2} = \mu\left(\frac{\partial^2}{\partial X^2} + \frac{\partial^2}{\partial Y^2} + \frac{\partial^2}{\partial Z^2}\right)\omega_Y$$

$$\rho_0 \frac{\partial^2 \omega_Z}{\partial t^2} = \mu\left(\frac{\partial^2}{\partial X^2} + \frac{\partial^2}{\partial Y^2} + \frac{\partial^2}{\partial Z^2}\right)\omega_Z$$

这表示旋转 $\boldsymbol{\omega}$ 以波速 C_T 传播,且

$$C_\mathrm{T} = \sqrt{\frac{\mu}{\rho_0}} = \sqrt{\frac{G}{\rho_0}}$$

既然旋转扰动的传播引起纯畸变或剪切,有时称为**畸变波**或**剪切波**。将上式与式(2-78)相对照可知,它也就是已讨论过的扭转波波速。

不难证明,膨胀波是**无旋波**($\boldsymbol{\omega}=0$),而畸变波是**等容波**($\Delta=0$)。事实上,式(11-3)第一式可改写为

$$\rho_0 \frac{\partial^2 u_X}{\partial t^2} = (\lambda + 2\mu)\left(\frac{\partial^2}{\partial X^2} + \frac{\partial^2}{\partial Y^2} + \frac{\partial^2}{\partial Z^2}\right)u_X + 2(\lambda + \mu)\left(\frac{\partial \omega_Z}{\partial Y} - \frac{\partial \omega_Y}{\partial Z}\right)$$

第二、第三式也可改写成类似形式,从而表明无旋时的位移 $\boldsymbol{u}_\mathrm{p}$ 满足下式:

$$\rho_0 \frac{\partial^2 \boldsymbol{u}_\mathrm{p}}{\partial t^2} = (\lambda + 2\mu)\left(\frac{\partial^2}{\partial X^2} + \frac{\partial^2}{\partial Y^2} + \frac{\partial^2}{\partial Z^2}\right)\boldsymbol{u}_\mathrm{p}, \quad \boldsymbol{\omega}_\mathrm{p} = \frac{1}{2}\mathrm{rot}\boldsymbol{u}_\mathrm{p} \qquad (11-7)$$

即 $\boldsymbol{u}_\mathrm{p}$ 以波速 C_L^e 传播。另一方面,由式(11-3)直接可知等容时的位移 $\boldsymbol{u}_\mathrm{s}$ 满足下式:

$$\rho_0 \frac{\partial^2 \boldsymbol{u}_\mathrm{s}}{\partial t^2} = \mu\left(\frac{\partial^2}{\partial X^2} + \frac{\partial^2}{\partial Y^2} + \frac{\partial^2}{\partial Z^2}\right)\boldsymbol{u}_\mathrm{s}, \quad \Delta_\mathrm{s} = \mathrm{div}\boldsymbol{u}_\mathrm{s} = 0 \qquad (11-8)$$

即 $\boldsymbol{u}_\mathrm{s}$ 以波速 C_T 传播。

由此可知，任一位移 u 可分成无旋部分 u_p 和等容部分 u_s 两部分：
$$u = u_p + u_s$$
$$\text{rot}\,u_p = 0, \text{div}\,u_s = 0 \tag{11-9}$$

分别遵循式(11-7)和式(11-8)。如把式(11-9)代入式(11-3)，写成矢量形式，则有

$$\frac{\partial^2 u}{\partial t^2} = \frac{\partial^2 u_p}{\partial t^2} + \frac{\partial^2 u_s}{\partial t^2} = \frac{\lambda+2\mu}{\rho_0}\left(\frac{\partial^2}{\partial X^2}+\frac{\partial^2}{\partial Y^2}+\frac{\partial^2}{\partial Z^2}\right)u_p + \frac{\mu}{\rho_0}\left(\frac{\partial^2}{\partial X^2}+\frac{\partial^2}{\partial Y^2}+\frac{\partial^2}{\partial Z^2}\right)u_s \tag{11-10}$$

这意味着在均匀各向同性线弹性介质中，任一位移扰动的传播在一般情况下将分解为无旋波和等容波，分别以波速 C_L^e 和 C_T 独立无关地传播。由于这些波在物体内部传播与边界效应无关，故统称为**体波**，以与11.3节中将要讨论的在表面上发生和传播的**表面波**相区别。

由矢量分析可知，无旋场必定有势，即 u_p 必为某标量 φ 的梯度：
$$u_p = \text{grad}\,\varphi \tag{11-11}$$

φ 称为位移的标量势；而无散场必为管形场，即 u_s 必为某矢量 ψ 的旋度：
$$u_s = \text{rot}\,\psi \tag{11-12}$$

ψ 称为位移的矢量势，于是式(11-9)可写为
$$u = \text{grad}\,\varphi + \text{rot}\,\psi \tag{11-13a}$$

式(11-7)和式(11-8)可分别改写为以 φ 和 ψ 来表示的波动方程：

$$\frac{\partial^2 \varphi}{\partial t^2} - \frac{\lambda+2\mu}{\rho_0}\left(\frac{\partial^2}{\partial X^2}+\frac{\partial^2}{\partial Y^2}+\frac{\partial^2}{\partial Z^2}\right)\varphi = 0 \tag{11-13b}$$

$$\frac{\partial^2 \psi}{\partial t^2} - \frac{\mu}{\rho_0}\left(\frac{\partial^2}{\partial X^2}+\frac{\partial^2}{\partial Y^2}+\frac{\partial^2}{\partial Z^2}\right)\psi = 0 \tag{11-13c}$$

对于无旋波和等容波的研究也可分别归结为对满足式(11-13)的位移函数 φ 和 ψ 的研究。

不难证明，无旋波是纵波而等容波是横波。现考察一任意平面波以波速 C 在均匀各向同性无限弹性介质中传播的情况。不失其普遍性，可取此平面波的传播方向为 X 轴，则位移 u_X、u_Y 和 u_Z 为 $\xi = X - Ct$ 的函数：
$$u_X = u_X(X - Ct), u_Y = u_Y(X - Ct), u_Z = u_Z(X - Ct)$$

把它们代入式(11-3)后得
$$\rho_0 C^2 u_X'' = (\lambda + 2\mu) u_X''$$
$$\rho_0 C^2 u_Y'' = \mu u_Y''$$
$$\rho_0 C^2 u_Z'' = \mu u_Z''$$

式中(″)表示对 ξ 的二阶微商。为得到 u_X''、u_Y'' 和 u_Z'' 不同时为零的解，显然只有两种可能，即

$$C^2 = \frac{\lambda+2\mu}{\rho_0} = C_L^2, u_Y'' = u_Z'' = 0$$

这时只有 X 轴方向的扰动；或者是

$$C^2 = \frac{\mu}{\rho_0} = C_T^2, u_X'' = 0$$

这时只有 Y 轴或 Z 轴方向的扰动。上述结果既证明了任意平面波在均匀各向同性无限

弹性介质中传播时,不是以波速 C_L^e 传播的无旋波,就是以波速 C_T 传播的等容波,与式(11-10)的结论一致,而且证明了无旋波是纵波而等容波是横波。

既然 $(\lambda+2\mu)>\mu$,因此纵波比横波传播得快。在地震中,人们正是首先觉察或记录到纵波,其次才是横波,因此这两种波又常常分别称为 **P 波**(Primary,首先之意)和 **S 波**(Secondary,其次之意)。S 波还可分为位移扰动方向平行于自由表面(地平面)**SH 波**,和位移扰动方向在与自由表面相垂直的平面内的 **SV 波**。

11.2 弹性平面波的斜入射

无旋波和等容波在传播过程中虽然是独立无关的,但当在物体表面或两种介质的界面上发生波的反射和折射时,则又常常互有联系。除了当波的入射方向垂直于界面,即所谓正入射的情况下,这两种波仍可分别解耦地按 3.5 节所述原则处理外,在斜入射的情况下,为满足给定边界条件,则不论入射波仅是无旋波或仅是等容波,一般都将同时反射无旋波和等容波,以及折射无旋波和等容波,称为**波型耦合**(mode coupling)。

现以平面无旋波斜入射到自由表面上同时产生反射无旋波和反射等容波为例来说明。取自由表面为坐标轴的 Y-Z 平面(图 11-1),设入射无旋波 P_1 的传播方向在 (X,Y) 平面内,从而位移分量 u_X、u_Y 和 Z 无关而 $u_Z=0$。至于 u_Z 扰动,即 SH 波的反射问题将在下文中另行说明。考虑斜入射时最一般的可能情况,即同时反射无旋波和等容波。以 α_1 表示 P_1 与自由表面法线方向与 X 轴的夹角,而以 α_2 表示反射无旋波 P_2 的传播方向与 X 轴的夹角,和以 β_2 表示反射等容波 SV_2 的传播方向与 X 轴的夹角,分别称为无旋波的入射角、反射角和反射等容波的反射角。于是,当按简谐波来讨论时,纵波 P_1、P_2 在各自的波矢方向 k_1、k_2 的位移 u_1、u_2,以及横波 u_1、u_2,以及横波 SV_2 在垂直其波矢方向 k_4 的位移 u_4 分别为

$$\begin{cases} u_1 = A_1 \exp\{i(Xk_1\cos\alpha_1 + Yk_1\sin\alpha_1 - \omega_1 t)\} \\ u_2 = A_2 \exp\{i(-Xk_2\cos\alpha_2 + Yk_2\sin\alpha_2 - \omega_2 t)\} \\ u_4 = A_4 \exp\{i(-Xk_4\cos\beta_2 + Yk_4\sin\beta_2 - \omega_4 t)\} \end{cases} \quad (11-14)$$

式中:A 为振幅;ω 为圆频率;k 为波数;下标与相应的 u 的下标一致。

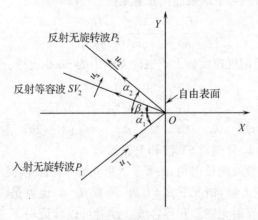

图 11-1 平面无旋转波斜入射到自由表面时的反射

ω, k 和波速间的关系为

$$\frac{\omega_1}{k_1} = \frac{\omega_2}{k_2} = C_L, \frac{\omega_4}{k_4} = C_T \qquad (11-15)$$

显然，u_1、u_2 和 u_4 在 X 和 Y 方向的分量分别为

$$\begin{cases} u_{1X} = u_1\cos\alpha_1, & u_{1Y} = u_1\sin\alpha_1 \\ u_{2X} = -u_2\cos\alpha_2, & u_{2Y} = u_2\sin\alpha_2 \\ u_{4X} = u_4\sin\beta_2, & u_{4Y} = u_4\cos\beta_2 \end{cases} \qquad (11-16)$$

在自由表面($X=0$)上，应满足应力分量 $\sigma_{XX}, \sigma_{YY}, \sigma_{XZ}$ 为零的条件。按 Hooke 定律，并考虑到所讨论情况下 u_X、u_Y 与 Z 无关及 $u_Z = 0$，则 u_X 和 u_Y 在自由表面上应满足如下条件：

$$\begin{cases} \sigma_{XX}\Big|_{X=0} = \left\{(\lambda+2\mu)\dfrac{\partial u_X}{\partial X} + \lambda\dfrac{\partial u_Y}{\partial Y}\right\}\Big|_{X=0} = 0 \\ \sigma_{XY}\Big|_{X=0} = \left\{\mu\left(\dfrac{\partial u_Y}{\partial X} + \dfrac{\partial u_X}{\partial Y}\right)\right\}\Big|_{X=0} = 0 \end{cases} \qquad (11-17)$$

式中：u_X 和 u_Y 均应包括入射波的贡献和反射波的贡献，即

$$u_X = u_{1X} + u_{2X} + u_{4X}$$
$$u_Y = u_{1Y} + u_{2Y} + u_{4Y}$$

以式(9-16)和式(9-14)代入式(9-17)之后，可得

$$k_1(\lambda + 2\mu\cos^2\alpha_1) \cdot A_1\exp\{i(Yk_1\sin\alpha_1 - \omega_1 t)\} + k_2(\lambda+2\mu\cos^2\alpha_2) \cdot A_2\exp\{i(Yk_2\sin\alpha_2 - \omega_2 t)\} - 2\mu k_4\sin\beta_2\cos\beta_2 \cdot A_4\exp\{i(Yk_4\sin\beta_2 - \omega_4 t)\} = 0$$
$$2k_1\sin\alpha_1\cos\alpha_1 A_1\exp\{i(Yk_1\sin\alpha_1-\omega_1 t)\} - 2k_2\sin\alpha_2\cos\alpha_2 \cdot A_2\exp\{i(Yk_2\sin\alpha_2 - \omega_2 t)\} - k_4(\cos^2\beta_2 - \sin^2\beta_2)\cdot A_4\exp\{i(Yk_4\sin\beta_2 - \omega_4 t)\} = 0$$

$$(11-18)$$

为了对于任何的 Y 和 t 都能满足上述边界条件，就必须有

$$k_1\sin\alpha_1 = k_2\sin\alpha_2 = k_4\sin\beta_2$$
$$\omega_1 = \omega_2 = \omega_4 = \omega \qquad (11-19)$$

计及式(11-15)后就得到如下的视速度相等定律：

$$\frac{C_L}{\sin\alpha_1} = \frac{C_L}{\sin\alpha_2} = \frac{C_L}{\sin\beta_2} = C \qquad (11-20a)$$

C 为波沿自由表面的所谓视速度。上式也即光学中的 Snell 定律，并可等价地写为

$$\alpha_1 = \alpha_2$$
$$\frac{\sin\alpha_1}{\sin\beta_2} = \frac{k_T}{k_L} = \frac{C_L}{C_T} = \sqrt{\frac{\lambda+2\mu}{\mu}} = \sqrt{\frac{2(1-\nu)}{(1-2\nu)}} \equiv \kappa \qquad (11-20b)$$

式中：$k_T = k_4$ 和 $k_L = k_1 = k_2$ 分别是 SV 波和 P 波波数。

上式表明，反射无旋波的反射角 α_2 等于入射角 α_1，反射等容波的反射角 β_2 小于入射角 α_1，并且除 $\alpha_1 = 0$（正入射）情况下 $\beta_2 = 0$ 外，通常 $\beta_2 > 0$，也就是说无旋波斜入射到自由表面上，一般将耦合地反射无旋波和等容波。读者可以验证一下，如果只反射无旋波，则式(11-17)所表示的边界条件中如果满足了第一式 $\sigma_{XX}|_{X=0} = 0$（此时可得出 $\alpha_1 = \alpha_2$），将不

能满足第二式。为使第二式 $\sigma_{XY}|_{X=0}=0$ 同时满足,就必须同时反射等容波。

把上述结果代入式(11-18),得到

$$k_L(\lambda + 2\mu\cos^2\alpha_1)(A_1 + A_2) - 2\mu k_T A_4 \sin\beta_2\cos\beta_2 = 0$$

$$2k_L\sin\alpha_1\cos\alpha_1(A_1 - A_2) - k_T A_4(\cos^2\beta_2 - \sin^2\beta_2) = 0$$

另外,利用式(11-20b)有

$$\frac{\lambda}{\mu} + 2\cos^2\alpha_1 = \frac{\sin^2\alpha_1}{\sin^2\beta_2} - 2\sin^2\alpha_1 = \frac{\sin^2\alpha_1}{\sin^2\beta_2}\cdot\cos2\beta_2$$

则以上两式经整理后可化为

$$(C_L\cos2\beta_2)\frac{A_2}{A_1} - (C_T\sin2\beta_2)\frac{A_4}{A_1} = -C_L\cos2\beta_2$$

$$(C_T\sin2\alpha_1)\frac{A_2}{A_1} + (C_L\sin2\beta_2)\frac{A_4}{A_1} = C_T\sin2\alpha_1$$

这是关于位移反射系数 A_2/A_1 和 A_4/A_1 的代数方程组,由此可解得

$$\frac{A_2}{A_1} = \frac{\begin{vmatrix} -C_L\cos2\beta_2 & -C_T\sin2\beta_2 \\ C_T\sin2\alpha_1 & C_L\cos2\beta_2 \end{vmatrix}}{\begin{vmatrix} C_L\cos2\beta_2 & -C_T\sin2\beta_2 \\ C_T\sin2\alpha_1 & C_L\cos2\beta_2 \end{vmatrix}}$$

$$\frac{A_4}{A_1} = \frac{\begin{vmatrix} C_L\cos2\beta_2 & -C_T\cos2\beta_2 \\ C_T\sin2\alpha_1 & C_T\sin2\alpha_1 \end{vmatrix}}{\begin{vmatrix} C_L\cos2\beta_2 & -C_T\sin2\beta_2 \\ C_T\sin2\alpha_1 & C_L\cos2\beta_2 \end{vmatrix}}$$

展开整理后有

$$\frac{A_2}{A_1} = \frac{\sin2\alpha_1\sin2\beta_2 - \kappa^2\cos^22\beta_2}{\sin2\alpha_1\sin2\beta_2 + \kappa^2\cos^22\beta_2} = \frac{\tan\beta_2\tan^22\beta_2 - \tan\alpha_1}{\tan\beta_2\tan^22\beta_2 + \tan\alpha_1} \quad (11-21a)$$

$$\frac{A_4}{A_1} = \frac{2\kappa\sin2\alpha_1\cos2\beta_2}{\sin2\alpha_1\sin2\beta_2 + x^2\cos^22\beta_2} = \frac{4\sin\beta_2\cos2\beta_2\cos\alpha_1}{\tan\beta_2\sin^22\beta_2\cot\alpha_1 + \cos^22\beta_2} \quad (11-21b)$$

注意到式(11-20b)后可知,反射系数是泊松比 ν 和入射角 α_1 的函数。图 11-2 给出了当 $\nu = 1/3$ 时($\kappa = C_L/C_T = \sin\alpha_1/\sin\beta_2 = 2$),按式(11-21)所算得的位移反射系数 A_2/A_1 和 A_4/A_1 随入射角 α_1 变化的关系(Kolsky,1953)。

由此可知:①在入射角 α_1 接近 48°时,反射 SV 波位移振幅值达到最大值,而且比入射无旋波的振幅还大($A_4/A_1 \approx 1.04$);②在入射角接近 65°时,反射 P 波位移振幅达到最大值($A_2/A_1 \approx -0.38$);③在正入射时($\alpha_1 = 0$),不反射 SV 波($A_4 = 0$)而只反射 P 波且 $A_2/A_1 = -1$,从而可化为 3.3 节中讨论过的情况;④在擦射(grazing incidence)时,即 $\alpha_1 = \pi/2$ 时,也有 $A_4 = 0$ 和 $A_2/A_1 = -1$,但注意到此时式(11-21)给出 $u_1 = -u_2$,代表零运动解,即波消失了。然而,应该指出,这是在入射波和反射波都是平面波的前提下得到的解。如果反射波不限于均匀平面波,则 P 波在自由表面擦射时可存在非零解。这时将形成与 11.3 节将要讨论的表面波相类似的非均匀波。

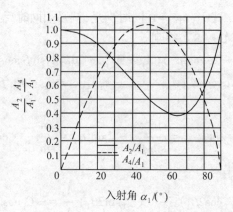

图 11-2 反射系数 A_2/A_1 和 A_4/A_1 随入射角 α_1 的变化

当以式(11-7)定义的标量势 φ 和式(11-8)定义的矢量势 $\boldsymbol{\psi}$ 作为基本参量来讨论 P 波或 SV 波的斜入射时,由于在目前所讨论的 $u_Z = \dfrac{\partial u_X}{\partial Z} = \dfrac{\partial u_Y}{\partial Z} = 0$ 的情况下, P 波的位移分量 u_{pX}、u_{pY} 和 SV 波的位移分量 u_{sX}、u_{sY} 分别可表示为

$$u_{pX} = \frac{\partial \varphi}{\partial X}, u_{pY} = \frac{\partial \varphi}{\partial Y}$$
$$u_{sX} = \frac{\partial \psi_Z}{\partial Y}, u_{sY} = -\frac{\partial \psi_Z}{\partial X} \tag{11-22}$$

则问题可归结为对 φ 和 ψ_Z 的讨论,并可暂时略去 ψ_Z 的下标 Z。如以 φ_1、φ_2 和 ψ_4 分别代替式(11-14)中的 u_1、u_2 和 u_4 来讨论,而相应的谐波振幅以 a_1、a_2 和 a_4 来表示,即取

$$\begin{cases} \varphi_1 = a_1 \exp\{i(Xk_1\cos\alpha_1 + Yk_1\sin\alpha_1 - \omega_1 t)\} \\ \varphi_2 = a_2 \exp\{i(-Xk_2\cos\alpha_2 + Yk_2\sin\alpha_2 - \omega_2 t)\} \\ \psi_4 = a_4 \exp\{i(-Xk_4\cos\beta_2 + Yk_4\sin\beta_2 - \omega_4 t)\} \end{cases} \tag{11-23}$$

则可导出视速度相等定律式(11-20),并与导出式(11-21)相类似地导出位移势反射系数 a_2/a_1 和 a_4/a_1。它们与位移反射系数 A_2/A_1、A_4/A_1 之间有如下关系:

$$\frac{u_{2X}}{u_{1X}} = -\frac{u_{2Y}}{u_{1Y}} = -\frac{a_2}{a_1}, \quad \frac{u_{4X}}{u_{1X}} = \frac{u_{4Y}}{u_{1Y}} = -\kappa \frac{a_4}{a_1}$$
$$\left(\frac{A_2}{A_1} = \frac{a_2}{a_1}, \frac{A_4}{A_1} = -\kappa \frac{a_4}{a_1}\right) \tag{11-24}$$

图 11-3 给出了不同 ν 下的 a_2/a_1,即 A_2/A_1 随入射角 α_1 变化的关系(Arenberg, 1948)。当 $\nu > 0.26$ 时,A_2/A_1 均为负值;但当 $\nu < 0.26$ 时,存在 $A_2/A_1 = 0$ 的入射角,意味着这时不反射 P 波而只反射 SV 波,即通过反射发生了波的类型的交换(P→SV)。这种现象称为**全波型交换**(total mode conversion)或**偏振交换**。相应的入射角称为**波型交换角**,记作 $\alpha(P→SV)$,它是 ν 的函数。例如,当 $\nu = 1/4$,$\alpha_1 = 60°$ 和 $77.2°$ 时,将发生 P→SV 波型交换。

用同样的方法不难证明,当平行于 (X,Y) 平面传播的等容波 SV_1 斜入射到自由表面

((Y,Z)平面)上时,一般将耦合地反射等容波 P_2 和无旋波 SV_2(图 11-4),并且遵循 Snell 定律,即

$$\frac{C_T}{\sin\beta_1} = \frac{C_T}{\sin\beta_2} = \frac{C_L}{\sin\alpha_2}$$

而位移反射系数为

$$\frac{A_4}{A_3} = \frac{\sin\beta_1 \sin 2\alpha_2 - \kappa^2 \cos^2 2\beta_1}{\sin 2\beta_1 \sin 2\alpha_2 + \kappa^2 \cos^2 2\beta_1}$$

$$\frac{A_2}{A_3} = \frac{2\kappa \sin 2\beta_1 \cos 2\beta_1}{\sin 2\beta_1 \sin 2\alpha_2 + \kappa^2 \cos^2 2\beta_1}$$

(11 - 25)

式中:A_3 为入射 SV 波的位移振幅;β_1 为入射角;其余符号意义同前。

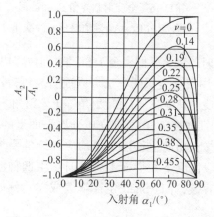

图 11-3 A_2/A_1 随入射角 α_1 变化的关系

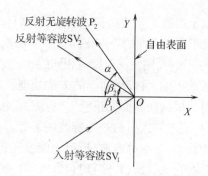

图 11-4 等容波 SV_1 斜入射到自由表面

实际上,式(11-25)与式(11-21)在形式上完全一致。同样,当以位移函数 φ 和 ψ 作为基本参量来讨论时,类似于式(11-24)则有

$$\frac{u_{2X}}{u_{3X}} = \frac{u_{2Y}}{u_{3Y}} = \frac{1}{\kappa}\frac{a_2}{a_3}, \quad \frac{u_{4X}}{u_{3X}} = -\frac{u_{4Y}}{u_{3Y}} = \frac{a_4}{a_3}$$

$$\left(\frac{A_2}{A_3} = \frac{1}{\kappa}\frac{a_2}{a_3}, \frac{A_4}{A_3} = \frac{a_4}{a_3}\right)$$

(11 - 26)

不同 ν 下反射系数 a_4/a_3 或 A_4/A_3 随入射角 β_1 的变化如图 11-5 所示(Arenberg,1948)。

由此可见:(a)在正入射($\beta_1=0$)和 45°角斜入射($\beta=\pi/4$)时,都不反射 P 波而只反射 SV 波($A_2=0, A_4/A_3=-1$);(b)当 $\nu<0.26$ 时(但 $\nu=0$ 除外),存在 $A_4/A_2=0$ 的入射角,意味着这时发生 SV→P 的波型交换,相应的波型交换角记作 $\beta(SV→P)$;(c)由于 $\kappa = \frac{\sin\alpha}{\sin\beta} = \frac{C_L}{C_T} > 1$,因此存在一临界角 $\beta_{cr} = \arcsin\left(\frac{1}{\kappa}\right)$,当入射角 $\beta_1 > \beta_{cr}$ 时,反射角 α_2 不再是实数值的角。这一现象,与光学中类似,称为**全反射**(total reflection)。

全反射临界角 β_{cr} 和波型交换角 $\alpha(P→SV)$ 一样,是泊松比 ν 的函数,图 11-6 给出了它们与 ν 的关系(Arenberg,1948)。

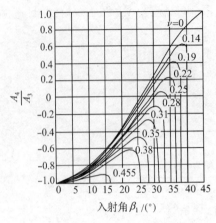

图 11-5 A_4/A_3 随入射角 β_1 的变化

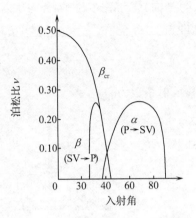

图 11-6 全反射临界角 β_{cr} 和波形
交换角 α(P→SV)随泊松比 ν 的变化

以上讨论了 P 波和 SV 波斜入射到自由面上时的耦合反射。至于 SH 波,即位移扰动方向平行于自由表面的等容波($u_X = u_Y = 0, u_Z \neq 0$),用完全类似的方法可以证明:当它斜入射到自由表面时,则只反射振幅相同的 SH 波,而不反射其他波,而且反射角等于入射角。

依此类推,可以用同样的方法处理斜入射弹性波在 A、B 两种介质分界平面上的反射和折射。根据在界面上正应力、剪应力、法向位移和切向位移四个量均应连续的要求,可以证明,不论斜入射的是无旋波还是等容波,一般情况下在界面上将同时产生四种波,即反射无旋波,反射等容波,折射无旋波和折射等容波,并且 Snell 定律继续成立。例如,当斜入射的是无旋波(P 波)时(图 11-7(a)),有

$$\frac{\sin\alpha_1}{(C_L)_A} = \frac{\sin\alpha_2}{(C_L)_A} = \frac{\sin\beta_2}{(C_T)_A} = \frac{\sin\alpha_3}{(C_L)_B} = \frac{\sin\beta_3}{(C_T)_B} \qquad (11-27)$$

图 11-7 斜入射弹性波在 A、B 两种介质分界平面上的反射和折射

而当斜入射的是等容波(SV 波)时(图 11-7(b)),则有

$$\frac{\sin\beta_1}{(C_T)_A} = \frac{\sin\beta_2}{(C_T)_A} = \frac{\sin\alpha_2}{(C_L)_A} = \frac{\sin\beta_3}{(C_L)_A} = \frac{\sin\alpha_3}{(C_L)_B} \qquad (11-28)$$

式中有关各角度的符号意义已标在图上。波速的下标 A 和 B 分别表示 A 介质和 B 介质。

第十一章 一般线弹性波

与此相应也可确定类以于式(11-21)或式(11-23)的反射系数与材料常数 ρ, λ, μ 和入射角间的关系,以及折射系数与材料常数 ρ, λ, μ 和入射角间的关系(Miklowitz,1978)。

注意,一个压力脉冲斜入射到自由表面时,反射卸载波与入射压力脉冲尾部的卸载波相互作用,也将和正入射中所讨论(见3.8节)的一样形成拉应力。但其最大拉伸主应力的方向则与斜入射的角度有关。图11-8给出了在各向同性材料中由于斜入射压力脉冲(P波)在自由表面反射而形成层裂的示意图(Rinehart,1975)。层裂现象将随着波的反射过程而发展,其微裂纹的方位与入射角有关。

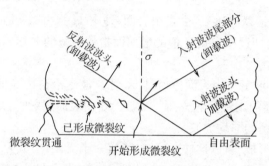

图11-8 斜入射压力脉冲(P波)在自由表面反射而形成层裂的示意图

11.3 表面波

如前所述,在SV波斜入射到自由表面的情况下,当入射角 β 超过临界角 $\beta_{cr} = \arcsin(1/\pi)$ 时,不再按Snell定律进行正常反射。既然,$\sin\beta > 1/x$,又已知 $x = C_L/C_T > 1$,因而 $\sin\alpha = x\sin\beta > 1$,即 α 不再是实数,从而将导致所谓**复反射**(complex reflection)。下面来说明这种非正常反射P波是一种沿自由表面擦射的非均匀波,属于**表面波**。

在图11-4所示的坐标下,用标量势函数 φ 来讨论时,反射P波可表示为(见式(11-23))

$$\varphi_2 = A\exp\{i(-Xk_L\cos\alpha + Yk_L\sin\alpha - \omega t)\} = A\exp\{ik_s(Y - X\cot\alpha - C_s t)\} \tag{11-29}$$

式中已引入

$$k_s = k_L \sin\alpha, \quad C_s = \frac{\omega}{k_s} = \frac{C_L}{\sin\alpha} \tag{11-30}$$

既然 $\sin\alpha > 1$,因而

$$C_s < C_L \tag{11-31}$$

另外,利用三角函数关系,并注意到式(11-30)和式(11-31)后,有

$$\cot^2\alpha = \frac{1}{\sin^2\alpha} - 1 = \left(\frac{C_s}{C_L}\right)^2 - 1 < 0$$

即 $\cot\alpha$ 必为虚数。引入正实数

$$r_s = \sqrt{1 - \left(\frac{C_s}{C_L}\right)^2}$$

后,$\cot\alpha$ 可表示为

$$\cot\alpha = \pm ir_s$$

考虑到取 $\cot\alpha = -ir_s$ 是没有物理意义的,而且由于不能满足在离自由表面无限远处波幅不趋于无限大的收敛性要求,故只能取 $\cot\alpha = +ir_s$,于是式(11-29)可改写为

$$\varphi_2 = A\mathrm{e}^{r_s k_s X}\mathrm{e}^{\mathrm{i}k_s(Y-C_s t)} = A\mathrm{e}^{r_s k_s X}\mathrm{e}^{\mathrm{i}(k_s Y-\omega t)} \tag{11-32}$$

这意味着复反射 P 波是以波速 C_s 沿自由表面,即图 11-4 中 Y 轴正向传播,而波幅是随着离自由表面的距离,即以图中负 X 值的增加而指数衰减的非均匀波,其波速 C_s 小于正常的 P 波波速 C_L(见式(11-31))。

同样可以证明,P 波沿自由表面擦射时,反射 P 波是沿自由表面传播的非均匀波,虽然反射 SV 波仍是普通的正常反射波;而 SV 波沿自由表面擦射时,则反射 SV 波和反射 P 波都是沿自由表面传播的非均匀波。

关于非均匀波的形成,可以这样来理解:考察一半无限体,其自由表面选取为坐标系的(Y,Z)平面。设有一平面压缩波(P 波)以波速 C_L 沿 Y 轴方向传播,如图 11-9 所示(Rinehart,1975)。此波阵面所过之处介质将处于压缩状态。但在自由表面处,由于 Poisson 效应,介质将横向膨胀,即随着平面压缩波的到达将激发相应的膨胀波。换言之,平面压缩波每经过自由表面上一点,该点就可看作一个新的膨胀子波的"源点",由此向外以波速 C_L 传播着柱面膨胀波。例如当平面压缩波依次经过图中 $M_0, M_1, M_2, M_3, \cdots$ 诸点时,就将相继产生分别以这些点为源点的一系列柱面膨胀波。当平面压缩波波阵面从 $M_0 N_0$ 传到 AB 时,这一系列柱面膨胀波波阵面所到达的位置分别为图中的圆弧 AD_0, AD_1, AD_2, AD_3 等。由于它们是在不同时刻从不同源点传出的,不可能作一包络面而形成一真实的波阵面;再考虑到柱面波由于柱面扩散效应所造成的波幅随距离而衰减的特征(见 8.2 节),则不难理解:在圆弧 AD 左侧区域内质点既有纵向运动(Y 轴方向),又有横向运动(X 轴方向),并且是随 X 坐标非均匀分布的。显然,图中与自由表面成 45°角的 $\overline{AD_0}$ 平面是最大横向质点速度的质点轨迹。而在圆弧 AD_0 与平面波波阵面 $\overline{AB}$ 之间的区域,质点只有纵向运动。至于当入射平面波从 $M_0 N_0$ 位置传到 AB 位置时,因自由表面的存在而正常反射产生的 SV 波,其波阵面位置如图中 $\overline{AG}$ 所示。这样,图 11-9 就示意地给出了当平面 P 波在自由表面擦射时反射普通的平面 SV 波和非均匀 P 波(非平面波)的一个简单物理图像。

类似地不难理解在自由表面上也可以形成非均匀 SV 波。

同理,在一定条件下,沿自由表面当然也可以以同一波速耦合地传播一对非均匀 P 波和非均匀 SV 波。这样的表面波最早是由 Rayleigh, Lord(1887)所发现和描述的,常称为 **Rayleigh 表面波**(图 11-10),它在地震波等研究中有重要意义。

与式(11-29)相类似,对于以相同波速 $C_R = \omega/k$ 传播的一对 P 波和 SV 波,当以位移函数 φ 和 ψ 来表述时,应有

$$\begin{cases} \varphi = A\mathrm{e}^{\mathrm{i}k(X+Z\cot\alpha-C_R t)} = A\mathrm{e}^{-rz}\mathrm{e}^{\mathrm{i}k(X-C_R t)} \\ \psi = B\mathrm{e}^{\mathrm{i}k(X+Z\cot\beta-C_R t)} = B\mathrm{e}^{-sz}\mathrm{e}^{\mathrm{i}k(X-C_R t)} \end{cases} \tag{11-33}$$

这里,为了与有关 Rayleigh 表面波讨论中所习惯用的符号相一致,已改用图 11-10 所示的坐标系,即原来在图 11-4 和式(11-29)中的 Y 和 X 现已分别改为 X 和 $(-Z)$。式中 $\cot\alpha$ 和 $\cot\beta$ 在非均匀波的情况下均为虚数,即有

$$\begin{cases} \cot^2\alpha = \left(\dfrac{C_R}{C_L}\right)^2 - 1 < 1 \\ \cot^2\beta = \left(\dfrac{C_R}{C_T}\right)^2 - 1 < 1 \end{cases} \quad (11-34)$$

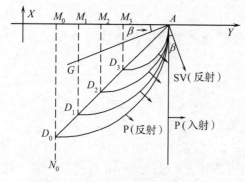

图 11-9　平面 P 波在自由表面擦射时反射的非均匀 P 波

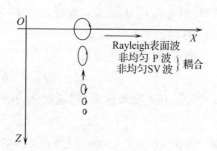

图 11-10　Rayleigh 表面波示意图

因而有

$$C_R < C_T < C_L \quad (11-35)$$

而 r 和 s 为正实数:

$$\begin{cases} r = k\sqrt{1 - \left(\dfrac{C_R}{C_L}\right)^2} = \sqrt{k^2 - k_L^2} > 0 \\ s = k\sqrt{1 - \left(\dfrac{C_R}{C_T}\right)^2} = \sqrt{k^2 - k_T^2} > 0 \end{cases} \quad (11-36)$$

自由表面($Z=0$)的边界条件,借 Hooke 定律(7-10)和式(11-13a),以 φ 和 ψ(实系 ψ_z)来表示时为

$$\sigma_{ZZ}\Big|_{Z=0} = \left\{(\lambda + 2\mu)\dfrac{\partial u_Z}{\partial Z} + \lambda\dfrac{\partial u_Z}{\partial X}\right\}\Big|_{Z=0} =$$

$$\left\{(\lambda + 2\mu)\left(\dfrac{\partial^2\varphi}{\partial X^2} + \dfrac{\partial^2\varphi}{\partial Z^2}\right) + 2\mu\left(\dfrac{\partial^2\psi}{\partial Z\partial X} - \dfrac{\partial^2\varphi}{\partial X^2}\right)\right\}\Big|_{Z=0} = 0$$

$$\sigma_{ZX}\Big|_{Z=0} = \mu\left(\dfrac{\partial u_X}{\partial Z} + \dfrac{\partial u_Z}{\partial X}\right)\Big|_{Z=0} =$$

$$\mu\left(2\dfrac{\partial^2\varphi}{\partial X\partial Z} + \dfrac{\partial^2\psi}{\partial X^2} - \dfrac{\partial^2\psi}{\partial Z^2}\right)\Big|_{Z=0} = 0$$

把式(11-33)和式(11-34)代入后,得

$$\begin{cases} \{(\lambda + 2\mu)r^2 - \lambda k^2\}A - \mathrm{i}2\mu ks B = 0 \\ \mathrm{i}2kr A - (k^2 + s^2)B = 0 \end{cases} \quad (11-37)$$

A 和 B 不全为零的条件是系数行列式必须为零。于是可得出如下的关于 k^2 的 Rayleigh 方程:

$$(2k^2 - k_T^2)^2 - 4k^2\sqrt{k^2 - k_L^2} \cdot \sqrt{k^2 - k_T^2} = 0 \quad (11-38a)$$

或

$$(2 - K_R^2)^2 = 4(1 - b^2 k_R^2)^{1/2}(1 - K_R^2)^{1/2} \quad (11-38b)$$

式中: $b^2 = C_T^2/C_L^2 = 1/\kappa$ 完全由材料常数所确定(见式(11-20b)),而 K_R^2 为

$$K_R^2 = \frac{C_R^2}{C_T^2} = \frac{k_T^2}{k^2}$$

这样,只要能从 Rayleigh 方程式(11-38)解出 k,就说明确实存在这样的表面波(见式(11-33))。

把式(11-38)平方后,可得

$$K_R^2\{K_R^6 - 8K_R^4 + 8K_R^2(3 - 2b^2) - 16(1 - b^2)\} = 0$$

既然 $K_R^2 = 0$ 无物理意义,问题就化为解下列的关于 K_R^2 的三次方程:

$$f(K_R^2) = (K_R^2)^3 - 8(K_R^2)^2 + 8(3 - 2b^2)(K_R^2) - 16(1 - b^2) = 0 \quad (11-39)$$

由于 $f(0) < 0$ 而 $f(1) = 1$,可见在 $0 < K_B < 1$ 区间内必有一实根,这与式(11-35)一致。例如当 $\nu = 1/4$ 时,$\lambda = \mu$,$b^2 = 1/3$,由上式可解得三个根为: $K_{R1} = \left(2 - \frac{2}{\sqrt{3}}\right)^{1/2}$,$K_{R2} = \left(2 + \frac{2}{\sqrt{3}}\right)^{1/2}$ 和 $K_{R3} = 2$。但后两个根违背不等式(11-35),因此只有第一个根 K_{R1} 有意义。由此得

$$C_R = 0.9194 C_T$$

或

$$k = 1.087 k_T \quad (11-40)$$

图 11-11 给出了在 $0 \leqslant \nu \leqslant 1/2$ 范围内 K_R 作为 ν 的函数关系(Knopoff,1952)。

位移分量 u_X 和 u_Z,按式(11-13a)在目前情况下可表示为

$$u_X = \frac{\partial \varphi}{\partial X} - \frac{\partial \psi}{\partial Z}$$

$$u_Z = \frac{\partial \varphi}{\partial Z} + \frac{\partial \psi}{\partial X}$$

把式(11-33)代入,并利用式(11-37),则有

$$u_X = iAk\left(e^{-rZ} - \frac{2rs}{k^2 + s^2}e^{-sZ}\right)e^{ik(X - C_R t)} \quad (11-41a)$$

$$u_Z = Ak\left(-\frac{r}{k}e^{-rZ} + \frac{2rk}{k^2 + s^2}e^{-sZ}\right)e^{ik(X - C_R t)} \quad (11-41b)$$

因此,一旦由式(11-39)确定 K_R 或 k 后,即可由上式确定 Rayleigh 表面波的位移。例如,当 $\nu = 1/4$ 时,式(11-41)取实部后可具体写为

$$\begin{cases} u_X = D(e^{-0.8475kZ} - 0.5773 e^{-0.3933kZ})\sin(kZ - \omega t) \\ u_Z = D(-0.8475 e^{-0.8475kZ} + 1.4678 e^{-0.3933kZ})\sin(kX - \omega t) \end{cases} \quad (11-42)$$

式中: $D = Ak$。

在自由表面 $(z = 0)$ 上,上式可化为

$$u_X = 0.433D\sin(kX - \omega t) \tag{11-43a}$$
$$u_Z = 0.62D\cos(kX - \omega t) \tag{11-43b}$$

因此,质点的运动轨迹是一逆进的椭圆(图 11-10):

$$\frac{u_X^2}{(0.433D)^2} + \frac{u_Z^2}{(0.62D)^2} = 1$$

在 $Z=0.193L(L=2\pi/k$ 为波长)处水平位移为零,即 $u_X=0$,而只有垂直方向位移。离自由表面再远处,即当 $Z/L>0.193$ 时,则 u_X 的振幅变号(相位相反),质点的运动轨迹变为一顺进的椭圆(图 11-10)。图 11-12 给出了 u_X 和 u_Z 的幅值 $\hat{u}_X(Z)$ 和 $\hat{u}_Z(Z)$,以及当以无量纲形式 $\dfrac{\hat{u}_X}{\hat{u}_{Z_0}}$ 和 $\dfrac{\hat{u}_Z}{\hat{u}_{Z_0}}$ 表示时,随着距自由表面的深度 Z/L 指数衰减的结果(Viktorov,1967)。这里 $\hat{u}_{Z_0}$ 是自由表面处质点垂直位移的幅值。

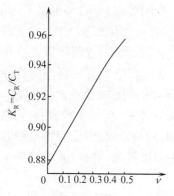

图 11-11　K_R 作为 ν 的函数关系

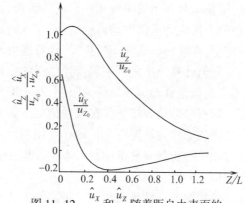

图 11-12　$\dfrac{\hat{u}_X}{\hat{u}_{Z_0}}$ 和 $\dfrac{\hat{u}_Z}{\hat{u}_{Z_0}}$ 随着距自由表面的深度 Z/L 指数地衰减

Rayleigh 波是由于自由表面的存在而形成的一种表面波。除此之外,也可以有其他类型的表面波。例如,在两种不同介质的界面处,也可以类似地形成沿界面传播的非均匀波,即所谓 Stoneley 波等。

回顾上述两节的讨论,与一维应力波相比,在三维的一般情况下考察弹性波在边界上的反射时,可以认为,其复杂性主要体现在波型变换和可能形成新的非均匀波这两方面。对于一般的弹塑性波、黏弹性波和弹黏塑性波等,可以想象得到,其三维问题将更为复杂。这时,常常不得不借助于计算机数值计算方法来求解,将在下一章予以介绍和讨论。

第十二章　应力波的数值求解方法

研究结构(物体)在冲击载荷下的瞬态响应时,与研究结构准静态响应时的重要区别之一是必须计及结构各微元的惯性效应;其后果实际上导致对结构中各种形式的波传播(不论以精确的或简化的方式)的研究,在数学上则涉及到求解双曲型波动方程组。然而,只有在十分有限的某些特定条件下,才有可能求得波动方程组的精确解析解。这些条件限制包括结构几何形状、运动空间维数、材料本构方程形式以及初边值条件等。例如,即便对于一维非线性弹性波在有限长杆中的传播问题,如果非线性弹性波的本构方程较为复杂,即使求其两个简单波相互作用的解析解也是十分困难的,有时甚至是不可能的。于是,数值方法成为求解波动方程组,研究结构瞬态响应的一个重要途径。尤其在过去的半个世纪里,在计算机资源不断扩大,计算能力不断增长的推动下,数值计算方法获得迅速发展。数值计算方法之所以能得到广泛的应用,还由于它们既不受材料本构特性的限制,也不受初始条件和边界条件的限制,对于即使是最困难的问题也能给出近似解。虽然数学家们对有些数值方法还仅在线性情况下能证明其是成立的,但是实践表明,它们往往在任意复杂的非线性情况下也是同样可用的(Chou et al,1972)。目前已有很多种数值计算方法可用来分析具有复杂的材料本构方程、初值条件和边界条件的与波传播相关的结构瞬态响应。

在本章拟简要介绍最常用的三种数值方法,即特征线方法、有限差分方法和有限元方法。作为一个入门,这里主要介绍一些简单的理论基础,并以简单的算例来说明如何使用这些数值方法,以及这些方法的特性。

在这三种数值方法中,特征线数值方法可看作一种优化的有限差分数值方法。当由波动方程组(双曲型偏微分方程组)确定其特征线方程和相应的沿特征线的相容方程之后,求解此波动方程组的问题就可转化为用差分方法求解相应的特征线方程及沿特征线的相容方程,而后者往往比前者简单易行。对于一维波动问题,由于把原来的两个自变量的偏微分方程化为联立求解都已是常微分方程的特征线方程及其相容关系,数学上大为简化,所以特征线法特别受欢迎。同时,特征线法还能对波的传播过程给出清晰的物理图像,以及具有对强间断波阵面直接进行处理的能力,它已被广泛地用来解一维波的传播问题。对于一般的多维波动问题,由于相应的特征线和相容方程仍然相当复杂,使得其适用范围受到限制。因此,实际上只有在有限的某些情况下,才用它来解二维和三维波动问题。总之,特征线数值方法的优点在于把偏微分方程的数值积分化为求解沿特征线的常微分方程,而其困难也正在于如何实现这种数学上的转化过程。

有限差分数值方法的基础是将原来的偏微分方程近似地化为差分方程来求解,即把连续的时间—空间离散成一些以节点表示的小区域,用泰勒级数近似求解区域内每一个节点上的偏微分方程。在考虑到初始条件和边界条件之后,获得一组以节点变量为未知数的代数方程,按时间和空间顺序,逐步逐层进行求解。可以说,有限差分数值方法求得的是精确的偏微分问题的近似解。其近似解的误差、收敛性和稳定性常常成为有限差分数值方法的关键点。

有限元方法是以变分原理为基础,将由偏微分方程描述的连续函数所在的空间区域(即结构)划分成有限个小区域(单元),未知函数在小区域内的变化规律由选定的函数(形函数)来刻画,使得整个场域(结构)上的未知函数被离散化,由此构成了一个近似的数学物理模型,来描述由原偏微分方程所控制的运动。此近似模型可由一组代数方程精确的表征,求解此代数方程组可由计算机来完成,所以说有限元方法是求近似问题的精确解。由于波动方程含有对时间变量的偏微分,有限元分析往往借助有限差分方法处理时间变量。

但是,读者也应当认识到数值方法本身存在着不足之处。第一,数值方法有可能掩盖问题中某些参量的真实作用;第二,由于数值计算的误差、收敛性、稳定性等的影响,干扰人们对该问题物理本质的认识和理解。因此,对于用数值方法得到的计算结果,往往需要应用应力波基本理论对其解的物理图像给以合理的判断和正确的解释,从而使数值计算方法在研究波传播问题中得到更有效、更合理的应用。在这个意义上,本书前面各章所讨论的有关各类应力波的基本理论知识,对于即便侧重于从事结构动态响应数值计算的学者也是必须具备和深入掌握的。

12.1 特征线数值方法

特征线数值求解方法由于可以精确计算强间断波的传播,以及其具有清晰的物理图像等特性,曾受到广大学者的偏爱,并被广泛使用于研究弹、塑性等一维波传播的相关问题。事实上,关于一维应力弹性波和弹塑性波传播问题的特征线解法之基本概念和方法,已在本书 2.3 节、2.4 节和第四章有关节中作了较详细的叙述;此外,在第六章中曾讨论了一维黏弹性波和黏塑性波的特征线方法;在第七章中曾讨论了一维应变弹塑性波的特征线方法;在第八章中则讨论了球面波的特征线方法。因此,在本节仅准备从数值计算方法的角度,对特征线数值求解方法作简要的叙述,更详细的论述可参见有关专著(Chou et al,1972)。

12.1.1 一维波传播的特征线数值方法

在一维波传播问题的控制方程组中,含有两个自变量,即空间变量 X 和时间变量 t。我们知道(参看第二章),这时控制方程组可表为以应变 ε 和质点速度 v 为未知函数的两个一阶偏微分方程(例如式(2-12)和式(2-16))。作为更一般的情况,设 $f_1(X,t)$ 和 $f_2(X,t)$ 为两个未知函数,则波动问题的控制方程组为

$$\begin{cases} a_{11}\dfrac{\partial f_1}{\partial X} + b_{11}\dfrac{\partial f_1}{\partial t} + a_{12}\dfrac{\partial f_2}{\partial X} + b_{12}\dfrac{\partial f_2}{\partial t} = R_1 \\ a_{21}\dfrac{\partial f_1}{\partial X} + b_{21}\dfrac{\partial f_1}{\partial t} + a_{22}\dfrac{\partial f_2}{\partial X} + b_{22}\dfrac{\partial f_2}{\partial t} = R_2 \end{cases} \quad (12-1)$$

其中 a_{ij},b_{ij} 和 $R_i(i,j=1,2)$ 可以是 f_1,f_2,X 和 t 的函数。基于特征线方法,对偏微分方程组(式(12-1))的数值积分可化为对以下四个常微分方程数值积分,即两族特征线 S_1 和 S_2 的常微分方程:

$$\begin{cases} \dfrac{\mathrm{d}X}{\mathrm{d}t} = \dfrac{-b + \sqrt{b^2-4ac}}{2a} = \tau_1 \\ \dfrac{\mathrm{d}X}{\mathrm{d}t} = \dfrac{-b - \sqrt{b^2-4ac}}{2a} = \tau_2 \end{cases} \tag{12-2}$$

式中:
$$a = b_{11}b_{22} - b_{12}b_{21}$$
$$b = a_{21}b_{12} + b_{21}a_{12} - b_{11}a_{22} - b_{22}a_{11}$$
$$c = a_{11}a_{22} - a_{12}a_{21}$$

以及两个沿特征线的相容方程:

$$\begin{cases} A\sqrt{1+\tau_1^2}\dfrac{\mathrm{d}f_1}{\mathrm{d}\alpha} + \left(B - \dfrac{C}{\tau_1}\right)\sqrt{1+\tau_1^2}\dfrac{\mathrm{d}f_2}{\mathrm{d}\alpha} = (\tau_1 b_{21} - a_{21})R_1 - (\tau_1 b_{11} - a_{11})R_2 \\ A\sqrt{1+\tau_2^2}\dfrac{\mathrm{d}f_1}{\mathrm{d}\beta} + \left(B - \dfrac{C}{\tau_2}\right)\sqrt{1+\tau_2^2}\dfrac{\mathrm{d}f_2}{\mathrm{d}\beta} = (\tau_2 b_{21} - a_{21})R_1 - (\tau_2 b_{11} - a_{11})R_2 \end{cases} \tag{12-3}$$

式中:$\mathrm{d}\alpha$ 和 $\mathrm{d}\beta$ 分别为沿特征线 S_1 和 S_2 的弧长增量,而

$$A = a_{11}b_{21} - b_{11}a_{21}$$
$$B = a_{12}b_{21} - b_{11}a_{22}$$
$$C = a_{12}a_{21} - a_{11}a_{22}$$

设在类空曲线的任意线段 QR 上给定 f_1 和 f_2(例如 v 和 ε),则在由 QR 与右行特征线 QP 和左行特征线 RP 为界的曲线三角形区域 QPR 中,可求得偏微分方程式(12-1)的解(图 12-1)。这类初边值问题,常称为初值问题或 Cauchy 问题(见 2.4 节)。由于同族特征线不会相交叉,$P(x,t)$ 点的解只依赖于图 12-1 中的曲线三角形 QPR 内的量。这一以类空曲线 QR 和分别通过 Q 点和 R 点的左、右行特征线为界的区域,称为点 P 的"依赖域",P 点的解只依赖于 Q 和 R 之间 Γ 线上所给定的初始数据。不难理解,P 点的"影响区"则是由通过 P 点的左、右行两条特征线构成的无界曲线三角区(图 12-2),影响区内各点的解都会受到 P 点函数值的影响。

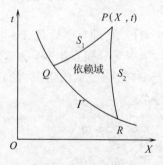

图 12-1 P 点的依赖域

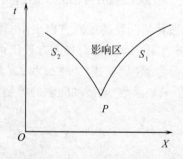

图 12-2 P 点的影响区

我们在 2.4 节也已指出,如果在类空曲线上给定 f_1 和 f_2,并且在类时曲线上给定 f_1 或 f_2,则在以此两曲线为界区域内的解能唯一地确定,常称为混合问题或 Picard 问题。

下面以线弹性半无限长杆一维运动的简单问题为例,说明沿特征线进行数值积分的

计算过程。其控制方程组当以 ε 和 v 为未知函数时，按式(2-12)和式(2-16)有

$$\begin{cases} \dfrac{\partial v}{\partial X} - \dfrac{\partial \varepsilon}{\partial t} = 0 \\ \dfrac{\partial v}{\partial t} - C^2 \dfrac{\partial \varepsilon}{\partial X} = 0 \end{cases} \quad (12-4)$$

式中：$C = (E/\rho_0)^{1/2}$ 为杆中的弹性波物质波速。

设介质初始没有受到扰动，即

$$v(X,0) = \varepsilon(X,0) = 0 \quad (12-5\text{a})$$

为使介质开始运动，设在杆端($X=0$)给定如下的速度边界条件：

$$v(0,t) = g(t) \quad (12-5\text{b})$$

显然，式(12-1)当取 $a_{11}=1, a_{22}=-C^2, b_{12}=-1, b_{21}=1$，而其余系数为零时，就化为式(12-4)。因此，从式(12-2)可得到其特征线 S_1 和 S_2 的微分方程分别为

$$S_1 : \dfrac{\mathrm{d}X}{\mathrm{d}t} = C, \quad S_2 : \dfrac{\mathrm{d}X}{\mathrm{d}t} = -C \quad (12-6)$$

进一步从式(12-3)可得到其相应的相容方程为

$$\dfrac{\mathrm{d}v}{\mathrm{d}\alpha} - C \dfrac{\mathrm{d}\varepsilon}{\mathrm{d}\alpha} = 0 \quad (12-7)$$

$$\dfrac{\mathrm{d}v}{\mathrm{d}\beta} + C \dfrac{\mathrm{d}\varepsilon}{\mathrm{d}\beta} = 0 \quad (12-8)$$

其中式(12-7)沿 S_1 成立而式(12-8)沿 S_2 成立。

既然杆中弹性波波速 C 为恒值，从式(12-6)知道 S_1 和 S_2 两族特征线都是直线，且斜率分别为 $\pm C$(波速)。这样，在 (X,t) 平面中可画出特征线的网格如图12-3所示(Chou et al,1972)。网格尺寸 ΔX 由问题所需要的精度确定，而时间步长 $\Delta t = \Delta X/C$。

我们的目的是要确定每一格点处的数值解。具体的数值计算可分成如下三类：①间断点的计算(如图12-3中的点1,3,6,10等)；②边界点的计算(如图12-3中的点2,5,9等)；③内点的计算(如图12-3中的点4,7,8等)。

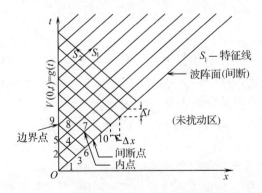

图12-3 半无限长线弹性杆一维运动问题的特征线

1. 间断点的数值计算

如果在 $t=0$ 时端面上有一速度突跃($g(0) \neq 0$)，那么对于半无限长弹性杆，不难证明这一突跃在简单波区沿特征线传播时其间断值将保持不变(见2.5节)，即恒值突跃(强

间断)将沿特征线向前传播:

$$[v] \equiv v^+ - v^- = g(0) = 常数$$

并且,由强间断波阵面上的运动学相容条件式(2-55)知道,应变间断也保持不变:

$$[\varepsilon] = -\frac{1}{C}[v] = -\frac{g(0)}{C}$$

既然由初始条件式(12-5a)已知强间断波阵面前方的质点速度 v 和应变 ε 均为零,因而强间断波阵面后方的 v 和 ε 立即可由以上两式确定,即:沿着强间断波阵面后方的右行前导特征线 S_1 上所有点的解为

$$v = g(0), \varepsilon = -\frac{g(0)}{C}$$

当 $g(0)$ 趋于零时,强间断波阵面化为弱间断波阵面,相应地沿右行前导特征线 S_1 上的 v 和 ε 也均趋于零。总之,不论对于强间断还是弱间断,间断点的 v 和 ε 都是唯一可确定的。

2. 边界上各点的计算

边界上任意点 P 的解可由边界条件和通过该点的逆行(左行)特征线上相容关系共同确定。在图12-4中,Q 点的解已在先前的计算中求得,QP 为通过 P 点的逆行特征线 S_2,而沿 S_2 应满足相容方程式(12-8),其差分形式为

$$v_P - v_Q + C(\varepsilon_P - \varepsilon_Q) = 0$$

既然 $v_P = v(0, t_P)$ 已由边界条件 $v(0, t_P) = g(t_P)$ 确定,则边界上的应变 ε_P 可由上式唯一确定。

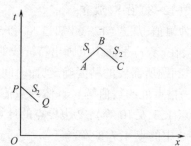

图 12-4 边界点 P 和内点 B 的计算模式

3. 内点的计算

对于既不在间断线上也不在边界上的任意内点 B(图12-4),有两条经 B 点的特征线 $S_1(AB)$ 和 $S_2(CB)$。因此 B 点的解,可由分别沿 S_1 和 S_2 的两特征相容方程,即式(12-7)和式(12-8)来确定,其有限差分形式为

$$沿 S_1: v_B - v_A - C(\varepsilon_B - \varepsilon_A) = 0$$
$$沿 S_2: v_B - v_C + C(\varepsilon_B - \varepsilon_C) = 0$$

由于 A 点和 C 点的解已在先前的计算中求得,则 B 点的解 v_B 和 ε_B 可唯一地确定。

这样,按照图12-3中各特征线网格点的时间顺序,半无限弹性杆中从左到右逐点的解都可依次求得。

对于有限长的弹性杆,由于应力波在杆末端处的反射,涉及到末端处边界点的计算。虽然会增加数值解法的一些复杂性,但原则上与加载端边界点的计算相类似。

但对于弹塑性杆,由于弹塑性本构关系一般是非线性的,因而偏微分方程组一般是拟

线性的。在这种情况下,特征线方程不再是线性的,特征线的切线斜率与因变量(f_1 和 f_2)相关。这样,特征线方程必须与相容方程一起求解,从而增加了一些特征线数值解法的难度,有时需要进行反复迭代来逐步逼近。实际上,在第四章已相当详细地叙述了如何用特征线方法求解杆中弹塑性波传播的问题,包括详细分析了弹塑性波的相互作用,以及弹塑性边界的传播等相关问题的特征线解法,此处不再重述。

12.1.2 二维波传播的特征面数值方法

在前面各章节中,特征线分析方法主要用于求解空间一维问题,尚未涉及到求解空间二维波的传播问题。对于一维应力波的传播问题,特征线方法的优越性是显而易见的,因为这时只存在一个特征方向,偏微分形式的控制方程可转化为沿此方向的常微分方程,从而极大地减小了求解控制方程的难度。对于二维波的传播问题,则特征线方法在一定的条件下,可把偏微分形式的控制方程组转化为包含特征锥上沿双特征线两个方向的方向导数的特征方程组,问题求解的简化程度就不如一维波问题中那么显著了。

下面以二维线弹性波动方程为例,简要介绍特征面数值方法的基本理论(Chou et al, 1972)。

首先,从第十一章的式(11-13)知道,三维线弹性波的控制方程为

$$\frac{\partial^2 \varphi}{\partial t^2} = \frac{\lambda + 2\mu}{\rho_0}\left(\frac{\partial^2}{\partial X^2} + \frac{\partial^2}{\partial Y^2} + \frac{\partial^2}{\partial Z^2}\right)\varphi = C_L^2 \nabla^2 \varphi$$

$$\frac{\partial^2 \boldsymbol{\Psi}}{\partial t^2} = \frac{\mu}{\rho_0}\left(\frac{\partial^2}{\partial X^2} + \frac{\partial^2}{\partial Y^2} + \frac{\partial^2}{\partial Z^2}\right)\boldsymbol{\Psi} = C_T^2 \nabla^2 \boldsymbol{\Psi}$$

式中:φ 为表征膨胀波(无旋波)传播的位移标量势;$\boldsymbol{\Psi}$ 为表征畸变波(等容波)传播的位移矢量势;C_L 和 C_T 分别是对应的膨胀波波速和畸变波波速,均为恒值(参看第十一章)。

以下为叙述的方便起见,此两式就其数学表达形式而言可统一地表为

$$\nabla^2 \phi = \frac{\partial^2 \phi}{\partial X^2} + \frac{\partial^2 \phi}{\partial Y^2} + \frac{\partial^2 \phi}{\partial Z^2} = \frac{1}{C^2}\frac{\partial^2 \phi}{\partial t^2} \tag{12-9}$$

式中:C 为常量(视情况不同而取为 C_L 或 C_T)。

如果问题是柱对称的,可简化为空间的二维问题,则在柱坐标(r, θ, Z)中,式(12-9)化为

$$\frac{\partial^2 \phi}{\partial r^2} + \frac{1}{r}\frac{\partial \phi}{2r} + \frac{\partial^2 \phi}{\partial Z^2} = \frac{\partial^2 \phi}{\partial T^2} \tag{12-10}$$

式中:$T = Ct$。

实际问题中我们主要关心的是位移势函数 ϕ 的一阶偏导数(位移等),令

$$p = \frac{\partial \phi}{\partial r}, q = \frac{\partial \phi}{\partial Z}, S = \frac{\partial \phi}{\partial t} \tag{12-11}$$

则式(12-10)等价于如下的一阶偏微分方程组:

$$\begin{cases} \dfrac{\partial S}{\partial T} = \dfrac{\partial p}{\partial r} + \dfrac{p}{r} + \dfrac{\partial q}{\partial Z} \\ \dfrac{\partial p}{\partial T} = \dfrac{\partial S}{\partial r} \\ \dfrac{\partial q}{\partial T} = \dfrac{\partial S}{\partial Z} \end{cases} \tag{12-12}$$

回忆一下在一维波问题中为确定特征线曾采用过的"不定线法"（见 2.3 节），现在采用类似的方法来确定此偏微分方程组的特征方向。为此，对式（12-12）的三个方程分别乘以待定乘数 α_1，α_2 和 α_3，然后相加得到

$$-\alpha_1\frac{\partial p}{\partial r}+\alpha_2\frac{\partial p}{\partial T}-\alpha_1\frac{\partial q}{\partial Z}+\alpha_3\frac{\partial q}{\partial T}-\alpha_2\frac{\partial S}{\partial r}-\alpha_3\frac{\partial S}{\partial Z}+\alpha_1\frac{\partial S}{\partial T}=\alpha_1\frac{p}{r} \quad (12-13)$$

我们要确定这三个待定乘数使得上式只包含沿共面特征方向的方向导数。若记 $\boldsymbol{e}_r$、$\boldsymbol{e}_Z$ 和 $\boldsymbol{e}_T$ 分别是 r、Z 和 T 坐标轴的单位方向矢量，式（12-13）可写为如下的矢量形式：

$$\boldsymbol{A}_1\cdot\nabla p+\boldsymbol{A}_2\cdot\nabla q+\boldsymbol{A}_3\cdot\nabla S=\alpha_1\frac{p}{r} \quad (12-14)$$

式中：矢量 $\boldsymbol{A}_1,\boldsymbol{A}_2,\boldsymbol{A}_3$ 和梯度矢量算符 ∇ 分别定义如下：

$$\boldsymbol{A}_1=-\alpha_1\boldsymbol{e}_r+\alpha_2\boldsymbol{e}_T$$
$$\boldsymbol{A}_2=-\alpha_1\boldsymbol{e}_Z+\alpha_3\boldsymbol{e}_T$$
$$\boldsymbol{A}_3=-\alpha_2\boldsymbol{e}_r+\alpha_3\boldsymbol{e}_Z+\alpha_1\boldsymbol{e}_T$$
$$\nabla=\boldsymbol{e}_r\frac{\partial}{\partial r}+\boldsymbol{e}_Z\frac{\partial}{\partial Z}+\boldsymbol{e}_T\frac{\partial}{\partial T}$$

式（12-14）左边第一项代表 p 在矢量 $\boldsymbol{A}_1$ 方向之方向导数与矢量 $\boldsymbol{A}_1$ 之模的乘积。对第二项和第三项可依此类推。

类似于一维问题中求特征线方程的方向导数法，我们要求式（12-14）中出现的三个微分方向 $\boldsymbol{A}_1,\boldsymbol{A}_2$ 和 $\boldsymbol{A}_3$ 都在一个共同的平面上。设此平面的单位法向矢量记为 $\boldsymbol{\lambda}(=\lambda_r\boldsymbol{e}_r+\lambda_Z\boldsymbol{e}_Z+\lambda_T\boldsymbol{e}_T)$，则

$$\boldsymbol{A}_1\cdot\boldsymbol{\lambda}=\boldsymbol{A}_2\cdot\boldsymbol{\lambda}=\boldsymbol{A}_3\cdot\boldsymbol{\lambda}=0$$

其矩阵方程可整理为

$$\begin{bmatrix}-\lambda_r & \lambda_T & 0 \\ -\lambda_Z & 0 & \lambda_T \\ \lambda_T & -\lambda_r & -\lambda_Z\end{bmatrix}\begin{bmatrix}\alpha_1 \\ \alpha_2 \\ \alpha_3\end{bmatrix}=0 \quad (12-15)$$

待定乘数 α_1、α_2 和 α_3 有非平凡解的充要条件是上述方阵的行列式为零，即

$$\lambda_T(\lambda_r^2+\lambda_Z^2-\lambda_T^2)=0 \quad (12-16)$$

当 $\lambda_T\neq 0(\lambda_T>0)$，取参数 θ 为 r 轴与 $\boldsymbol{\lambda}$ 在 (r,Z) 平面上的投影之夹角，则上式可化为

$$\boldsymbol{\lambda}=\frac{1}{\sqrt{2}}(\cos\theta\boldsymbol{e}_r+\sin\theta\boldsymbol{e}_Z+\boldsymbol{e}_T) \quad (12-17)$$

此特征面法向矢量 $\boldsymbol{\lambda}$ 定义了单参数 θ 平面族，其包络面为圆锥面，称为特征锥（图12-5），则通过 O 点 (r_0,Z_0,T_0) 的特征面为

$$(r-r_0)^2+(Z-Z_0)^2=(T-T_0)^2$$

设单位矢量 $\boldsymbol{\beta}$ 是沿着特征平面与特征锥相交的双特征线方向，单位矢量 $\boldsymbol{\gamma}$ 则与圆锥相切并且与 $\boldsymbol{\lambda}$ 和 $\boldsymbol{\beta}$ 相垂直，那么根据式（12-17），$\boldsymbol{\beta}$ 和 $\boldsymbol{\gamma}$ 可分别表示为

$$\boldsymbol{\beta}=\frac{1}{\sqrt{2}}(-\cos\theta\boldsymbol{e}_r-\sin\theta\boldsymbol{e}_Z+\boldsymbol{e}_T)$$
$$\boldsymbol{\gamma}=\frac{1}{\sqrt{2}}(-\sin\theta\boldsymbol{e}_r+\cos\theta\boldsymbol{e}_Z) \quad (12-18)$$

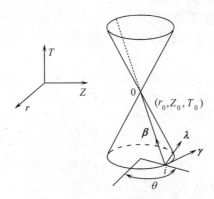

图 12-5 在 (r_0, z_0, T_0) 点处的特征锥

如图 12-5 所示，在 i 点处平行于 (r, Z) 面的平面与特征锥面的交线是一个圆。不难看出 $\boldsymbol{\gamma}$ 是此圆通过 i 点的切向单位矢量。进一步，从式(12-15)还可求得

$$\frac{\alpha_2}{\alpha_1} = \cos\theta \quad \text{和} \quad \frac{\alpha_3}{\alpha_1} = \sin\theta$$

这样，式(12-13)两边除以 α_1 后，利用上式可得

$$-\frac{\partial p}{\partial r} + \cos\theta\frac{\partial p}{\partial T} - \frac{\partial q}{\partial Z} + \sin\theta\frac{\partial q}{\partial T} - \cos\theta\frac{\partial S}{\partial r} - \sin\theta\frac{\partial S}{\partial Z} + \frac{\partial S}{\partial T} = \frac{p}{r} \quad (12-19\text{a})$$

或写成矢量的形式有

$$\cos\theta\boldsymbol{\beta}\cdot\nabla p + \sin\theta\boldsymbol{\beta}\cdot\nabla q + \boldsymbol{\beta}\cdot\nabla S = \frac{1}{\sqrt{2}}\left[(\cos\theta\nabla q - \sin\theta\nabla p)\cdot\boldsymbol{\gamma} + \frac{p}{r}\right] \quad (12-19\text{b})$$

式(12-19)即是特征面上的相容方程，它只包含沿双特征线 β 和 γ 的方向导数。若 $d\beta$ 为沿着由 θ 所定义的双特征线 β 方向上的长度增量，$d\gamma$ 为 γ 方向上的长度增量，根据方向导数的定义，相容方程式(12-19)可写成如下的常微分的形式：

$$\cos\theta\frac{dp}{d\beta} + \sin\theta\frac{dq}{d\beta} + \frac{dS}{d\beta} = \frac{1}{\sqrt{2}}\left(\cos\theta\frac{dq}{d\gamma} - \sin\theta\frac{dp}{d\gamma} + \frac{p}{r}\right) \quad (12-20)$$

注意，如果式(12-16)中的 $\lambda_T = 0$，则垂直于 (r, Z) 平面的任何平面都是特征面。按照上述步骤可知，其相应的相容方程可求得为

$$\sin\theta\left(\frac{\partial S}{\partial r} - \frac{\partial P}{\partial T}\right) + \cos\theta\left(\frac{\partial q}{\partial T} - \frac{\partial S}{\partial Z}\right) = 0$$

其实，此方程只是式(12-12)中后两式的另一种表达形式而已。如果从原始的二阶方程式(12-9)出发寻求特征面，将不会出现 λ_T。因此，垂直于 (r, Z) 平面的特征面可以忽略，它是由于用了 p、q 和 S(见式(12-11))这三个新的因变量而引入的。

下面来探讨如何用数值方法求解相容方程(12-20)。式中含有 β 和 γ 两个方向上的方向导数，因而增加了数值求解的难度。为了进一步简化，我们对相容方程式(12-20)加以改造，将式(12-20)右边展开并乘以 $d\beta$，得到

$$\cos\theta dp + \sin\theta dq + dS = \frac{d\beta}{\sqrt{2}}\left[\sin^2\theta\frac{\partial p}{\partial r} - \sin\theta\cos\theta\left(\frac{\partial q}{\partial r} + \frac{\partial p}{\partial Z}\right) + \cos^2\theta\frac{\partial p}{\partial Z} + \frac{p}{r}\right] \quad (12-21)$$

式中的所有微分均表示在由 β 定义的双特征线方向上的增量。与偏微分方程组式

(12-12)相比较,式(12-21)既不含因变量 S 的偏导数也不含对变量 T 的偏导数,使得相容方程式(12-21)远比式(12-12)容易求得数值解。注意到双特征线方程式(12-18)第一式也可表示成:

$$\frac{dr}{-\cos\theta} = \frac{dZ}{-\sin\theta} = \frac{dT}{1} \qquad (12-22)$$

从而特征线的长度增量可写成

$$d\beta = \sqrt{dr^2 + dZ^2 + dT^2} = \sqrt{2}\,dT$$

则式(12-21)中的 $d\beta/\sqrt{2}$ 可由 dT 所取代。另一方面,在式(12-21)中,参数 θ 可以在 $0\sim 2\pi$ 之间任意取值,于是当 θ 取一特定值 θ_I 时,也即当选定一条连接 I 点和 J 点的双特征线时,如图 12-6 所示,相容方程在点 I 和点 J 之间的有限差分形式可写为

$$\cos\theta_I \Delta p + \sin\theta_I \Delta q + \Delta S =$$
$$\Delta T\left[\sin^2\theta_I \overline{\frac{\partial p}{\partial r}} - \sin\theta_I\cos\theta_I\left(\overline{\frac{\partial q}{\partial r}} + \overline{\frac{\partial p}{\partial Z}}\right) + \cos^2\theta_I \overline{\frac{\partial p}{\partial Z}} + \frac{1}{2}\left(\frac{p_I}{r_I} + \frac{p_J}{r_J}\right)\right] \qquad (12-23)$$

式中: $\Delta Y = Y_J - Y_I$,($Y = p, q, S, T$);并且 $\overline{\dfrac{\partial Y}{\partial r}}$ 定义为沿着双特征线在点 I 和点 J 之间的该偏导数值之平均。

这里,我们认为 J 点以前时刻的状态已解得,因而通过 J 点的圆锥底部各点的所有变量之数值都是已知的。

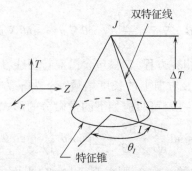

图 12-6 特征锥及由 I 点和 J 点连成的双特征线

现在的问题是如何确定式(12-23)中的平均偏导数。常用的方法有两种(Chou et al, 1972):一种是假定因变量在点 I 和 J 领域是连续的,因而得到如下两个附加方程(Sauerwin,1967):

$$dp = \frac{\partial p}{\partial r}dr + \frac{\partial p}{\partial Z}dZ + \frac{\partial p}{\partial T}dT \qquad (12-24a)$$

$$dq = \frac{\partial q}{\partial r}dr + \frac{\partial q}{\partial Z}dZ + \frac{\partial q}{\partial T}dT \qquad (12-24b)$$

它们的有限差分形式为

$$\begin{cases} \Delta p = \overline{\dfrac{\partial p}{\partial r}}\Delta r + \overline{\dfrac{\partial p}{\partial Z}}\Delta Z + \overline{\dfrac{\partial p}{\partial T}}\Delta T \\ \Delta q = \overline{\dfrac{\partial q}{\partial r}}\Delta r + \overline{\dfrac{\partial q}{\partial Z}}\Delta Z + \overline{\dfrac{\partial q}{\partial T}}\Delta T \end{cases} \qquad (12-25)$$

此处各偏导数的平均值定义为(图12-7)

$$\overline{\frac{\partial Y}{\partial y}} = \frac{1}{2}\left(\left.\frac{\partial Y}{\partial y}\right|_I + \left.\frac{\partial Y}{\partial y}\right|_J\right)$$

这样，就可用式(12-23)和式(12-25)由已知的 I 点的物理量来确定 J 点处的物理量。但是通过一条双特征线仅能得到三个方程，而未知量有 $p_J,q_J,S_J,\left.\frac{\partial p}{\partial r}\right|_J,\left.\frac{\partial p}{\partial Z}\right|_J,\left.\frac{\partial p}{\partial T}\right|_J,\left.\frac{\partial q}{\partial r}\right|_J,\left.\frac{\partial q}{\partial Z}\right|_J$ 和 $\left.\frac{\partial q}{\partial T}\right|_J$ 等总共九个，所以还需要另外六个方程才能由数值方法求得所有未知量。我们已经知道，在圆锥面上从锥底向锥顶引出的任意一条直线都是双特征线。按照图12-7的数值计算方案(Sauerwin,1967)，选用三条双特征线就可提供九个方程，从而可用数值方法求出所有九个未知量。

另一种常用于确定式(12-23)中的偏导数的数值方法是采用如图12-8所示的四条双特征线的数值方案(Butler,1962;Clifton,1967)。对应于这四条特征线，从式(12-23)可得到四个相容方程(I=1,2,3,4)：

$$\cos\theta_I(P_J - P_I) + \sin\theta_I(q_J - q_I) + (S_J - S_I) =$$
$$\frac{\Delta T}{2}\left[\sin^2\theta_I\left(\left.\frac{\partial p}{\partial r}\right|_J + \left.\frac{\partial p}{\partial r}\right|_I\right) + \cos^2\theta_I\left(\left.\frac{\partial q}{\partial Z}\right|_J + \left.\frac{\partial q}{\partial Z}\right|_I\right) + \frac{P_J}{r_J} + \frac{P_I}{r_I}\right] \quad (12-26)$$

其中 $\theta_I = 0,\pi/2,\pi,3\pi/2$。注意，此时 $\sin\theta_I \cdot \cos\theta_I = 0$。由于在圆锥底部所有相关的量都已知，故式(12-26)包含的四个方程中含五个未知量：$p_J,q_J,S_J,\left.\frac{\partial p}{\partial r}\right|_J$ 和 $\left.\frac{\partial q}{\partial Z}\right|_J$。为了求得其数值解，还需补加一个方程。作 J 点的垂线交锥底于点5(图12-8)，将式(12-12)第一式沿点5到点 J 积分，便可得到一个所需的方程：

$$S_J - S_5 = \frac{\Delta T}{2}\left[\left.\frac{\partial p}{\partial r}\right|_J + \left.\frac{\partial p}{\partial r}\right|_5 + \frac{P_J}{r_J} + \frac{P_s}{r_s} + \left.\frac{\partial q}{\partial Z}\right|_J + \left.\frac{\partial q}{\partial Z}\right|_5\right] \quad (12-27)$$

这样，由式(12-26)和式(12-27)共五个方程，可求得五个未知数。具体解法可首先在此方程组中消去导数项 $\left.\frac{\partial p}{\partial r}\right|_J$ 和 $\left.\frac{\partial q}{\partial Z}\right|_J$，然后用所得的三个方程求解 p_J,q_J 和 S_J，在锥底($T_J,\Delta T$)平面内各点的偏导数可以用中心差分公式确定。

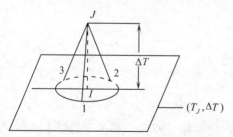

图12-7 利用三条双特征线的数值方案

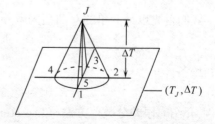

图12-8 利用四条双特征线的数值方案

这样，使用上述两种方法之一，就可通过数值计算得出每个网格点的因变量值。但应注意，为了得到稳定的数值计算结果，还应满足 Courant-Friedrichs-Lewy 判据，即**对于一组一阶线性双曲型方程，差分方程的依赖域必须包括微分方程的依赖域**。以 Butler 方法(四条双特征线方案)为例,微分方程的依赖域是圆锥体,其在$(T_J,\Delta T)$平面是一个圆,而差分方程(在此所用的是中心差分公式)在$(T_J,\Delta T)$平面的依赖域是图12-9中虚线所示的方形域,后者必须包含前者才是稳定的。如果时间步长ΔT值太大,差分方程的方形域不能完全包含微分方程的圆形域,如图12-9(a)所示,则其数值结果将是不稳定的;这时必须减小ΔT,使得方形域能完全包含圆形域,其临界状态如图12-9(b)所示。在临界稳定的数值计算方案中,特征锥底各点(即1,2,3和4点)虽然不是网格点,但其物理量的数值可通过邻近网格点$(a,b,c,d,5)$以插值方法求得。

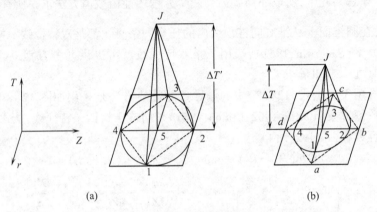

图12-9 不稳定的数值方案及临界稳定的数值方案
(a) 不稳定;(b) 稳定。

应该注意,至此的讨论主要是以式(12-9)为代表展开讨论的。当具体应用到二维弹性波的传播问题时,由式(11-13)可知,这时的弹性波实际上由膨胀波(体变波)和畸变波(剪切波)所组成,分别以波速C_l和C_T传播。在用二维特征面数值法求解时,与之相对应地产生两种特征锥:与膨胀波扰动传播相对应的体变特征锥,和与畸变波扰动传播相对应的剪切特征锥,整个数值计算将比以上所述复杂。不难想象,在多维非线性的弹塑性波和黏弹性波等的情况下,将更为复杂。这时,可供考虑的其他数值方法还有下节将要讨论的有限差分法,或再下一节将要讨论的有限元法。

12.2 有限差分方法

我们首先以最简单的双曲型偏微分方程

$$\frac{\partial f}{\partial t} - a\frac{\partial f}{\partial X} = 0 \tag{12-28}$$

和初始条件

$$f(X,0) = \psi(X), \quad -\infty < X < +\infty \tag{12-29}$$

为例,介绍有限差分数值方法(Chou et al,1972;徐萃薇,1985)。事实上,式(12-28)与如下已熟知的波动方程(见式(12-4))具有相同的形式:

$$\begin{cases} \dfrac{\partial v}{\partial t} - C^2 \dfrac{\partial \varepsilon}{\partial X} = 0 \\ \dfrac{\partial \varepsilon}{\partial t} - \dfrac{\partial v}{\partial X} = 0 \end{cases} \tag{12-30}$$

采用有限差分数值解法时,首先要建立与相应的偏微分方程相容的差分格式,同时还应注意差分格式的收敛性和稳定性。对于具有强间断波阵面的冲击波,则还需引入人工黏性。下面分别对这些问题进行讨论。

12.2.1 差分格式的建立

将(X,t)平面用两组平行于坐标轴的等距直线

$$X = X_k = k\Delta X, \quad k = 0, \pm 1, \pm 2, \cdots$$
$$t = t_j = t_0 + j\Delta t, \quad j = 0, 1, 2, \cdots$$

分割成矩形网格,ΔX 和 Δt 分别为 X 和 t 方向上的步长。为了叙述方便,用(k,j)表示方网格节点(X_k,t_j),用$f(k,j)$表示$f(X_k,t_j)$的值。有限差分法把偏微分方程化为数值差分求其近似解。但对于同样的一阶偏导数,存在多种数值表示方式。例如,"向前差商"定义为

$$\begin{cases} \left.\dfrac{\partial f}{\partial t}\right|_{(k,j)} = \dfrac{f(k,j+1) - f(k,j)}{\Delta t} - \dfrac{\Delta t}{2}\dfrac{\partial^2 f(k,t_1)}{\partial t^2} \\ \left.\dfrac{\partial f}{\partial X}\right|_{(k,j)} = \dfrac{f(k+1,j) - f(k,j)}{\Delta X} - \dfrac{\Delta X}{2}\dfrac{\partial^2 f(X_1,j)}{\partial X^2} \end{cases} \quad (12-31)$$

而"向后差商"定义为

$$\begin{cases} \left.\dfrac{\partial f}{\partial t}\right|_{(k,j)} = \dfrac{f(k,j) - f(k,j-1)}{\Delta t} + \dfrac{\Delta t}{2}\dfrac{\partial^2 f(k,t_2)}{\partial t^2} \\ \left.\dfrac{\partial f}{\partial X}\right|_{(k,j)} = \dfrac{f(k,j) - f(k-1,j)}{\Delta X} - \dfrac{\Delta X}{2}\dfrac{\partial^2 f(X_2,j)}{\partial X^2} \end{cases} \quad (12-32)$$

还有"中心差商",则定义为

$$\begin{cases} \left.\dfrac{\partial f}{\partial t}\right|_{(k,j)} = \dfrac{f(k,j+1) - f(k,j-1)}{2\Delta t} - \dfrac{\Delta t^2}{6}\dfrac{\partial^3 f(k,t_3)}{\partial t^3} \\ \left.\dfrac{\partial f}{\partial X}\right|_{(k,j)} = \dfrac{f(k+1,j) - f(k-1,j)}{2\Delta X} - \dfrac{\Delta X^2}{6}\dfrac{\partial^3 f(X_3,j)}{\partial X^3} \end{cases} \quad (12-33)$$

式中 $t_j \leq t_1 \leq t_{j+1}, X_k \leq X_1 \leq X_{k+1}, t_{j-1} \leq t_2 \leq t_j, X_{k-1} \leq X_2 \leq X_k, t_{j-1} \leq t_3 \leq t_{j+1}$ 以及 $X_{k-1} \leq X_3 \leq X_{k+1}$。所以,选取不同的差商近似,就得到不同的差分公式。这样,就必须探讨哪种差商近似可以用来更好地求解偏微分方程,如波动方程式(12-30)。所谓的"更好",是指对规定的精度所需的计算时间更短,而精度往往是用误差描述的。

例如,将"向前差商"的式(12-31)代入式(12-28),可得

$$\dfrac{f(k,j+1) - f(k,j)}{\Delta t} + a\dfrac{f(k+1,j) - f(k,j)}{\Delta X} - R_1(\Delta X, \Delta t) = 0$$

其中,

$$R_1(\Delta X, \Delta t) = \dfrac{\Delta t}{2}\dfrac{\partial^2 f(k,t_1)}{\partial t^2} + \dfrac{a\Delta X}{2}\dfrac{\partial^2 f(X_1,j)}{\partial X^2} = 0(\Delta t, \Delta X)$$

称为误差项。当 Δt 和 ΔX 足够小时,由于 $R_1(\Delta X,\Delta t)$ 是它们的同阶小量,则式(12-28)的差分方程为

$$f(k,j+1) - f(k,j) + a\xi[f(k,j+1) - f(k,j)] = 0 \quad (12-34a)$$

式中：$\xi = \dfrac{\Delta t}{\Delta X}$。

$R_1(\Delta X, \Delta t)$ 称为差分方程式(12-34)的截断误差，注意到初始条件式(12-29)可表示为

$$f(k,0) = g(k), \quad k = 0, \pm 1, \pm 2, \cdots$$

则式(12-28)连同初始条件式(12-29)的差分格式最后可写为

$$\begin{cases} f(k,j+1) = f(k,j) - a\xi[f(k+1,j) - f(k,j)] \\ f(k,0) = g(k) \end{cases} \quad (12-34b)$$

如果对 t 的偏微分近似仍取"向前差商"公式不变，但对 X 的偏微分采用"向后差商"，则按"向后差商"定义的式(12-32)之第二式，式(12-28)和式(12-29)的差分格式为

$$\begin{cases} f(k,j+1) = f(k,j) - a\xi[f(k,j) - f(k-1,j)] \\ f(k,0) = g(k) \end{cases} \quad (12-35)$$

其截断误差 $R_2(\Delta X, \Delta t)$ 为

$$R_2(\Delta X, \Delta t) = \frac{\Delta t}{2}\frac{\partial^2 f(k,t_1)}{\partial t^2} - \frac{a\Delta X}{2}\frac{\partial^2 f(X_2,j)}{\partial X^2} = 0(\Delta X, \Delta t)$$

同样，若对 X 的偏微分采用"中心差商"公式，则相应的差分格式可写成

$$\begin{cases} f(k,j+1) = f(k,j) - \dfrac{a\xi}{2}[f(k+1,j) - f(k-1,j)] \\ f(k,0) = g(k) \end{cases} \quad (12-36)$$

其截断误差 $R_3(\Delta X, \Delta t)$ 为

$$R_3(\Delta X, \Delta t) = \frac{\Delta t}{2}\frac{\partial^2 f(k,t_1)}{\partial t^2} - \frac{a\Delta X^2}{6}\frac{\partial^3 f(X_3,j)}{\partial X^3} = 0(\Delta t, \Delta X^2)$$

在上述这三种差分格式中，对 t 的偏微分都采用"向前差商"来近似，其共同点是：当初值 $g(k)$ 给定之后，第一层网格节点上的 $f(k,1)$ 就可以算出来。一般来说，当 j 层上的 f 值即 $f(k,j)$ 已知后，就可求得第 $j+1$ 层上的 f 值，即 $f(k,j+1)$。这种格式称为**显式格式**。

如果对 t 采用向后差商，而对 X 采用中心差商，对同一问题得到的差分格式为

$$\begin{cases} f(k,j+1) = f(k,j) - \dfrac{a\xi}{2}[f(k+1,j+1) - f(k-1,j+1)] \\ f(k,0) = g(k) \end{cases} \quad (12-37)$$

上式的截断误差 $R_4(\Delta X, \Delta t)$ 为

$$R_4(\Delta X, \Delta t) = \frac{\Delta t}{2}\frac{\partial^2 f(k,t_2)}{\partial t^2} - \frac{a\Delta X^2}{6}\frac{\partial^3 f(X_3,j)}{\partial X^3} = 0(\Delta t, \Delta X^2)$$

对于差分格式式(12-37)，当知道初值 $f(k,0)$ 后，不能逐个算出 $f(k,1)$ 的值，而必须通过解一个联立方程算出 $t=1$ 时的因变量之 f 值，这种格式叫作**隐式格式**。由于隐式格式要解联立方程组，一般只用于初边值混合问题。

事实上，差分格式的形式很多，在此不——列举，请参阅相关文献(徐萃薇，1985)。

从上面建立的差分格式及其截断误差的讨论可以看出，当 $\Delta t, \Delta X \to 0$ 时，它们的截断

误差也趋于零。这表明差分格式的极限形式是相应的偏微分方程。满足这条件的差分格式,称之为与相应的偏微分方程是相容的。从截断误差 $R_1 \sim R_4$ 可以看出,上述的这些差分格式对于 Δt 是一阶精度的,R_1 和 R_2 表明格式式(12-34)和式(12-35)对于 ΔX 是一阶精度的,而 R_3 和 R_4 表明中心差商格式是二阶精度的。

在数值计算中,差分格式的相容性是必要条件。但仅满足相容性条件是不够的,还需进一步研究数值解的收敛性和稳定性。

12.2.2 差分格式的收敛性

设 $P(X,t)$ 是定解区域里一固定点,且 $X=k\Delta X, t=j\Delta t$。如果用差分格式算出的 P 点处的 $f(k,j)$,当 $\Delta t, \Delta X \to 0$ 时有

$$f(k,j) - \hat{f}(k,j) \to 0$$

$\hat{f}$ 表示精确解而 f 为数值解,则称差分格式是收敛的。

为方便下面对差分格式收敛性的讨论,先来考察一下不同差分格式的解的依赖区域。如果用差分格式式(12-34)来计算 P 点的 f 值,如图 12-10(a)所示,P 点的值依赖于图中初始线段 BC 上的网格节点的值,BC 线段也称为差分格式式(12-34)的解在 P 点的依赖域。如果用差分格式式(12-35)来计算 P 点的 f 值,则如图 12-10(b)所示,P 点的依赖域是该图中的 BC 线段。图 12-10(c)中的线段 BC 则是差分格式式(12-36)的解在 P 点的依赖域,这里依赖域是指初始线段上网格节点所在的区域。图 12-10 还表明,依赖域不仅与差分格式有关,也与计算的时间相关。

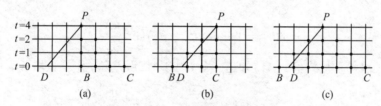

图 12-10 差分格式的依赖区域

我们已经知道,如果在式(12-28)中有 $a>0$,则如图 12-10 所示,过 P 点的特征线应在 P 点的左边。假设它与 $t=0$ 相交于 D,则 PD 表示过 P 点的特征线。如果差分方程的依赖域不包含微分方程的依赖域,那么用差分格式得到的 P 点的值 f_P 将与 D 点的值毫无关系,因而使得不可能总有 $f_P - \hat{f}_P \to 0$,即不能保证差分格式是收敛的。因此,差分格式收敛的一个必要条件是满足 Courant 条件,即**差分格式的依赖域应包含微分方程的依赖域**。因此,当 $a>0$ 时,从图 12-10 很容易看出:①图 12-10(a)所示的差分格式式(12-34)是不收敛的;②差分格式式(12-35)收敛的 Courant 条件为

$$0 \leqslant a\Delta t \leqslant \Delta X, \qquad a>0 \qquad (12-38)$$

③差分格式式(12-36)收敛的 Courant 条件则为

$$-\Delta X \leqslant a\Delta t \leqslant \Delta X, \qquad 即 |a| \leqslant \frac{\Delta X}{\Delta t} \qquad (12-39)$$

这些是在确定差分格式划分时必须加以注意的。

12.2.3 差分格式的稳定性

用差分格式求初值问题的数值解时，截断误差并非是唯一的误差来源，因为每步计算都还会引入舍取误差。由于初值问题是逐层计算的，即便每层的舍取误差都很小，当层数非常多时，这种误差会逐层积累和传播。如果积累误差的传播越来越大，以至到一定时刻"淹没"掉真解，就造成了差分数值解的不稳定性。所以差分格式的稳定性分析也是十分重要的。

如果出现在微分方程中的系数是常数，通常可以用 Fourier 分析方法来研究稳定性，即所谓的 von Neumann 方法。现以差分格式(式(12-35))为例，说明其分析过程。

若记式(12-35)差分数值解的误差为 $\delta(k,j) = f(k,j) - \hat{f}(k,j)$，则从式(12-35)知道 $\delta(k,j+1)$ 满足：

$$\delta(k, j+1) = \delta(k,j) - a\xi[\delta(k,j) - \delta(k-1,j)] \tag{12-40}$$

假定 $\delta(k,j)$ 是振幅为 G^j，频率为 w 的谐波，则 $\delta(k,j)$ 具有如下形式：

$$\delta(k,j) = G^j e^{iwX_k}, \quad w \text{ 为任意实数} \tag{12-41}$$

将上式代入式(12-40)，得

$$G = 1 - a\xi + a\xi e^{-iwX_k} \tag{12-42}$$

把上式中的指数函数换写成三角函数，再利用三角函数的倍角公式，上式还可写成：

$$G = 1 - 2a\xi \sin^2 \frac{wX_k}{2} - i2a\xi \sin \frac{wX_k}{2} \cos \frac{wX_k}{2} \tag{12-43a}$$

并且

$$|G|^2 = 1 - 4a\xi(1 - a\xi)\sin^2 \frac{wX_k}{2} \tag{12-43b}$$

$|G|$ 称为增长因子。从式(12-41)知道，当 $|G|>1$ 时，误差随 j 作指数增长。所以数值稳定性的条件是

$$|G| \le 1, \quad \text{对所有的 } w \tag{12-44}$$

而式(12-43)也表明，差分格式(12-35)的稳定性条件是

$$0 \le a\xi < 1, \quad \text{当 } a > 0$$

从以上例子可以看出，von Neumann 方法主要步骤为：首先假定误差方程的解为谐波形式，代入相应的误差方程得到特征方程后，求得增长因子，最后判断增长因子是否小于等于1。采用这样的步骤，可以判断差分格式式(12-36)是恒不稳定的，而差分格式(式(12-34))稳定的条件则为

$$a < 0, \quad -1 \le a\xi \le 0$$

若把上述差分格式的系数 a 看成是扰动传播的速度，$a>0$ 表示右行波，$a<0$ 表示左行波。而差分方程中的 $\frac{1}{\xi} = \frac{\Delta x}{\Delta t}$ 表示差分扰动传播的速度。因此，对于右行波，差分格式(式(12-35))是稳定的，而对于左行波则格式(式(12-34))是稳定的。不论对于左行波还是右行波，稳定性都要求差分扰动的传播速度不得落后于微分扰动的传播速度 a，也就是

$$|a| \le \left|\frac{1}{\xi}\right|$$

这就是所谓的 Courant 条件,它是稳定的必要条件。

12.2.4 人工黏性

对于双曲型偏微分方程,一旦存在强间断冲击波,解的光滑性问题显得尤其突出。引入人工黏性(artificial viscosity)的目的是使得冲击波的上升沿变得较为平缓,从而得到较为平滑的数值解。下面以一维非线性流动的控制微分方程组为例,探讨人工黏性在数值求解冲击波(强间断)问题中的作用。

在 Lagrange 坐标体系下,一维非黏性流体的质量守恒、动量守恒和能量守恒,以及状态方程(参看第七章)分别为

$$\frac{\partial V}{\partial t} = \frac{1}{\rho_0} \frac{\partial v}{\partial X} \quad (12-45a)$$

$$\frac{\partial v}{\partial t} = -\frac{1}{\rho_0} \frac{\partial p}{\partial X} \quad (12-45b)$$

$$\frac{\partial E}{\partial t} = -\frac{p}{\rho_0} \frac{\partial v}{\partial X} = -p \frac{\partial V}{\partial t} \quad (12-45c)$$

$$p = p(E, V) \quad (12-45d)$$

式中:$V = 1/\rho$ 是比容;ρ_0 为介质的初始密度;p 为压力;E 是比内能。

式(12-45)的差分格式可取为

$$V\left(k+\frac{1}{2}, j+1\right) = V\left(k+\frac{1}{2}, j\right) + \frac{\Delta t}{\rho_0 \Delta X}\left[v\left(k+1, j+\frac{1}{2}\right) - v\left(k, j+\frac{1}{2}\right)\right]$$

$$v\left(k, j+\frac{1}{2}\right) = v\left(k, j-\frac{1}{2}\right) - \frac{\Delta t}{\rho_0 \Delta X}\left[p\left(k+\frac{1}{2}, j\right) - p\left(k-\frac{1}{2}, j\right)\right]$$

$$E\left(k+\frac{1}{2}, j+1\right) =$$

$$E\left(k+\frac{1}{2}, j\right) - \frac{1}{2}\left[p\left(k+\frac{1}{2}, j+1\right) + p\left(k+\frac{1}{2}, j\right)\right]\left[V\left(k+\frac{1}{2}, j+1\right) - V\left(k+\frac{1}{2}, j\right)\right]$$

$$p\left(k+\frac{1}{2}, j+1\right) = p\left[E\left(k+\frac{1}{2}, j+1\right), V\left(k+\frac{1}{2}, j+1\right)\right]$$

$$(12-46)$$

上式中最后两个方程必须通过对 $E\left(k+\frac{1}{2}, j+1\right)$,$V\left(k+\frac{1}{2}, j+1\right)$ 和 $p\left(k+\frac{1}{2}, j+1\right)$ 的迭代联立求解。这一差分格式将给出具有二阶精度的近似。

但若出现冲击波,其数值解如图 12-11 所示(Richtmyer et al,1967),不仅冲击波的速度不准确,而且在冲击波波头的区域内,数值解受到虚假的高频信号干扰而产生大幅度的振荡。但是,由于当 ΔX 和 Δt 按不变的比值减少时,解仍然是有界的,所以这一方法并不是不稳定的。

为了解决这一困难,von Neumann 和 Richtmyer(1950)引入了所谓的人工黏性。其基本思想是用 $p+Q$ 代替原微分方程式(12-45)中的压力 p,这里 Q 是速度的空间导数($\partial v/\partial X$)的函数,具有黏性力的形式,可导致压力 p 不是突变的,从而使数值解中的冲击

波平缓化,即将压力的突跃变化分布在几个网格之中完成,使数值解变得光滑。他们建议 Q 具有以下形式:

$$Q = -\frac{(\alpha \Delta X)^2}{V}\frac{\partial v}{\partial X}\left|\frac{\partial v}{\partial X}\right| \tag{12-47}$$

式中:α 是一个无量纲系数,它具有在 2~3 个 ΔX 的不变宽度范围内抹滑冲击波的效果。

因为 Q 是速度空间导数的二次方,在离开冲击波波阵面区域时其值又很快地衰减以至消失,所以在跨过冲击波区域时仍能满足冲击波原应遵循的 Rankine-Hugoniot 条件(参看第七章)。

用 $p+Q$ 代替微分方程式(12-45)中的 p 后,可以写出其相应的差分方程。对于不同的 α 值,计及 von Neumann-Richtmyer 人工黏性的差分方程的解如图 12-12 所示(Richtmyer et al,1967)。由此可见,当 α 增加时,冲击波原来的突跃波阵面就散开在一更宽的区域上,而解的噪声振荡也变得更小了。

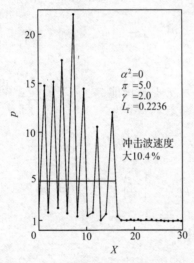

图 12-11 不加人工黏性时,差分格式式(12-46)的数值解

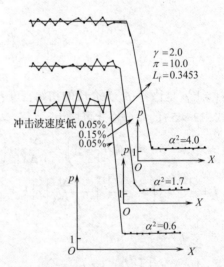

图 12-12 微分方程式(12-45)加人工黏性后的数值解

对于固体中的冲击波,如何选取人工黏性项将对于计算结果有颇大的影响。继续沿用对 p 附加平方型的 von Neumann-Richtmyer 黏性项(见式(12-47)),对于固体冲击波计算来说已不能完全令人满意。普遍可接受的方法是再附加一项线性黏性项,即

$$Q = -\frac{(\alpha \Delta X)^2}{V}\frac{\partial v}{\partial X}\left|\frac{\partial v}{\partial X}\right| + \frac{\beta \Delta X}{V}\frac{\partial v}{\partial X}$$

通常取 $\alpha=1.5$ 和 $\beta=0.06$。

此外,在用有限差分方法求数值解时,有时还需注意到材料的变形历史,这是因为固体中的应力张量不仅是它现在状态的函数,而且还依赖于其过去历史。这样,有限差分方法就必须带有那些记录或计算材料变形(或载荷)历史的量。目前,常用的方法是靠存储应力张量(或变形张量)的过去值。同时,还需要某些附加的数值,如在塑性材料中已完成的加工硬化的数量,或者在多孔材料中孔隙闭合的程度,或者材料中裂纹的发展或层裂的发生等。在这样的情况下,使用 Lagrange 坐标就显得更为方便。若用其他坐标系统,则

为描述这些量就必须关注其迁移过程,而且必须引入一些相关的假设,如"历史连续性"等。

在前面介绍的差分方法中,虽然我们仅限于以一维空间的波动问题为例,但其基本原则和方法对于求解多维空间的波动问题仍然适用,并无本质上的区别。只是由于那时偏微分方程组是建立在多维空间上的,所以差分方程也对应于多维空间,其网格的空间维数相应增加,从而必然造成计算量的大幅度上升。

12.3　有限元方法

有限元方法在结构力学、固体力学、流体力学、热力学等数值计算领域都有着广泛的应用,是求偏微分方程数值解的一个重要方法。它是以变分原理为基础,吸取差分格式的思想,与分块多项式插值相结合而发展起来的产物。这种结合不仅使有限元方法保持了原有变分方法的优点,而且还兼有差分法的灵活性,使古典变分方法的不足之处得到了充分的弥补。因此,有限元方法是古典变分方法的革新和发展,把古典变分方法大大向前推进了一步(徐萃薇,1985)。例如,目前广泛使用的商用有限元软件 ABAQUS 的动态分析部分:ABAQUS/Explicit,就是用差分格式确定偏微分方程中对时间的偏导数。

本节仅对有限元方法作一些简要介绍,详细的论述请参阅相关专著(例如:Zienkewicz et al,2004 等)。

12.3.1　有限元方法求数值解的基本步骤

在固体力学中,我们通常需要求解结构在外力作用下的变形或位移 u。由于位移 u 在结构中的分布通常难以由解析的方法求得,人们就寻求近似的数值方法。有限元法的要点是将连续的物体分成许多小的区域,即有限单元(finite element),利用控制方程和变分方法,以及通过多项式插值求解小区域内的位移 u。其主要步骤包括以下诸点:

1. 有限单元的划分(离散化)

将物体剖分为若干个小单元,单元之间的连接点称为节点。单元的大小虽然可以有很大的任意性,但一个好的单元划分必须顾及计算机容量、速度和计算精度等的要求。通常要注意以下几点:①每个单元的顶点也是相邻单元的顶点;②尽量避免出现大的钝角以及大的边长比;③在位移梯度变化可能比较剧烈的区域,单元要小,而变化较小的地方,单元可以相对大一些;④为了减小刚度矩阵的带宽以减少计算量,要求所有两个相邻节点编号之差的绝对值中其最大者越小越好。

有限元方法经过数十年的发展,单元的种类有很多。有限元种类的选取可根据物体运动特征和物体结构的形貌来决定。例如:若物体的结构是一维的(图 12-13(a)),可选用线单元(二节点)。对于二维结构的物体(图 12-13(b)),可选用三角形单元(三节点)或四边形单元(四节点);对于三维物体(图 12-13(c)),可选取六面体立体单元(八节点)等。

2. 选择插值函数(形函数)的具体形式

通常假定每个单元上因变量(如位移)的变化是线性分布的,从数学上讲这就是用一个分段线性函数来代替单元上的因变量(未知函数)的实际分布,即进行分段线性插值。这一线性函数描述了因变量在单元上的分布形状,称之为形函数。这样,我们只需要去确定形函数的有限个参数值,就把问题离散化为一个有限自由度的代数问题了。换句话说,当一个单元中的节点处的函数值确定之后,关键问题化为如何用一个多项式去近似描述此函数值在单元中的分布。

例如,设此未知函数(因变量)为位移 u,则多项式插值函数可写为

$$u = N_1 u_1 + N_2 u_2 + \cdots + N_m u_m \qquad (12-48)$$

式中:$u_k(k=1,2,\cdots,m)$ 是此单元的节点的位移;$N_k(k=1,2,\cdots,m)$ 是待定的插值函数(形函数)。

以图 12-13(a)所示的线性单元为例,设第 i 个单元 (x_i, x_{i+1}) 上给定了位移值 u_i 和 u_{i+1},则此单元的位移分布 $u(x)$ 可表示成

$$u(x) = \frac{x_{i+1} - x}{x_{i+1} - x_i} u_i + \frac{x - x_i}{x_{i+1} - x_i} u_{i+1}, \qquad x_i \leq x \leq x_{i+1}$$

这样,就使得问题简化为只需确定有限节点上的位移值了。

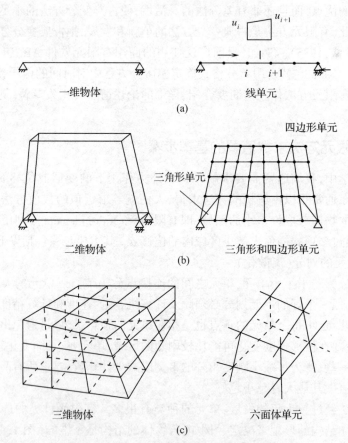

图 12-13　不同类型的有限单元
(a) 一维单元;(b) 二维单元;(c) 三维单元。

3. 材料模型

在有限元分析中,材料模型,即材料本构关系,是必不可少的。材料的本构关系要由材料的力学实验研究和本构理论确定。对于含有大变形的数值计算,材料模型必须满足

相关本构理论的要求,如坐标框架无关性,大变形的几何非线性描述,以及材料本构关系的物理非线性描述等。对于结构爆炸/冲击载荷下动态响应的数值计算,常常还应计及材料本构关系的应变率相关性。

4. 确定有限元方程

应用变分原理推导有限单元的控制方程。在有限元分析中能量法和加权系数法是两种最常用的方法。利用其中的一种方法,可以得到描述有限单元力学行为的方程,即有限元方程,其形式可表示为如下的矩阵关系:

$$[k]\{q\} + [m]\{\ddot{q}\} = \{Q(t)\} \tag{12-49}$$

式中:$[k]$称为刚度矩阵;$\{q\}$是节点的位移向量;$[m]$是质量矩阵;$\{\ddot{q}\}$是加速度向量;$\{Q\}$是节点的力向量。

5. 总体方程和边界条件

我们的目的是要确定整个物体在外加载荷下的响应。式(12-49)对各个单元都是成立的,但在结构的变形过程中,还应要求各节点的位移保持连续,以满足物体的连续性要求。按此要求对式(12-49)进行装配,就可以得到如下的总体方程的表达式:

$$[K]\{r\} = \{R\} \tag{12-50}$$

式中:$[K]$是总体刚度矩阵;$\{r\}$是节点位移装配向量;$\{R\}$是节点力装配向量。

受载物体的行为还受边界条件的影响。考虑到边界条件后,总体方程式(12-50)进一步修正为

$$[\bar{K}]\{\bar{r}\} = \{\bar{R}\} \tag{12-51}$$

6. 解线性方程组

从方程式(12-51)出发就可解出位移,从而再求得应变、质点速度和应力等变量。下面以一维波动方程有限元数值计算为例,说明其过程。

12.3.2 算例

作为一个算例,考察一在外力$p(t)$作用下的弹性杆中的应力波问题,如图12-14所示(Desai et al,2001)。在一维条件下,其运动方程为(参看第二章)

$$\frac{\partial \sigma}{\partial X} = \rho_0 \frac{\partial^2 u}{\partial t^2} + f(t) \tag{12-52}$$

式中:$f(t)$为一维杆中均匀分布的体力。

记杆的弹性模量为E,则一维弹性本构关系为

$$\sigma = E\varepsilon = E\frac{\partial u}{\partial X} \tag{12-53}$$

由以上两式可得到以位移$u(X,t)$为因变量的控制方程为

$$E\frac{\partial^2 u}{\partial X^2} = \rho_0 \frac{\partial^2 u}{\partial t^2} + f(t) \tag{12-54}$$

将杆沿杆长用"线单元"均分成三个单元(共四个节点),如图12-14所示。每个单元的长度为l,对第i个单元(x_i, x_{i+1})两端节点上的位移分别记为u_i和u_{i+1}。第i个单元上的位移u可由线性插值表示为

$$u = N_i u_i + N_{i+1} u_{i+1} = [N]\{q\} \tag{12-55}$$

式中：$N_1 = 1-s$；$N_2 = s$ 并且 $s = (x-x_i)/l$。

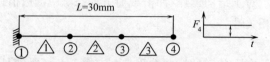

图 12-14　一维波在杆中的传播

(△中的数字表示单元序号；○中的数字表示节点序号。)

有限元方程可由虚功原理(能量方法)求得。由虚功原理知第 i 个单元的力学状态应满足：

$$\int_l \sigma \delta\varepsilon A \mathrm{d}x = \int_l F \delta u A \mathrm{d}x + \int_l f \delta u A \mathrm{d}x \tag{12-56}$$

式中：$\delta\varepsilon$ 和 δu 表示虚应变和虚位移；V 为线单元的体积。并且：

$$F = -\rho_0 \frac{\partial^2 u}{\partial t^2} \tag{12-57}$$

由式(12-55)可求得

$$\varepsilon = \frac{\partial u}{\partial X} = \left(-\frac{1}{l}, \frac{1}{l}\right) \begin{Bmatrix} u_i \\ u_{i+1} \end{Bmatrix} = [\boldsymbol{B}]\{\boldsymbol{q}\} \tag{12-58}$$

$$\dot{u} = [\boldsymbol{N}]\{\dot{\boldsymbol{q}}\} \tag{12-59}$$

$$\ddot{u} = [\boldsymbol{N}]\{\ddot{\boldsymbol{q}}\} \tag{12-60}$$

将式(12-57)~式(12-60)代入式(12-56)，考虑到虚位移 δu 是任意的，我们有

$$\int_l E[\boldsymbol{B}]^T[\boldsymbol{B}]A\mathrm{d}x\{\boldsymbol{q}\} = \int_l \rho_0[\boldsymbol{N}]^T[\boldsymbol{N}]A\mathrm{d}x\{\ddot{\boldsymbol{q}}\} + \int_l [\boldsymbol{N}]^T\{\boldsymbol{f}\}A\mathrm{d}x \tag{12-61}$$

即

$$[\boldsymbol{k}]_i\{\boldsymbol{q}\}_i + [\boldsymbol{m}]_i\{\ddot{\boldsymbol{q}}\}_i = \{Q(t)\}_i \tag{12-62}$$

上式中单元的刚度矩阵 $[\boldsymbol{k}]$，质量矩阵 $[\boldsymbol{m}]$ 和节点的力矩阵 $\{\boldsymbol{Q}\}$ 分别为

$$[\boldsymbol{k}] = \frac{AE}{l}\begin{bmatrix} 1 & -1 \\ -1 & 1 \end{bmatrix} \tag{12-63a}$$

$$[\boldsymbol{m}] = \rho_0 A l \int_0^1 \begin{Bmatrix} 1-s \\ s \end{Bmatrix} [1-s, s] \mathrm{d}s = \frac{\rho_0 A l}{6} \begin{bmatrix} 2 & 1 \\ 1 & 2 \end{bmatrix} \tag{12-63b}$$

$$\{\boldsymbol{Q}\} = \frac{Alf}{2}\begin{Bmatrix} 1 \\ 1 \end{Bmatrix} \tag{12-63c}$$

式中：A 为线单元的横截面积。

下一步我们需要装配有限元方程，合成为描述整个杆的响应的总体控制方程。考虑到本例中总共有四个节点，为了便于叠加，必须将上述这些二阶矩阵扩充成为四阶的，即

$$[\boldsymbol{k}]_i = \begin{pmatrix} \vdots & \vdots & \\ \cdots & k_{i,i} & k_{i,i+1} & \cdots \\ \cdots & k_{i+1,i} & k_{i+1,i+1} & \cdots \\ \vdots & \vdots & \end{pmatrix}$$

$$[m]_i = \begin{pmatrix} & \vdots & \vdots & \\ \cdots & m_{i,i} & m_{i,i+1} & \cdots \\ \cdots & m_{i+1,i} & m_{i+1,i+1} & \cdots \\ & \vdots & \vdots & \end{pmatrix}$$

则总体刚度矩阵和总体质量矩阵可分别写成：$[K] = \sum_{i=1}^{3} [k]_i$ 和 $[M] = \sum_{i=1}^{3} [m]_i$，即

$$[K] = \frac{AE}{l}\begin{bmatrix} 1 & -1 & 0 & 0 \\ -1 & 1+1 & -1 & 0 \\ 0 & -1 & 1+1 & -1 \\ 0 & 0 & -1 & 1 \end{bmatrix} = \frac{AE}{l}\begin{bmatrix} 1 & -1 & 0 & 0 \\ -1 & 2 & -1 & 0 \\ 0 & -1 & 2 & -1 \\ 0 & 0 & -1 & 1 \end{bmatrix} \quad (12-64\text{a})$$

$$[M] = \frac{\rho_0 Al}{6}\begin{bmatrix} 2 & 1 & 0 & 0 \\ 1 & 2+2 & 1 & 0 \\ 0 & 1 & 2+2 & 1 \\ 0 & 0 & 1 & 2 \end{bmatrix} = \frac{\rho_0 Al}{6}\begin{bmatrix} 2 & -1 & 0 & 0 \\ 1 & 4 & 1 & 0 \\ 0 & 1 & 4 & 1 \\ 0 & 0 & 1 & 2 \end{bmatrix} \quad (12-64\text{b})$$

$$\{r\} = \begin{pmatrix} u_1 \\ u_2 \\ u_3 \\ u_4 \end{pmatrix}, \quad \{R\} = \frac{Alf}{2}\begin{pmatrix} 1 \\ 1 \\ 1 \\ 1 \end{pmatrix}$$

则有如下的总体控制方程：

$$\underset{(4\times4)}{[K]}\underset{(4\times1)}{\{r\}} + \underset{(4\times4)}{[M]}\underset{(4\times1)}{\{\ddot{r}\}} = \underset{(4\times1)}{\{R(t)\}} \quad (12-65)$$

式中有位移对时间的二阶微分项（质点加速度），取其有限差分格式如下：

$$\begin{cases} \{\dot{r}\}_{t+\Delta t} = \dfrac{3}{\Delta t}(\{r\}_{t+\Delta t} - \{r\}_t) - 2\{\dot{r}\}_t - \dfrac{\Delta t}{2}\{\ddot{r}\}_t \\ \{\ddot{r}\}_{t+\Delta t} = \dfrac{6}{\Delta t^2}(\{r\}_{t+\Delta t} - \{r\}_t) - \dfrac{6}{\Delta t}\{\dot{r}\}_t - 2\{\ddot{r}\}_t \end{cases} \quad (12-66)$$

则总体控制方程式（12-65）进一步化为

$$[\bar{K}]\{r\}_{t+\Delta t} = \{\bar{R}\}_{t+\Delta t} \quad (12-67)$$

式中：

$$\begin{cases} [\bar{K}] = [K] + \dfrac{6}{(\Delta t)^2}[M] \\ \{\bar{R}\}_{t+\Delta t} = \{R\}_{t+\Delta t} + \dfrac{6}{(\Delta t)^2}[M]\left(\{r\}_t + \Delta t\{\dot{r}\}_t + \dfrac{1}{3}(\Delta t)^2\{\ddot{r}\}_t\right) \end{cases} \quad (12-68)$$

若杆长为 30mm（单元长 $l = 10$mm），杆的横截面 $A = 1$mm²，杆材的弹性模量为 $E = 62.5$GPa，密度 $\rho_0 = 2.5 \times 10^3$kg/m³，则弹性波速为 $C = 5$km/s，相应的时间步长可取为

$$\Delta t = \frac{l}{C} = 10^{-6}\text{s} \quad (12-69)$$

设杆初始处于静止状态,即有初始条件:

$$u(x,0) = \dot{u}(x,0) = \ddot{u}(x,0) = 0 \tag{12-70a}$$

至于边界条件,设在杆的自由端($X = 30\text{mm}$),即在节点编号 4 处,施加 1N 的外载荷,即

$$f_4(t) = 1\text{N} \tag{12-70b}$$

而设杆的另一端($X=0$),即节点编号 1 为固定端,即

$$u_1(0,t) = 0 \tag{12-70c}$$

根据上述这些条件,可知总体控制方程式(12-67)中的有关项为

$$[\overline{K}] = 6.25 \times 10^6 \begin{bmatrix} 3 & 0 & 0 & 0 \\ 0 & 6 & 0 & 0 \\ 0 & 0 & 6 & 0 \\ 0 & 0 & 0 & 3 \end{bmatrix} \tag{12-71a}$$

$$\{\overline{R}\}_{t+\Delta t} = \{R\}_{t+\Delta t} + 6.25 \times 10^6 \begin{bmatrix} 2 & 1 & 0 & 0 \\ 1 & 4 & 1 & 0 \\ 0 & 1 & 4 & 1 \\ 0 & 0 & 1 & 2 \end{bmatrix} \left(\{r\}_t + 2 \times 10^{-6} \{\dot{r}\}_t + \frac{4 \times 10^{-12}}{3} \{\ddot{r}\}_t \right) \tag{12-71b}$$

再根据节点力的条件式(12-70b),可知:

$$\{R\}_{t+\Delta t} = \begin{pmatrix} 0 \\ 0 \\ 0 \\ 1 \end{pmatrix} \tag{12-71c}$$

将式(12-69)~式(12-71)代入式(12-68),我们可以得到在 $t = \Delta t$ 时的总体矩阵关系为

$$6.25 \times 10^6 \begin{bmatrix} 3 & 0 & 0 & 0 \\ 0 & 6 & 0 & 0 \\ 0 & 0 & 6 & 0 \\ 0 & 0 & 0 & 3 \end{bmatrix} \begin{pmatrix} u_1 \\ u_2 \\ u_3 \\ u_4 \end{pmatrix} = \begin{bmatrix} 0 \\ 0 \\ 0 \\ 1 \end{bmatrix} \tag{12-72}$$

由于 $u_1(0,t) = 0$,即 $u_1 = 0$,式(12-72)可简化为

$$6.25 \times 10^6 \begin{bmatrix} 6 & 0 & 0 \\ 0 & 6 & 0 \\ 0 & 0 & 3 \end{bmatrix} \begin{pmatrix} u_2 \\ u_3 \\ u_4 \end{pmatrix} = \begin{bmatrix} 0 \\ 0 \\ 1 \end{bmatrix} \tag{12-73}$$

由上式容易求得在 $t = \Delta t$ 时刻各节点的位移(单位为 m)为

$$\begin{pmatrix} u_1 \\ u_2 \\ u_3 \\ u_4 \end{pmatrix} = \begin{bmatrix} 0 \\ 0 \\ 0 \\ 5.33 \times 10^{-8} \end{bmatrix} \tag{12-74}$$

把式(12-74)连同初始条件式(12-70a)代入式(12-66),可求得在 $t=\Delta t$ 时刻各节点的速度(单位为 m/s)和加速度(单位为 m/s²)分别为

$$\begin{pmatrix}\dot{u}_1\\\dot{u}_2\\\dot{u}_3\\\dot{u}_4\end{pmatrix}_{\Delta t}=\begin{bmatrix}0\\0\\0\\0.08\end{bmatrix} \text{ 和 } \begin{pmatrix}\ddot{u}_1\\\ddot{u}_2\\\ddot{u}_3\\\ddot{u}_4\end{pmatrix}_{\Delta t}=\begin{bmatrix}0\\0\\0\\8\times10^4\end{bmatrix} \quad (12-75)$$

至于 $t=\Delta t$ 时刻节点的应变和应力,可分别由式(12-58)和式(12-53)求得。如此一步一步地进行下去,就可以得到式(12-67)在 $t=2\Delta t,3\Delta t,\cdots$ 时的解,从而求得全部所需的力学量。

式(12-63)给出的单元质量矩阵表示杆的质量是均布的。在有限元软件中,为方便起见常假定质量分别集中在节点上。这样,一个线性单元的质量 $Al\rho_0$ 被两个节点均分,即

$$[\boldsymbol{m}]=\frac{Al\rho_0}{2}\begin{bmatrix}1&0\\0&1\end{bmatrix} \quad (12-76)$$

这意味着质量集中于节点上时所对应的质量矩阵是对角矩阵,因而更便于计算。但是,式(12-63)所描述的均布质量矩阵具有更好的精度,这可以从下面的例子看出来。

如果在图 12-14 中,设杆的长度 $L=500\text{mm}$,被均分为 50 个线单元,每个线单元长度仍为 $l=10\text{mm}$(共有 51 个节点)。杆的横截面积 $A=1\text{mm}^2$,密度 $\rho_0=8\times10^3\text{kg/m}^3$,弹性模量 $E=200\text{GPa}$,弹性波速 $C_0=5\times10^3\text{mm/ms}$,杆的初始条件和边界条件分别为

$$u(x,0)=\dot{u}(x,0)=\ddot{u}(x,0)=0$$
$$u(0,t)=0,\dot{u}(L,t)=1(\text{mm/ms})$$

则原则上,我们可用与上一个例子同样的方法得到本问题的解。但是由于本问题的节点数为 51 个,总体方程为 51 阶的矩阵方程,因此我们必须借助计算机来完成这一有限元计算。

当 $t=0.08\text{ms}$ 时的质点速度的计算结果如图 12-15 所示(Desai,Kundu,2001)。在图 12-15(a)和(b)中,时间步长相同,均为 $\Delta t=l/C=0.002\text{ms}$。由两者对比可见,均布质量的计算结果要比集中质量模型的计算结果好。在图 12-15(c)和(d)中,时间步长相同,均为 $\Delta t=0.5l/C=0.001\text{ms}$。从两者对比同样可以看到,基于均布质量模型的计算结果具有更好的精度。图 12-15 的计算结果还表明,当时间步长为 l/C 时,计算精度较高。

由于实际工程材料通常或多或少地具有一定的黏性,从而工程结构通常也都具有一定的黏性阻尼。在有限元计算中,常常假设这种黏性阻尼力与质点运动速度成正比(相当于遵循 Newton 黏性律),即正比于 $[\boldsymbol{c}]\{\dot{\boldsymbol{q}}\}$,这里 $[\boldsymbol{c}]$ 为阻尼矩阵。计及这种阻尼力时,单元方程为

$$[\boldsymbol{k}]\{\boldsymbol{q}\}+[\boldsymbol{c}]\{\dot{\boldsymbol{q}}\}+[\boldsymbol{m}]\{\ddot{\boldsymbol{q}}\}=\{\boldsymbol{Q}(t)\} \quad (12-77)$$

至于如何确定材料的这类阻尼特性,涉及与材料率相关的动态力学行为的研究,不在此详细讨论,可参阅有关著作(例如 Desai et al,1972;Shorr,2004 等)。

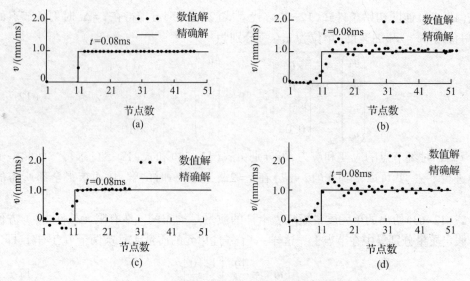

图 12-15 弹性杆中一维波传播有限元计算结果
(a) $\Delta t = l/C$，均布质量；(b) $\Delta t = l/C$，集中质量；
(c) $\Delta t = 0.5l/C$，均布质量；(d) $\Delta t = 0.5l/C$，集中质量。

第十三章　应力波的反分析

一般地说，世界万物的运动都遵循一定的规律。在数学上，当决定某事物运动规律的数学方程组（控制方程组）已知，一旦给定外加的约束条件（初始-边界条件），就可以推演出该事物随时空的动态场（响应）。这样的推演称为**正演**或**正分析**（direct or forward analysis），即解正问题。反之，利用大量观察到的时空变化场去反推该事物的本源属性、规律或约束条件，称为**反演**或**反分析**（inverse analysis），即解反问题。

仔细观察分析，人们在研究解决各种各样问题时，其实都包含着正分析与反分析两类问题。例如，地震学家按照设定的地震源模型去分析地震波传播特性和相关结构的动态响应，属于"正分析"；而通过实测的地震波和相关结构的动态响应去推测分析地震源，预测地震，则属于"反分析"。类似地，医学家们研究某种疾病源的各种外显症状（证状），属于"正分析"；而通过各种形式的"望闻问切查"所收集到的症状（证状）来确诊疾病，则属于"反分析"（辨证论治）。可见医生看病，不论中医或西医，说到底都是在进行反分析、解反问题。

本书前述章节已表明，应力波传播问题在数学上由相应的双曲型控制方程组刻画，它由三类守恒方程（质量守恒、动量守恒、能量守恒）与传播媒介的本构方程共同组成。当守恒方程和本构方程已知，在给定初始-边界条件下，可解得表征应力波传播的相关力学参量的时空场，乃是问题的正分析；反之，由实测的应力波传播信息去反推控制方程组的要素或初始-边界条件，乃是问题的反分析。

由于守恒方程是普适的并通常是确定的，反分析的对象就或者是初始-边界条件、或者是本构方程。这样，反分析可分为两类：当守恒方程和本构方程均已知时，由应力波信息反演未知的初始-边界条件，称为解**第一类反问题**；而当守恒方程和初始-边界条件已知时，反演本构方程，则称为解**第二类反问题**。

以"盲人听鼓"故事为例：当鼓的材质和形状不同且约束条件不同时，会有不同的鼓声（声波）。现代数理科学已经可以完善地解答这个正问题。盲人则凭听到的不同鼓声来反推鼓的约束条件（称为解第一类反问题），或者反推鼓的材质（称为解第二类反问题）。这里，鼓是"因"，鼓声是"果"。由鼓知其声是正分析（由因知果，由源知象）；由声知其鼓是反分析（由果推因，由象追源）。

不难理解，本书此前各章的大量内容均归属于正分析范畴，刻画了应力波在不同传播媒介和不同条件下的种种传播特性。然而，只从正分析角度去认识应力波还是不够全面的。应力波的反分析不论在理论上、还是在实际工程应用上，都具有难以替代的重要意义。近年来这方面的研究也获得长足进展。本章将集中讨论应力波的反分析问题。

下面我们按**第一类反问题**和**第二类反问题**分别展开讨论。

13.1 第一类反问题

13.1.1 冲击力的反分析

与准静载荷下的力学问题不同,如何确定随时间迅速变化的外加动载荷,一直是爆炸/冲击动力学研究和工程应用中的关键难题之一。爆炸/冲击载荷以短历时、高幅值和高变化率为特征,一方面给动态载荷传感器的研发提出了严峻的挑战;另一方面,考虑到一旦在任何加载界面置入传感器就可能影响应力波传播过程的动态力学场,因而常常难以进行直接测量。于是,人们不得不探索各种间接方法进行反推。

这类反推方法最早可追溯到 100 余年前,Hopkinson(1914)设计出 Hopkinson 压杆试验装置(图 13-1)。他利用弹性杆中应力波传播特征及其在自由端反射可形成飞片的原理,在缺乏现代电子/光学动态测试技术的条件下,在弹道摆装置上,首创性地实现了对弹性杆加载端爆炸/冲击力的反演识别(详见 3.7 节 Hopkinson 压杆和飞片)。这在爆炸/冲击力反分析史上无疑具有里程碑的意义。

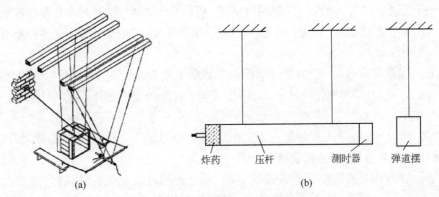

图 13-1 Hopkinson(1914)最早设计的 Hopkinson 压杆试验装置
(a) 原图;(b) 原理示意图。

冲击力的间接反推方法,在文献中出现过多种称谓,如:冲击力识别(impact force identification)、冲击力重建(impact force reconstruction)、冲击力反向过滤(inverse filtering of impact force)、冲击力反卷积(deconvolution of impact force)等。按其基本思路,都可归类为冲击力的反分析(Inoue et al,2001);在原理上都归结为:由结构在爆炸/冲击载荷下的动态响应去反推加载边界处的动态载荷边界条件,属于第一类反问题。

冲击力反分析技术常用的有:反卷积法(deconvolution)、加权加速度之和技术(sum of weighted accelerations technique,SWAT),以及神经网络法(neural network)等。反卷积法是采用得最广泛的一种,下面主要以反卷积法为例展开讨论。

当受冲击的物体处于线弹性阶段,且变形足够小(几何非线性可忽略)时,其动态响应(如力、位移、应力、应变、质点速度等)线性依赖于冲击力(参阅本书第三章)。这时,结构给定点处的动态响应 $res(t)$ 和冲击力 $f(t)$ 之间的关系,可通过如下线性卷积公式描述(Inoue et al,2001):

第十三章 应力波的反分析

$$\begin{cases} \mathrm{res}(t) = \int_0^t h(t-\tau)f(\tau)\mathrm{d}\tau \\ f(t) = h(t) = \mathrm{res}(t) = 0, \quad t < 0 \end{cases} \quad (13-1)$$

其中 $h(t)$ 称为冲击响应函数,仅与结构的几何尺寸、材料特性等有关,而与受到的冲击力无关。一旦 $h(t)$ 已知,而响应 $\mathrm{res}(t)$ 由试验测得,则冲击力 $f(t)$ 可以通过反卷积,即求解以上卷积方程(式(13-1))得到。反卷积可以在时域进行,也可以把卷积方程进行 Fourier 变换后在频域进行。

以落锤冲击试验中的冲击力测定为例:早期最为简单的测量方法是通过测量冲击物体的质量和加速度来确定冲击力。但这种方法忽略了物体的变形及相关的应力波传播,因此仅适用于冲击物体可近似为刚体的简化情况。作为进一步的改进,人们在落锤上加置一个力传感器,并设想只要力传感器与冲头的距离足够近,就可以忽略两者间的应力波传播效应,从而测得冲头冲击力。问题在于这样的设想准确可靠吗?这样测得的冲击力到底算是直接测量,还是间接测量?

对此,卢静涵、沈建虎和赵隆茂(2004)采用基于反卷积法的反分析法进行了研究。试验装置如图 13-2(a)所示。某次试验中落锤上力传感器(点 A)所实测的冲击力曲线如图 13-2(b)的虚线所示。通过计算机模拟、应用反卷积法进行反分析得到的冲头(点B)处的冲击力校正曲线则如图 13-2(b)的实线所示。对比两曲线可知,最大相差高达13%,说明用落锤上的力传感器间接测量所得的冲击力,实际上仍然存在不可忽略的误差。这一实例充分显示了冲击力反分析法的重要性、有效性和实用价值。

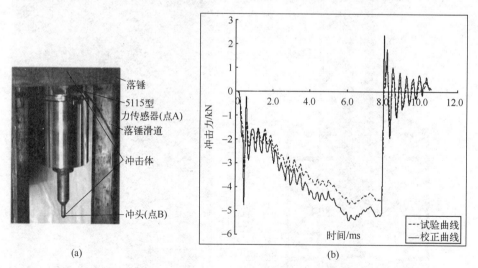

图 13-2 落锤试验中冲击力的确定
(a) 冲击体构成;(b) 传感器(点 A)实测曲线(虚线)与冲头(点 B)的反分析曲线(实线)。

本书3.8 节讨论的分离式 Hopkinson 压杆(SHPB)试验技术是应用反分析法对动态载荷进行间接测量的另一个成功范例。

SHPB 试验过程中的动态载荷测试包含三项(参见图 13-3):①由输入杆上应变片 G_1 所测的入射波响应推知输入杆—试件界面 X_1 处的入射动载荷;②由输入杆上应变片 G_1 所

测的反射波响应推知输入杆—试件界面 X_1 处的反射动载荷;③由输出杆上应变片 G_2 所测的透射波响应推知输出杆—试件界面 X_2 处的透射动载荷。按照以上分析,显然其中第①项属于正分析,而第②、③两项属于反分析。之所以不需进行具体的反卷积演算,在于等截面细长弹性压杆中传播的一维线弹性波无弥散畸变特性,在杆中各点处处相同。这相当于冲击响应函数 $h(t)$ 化为恒值,线性卷积方程(式(13-1))化为线性代数方程,从而应变片 G_1 和 G_2 所测的信息分别等同于界面 X_1 处和界面 X_2 处的实际动载荷。

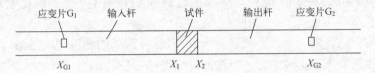

图 13-3 输入杆—试件—输出杆相对位置示意

与一般具有更复杂形状的组合落锤中的三维复杂应力波传播相比,SHPB 细长弹性杆中的一维弹性波之无弥散畸变传播特性,使得动态载荷的反分析过程大大简化。从这一点出发,并借鉴 Albertini,Boone,Montagnini(1985)的水平式 SHPB 束杆装置,董新龙,张胜林,苑红莲等(2011)把立式大型落锤试验装置与立式 SHPB 束杆相结合,建立了落锤-SHPB 束杆组合装置,SHPB 束杆由 25 根(5×5 根)方形细长弹性压杆组成,如图 13-4 所示。由于每根方形细长弹性压杆中传播的是一维弹性波,就可如同普通 SHPB 试验那样,能在落锤冲头装置上方便可靠地对大尺寸试件(150mm×150mm)完成冲击力识别。

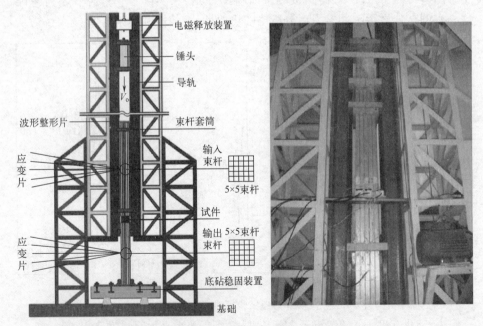

图 13-4 与束杆式 SHPB 杆相组合的落锤试验验装置(高 22.4m)

以上的讨论都以线性弹性波的传播为前提。在黏弹性波的情况下,由于本构黏性耗散效应,正如本书第六章所述,问题就进一步复杂化了。

本书 6.2.4 节曾讨论过在给定材料黏弹性本构方程和初始-边界条件下,求解线性黏弹性波的传播问题,属于解**正问题**。下一小节我们将以"黏弹性分离式 Hopkinson 压杆"

为例,讨论如何在给定材料黏弹性本构方程和初始条件下,由实测的黏弹性波形来确定冲击载荷边界条件,属于解**第一类反问题**。至于如何在给定的初始-边界条件下,由实测的黏弹性波形来确定材料黏弹性本构方程,属于解**第二类反问题**,将在本章 13.2 节讨论。

13.1.2 黏弹性应力波的第一类反分析

本节以"黏弹性分离式 Hopkinson 压杆"为例,讨论黏弹性应力波的第一类反分析。

传统的分离式 Hopkinson 压杆(SHPB)技术建立在一维线弹性波传播的基础上,这在 3.7 节已有讨论。传统上,压杆一般采用高强度钢制作,以保证在试验过程中始终处于线弹性状态。但应指出,钢的密度 ρ_0 和弹性波速 C_0 都比较高,因而其弹性波阻抗($\rho_0 C_0$)高达约 40MPa/(m·s)(参看表2-1)。在 SHPB 技术应用发展的相当长的一个时期,由于试验材料(大多为金属类材料)的波阻抗或者与钢压杆的是同一量级、或者相差不十分悬殊,没有引起多大技术问题。然而,当把基于弹性钢杆的传统 SHPB 技术用来研究波阻抗约为 0.1~1MPa/(m·s)量级的高聚物、甚至于波阻抗更低的软材料时,透射杆的输出信号变得过于微弱,以至于难以保证精度。这只要运用应力波的反射-透射理论(参看第三章),对 SHPB 的输入压杆—试样—输出压杆系统作一番分析,就不难理解。为了解决这一问题,人们把原来只采用弹性钢杆的分离式 Hopkinson 压杆技术,推广到采用高聚物杆(例如波阻抗约为 1MPa/(m·s)的 PMMA 有机玻璃杆)。这不仅对于研究高聚物,而且对于研究火箭固体燃料和泡沫材料等波阻抗更低的软材料等的冲击响应,情况有了明显改善。Field, Walley, Proud 等(2004)在评述高应变率实验技术时,把该项技术列为 20 世纪 80 年代以来 SHPB 动态试验的重要发展之一。但这时就需要计及高聚物压杆中的黏弹性波传播(Wang et al, 1992, 1994; Zhao, 1997)。

下面先来看一下,SHPB 技术如果采用黏弹性压杆,与原来采用弹性压杆相比,会引起哪些新问题。然后,再来讨论解决这些问题的方法。

如在 3.8 节分离式 Hopkinson 压杆中所述,SHPB 技术的关键(参看图 13-3)是如何由入射杆上应变片 G_1 所测的入射波和反射波信息来确定试样与入射杆的界面 X_1 处的应力 $\sigma(X_1,t)$ 和质点速度 $v(X_1,t)$,以及由透射杆上应变片 G_2 所测的透射波信息来确定试样与透射杆的界面 X_2 处的应力 $\sigma(X_2,t)$ 和质点速度 $v(X_2,t)$;从而最后就可由式(13-2a)(也即式(3-16))来分别确定试样的应力 $\sigma_s(t)$、应变率 $\dot{\varepsilon}_s(t)$ 和应变 $\varepsilon_s(t)$:

$$\begin{cases} \sigma_s(t) = \dfrac{A}{2A_s}[\sigma(X_1,t) + \sigma(X_2,t)] = \dfrac{A}{2A_s}[\sigma_i(X_1,t) + \sigma_r(X_1,t) + \sigma_t(X_2,t)] \\ \dot{\varepsilon}_s(t) = \dfrac{v(X_2,t) - v(X_1,t)}{l_s} = \dfrac{v_t(X_2,t) - v_i(X_1,t) - v_r(X_1,t)}{l_s} \\ \varepsilon_s(t) = \int_0^t \dot{\varepsilon}_s(t) dt = \dfrac{1}{l_s} \int_0^t [v_t(X_2,t) - v_i(X_1,t) - v_r(X_1,t)] dt \end{cases}$$

(13 - 2a)

式中:A 为压杆横截面积;A_s 为试件横截面积;l_s 为试件长度。注意,此处及以下均遵循本书的统一规定,即应力和应变均以拉为正,而位移和质点速度以 X 轴向为正。

对于弹性压杆,弹性波的应变与应力和质点速度之间有如下**线性比例**关系的特性

(参看式(3-17)):
$$\begin{cases} \sigma_1 = \sigma(X_1,t) = \sigma_i(X_1,t) + \sigma_r(X_1,t) = E[\varepsilon_i(X_1,t) + \varepsilon_r(X_1,t)] \\ \sigma_2 = \sigma(X_2,t) = \sigma_t(X_2,t) = E\varepsilon_t(X_2,t) \\ v_1 = v(X_1,t) = v_i(X_1,t) + v_r(X_1,t) = C_0[\varepsilon_r(X_1,t) - \varepsilon_i(X_1,t)] \\ v_2 = v(X_2,t) = v_t(X_2,t) = -C_0\varepsilon_t(X_2,t) \end{cases} \quad (13-2b)$$

于是只需知道界面 X_1 处的入射应变波 $\varepsilon_i(X_1,t)$ 和反射应变波 $\varepsilon_r(X_1,t)$,以及界面 X_2 处的透射应变波 $\varepsilon_t(X_2,t)$,就可确定试样的动态应力 $\sigma_s(t)$ 和应变 $\varepsilon_s(t)$。进而再利用一维弹性波在细长杆中传播时无畸变的特性,界面 X_1 处的入射应变波 $\varepsilon_i(X_1,t)$ 和反射应变波 $\varepsilon_r(X_1,t)$ 可以通过入射杆 X_{G_1} 处的应变片 G_1 所测应变信号 $\varepsilon_i(X_{G_1},t)$ 和反射应变波 $\varepsilon_r(X_{G_1},t)$ 来代替,以及界面 X_2 处的透射应变波 $\varepsilon_t(X_2,t)$ 可以通过透射杆 X_{G_2} 处的应变片 G_2 所测应变信号 $\varepsilon_t(X_{G_2},t)$ 来代替;于是,利用试样应力/应变分布均匀化假定,最后由应变片 G_1 和 G_2 所测信号即可确定试样的动态应力 $\sigma_s(t)$ 和应变 $\varepsilon_s(t)$:

$$\sigma_s(t) = \frac{EA}{A_s}\varepsilon_t(X_{G_2},t) = \frac{EA}{A_s}[\varepsilon_i(X_{G_1},t) + \varepsilon_r(X_{G_1},t)]$$

$$\varepsilon_s(t) = -\frac{2C_0}{l_s}\int_0^t \varepsilon_r(X_{G_1},t)\mathrm{d}t = \frac{2C_0}{l_s}\int_0^t [\varepsilon_i(X_{G_1},t) - \varepsilon_t(X_{G_2},t)]\mathrm{d}t$$

消去时间参量 t,即可求得高应变率下的材料动态应力应变关系。

然而,对于高聚物黏弹性压杆,由于黏弹性波的应变率相关性(表现为波形的弥散和衰减等),应变与应力和质点速度之间不再存在简单的**线性比例**关系,也不再存在**无畸变**特性。这样,现在的问题关键就在于:①如何由 G_1 处的实测应变信号 $\varepsilon_i(X_{G_1},t)$ 来确定界面 X_1 处的 $\sigma_i(X_1,t)$ 和 $v_i(X_1,t)$;②如何由 G_1 处的实测应变信号 $\varepsilon_r(X_{G_1},t)$ 来确定界面 X_1 处的 $\sigma_r(X_1,t)$ 和 $v_r(X_1,t)$;③如何由 G_2 处的实测应变信号 $\varepsilon_t(X_{G_2},t)$ 来确定界面 X_2 处的 $\sigma_t(X_2,t)$ 和 $v_t(X_2,t)$,从而最后可以由式(13-2)来确定试样的动态应力 $\sigma_s(t)$ 和应变 $\varepsilon_s(t)$。上面的问题①可归结为解黏弹性波传播的正问题,这与6.2.4节中所讨论的类似;问题②原本属于解第一类反问题,但利用短试样应力均匀性假定可化为解正问题(见下);而问题③则属于解黏弹性波传播的第一类反问题。这些准备在下面进一步详细讨论。

下面以有机玻璃 PMMA 制作的 SHPB 压杆为例进行讨论。鉴于压杆本身一般变形不大而无需涉及非线性本构关系,因而可以采用简化的线性黏弹性波分析,使问题大为简化。研究表明(Wang et al,1994),PMMA 压杆在高应变率下的本构关系可令人满意地用标准线性固体模型(参看6.1.3节)来描述,其流变学模型可表示为 Maxwell 黏弹性元件与弹簧元件的并联组合,如图 13-5 所示。图中 E_M 和 $\eta_M(=E_M\theta_M)$ 分别为 Maxwell 黏弹性元件的弹性常数和黏性常数,而 $\theta_M(=\eta_M/E_M)$ 为相应的松弛时间,E_a 为弹簧元件的弹性常数。

与此模型相对应的微分型本构方程为

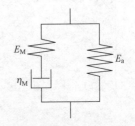

图 13-5 由 Maxwell 元件与弹簧元件并联组成的标准线性固体模型

$$\frac{\partial \varepsilon}{\partial t} - \frac{1}{E_a + E_M} \frac{\partial \sigma}{\partial t} + \frac{E_a \varepsilon}{(E_a + E_M)\theta_M} - \frac{\sigma}{(E_a + E_M)\theta_M} = 0 \qquad (13-3a)$$

再加上如下的运动方程和连续方程，构成本问题的控制方程组：

$$\rho_0 \frac{\partial v}{\partial t} - \frac{\partial \sigma}{\partial X} = 0 \qquad (13-3b)$$

$$\frac{\partial \varepsilon}{\partial t} - \frac{\partial v}{\partial X} = 0 \qquad (13-3c)$$

为下面采用特征线法进行黏弹性波的反分析做准备，我们先讨论一下控制方程组（式13-3）的特征线解法。如同我们在6.2.4节中讨论Maxwell体细长杆中黏弹性纵波传播的特征线解法那样，对式(13-3)的三个式子分别乘以待定系数 N、M 和 L，然后相加，有

$$(L+N)\frac{\partial \varepsilon}{\partial t} + \left(M\rho_0 \frac{\partial}{\partial t} - L\frac{\partial}{\partial X}\right)v - \left(\frac{N}{E_a+E_M}\frac{\partial}{\partial t} + M\frac{\partial}{\partial X}\right)\sigma + \frac{N}{(E_a+E_M)\theta_M}(E_a\varepsilon - \sigma) = 0$$

为使上式只包含沿特征线 $\mathscr{C}(X,t)$ 的方向导数，待定系数 N、M 和 L 必须满足下式：

$$\left.\frac{\mathrm{d}X}{\mathrm{d}t}\right|_C = \frac{0}{L+N} = -\frac{L}{M\rho_0} = \frac{M(E_a+E_M)}{N}$$

显然，L、M 和 N 有两族解，一族由下列方程确定：

$$\begin{cases} L+N = 0 \\ \rho_0(E_a+E_M)M^2 = -LN \end{cases} \qquad (13-4)$$

由此得到如下两族特征线：

$$\frac{\mathrm{d}x}{\mathrm{d}t} = \pm\sqrt{\frac{E_a+E_M}{\rho_0}} = \pm C_V \qquad (13-5a)$$

和相应的两族沿特征线的相容条件：

$$\mathrm{d}v = \pm\frac{1}{\rho_0 C_V}\mathrm{d}\sigma \pm \frac{\sigma - E_a\varepsilon}{\rho_0 C_V \theta_M}\mathrm{d}t = \pm\frac{1}{\rho_0 C_V}\mathrm{d}\sigma + \left[\frac{\sigma - E_a\varepsilon}{(E_a+E_M)\theta_M}\right]\mathrm{d}X \qquad (13-5b)$$

此处正号和负号分别对应于右行波和左行波。注意，沿特征线的传播速度 C_V（式(13-5a)）也就是标准线性固体的高频波相速（式(6-34)）。

另一族解由下列方程确定：

$$\begin{cases} L = M = 0 \\ N \neq 0 \end{cases} \qquad (13-6)$$

于是，第三族特征线和沿特征线的相容条件分别为

$$\mathrm{d}X = 0 \qquad (13-7a)$$

$$\mathrm{d}\varepsilon - \frac{\mathrm{d}\sigma}{E_a+E_M} - \frac{\sigma - E_a\varepsilon}{(E_a+E_M)\theta_M}\mathrm{d}t = 0 \qquad (13-7b)$$

显然，式(13-7a)代表质点运动轨迹，而式(13-7b)则是黏弹性本构方程(13-3a)沿质点运动轨迹的特殊形式。

这样，用特征线数值法解题时，经 X—t 平面上任一点有三条特征线（图13-6），按已知的初始-边界条件联立解这三条特征线上的特征相容关系（用差分形式式代替微分形

式),即可确定点上的三个未知状态参量 σ、v 和 ε。

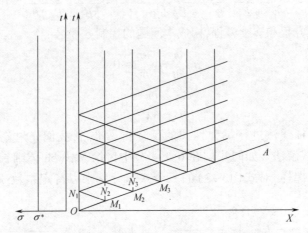

图 13-6　杆中黏弹性波传播的三族特征线

设标准线性固体半无限长高聚物杆初始处于静止的未扰动状态,即
$$\sigma(X,0) = \varepsilon(X,0) = v(X,0) = 0$$
在杆端($X=0$)处受一突加恒值载荷 σ^*,则有一强间断波以波速 D 沿 OA 传播(图 13-6)
$$D = \sqrt{\frac{1}{\rho_0}\frac{[\sigma]}{[\varepsilon]}} = \sqrt{\frac{E_a + E_M}{\rho_0}} \qquad (13-8)$$
与式(13-5a)对比可知 $D=C_V$。利用强间断波上的运动学相容条件式(2-55)和动力学相容条件式(2-57),以及由于 OA 是特征线,还应同时满足相应的特征相容条件(式(13-5b)),则不难确定此强间断波沿 OA 按下式所示指数规律衰减:
$$\sigma = \sigma^* \exp\left[-\frac{\rho_0 C_V}{2\eta_M\left(1+\frac{E_a}{E_M}\right)^2}X\right] = \sigma^* \exp(-\alpha_a X) \qquad (13-9)$$
对于沿 OA 的质点速度 v 和应变 ε,有完全类似的结果。一旦求得沿 OA 的解后,可以进一步求解图 13-6 中的 AOt 区,问题归结为解黏弹性波的**特征线边值问题**。这包括两种基本类型的操作,即求边界点的解和求内点的解。

求边界点的解:对于例如图 13-6 所示的**任意边界点** N_1,其质点速度 $v(N_1)$ 和应变 $\varepsilon(N_1)$ 可由沿特征线 M_1N_1 和 ON_1 上的特征相容条件,即式(13-5)和式(13-7)来解,写成有限差分形式为

$$\begin{cases} v(N_1) - v(M_1) = -\frac{1}{\rho_0 C_V}[\sigma(N_1) - \sigma(M_1)] + \frac{E_a\varepsilon(M_1) - \sigma(M_1)}{\rho_0 C_V \theta_M}[t(N_1) - t(M_1)] \\ \varepsilon(N_1) - \varepsilon(0) - \frac{1}{E_a + E_M}[\sigma(N_1) - \sigma(0)] + \frac{E_a\varepsilon(0) - \sigma(0)}{(E_a + E_M)\theta_M}[t(N_1) - t(0)] = 0 \end{cases}$$
$$(13-10)$$

求内点的解:对于例如图 13-6 所示的**任意内点** N_2,其质点速度 $v(N_2)$、应力 $\sigma(N_2)$ 和应变 $\varepsilon(N_2)$ 可由沿三条特征线 N_1N_2、M_1N_2 和 M_2N_2 上的特征相容条件来解,写成有限差分形式为

$$\begin{cases} v(N_2) - v(N_1) = \dfrac{1}{\rho_0 C_V}[\sigma(N_2) - \sigma(N_1)] - \dfrac{E_a \varepsilon(N_1) - \sigma(N_1)}{\rho_0 C_V \theta_M}[t(N_1) - t(N_1)] \\ v(N_2) - v(M_2) = -\dfrac{1}{\rho_0 C_V}[\sigma(N_2) - \sigma(M_2)] + \dfrac{E_a \varepsilon(M_2) - \sigma(M_2)}{\rho_0 C_V \theta_M}[t(N_2) - t(M_2)] \\ \varepsilon(N_2) - \varepsilon(M_1) = \dfrac{1}{E_a + E_M}[\sigma(N_2) - \sigma(M_1)] - \dfrac{E_a \varepsilon(M_1) - \sigma(M_1)}{(E_a + E_M)\theta_M}[t(N_2) - t(M_1)] \end{cases}$$

(13 − 11)

以上讨论的是用特征线数值法由给定的初始-边界条件求解黏弹性波的传播,即解正问题。

现在,可以用类似的方法来解**第一类反问题**,即由已知的波传播结果和给定的初始条件求未知的边界条件。例如,设已知图 13-6 中点 M_2 和 N_3 处的应力、应变和质点速度,并设点 M_1 处的应力、应变和质点速度已由已知初始条件给定,则 N_2 处的应力、应变和质点速度可由分别沿特征线 $N_3 N_2$、$M_2 N_2$ 和 $M_1 N_2$ 的如下三个特征相容条件解得:

$$\begin{cases} v(N_2) - v(N_3) = \dfrac{1}{\rho_0 C_V}[\sigma(N_2) - \sigma(N_3)] - \dfrac{E_a \varepsilon(N_3) - \sigma(N_3)}{\rho_0 C_V \theta_M}[t(N_3) - t(N_2)] \\ v(N_2) - v(M_2) = -\dfrac{1}{\rho_0 C_V}[\sigma(N_2) - \sigma(M_2)] + \dfrac{E_a \varepsilon(M_2) - \sigma(M_2)}{\rho_0 C_V \theta_M}[t(N_2) - t(M_2)] \\ \varepsilon(N_2) - \varepsilon(M_1) = \dfrac{1}{E_a + E_M}[\sigma(N_2) - \sigma(M_1)] - \dfrac{E_a \varepsilon(M_1) - \sigma(M_1)}{(E_a + E_M)\theta_M}[t(N_2) - t(M_1)] \end{cases}$$

(13 − 12)

由上述的讨论,现在可以针对黏弹性 SHPB 装置的情况,进一步具体讨论如何由黏弹性杆上实测入射应变波信号 $\varepsilon_i(X_{G_1}, t)$、反射应变波信号 $\varepsilon_r(X_{G_1}, t)$ 和透射波信号 $\varepsilon_t(X_{G_2}, t)$ 来确定试件两端面处的载荷边界条件,进而确定试验材料的动态应力应变关系。

当试样足够短,满足"应力沿试样长度均匀分布"的基本假定,则有 $\sigma(X_2, t) = \sigma(X_1, t)$。这时,由实测的上述 $\varepsilon_i(X_{G_1}, t)$、$\varepsilon_r(X_{G_1}, t)$ 和 $\varepsilon_t(X_{G_2}, t)$ 三个应变波信号中任取两个就够了,通常取入射波和透射波较为方便。整个问题可归结为以下四个步骤(参看图 13-3):

(1) 由应变计 G_1 处测得的入射应变波信号 $\varepsilon_i(X_{G_1}, t)$ 来确定试样的入射界面 X_1 处的未知入射应力 $\sigma_i(X_1, t)$ 和质点速度 $v_i(X_1, t)$。

这一步骤归结为由已知的初始条件和给定的应变边界条件来求黏弹性波的传播,属于解正问题。这时,如图 13-7(a)所示,边界点 (X_i, t_j) 处的未知应力和质点速度可由式 (13-10) 确定,或以显式表示有

$$\sigma(X_i, t_j) = \sigma(X_i, t_{j-2}) + (E_a + E_M)[\varepsilon(X_i, t_j) - \varepsilon(X_i, t_{j-2})] + [E_a \varepsilon(X_i, t_{j-2}) - \sigma(X_i, t_{j-2})]\dfrac{2\Delta t}{\theta_M}$$

$$v(X_i, t_j) = v(X_{i+1}, t_{j-1}) + \dfrac{[\sigma(X_{i+1}, t_{j-1}) - \sigma(X_i, t_j)]}{\rho_0 C_V} + \dfrac{[E_a \varepsilon(X_{i+1}, t_{j-1}) - \sigma(X_{i+1}, t_{j-1})]\Delta t}{\rho_0 C_V \theta_M}$$

(13 − 13)

此处 $\Delta t = t_j - t_{j-1}$ 是数值计算中的时间步长。另外,如图 13-7(b)所示,内点 (X_i, t_j) 处的未

知应力和质点速度可由式(13-11)确定,或显式表示为

$$\sigma(X_i, t_j) = \frac{1}{2}\left\{\sigma(X_{i+1}, t_{j-1}) + \sigma(X_{i-1}, t_{j-1}) + \rho_0 C_V[v(X_{i-1}, t_{j-1}) - v(X_{i-1}, t_{j-1})]\right.$$

$$\left. + [E_a\varepsilon(X_{i+1}, t_{j-1}) - \sigma(X_{i+1}, t_{j-1}) + E_a\varepsilon(X_{i-1}, t_{j-1}) - \sigma(X_{i-1}, t_{j-1})]\frac{\Delta t}{\theta_M}\right\}$$

$$v(X_i, t_j) = \frac{1}{2}\left\{\frac{\sigma(X_{i+1}, t_{j-1}) - \sigma(X_{i-1}, t_{j-1})}{\rho_0 C_V} + v(X_{i+1}, t_{j-1}) + v(X_{i-1}, t_{j-1})\right.$$

$$\left. + \left(\frac{[E_a\varepsilon(X_{i+1}, t_{j-1}) - \sigma(X_{i+1}, t_{j-1})] - [E_a\varepsilon(X_{i-1}, t_{j-1}) - \sigma(X_{i-1}, t_{j-1})]}{\rho_0 C_V}\right)\frac{\Delta t}{\theta_M}\right\}$$

$$\varepsilon(X_i, t_j) = \varepsilon(X_i, t_{j-2}) + \frac{\sigma(X_i, t_j) - \sigma(X_i, t_{j-2})}{E_a + E_M} - \frac{E_a\varepsilon(X_i, t_{j-2}) - \sigma(X_i, t_{j-2})}{E_a + E_M}\frac{2\Delta t}{\theta_M}$$

$$(13-14)$$

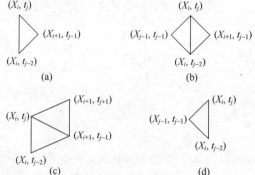

图 13-7 在高聚物杆的 SHPB 中不同情况的特征线解
(a) 右行波的边界点;(b) 正问题中的内点;(c) 反问题中的内点;(d) 左行波的边界点。

(2) 由应变计 G_2 处测得的透射应变波信号 $\varepsilon_t(X_{G_2}, t)$ 来确定该处的未知透射应力 $\sigma_t(X_{G_2}, t)$ 和质点速度 $v_t(X_{G_2}, t)$。

这一步骤也可归结为解一类似于图 13-7(b) 所示的,给定边界条件下的**正问题**,因而式 (13-13)和式(13-14)仍然适用。注意,这一步骤实际上是为下一步骤作准备所需的。

(3) 由应变计 G_2 处已知的透射波信号 $\varepsilon_t(X_{G_2}, t)$、$\sigma_t(X_{G_2}, t)$ 和 $v_t(X_{G_2}, t)$ 来确定试样的透射界面 X_2 处的未知透射应力 $\sigma_t(X_2, t)$、应变 $\varepsilon_t(X_2, t)$ 和质点速度 $v_t(X_2, t)$。

这一步骤可归结为由给定的初始条件和给定点处已知的黏弹性波传播结果来求未知的边界条件,即解**第一类反问题**。这时,可由式(13-12)来确定图 6-11(c) 所示的内点 (X_i, t_j) 处的应力、应变和质点速度,或以显式表示有

$$\sigma(X_i, t_j) = \frac{1}{2}\left\{\sigma(X_{i+1}, t_{j-1}) + \sigma(X_{i+1}, t_{j+1}) + \rho_0 C_V[v(X_{i+1}, t_{j-1}) - v(X_{i+1}, t_{j+1})]\right.$$

$$\left. + [E_a\varepsilon(X_{i+1}, t_{j-1}) - \sigma(X_{i+1}, t_{j-1}) + E_a\varepsilon(X_{i+1}, t_{j+1}) + \sigma(X_{i+1}, t_{j+1})]\frac{\Delta t}{\theta_M}\right\}$$

$$v(X_i,t_j) = \frac{1}{2}\left\{\frac{\sigma(X_{i+1},t_{j-1}) - \sigma(X_{i+1},t_{j+1})}{\rho_0 C_V} + v(X_{i+1},t_{j-1}) + v(X_{i+1},t_{j+1}) + \right.$$
$$\left.\left(\frac{[E_a\varepsilon(X_{i+1},t_{j-1}) - \sigma(X_{i+1},t_{j-1})] + [E_a\varepsilon(X_{i+1},t_{j+1}) - \sigma(X_{i+1},t_{j+1})]}{\rho_0 C_V}\right)\frac{\Delta t}{\theta_M}\right\}$$
$$\varepsilon(X_i,t_j) = \varepsilon(X_i,t_{j-2}) + \frac{\sigma(X_i,t_j) - \sigma(X_i,t_{j-2})}{E_a + E_M} - \frac{E_a\varepsilon(X_i,t_{j-2}) - \sigma(X_i,t_{j-2})}{E_a + E_M}\frac{2\Delta t}{\theta_M}$$
$$(13-15)$$

现在，试样入射界面处的 $\sigma_i(X_1,t)$、$\varepsilon_i(X_1,t)$、$v_i(X_1,t)$ 和透射界面处的 $\sigma_t(X_2,t)$、$\varepsilon_t(X_2,t)$、$v_t(X_2,t)$ 已全部确定。而由应力均匀性假定（$\sigma_i+\sigma_r=\sigma_t$），反射应力 $\sigma_r(X_1,t)$ 也就立即可以确定：

$$\sigma_r(X_1,t) = \sigma_t(X_2,t) - \sigma_i(X_1,t) \quad (13-16)$$

反射波在入射界面 X_1 处的质点速度和应变则由下一步骤确定。

（4）由已知的反射应力波 $\sigma_r(X_1,t)$ 来确定试样入射界面 X_1 处的反射质点速度 $v_r(X_1,t)$ 和反射应变 $\varepsilon_r(X_1,t)$。

这一步骤可归结为在给定应力边界条件下对负向传播的黏弹性波解**正问题**。这时，可由式（13-10）来确定图 13-7（d）所示的边界点 (X_i,t_j) 处的应变和质点速度，但需注意由于波的传播方向反了，方程中的符号也需作相应的变化，或以显式表示则有

$$\varepsilon(X_i,t_j) = \varepsilon(X_i,t_{j-2}) + \frac{\sigma(X_i,t_j) - \sigma(X_i,t_{j-2})}{E_a + E_M} - \frac{E_a\varepsilon(X_i,t_{j-2}) - \sigma(X_i,t_{j-2})}{E_a + E_M}\frac{2\Delta t}{\theta_M}$$
$$v(X_i,t_j) = v(X_{i-1},t_{j-1}) + \frac{[\sigma(X_{i-1},t_{j-1}) - \sigma(X_i,t_j)]}{\rho_0 C_V} + \frac{[E_a\varepsilon(X_{i-1},t_{j-1}) - \sigma(X_{i-1},t_{j-1})]\Delta t}{\rho_0 C_V \theta_M}$$
$$(13-17)$$

然而对于图 13-7（b）所示的内点，仍然可用式（13-11）求解，因为该式是同时从沿右行特征线和沿左行特征线的相容条件导出的，因而与波的传播方向无关。

这样，我们求得了试样两界面处的全部的入射、反射和透射应力和质点速度。按式（13-2）就可确定试样的动态应力、应变率和应变，再进而确定试样在该高应变率下的动态应力应变关系。

董新龙和余同希等（Dong et al, 2008）把这一方法应用于微型高聚物 Hopkinson 拉杆试验装置，对硝化纤维薄片（长×宽×高为 4.62mm×1.82mm×0.38mm）的动态拉伸特性进行研究。典型结果如图 13-8 所示。其中，图 13-8（a）给出入射杆依次三个不同位置上应变计（G_1，G_2，G_3）测得的入射波波形，以及透射杆上应变计（G_4）测得的相应的透射波波形。可以看到高聚物杆中黏弹性波具有明显的弥散和衰减特性，不能再按弹性波来分析处理。图 13-8（b）给出按黏弹性波反分析后得到的动态应力应变曲线与未经修正曲线的对比，两者有显著差别，说明采用黏弹性压杆时必须进行相关修正。图中还给出准静态应力应变曲线供对比，表明硝化纤维对应变率高度敏感。

对于那些不太熟悉应力波特征线解法的研究者们，上述黏弹性波的弥散修正过程似乎相当复杂。其实，对于给定的设备，**在实践中可以编制一个专用软件**，就可以反复地方

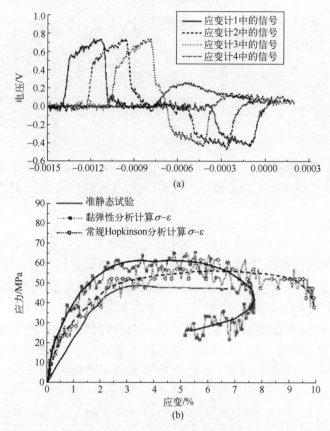

图13-8 硝化纤维薄片的微型高聚物Hopkinson拉杆试验结果

便应用。为方便读者,本书附录V提供了一个编码程序VE-SHPB-NBU。有兴趣的读者只需根据自己所用的黏弹性SHPB装置相关参数,替换该VE-SHPB-NBU中初步设定的参数,应该即可成功应用。当黏弹性SHPB的相关材料参数未知时,可在入射杆设置$n(\geq 3)$个应变片,根据下述13.2.4节中**基于零初始条件的拉氏方法**来确定黏弹性参数。陈江平等(Chen et al,2022)给出一个实例。此后就可用VE-SHPB-NBU对黏弹性波的弥散进行修正。

13.2 第二类反问题

值得强调一下,应力波传播的控制方程组由三个守恒方程(质量守恒、动量守恒和能量守恒方程)和材料本构方程所组成,其中三个守恒方程反映了各力学分支学科的普遍共性,材料本构关系则反映了各基本分支学科各自不同的特性。因此,应力波在不同介质中的不同传播特性内禀地依赖于、并反映了这些不同的材料本构关系。正因为应力波是携带着这些材料本构特性传播的,反过来我们有可能从一系列应力波传播信息来反推材料本构关系,属于第二类反分析。有时称之为"波传播反演分析"(wave propagation inverse analysis,WPIA),在历史上它比SHPB更早用于研究材料动态本构关系。

13.2.1 基于实测波速和波衰减的反分析

第二类反分析法中最直接简单的是利用波速来反演材料本构参数。

1. 一维弹性杆波

对于杆中的一维弹性波,如式(2-29)所示,弹性波速 C_0 由材料的原始密度 ρ_0 和杨氏模量决定,$C_0=(E/\rho_0)^{1/2}$。注意,在我们所关注的爆炸/冲击动力学情况下,这里的 E 不应理解为准静态下测得的静态模量,而应指高应变率下测得的动态模量。在热力学意义上,静态杨氏模量相当于等温模量,而动态杨氏模量相当于绝热模量,在概念上不应混淆。实测动态 E 的最简单方便的方法就是测量一维弹性杆波的波速 C_0,这只需沿弹性杆试件在不同物质点 $X_i(i=1,2,\cdots)$ 布设传感器,由已知距离 ΔX 的测量点间测得弹性波到达的时间差 Δt,就可测知 $C_0 = \Delta X/\Delta t$。在已知原始密度 ρ_0 时,直接得到:

$$E = \rho_0 C_0^2$$

值得指出的是,有的研究者曾试图在 SHPB 试验中直接测量动态杨氏模量,但这并不可取。因为 SHPB 试验以应力应变沿试件长度均匀分布为前提,通常要通过应力波在试件中来回反射多次后才能实现(参看 3.8 节),而试件在弹性变形阶段一般尚未满足这一前提。

2. 一维黏弹性杆波

与弹性波相区别,黏弹性波以其幅值随传播距离衰减为特征。如 6.3 节中讨论 ZWT 黏弹性本构方程时指出,这种衰减反映了高频 Maxwell 单元的弹簧系数 E_2 和松弛时间 θ_2 特性。基于 ZWT 线性黏弹性波传播特性的分析,Labibes, Wang, Pluvinage(1994)给出如下一维黏弹性波的指数衰减表达式,显示衰减特性取决于波速 C_{ve} 和衰减因子 α:

$$\sigma = \sigma^* \exp[-\alpha x]$$

$$\alpha = \frac{E_2}{2\rho_0 C_{ve}^3 \theta_2}$$

$$C_{ve} = \sqrt{\frac{E_a + E_2}{\rho_0}}$$

式中,σ^* 由边界条件给出,$E_a(=E_0+E_1)$ 是 ZWT 线性流变模型中的线性弹簧系数 E_0 与低频 Maxwell 单元的弹簧系数 E_1 之和(参看图 13-5)。

注意,上述应力波指数衰减式也同样适用于应变波和质点速度波,三者之间互有比例关系。除了表达形式稍有不同,以上三式其实与前述式(13-9)和式(13-5a)完全一致。

由于 E_a, ρ_0 均可在准静态下事先测知,而上述 α 和 C_{ve} 两个表达式共包含 E_2 和 θ_2 两个未知量,因此通过多个测点的冲击试验,实测到波速 C_{ve} 和衰减因子 α 后,就可解得 E_2 和 θ_2。基于这一原理,Labibes, Wang, Pluvinage(1994)对有机玻璃进行冲击试验(图 13-9),对应变片 G_1、G_2 和 G_3 实测的波信息进行分析后,获得 $C_{ve}=2220\text{m/s}$ 和 $\alpha=0103\text{m}^{-1}$,从而可确定 $E_2=3.04\text{GPa}$ 和 $\theta_2=1135\mu\text{s}$。由这一黏弹性本构模型采用特征线数值法可算出测点 G_3 处的应变波形的理论预示(虚线),与实测应变波形(实线)相比,如图 13-9(b)所示。两者令人满意地一致,证实了这一反分析方法的有效性。

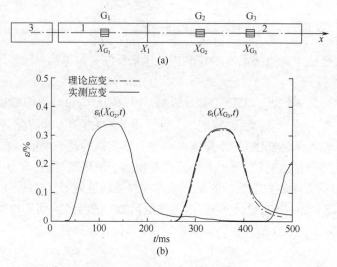

图 13-9 有机玻璃冲击试验

(a) 冲击试验示意图：1—弹性入射杆，2—黏弹性透射杆，3—弹性撞击杆；
(b) 应变片 G_3 处应变波形的计算预示（虚线）与实测波形（实线）的对比。

3. 黏弹性球面波

上述的一维黏弹性波的反分析法，可推广到三维应力状态下的线性黏弹性球面波。依据同样的思路和原理，赖华伟，王占江，杨黎明等(2013)提出，可根据实测黏弹性球面波的一系列质点速度波形来进行类似的反分析。事实上，如 8.5 节的式(8-50)和式(8-45a)所示，黏弹性球面波陡峭前沿波阵面上径向应力 $\sigma_r(r_i,t)$ 遵循如下的衰减规律：

$$\sigma_r = \frac{\sigma_{r0} r_0 \exp[-\alpha(r-r_0)]}{r}$$

$$\alpha = \frac{2G_2}{(3K_e + 4G_e)C_k \theta_2}$$

$$C_k = \sqrt{\frac{K_e + \frac{4}{3}G_e}{\rho_0}}$$

由于按照式(8-49)波阵面上的周向应力 σ_θ、径向应变 ε_r 和径向质点速度 v 均与径向应力 σ_r 成正比（周向应变 $\varepsilon_\theta = 0$），所以它们也以同样规律衰减。式中 σ_{r0} 是 $r=r_0$ 处 σ_r 的应力边界条件，弹性体积模量 $K_e = \dfrac{E_e}{3(1-2\nu)}$，$E_e = E_a + E_2$，$E_a = E_0 + E_1$，剪切模量 $G_e = G_a + G_2$，$G_a = \dfrac{E_a}{2(1+\nu)}$，$G_2 = \dfrac{E_2}{2(1+\nu)}$，$\nu$ 为泊松比。既然上述 α 式和 C_k 式实际上只包含两个高应变率材料参数 E_2 和 θ_2，当 ρ_0, E_0, E_1 和 ν（设与应变率和应变无关）由材料准静态试验测知时，通过实测球面波传播速度 C_k 和衰减因子 α，即可由上述 α 和 C_k 式确定高应变率下的材料参数 E_2 和 θ_2。

赖华伟，王占江，杨黎明等(2013)根据 PMMA 的球面波试验，测定了 $C_k = 3.03 \text{km/s}$，$\alpha = 14.1 \text{m}^{-1}$，从而求得 $E_2 = 3.87 \text{GPa}$ 和 $\theta_2 = 2.05 \text{μs}$。根据如此获得的黏弹性本构模型，用

特征线数值法计算了黏弹性球面波传播的数值预示,其质点速度波形的计算预示与实测结果令人满意地一致,如图 13-10 所示,图中曲线从左到右依次对应于 $r = 5\text{mm}, 10\text{mm}, 15\text{mm}, 20\text{mm}, 25\text{mm}, 30\text{mm}$ 处的波剖面;图中还给出了波阵面衰减的计算预示曲线(实线)与实测曲线(试验点)的比较,同样令人满意地一致。由此证实了这一反分析方法的有效性。

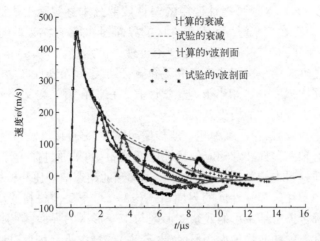

图 13-10　黏弹性球面波实测质点速度波 $v(r,t)$ 结果(试验点)与计算预示值(实线)的比较

13.2.2　Taylor 杆

对于弹塑性波,Taylor(1948)发展了利用圆杆试件对刚性靶正撞后测量其残余塑性变形信息,来反推韧性金属材料动态屈服强度 σ_{yd} 的简易方法,可由下式计算:

$$\sigma_{yd} = \frac{\rho V^2 (L - X)}{2(L - L_1)\ln(L/X)} \quad (13 - 18)$$

式中:V 是撞击速度;L、L_1 和 X 分别是空间坐标描述的圆杆原始长度,冲击变形后的终态长度和未变形段长度(图 13-11)。其后,其他研究者们还作了按残余变形分布来反演材料本构关系的探索。

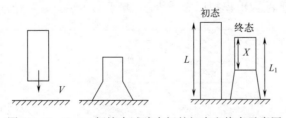

图 13-11　Taylor 杆撞击试验中杆的初态和终态示意图

本书 4.9 节和 5.3.2 节对于有限长杆在刚砧上的高速撞击问题从理论上做过较详细的讨论,视材料分别为线性硬化塑性、递减硬化塑性和递增硬化塑性的不同,以及视撞击速度的不同,会有不同的复杂情况。可见,上述 Taylor 杆撞击的式(13-18)只是在特定假设下得出的一个简化实例。

如 4.9 节所示,撞击一开始,从撞击界面首先有弹性前驱波以弹性波速 $C_0 =$

$(E/\rho_0)^{1/2}$ 朝向杆的自由端传播,其后方尾随着一系列以较慢塑性波速 C_p 传播的塑性波,$C_p = \left(\frac{1}{\rho_0}\frac{d\sigma}{d\varepsilon}\right)^{1/2} < C_0$。当弹性前驱波到达自由端时将反向传播卸载波,与正向传播的塑性波相互作用,并视塑性波的强度可能出现多次反射卸载。因而这是一个由自由端形成的反射弹性卸载波不断反复对撞击端形成的塑性加载波进行迎面卸载的复杂问题。由于自由端反射波的反复卸载,**入射弹塑性波中的塑性波部分本身实际上永远到不了自由端**。换句话说,杆中一定存在一个塑性区和弹性区的界面,此即撞击结束后的残余变形区与未变形区的界面,这是 Taylor 杆撞击问题的理论机理。虽然式(13-18)推导过程中假设了自由端反射波与塑性波第一次相遇就完成了卸载、形成了残余塑性区;并假设了塑性区应力恒为材料动态屈服强度 σ_{yd}(相当于理想塑性假定),但在第二类反分析发展史上 Taylor 杆撞击试验仍然具有开创性的历史意义。

从应力波理论角度看,在一维弹塑性波传播问题中,更直接反映材料本构关系的应该是实时测量的动态轴向塑性波及相应的塑性应变分布;如果通过撞击卸载后径向残余应变分布来间接反演材料本构关系,则还涉及预先未知的动态泊松比和材料卸载本构关系。即便只是想由杆中塑性区和弹性区的界面由式(13-18)来反演材料的动态屈服应力,实践上也很难精确确定撞击结束后的残余变形区与未变形区的界面,特别在高速撞击下杆的撞击端形成高度集中的非均匀大变形区(蘑菇头)的情况下。因此,即使随后的研究者们对 Taylor 杆撞击试验技术做过不少改进,但随着 SHPB 技术和下述 Lagrange 反分析技术的兴起,人们已不大采用 Taylor 杆撞击试验的残余应变响应信息来反演材料本构关系。

近年来 Taylor 杆撞击试验又另辟蹊径,重新引起人们的广泛关注,这是因为通过一次 Taylor 杆撞击试验,杆中所形成的非均匀塑性分布区提供了跨量级应变率下的大范围应变的本构响应信息。这些信息对于不同的本构模型具有高度敏感性,因而研究者们可以十分方便地用它作为不同材料本构模型的验证试验(Field et al,2004)。

Walley,Church,Townsley 等(2000)的研究给出了这样的一个代表性实例:他们用 XM 铜圆柱试样(直径 5.35mm,长 15mm),以约 200m/s 的撞击速度进行 Taylor 杆撞击试验,实测的塑性变形段直径变化如图 13-12 所示,显示高度的变形局域化。然后采用不同本构模型进行数值模拟,与实测结果对比验证。图中试验实测结果以符号×表示,基于 Armstrong-Zerilli 本构模型的数值模拟以虚线表示,基于 Goldthorpe 路径依赖本构模型的数值

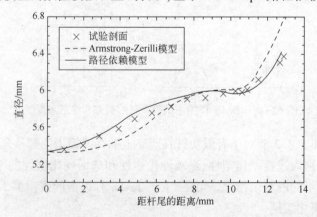

图 13-12 XM 铜的 Taylor 杆撞击试验结果与 Armstrong-Zerilli 模型及 Goldthorpe 路径依赖模型的比较

模拟以实线表示。由此可见,Goldthorpe 路径依赖模型与 Armstrong-Zerilli 模型相比,前者与试验结果符合得更好。

前述图 6-28 给出了应用 Taylor 杆撞击试验验证不同材料本构模型的另一实例。

13.2.3 经典 Lagrange 反分析

Lagrange 反分析方法(以下简称拉氏方法)是由 Fowles(1970),Fowles 和 Williams(1970),Cowperthwaite 和 Williams(1971)以及 Seaman(1974)等在 20 世纪 70 年代初首先提出和发展起来的。

与线弹性波的应力扰动、应变扰动和质点速度扰动以同一波速传播并互为线性比例的情况不同,Fowles 注意到,对于时率相关材料,不同力学量扰动表征的波将以不同的速度传播,Fowles 定义 $C_\phi = \left(\dfrac{\partial X}{\partial t}\right)_\phi$ 为相速度(phase velocity),此处 X 指 Lagrange 坐标(扰动在物质坐标中的传播距离),ϕ 指相应的力学因变量,如应力相速度 $C_\sigma = \left(\dfrac{\partial X}{\partial t}\right)_\sigma$、应变相速度 $C_\varepsilon = \left(\dfrac{\partial X}{\partial t}\right)_\varepsilon$、质点速度相速度 $C_v = \left(\dfrac{\partial X}{\partial t}\right)_v$ 等,它们各不相等。相速度体现了率相关波的内禀特性。这可以用图 13-13 所示的实测结果来说明,图中不同时刻的应力分布(实线)和质点速度分布(虚线)是不相重合的,在三个相继时刻(t_1, t_2, t_3),不难看到应力 σ 和质点速度 v 分别以各自的相速度 C_σ 和 C_v 传播。基于此,Fowles 把守恒方程演变为用相速度表示的相容关系,从理论上阐明了由某一组实测的力学信息可求解动态力学场其他力学量。但是在实际应用过程中,特别是对衰减波而言,相速度并不好求,特别在波峰处难以确定。Grady(1973)在此基础上提出了路径线(pathline)法,通过路径线把流场信息联系起来,以便改进相速度法。但经过此后的发展,相速度法由于其局限性实际上已不大采用。下面,我们先不顾及相速度,主要从拉氏分析的基本思想和守恒方程出发来展开讨论,反而更简洁明了。

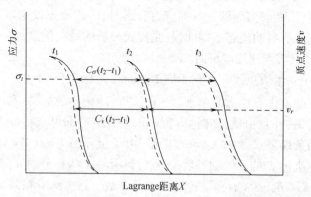

图 13-13 率相关波在相继时刻的应力 σ 分布(实线)和质点速度 v 分布(虚线)

拉氏分析的基本思想是:在试件的不同 Lagrange 位置,记录一系列某力学量的波剖面(如应力、应变或质点速度等随时间之变化),仅仅通过守恒方程进行分析可得到其他未知力学量,从而得到材料的动态应力应变曲线,进而可确定材料的率相关本构关系。在诸多反分析方法中,该方法不需事先作任何形式的本构关系假定,是其最大的优点所在。

对于一维应力(或一维应变)波,如下的动量守恒方程(式(13-19))建立了应力 σ 的偏导数和质点速度 v 的偏导数之间的关系,而质量守恒方程或即连续性方程(式(13-20))则建立了应变 ε 的偏导数和质点速度 v 的偏导数之间的关系:

$$\rho_0 \frac{\partial v}{\partial t} = \frac{\partial \sigma}{\partial X} \qquad (13-19)$$

$$\frac{\partial v}{\partial X} = \frac{\partial \varepsilon}{\partial t} \qquad (13-20)$$

由此可见,我们想要建立动态应力 $\sigma(X,t)$ 和应变 $\varepsilon(X,t)$ 之间的关系,是通过 $v(X,t)$ 来联系的。但是,由于守恒方程所联系的不是应力、质点速度和应变等诸力学量本身,而是它们的一阶偏导数,这样,在反演时需要进行积分运算,并有一个如何正确确定积分常数的问题。

正由于此,根据实测的一系列波剖面是应力波形 $\sigma(X,t)$、还是质点速度波形 $v(X,t)$、或应变波形 $\varepsilon(X,t)$,问题的求解会有不同的难易程度。下面分别予以讨论。

1. 当实测一系列应力波形时

当采用 n 个应力(压力)计在不同的 Lagrange 坐标 $X_i (i=1,2,\cdots,n)$ 处测知一系列应力波剖面 $\sigma(X_i,t)$ 时,问题是容易解决的。事实上,其一阶偏导数 $\partial\sigma/\partial t$ 和 $\partial\sigma/\partial X$ 可用数值微分计算确定,再由动量守恒方程(式(13-19))即可求得 $\partial v/\partial t$。既然在通常的试验条件下有初始条件:$t=0$ 时 $v=0$,不难对 $\partial v/\partial t$ 通过对时间的积分来求得 $v(X_i,t)$。接着,其一阶偏导数 $\partial v/\partial X$ 可用数值微分计算确定,再由质量守恒方程(式(13-20))即可求得 $\partial\varepsilon/\partial t$。既然在通常的试验条件下有初始条件:$t=0$ 时 $\varepsilon=0$,不难对 $\partial\varepsilon/\partial t$ 通过对时间的积分来求得 $\varepsilon(X_i,t)$。于是最终可建立 $\sigma(X_i,t)$ 和 $\varepsilon(X_i,t)$ 的关系。

一个代表性的实例如图 13-14 所示(尚嘉兰等,1999),玻璃纤维增强酚醛树脂复合材料试样的平板撞击试验在 101mm 口径轻气炮上进行,在 290m/s 撞击速度下由一系列碳膜压阻式压力传感器实测的应力波形如图 13-14(c)所示。据此通过拉氏分析得到的高应变率($10^3 s^{-1}$ 量级)动态应力应变曲线如图 13-14(d)所示,显示具有黏性滞回的率相关本构特征。诚然,当能够实测到一系列应力波形时,不需预先设定本构模型,一次试验就可方便测定率相关材料的动态本构曲线,是拉氏分析的最大优点。

2. 当实测一系列质点速度波形时

但是,如果采用 n 个质点速度计在不同 Lagrange 坐标 $X_i(i=1,2,\cdots,n)$ 处测知质点速度波形 $v(X_i,t)$,问题就没有这么简单了。这时,其一阶偏导数 $\partial v/\partial t$ 和 $\partial v/\partial X$ 当然仍旧可用数值微分计算确定,并且由质量守恒方程(式(13-20))即可求得 $\partial\varepsilon/\partial t$,进而通过对时间的积分和零初始条件来求得 $\varepsilon(X_i,t)$。但是,由动量守恒方程(式(13-19))所求得的是应力对 Lagrange 坐标 X 的一阶偏导数 $\partial\sigma/\partial X$,当由对 X 的积分求 $\sigma(X_i,t)$ 时,必须有应力边界条件(例如 X_j 处的 $\sigma(X_j,t)$)才能确定积分常数。这意味着在某个 Lagrange 坐标 X_j 处要同时测知 $v(X_j,t)$ 和 $\sigma(X_j,t)$,这正是问题的难点所在。

由于从动态测试技术角度,速度波形较之应力波形更容易测试,研究者们常常更关注如何通过一系列质点速度波形的测试来反演动态本构关系。在无法同时实测应力边界的条件下,研究者们曾经探索过各种近似法(例如可参见唐志平(1993),陈叶青,唐志平,冯叔瑜(1997)等)。其中,Seaman(1974)假定,当把应力展为 Taylor 级数时,设其沿路径线

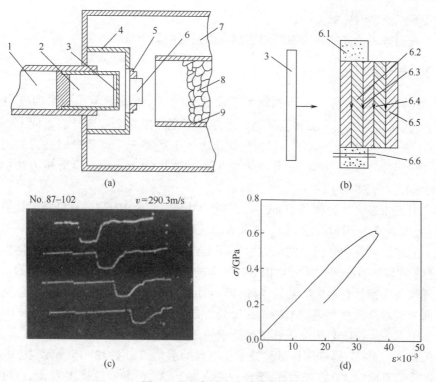

图 13-14 实测应力波形实例

(a) 平板碰撞试验装置(101mm 口径轻气炮);(b) 应力传感器在靶试件中的位置;
(c) 测得的应力波形;(d) 拉氏分析的应力—应变曲线。

图(a)中:1—炮膛;2—弹托;3—飞板;4—靶架;5—靶环;6—试件(靶板);7—气密仓;8—缓冲垫;9—捕收管;

图(b)中:6.1—环氧树脂;6.2~6.5 为不同位置的应力传感器;6.6—测速探针。

的三阶导数为零,$\left(\dfrac{d^3\sigma}{dX^3}\right)_P = 0$(称为 Seaman 假定),从而得到一组包括最高二阶导数在内的封闭的代数递推方程组。随后 Seaman(1984)进一步提出曲面拟合法(curved surface-fitting);Gupta(1984)提出自洽检验法(self-consistency examination);基于对未知的应力函数形式作某种假定,李孝兰(1985)采用反解法(inverse method)来近似求解应力;Forest(1989)则引入了冲量时间积分函数法(impulse time-integral function);等等。但是不管采用哪一种方法,这类假定实质上隐含着对未知应力边界条件作了某种假定,免不了会引入难以避免的误差。这类尝试只不过违避了而并未解决所需实测应力边界条件的实质问题。诚如 Cowperthwaite 和 Williams(1971)早曾指出:无法在一次试验中,至少在一个 Lagrange 位置上,同时测量到质点速度和应力波形,乃是问题的症结所在。

3. 当实测一系列应变波形时

类似地,如果采用 n 个应变计在不同 Lagrange 坐标 $X_i(i=1,2,\cdots,n)$ 处测知一系列应变波形 $\varepsilon(X_i,t)$,问题就更复杂了。因为不论由质量守恒方程(式(13-20))求得 $\partial v/\partial X$,进而通过积分求 $v(X_i,t)$,还是由动量守恒方程(式(13-19))求得 $\partial \sigma/\partial X$,进而通过对 X 的积分求 $\sigma(X_i,t)$ 时,都必须先后有相应的应变边界条件和应力边界条件(例如 X_j 处的 $\varepsilon(X_j,t)$ 和 X_j 处的 $\sigma(X_j,t)$),才能确定相应的积分常数。问题出现了双重困难,比实测一系列质点速度波形时更加复杂。

下面我们来讨论如何解决能同时实测应力边界的新方法。

13.2.4 改进的 Lagrange 反分析

就动态测试技术而言，一系列质点速度波形 $v(X_i,t)$ 的测量比一系列应力波剖面 $\sigma(X_i,t)$ 的测量更为方便。那么当采用 n 个质点速度计或 n 个应变计在不同 Lagrange 坐标 $X_i(i=1,2,\cdots,n)$ 处测知 $v(X_i,t)$ 时，如何来解决上述关于对 X 积分时必需的边界条件 $\sigma(X_j,t)$ 的测定问题呢？对此，近年来发展了两种改进的 Lagrange 反分析方法（Wang et al,2014；王礼立等,2017）。

（1）把 Lagrange 反分析与 Hopkinson 杆技术相结合，由 Hopkinson 杆技术提供一个在杆-试件界面 X_0 处能同时测定 $v(X_0,t)$ 和 $\sigma(X_0,t)$ 的复合计。

（2）把守恒方程中所包含的应力对空间坐标 X 的偏导数 $\partial\sigma/\partial X$ 设法转化为应力对时间坐标 t 的偏导数 $\partial\sigma/\partial t$，从而把积分时所需的应力边界条件转化为应力初始条件。而通常的试验条件都具有零应力初始条件，即 $t=0$ 时 $\sigma=0$，从而使问题迎刃而解。

下面分别对这两种改进的 Lagrange 反分析方法进行具体讨论。

1. 拉氏方法与 Hopkinson 压杆试验技术的结合

拉氏方法与 Hopkinson 压杆试验技术相结合的示意图如图 13-15 所示，把 Hopkinson 压杆与试件的界面以 $X=X_0$ 表示，由于该处的应力 $\sigma(X_0,t)$ 和质点速度 $v(X_0,t)$ 可参照式 (13-2b)、或即下列式 (13-21) 和式 (13-22)，由弹性压杆上应变片处 ($X=X_G$) 所测得的入射应变波 ε_i 与反射应变波 ε_r 确定，这就解决了在同一个 Lagrange 位置上同时测量到应力和质点速度波形的问题：

$$\sigma(X_0,t) = E[\varepsilon_i(X_G,t) + \varepsilon_r(X_G,t)] \quad (13-21)$$

$$v(X_0,t) = C_0[\varepsilon_i(X_G,t) - \varepsilon_r(X_G,t)] \quad (13-22)$$

换句话说，现在 Hopkinson 压杆扮演了双重角色：既对试件传递冲击载荷，又在压杆-试件的界面处提供了一个"质点速度-应力复合计"（以下把此复合计简称为 1sv）。

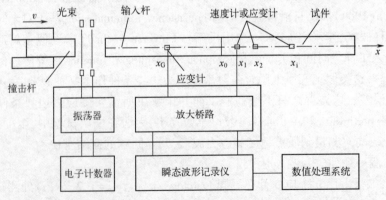

图 13-15 拉氏方法与 Hopkinson 压杆试验技术相结合的示意图

这一方法既可用于设置一系列质点速度计的情况，也可用于设置一系列应变计的情况。下面分别加以讨论。

1) **1sv+nv** 反分析法

如果采用 n 个质点速度计在不同 Lagrange 坐标 $X_i(i=1,2,\cdots,n)$ 处测得了质点速度波形 $v(X_i,t)$，再加上压杆-试件界面处提供的"质点速度-应力复合计"（1sv），就可以克服上面所述缺乏应力边界条件的问题。以下把这一方法简称为 **1sv+nv** 法（Wang et al, 2011）。

在具体进行微积分操作时，结合 Grady(1973)提出的路径线法更为方便。如图 13-16 所示，任一力学量 ϕ 在一系列物质点 X_i 处测得的量计线，即波剖面 $\phi(X_i,t)$，表现为 ϕ, X, t 三维空间的一族曲线。它们可以按加载、卸载和曲线上的特征拐点等分区，在每一个区域中，每条量计线按等时间间隔选取节点，将各量计线上的对应节点用一条光滑曲线联系起来就是路径线。设每条量计线上有 N 个节点，则能连接 N 条路径线（图中的虚线），依靠这些路径线就可以把整个力学场信息联系起来。下面以基于路径线法的拉氏方法与 Hopkinson 压杆试验技术相结合为例，对这一方法予以具体分析。

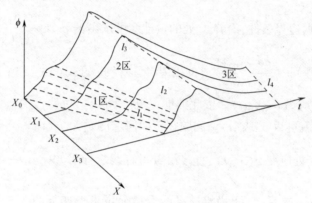

图 13-16　路径线法示意图

首先，由 Hopkinson 压杆试验技术，可按式（13-21）和式（13-22）测得 $X=X_0$ 处的应力波形 $\sigma(X_0,t)$ 和质点速度波形 $v(X_0,t)$，并进而可求得其对时间的一阶偏导数 $\left(\dfrac{\partial \sigma}{\partial t}\right)_{X_0}$ 和 $\left(\dfrac{\partial v}{\partial t}\right)_{X_0}$。后者再由动量守恒方程（式（13-19））可求得 $\left(\dfrac{\partial \sigma}{\partial X}\right)_{X_0}$。利用沿路径线的全微分有如下关系式：

$$\left.\frac{\mathrm{d}\sigma}{\mathrm{d}X}\right|_p = \left.\frac{\partial \sigma}{\partial X}\right|_t + \left.\frac{\partial \sigma}{\partial t}\right|_X \left.\frac{\mathrm{d}t}{\mathrm{d}X}\right|_p = \left.\frac{\partial \sigma}{\partial X}\right|_t + \left.\frac{\partial \sigma}{\partial t}\right|_X \left.\frac{1}{X'}\right|_p \tag{13-23}$$

下标 p 指沿路径线（pathline）的全微分，而 $X'=\left.\dfrac{\mathrm{d}X}{\mathrm{d}t}\right|_p$ 指路径线的斜率。根据上式，沿着路径线可由如下的差分近似来求 X_0 点的相邻点 X_1 处的应力时程曲线 $\sigma(X_1,t)$：

$$\sigma_{i,j} = \sigma_{i-1,j} + \left(-\rho_0 \frac{\partial v_{i-1,j}}{\partial t} + \frac{1}{2}\frac{\partial \sigma_{i-1,j}}{\partial t}\left(\frac{\mathrm{d}t_{i-1,j}}{\mathrm{d}X} + \frac{\mathrm{d}t_{i,j}}{\mathrm{d}X}\right)\right)(X_i - X_{i-1}) \tag{13-24}$$

此处路径线的斜率采用前后两点的平均值。依此类推，一旦求得 X_{i-1} 位置上的应力 $\sigma(X_{i-1},t)$ 和质点速度 $v(X_{i-1},t)$，就可求得下一个位置 X_i 处的应力 $\sigma(X_i,t)$。该式不仅可用于加载段，也可以用于卸载段。

另一方面，由 n 个 Lagrange 位置处 $(X=X_i)$ 的质点速度计已测知质点速度场 $v(X_i,t)$，并进而可求得其对时间的一阶偏导数 $\left(\dfrac{\partial v}{\partial t}\right)_{X_i}$ 和沿路径线的全微分 $\left(\dfrac{\mathrm{d}v}{\mathrm{d}X}\right)_p$。而按全微分的定义就可确定 $\left(\dfrac{\partial v}{\partial X}\right)_t$，再由连续性方程（式(13-20)）可求得应变对时间的偏导数 $\left(\dfrac{\partial \varepsilon}{\partial t}\right)_{X_i}$。利用零初始条件（$t=0$ 时 $\varepsilon=0$），不难对 $(\partial\varepsilon/\partial t)_{X_i}$ 通过对时间的积分来求得应变场 $\varepsilon(X_i,t)$。

通过这两步分别求得了试样中的应力场 $\sigma(X_i,t)$ 和应变场 $\varepsilon(X_i,t)$，再消去时间参量 t 后，就可得到一族动态应力—应变曲线。

2) 1sv+nε 反分析法

类似地，若已知边界 X_0 处的应力和质点速度，又测得试样上的一组 Lagrange 位置 X_i ($i=1,2,\cdots,n$) 处的应变时程信号 $\varepsilon(X_i,t)$，也可以反推试样上各位置处的应力场和质点速度场。

如上所述，根据边界条件，沿着 X_0 处的量计线可求出偏导数 $\dfrac{\partial \sigma(X_0,t)}{\partial t}$ 和 $\dfrac{\partial v(X_0,t)}{\partial t}$，又根据动量守恒方程可得 $\dfrac{\partial \sigma(X_0,t)}{\partial X}$。再由基于路径线的式(13-23)就可以得出下个 Lagrange 位置处的应力 $\sigma(X_1,t)$。依此类推，一旦求得 X_{i-1} 位置上的应力 $\sigma(X_{i-1},t)$ 和质点速度 $v(X_{i-1},t)$，就可得 $\sigma(X_i,t)$。问题在于如何求得 $v(X_{i-1},t)$。

既然已测得 X_i 处应变 $\varepsilon(X_i,t)$，直接沿着量计线求导可知 $\dfrac{\partial \varepsilon(X_i,t)}{\partial t}$；另外，沿着路径线求导，可求出 $\left.\dfrac{\mathrm{d}\varepsilon}{\mathrm{d}X}\right|_{X_i}$ 或 $\left.\dfrac{\mathrm{d}\varepsilon}{\mathrm{d}t}\right|_{X_i}$，再由沿路径线全微分可求得如下的 X_i 处应变 ε 对 X 的偏导数：

$$\left.\frac{\partial \varepsilon}{\partial X}\right|_{X_i} = \frac{\left.\dfrac{\mathrm{d}\varepsilon}{\mathrm{d}t}\right|_{X_i} - \left.\dfrac{\partial \varepsilon}{\partial t}\right|_{X_i}}{\left.\dfrac{\mathrm{d}X}{\mathrm{d}t}\right|_{X_i}}, \qquad (13-25)$$

与式(13-24)类似，由 X_1 处的应变 $\varepsilon(X_1,t)$，$\dfrac{\partial \varepsilon(X_1,t)}{\partial t}$ 及 $\dfrac{\partial \varepsilon(X_1,t)}{\partial X}$，可由以下差分公式推知边界条件 X_0 处的应变时程曲线 $\varepsilon(X_0,t)$：

$$\varepsilon(X_0,t) = \varepsilon(X_1,t) + \left(\frac{\partial \varepsilon(X_1,t)}{\partial X} + \frac{1}{2}\frac{\partial \varepsilon(X_0,t)}{\partial t}\left(\frac{\mathrm{d}t_{1,j}}{\mathrm{d}X} + \frac{\mathrm{d}t_{0,j}}{\mathrm{d}X}\right)\right)(X_0 - X_1)$$

$$(13-26)$$

求出边界点上的应变曲线 $\varepsilon(X_0,t)$ 后，沿着 X_0 对时间 t 进行偏微分计算，得 $\dfrac{\partial \varepsilon(X_0,t)}{\partial t}$。由连续性方程（式(13-20)）可知此即 $\dfrac{\partial v(X_0,t)}{\partial X}$。到此为止，边界 X_0 处的应力、应变和质点速度力学场及其一阶偏导数已经全部求出。

与式(13-24)类似,由 X_0 处的 $v(X_0,t)$, $\dfrac{\partial v(X_0,t)}{\partial t}$ 及 $\dfrac{\partial v(X_0,t)}{\partial X}$ 可由以下差分公式推知 X_1 处的质点速度时程曲线 $v(X_1,t)$:

$$v(X_1,t) = v(X_0,t) + \left(\frac{\partial v(X_0,t)}{\partial X} + \frac{1}{2}\frac{\partial v(X_0,t)}{\partial t}\left(\frac{\mathrm{d}t_{1,j}}{\mathrm{d}X} + \frac{\mathrm{d}t_{0,j}}{\mathrm{d}X}\right)\right)(X_1 - X_0)$$
(13-27)

为了提高数值计算的精度,式(13-23)中的 $\mathrm{d}t/\mathrm{d}X$ 取前后两个量计线的平均值。

依此类推,可以求出 X_i 处的质点速度 $v(X_i,t)$:

$$v_{i,j} = v_{i-1,j} + \left(\frac{\partial v_{i-1,j}}{\partial X} + \frac{1}{2}\frac{\partial v_{i-1,j}}{\partial t}\left(\frac{\mathrm{d}t_{i,j}}{\mathrm{d}X} + \frac{\mathrm{d}t_{i-1,j}}{\mathrm{d}X}\right)\right)(X_i - X_{i-1}) \quad (13-28)$$

这样,消去时间参数 t 后可求得 i 条应力—应变曲线,而无需任何关于边界条件和本构关系的假定,并由于全部都沿着路径线求导,也不丢失任何试验数据。

图 13-17 ~ 图 13-19 给出用 1sv+nv 法研究尼龙动态力学特性的一个实例(赖华伟等,2011),其中图 13-17(a)给出用一组钕铁硼高灵敏度质点速度计实测的质点速度波形,图 13-17(b)给出 Hopkinson 压杆实测的边界点 X_0 处应力和质点速度。由此采用 1sv+nv 法进行反分析所得到的应变时程曲线和应力时程曲线分别如图 13-18(a)和(b)所示。由此消去时间参数 t 后,就得到尼龙在应变率下的一组动态应力应变曲线,如图 13-19 所示。

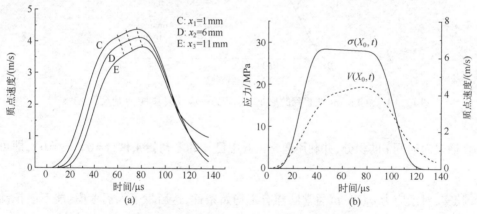

图 13-17 用 1sv+nv 法研究尼龙动态力学特性的实测结果
(a)电磁法实测的质点速度波形;(b) SPB 实测的边界点 X_0 处应力和质点速度。

2. 基于零初始条件的拉氏方法(nv+T0)

当采用 n 个质点速度计在不同 Lagrange 坐标 $X_i(i=1,2,\cdots,n)$ 处测知质点速度波形 $v(X_i,t)$ 时,虽然由动量守恒方程(式(7.32))可求得应力对 Lagrange 坐标 X 的一阶偏导数 $\dfrac{\partial \sigma}{\partial X}$,但对 X 积分求 $\sigma(X_i,t)$ 时必须有应力边界条件,归结为必须有某个 $v(X_j,t)+\sigma(X_j,t)$ 复合计,这促使了上述"拉氏方法与 Hopkinson 压杆试验技术"的结合。然而,由质点速度波形 $v(X_i,t)$ 反演应变波形 $\varepsilon(X_i,t)$ 时并无困难,因为由质量守恒方程(式(13-20))求得

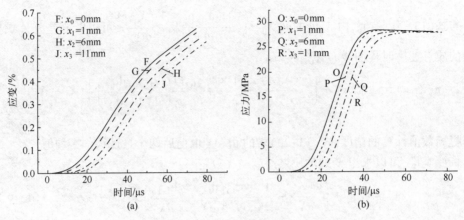

图 13-18 由 1sv+nv 法分析得到的应力和应变时程曲线
(a) 应变时程;(b) 应力时程。

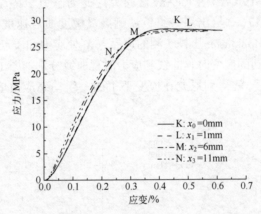

图 13-19 由 1sv+nv 法得到的尼龙动态应力—应变关系曲线(应变率 $10^2\ s^{-1}$)

$\dfrac{\partial \varepsilon}{\partial t}$ 后,通过对时间 t 的积分、并利用通常试验中已知的零初始条件($t=0$ 时 $\varepsilon=0$),即可求得 $\varepsilon(X_i,t)$。

其实,对于应力 $\sigma(X_i,t)$ 通常同样有零初始条件,这启发了人们考虑:能不能把动量守恒方程(式(7.32))中的 $\dfrac{\partial \sigma}{\partial X}$ 转换成 $\dfrac{\partial \sigma}{\partial t}$,问题岂不是同样可以迎刃而解了吗?由此发展了"基于零初始条件的拉氏方法"(丁圆圆等,2012;陶为俊等,2012),以下把这一方法简称为 **nv+T0** 法。

事实上,利用应力沿路径线的全微分关系式(13-23),有

$$\left.\dfrac{\partial \sigma}{\partial X}\right|_t = \left.\dfrac{d\sigma}{dX}\right|_p - \left.\dfrac{\partial \sigma}{\partial t}\right|_X \dfrac{dt}{dX}\bigg|_p = \left.\dfrac{d\sigma}{dX}\right|_p - \left.\dfrac{\partial \sigma}{\partial t}\right|_X \dfrac{1}{X'}\bigg|_p$$

于是动量守恒方程(式 13-19)可改写为

$$\left.\dfrac{\partial \sigma}{\partial t}\right|_X = \left(\left.\dfrac{d\sigma}{dX}\right|_p - \rho_0 \dfrac{\partial v}{\partial t}\right) X'\big|_p \qquad (13-29)$$

利用零时刻的路径线 P_0 上满足零初始条件:$t=0$ 时 $\sigma=\varepsilon=v=\left.\dfrac{d\sigma}{dX}\right|_p=0$,由上式可确定路径线 P_0 上的 $\dfrac{\partial\sigma}{\partial t}$;再由数值积分可确定下一条路径线上的应力 σ 及其沿路径线的全微分 $\left(\dfrac{d\sigma}{dX}\right)_p$。依此类推,依次路径线上的应力都可按下式一步步地确定:

$$\sigma_{i,j+1}=\sigma_{i,j}+\left(\left.\dfrac{d\sigma_{i,j}}{dX}\right|_p-\rho_0\dfrac{\partial v_{i,j}}{\partial t}\right)\left.\dfrac{dX_{i,j}}{dt}\right|_p(t_{j+1}-t_j) \qquad (13-30)$$

至于应变场的反演,除了在"**1sv+nv** 反分析法"中介绍的,即沿路径线按 X_i 逐步增大、一步步进行反演的方法之外,还可以类似于式(13-30),即按式(13-31)沿路径线按 t 逐步增大、一步步地进行反演:

$$\varepsilon_{i,j+1}-=\varepsilon_{i,j}+\left(\dfrac{dv_{i,j}}{dX}-\dfrac{\partial v_{i,j}}{\partial t}\dfrac{dt_{i,j}}{dX}\right)(t_{j+i}-t_j) \qquad (13-31)$$

通过这两步分别求得了试样中的应力场 $\sigma(X_i,t)$ 和应变场 $\varepsilon(X_i,t)$,再消去时间参量 t 后,就可得到一族动态应力—应变曲线。

上述 **nv+T0** 反演过程既包含数值微分又包含数值积分,难免会积累数值误差,实际操作上常常可采用多次迭代法等以提高精度。陶为俊等(Chen et al,2019)系统地分析了这类误差的可能来源,并提出通过优化构造方法(optimized construction method)和多步迭代计算(multi-step iterative calculation)等来控制误差,可供参考。

图 13-20~图 13-22 给出用 **nv+T0** 法研究泡沫铝动态力学特性的一个实例(Wang et al,2013)。其中,图 13-20 给出了实验配置的示意图,泡沫铝长试件由气枪发射正撞在 Hopkinson 压杆上。试件上不同 Lagrange 位置的质点速度波形由高速照相机(FASTCAM-APX RS 250K)结合**数字图像相关**(digital image correlation,DIC)技术来测定,如图 13-21(a)所示。由实测的质点速度波形用 **nv+T0** 反分析方法得到的动态应变场 $\varepsilon(X_i,t)$ 和动态应力场 $\sigma(X_i,t)$ 分别如图 13-21(b)和图 13-21(c)所示。消去时间参数 t 后得到的动态应力应变曲线(应变率 $10^3 s^{-1}$)如图 13-21(d)所示,图中同时给出了准静态应力应变曲线(应变率 $10^{-3} s^{-1}$)作为对比,以考察试件材料对应变率的敏感性。

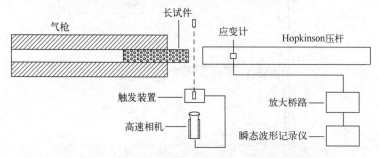

图 13-20 基于零初始条件的拉氏方法(nv+T0)试验配置示意图

由此可见,nv+T0 反分析法本身不再要求同时测知应力边界条件。图 13-20 中置于试件后方的 Hopkinson 压杆主要扮演靶板的角色,但又同时可兼作撞击端边界应力波形的测量器。这样测得的撞击端边界应力波形虽然不是 nv+T0 反分析法不可缺少的,但可

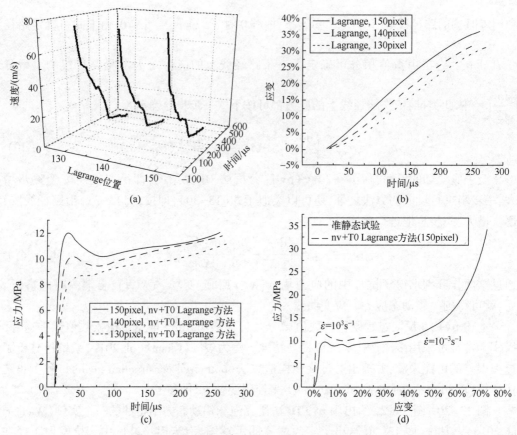

图 13-21 用 **nv+T0** 法研究泡沫铝动态力学特性

用来校核 nv+T0 反分析法结果的可靠性。图 13-22 给出基于图 13-21(d)所示动态应力-应变曲线、采用动态有限元(ABAQUS)计算所得的撞击端边界应力波形与 Hopkinson 压杆实测波形的对比,两者的良好相符说明 nv+T0 反分析法的有效性。

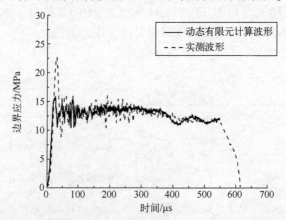

图 13-22 撞击端边界应力实测波形(虚线)与基于图 13-21(d)动态 σ—ε 曲线的数值计算(实线)之对比

3. 球面波基于零初始条件的拉氏方法(nv+T0/SW)

Lai,Wang,Yang 等(2016)把上述一维应力 nv+T0 反分析法推广到黏弹性球面波(简称为 nv+T0/SW),基本原理如下。

由 8.5 节已知,基于高应变率 ZWT 非线性黏弹性本构关系的球面波之控制方程组由如下连续方程(式(13-32a,b)),动量守恒方程(式(13-33)),ZWT 容变律(式(13-34a))和 ZWT 畸变律(式(13-34b))五个方程组成,包含径向应力 $\sigma_r(r,t)$,周向应力 $\sigma_\theta(r,t)$,径向质点速度 $v(r,t)$,径向应变 $\varepsilon_r(r,t)$ 和周向应变 $\varepsilon_\theta(r,t)$ 五个变量:

$$\frac{\partial \varepsilon_r}{\partial t} = \frac{\partial v}{\partial r} \tag{13-32a}$$

$$\frac{\partial \varepsilon_\theta}{\partial t} = \frac{v}{r} \tag{13-32b}$$

$$\frac{\partial \sigma_r}{\partial r} + \frac{2(\sigma_r - \sigma_\theta)}{r} = \rho_0 \frac{\partial v}{\partial t} \tag{13-33}$$

$$\frac{\partial \sigma_r}{\partial t} + 2\frac{\partial \sigma_\theta}{\partial t} - 3K_{\text{eff}}(\Delta)\left(\frac{\partial \varepsilon_r}{\partial t} + 2\frac{\partial \varepsilon_\theta}{\partial t}\right) = 0 \tag{13-34a}$$

$$\frac{\partial \varepsilon_r}{\partial t} - \frac{\partial \varepsilon_\theta}{\partial t} = \frac{1}{2G_{\text{eff}}(\varepsilon_r)}\left(\frac{\partial \sigma_r}{\partial t} - \frac{\sigma_{\text{eff}}(\varepsilon_r)}{\theta_2} + \frac{\sigma_r}{\theta_2}\right) - \frac{1}{2G_{\text{eff}}(\varepsilon_\theta)}\left(\frac{\partial \sigma_\theta}{\partial t} - \frac{\sigma_{\text{eff}}(\varepsilon_\theta)}{\theta_2} + \frac{\sigma_\theta}{\theta_2}\right)$$

$$\tag{13-34b}$$

式中:$\sigma_{\text{eff}}(\varepsilon) = E_0\varepsilon + \alpha\varepsilon^2 + \beta\varepsilon^3 + E_1\varepsilon$ 是非线性弹性响应;$K_{\text{eff}}(\Delta) = \dfrac{E_{\text{eff}}(\Delta/3)}{3(1-2\nu)}$ 是非线性体积模量,其中 Δ 是体积应变,$E_{\text{eff}} = \dfrac{\mathrm{d}\sigma_e}{\mathrm{d}\varepsilon} + E_1 + E_2$ 是非线性杨氏模量;$G_{\text{eff}}(\varepsilon) = \dfrac{E_{\text{eff}}(\varepsilon)}{2(1+\nu)}$ 是非线性剪切模量,此处泊松比 ν 已设为与应变和应变率无关。

球面波试验装置的示意图如图 13-23 所示(王占江 等,2000;Lai et al,2016)。直径与高度大约相等的圆柱体试样由上下两块等高的圆柱体对合粘接而成,在对合的中平面之中心放置微型炸药球,由雷管通过柔爆索引爆,在试样中引发球面波。在中平面不同半径处设置一系列同心的圆环型电磁粒子速度计,在轴向均匀磁场作用下可测得不同半径处一系列径向质点速度波 $v(r,t)$。

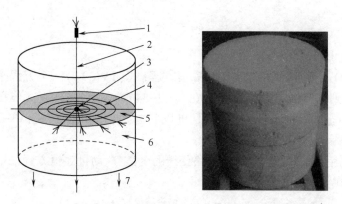

图 13-23 混凝土中球面波试验拉氏反技术(**nv+T0/SW**)示意图
1—雷管;2—柔爆束;3—微型炸药球;4—圆环形电磁质点速度计;5—中平面;6—圆柱形试样;7—轴向磁场。

图 13-23 所示球面波试验装置的试样尺寸可达到 m 量级。这对于研究混凝土、岩石等非均匀材料的动态力学行为格外有利。例如，混凝土的骨料特征尺寸为 cm 量级，当试样特征尺寸要求高于骨料一个量级（0.1m 量级）的话，在 SHPB 试验装置上就会由于试样尺寸过大而难以实现可靠有效的冲击试验（违背了一维应力波基本前提），而上述球面波试验装置则能满足这一要求。

由混凝土球面波试验在不同半径 r 处测得的一系列径向质点速度波如图 13-24 所示。按此，采用 nv+T0/SW 拉氏反分析法可以反演试验混凝土的动态力学特性。具体步骤如下：

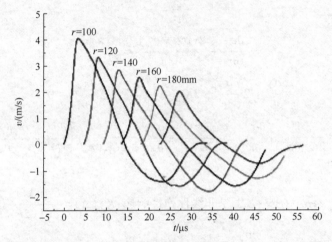

图 13-24 混凝土球面波试验测得的一系列质点速度波 $v(r,t)$

1) 反演 ε_r 和 ε_θ

一旦 $v(r,t)$ 测得，首先由连续方程（13-32a,b），并利用类似于式（13-13）沿路径线的全微分，通过对时间 t 的积分和利用零初始条件（$t=0$ 时 $v(r,0)=0$），可求得径向应变 $\varepsilon_r(r,t)$ 和周向应变 $\varepsilon_\theta(r,t)$：

$$\varepsilon_r = \int_0^t \frac{\partial v}{\partial r} \mathrm{d}t = \int_0^t \left(\frac{\mathrm{d}v}{\mathrm{d}r}\bigg|_p - \frac{\partial v}{\partial t}\bigg|_r \frac{\mathrm{d}t}{\mathrm{d}r}\bigg|_p \right) \mathrm{d}t \tag{13-35a}$$

$$\varepsilon_\theta = \int_0^t \frac{v}{r} \mathrm{d}t \tag{13-35b}$$

2) 反演 σ_r 和 σ_θ

一旦 $v(r,t)$ 测得，却不足以由动量守恒方程（式（13-33））一个方程来反演两个变量 σ_r 和 σ_θ。考虑到已经设定 ZWT 容变律（式（13-34a））是率无关的（无体积黏性），材料参数 K_{eff} 可在准静态试验中预先确定，于是可以联立式（13-33）和式（13-34a）来反演 σ_r 和 σ_θ。

事实上，利用类似于式（13-13）沿路径线的全微分，动量守恒方程（式（13-33））可以改写为如下形式：

$$\frac{\partial \sigma_r}{\partial t} = r'\left(\frac{\mathrm{d}\sigma_r}{\mathrm{d}r}\bigg|_p - \rho_0 \frac{\partial v}{\partial t} + \frac{2(\sigma_r - \sigma_\theta)}{r} \right) \tag{13-36a}$$

另外，ZWT 容变律（式（13-34a））可改写为

$$\frac{\partial \sigma_\theta}{\partial t} = \frac{3}{2} K_{\text{eff}}(\Delta) \left(\frac{\partial \varepsilon_r}{\partial t} + 2 \frac{\partial \varepsilon_\theta}{\partial t} \right) - \frac{1}{2} \frac{\partial \sigma_r}{\partial t} \quad (13-36\text{b})$$

由此可见，一旦 $v(r,t)$ 测得，且 ε_r 和 ε_θ 已由式(13-35a,b)确定，则对于满足零初始条件 ($t=0$ 时 $\sigma_r = \sigma_\theta = v = \dfrac{d\sigma_r}{dr} = \dfrac{dv}{dr} = 0$) 的第一条路径线，$\dfrac{\partial \sigma_r}{\partial t}$ 和 $\dfrac{\partial \sigma_\theta}{\partial t}$ 先后可由式(13-36a)和式(13-36b)求得。于是下一条路径线的 σ_r 和 σ_θ 可通过 $\dfrac{\partial \sigma_r}{\partial t}$ 和 $\dfrac{\partial \sigma_\theta}{\partial t}$ 对时间积分确定。依此类推，即可求得全部 σ_r 和 σ_θ 了。

3) 确定 E_2 和 θ_2

如前所说，ZWT 本构方程的动态响应主要由高频 Maxwell 单元的 E_2 和 θ_2 决定。由于 ZWT 容变律(式(13-34a))是率无关的(无体积黏性)，式中材料参数 K_{eff} 可在准静态试验中确定，与此相对应，E_2、E_{eff} 和 G_{eff} 等材料参数也都可确定。

因此关键归于高应变率松弛时间 θ_2 的确定。一旦通过 nv+T0/SW 法反演得到 $\varepsilon_r(r,t)$，$\varepsilon_\theta(r,t)$，$\sigma_r(r,t)$ 和 $\sigma_\theta(r,t)$，θ_2 就可由 ZWT 畸变律(式(13-34b))确定，该式改写后有如下形式：

$$\theta_2 = \frac{\dfrac{1}{2G_{\text{eff}}(\varepsilon_r)}(\sigma_r - \sigma_{\text{eff}}(\varepsilon_r)) - \dfrac{1}{2G_{\text{eff}}(\varepsilon_\theta)}(\sigma_\theta - \sigma_{\text{eff}}(\varepsilon_\theta))}{\left(\dfrac{\partial \varepsilon_r}{\partial t} - \dfrac{\partial \varepsilon_\theta}{\partial t}\right) - \left(\dfrac{1}{2G_{\text{eff}}(\varepsilon_r)}\dfrac{\partial \sigma_r}{\partial t} - \dfrac{1}{2G_{\text{eff}}(\varepsilon_\theta)}\dfrac{\partial \sigma_\theta}{\partial t}\right)} \quad (13-37)$$

Lai, Wang, Yang 等(2016)基于混凝土试样的一系列径向质点速度波实测结果(图13-24)，采用 nv+T0/SW 法反演得到的 $\sigma_r(r,t)$，$\sigma_\theta(r,t)$，$\varepsilon_r(r,t)$，和 $\varepsilon_\theta(r,t)$，如图 13-25 所示。图中同时给出对应的特征线解。两者之间令人满意的对比证实了 nv+T0/SW 反演法的可行性。

综上所述，应力波的研究者不仅应该熟练掌握应力波的正分析，而且应该熟练掌握应力波的反分析，才会对应力波有一个更全面的认识和有能力开展更广泛的应用。

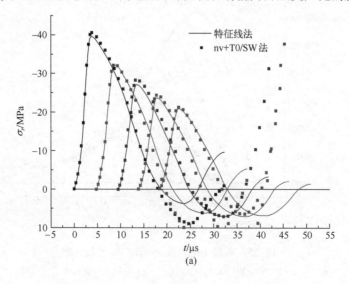

(a)

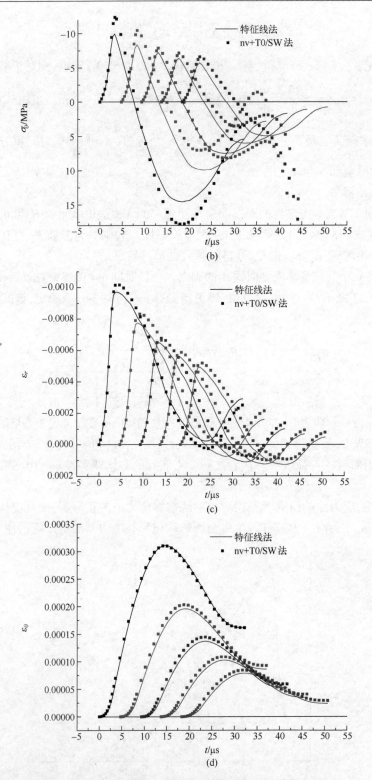

图 13-25 混凝土球面波 nv+T0/SW 法反演解
(a) $\sigma_r(r,t)$；(b) $\sigma_\theta(r,t)$；(c) $\varepsilon_r(r,t)$；(d) $\varepsilon_\theta(r,t)$。

附　　录

附录Ⅰ　压力或应力单位换算表

单位	帕 Pa	达因/厘米² dyn/cm²	巴 bar	标准大气压 atm	千克力/毫米² kgf/mm²	千磅力/英寸² ksi
1Pa=	1	10	10^{-5}	9.8692×10^{-6}	1.0197×10^{-7}	1.4504×10^{-7}
1dyn/cm²=	10^{-1}	1	10^{-6}	9.8692×10^{-7}	1.0197×10^{-8}	1.4504×10^{-8}
1bar=	10^{5}	10^{6}	1	0.98692	1.0197×10^{-2}	1.4504×10^{-2}
1atm=	1.0133×10^{5}	1.0133×10^{6}	1.0133	1	1.0133×10^{-2}	1.4696×10^{-2}
1kgf/mm²=	9.8067×10^{6}	9.8067×10^{7}	98.067	96.784	1	1.4223
1ksi=	6.8947×10^{6}	6.8947×10^{7}	68.947	68.046	0.70307	1

附录Ⅱ　解二阶拟线性双曲型偏微分方程的特征线方法

讨论形如第二章式(2-18)的两自变量二阶拟线性双曲型偏微分方程：

$$\frac{\partial^2 u}{\partial t^2} = c^2 \frac{\partial^2 u}{\partial x^2} \qquad (\text{Ⅱ}-1)$$

式中：u 是未知函数；t 和 x 是独立变量；系数 c^2 依赖于 $\frac{\partial u}{\partial t}, \frac{\partial u}{\partial x}, u, x$ 和 t，即

$$c^2 = c^2(u_t, u_x, u, x, t)$$

此处及今后均以 u_t 和 u_x 表示 $\frac{\partial u}{\partial t}$ 和 $\frac{\partial u}{\partial x}$。

1. 设在某曲线 $c(x,t)$ 上给出 u_t 和 u_x 值，要求确定在什么条件下，满足方程(Ⅱ-1)的 u 可以有无数个二阶导数。

沿曲线 c 有

$$\begin{cases} du_x = \dfrac{\partial^2 u}{\partial x^2}dx + \dfrac{\partial^2 u}{\partial x \partial t}dt \\[2mm] du_t = \dfrac{\partial^2 u}{\partial x \partial t}dx + \dfrac{\partial^2 u}{\partial t^2}dt \end{cases} \qquad (\text{Ⅱ}-2)$$

上式中 dx 和 dt 以曲线 c 的方程相联系(dx/dt 是曲线 c 的斜率)，u_x 和 u_t 是已知的。因此式(Ⅱ-1)和式(Ⅱ-2)是解 $\dfrac{\partial^2 u}{\partial t^2}, \dfrac{\partial^2 u}{\partial x^2}, \dfrac{\partial^2 u}{\partial t \partial x}$ 的代数方程组。如要有无数个解，必须是相依方

程组,即任意两个方程(例如式(Ⅱ-2))的线性组合应恒等于第三个方程。方程式(Ⅱ-2)的线性组合

$$du_t + \lambda du_x = \lambda \frac{\partial^2 u}{\partial x^2}dx + (\lambda dt + dx)\frac{\partial^2 u}{\partial x \partial t} + \frac{\partial^2 u}{\partial t^2}dt$$

和式(Ⅱ-1)的恒等条件为

$$\frac{1}{dt} = -\frac{c^2}{\lambda dx} = \frac{0}{\lambda dt + dx} = \frac{0}{du_t + \lambda du_x}$$

由此得

$$\left(\frac{dx}{dt}\right)^2 = c^2, \quad du_t = \frac{c^2}{\frac{dx}{dt}}du_x$$

对于双曲型方程,c^2 是正系数,dx/dt 有两个不同的实根。这样,在满足所谓特征关系

$$dx = cdt \qquad (\text{Ⅱ} - 3a)$$
$$du_t = cdu_x \qquad (\text{Ⅱ} - 3b)$$

或

$$dx = -cdt \qquad (\text{Ⅱ} - 4a)$$
$$du_t = -cdu_x \qquad (\text{Ⅱ} - 4b)$$

时,$u(x,t)$ 有无数个二阶导数。上式中的(Ⅱ-4a)式称为特征线微分方程,而(Ⅱ-4b)式称为特征线上相容条件或称为平面(u_t, u_x)中的特征线微分方程。

2. 容易证明,如果在某个变量域内,式(Ⅱ-3)或式(Ⅱ-4)成为恒等式,则二次可微函数$u(x,t)$满足方程式(Ⅱ-1)。因为,如果有恒等式

$$du_t \equiv \pm cdu_x, \quad dx \equiv \pm cdt$$

由于$u(x,t)$二次可微,则立即可改写为

$$\frac{\partial^2 u}{\partial t^2}dt + \frac{\partial^2 u}{\partial t \partial x}dx \equiv \pm c\left(\frac{\partial^2 u}{\partial x \partial t}dt + \frac{\partial^2 u}{\partial x^2}dx\right)$$

$$\frac{\partial^2 u}{\partial t^2} \pm c\frac{\partial^2 u}{\partial t \partial x} \equiv c^2 \frac{\partial^2 u}{\partial x^2} \pm c\frac{\partial^2 u}{\partial x \partial t}$$

可见满足式(Ⅱ-1)。同样,容易证明相反的论断:满足方程式(Ⅱ-1)的函数u,如果同时遵守关系式(Ⅱ-3a)和式(Ⅱ-4a),则特征线上的条件式(Ⅱ-3b)和式(Ⅱ-4b)变成恒等式。

3. 一般说,式(Ⅱ-3)和式(Ⅱ-4)不是常微分方程。在特殊情况下,当c^2只取决于u_x和u_t时,式(Ⅱ-3b)和式(Ⅱ-4b)变为常微分方程。如果式(Ⅱ-1)存在二次可微单值解,则同时式(Ⅱ-3a)和式(Ⅱ-4a)变为常微分方程。式(Ⅱ-3)和式(Ⅱ-4)在平面x,t和u_x,u_t中的积分用某曲线表示,称为对应平面上的特征线。于是解偏微分方程式(Ⅱ-1)的问题变成解常微分方程式(Ⅱ-3)和式(Ⅱ-4)——求特征线的问题。在本书中所讨论的问题正是这种情况,c^2只是u_x的函数:$c^2 = c^2(u_x)$。

4. 上述论断在几何意义上表示:把(u_t, u_x)平面上的G'域变为(x,t)平面上G域的映射,在特征线C'和C之间建立对应性(图Ⅱ-1);因而,在两平面的不同系的特征线的交点间建立对应性的函数u是方程(Ⅱ-1)的解。

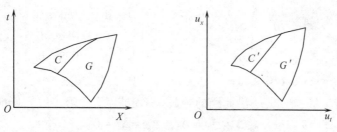

图Ⅱ-1 (u_t, u_x) 平面上的 G' 域是 (x,t) 平面上 G 域的映射

5. 利用这种特征线的对应性,通常可以解下列三类边值问题:①Cauchy 问题,即在某非特征线曲线 AB 上给定 u_x, u_t 值,则在曲线三角形 ABC 中可求得单值解(图Ⅱ-2);②Darboux 问题或 Cauchy 特征线边值问题,即在两个不同系的特征线 AB 和 AC 上给定 u_x, u_t 值,则在曲线四边形 $ABCD$ 中可求得单值解(图Ⅱ-3);③混合问题或 Picard 问题,即在特征线 AB 上给定 u_x, u_t 值,在非特征线曲线 AC 上给定 u_x(或 u_t),则利用特征线的对应性也可以在 ABC 包围的域内求得单值解(图Ⅱ-4)。这些边值问题的全面实例可以在第二章和第四章中找到。

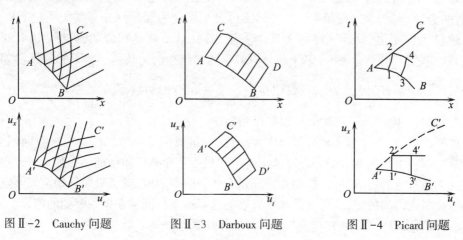

图Ⅱ-2 Cauchy 问题　　图Ⅱ-3 Darboux 问题　　图Ⅱ-4 Picard 问题

6. 二阶偏微分方程式(Ⅱ-1)与下列的一阶拟线性偏微分方程组(以 u_t 和 u_x 为未知函数)是等价的(参看第二章式(2-12)和式(2-16))。

$$\begin{cases} \dfrac{\partial u_t}{\partial t} - c^2 \dfrac{\partial u_x}{\partial x} = 0 \\ \dfrac{\partial u_t}{\partial x} - \dfrac{\partial u_x}{\partial t} = 0 \end{cases} \quad (Ⅱ-5)$$

从方程组(Ⅱ-5)出发同样可以得出式(Ⅱ-3)和式(Ⅱ-4)。方程组(Ⅱ-5)和方程组(Ⅱ-2)可以看作解 $\dfrac{\partial u_x}{\partial t}, \dfrac{\partial u_t}{\partial t}, \dfrac{\partial u_x}{\partial x}, \dfrac{\partial u_t}{\partial x}$ 的四个代数方程。由代数方程的行列式解法知:

$$\frac{\partial u_x}{\partial t} = \frac{\Delta_1}{\Delta}, \cdots, \frac{\partial u_t}{\partial t} = \frac{\Delta_2}{\Delta}$$

式中:

$$\Delta = \begin{vmatrix} 0 & 1 & -c^2 & 0 \\ 1 & 0 & 0 & -1 \\ dx & dt & 0 & 0 \\ 0 & 0 & dx & dt \end{vmatrix}, \Delta_1 = \begin{vmatrix} 0 & 1 & -c^2 & 0 \\ 1 & 0 & 0 & 0 \\ dx & dt & 0 & du_t \\ 0 & 0 & d_x & du_x \end{vmatrix}, \cdots$$

如果曲线 c 是特征线,则 u_x, u_t 沿此线的导数是不定量(有无穷多解),则应有

$$\Delta = \Delta_1 = \Delta_2 = \Delta_3 = \Delta_4 = 0$$

把行列式展开,立即可得

$$\begin{cases} dx \pm cdt = 0 \\ du_t \pm cdu_x = 0 \end{cases}$$

此即式(Ⅱ-3)和式(Ⅱ-4)。注意到这里的 u_x 和 u_t 即本书中的 ε 和 v,于是式(Ⅱ-3)和式(Ⅱ-4)就是第二章中的式(2-23)和式(2-24)。

附录Ⅲ 自模拟运动的简介

1. 在讨论连续介质运动时,有时会遇到这样的一类运动,当运动以无量纲量来描述时,时间变量 t 是与坐标变量 x, y, z 一起不可分地组合为无量纲变量的。不论 t 和 x(或 y, z)单独怎样变化,只要这样的无量纲变量相同,运动就是相似的,此即"相似变量问题",或"自模拟问题"。Sedov 和 Седов(1977)曾对这样的运动作了如下的定义:"如果连续介质运动中所有的无量纲特征量仅是 $\frac{x}{bt^\delta}, \frac{y}{bt^\delta}, \frac{z}{bt^\delta}$ 组合的函数,此处 δ 是常数,b 是具有量纲 LT^δ 的常数,则这种运动称为自模拟运动"。

这样的运动,在问题求解时可以大大简化,变量减少了一个。而在一维空间问题中,偏微分方程就可以化为常微分方程来求解了。只要已知某运动特征量在某一时刻在所讨论空间内所有点的值,就可以推知此特征量在任一时刻的值,或者只要已知空间某点的某运动特征量随时间的变化,即可推知所有点的这一运动特征量在任一时刻的值。

2. 利用量纲分析的"Π定理"可以判断自模拟运动。

"Π定理"的叙述如下:设有一物理关系:

$$f(a_1, a_2, \cdots, a_k, b_{k+1}, b_{k+2}, \cdots, b_n) = 0$$

由 n 个量纲不同之量组成,其中前 k 个量是彼此独立的基本量,后 $n-k$ 个量是导出量,则这个物理关系一定可以用 $n-k$ 个无量纲量 $\pi_1, \pi_2, \cdots, \pi_{n-k}$ 完全表示出来,即

$$f(\pi_1, \pi_2, \cdots, \pi_{n-k}) = 0$$

于是我们可以证明:如果运动的所有特征量仅与 $a, b, x, y, z, t, \alpha_1, \alpha_2, \cdots, \alpha_n$ 有关,其中 a 和 b 的量纲互相独立且不同于 L 或 T,x, y, z 是空间坐标,t 是时间,α_i 是无量纲常数,个数不限,则运动是自模拟的。通常我们令 $[a] = M^K T^S, [b] = LT^\delta$,其中 $\delta \neq 0$,K 和 S 为任意值,且 a 和 b 都可以为零。这一命题的证明很简单,只需选 $[a], [b]$ 和 T 作基本量纲,应用"Π定理"即可。这一命题也可以简单地叙述为:如在决定运动的诸参量中,不包含特征长度和特征时间的量,则运动是自模拟的。在本书第二章和第九章中均有这样的实例。

3. 应该注意,对运动进行单纯的量纲分析时,有时并不能立即判断出自模拟运动来,

这时常常需要从运动的物理方程出发进行分析。例如在第十章中讨论梁的横向冲击时,一般来说,梁的挠度 w 可以想象为下列参数的函数:

$$w = f(x, t, a, v_0)$$

式中:x 为梁轴的坐标;t 为时间;$a = \sqrt[4]{\dfrac{EI}{\rho_0 A_0}}$(参看式(10-23));$v_0$ 为冲击速度(恒值)。

这时如用"Π 定理"可得

$$\frac{w}{v_0 t} = f\left(\frac{x}{v_0 t}, \frac{a^2}{v_0^2 t}\right)$$

得不到自模拟运动的结论。但如果注意到问题的物理方程,按式(10-23)之后的式(10-14a):

$$a^4 \frac{\partial^4 w}{\partial x^4} + \frac{\partial^2 w}{\partial t^2} = 0$$

引入新变量 $\xi = x/a$,最后可以证明问题是自模拟的,详细的讨论可见第十章 10.3 节。

附录Ⅳ 习 题[①]

(习题编号的第一个数字与章的编号相对应)

2-1 利用方向导数法找出下列偏微分方程组的特征方程和特征相容关系。

(1) 一维等熵流:

$$\begin{cases} \dfrac{\partial \rho}{\partial t} + v \dfrac{\partial \rho}{\partial x} + \rho \dfrac{\partial v}{\partial x} = 0 \\ \rho \left(\dfrac{\partial v}{\partial t} + v \dfrac{\partial v}{\partial x} \right) + c^2 \dfrac{\partial \rho}{\partial x} = 0 \end{cases}$$

(2) 球面等熵流:

$$\begin{cases} \dfrac{\partial \rho}{\partial t} + v \dfrac{\partial \rho}{\partial r} + \rho \dfrac{\partial v}{\partial r} + 2\rho \dfrac{v}{r} = 0 \\ \rho \left(\dfrac{\partial v}{\partial t} + v \dfrac{\partial v}{\partial r} \right) + c^2 \dfrac{\partial \rho}{\partial r} = 0 \end{cases}$$

(3) 二维定常等熵流:

$$\begin{cases} \dfrac{\partial v}{\partial x} - \dfrac{\partial u}{\partial y} = 0 \\ (c^2 - u^2) \dfrac{\partial u}{\partial x} - uv \left(\dfrac{\partial u}{\partial y} + \dfrac{\partial v}{\partial x} \right) + (c^2 - v^2) \dfrac{\partial v}{\partial y} = 0 \end{cases}$$

(4) 一维杆运动:

$$\begin{cases} \dfrac{\partial \varepsilon}{\partial t} + v \dfrac{\partial \varepsilon}{\partial x} - (1 + \varepsilon) \dfrac{\partial v}{\partial x} = 0 \\ \dfrac{\partial v}{\partial t} + v \dfrac{\partial v}{\partial x} - (1 + \varepsilon) c^2 \dfrac{\partial \varepsilon}{\partial x} = 0 \end{cases}$$

[①] 本习题的第 1 版是由胡时胜和胡秀章两位整理编写的,第 2 版又由胡时胜教授补充,特此致谢!

2-2 导出线弹性材料直锥形细杆(图Ⅳ-1)的一维控制方程组,并找出其特征方程和特征相容关系。

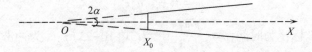

图Ⅳ-1 直锥形弹性细杆

2-3 一线弹性材料半无限长杆 $X \geqslant 0$,其屈服极限 $Y = 500\text{MPa}$,弹性模量 $E = 200\text{GPa}$,密度 $\rho_0 = 8\text{g/cm}^3$,初始时刻杆处于自然、静止状态。杆左端 $X = 0$ 处施加一渐加载荷,如图Ⅳ-2所示。

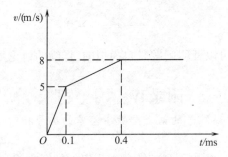

图Ⅳ-2 杆端 $X = 0$ 处施加的渐加载荷

(1) 画出 X—t 图,v—ε 图以及 σ—v 图。
(2) 画出 $t = 0.2\text{ms}$、0.4ms、0.6ms 时刻的波形曲线。
(3) 分别画出 $X = 1\text{m}$、2m、3m 处的时程曲线。

2-4 一线性硬化材料半无限长杆 $X \geqslant 0$,应力-应变关系如图Ⅳ-3(a)所示,其中 $E = 200\text{GPa}$,$E_l = E/25$、$Y = 400\text{MPa}$,$\rho_0 = 8\text{g/cm}^3$。在杆左端 $X = 0$ 处施加如图Ⅳ-3(b)所示三种形式的载荷。

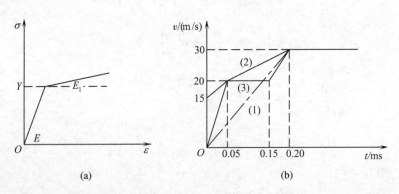

图Ⅳ-3 (a)杆的应力-应变关系,及(b)杆端 $X = 0$ 处施加的三种形式的载荷

(1) 画出 X—t 图,v—ε 图以及 σ—v 图。
(2) 画出 $t = 0.2\text{ms}$、0.4ms、0.6ms 时刻的波形曲线。
(3) 画出 $X = 0.5\text{m}$、1.0m 位置的时程曲线。

2-5 一递减硬化材料半无限长杆 $X \geqslant 0$,其应力-应变关系为

$$\varepsilon = \begin{cases} \dfrac{\sigma}{E} & \text{当}\,|\sigma| \leqslant |\sigma_Y|\,\text{时} \\ \dfrac{\sigma_Y}{E} \pm \left(\dfrac{\sigma - \sigma_Y}{A}\right)^2 & \text{当}\,\sigma > |\sigma_Y|\,\text{时} \end{cases}$$

式中：$E = 200\text{GPa}$；$\sigma_Y = \pm 400\text{MPa}$（其中拉为正、压为负）；$A = 10^3\text{GPa}$。在杆左端 $X = 0$ 处施加一载荷，如图Ⅳ-4 所示。

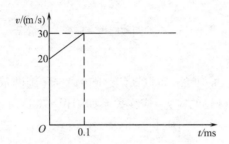

图Ⅳ-4 杆端 $X = 0$ 处施加的载荷

(1) 画出 X—t 图，v—ε 图以及 σ—v 图。
(2) 画出 $t = 0.2\text{ms}$、0.4ms、0.6ms 时刻的波形曲线。
(3) 画出 $X = 1\text{m}$、2m、3ms 位置上的时程曲线。

2-6 一递增硬化材料半无限长杆 $X \geqslant 0$，其应力-应变关系为

$$\varepsilon = \begin{cases} E\varepsilon, & |\sigma| \leqslant |\sigma_Y| \\ \sigma_Y + A\left(\varepsilon - \dfrac{\sigma_Y}{E}\right)^2, & \sigma > |\sigma_Y| \end{cases}$$

式中：$E = 200\text{GPa}$；$\sigma_Y = \pm 400\text{MPa}$；$A = \pm 10^3\text{GPa}$（其中拉为正、压为负）。在杆左端 $X = 0$ 处施加一载荷，如图Ⅳ-5 所示。

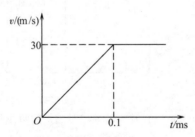

图Ⅳ-5 杆端 $X = 0$ 处施加的载荷

(1) 画出 X—t 图，v—ε 图以及 σ—v 图。
(2) 画出 $t = 0.2\text{ms}$、0.4ms、0.6ms 时刻的波形曲线。
(3) 画出 $X = 1\text{m}$、2m、3m 位置上的时程曲线。

2-7 证明在弱间断弹性简单波传播时，外力做功全部转化为质点动能和应变能，而且动能和应变能各占一半。

2-8 一半无限长杆 $X \geqslant 0$，其杆端 $X = 0$ 处施加一突加恒值应力载荷 σ^*，当其应力—应变关系分别如图Ⅳ-6 中所示四种情况，试说明：

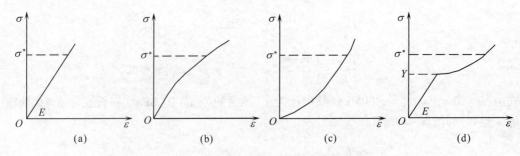

图Ⅳ-6 杆的四种应力—应变关系情况

(1) 波速的解析表达式。

(2) 外力做功和内能、应变能、质点动能之间的关系(画图示意)。

2-9 已知递增硬化材料的应力-应变关系如图Ⅳ-7(a)所示,表达式为

$$\sigma = \begin{cases} E\varepsilon, & \varepsilon < \varepsilon_Y \\ \sigma_Y + \dfrac{a(\varepsilon - \varepsilon_Y)}{\varepsilon_Y + b - \varepsilon}, & \varepsilon \geqslant \varepsilon_Y \end{cases}$$

其中 $a = 1.35\text{GPa}$; $b = 0.9$, $\sigma_Y = 1.8\text{GPa}$, $E = 128.6\text{GPa}$, $\varepsilon_Y = 0.014$, $\rho_0 = 8\text{g/cm}^3$。现设半无限长杆的一端受图Ⅳ-6(b)和(c)所示之载荷。

(1) 求出冲击波开始形成的地点和时间,画出 $t = 0.13\text{s}$ 之前的 $X—t$ 图及 $\sigma—\varepsilon$ 图。

(2) 求出塑性冲击波消失的地点和应力;若不消失,求出强间断卸载扰动第一次追上塑性冲击波发生相互作用后的冲击波强度。

(3) 画出 $X = 20\text{m}$ 以及 $X = 40\text{m}$ 处的应力时程曲线。

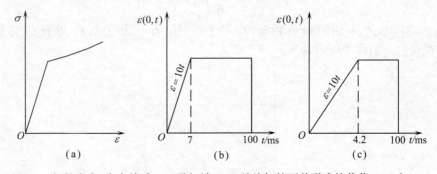

图Ⅳ-7 杆的应力-应变关系(a),及杆端 $X=0$ 处施加的两种形式的载荷((b)和(c))

2-10 试推导等截面杆弹性剪切波的波动方程。

3-1 两相同材料弹性杆的共轴撞击如图Ⅳ-8所示,作出 $X—t$ 图及 $\sigma—v$ 图,并确定其撞击结束时间及两杆脱开时间。

3-2 两相同材料弹性杆的共轴撞击如图Ⅳ-9所示。画出 $X—t$ 图及 $\sigma—v$ 图,确定两杆分离之后各自的整体飞行速度,并讨论与普通物理学中关于碰撞问题的处理结果有何异同。

3-3 已知两种材质的弹性杆 A 和 B 的弹性模量、密度和屈服极限分别为

$$E_A = 60\text{GPa}, \quad \rho_A = 2.4\text{g/cm}^3, \quad Y_A = 120\text{MPa}$$

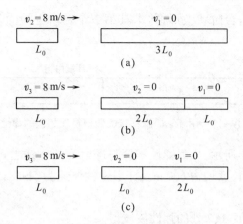

图Ⅳ-8 两相同材料弹性杆的共轴撞击(题3-1)

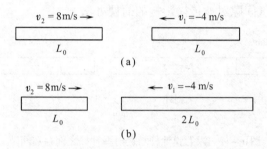

图Ⅳ-9 两相同材料弹性杆的共轴撞击(题3-2)

$E_B = 180\text{GPa}$, $\rho_B = 7.2\text{g/cm}^3$, $Y_B = 240\text{MPa}$

试对图Ⅳ-10所示四种情况分别画出 $X—t$ 图及 $\sigma—v$ 图,并确定撞击结束时间、两杆脱开时间以及分离之后各自的整体飞行速度。

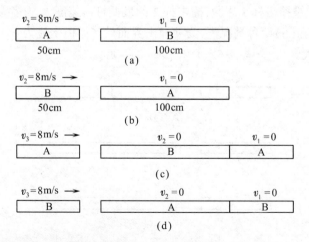

图Ⅳ-10 两种材质的弹性杆A和B的四种共轴撞击情况(题3-3)

3-4 两根材质相同的弹性杆用环氧树脂轴向粘接如图Ⅳ-11所示。假定环氧树脂层的厚度远小于杆中传播的应力脉冲长度和杆长,而其声抗为杆材声抗的1/2,树脂的黏性暂时忽略不计(即按弹性材料考虑)。当强度为 σ_0 的应力波由A杆传入时,试说明透射到 B 杆中的透射波呈台阶状波形,并求其第三个台阶上应力值和第 n 个台阶上应力值。

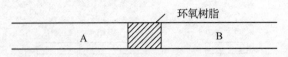

图Ⅳ-11 用环氧树脂粘接的两根材质相同的弹性杆

3-5 设如图Ⅳ-12 所示,入射弹性压杆与透射弹性压杆之间没有贴紧,存在 0.1mm 的空气间隙。若两压杆长度均为 600mm,杆中弹性波速为 5km/s,打击杆长度为 200mm,打击速度为 10m/s。

(1) 分别画出应变片 1、2 处的弹性波波形。
(2) 讨论空气间隙对波形传播的影响。
(3) 提出减少空气间隙对波传播影响的简便办法。

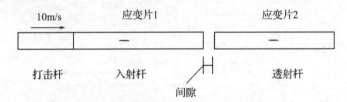

图Ⅳ-12 入射弹性杆与透射弹性杆之间存在间隙

3-6 假定图Ⅳ-13 中的杆 A 和杆 B 均为线性硬化材料,并已知其材料常数分别为:$E_A = 60\text{GPa}, \rho_A = 2.4\text{g/cm}^3, Y_A = 100\text{MPa}, E_B = 180\text{GPa}, \rho_B = 7.2\text{g/cm}^3, Y_B = 240\text{MPa}$。塑性时 $E_1 = E/25$。对于图Ⅳ-13 所示以杆 2(有关量以下标 2 表示)撞击杆 1(有关量以下标 1 表示)的四种情况下,试确定:

(1) 为使图中被撞击杆 1 屈服,撞击杆 2 的最低打击速度 v_2 为多大?
(2) 在图(a)和(b)两种情况下,为使撞击界面处产生撞击应力 $\sigma = -300\text{MPa}$,需要的打击速度 v_2 为多大?

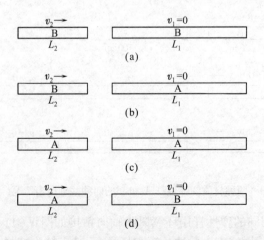

图Ⅳ-13 两弹性杆共轴撞击的四种情况(题 3-6)

3-7 已知某种材料的 $\rho_0 = 8\text{g/cm}^3$, $E = 200\text{GPa}$, $Y = 240\text{MPa}$。试对图Ⅳ-14所示两不同截面杆共轴撞击的两种情况分别画出 X—t 图及 σ—v 图,并确定撞击结束时间、分离后各杆的整体飞行速度。

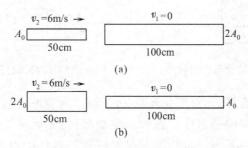

图Ⅳ-14 两不同截面杆共轴撞击的两种情况

3-8 已知杆材的 $\rho_0 = 8\text{g/cm}^3$, $E = 200\text{GPa}$, $Y = 240\text{MPa}$。试画出图Ⅳ-15中所示两种情况的 X—t 图、σ—v 图,并确定其撞击结束时间、分离时间及分离后各杆整体的飞行速度。

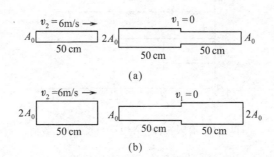

图Ⅳ-15 等截面杆对变截面杆共轴撞击的两种情况

3-9 设以一短杆撞击一弹性长杆,如果要求在长杆中产生一个给定的阶梯形压力脉冲,如图Ⅳ-16所示,试设计短杆的几何尺寸及其材料的选择。假定长杆的密度 ρ_0、弹性波速 C_0 和截面积 A_0 均为已知。

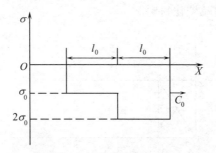

图Ⅳ-16 共轴撞击后在长杆中产生的阶梯形压力脉冲

3-10 为在截面积为 A 的直杆中产生一个如图Ⅳ-17所示的阶梯波,可采用如图Ⅳ-18所示的阶梯形打击杆,试确定打击杆各断面的截面积。

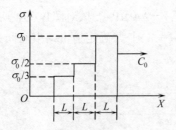

图Ⅳ-17 杆中的阶梯形压力脉冲

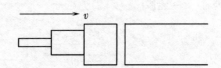

图Ⅳ-18 阶梯形打击杆撞击直杆

3-11 长 1m 的石膏杆,其密度 $\rho_0 = 2\text{g}/\text{cm}^3$,动态断裂遵循瞬时断裂准则,动态抗拉强度 $\sigma_b = 10\text{MPa}$;设其左端通过爆炸施加一突加载荷,随后又按指数形式衰减,即 $\sigma = \sigma_m e^{-\alpha t}$,式中 $\sigma_m = 50\text{MPa}$,$\alpha = 31/\text{ms}$。假定爆炸波在石膏杆中以弹性波传播,波速 $C_0 = 1\text{km/s}$,试确定各裂片的厚度及其飞行速度。

4-1 一线性硬化材料有限长杆的 ρ_0、C_0(弹性波速)、C_1(塑性波速)均为已知,其左端 $X=0$ 处施加如图Ⅳ-19 所示载荷,图中 $v_0 > v_Y$(屈服速度),另一端 $X=l$ 固定。试画出 $t = 5l/C_1$ 之前的 X—t 图和 σ—v 图。

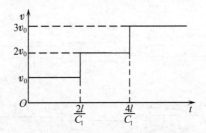

图Ⅳ-19 有限长杆左端 $X=0$ 处施加的载荷

4-2 一有限长杆 $0 \leqslant X \leqslant l$,设其弹性波速 C_0,塑性波速 C_1 或 $C(\varepsilon)$ 均为已知,且其一端 $X=0$ 处施加一如图Ⅳ-20 所示载荷。试问下列三种情况下,在杆另一端 $X=l$ 处应分别具有什么样的边界载荷条件(用作图法表示)才不会发生波的反射?

(1) $v_0 < v_Y$(屈服速度),即杆处于弹性阶段。
(2) $v_0 < 2v_Y$,材料为线性硬化材料。
(3) $v_0 = 2v_Y$,材料为递减硬化材料。

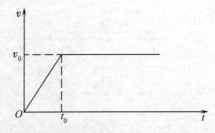

图Ⅳ-20 有限长杆左端 $X=0$ 处施加的载荷

4-3 一线性硬化材料的有限长杆,一端为固定端,另一端受一刚性锤的撞击(图Ⅳ-21),设撞击速度为 2.73m/s,撞击持续时间为 1ms,杆长为 40cm,材料的弹性模量为 $E_0 =$

98.5GPa,线性硬化模量 $E_1 = 1.90$GPa,密度 $\rho_0 = 6\times10^3$kg/m^3,屈服强度 $Y = 25.3$MPa。试讨论杆端的运动情况(不考虑 Bauschinger 效应)。

4-4 一线性硬化材料有限长杆,杆长 l,其中一端固定,另一端受到如图Ⅳ-22 所示的两种渐加载荷。试对这两种情况分别画出 X—t 图、σ—v 图和 ϕ—v 图。注明相互间的对应关系,并标出恒值区和简单波区。

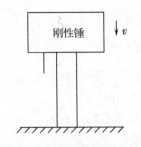
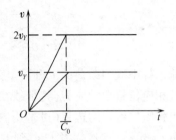

图Ⅳ-21 刚性锤对线性硬化材料的有限长杆的撞击

图Ⅳ-22 有限长杆一端受两种情况的渐加载荷

4-5 有一线性硬化材料有限长杆 $0 \leq X \leq l$,其材料常数 ρ_0、C_0、C_1 均为已知。杆端 $X = 0$ 处作用有一渐加载荷如图Ⅳ-23 所示,另一端为黏性边界条件 $\sigma_0 = -\mu v$。如果黏性系数 μ 恰好等于杆材的声抗 $\rho_0 C_0$,试画出时间 t 为

$$t = \left(\frac{2}{C_0} + \frac{5}{2C_1}\right)l$$

之前的 X—t 图和 σ—v 图,找出两个图之间的对应关系,并标出恒值区和简单波区。

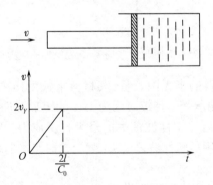

图Ⅳ-23 有限长杆杆端 $X = 0$ 处作用的渐加载荷

4-6 材质相同的两弹性杆之间夹有一个短试件。试件长度 $l_0 = 10$mm(远小于两弹性杆的长度),其应力应变关系为

$$\varepsilon = \frac{\sigma}{\rho_0 C_0 (C_0 - A\sigma)}$$

式中:$A = \pm 10^{-5}$m$^2 \cdot$s/kg(受拉时取正号,受压时取负号);弹性杆的 $\rho_0 = 8$g/cm^3,$E = 200$GPa,$Y = 300$MPa;试件的 $\rho_0 = 4$g/cm^3,$E_0 = 100$GPa,$Y = 150$MPa。假定在输入杆中传入如图Ⅳ-24 所示的应力载荷。

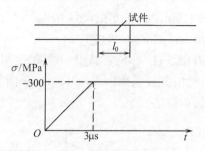

图Ⅳ-24 在输入杆中传入的应力载荷

（1）当输入杆中应力载荷的上升沿全部到达试件另一端时刻 t^* 为止，用特征线数值法计算试件各相应位置上的应力（特征线初始间隔取 $0.5\mu s$）。

（2）标出弹塑性区域的边界（可采用内插法确定屈服点的位置）。

（3）画出 $t=3\mu s$，$4.5\mu s$ 以及 t^* 时刻的 σ—X 曲线。

计算中取三位有效数字。

4-7 一线性硬化材料有限长杆，$0 \leqslant X \leqslant l_0$；已知其密度 ρ_0、弹性波速 C_0、塑性波速 $C_1 = C_0/2$ 和初始屈服强度 Y，杆的左端 $X=0$ 处施加一应力载荷，如图Ⅳ-25 所示，另一端为自由端，求：

（1）不计 Bauschinger 效应，画出 $t=3t_0$ 之前的 X—t 图和 σ—v 图。

（2）按随动硬化考虑 Bauschinger 效应，画出 $t=3t_0$ 之前的 X—t 图和 σ—v 图。

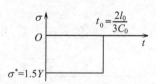

图Ⅳ-25 有限长杆左端 $X=0$ 处施加的应力载荷

4-8 一线性硬化材料的半无限长杆，其材料常数为：$\rho_0 = 8\text{g/cm}^3$，$Y = 240\text{MPa}$，$C_0 = 5\text{km/s}$、$C_1 = 0.5\text{km/s}$。杆端承受一持续时间为 1ms 的矩形脉冲载荷。求弹性卸载波和塑性加载波第一次相互作用后使塑性波消失的最大打击应力，并求出塑性变形区的长度。假定需经过第二次相互作用后塑性波才消失，试问这时最大打击应力及塑性变形区长度各为多少？

4-9 A、B 两种材料均为线性硬化材料，已知 $\rho_A = 8\text{g/cm}^3$，$Y_A = 240\text{MPa}$，$C_0 = 5\text{km/s}$，$C_1 = C_0/10$，$\rho_B = 4\text{g/cm}^3$，$Y_B = 120\text{MPa}$，$C_0 = 5\text{km/s}$、$C_1 = C_0/10$。现将长 50cm 的 A 杆分别以 8m/s 和 20m/s 的速度撞击一静止的半无限长 B 杆，试画出 0.3s 之前的 X—t 图和 σ—v 图，并确定各驻定应变间断面的位置。

4-10 一线性硬化材料的半无限长杆，其 ρ_0、C_0、C_1 及 Y 均为已知，$C_1 = C_0/3$，杆左端受到刚体的恒速（$v^* = 2v_Y$）的撞击，并设撞击过程中刚体保持恒速，到 $t = 2t_0$ 时刻撞击结束。待卸载完毕之后，再以同样的条件进行第二次撞击。

（1）试画出第二次撞击时 $t = 2.5t_0$ 之前的 X—t 图和 σ—v 图。

（2）对应地画出 $t = 2.5t_0$ 时刻的最大应变分布图（$\varepsilon_{\max}$—X 图）。

4-11 一线性硬化材料半无限长杆，$X \geqslant 0$，ρ_0、C_0、C_1 及 Y 均为已知，且 $C_1 = C_0/4$；设

在杆的左端分别施加如图Ⅳ-26所示的两种应力载荷。

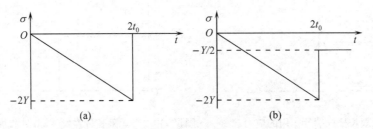

图Ⅳ-26 半无限长杆左端$X=0$处施加的两种应力载荷

(1) 分别画出X—t图和σ—v图,并注明卸载边界是强间断还是弱间断。若两者兼有,需分别注明。

(2) 确定残余应变区的长度。

4-12 有一线性硬化材料的半无限长杆,其弹性波速C_0和塑性波速C_1均已知,且$C_1=C_0/4$。若有一如图Ⅳ-27所示的应力载荷$\sigma(t)$作用在杆端,(1)试画出x—t图和v—σ图;(2)确定弹塑性边界强间断终点的位置;(3)确定杆中残余应变段的长度。

4-13 有一线性硬化材料的半无限长杆,其弹性波速C_0和塑性波速C_1均已知,且$C_1=C_0/3$。若有一如图Ⅳ-28所示的应力载荷$\sigma(t)$作用在杆端,(1)试画出x—t图和v—σ图;(2)确定弹塑性边界强间断终点的位置;(3)确定弹塑性边界终点的位置。

4-14 有一线性硬化材料的半无限长杆,其弹性波速C_0和塑性波速C_1均已知,且$C_1=C_0/5$。若有一如图Ⅳ-29所示的应力载荷$\sigma(t)$作用在杆端,(1)试画出x—t图和v—σ图;(2)确定弹塑性边界终点的位置。

4-15 有一递减硬化材料半无限长杆,$E=80\text{GPa}$,$\rho_0=5\text{g/cm}^3$,$\sigma_Y=\pm 160\text{MPa}$,应力应变关系为

$$\sigma = \begin{cases} E\varepsilon, & |\sigma| \leq |\sigma_Y| \\ \sigma_Y + \dfrac{\rho_0}{3A}\left\{C_0^3 - \left[C_0 - A\left(\varepsilon - \dfrac{\sigma_Y}{E}\right)\right]^3\right\}, & |\sigma| > |\sigma_Y|, \varepsilon < 1\% \end{cases}$$

式中:$A=\pm 100 C_0$(受拉取正,受压取负)。杆端载荷如图Ⅳ-30所示。

(1) 画出$t=0.5\text{ms}$和$t=1\text{ms}$时刻的ε—X图。

(2) 画出杆中的$\varepsilon_{\max}$—X图。

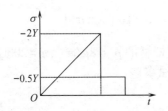

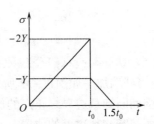

图Ⅳ-27 半无限长杆杆端处作用的应力载荷　　图Ⅳ-28 半无限长杆杆端处作用的应力载荷

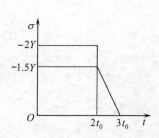
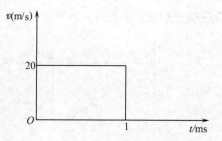

图Ⅳ-29 半无限长杆杆端处作用的应力载荷   图Ⅳ-30 半无限长杆左端$X=0$处施加的载荷

4-16 有一线性硬化材料半无限长杆,E、E_1、C_0、C_1和Y均已知。在杆端加一如图Ⅳ-31所示载荷,假定塑性加载波被弹性卸载波一次卸完,(1)试证明:

$$\varepsilon_m(X) = -\frac{p_0}{E_1}\left(1 - \frac{\mu^2 - 1}{2\mu}\frac{X}{C_0 t_0}\right) - \frac{Y}{E}(1 - \mu^2)$$

式中:$\mu = C_0/C_1$;(2)求出残余应变$\varepsilon_R(X)$及残余应变长度l_R;(3)为保证塑性加载波能在一次卸载过程中完成卸载,则p_0的最大值为多少?

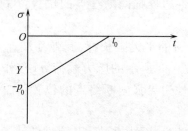

图Ⅳ-31 半无限长杆左端$X=0$处施加的载荷

4-17 有一线性硬化材料的半无限长杆,其E、E_1、C_0、C_1和Y均为已知。在杆端加一压力载荷$p(t)$:

$$p(t) = p_0\left[1 - \left(\frac{t}{t_0}\right)^n\right]$$

试证明塑性变形区的长度l为

$$l = C_1 t_0 \cdot \left(\left(1 - \frac{Y}{p_0}\right)\frac{[(C_0 + C_1)^{n+1} - (C_0 - C_1)^{n+1}]C_0^n}{2C_1(C_0^2 - C_1^2)^n}\right)^{1/n}$$

4-18 有一递增硬化材料的半无限长杆,其应力-应变关系为

$$\varepsilon = \begin{cases} \dfrac{\sigma}{E}, & |\sigma| \leq |\sigma_Y| \\ \dfrac{\sigma_Y}{E} + \dfrac{(\sigma - \sigma_Y)}{\rho_0 C_0[C_0 - A(\sigma - \sigma_Y)]}, & |\sigma| > |\sigma_Y| \end{cases}$$

式中:$A = \pm 5 \times 10^{-6} \mathrm{m^2 \cdot s/kg}$(受拉取正,受压取负);杆材的$\rho_0 = 8\mathrm{g/cm^3}$,$E = 200\mathrm{GPa}$,$\sigma_Y = \pm 200\mathrm{MPa}$。当杆端加一如图Ⅳ-32所示压力载荷时,试确定:

(1)强间断卸载边界终止点的位置。
(2)弱间断卸载边界的位置。
(3)画出$X = 1.25\mathrm{mm}$和强间断卸载边界终止点位置上的时程曲线。

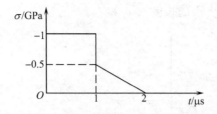

图Ⅳ-32 半无限长杆杆端处施加的载荷

5-1 一半无限长杆,已知 $\rho_0 = 8\text{g/cm}^3$,应力—应变关系如图Ⅳ-33(a)所示,边界载荷如图Ⅳ-33(b)所示,其中 $E_1 = 2.88\text{GPa}, Y = 200\text{MPa}, p_{\max} = -2Y, t_0 = 0.01\text{s}, t_1 = 2t_0$。

(1) 画出 $X—t$ 图上的加载—卸载边界。

(2) 确定边界消失点的位置和时间。

(3) 求出沿着卸载边界的应力变化 $\sigma_\text{m}(t)$,应变分布 $\varepsilon(X)$ 以及杆中的应力分布 $\overline{\sigma}(X,t)$。

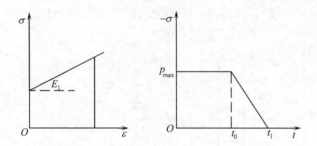

图Ⅳ-33 半无限长杆的应力应变关系(左图)和边界载荷(右图)

5-2 有弹性—线性硬化材料的两有限长杆(长度 L),其弹性波速 C_0 相等,塑性波速 C_1 分别为 $C_0/3$ 和 $C_0/5$。它们均以 5 倍的屈服速度分别撞击刚性靶,如图Ⅳ-34 所示。试分别画出 $x—t$ 图和 $v—\sigma$ 图,并确定这两根杆脱离靶板的时间。

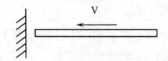

图Ⅳ-34 长为 L 的有限长杆对刚性靶的撞击

5-3 若题 4-13 采用刚性卸载近似,试确定其弹塑性边界的终点。

5-4 设有限长杆的材料为线弹性—线性硬化塑性加载—刚性卸载的应力应变关系,材料常数:$C_0 = 5\text{km/s}, \rho_0 = 8\text{g/cm}^3, C_1 = C_0/5$。已知杆长 $l_0 = 10\text{cm}$,初始自然状态,一端刚性固定,另一端受一脉冲载荷 $\sigma_{\max} = 2Y$,持续时间 $t_0 = 6\text{ms}$。

(1) 求 $t \leq C_1$ 期间沿卸载边界卸载侧的应力变化 $\sigma_\text{m}(t)$ 及速度变化 $v_\text{m}(t)$。

(2) 画出 $X—t$ 图及 $t = 6.4\text{ms}$ 时杆中应力分布图(定性示意图)。

5-5 一半无限长杆的材料为弹性—线性硬化材料,其弹性波速 C_0 和塑性波速 C_1 均已知,且 $C_1 = C_0/10$。若在杆端作用一如图Ⅳ-35 所示的应力载荷 $\sigma(t)$,试采用刚性卸载近似来确定杆中残余应变段的长度。

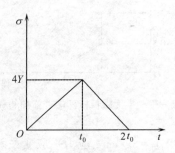

图Ⅳ-35 作用杆端的应力载荷

5-6 处于初始自然状态的的半无限长杆,杆材为刚性—线性硬化塑性加载—刚性卸载的应力应变关系,如图Ⅳ-36(a)所示。若端部受一突加载荷 $\sigma_{\max}$ 并立即线性卸载,如图Ⅳ-36(b)所示,其中 $\rho_0 = 8\text{g/cm}^3, E_1 = 2.88\text{GPa}, \sigma^* = 2Y, \sigma_{\max} = 3Y, t_0 = 0.01\text{s}$。

(1) 求出卸载边界轨迹 $X = \varphi(t)$ 及沿卸载边界一侧的应力变化 $\sigma_m(t)$;
(2) 求出塑性冲击波消失的时间 t_D 和塑性连续波消失的时间 t_p。

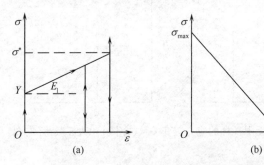

图Ⅳ-36 半无限长杆的应力应变关系和边界载荷
(a) 应力应变关系;(b) 边界载荷。

5-7 杆的材料和边界载荷与前题相同,但若杆为有限长 l_0,另一端为自由端,试求塑性冲击波消失的位置。

5-8 有一线性硬化材料的半无限长杆,其屈服应力 Y,弹性波速 C_0 和塑性波速 C_1 均已知,且 $C_1 = C_0/5$。若在杆端作用的应力载荷为

$$\sigma(t) = -P_m\left[1 - \left(\frac{t}{t_0}\right)^2\right]$$

当式中的 P_m 分别为 $2Y$ 和 $4Y$ 时,试采用迭代近似法、幂级数展开法和刚性卸载近似等多种方法来确定杆中残余应变段的长度,并对这些方法的结果进行比较讨论。

6-1 设材料为 Maxwell 体,外载荷条件为随时间 t 线性变化的应变:$\varepsilon = \varepsilon_0(1+at)$,式中 ε_0 和 a 均为常数。试求材料的应力松弛响应 $\sigma(t)$。

6-2 设材料为 Voigt 体与弹簧元件 E'_a 串联的三单元体(图Ⅳ-37),试讨论其在恒应力下的蠕变响应和恒应变下的应力松弛响应。若作用恒应力至 $t=t_0$ 时应力又突然降为零,试讨论材料的回复响应。

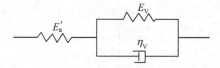

图Ⅳ-37 Voigt 体与弹簧串联的三单元体

6-3 试证明以下两本构方程:

$$E_M \sigma + \eta_M \dot{\sigma} = E_M E_a \varepsilon + (E_M + E_a)\eta_M \dot{\varepsilon}$$

$$(E'_a + E_V)\sigma + \eta_V \dot{\sigma} = E'_a E_V \varepsilon + E'_a \eta_V \dot{\varepsilon}$$

在 $E'_a = E_a + E_M$, $E_V = E_a(1 + E_a/E_M)$ 和 $\eta_V E_M E_a = \eta_M E_V E'_a$ 时,两式完全等价。

6-4 设一均匀杆,在简单拉伸时的本构关系为

$$\dot{\varepsilon} = \frac{\dot{\sigma}}{E} + \gamma^* \left[\frac{|\sigma|}{Y_0} - 1 \right]$$

式中: E、Y_0 和系数 γ^* 均已知。求在如下的载荷条件下(图Ⅳ-38)

$$\sigma = \begin{cases} P_{max} \dfrac{t}{t_0} & 0 < t \leqslant t_0 \\ P_{max}\left(1 - \dfrac{t-t_0}{t_1-t_0}\right) & t_0 \leqslant t \leqslant t_1 \end{cases}$$

的材料应力应变关系,式中 $P_{max} = 2Y_0$, $t_1 = 2t_0$。

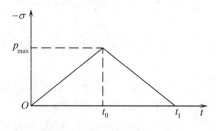

图Ⅳ-38 均匀杆的载荷条件

6-5 一初始自然状态的均匀杆,其本构模型为以弹簧元件和 Voigt 体串联组合的标准三单元体。试求杆中应力波传播的特征线方程和特征相容关系,以及在半无限长杆一端突加恒值 σ^* 的载荷下,强间断波阵面上的应力和应变的变化规律。

6-6 一初始自然状态的半无限长均匀杆,其本构模型为由弹簧元件和 Maxwell 体并联组成的标准固体。试求杆中应力波传播的特征线方程和特征相容关系,以及在一端突加恒值 σ^* 的载荷下,强间断波阵面上的应力和应变的变化规律。

6-7 一 Maxwell 黏弹性体(图Ⅳ-39(a))与一线性硬化塑性—刚性卸载(图Ⅳ-39(b))的半无限长杆相接,初始自然状态。今在黏弹性体上作用一突加恒值应变 $\varepsilon = \varepsilon_0$,求在半无限长杆中的应力波的传播。

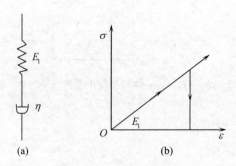

图Ⅳ-39 Maxwell 黏弹性体与线性硬化塑性—刚性卸载体

(a) Maxwell 黏弹性体;(b) 线性硬化塑性—刚性卸载体。

7-1 证明一维应变加载下的弹塑性材料有如下的 σ_X—ε_X^p 的关系:

$$\sigma_X = \frac{1-\nu}{1-2\nu}Y(\varepsilon_X^p) + \frac{E}{2(1-2\nu)}\varepsilon_X^p$$

7-2 对于线性硬化材料 $Y = Y_0 \varepsilon_X^p$,试求一维应变条件下的 σ_X—ε_X 和 s_X—ε_X 之间的关系,并求其塑性波波速。

7-3 一铝板以速度 $u_0 = 1.5 \text{km/s}$ 与一钢板相撞。设已知二板的 Murnagham 方程为

$$p = \frac{k_0}{n}\left[\left(\frac{\rho}{\rho_0}\right)^n - 1\right]$$

分别有如下参数:

钢:$k_0 = 200\text{GPa}$, $n = 4$, $\rho_0 = 7.8\text{g/cm}^3$;
铝:$k_0 = 150\text{GPa}$, $n = 3.5$, $\rho_0 = 2.7\text{g/cm}^3$;

试求:

(1) 用流体动力学近似方法求出接触面上的质点速度 u 和压力 p(不考虑自由面反射以后的情况);

(2) 用流体弹塑性(理想塑性)模型计算接触面上的质点速度 u 和压力 p。设钢板的 $G = 80\text{GPa}$,$Y_0 = 800\text{MPa}$;铝板的 $G = 60\text{GPa}$,$Y_0 = 400\text{MPa}$。

7-4 求证在 Grüneisen 假定下,定容比热容 C_V 有如下关系式:

$$\left(\frac{\partial C_V}{\partial V}\right)_T = \frac{T\gamma(V)}{V}\left(\frac{\partial C_V}{\partial T}\right)_V$$

7-5 证明对 Grüneisen 固体有

$$\left(\frac{\partial E}{\partial V}\right)_p = \frac{K_s}{\Gamma} - p$$

并说明等内能线必定低于等熵线(即 $-V\left(\frac{\partial p}{\partial V}\right) < K_s$)。

7-6 由统计物理证明了当温度远高于室温时,认为 $C_V = \text{const}$,故 $E_T = C_V T$,试证明对于 Grüneisen 材料,此时有

$$p_T = T\left(\frac{\partial p_T}{\partial T}\right)_V$$

7-7 证明对于 Grüneisen 固体,沿着 Hugoniot 线,温度满足如下关系式:

$$\left(\frac{dT}{dV}\right)_H - \frac{\gamma(V)}{V}T = \frac{1}{C_V}\left[\left(\frac{dE}{dV}\right)_H + p\right]$$

7-8 已知固体状态方程为

$$p = p_{0k} + \frac{\gamma}{V}(E + E_{0k})$$

求证冲击压缩绝热曲线为

$$p_H = \frac{2(E_0 - E_{0k})/V_H + (h-1)p_{0k}}{h - V_0/V_H}, \quad 其中 h = \frac{2}{\gamma} + 1。$$

7-9 什么是流体动力学近似中的弱激波近似？如图Ⅳ-40，已知 A、B、C 三种材料的 Hugoniot 线均可表为 $U=a+su$，且 $\rho_{0B}=2\rho_{0A}$，$\sigma_B=2/3\sigma_A$，$\rho_{0C}=1/2\rho_{0A}$，$a_C=1/2a_A$，$S_A=S_B=S_C$；设在材料 A 中有一强度为 p_1 的右行平面冲击波，将在界面 F_1、F_2 上发生透射、反射。求用弱激波近似法在 p—u 图上标出界面 F_1、F_2 上的压力和速度（定性图）。

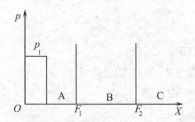

图Ⅳ-40 弱激波在 A、B、C 三种材料中的透射和反射

11-1 试证明一 P 波斜入射至自由表面时，一般反射一 P 波和一 SV 波，否则不能满足自由面边界条件。若边界是一刚壁光滑接触面，则斜入射的 P 波和 SV 波分别只反射 P 波和 SV 波。

11-2 振幅为 B、入射角为 β 的 SV 波（谐波）入射到自由面上时，证明反射 P 波和反射 SV 波的反射角 α'、β' 满足 Snell 定律：

$$\frac{C_T}{\sin\beta} = \frac{C_1}{\sin\alpha'} = \frac{C_T}{\sin\beta'}$$

反射 P 波和反射 SV 波的反射系数分别为

$$A' = \frac{2C_1C_T\sin2\beta\cos2\beta}{C_T^2\sin2\beta\sin2\alpha' + C_1^2\cos^22\beta}B$$

$$B' = \frac{C_T^2\sin2\beta\sin2\alpha' - C_1^2\cos^22\beta}{C_T^2\sin2\beta\sin2\alpha' + C_1^2\cos^22\beta}B$$

附录Ⅴ 编码程序 VE-SHPB-NBU

几点说明[①]：

[①] 本编码程序最早由王礼立 1989 年应 Pluvinage 教授邀请作为客座教授访问法国 Metz 大学时，因合作研究所需编写，其应用成果发表于相关合作研究论文。此后，朱珏、赖华伟和董新龙等先后应用或改编此程序，发表了多项研究成果。在列为本书附录Ⅴ时，由朱珏教授作了仔细校核和补充说明，特此致谢。

1. 本编码程序供一维黏弹性 SHPB 装置使用。可对照 **13.1.2 节黏弹性应力波的第一类反分析**。

2. 设黏弹性杆满足如下的**高应变率下一维线性 ZWT 方程**(有关符号参看 6.3 节介绍的 ZWT 方程):

$$\sigma = (E_0 + E_1)\varepsilon + E_2 \int_0^t \dot{\varepsilon}(t)\exp\left(-\frac{t-\tau}{\theta_2}\right)d\tau = E_a \varepsilon + E_2 \int_0^t \dot{\varepsilon}(t)\exp\left(-\frac{t-\tau}{\theta_2}\right)d\tau$$

(V - 1a)

或以微分形式表示时,则为

$$\frac{\partial \varepsilon}{\partial t} - \frac{1}{E_a + E_2}\frac{\partial \sigma}{\partial t} + \frac{E_a \varepsilon}{(E_a + E_2)\theta_2} - \frac{\sigma}{(E_a + E_2)\theta_2} = 0 \qquad (V - 1b)$$

这与**标准线性固体模型**(参看图 6-8(a))在形式上一致。

3. 作为一个实例,程序中按照编者所用的 **PMMA 黏弹性 SHPB 装置**,设定

脉冲历时 Tm = 240μs;

采样时间 Ts = 1μs;

线性弹性模量 Ea = 2.94GPa;

高频 Maxwell 体弹性模量 E2 = 3.07GPa;

高频 Maxwell 体松弛时间 T2 = 95.4μs;

黏弹性杆密度 R0 = 1190kg/m^3;

试样-入射杆界面 X1 与入射杆上应变片 XG1 之间的距离 L1 = 0.270m;

试样-透射杆界面 X2 与透射杆上应变片 XG2 之间的距离 L2 = 0.270m。

不同使用者请按照**实际情况修改**这些设定的参数!

4. 本特征线程序由四部分内容组成:

(1) **求解 $\sigma_i(X_1,t)$, $\varepsilon_i(X_1,t)$ 和 $v_i(X_1,t)$ 的正问题**——由入射杆应变计 G_1 处测得的入射应变波 $\varepsilon_i(X_{G_1},t)$ 来确定试样的入射界面 X_1 处的未知入射应力 $\sigma_i(X_1,t)$, $\varepsilon_i(X_1,t)$ 和质点速度 $v_i(X_1,t)$。

(2) **求解 $\sigma_t(X_2,t)$, $\varepsilon_t(X_2,t)$ 和 $V_t(X_2,t)$ 的正问题和第一类反问题**——由透射杆应变计 G_2 处测得的透射应变波信号 $\varepsilon_t(X_{G_2},t)$,先通过解正问题求得 G_2 处的 $\sigma_t(X_{G_2},t)$ 和 $v_t(X_{G_2},t)$;再通过解第一类反问题,来确定试样的透射界面 X_2 处的未知透射应力 $\sigma_t(X_2,t)$,$\varepsilon_t(X_2,t)$ 和质点速度 $v_t(X_2,t)$。

(3) **求解 $\sigma_r(X_1,t)$, $\varepsilon_r(X_1,t)$ 和 $v_r(X_1,t)$ 的正问题**——按应力均匀性假定可确定 X_1 处反射应力 $\sigma_r(X_1,t) = \sigma_t(X_2,t) - \sigma_i(X_1,t)$,从而通过解正问题可求得 X_1 处的 $\varepsilon_r(X_1,t)$ 和质点速度 $v_r(X_1,t)$。

(4) 按下式计算试样的应力 $\sigma_s(t)$,应变率 $\dot{\varepsilon}_s(t)$ 和应变 $\varepsilon_s(t)$:

$$\begin{cases} \sigma_s(t) = \dfrac{A}{2A_s}[\sigma(X_1,t) + \sigma(X_2,t)] = \dfrac{A}{2A_s}[\sigma_i(X_1,t) + \sigma_r(X_1,t) + \sigma_t(X_2,t)] \\[2mm] \dot{\varepsilon}_s(t) = \dfrac{v(X_2,t) - v(X_1,t)}{l_s} = \dfrac{v_t(X_2,t) - v_i(X_1,t) - v_r(X_1,t)}{l_s} \\[2mm] \varepsilon_s(t) = \displaystyle\int_0^t \dot{\varepsilon}_s(t)dt = \dfrac{1}{l_s}\int_0^t [v_t(X_2,t) - v_i(X_1,t) - v_r(X_1,t)]dt \end{cases}$$

附 录

！黏弹性 SHPB 特征线法分析程序（VE-SHPB-NBU）

```
real    Tm,Ts,Ea,E2,T2,R0,L1,L2,Ee,Er,Cv,Wi,Dt,Dx,Ls
integer N1,M1,N,M,Na
dimension Em(260),Sm(260),Vm(260),Vsm(260),Esm(260),En(260),Sn(260),Vn
(260),Sli(260)
dimension Eli(260),Vli(260),Slr(260),Elr(260),Vlr(260),Srt(260),Ert
(260),Vrt(260)
dimension Sg(500),Vs(500),Es(500),Sr(500)

Tm=2.40e-4      ! duration of a pules  (s)
Ts=1.e-6        ! sampling time (s)
Ea=2.94e9       ! Pa
E2=3.07e9       ! Pa
T2=9.54e-5      ! s
R0=1190         ! kg/m3
L1=0.270        ! L1=x1-xg1
L2=0.270        ! L2=x2-xg2
Ee=Ea+E2        ! Pa
Er=1/(1+E2/Ea)
Cv=sqrt(Ee/R0)  ! m/s
Wi=R0*Cv
Dt=Ts/2/T2
Dx=Cv*Ts/2
N1=int(L1/Dx)
M1=int(L2/Dx)
Na=Tm/Ts+9
M=Na
N=N1+Na
Ls=0.005
!---------------------------------------------------------
!1 Direct problem for σi(X1,t),εi(X1,t),Vi(X1,t)

do 10   j=0,m
En(j)=-1/1000.
if (j.lt.10)  En(j)=-j/10000.
if (j.gt.239) En(j)=((j-239)/10-1)/1000.
10 end do
write(*,*) En

do  20 i=0,n
Sg(i)=0
Vs(i)=0
```

```
         Es(i)=0
         Sr(i)=0
     20 end do
         do 30 j=1,m
         D=Es(0)-Sg(0)-Sr(0)*2*Dt
         B=Vs(1)+Sg(1)+Sr(1)*Dt
         Es(0)=Ee*En(j)
         Sg(0)=Es(0)-D
         Vs(0)=B-Sg(0)
         Sr(0)=Ea*En(j)-Sg(0)
         Sn(j)=Sg(0)
         Vn(j)=Vs(0)/Wi
         do  40 i=1,n-j
         A=Vs(i-1)-Sg(i-1)-Sr(i-1)*Dt
         B=Vs(i+1)+Sg(i+1)+Sr(i+1)*Dt
         D=Es(i)-Sg(i)-Sr(i)*2*Dt
         Sg(i)=(B-A)/2
         Vs(i)=(B+A)/2
         Es(i)=Sg(i)+D
         Sr(i)=Er*Es(i)-Sg(i)
         if (i.eq.N1) then
         Eli(j)=100*Es(i)/Ee
         Sli(j)=Sg(i)/1000000
         Vli(j)=Vs(i)/Wi
         end if
     40 end do
     30 end do
         open(unit=1,file='ESVli.dat')
         print *,'incident strain Eli(X1,t),%'
         write(1,*) Eli
         print *,'incident stress Sli(X1,t),MPa'
         write(1,*) Sli
         print *,'incident particle velocity Eli(X1,t),m/s'
         write(1,*) Vli
         !------------------------------------------------------------
         !11 Direct and inverse problem for σt(X2,t),εt(X2,t),Vt(X2,t)
         do 50 j=0,m
         Em(j)=Eli(j)/100
     50 end do

         print *,'The stress and particle velocity at strain gauge G2 are being calculated'
```

```
do 110  i = 0,m
Sg(i) = 0
Vs(i) = 0
Es(i) = 0
Sr(i) = 0
110 end do
Sm(0) = 0
Vm(0) = 0
Vsm(0) = 0
Esm(0) = 0
do 120 j = 1,m
D = Es(0)-Sg(0)-Sr(0)*2*Dt
B = Vs(1)+Sg(1)+Sr(1)*Dt
Esm(0) = Ee*Em(j)
Es(0) = Esm(j)
Sm(j) = Esm(j)-D
Sg(0) = Sm(j)
Vsm(0) = B-Sm(j)
Vs(0) = Vsm(j)
Vm(j) = Vsm(J)/Wi
Sr(0) = Ea*Em(j)-Sg(0)
Em(j) = Em(j)*100
do 130 i = 1,m-j
A = Vs(i-1)-Sg(i-1)-Sr(i-1)*Dt
B = Vs(i+1)+Sg(i+1)+Sr(i+1)*Dt
D = Es(i)-Sg(i)-Sr(i)*2*Dt
Sg(i) = (B-A)/2
Vs(i) = (B+A)/2
Es(i) = Sg(i)+D
Sr(i) = Er*Es(i)-Sg(i)
130 end do
120 end do

open(unit = 11,file = 'ESVm.dat')
print *,'The strain Em,stress Sm and particle velocity Vm at gauge G2'
print *,'The measured transmitted strain Em(Xg2,t),%'
write(11,*) Em
print *,'The transmitted stress at gauge G2 Sm(Xg2,t),MPa'
write(11,*) Sm
print *,'The transmitted particle velocity at gauge G2 Vm(Xg2,t),m/s'
write(11,*) Vm

print *,'The transmitted strain,stress and particle velocity are being
```

```
              calculated'

              do 210 j=0,M
              Sg(j)=Sm(j)
              Vs(j)=Vsm(j)
              Es(j)=Esm(j)
              Sr(j)=Er*Es(j)-Sg(j)
          210 end do
              do 220 i=1,M1
              D=0
              B=Vs(0)+Sg(0)+sr(0)*Dt
              do 230 j=1,m
              A=Vs(j)-Sg(j)+Sr(j)*Dt
              B1=Vs(j)+Sg(j)+Sr(j)*Dt
              Sg(j)=(B-A)/2
              Vs(j)=(B+A)/2
              Es(j)=Sg(j)+D
              Sr(j)=Er*Es(j)-Sg(j)
              B=B1
              D=Es(j)-Sg(j)-Sr(j)*2*Dt
          230 end do
          220 end do
              do 240 j=0,m
              Ert(j)=100*Es(j)/Ee
              Srt(j)=Sg(j)
              Vrt(j)=Vs(j)/Wi
          240 end do

              open(unit=11,file='ESVrt.dat')
              print *,'The strain Ert,stress Srt,particle velocity Vrt at interface X2 '
              print *,'The transmitted strain Ert(X2,t),%'
              write(11,*) Ert
              print *,'The transmitted stress Srt(X2,t),MPa'
              write(11,*) Srt
              print *,'The transmitted particle velocity Vrt(X2,t),m/s'
              write(11,*) Vrt
              !-----------------------------------------------------------
              !111 Direct problem for σr(X1,t),εr(X1,t),Vr(X1,t)
              k=0            !k=0 means that it is assumed Sr=-Si here,only for
              testing the code
              if (k.eq.1) go to 1440
              do 310 j=0,m
              slr(j)=-Sli(j)*1000000
```

```
310 end do
goto 1470
1440 do 320 j=0,m
Slr(j)=Srt(j)-Sli(j)
320 end do

print *,'The reflected strain,stress and particle velocity are being calculated'

1470 do 410 i=0,m
Sg(i)=0
Vs(i)=0
Es(i)=0
Sr(i)=0
410 end do
Elr(0)=0
Vlr(0)=0
do 430 j=1,m
D=Es(0)-Sg(0)-Sr(0)*2*Dt
B=Vs(1)+Sg(1)+Sr(1)*Dt
Es(0)=Ee*En(j)
Sg(0)=Es(0)-D
Vs(0)=B-Sg(0)
Sr(0)=Ea*En(j)-Sg(0)
Sn(j)=Sg(0)
Vn(j)=Vs(0)/Wi
do  440 i=1,n-j
A=Vs(i-1)-Sg(i-1)-Sr(i-1)*Dt
B=Vs(i+1)+Sg(i+1)+Sr(i+1)*Dt
D=Es(i)-Sg(i)-Sr(i)*2*Dt
Sg(i)=(B-A)/2
Vs(i)=(B+A)/2
Es(i)=Sg(i)+D
Sr(i)=Er*Es(i)-Sg(i)
if (i.eq.N1) then
Eli(j)=100*Es(i)/Ee
Sli(j)=Sg(i)/1000000
Vli(j)=Vs(i)/Wi
end if
440 end do
430 end do

open(unit=111,file='ESVlr.dat')
```

```
print *,'The reflected strain Elr stress Slr and particle velocity Vlr at
interface X1'
print *,'The reflected strain Elr(X1,t),%'
write(111,*) Elr
print *,'The reflected stress Slr(X1,t),MPa'
write(111,*) Slr
print *,'The reflected particle velocity Vlr(X1,t),m/s'
write(111,*) Vlr
!-----------------------------------------------------------
!1111 calculation of σ,ε,ε/t of specimen
print *,'The dynamic stress-strain of specimen is being calculated'
Vsm(0)=0
Esm(0)=0
do 610 j=1,m
Vsm(j)=(Vrt(j)-Vlr(j)-Vli(j))/Ls
Esm(j)=Esm(j-1)+(Vsm(j)+Vsm(j-1))*Ts*100/2
610 end do
open(unit=1111,file='VEsm.dat')
print *,'Strain-rate of specimen,1/s'
write(1111,*) Vsm
print *,'strain of specimen,%'
write(1111,*) Esm
end
```

参 考 文 献

陈叶青,唐志平,冯叔瑜,1997. 拉氏分析方法的回顾与现状. 工程爆破,3(3):69-75.
戴翔宇,唐志平,2003. 冲击相边界传播过程中梯度材料的形成. 高压物理学报,17(2):111-116.
邓德全,李兆权,1992. 球面波在线粘弹性介质中的传播. 第三届全国岩石动力学学术会议论文选集. 武汉:武汉测绘科技大学出版社:152-161.
丁圆圆,杨黎明,王礼立,2012. 对基于质点速度测量的拉格朗日分析法的进一步探讨. 宁波大学学报(理工版),25(4):83-87.
董新龙,张胜林,苑红莲,等,2011. Hopkinson 束杆技术及混凝土动态性能的实验研究. 第十届全国冲击动力学学术会议论文摘要集.
郭扬波,刘方平,戴翔宇,等,2003. TiNi 合金的动态伪弹性行为和率相关相变本构模型. 爆炸与冲击,23(2):105-110.
郭扬波,唐志平,戴翔宇,2003. TiNi 合金的压缩形状记忆行为研究. 爆炸与冲击,23(增刊):103-104.
郭扬波,唐志平,徐松林,2004. 一种考虑静水压力和偏应力共同作用的相变临界准则. 固体力学学报,25(4):417-422.
胡时胜,王礼立,宋力,等,2014. Hopkinson 压杆技术在中国的发展回顾. 爆炸与冲击,34(6):641-657.
赖华伟,王礼立,2011. 用改进的基于质点速度测量的拉格朗日分析方法研究尼龙动态力学特性. 实验力学,26(2):221-226.
赖华伟,王占江,杨黎明,等,2013. 线性粘弹性球面波的特征线分析. 爆炸与冲击,33(1):1-10.
赖华伟,王占江,杨黎明,等,2013. 由球面波径向质点速度实测数据反演材料粘弹性本构参数. 高压物理学报,26(2):245-252.
李孝兰,1985. 对一组有机玻璃粒子速度测量波形的拉格朗日分析. 爆炸与冲击,5(4):45-53.
刘孝敏,胡时胜,2000. 大直径 SHPB 弥散效应的二维数值分析[J]. 实验力学,15(4):371-376.
刘孝敏,胡时胜,2000. 应力脉冲在变截面 SHPB 锥杆中的传播特性[J]. 爆炸与冲击,20(2):110-114.
卢静涵,沈建虎,赵隆茂,2004. 反分析法在结构冲击动力响应实验中的应用. 爆炸与冲击,24(2):140-144.
卢强,王占江,王礼立,等,2013. 基于 ZWT 方程的线粘弹性球面波分析. 爆炸与冲击,33(5):463-470.
尚嘉兰,白以龙,徐素珍,等,1999. 由 Lagrange 实验得到酚醛玻璃钢的动态本构方程. 科学通报,44(18):1942-1947.
施绍裘,陈江瑛,董新龙,等,2001. 钛镍形状记忆合金冲击变形后形状记忆效应的研究. 爆炸与冲击,21(3):168-172.
唐志平,田兰桥,朱兆祥,等,1981. 高应变率下环氧树脂的力学性能. 第二届全国爆炸力学会议论文集,扬州:4-1-2.
唐志平,1993. Lagrange 分析方法及其新进展. 力学进展,23(3):348-359.
唐志平,2008. 冲击相变. 北京:科学出版社.
唐志平,2022. 相变应力波. 北京:科学出版社.
陶为俊,浣石,2012. 沿时间逐步求解应力的拉格朗日分析方法研究. 物理学报(20):186-191.
王礼立,Pluvinage G,Labibes K,1995. 冲击载荷下高聚物动态本构关系对粘弹性波传播特性的影响. 宁波大学学报(理工版),8(3):30-57.
王礼立,王永刚,2005. 应力波在用 SHPB 研究材料动态本构特性中的重要作用. 爆炸与冲击,24(1):17-25.
王礼立,胡时胜,王肖,1983. 在弹塑性介质中传播的平面激波的衰减. 中国科学技术大学学报,13(1):91.
王礼立,胡时胜,杨黎明,等,2017. 材料动力学. 合肥:中国科学技术大学出版社. 英文版:Wang L L, Yang L M, Dong X L,et al.,2019. Dynamics of Materials:Experiments,Models and Applications. Elsevier Science & Technology/Academic Press.

王礼立,胡时胜,1988. 锥杆中应力波传播的放大特性. 宁波大学学报(理工版),1(1):69-78.

王礼立,施绍裘,陈江瑛,等,2000. ZWT 非线性热粘弹性本构关系的研究与应用. 教育·科技·人才研讨会论文集(2001年4月16—17日,宁波),宁波大学学报(理工版),13(增刊):141-149.

王礼立,余同希,李永池,等,1992. 冲击动力学进展. 合肥:中国科学技术大学出版社.

王礼立,朱兆祥,虞吉林,1983. 弹塑性平面波传播中弹塑性边界的间断性质. 爆炸与冲击,3(1):1-8.

王礼立,1964. 柔性弦中弹塑性波的传播. 力学学报,7(3):228-240.

王礼立,1982. 一维应变弹塑性压缩波传播中由反向塑性变形引起的拉应力区. 爆炸与冲击(2):39.

王礼立,1983. 球形容器在爆炸内压下的动态断裂. 化工机械(2).

王占江,李孝兰,张若棋,等,2000. 固体介质中球形发散波的实验装置. 爆炸与冲击,20(2):103-109.

徐萃薇,1985. 计算方法引论. 北京:高等教育出版社.

徐薇薇,唐志平,张兴华,2006. 有限杆中不可逆相边界的传播规律及其应用. 高压物理学报,20(4):365-371.

杨杰,吴月华,1993.形状记忆合金及其应用.合肥:中国科学技术大学出版社.

虞吉林,王礼立,朱兆祥,1984. 杆中弹塑性边界传播速度的确定. 固体力学学报,1(16).

虞吉林,王礼立,朱兆祥,1981. 杆中弱间断弹塑性边界的传播速度. 科学通报(26):1213.

虞吉林,王礼立,朱兆祥 1982. 杆中应力波传播过程中弹塑性边界的基本性质. 固体力学学报(3):313.

郑哲敏,解伯民,2004. 郑哲敏文集. 北京:科学出版社.

周风华,王礼立,胡时胜,1992. 高聚物 SHPB 试验中试件早期应力不均匀性的影响. 实验力学,7(1):23-29.

周风华,王礼立,胡时胜,1992. 有机玻璃在高应变率下的损伤型非线性粘弹性本构关系及破坏准则. 爆炸与冲击,1(4):333-342.

朱珏,张明华,董新龙,等,2003. TiNi 合金率相关的动态超弹性行为. 第七届全国爆炸力学学术会议(2003年11月7-13日,昆明). 爆炸与冲击,23(增刊):81-82.

朱珏,张明华,董新龙,等,2005. 钛镍形状记忆合金超弹性特性的温度和应变率效应,中国材料科技与设备(4):63-66.

朱兆祥,李永池,王肖钧,1981. 爆炸作用下钢板层裂的数值分析. 应用数学和力学,2(4):353.

Abramson H N,Plass H J,Ripperger,E A,1958. Stress Wave Propagation in Rods and Beams. Advance in Applied Mechanics. New York:Academic Press.

Albertini C,Boone P M,Montagnini M,1985. Development of the Hopkinson bar for testing large specimens in tension. J Phys France,46(C5):499-504.

Al-Hassani S T S,Johnson W,1969. The Dynamics of the Fragmentation Process of Spherical Bombs. Int. Jour Mech Sci(11):811.

Alter B E K,Cautis C W,1956. Effect of Strain-rate on the Propagation of a Plastic Strain Pulse along a Lead Bar. J Appl Phys(27):1079.

Arenberg D L,1948. Ultrasonic Solid Delay Lines. Jour Acoust Soc Am(20):1.

Bancroft D,Peterson E L,Minshall S,1956. Polymorphism of Iron at High Pressure. Journal of Applied Physics,27(3):291-298.

Banerjee S,Roychoudhuri S K,1995.Spherically Symmetric Thermo Visco-elastic Waves in a Viscoelastic Medium with a Spherical Cavity.Computers and Mathematics with Applications,30(1):91-98.

Barker L M,Hollenbach R E,1974. Shock Wave Study of the $\alpha \rightleftarrows \varepsilon$ Phase Transition in Iron. Journal of Applied Physics,45(11):4872-4887.

Bathe K J,1982. Finite Element Procedures in Engineering Analysis. Prentice-Hall Inc.

Bejda,J,Perzyna P,1964. The Propagation of Stress Waves in a Rate Sensitive and Work-Hardening Plastic Medium. Archwm Mech,Stosow(16):5.

Bell J F,1959. Propagation of Plastic Waves in Solides,Jour. Appl. Phys.,30(2):196.

Bell J F,1951. Propagation of Plastic Waves in Pre-stressed Bar. Nary Contract N6-ONR-243,Ⅷ,Johns Hopkins Univ. Tech. Rept. ,5.

Bianchi G,1964. Some Experimental and Theoretical Studies on the Propagation of Longitudinal Plastic Waves in a Strain-Rate-

参考文献

Dependent Material. Stress Waves in Anelastic Solids. Berlin: Springer-Verlag: 101.

Birch F,1938. The Effect of Pressure upon Elastic Parameters of Isotropic Solids, according to Murnagham's Theory of Finite Strain. J Appl Phys(9).

Bohnenblust H F, Charyk J V Hyers D H,1943. Graphical Solutions for Problems of Strain Propagation in Tension. NDRC Report A-131(OSRD No. 1204).

Bohnenblust H F,1942. A Note of von Karman's Theory of Propagation of Plastic Deformation in Solids. NDRC Memo. A-47M,PB. 32180.

Bohnenblust H F,1942. Comments on White and Griffis' Theory of the Permanent Strain in a Uniform Bar due to Longitudinal Impact. NDRC Memo. A-47M,PB. 32180.

Bohnenblust H F,1942. Propagation of Plastic Waves. A Comparison of Report NDRC A-29 and R. C. 329. NDRC Memo. A-53M,PB. 20275.

Bridgman P W,1949. The Physics of High Pressure. London: G Bell and Sons.

Broberg K B,1956. Shock Waves in Elastic and Elastic-Plastic Media. Avhandling Kungl Tekn Högsk, Stockholm.

Brown A F C, Edmonds R,1948. The Dynamic Yield Strength of Steel an Intermediate Rate of Loading. Proc Inst Mech Eng,159:11.

Butler D S,1962. The Numerical Simulation of Hyperbolic Systems of Partial Differential Equations in Three Independent Variables. London: Proc Roy Soc, A255:232-252.

Campbell J D, Ferguson W G,1970. The Temperature and Strain-Rate Dependence of the Shear Strength of Mild Steel. Phil. Mag. ,21:63-82.

Campbell J D,1973. Dynamic Plasticity: Macroscopic and Microscopic Aspects. Mat Sci Engrg,12:3.

Chen J, Tao W, Huan S, et al,2022. Data Processing of Wave Propagation in Viscoelastic Split Hopkinson Pressure Bar. AIP Advances,12(4):045210.

Chen J P, Tao W J, Shi H,2019. An Improved Generalized Lagrangian Analysis Method for attenuating waves. AIP Advances,9:085214.

Chen W N, Song B,2010. Split Hopkinson (Kolsky) Bar: Design, Testing and Applications. Springer Science & Business Media.

Chou P C, Hopkins A K,1972. Dynamic Response of Materials to Intense Impulsive Loading. U. S. Air Materials Lab, Wright Patterson AFB, Ohio.

Chu C S, Wang L L, Xu D B ,1985. A Nonlinear Thermo-Viscoelastic Constitutive Equation for Thermoset Plastics at High Strain-Rates. Proceedings of the International Conference on Nonlinear Mechanics(Oct. 28-31,1985, Shanghai, China). Beijing: Science Press,92-97.

Clifton R J, Bodner S R,1966. An Analysis of Longitudinal Elastic-Plastic Pulse Propagation. J Appl Mech,31:248-255.

Clifton R J, Ting T C T,1968. The Elastic-Plastic Boundary in One Dimentional Wave Propagation. J Appl Mech,35: 812-814.

Clifton R J,1967. A Difference Method for Plane Problems in Dynamic Elasticity. Quarterly of Applied Mechanics,25: 97-116.

Cole J D, Dougherty C B, Huth J H,1953. Constant-Strain Waves in Strings. J App Mech,20:519-522.

Coleman B D, Noll W, 1960. An Approximation Theorem for Functionals with Applications in Continuum Mechanics. Arch. Ratl. Mech. Anal. ,6:355.

Coleman B D, Noll W,1961. Foundation of Linear Viscoelasticity. Rev Mod Phys,33:239.

Courant R, Friedrichs K O,1948. Supersonic Flow and Shock Waves. New York: Interscience Publishers Inc.

Cowper G R, Symonds P S,1957. Strain Hardening and Strain-rate Effects in the Impact Loading of Cantilever Beams. Brown University Division of Applied Mathematics Report ,28.

Cowperthwaite M, Williams R F, 1971. Determination of Constitutive Relationships with Multiple Gauges in Nondivergent Wave. J Appl Phys,42: 456.

Craggs J W,1961. Plastic Waves. Progress in Solid Mechanics, V. II ,ed Sneddon, I N, Hill, R, North-Holland Pub Co, Amsterdam, Chap. IV.

Craggs J W, 1957. The Propagation of Infinitesimal Plane Waves in Elastic-Plastic Materials. J Mech Phys Solids, 5:115.

Craggs J W, 1954. Wave Motions in Elastic-Plastic Strings. J Mech Phys Solids, 2(4):286-295.

Cristescu N, 1967. Dynamic Plasticity. North-Holland Pub Co, Amsterdam.

Dai X, Tang Z P, Xu S, et al, 2004. Propagation of Macroscopic Phase Boundaries under Impact Loading. International Journal of Impact Engineering, 30(4):385-401.

Davidson D L, Lindholm U S, 1974. The Effect of Barrier Shape in the Rate Theory of Metal Plasticity (Based on Crystal Dislocations). Mechanical Properties at High Rates of Strain: 124-137.

Davies R M, 1948. A Critical Study of the Hopkinson Pressure Bar. London: Phil. Trans. Roy. Soc. A240, 375-457.

Davies R M, 1953. Stress Waves in Solids. Appl Mech Rev, 6:1.

Davies R M, 1956. Stress Waves in Solids. Brit J Appl Phys, 7:203.

De Juhasz K J, 1949. Graphical Analysis of Impact of Bars Stressed above the Elastic Range. J Franklin Inst, 248, 15:113.

Desai C S, Christian J T, 1972. Introduction to the Finite Element Method. New York: Van Nostrand Reinhold.

Desai C S, Kundu T, 2001. Introduction of Finite Element Method. New York: CRC Press.

Dong X L, Leung Ming-Yan, Yu T X, 2008. Characteristics Method for Viscoelastic Analysis in a Hopkinson Tensile Bar. International Journal of Modern Physics B, 22(9-11):1062-1067.

Donnell L H, 1930. Longitudinal Wave Transmission and Impact. Trans ASME, 52:153-161.

Duvall G E, Graham R A, 1977. Phase Transitions under Shock-wave Loading. Reviews of Modern Physics, 49(3): 523.

Duvall G E, 1972. Applications. Dynamic Response of Materials to Intense Impulsive Loading, ed Chou, P C, Hopkins, A K, U S Air Materials Lab, Wright Patterson AFB, Ohio:481-516.

Duvall G E, 1972. Shock Waves and Equations of State. Dynamic Response of Materials to Intense Impulsive Loading, ed Chou, P C, Hopkins, A K, U S Air Materials Lab, Wright Patterson AFB, Ohio:89-122.

Duvall G E, 1971. Shock Waves in Condensed Media. Physics of High Energy Density, ed. Caldirola, P, Knoepfel, H, Academic Press.

Duwez P E, Clark D S, Bonenblust H F, 1950. The Behavior of Long Beams under Impact Loading. J Appl Mech, 17(1): 27-34.

Duwez P E, Clark D S, Wood D S, 1943. The Behavior of Long Beams under Impact Loading. NDRC Report A-216, OSRD No. 1828(PB 18472).

Duwez P E, Clark D S, 1947. An Experimental Study of the Propagation of Plastic Deformation under Conditions of Longitudinal Impact. Proc ASTM, 47:502.

Duwez P E, 1942. Preliminary Experiments on the Propagation of Plastic Deformation. NDRC Report A-33, PB 40536.

Duwez P E, Wood D S, Clark D S, 1942. The Effect of Stopped Impact and Reflection on the Propagation of Plastic Strain in Tension. NDRC Report A-108, PB 202725.

Duwez P E, 1956. Physics of Solid-Plastic Flow. J Aero Sci, 23:435.

Erkman J O, 1961. Smooth Spalls and the Polymorphism of Iron, J Appl Phys, 32(5):939-944.

Field J E, Walley S M, Proud W G, et al, 2004. Review of Experimental Techniques for High-rate Deformation and Shock Studies. International Journal of Impact Engineering, 30(7):725-775.

Follansbee P S, Kocks U F, 1988. A Constitutive Description of the Deformation of Copper Based on the Use of the Mechanical Threshold Stress as an Internal State Variable. Acta Metallurgica, 36(1): 81-93.

Fowles R, Williams R F, 1970. Plane Stress Wave Propagation in Solid. J Appl Phys, 41(1): 360.

Fowles R, 1970. Conservation Relations for Spherical and Cylindrical Stress Wave. J Appl Phys, 41:2740.

Friedman M B, Bleich H H, Parnes R, 1965. Spherical Elastic-Plastic Shock Propagation. Proc ASCE, 91:189.

Gilman J J, 1960. The Plastic Resistance of Crystals. Australian J Phys, 13: 327-348.

Goldsmith W, 1960. Impact, The Theory and Physical Behavior of Colliding Solids. Edward Arnold, London.

Grady D E, 1973. Experimental Analysis of Spherical Wave Propagation. J. Geo. Res., 78:1299.

Graff Karl F, 1975. Wave Motion in Elastic Solids. Oxford: Clarendon Press.

Green A E, Rivlin R S, 1957. The Mechanics of Nonlinear Materials with Memory, Part 1. Arch. Rat. Mech. Anal, 1: 1-21.

Griffis L, 1943. The Behavior of Longitudinal Stress-waves near Discontinuities in Bars of Plastic Materials. NDRC Report A-212, PB18476.

Gupta Y M, 1984. High Strain-rate Deformation of a Polyurethane Elastomer Subjected to Impact Loading. Polym. Eng. Sci. (24): 851.

Hillier K W, 1949. A Method of Measuring some Dynamic Elastic Constants and its Application to the Study of High Polymers. Proc Phys Soc B, 62: 701-713.

Holmquist T J, Johnson G R, Cook W H, 1993. A Computational Constitutive Model for Concrete Subjected Large Strain, High Strain Rates and High Pressure. Proc. 7th Int. Symp. Ballistics, Québec, Canada: 591-600.

Hopkins H G, 1960. Dynamic Expansion of Spherical Cavities in Metals. Progress in Solid Mechanics, V. I, ed. By I N Sneddon, R. Hill, North-Holland Publ. Co, Amsterdam, Chap. III.

Hopkinson B, 1914. A Method of Measuring the Pressure Produced in the Detonation of High Explosive or by the Impact of Bullets. Phil Trans Roy Soc, A213: 437.

Hopkinson B, 1905. The Effect of Momentary Stresses in Metals. Proc Roy Soc, A74: 498.

Hopkinson J, 1872. On the Rupture of Iron Wire by a Blow. Proc Man Lit Phil Soc. 11: 40.

Inoue H, Harrigan J J, Reid S R, 2001. Review of Inverse Analysis for Indirect Measurement of Impact Force. Appl. Mech. Rev., 54(6): 503-524.

Ivanov A G, Novikov S A, 1961. Rarefaction Shock Waves in Iron and Steel. J. Exp. Theor. Phys. (USSR), 40: 1880-1882.

Johnson G R, Cook W H, 1983. A Constitutive Model and Data for Metals Subjected to Large Strains, High Strain Rates and High Temperature. Proc. 7th Int. Symp. Ballistics, Netherlands: 541-547.

Johnson G R, Hoegfeldt J M, Lindholm U S, 1983. Response of Various Metals to Large Torsional Strains over a Large Range of Strain Rates-Part 1: Ductile metals. Trans. ASME, J. Eng. Mat. Tech., 105: 42-47.

Johnson W, 1972. Impact Strength of Materials. Edward Arnold, London.

Johnston W G, Gilman J J, 1959. Dislocation Velocities, Dislocation Densities, and Plastic Flow in Lithium Fluoride Crystals. J Appl Phys, 30(2): 129-144.

Jones N, 2011. Structural Impact. 2nd edition. Cambridge: Cambridge University Press, 1989.

Jones O E, 1972. Metal Response under Explosive Loading. Behavior and Utilization of Explosives in Engineering Design, New Mexico Sec, ASME: 125.

Kaliski S, Nowaski W K, Wlodarczyk E, 1967. On Certain Closed Solution for the Shock Wave with Rigid Unloading. Bull Acad Pol Sci, Serie Sci Techn, 15: 5.

Karman T von, Bohnenblust H F, Hyers D H, 1942. The Propagation of Plastic Waves in Tension Specimens of Finite Length. Theory and Methods of Integration, NDRC Report A-103, PB. 18477.

Karman T von, Duwez P, 1950. The Propagation of Plastic Deformation in Solids. J Appl Phys, 21: 987-994.

Karman, T von, 1942. On the Propagation of Plastic Deformation in Solids. NDRC Report A-29(OSRD No. 365).

Knopoff L, 1952. On Rayleigh Wave Velocities. Bulletin of The Seismological Society of America, 42: 307.

Kobayashi A, Wang L L, 2001. Quest for Dynamic Deformation and Fracture of Viscoelastic Solids. Ryoin Publishers, Japan.

Kocks U F, Argon A S, Ashby M F, 1975. Thermodynamics and Kinetics of Slip. Progr Mater Sci, 19: 1-5.

Kolsky H, 1949. An Investigation of the Mechanical Properties of Materials at Very High Rates of Loading. Proc Phys Soc, B62: 676.

Kolsky H, 1953. Stress Wave in Solids. Oxford: Clarendous Press. 中译本: 固体中的应力波, 王仁等译, 科学出版社, 1958.

Koshelev E A, 1988. Spherical Stress Wave Propagation during an Explosion in a Viscoelastic Medium. Soviet Mining, 24(6): 541-546.

Labibes K, Wang L L, Pluvinage G, 1994. On Determining the Viscoelatic Constitutive Equation of Polymers at High Strain-Rates, DYMAT Journal, 1(2): 135-151.

Lai H W, Wang Z J, Yang L M, 2016. Analysis of Nonlinear Spherical Wave Propagation for Concretes. Rock Dynamics: From

Research to Engineering: Proceedings of the 2nd International Conference on Rock Dynamics and Applications. CRC Press: 49.

Lee E H, Liu D T, 1964. Influence of Yield on High Pressure Wave Propagation. Stress Waves in Anelastic Solids, ed. by Kolsky, H, Prager, W, Springer-Verlag: 239.

Lee E H, Symonds P S, 1952. Large Plastic Deformations of Beams under Transverse Impact. J Appl Mech, 19: 308-314.

Lee E H, Tupper S J, 1954. Analysis of Plastic Deformation in a Steel Cylinder Striking a Rigid Target. J Appl Mech, 21: 63.

Lee E H, Wierzbicki T, 1967. Analysis of the Propagation of Plane Elastic-Plastic Waves at Finite Strain. J Appl Mech, 34: 931.

Lee E H, 1952. A Boundary Value Problem in the Theory of Plastic Wave Propagation. Quart Appl Math, 10: 335-346.

Lee E H, 1971. Plastic-Wave Propagation Analysis and Elastic-Plastic Theory at Finite Deformation. Shock Wave and the Mechanical Properties of Solids, ed by Burke, J J, Weiss, V, Syracuse Univ Press.

Lee E H, 1956. Wave Propagation in Anelastic Materials. Deformation and Flow of Solids, ed by Grammel, R, Berlin: Springer-Verlag.

Lindholm U S, 1974. Review of Dynamic Testing Techniques and Material Behavior. Institute of Physics Conference Series, 21: 3-70.

Lindholm U S, 1968. Some Experiments in Dynamic Plasticity under Combined Stress. In Mechanical Behavior of Materials Under Dynamic Loads, New York: Springer Verlag.

Lockett F J, 1972. Nonlinear Viscoelastic Solids. London: Academic Press.

Lüdwik P, 1909. Elemente der Technologischen Mechanik. Berlin: Springer-Verlag.

Ma J, Karaman I, Noebe R D, 2010. High Temperature Shape Memory Alloys. International Materials Reviews, 55(5): 257-315.

Malvern L E, 1951. The Propagation of Longitudinal Waves of Plastic Deformation in a Bar of Material Exhibiting a Strain-Rate Effect. J Appl Mech, 18: 203.

Maudlin P J, Davidson R F, Henninger R J, 1990. Implementation and Assessment of the Mechanical-threshold-stress Model using the EPIC2 and PINON Computer Codes. No. LA-11895-MS, Los Alamos National Lab., NM(USA).

McQueen R G, Marsh S P, Taylor J W, et al, 1970. The Equation of State of Solids form Shock Wave Studies. High-Velocity Impact Phenomena, ed by Kinslow R. New York: Academic Press.

Menkes S B, Opat H J, 1973. Broken Beams. Exp Mech, 13: 480-486.

Meyers M A, 1994. Dynamic Behavior of Materials. Wiley-Interscience.

Miklowitz T, 1978. The Theory of Elastic Waves and Wave-guides. North-Holland Publ Co, Amsterdam.

Morland L W, 1969. Spherical Wave Propagation in Elastic-Plastic Work-hardening Materials. J Mech Phys Solids, 17: 371.

Morland L W, 1959. The propagation of Plane Irrotational Waves through an Elastoplastic Medium. Phil Trans Roy Soc London, A251: 341.

Murnaghan F, 1994. The Compressibility of Media under Extreme Pressures. Proc Nat Acad Sci: 30.

Neumann J von, Richtmyer R D, 1950. A Method for the Numerical Calculation of Hydrodynamic Shocks. J Appl Phys, 21: 232-257.

Nowaski W K, 1978. Stress Waves in Non-elastic Solids. Oxford: Pergamon Press Ltd.

Orowan E, 1934. Plasticity of Crystals. Z Phys, 89(9-10): 605-659.

Orowan E, 1940. Problems of Plastic Gliding. Proc Phys Soc(London), 52(1): 8-22.

Pack D C, Evans W M, James H J, 1948. The Propagation of Shock Waves in Steel and Lead. Proc Phys Soc, 60, 1.

Perzyna P, 1966. Fundamental Problems in Viscoplasticity. Advances in Applied Mechanics, 9: 935-950.

Perzyna P, 1963. The Constitutive Equations for Rate Sensitive Plastic Materials. Quart Appl Math, 20: 321.

Plass H J Jr, 1960. A Theory of Longitudinal Plastic Waves in Rods of Strain-Rate Dependent Material, Including Effects of Lateral Inertia and Shear, Plasticity, ed by Lee, E H, Symonds, P S, Pergamon Press: 453.

Polanyi M, 1934. Lattice Distortion Which Originates Plastic Flow. Z Phys, 89(9-10): 660-662.

Ravichandran G, Subhash G, 1994. Critical Appraisal of Limiting Strain Rates for Compression Testing of Ceramics in a Split

Hopkinson Pressure Bar. Journal of American Ceramic Society, 77: 263-26.

Rayleigh Lord, 1887. On Waves Propagated along the Plan Surface of an Elastic Solid. Proc London Math. Soc, 17:4.

Rice M H, McQueen R G, Walsh J M, 1958. Compression of Solids by Strong Shock Waves. Solid State Physics, v. 6, ed by Seitz, F, Turnbull, D, New York: Academic Press.

Richtmyer R D, Morton K W, 1967. Difference Methods for Initial-Value Problems. New York: Interscience Publishers.

Rinehart J S, 1975. Stress Transients in Solids, Hyper Dynamics. New Mexico.

Riparbelli C, 1953. On the Time Lag of Plastic Deformation. Proc. 1st Midwestern Conf on Solid Mech, Univ of Illinois, 148.

Sauerwin H, 1967. Numerical Calculations of Multidimensional and Unsteady Flows by the Method of Characteristics. Journal of Computational Physics, 1: 406-432.

Schardin H, 1941. Jahrbuch Der Deutsche Akademie Der Luftfahrtforschung, 314.

Seaman L, 1974. Lagrange Analysis for Multiple Stress or Velocity Gages in Attenuating Waves. J Appl Phys, 45:4303.

Seaman L, 1984. Lagrangian Analysis for Stress and Particle Velocity Gauges. Technical Report No. PU - 6391, SRI Int. , U. S. A.

Seeger A, 1955. The Generation of Lattice Defects by Moving Dislocations, and its Application to the Temperature Dependence of the Flow Stress of Face-centered Cubic Crystals. Phil. Mag. , 46: 1194-1217.

Selberg H L, 1952. Transient Compression Waves from Spherical and Cylindrical Cavities. Arkiv for Fysik, 5:97.

Shorr B F, 2004. The Wave Finite Element Method. Berlin: Springer-Verlag.

Simmons J A, Hauser F, Dorn J E, 1962. Mathematical Theories of Plastic Deformation under Impulsive Loading. Univ of California Press.

Smith J C, McCrackin F L, Schiefer H F, 1958. Stress-Strain Relationships in Yarns Subjected to Rapid Impact Loading. Part V, Texitile Res J, 28:288-302.

Sparrow C M, 1934. Table of Integrals. Edward Brothers, Ann Arbor Mich.

Sternglass E J, Stuart D A, 1953. An Experimental Study of the Propagation of Transient Longitudinal Deformation in Elastoplastic Media. J Appl Mech, 20:427.

Symonds P S, 1967. Survey of Methods of Analysis for Plastic Deformation of Structures under Dynamic Loading. Brown University, Division of Engineering Report BU/NSRDC/1-67.

Symonds P S, 1965. Viscoplastic Behavior in Response of Structures to Dynamic Loading. Behavior of Materials under Dynamic Loading, ed. N. J. Huffington, ASME, 106-124.

Taylor G I, 1934. The Mechanism of Plastic Deformation of Crystals, Part I Theoretical. Proc Roy Soc, A145: 362-387.

Taylor G I, 1946. The Testing of Materials at High Rates of Loading. J. Inst. Civil Engrs, 26:486-519.

Taylor G I, 1963. Fragmentation of Tubular Bombs. The Scientific Papers of G I Taylor, v. Ⅲ, Univ Press, Cambridge.

Taylor G I, 1958. Propagation of Earth Waves from an Explosion. British Official Report RC. 70, 1940; The Scientific Papers of G. I. Taylor, v1, Mechanics of Solids, ed by Batchelor, G K, Univ Press, Cambridge.

Taylor G I, 1942. The Plastic Wave in a Wire Extended by an Impact Load. British Official Report RC. 329; The Scientific Papers of G. I. Taylor, v1, Mechanics of Solids, ed, G. K. Batchelor, University Press, Cambridge, 1958, 467-479.

Taylor G I, 1948. The Use of Flat-ended Projectiles for Determining Dynamic Yield Stress, I. Theoretical Considerations. Proc Roy Soc, A194: 289.

Timoshenko S, Goodier J N, 1951. Theory of Elasticity. New York: Mc Graw-Hill.

Ting T C T, 1990. Nonexistence of Higher Order Discontinuities across Elastic/Plastic Boundary in Elastic-Plastic Wave Propagation, in Plasticity and Failure Behavior of Solids. Memorial Volume dedicated to the late Professor Yuriy Nickolaevich Rabotnov, ed By G. C. Sih, A. J. Ishlinsky, S. T. Mileiko, Kluwer Academic Pub, 115-136.

Ting T C T, 1971. On the Initial Speed of Elastic-Plastic Boundaries in Longitudinal Wave Propagation in a Rod. J Appl Mech, 38:441-447.

Tuler F R, Butcher B M, 1968. A Criterion for the Time Dependence of Dynamic Fracture. Int J Fract Mech, 4:431.

Viktorov I A, 1967. Rayleigh and Lamb Waves. New York: Plenum Press.

Volterra E, 1948. Alcuni Risultati di Prove Dinamiche Sui Materiali (Some Results on the Dynamic Testing of Materials).

Rivista Nuovo Cimento, 4:1-28.

Walley S M, Church P D, Townsley R, 2000. Validation of a Path-dependent Constitutive Model for FCC and BCC Metals Using 'Symmetric' Taylor Impact. J Phys IV France, 10(Pr. 9):69-74.

Wang L L, Huang D J, Gan, S, 1996. Nonlinear Viscoelastic Constitutive Relations and Nonlinear Viscoelastic Wave Propagation for Polymers at High Strain Rates. in Constitutive Relation in High/Very High Strain Rates, IUTAM Symposium, Oct. 16-19, 1995, Noda, Japan, Eds K. Kawata, J. Shioiri, Springer-Verlag, Tokyo.

Wang L L, Labibes K, Azari Z, et al, 1994. Generalization of Split Hopkinson Bar Technique to Use Viscoelastic Bars. International Journal of Impact Engineering, 15(5):669-686.

Wang L L, Labibes K, Azari Z, et al, 1992. On the Use of a Viscoelastic Bar in the Split Hopkinson Bar Technique. In: Maekawa I, ed., Proceedings of the International Symposium on Impact Engineering. Sendai, Japan: ISIE.

Wang L L, Lai H W, Wang Z J, et al, , 2013. Studies on Nonlinear Visco-elastic Spherical Waves by Characteristics Analyses and Its Application. International Journal of Impact Engineering, 55:1-10.

Wang L L, 1984. A Thermo-Viscoplastic Constitutive Equation Based on Hyperbolic Shape Thermo-Activated Barriers. Trans ASME, J Eng Mat Tech, 106: 331-336.

Wang L L, Norman Jones, 1996. An Analysis of the Shear Failure of Rigid-Linear Hardening Beam under Impulsive Loading. Acta Mechanica Sinica(English Series), 12(4):338-348.

Wang L L, 2003. Stress Wave Propagation for Nonlinear Viscoelastic Polymeric Materials at High Strain Rates. Chinese Journal of Mechanics, Series A, 19(1):177-183.

Wang L L, Bao H S, 1991. A Strain-Localization Analysis for Adiabatic Shear Band at Different Environmental Temperatures. Proc 6th International Conference, Mechanical Behavior of Materials, Kyoto, Japan, Eds M. Jono, T. Inoue, Pergamon press, 1: 479-486.

Wang L L, 1986. A Criterion of Thermo-Viscoplastic Instability for Adiabatic Shearing. Proc International Symposium on Intense Dynamic Loading its Effects. Beijing: Science Press.

Wang L L, Bao H S, Lu W X, 1988. The Dependence of Adiabatic Shear Bending on Strain and Temperature. J. Physique, Colloque C3, 49: 207-214.

Wang L L, Ding Y Y, Yang L M, 2013. Experimental Investigation on Dynamic Constitutive Behavior of Aluminum Foams by New Inverse Methods from Wave Propagation Measurements, International Journal of Impact Engineering, 62: 48-59.

Wang L L, Hu S S, Yang L M, et al, 2014. Development of Experimental Methods for Impact Testing by Combining Hopkinson Pressure Bar with Other Techniques. Acta Mechanica Solida Sinica, 27(4):331-344.

Wang L L, Lai H W, Wang Z J, et al, 2012. Characteristics Analyses of Nonlinear Visco-Elastic Spherical Waves and Its Application. Proc. 3th. International Symposium on Plasticity and Impact(ISPI'2011), Dec. 8-11, Hong Kong; in Advances in Plasticity and Impact Dynamic, Eds. Sun Qingping, Kim Jang-Kyo and Zhao Yapu, Sichun University Press, Chendu, 1-7.

Wang L L, Lu W X, Hu S S, et al, 1987. Study of the Initiation and Development of Adiabatic Shear Bands for a Titanium Alloy Under High Strain Rates. IUTAM Symposium, Macro and Micro- mechanics of High Velocity Deformation and Fracture, 1985, Tokyo, Japan. Springer Verlag.

Wang L L, Zhu J, Lai H W, 2011. A New Method Combining Lagrangian Analysis with HPB Technique. STRAIN, 47:173-182.

Wang L L, 2004. Influences of Stress Wave Propagation upon Studying Dynamic Response of Materials at High Strain Rates. Journal of Beijing Institute of Technology, 13(3):225-235.

Wang Y G, Wang L L, 2004. Stress Wave Dispersion in Large-Diameter SHPB and Its Manifold Manifestations. Journal of Beijing Institute of Technology, 13(3):247-253.

Wang L L, Field J E, Sun Q, 1992. Dynamic Behaviour of Pre-Stressed High Strength Polymeric Yarns Transversely Impacted by a Blade. Proceedings of Second International Symposium on Intense Dynamic Loading and Its Effects, June 9-12, 1992, Chengdu, China, Eds. Zhang Guanren, Huang Shihui, Chengdu: Sichuan University Press.

Wegner J L, 1993. Propagation of Waves from a Spherical Cavity in an Unbounded Linear Viscoelastic Solid. International Journal of Engineering Science, 31(3): 493-508.

参 考 文 献

Whiffin, A C, 1948. The Use of Flat-ended Projectiles for Determining Dynamic Yield Stress, II, Tests on Various Metallic Materials. Proc Roy Soc, A194: 300.

White M P, Griffis L, 1947. The Permanent Strain in a Uniform Bar Due to Longitudinal Impact. NDRC Report A-71(1942), PB. 18480; J Appl Mech, 14: 337-343.

White M P, Griffis L, 1948. The Propagation of Plasticity in Uniaxial Compression. J Appl Mech, 15: 256.

Wood D S, 1952. On Longitudinal Plane Waves of Elastic-Plastic Strain in Solids. J Appl Mech, 19: 521.

Yang L M, Shim P V W, 2005. An Analysis of Stress Uniformity in Split Hopkinson Bar Test Specimens. International Journal of Impact Engineering, 31: 129-150.

Zener C, Hollomon J H., 1944. Effect of Strain Rate upon Plastic Flow of Steel. J. Appl. Phys., 15: 22-32.

Zerilli F J, Armstrong R W, 1987. Dislocation-mechanics-based Constitutive Relations for Material Dynamics Calculations. J. Appl. Phys., 61(5): 1816-1825.

Zhao H, 1997. Testing of Polymeric Foams at High and Medium Strain Rates. Polym Testing, 16: 507-516.

Zienkewicz O C, 1983, Morgan K. Finite Elements and Approximation. New York: Jone Wiley&Son Inc.

Zurek A K, Frantz C E, Gray G T, 1992. in Shock-Wave and High-Strain-Rate Phenomena in Materials. New York: Marcel Dekker.

Бидерман В Л, 1952. Расчеты на ударную нагрузку. Основы современных методов расчедов на прочность в машиносстроении, Сб. Под ред Понамарева, С Д, Машгиз(in Russian).

Буравцев, А И, 1970. Аналитическиий способ построения волны разгрузки. Вест Ленингр Унив, 1: 93(in Russian).

Воронов, Ф Ф, Верещакин, Л Ф, 1961. Влияние гидростатического давления на упругия свойства металлов. Физ Метал Металловед, 11: 443; 627(in Russian)

Дикович, И Л, 1962. Динамика упруго-пластических балов. Судпромгиз, Ленинград(in Russian).

Кристеску Н О, 1954. волнах нагрузки и разгрузки, возникающих при движении упругой или пластической нити. Прик Мат Мех, 18(3): 257(in Russian).

Ленский В С, 1951. метод построения динамической зависимости между напряжениями и дефомациями по распределению остаточныхдефомации. Вестник МГУ, (5): 13(in Russian).

Ленский В С, 1949. Об упруго-пластическом ударе стержня о жесткую преграду. Прик Мат Мех, 13: 165 (in Russian).

Надеева Р И, 1953. Об определении динамической зависимости между напряжениями и дефомациями. Вестник МГУ, 10: 93(in Russian).

Рахматулин Х А, 1945. распространении волны разгрузки. Прик Мат Мех, 9: 91-100(in Russian).

Рахматулин Х А, 1945. косом ударе по гибкой нити с большими скоростями при наличии. Прик Мат Мех, 9: 449-462(in Russian).

Рахматулин Х А, Демьянов Ю А, 1961. Прочность при интенсивных кратковременных нагрузках. Физматгиз, Москва(in Russian).

Седов Л И, 1977. Методы подобия и расмерности в механике. Изд Наука, Изд 8-е, переработанное; 中译本: 力学中的相似律和量纲分析方法. 沈青等译. 北京: 科学出版社, 1982.

Соколовский В В, 1948. Распространение упруго-вязко-пластических волн в стержнях. Прик Мат Мех, 12: 261(in Russian).

Шапиро Г С, 1946. Продольные колебания стержней. Прик Мат Мех, 10: 597-616(in Russian).

内容简介

本书系统地叙述了固体/流变体介质中应力波传播理论的基础知识,这对于涉及爆炸、冲击和地震等动载荷条件下的经济建设、军事技术、科学研究、安全和环境保护等,都有着广泛的应用价值。为适合初学者,本书由浅入深地论述了五方面内容:首先从杆中一维应力弹性波、塑性波、冲击波、卸载波等,逐步讨论到线性黏弹性波、非线性黏弹性波和弹黏塑性波,其中,尤其以塑性加载波与弹性卸载波的相互作用,即加载—卸载边界的传播进行全面而深入的分析为特色;然后讨论三维应力作用下的一维应变平面波、球面波和柱面波,其中包含弹性波、塑性波、固体在高压下的激波(高压下流体动力学分析)和黏塑性波等内容;第三部分讨论了横向冲击载荷作用下柔性弦中弹塑性波和梁中弹塑性波的传播理论,先后涉及弦中互相耦合的纵波与横波的传播和梁中互相耦合的弯矩扰动与切力扰动的传播;接着介绍了一般的弹性波理论;并为适应当前计算机数值模拟的迅速发展和广泛应用,概括地介绍了应力波的数值方法,包括特征线法、有限差分法和有限元法;最后讨论了应力波的反分析。全书以固体/流变体中的非线性波传播为重点。授课时可根据学习对象和授课时数选择不同章节。

本书读者对象是高等院校和科研单位有关科研人员、大学教师、工程技术人员、研究生和高年级本科生。

本书曾获中国科技大学优秀教材一等奖。有关科研成果"弹塑性波的理论和应用研究"等曾获中国科学院科技进步二等奖(1986年),宁波市科技进步一等奖(2006),教育部自然科学一等奖(2006)和国家自然科学二等奖(2012)。经国家教育委员会高等工业学校工程力学专业教材委员会(现工程办学专业教学指导委员会)审定,本书于1989年被推荐为工程力学专业教学用书。第2版于2005年被教育部学位管理与研究生教育司推荐为研究生教学用书。